회로이론
Express

김동식 지음

생능출판

국립중앙도서관 출판시도서목록(CIP)

회로이론 Express / 김동식 지음. —— 파주 : 생능출판사, 2014
   p. ;   cm

ISBN 978-89-7050-793-4 93560 : ₩35000

회로 이론[回路理論]

561.1-KDC5
621.3192-DDC21   CIP2014002339

머리말

회로이론(Circuit Theory)은 전기·전자·통신을 비롯한 여러 가지 다양한 분야에서 다루는 중요한 기초과목이다. 보통 회로이론은 전기회로(Electric Circuit)와 전자회로(Electronic Circuit)에 대한 분야로 나누고 있지만, 넓은 의미로 보면 전자회로도 전기회로에 포함된다고 볼 수 있다. 현대 정보화 사회의 거의 모든 요소들이 회로이론과 밀접하게 연계되어 있기 때문에 이에 대한 충분한 이해는 관련분야의 학생들에게는 매우 필수적인 것이라 할 수 있다.

이 책을 쓰면서 필자는 회로이론의 방대한 내용 중에서 어떤 내용을 포함시킬 것인가 보다는 어떤 내용을 제외할 것인가에 더 큰 고민을 하였다. 보통 대학에서 2학기 정도의 시간이 회로이론 강의에 할당되는 현실에서 무작정 많은 내용을 포함시켜서 정작 중요한 부분을 학습하지 못하는 것보다는 반드시 알아야 할 필수적인 내용만을 학습하여 회로이론에 대한 전반적인 이해도를 극대화하는 것이 더 효율적이라는 생각을 하게 되었다.

이 책은 전체 12개의 단원으로 구성되어 있으며, 필자의 다양한 경험을 살려 최대한 쉽게 기술하여 학생들의 눈높이에 맞추려고 노력하였다. 각 학기별로 6개의 단원을 강의하면 2학기에 12개의 단원이 완료될 수 있도록 구성하였으며, 특히 목차 중에 별표(*)로 표시된 절은 생략하여도 강의의 전체적인 흐름을 유지하는 데는 큰 문제가 없다는 의미이니 교수자의 상황에 따라 강의여부를 결정하면 될 것이다.

이 책의 주요 특징들을 나열하면 다음과 같다.

① 각 단원을 시작하면서 어떤 내용을 학습하는지, 왜 배워야하는지에 대한 단원개요를 설명함으로써 학생들로 하여금 각 단원의 내용을 전반적으로 이해

할 수 있도록 하였다.

② 교재의 내용과 예제 풀이 과정에서 여기서 잠깐! 이라는 코너를 통해 과거에 학습하였으나 기억이 희미한 부분에 대하여 다시 기억을 되살릴 수 있도록 하여 굳이 학생들이 다른 교재를 찾아보는 수고를 덜어 학습의 연속성을 유지할 수 있도록 하였다.

③ 각 단원의 중간에 중요한 개념이나 연관된 내용 등의 상관관계를 이해하기 쉽게 그림이나 표로 일목요연하게 정리함으로써 회로이론에 대한 이해도를 향상시키고자 하였다.

④ 각 단원에서 중요하게 다룬 내용을 단원의 마지막 절에 요약하여 기술함으로써 학생들로 하여금 전체적인 내용을 복습하여 정리할 수 있도록 하였다.

⑤ 부록에는 각 장에 엄선된 모든 연습문제의 정답을 수록하여, 학생들이 연습문제를 푼 다음 정답과 비교할 수 있도록 하였다. 또한, 교수자에게는 필자가 직접 풀이 과정을 기술한 연습문제에 대한 솔루션을 pdf 파일로 제공함으로써 교육보조자료로 활용할 수 있도록 하였다.

⑥ 교수자들을 위하여 각 단원의 핵심적인 내용과 예제 등을 잘 디자인된 파워포인트 자료로 만들어서 제공함으로써 강의준비에 대한 부담을 줄이고자 하였으며, 필요에 따라 학생들에게 배포하여 강의 보조 자료로 병행할 수 있을 것이다.

이 책을 집필하기 위해 필자는 연구년 기간을 이용하여 시립도서관에 거의 매일 출퇴근하다시피 하면서 많은 시간과 노력을 투자하여 A4 용지로 1,000장이 넘는 원고를 완성하였다. 지금까지 출판된 다른 많은 책들과 차별성이 있는 이해하기 쉬운 교재를 출판하고자 하는 생각으로 집필을 시작하였으나, 원고가 완성되어 출판할 시점이 되니 한편으로는 무거운 책임감과 걱정이 앞선다. 초판을 출판하는 과정에서 반복적인 교정과 편집을 통해 오류가 없도록 교재의 완성도를 극대화함으로써 교재의 신뢰성이 떨어지지 않도록 최대한 노력하였다. 앞으로도 이 책에 대한 많은 질책과 비판을 겸허하게 수용하여 필요한 경우 수정과 보완을 통하여 더욱 알찬 내용으로 재구성할 것을 약속드린다.

마지막으로 이 책이 출판될 수 있도록 도와주고 격려해준 생능출판사 김승기 대표이사님과 방대한 원고의 편집 작업을 정성을 다해 도와준 생능출판사 관계자 여러분의 노고에 깊이 감사를 드린다. 이 책이 회로이론을 처음 공부하는 학생들에게 올바른 길잡이 역할을 할 수 있는 교재로 자리매김하여 학생들에게 조금이나마 도움이 되었으면 하는 작은 소망과 함께 이 글을 마친다.

2014년 1월
인간 사랑을 실천하는 대학 순천향에서
피닉스의 비상을 꿈꾸며
김동식

차례

CHAPTER 11   Laplace 변환을 이용한 회로해석

CHAPTER 12   2-포트 회로의 해석

기본 회로 개념

01 기본 회로 개념

단 원 개 요

회로(circuit)는 사전적인 의미로 '원주' 또는 '순환한다'는 뜻이며, 순환하는 것에 대한 주체가 전하(electric charge)라 할 수 있다. 전하의 연속적인 흐름을 전류라 하며, 전하의 흐름을 가능하게 하는 전기적 위치에너지의 차이를 전위차 또는 전압이라고 한다.

따라서 회로란 여러 종류의 소자들을 적절하게 결합하여 설계자가 원하는 형태로 전류 또는 전압을 제어하는 장치라 할 수 있다.

본 단원에서는 회로의 기본 개념인 전류와 전압, 저항과 옴의 법칙, 독립전원과 종속전원, 전력과 에너지에 대하여 학습한다.

1.1 전하, 전압, 전류

(1) 전하

전하(electric charge)의 개념은 모든 전기 현상을 설명하는 기초가 되며, 양(+)전하와 음(−)전하가 있다. 전자는 음전하를 대표하는 가장 작은 입자이며 $1.6 \times 10^{-19} C$의 전하량을 가진다. 전하는 과도한 성분이 전자인지 양성자인지에 따라서 음전하와 양전하의 성질을 가지며, 전하가 없는 조건에서는 중성(neutral) 상태가 된다.

서로 다른 극성을 가지는 전하 사이에는 인력이 작용하고, 서로 같은 극성을 가지는 전하 사이에는 척력(반발력)이 발생한다. 이를 그림 1.1에 나타내었다.

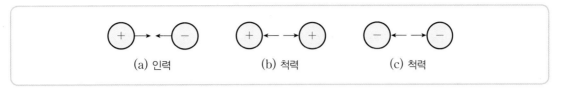

그림 1.1 전하의 극성에 따라 작용되는 힘

자연계에 존재하는 가장 작은 단위의 전하는 전자가 가진 전하량으로 앞서 기술한 바와 같이 $1.6 \times 10^{-19} C$이며, 자연계에 존재하는 전하는 전자의 전하량의 정수배를 가진다는 것에 주목하라. 그렇다면 $1C$의 전하량은 몇 개의 전자가 모여야 가능한 전하량인가? 다음의 비례식으로부터

$$1.6 \times 10^{-19} C : 전자\ 1개 = 1C : 전자\ x개$$

$$\therefore\ x = \frac{1}{1.6 \times 10^{-19}} = 6.25 \times 10^{18}\ 개$$

즉, 6.25×10^{18}개의 전자들이 모여서 $1C$의 전하량을 형성한다는 것을 알 수 있다.

한편, 두 전하 사이에 작용하는 힘을 전기력 F라고 하며 프랑스의 물리학자인 쿨롱(Coulomb)에 의하여 쿨롱의 법칙으로 정량화되었다.

그림 1.2에 나타낸 것처럼 거리가 $r[\text{m}]$만큼 떨어진 두 전하 $Q_1[C]$과 $Q_2[C]$ 사이에 작용하는 전기력 $F[N]$는 다음과 같이 결정된다.

$$F = k\frac{Q_1 Q_2}{r^2},\ 단\ k = 9 \times 10^9 \qquad (1-1)$$

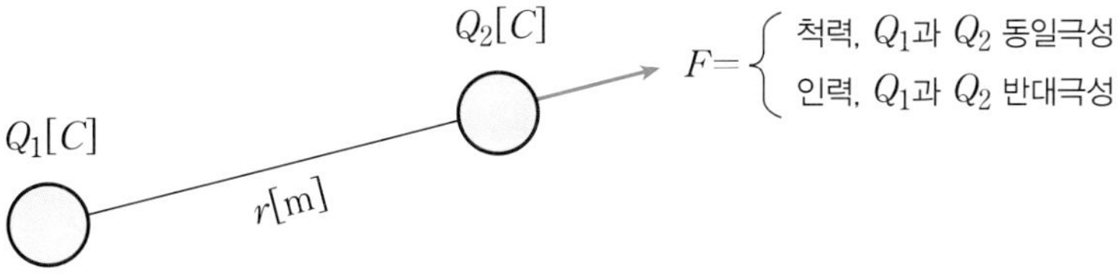

$Q_2[C]$

$$F = \begin{cases} 척력,\ Q_1과\ Q_2\ 동일극성 \\ 인력,\ Q_1과\ Q_2\ 반대극성 \end{cases}$$

$Q_1[C]$

$r[\text{m}]$

그림 1.2 쿨롱의 법칙

결국 식(1-1)로부터 두 전하 사이에 작용하는 전기력 F는 전하량의 크기에 비례

하고, 두 전하 사이의 거리의 제곱에 반비례한다는 것을 알 수 있다. 다시 말해서, 전하량이 크면 클수록 작용하는 전기력도 커지고, 두 전하 사이의 거리가 멀면 멀수록 거리의 제곱에 반비례하여 현저하게 전기력이 작아진다는 것이다. 이를 쿨롱의 법칙이라고 부른다.

예제 1.1

중성의 유전체에 2.5×10^{19}개의 전자를 추가한 경우 전하량은 얼마인가? 또한 6.25×10^{18}개의 전자가 제거된 경우 전하량은 얼마인가?

풀이　추가된 전자의 수는 $1C$의 4배$(2.5 \times 10^{19} = 4 \times 6.25 \times 10^{18})$이므로 전하량은 $-4C$이 된다. 또한, 6.25×10^{18}개의 전자가 제거되었다면 양성자의 수가 6.25×10^{18}개만큼 더 많이 존재하므로 전하량은 $+1C$이 된다.

예제 1.2

$+1C$과 $+3C$의 두 전하가 4m 떨어져 있을 때의 전기력의 크기를 계산하고 전기력이 인력인지 척력인지를 설명하라.

풀이　쿨롱의 법칙에 의하여 전기력 F는

$$F = k\frac{Q_1 Q_2}{r^2} = 9 \times 10^9 \frac{1 \times 3}{4^2} = 1.69 \times 10^9 N$$

이 되며, 두 전하가 동일한 극성을 가지고 있으므로 척력(반발력)이 작용한다.

(2) 전압

전하는 다른 전하에 인력이나 척력을 작용시켜 결과적으로 다른 전하를 이동시킬 수 있는 능력이 있다고 생각할 수 있다. 여기서 일을 할 수 있는 능력을 전위(potential)라고 정의한다면 전하는 전위를 가진다고 말할 수 있다. 2개의 다른 전하량을 가지는 전하는 각각 전위를 가지고 있기 때문에 두 전하는 전위차 또는 전압을 가진다고 정의한다.

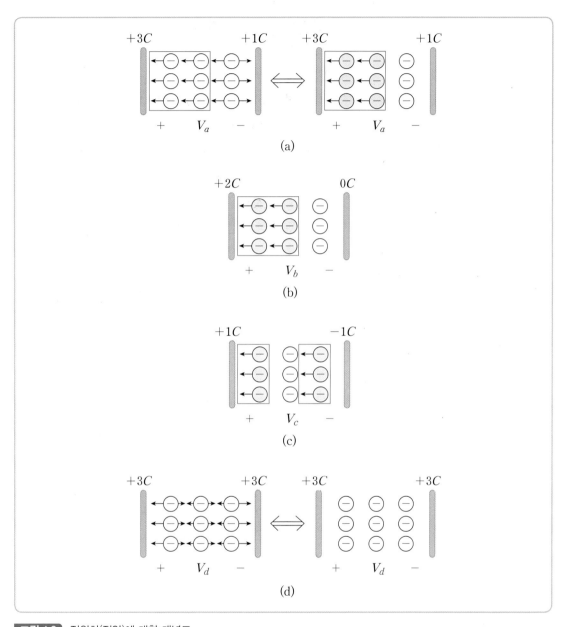

그림 1.3 전위차(전압)에 대한 개념도

전위에 대한 개념을 좀 더 명확하게 하기 위하여 그림 1.3에서와 같이 두 전하 사이에 놓여있는 전자들을 고려한다. 그림 1.3(a)에서는 $+3C$의 전하와 $+1C$의 전하 사이에 전자들이 놓여 있고, $+1C$의 전하는 개념적으로 음전하인 전자를 3개 이동시킬 수 있는 능력이 있다고 가정한다. 그러면 $+3C$의 전하는 좌측으로 9개의 전자를

이동시키고, +1C의 전하는 우측으로 3개의 전자를 이동시킬 수 있으므로 결과적으로 6개의 전자가 좌측으로 이동한다.

그림 1.3(b)에서는 +2C의 전하와 중성 상태인 0C의 전하가 놓여 있으며, 결과적으로 6개의 전자가 좌측으로 이동한다는 것을 알 수 있다.

그림 1.3(c)에서는 +1C의 전하와 −1C의 전하가 놓여 있으며, +1C의 전하는 3개의 전자를 좌측으로 이동시키고 −1C의 전하는 3개의 전자를 좌측으로 밀어내므로 결과적으로 6개의 전자가 좌측으로 이동한다.

따라서 그림 1.3(a)~(c)에서 나타낸 것과 같이 두 개의 다른 전하량을 가지는 전하는 각각의 전위를 가지고 있으나 두 전하의 전위차는 모두 동일하다는 것을 알 수 있다. 즉, $V_a = V_b = V_c$가 성립한다.

전위차는 단위로 볼트(Volt, V)를 사용하며 $1V$란 두 위치 사이에서 $1C$의 전하를 이동시키는데 $1J$(Joule, J)의 에너지가 소비된다는 것을 의미한다. 즉, 두 위치 사이에서 6.25×10^{18}개의 전자를 이동시키기 위해 외부에서 $1J$의 에너지가 필요하다면 두 위치 사이의 전위차는 $1V$라는 의미이다. 전위차는 전압이라고도 하며 전위차가 있기 위해서는 반드시 두 개의 단자가 필요하며, 전위차는 한 점에서는 존재할 수 없다. 일반적으로 $Q[C]$의 전하를 이동시키는데 $W[J]$의 에너지가 소비된다면 전압 v는 다음과 같이 표현될 수 있다.

$$v = \frac{W}{Q} \ [V] \ \text{또는} \ [J/C] \tag{1-2}$$

한편, 그림 1.3(d)에서는 두 전하의 크기와 극성이 동일한 경우를 나타낸다. 좌측의 +3C의 전하는 9개의 전자를 좌측으로 이동시키고, 우측의 +3C의 전하는 9개의 전자를 우측으로 이동시키므로 결과적으로 전자를 밀고 끌어당기는 힘이 서로 상쇄되어 전자의 이동은 일어나지 않는다. 이러한 경우의 전위차는 없으므로 $V_d = 0$이 된다는 것을 알 수 있다.

전압은 두 전하가 가지는 전위의 차라는 개념이므로 두 전하가 가지는 전위를 상대적으로 비교하였을 때 큰 전위를 가지는 전하의 극성을 양(+)로 표시하고, 상대적으로 작은 전위를 가지는 전하의 극성을 음(−)으로 표시한다.

예를 들어, 그림 1.3(a)에서 좌측 +3C의 전하가 위치한 방향으로 6개의 전자가 이동하므로 우측 +1C의 전하보다 전자를 이동시키는 능력(즉, 전위)이 더 크다고 할 수 있다. 따라서 +3C의 전하가 가지는 전위가 높다는 의미로 (+) 기호로 표시하며, +1C의 전하에 대한 전위는 +3C의 전하에 비해 상대적으로 낮기 때문에 (−) 기호로 표시한다. 따라서 전압의 극성은 수학에서 양수와 음수의 개념이 아니라 두 위치에서 전위의 상대적인 크기가 크거나(+) 작다는(−)을 의미하는 것이다.

전압에 대한 극성을 좀더 상세히 알아보기 위하여 다음의 그림 1.4를 살펴보자.

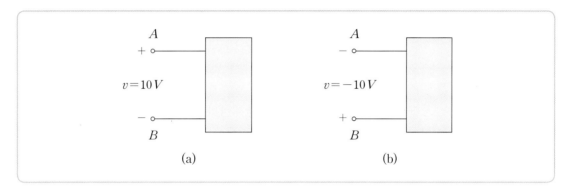

그림 1.4 전압의 극성

그림 1.4(a)에서 단자 A와 단자 B 사이의 전압은 $v = 10V$이며, 이는 단자 A로 1C의 전자(6.25×10^{18}개)들을 이동시키기 위해 외부에서 공급해주어야 하는 에너지가 $10J$이라는 의미이다. 단자 A가 단자 B에 비해 전위가 $10V$가 더 높다는 의미이다.

그림 1.4(b)에서는 단자 B의 극성이 +로 표시되었지만 두 단자의 전압이 $v = -10V$이므로 단자 B의 전위가 단자 A보다 −$10V$가 높다는 의미이다. 바꾸어 말하면 단자 A가 단자 B보다 전위가 $10V$가 높다는 의미이므로 결국 그림 1.4(a)와 그림 1.4(b)의 전압의 극성 표현은 동일하다는 것에 유의하라.

결론적으로 전압을 표현할 때는 극성이 매우 중요하며, 두 단자 사이의 전위차로 정의된다는 것을 기억하기 바란다.

예제 1.3

단자 A, B, C 사이의 전압이 그림과 같이 주어진 경우 단자 A와 단자 C 사이의 전압 v 는 얼마인가?

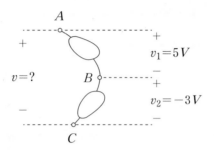

풀이   단자 A의 전위는 단자 B보다 $5V$가 높고, 단자 B는 단자 C보다 $3V$가 낮다. 즉, 단자 C는 단자 B보다 $3V$가 높다. 따라서 단자 A의 전위는 단자 C보다 $2V$가 높으므로 $v=+2V$가 된다.

여기서 잠깐!   **전위차 $1V$의 개념**

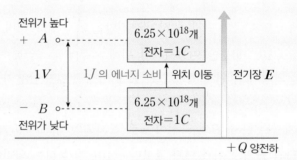

전위차의 개념을 좀 더 자세하게 살펴본다. 그림에서 $+Q[C]$의 양전하에 의해 전기장 E 가 위쪽 방향으로 분포되어 있다고 가정하자. 6.25×10^{18}개의 전자($1C$)를 B 위치에서 A 위치로 이동시키려면 쿨롱의 인력을 이겨낼 외부 에너지를 소비해야 한다. 이때 필요한 외부 에너지가 $1J$이라고 하면 A와 B 위치 사이에는 $1V$의 전위차가 발생된다고 정의한다. $1C$의 전자들을 B 위치에서 A 위치로 이동시키기 위해서 외부 에너지를 소비하였기 때 문에 A 위치의 전기적인 위치에너지(전위)는 소비한 외부 에너지만큼 증가하게 된다. 즉, A 위치가 B 위치보다 전위가 높은 상태에 있는 것이며, 이는 중력장에서 질량 m인 물체 를 중력장의 반대 방향으로 이동시킬 때 물체의 위치에너지의 증가와 유사한 개념이다.

(3) 전류

두 전하 사이에 형성된 전위차에 의해 다른 전하의 이동이 생겨나는데, 이때 이동하는 전하의 연속적인 흐름(continuous flow)을 전류라고 정의한다. 따라서 전류가 흐르기 위해서는 전위차에 의해 전하들이 에너지를 얻어 연속적인 흐름을 형성해야 한다.

전하를 한 점에서 다른 점으로 이동시키면 그에 따라 에너지도 한 점에서 다른 점으로 이동하기 때문에 전하의 이동(전류)은 전기회로를 학습하는 데 매우 중요한 부분이다.

전류의 단위는 암페어(Ampere, A)를 사용하며, $1A$는 1초 동안에 $1C$의 전하가 어떤 한 단면을 지날 때의 전류량을 의미한다. $1C$이란 앞에서 기술한 바와 같이 6.25×10^{18}개의 전자들의 총 전하량과 동일하다는 것을 기억하도록 하자.

그림 1.5에서 나타낸 것처럼 6.25×10^{18}개의 전자($1C$)들이 $t = t_1$이라는 시점에서 단면적 S를 1초 동안에 통과하는 경우 $1A$의 전류가 흐른다고 정의한다. $t = t_2$라는 시점에서도 흐르는 전류는 도선을 따라 이동하는 전자의 수는 일정하기 때문에 $1A$의 전류가 흐른다.

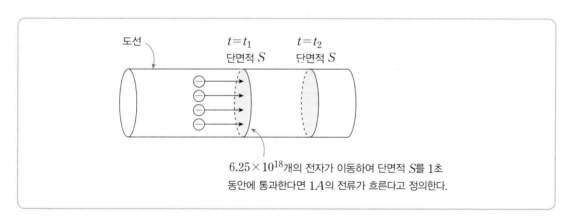

그림 1.5 전류의 정의

결국 전류는 전하가 흐르는 속도를 의미하며 일반적으로 다음과 같이 정의한다.

$$i = \frac{Q}{t} \, [A] \ \text{또는} \ [C/\sec] \qquad (1-3)$$

여기서 $i[A]$는 전류, $Q[C]$는 전하량 그리고 $t[\text{sec}]$는 시간을 나타낸다. 좀더 정확한 전류의 정의는 미시적인 관점에서 다음과 같이 기술할 수 있다.

어떤 점에서 특정한 방향으로 흐르는 전류 i는 그 점을 통과하여 특정한 방향으로 이동하는 시변양전하 $q(t)$의 순간 이동율로 다음과 같이 정의된다.

$$i = \frac{dq}{dt} \qquad\qquad (1-4)$$

전하의 기호로는 Q 또는 q를 사용하는데, Q는 보통 시간에 대해 일정한 전하를 지칭하고 q는 시간에 따라 변하는 시변전하를 지칭한다. 시변전하의 경우 시간에 대한 의존성을 강조하기 위하여 $q = q(t)$로 표현하기도 한다.

전류의 흐름은 음전하인 전자의 이동으로 발생하는 개념이지만, 도선에 흐르는 전류가 전자의 이동으로 형성된다는 사실을 몰랐을 때 정의된 개념을 현재에도 관습적으로 사용하고 있다.

전압을 표기할 때는 극성에 유의해야 하지만, 전류는 전하의 이동을 나타내는 개념이기 때문에 전류의 방향을 표현하는 것이 중요하다.

전류의 방향은 그림 1.6과 같이 화살표로 표시하지만 실제로 전류가 흐르는 방향을 나타내는 것은 아니며, 도선에 흐르는 전류를 보다 명확하게 표시하기 위한 약속에 불과하다는 것에 유의하라.

그림 1.6 전류의 방향

그림 1.6(a)는 도선을 따라 화살표 방향으로 $1A$의 전류가 흐른다는 의미이며, 그림 1.6(b)는 도선을 따라 화살표 방향으로 $-1A$가 흐른다는 의미이다. 전하의 이동의 관점에서 보면 두 표현은 동일한 표현이므로, 전류값에서 음(−)의 부호는 방향이 반대인 전류를 나타내는 것으로 이해하면 된다.

예제 1.4

(1) $8C$의 전하가 4초 동안 도선의 한 단면을 지났다면, 이때의 전류는 얼마인가?

(2) 6.25×10^{19}개의 전자가 2초 동안 도선의 한 단면을 지났다면, 이때의 전류는 얼마인가?

풀이 (1) 전류의 정의식을 이용하면 다음과 같다.

$$i = \frac{Q}{t} = \frac{8C}{4\sec} = 2A$$

(2) 6.25×10^{19}개의 전자는 전하량으로 환산하면

$$(6.25 \times 10^{18}) \times 10 = 10C$$

이므로 전류는 다음과 같다.

$$i = \frac{Q}{t} = \frac{10C}{2\sec} = 5A$$

예제 1.5

다음 도선에 흐르는 전류의 표현을 방향을 바꾸어서 동일하게 표현하라.

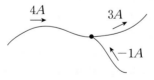

풀이 전류의 방향을 모두 반대로 바꾸면 다음과 같이 표현된다.

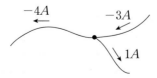

여 기서 잠깐!   **수동부호규약**

전류에 대한 기준 방향과 전압에 대한 기준 극성은 전적으로 임의로 지정할 수 있으나, 일단 기준을 지정하면 선택된 기준과 일치하도록 모든 방정식들을 표현하여야 한다.

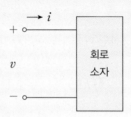

위의 그림에서처럼 어떤 회로소자에서 전류 i의 방향이 전압의 극성이 +로 표시된 단자로 흘러 나가도록 표시되어 있는 경우, 이 소자는 수동부호규약(passive sign convention)을 만족한다고 말한다.

즉, 전류의 방향이 회로소자에서의 전압강하를 발생시키는 방향이라면 수동부호규약을 만족하는 것이다. 이는 소자에서의 전력과 에너지 관계를 다룰 때 매우 유용한 규약이므로 주의깊게 검토하고 이해해야 한다.

1.2 저항과 옴의 법칙

(1) 저항

전류가 흐르고 있는 도선에 열이 발생한다는 것은 전류가 무엇인가에 방해를 받고 있는 것으로 생각될 수 있다. 도체에 전류가 흐르면 도체 내의 자유전자는 이동하면서 빈번하게 원자와 부딪히게 되며, 이러한 충돌로 인하여 자유전자는 일부의 에너지를 잃게 되고 그 결과 자유전자들의 움직임에 제한을 받게 된다. 이러한 제한은 도체의 종류에 따라 그 제한 정도가 달라지며, 이와 같이 자유전자의 흐름을 제한하는 도체의 특성을 저항(resistance)이라고 한다.

저항은 일반적으로 R로 표현하며, 단위로는 옴(ohm, Ω)을 사용한다. 1Ω의 저항은 $1V$의 전압이 인가된 도체에 $1A$의 전류가 흐를 때 존재하는 저항이며, 이를 그림 1.7에 나타내었다.

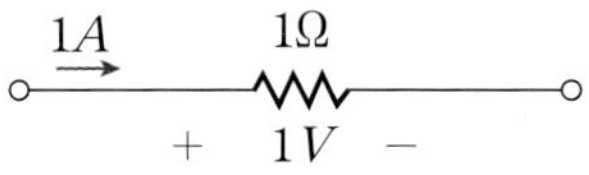

$$1A \xrightarrow{\quad} \quad 1\Omega$$

$$+ \quad 1V \quad -$$

그림 1.7 저항의 표현 및 기호

저항 R과 반대되는 개념으로 컨덕턴스(conductance) G가 있으며, 저항의 역수로 정의되는 양이다.

$$G = \frac{1}{R} \ [S] \qquad\qquad (1-5)$$

컨덕턴스의 단위는 지멘스(Siemens, S)를 사용하며, 이전에 사용되는 mho도 단위로 여전히 사용하고 있다.

결국, 컨덕턴스는 저항의 반대 개념이므로 도체에 전류를 얼마나 잘 흐르도록 할 수 있는 정도를 나타내는 개념이다.

(2) 옴의 법칙

만일 저항 R이 일정한 경우 저항 양단 전압 v와 저항을 흐르는 전류 i는 어떠한 관계를 가질까? 이 물음에 대한 답을 처음으로 제시한 사람이 옴(Ohm)이며, 저항에 대한 전압과 전류의 대수 관계를 옴의 법칙(Ohm's law)이라고 부른다.

그림 1.8에 나타낸 것과 같이 저항 R에 화살표 방향으로 전류 i가 흐른다면 단자 A와 단자 B 사이에는 전위차(전압) v가 나타나며 다음의 관계를 만족한다.

$$v = Ri \ \ \text{또는} \ \ i = \frac{v}{R} \qquad\qquad (1-6)$$

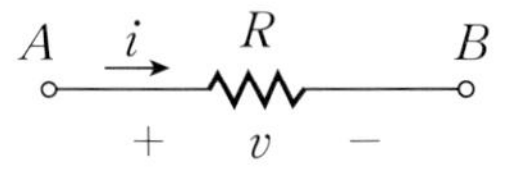

그림 1.8 옴의 법칙

　　옴의 법칙에 의하면 저항 R에 전류가 흐르면 단자 B의 전위가 단자 A보다 낮아지며, 두 단자의 전위차(전압) v는 저항 R과 저항에 흐르는 전류 i의 곱으로 주어진다는 것이다. 옴의 법칙은 2장에서 소개하는 키르히호프의 법칙과 함께 전기회로를 해석하는데 기초가 되는 매우 중요한 법칙이므로 충분한 이해가 필요하다.

　　그림 1.8의 표현은 수동부호규약을 만족하는 표현이라는 사실에 주의하라. 만일, 그림 1.9에서처럼 전류 방향을 반대로 하게 되면, 식(1-6)의 옴의 법칙은 다음과 같이 표현된다.

$$v = -Ri \qquad\qquad (1-7)$$

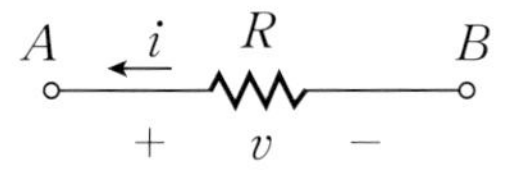

그림 1.9 옴의 법칙의 다른 표현

여기서 잠깐! | **옴의 법칙의 의미**

다음 그림과 같이 접지(전위가 0인 점)를 G라 할 때 옴의 법칙을 다시 생각해 보자.

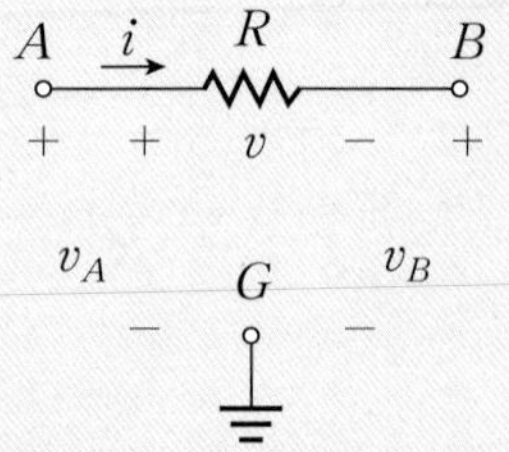

단자 A의 전압을 v_A, 단자 B의 전압을 v_B라 하면 저항 R의 양단 전압 v는 다음과 같이 표현될 수 있다.

$$v = v_A - v_B = Ri$$
$$\therefore \ v_B = v_A - Ri$$

결국, 단자 B의 전압은 단자 A의 전압에서 Ri 만큼을 빼주면 되므로 전류 i가 단자 A에서 단자 B의 방향으로 흐를 때 저항 양단에는 전압강하(voltage drop)가 발생한다는 사실에 주목하라.

예제 1.6

(1) 다음 그림에서 단자 B의 전압을 구하라.

$$A \xrightarrow{\ 1A\ } \overset{3\Omega}{\text{─ww─}} B$$
$$v_A = 10\,V \qquad\qquad v_B = ?$$

(2) 다음 그림에서 저항 R의 값을 구하라.

$$A \xrightarrow{\ 2A\ } \overset{R}{\text{─ww─}} B$$
$$v_A = 10\,V \qquad\qquad v_B = 6\,V$$

풀이 (1) 단자 A와 B 사이의 전압을 v라 하면 옴의 법칙에 의하여 v_B를 구할 수 있다.

$$v = v_A - v_B = Ri$$
$$10\,V - v_B = 3\Omega \times 1A = 3\,V$$
$$\therefore \ v_B = 7\,V$$

(2) 단자 A와 B 사이의 전압을 v라 하면 옴의 법칙에 의하여 다음의 관계가 성립한다.

$$v = v_A - v_B = Ri$$
$$10\,V - 6\,V = R \times 2A$$
$$\therefore R = 2\Omega$$

옴의 법칙을 이용하여 전자회로의 바이어스 회로를 해석하는 것이 가능하다. 옴의 법칙은 전기 및 전자회로의 해석에 있어 매우 중요한 기초를 제공하고 있다는 사실에 주목하라. 전기회로의 범위는 벗어나지만 옴의 법칙을 활용할 수 있다는 측면에서 다음 예제를 살펴본다.

예제 1.7

우측의 회로는 트랜지스터 바이어스 회로의 일부이다. 단자 C에서의 전압 V_C를 구하라.

$R_C = 1k\Omega$
$V_{CC} = 12\,V$
$I_C = 10mA$

풀이 옴의 법칙에 의하여

$$V_{CC} - V_C = R_C I_C$$
$$\therefore V_C = V_{CC} - I_C R_C$$
$$= 12\,V - 10mA \times 1k\Omega = 2\,V$$

옴의 법칙은 저항이 일정할 때, 저항 양단의 전압과 저항에 흐르는 전류는 서로 비례 관계라는 것으로 요약될 수 있다.

1.3 독립전원과 종속전원

전기적인 에너지를 공급하는 회로소자(circuit element)를 전원이라고 하며, 전압을 공급하는 전압원(voltage source)과 전류를 공급하는 전류원(current source)의 두 종류가 있다.

전압을 공급하는 전압원의 양단 전압이 전류에 완전히 독립적인 경우 독립전압원이라 한다. 마찬가지로 전류를 공급하는 전류원의 전류가 전압에 완전히 독립적인 경우를 독립전류원이라 한다.

그림 1.10에 독립전압원과 독립전류원의 회로 심벌을 나타내었다.

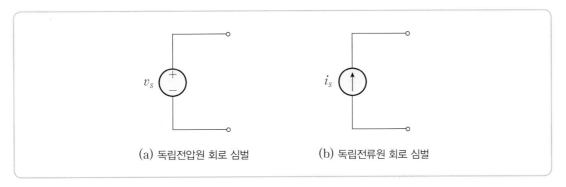

(a) 독립전압원 회로 심벌   (b) 독립전류원 회로 심벌

그림 1.10 독립전원의 회로 심벌

한편, 전압을 공급하는 전압원의 전압이 회로 내의 다른 소자의 전류 또는 전압에 의해 결정되는 전원을 종속전압원이라고 한다. 마찬가지로 전류를 공급하는 전류원의 전류가 회로 내의 다른 소자의 전류 또는 전압에 의해 결정되는 전원을 종속전류원이라고 한다.

독립전원은 전원의 크기가 회로 내의 다른 소자에 의해서 어떠한 형태로도 전혀 영향을 받지 않는데 비해, 종속전원은 회로 내의 다른 소자에 의해 영향을 받는다는 것에 유의하라.

그림 1.11에 나타낸 것과 같이 종속전원은 4가지 다른 종류로 나누어진다. 먼저, 그림 1.11(a)는 전류제어 전류원을 나타내며, 종속전류원의 크기가 회로 내의 다른 소자에 흐르는 전류 i_a에 의해 결정된다. 비례상수 K는 단위가 없는 상수를 나타낸다.

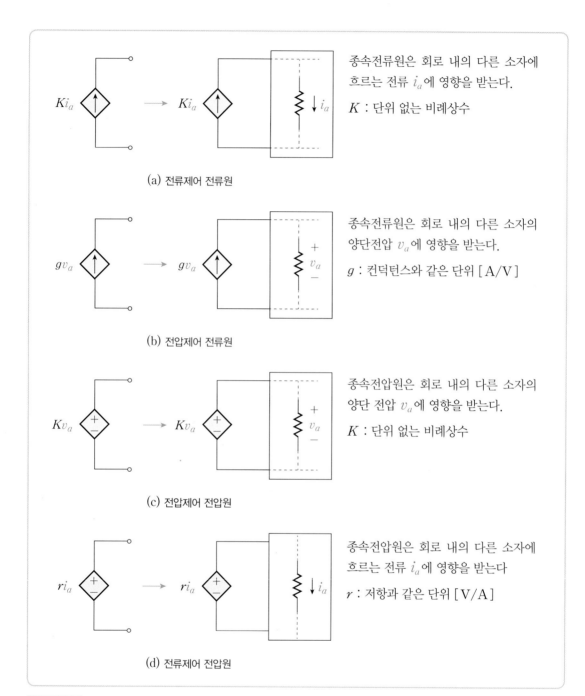

종속전류원은 회로 내의 다른 소자에 흐르는 전류 i_a에 영향을 받는다.

K : 단위 없는 비례상수

(a) 전류제어 전류원

종속전류원은 회로 내의 다른 소자의 양단전압 v_a에 영향을 받는다.

g : 컨덕턴스와 같은 단위 [A/V]

(b) 전압제어 전류원

종속전압원은 회로 내의 다른 소자의 양단 전압 v_a에 영향을 받는다.

K : 단위 없는 비례상수

(c) 전압제어 전압원

종속전압원은 회로 내의 다른 소자에 흐르는 전류 i_a에 영향을 받는다

r : 저항과 같은 단위 [V/A]

(d) 전류제어 전압원

그림 1.11 4가지 다른 형태의 종속전원

그림 1.11(b)는 전압제어 전류원을 나타내며, 종속전류원의 크기가 회로 내의 다른 소자에 걸리는 전압 v_a에 의해 결정된다. 비례상수 g는 단위가 컨덕턴스와 같은

상수를 나타낸다.

그림 1.11(c)는 전압제어 전압원을 나타내며, 종속전압원의 크기가 회로 내의 다른 소자에 걸리는 전압 v_a에 의해 결정된다. 비례상수 K는 단위가 없는 상수를 나타낸다.

그림 1.11(d)는 전류제어 전압원을 나타내며, 종속전압원의 크기가 회로 내의 다른 소자에 흐르는 전류 i_a에 의해 결정된다. 비례상수 r은 저항과 같은 단위를 가지는 상수를 나타낸다.

종속전원은 전자회로에서 다루는 교류증폭기 회로에서 트랜지스터의 교류 동작을 모델링하는데 많이 사용되며, 이에 대한 깊이 있는 이해가 필수적이므로 반복해서 학습하기 바란다.

(여) 기서 잠깐! 독립전압원의 전류

$3V$ 독립전압원의 양단 전압은 언제나 $3V$이지만, 독립전압원에 흐르는 전류는 얼마일까? 이것은 독립전압원에 연결되는 회로에 의해 전류가 결정된다.

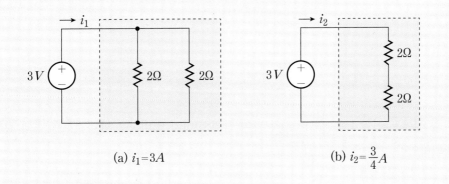

(a) $i_1 = 3A$ (b) $i_2 = \dfrac{3}{4}A$

예를 들어, (a)의 회로에 흐르는 전류는 $i_1 = 3A$이고, (b)의 회로에 흐르는 전류는 $i_2 = \dfrac{3}{4}A$이다. 회로에 대한 해석은 2장을 학습하면 알 수 있으므로 여기서는 결과만을 활용하기로 한다.

따라서 $3V$ 독립전압원의 양단 전압은 항상 $3V$를 유지하지만, 전압원에 흐르는 전류는 연결되는 회로에 따라 다르다는 것에 주의하라.

여 기서 잠깐!   **독립전류원의 전압**

$3A$ 독립전류원에 흐르는 전류는 언제나 $3A$이지만, 독립전류원의 양단 전압은 얼마일
까? 이것도 독립전압원의 경우와 마찬가지로 연결되는 회로에 따라 전압이 결정된다.

예를 들어, (a)의 회로에서 독립전류원 양단 전압은 $v_1 = 9\,V$이고, (b)의 회로에서 독립
전류원 양단 전압은 $v_2 = \dfrac{9}{2}\,V$이다. 따라서 $3A$ 독립전류원에 흐르는 전류는 항상 $3A$
를 유지하지만, 전류원의 양단 전압은 연결되는 회로에 따라 다르다는 것에 유의하라.

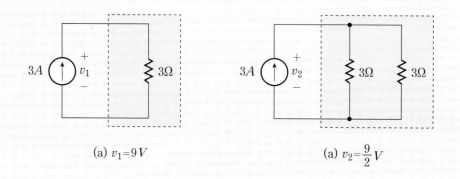

(a) $v_1 = 9\,V$ (a) $v_2 = \dfrac{9}{2}\,V$

1.4 전력과 에너지

앞 절에서 전압 V는 식(1-2)와 같이 단위 전하가 소비하는 에너지로 다음과 같이
정의하였다.

$$v = \frac{W}{Q}\,[V]\ \text{또는}\ [J/C]$$

전력(power) P는 단위 시간당 소비하는 에너지로 식(1-8)과 같이 정의하며, 회
로소자의 전류와 전압이 수동부호규약을 그림 1.12에서처럼 만족한다고 가정한다.

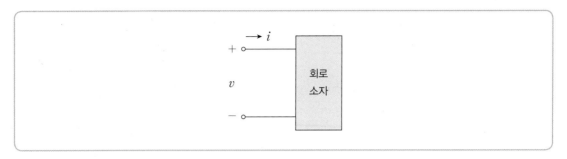

그림 1.12 수동부호규약

$$P = \frac{W}{t}\,[W] \ \ \text{또는} \ \ [J/\sec] \qquad (1-8)$$

전력의 단위는 와트(Watt, W)를 사용하며, 식(1-8)을 변형하면 전압과 전류의 정의에 따라 다음과 같다.

$$P = \frac{W}{t} = \left(\frac{W}{Q}\right)\left(\frac{Q}{t}\right) = vi \qquad (1-9)$$

만일, 그림 1.12의 회로소자가 저항인 경우 전력 P는 옴의 법칙에 의해 다음과 같이 표현할 수 있다.

$$P = vi = i^2 R = \frac{v^2}{R} \qquad (1-10)$$

식(1-9)와 같이 정의된 전력 P가 양(+)의 값을 가지면 이때 소자는 에너지를 소비한다고 하며, 전력 P가 음(-)의 값을 가지면 소자는 에너지를 공급한다고 한다. 즉, 수동부호규약을 만족하는 회로소자에서 계산된 전력이 양(+)이면 에너지를 소비하고, 전력이 음(-)이면 에너지를 공급한다는 의미이다.

예를 들어, 그림 1.13의 각 회로에 대하여 전력을 계산하여 보자.

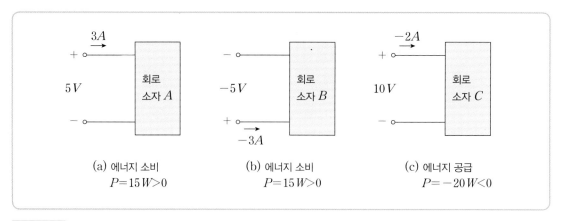

(a) 에너지 소비
$P=15\,W>0$

(b) 에너지 소비
$P=15\,W>0$

(c) 에너지 공급
$P=-20\,W<0$

그림 1.13 회로소자에 대한 전력 계산

그림 1.13(a)에서는 기준 전류와 전압이 수동부호규약을 만족하도록 정의되어 있으므로 전력 P는 다음과 같이 계산된다.

$$P = (5\,V)(3\,A) = +\,15\,W$$

따라서 회로소자 A는 에너지를 소비한다고 말할 수 있다.

그림 1.13(b)는 약간 달리 그려져 있지만 그림 1.13(a)와 같은 경우이다. 전력 P를 계산해 보면 다음과 같다.

$$P = (-\,5\,V)(-\,3\,A) = +\,15\,W$$

따라서 회로소자 B는 에너지를 소비한다고 말할 수 있으며, 결과적으로 그림 1.13(a)와 동일하다.

그림 1.13(c)는 기준 전류와 전압이 수동부호규약을 만족하도록 도시되어 있으므로 전력 P를 계산하면 다음과 같다.

$$P = (10\,V)(-\,2\,A) = -\,20\,W$$

따라서 회로소자 C는 에너지를 공급하고 있는 상태임을 알 수 있다.

예제 1.8

다음 각 회로소자에서의 전력을 계산하고, 회로소자가 에너지를 소비하고 있는지 또는 공급하고 있는지를 결정하라.

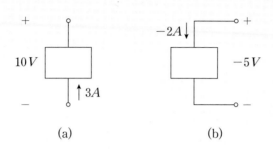

(a)　　　　　　　　　(b)

풀이 그림 (a)에 대하여 수동부호규약을 만족하도록 전압과 전류를 표시하면 다음과 같다.

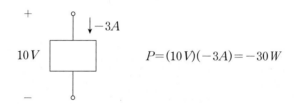

$$P = (10\,V)(-3A) = -30\,W$$

P가 음수이므로 회로소자는 $30W$의 에너지를 공급하고 있다.

그림 (b)에서 전류의 방향이 양(+)의 극성을 가진 단자로 흘러 나가고 있으므로 수동부호규약을 만족한다. 전력 P를 계산하면

$$P = (-5V)(-2A) = 10\,W$$

이므로 회로소자는 $10W$의 에너지를 소비하고 있는 것이다.

여 기서 잠깐!   **용어의 혼용**

전기전자 분야에서 전압, 전위차, 기전력이란 용어를 혼용하여 사용하고 있다. 결론적으로 말하면 전압, 전위차, 기전력은 모두 같은 의미의 용어이며, 다만 물리적 특성을 차별화하기 좋아하는 학자들에 의해 혼용되고 있는 것에 불과하다.

한편, 회로소자가 에너지를 소비한다는 것을 에너지를 흡수($P > 0$)한다고도 하며, 에너지를 공급하는 것을 에너지를 생성($P < 0$)한다고도 한다.

여 기서 잠깐!   **접지**

전원에 의해 회로의 각 부분에 상대적인 전위차가 형성되며, 이때 회로의 한 부분의 전위를 0으로 하여 기준으로 설정하는데 이를 접지(ground)라 하고 보통 G로 표시한다.

접지의 기호는 다음 그림 (a)와 같으며, 그림 (b)에서와 같이 회로 내의 각 부분의 전압은 접지에 대한 상대적인 값으로 주어진다.

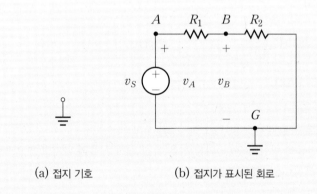

(a) 접지 기호   (b) 접지가 표시된 회로

그림 (b)에서 점 A와 점 B에 대한 전압은 접지 G에 대한 상대적인 값이며, 다음과 같이 표현될 수 있다.

v_A = 점 A와 접지 G 사이의 전위차 = v_{AG}

v_B = 점 B와 접지 G 사이의 전위차 = v_{BG}

1.5 요약 및 복습

전하

- 전하는 양전하와 음전하로 구분되며, 자연계에 존재하는 모든 전하는 전자가 가진 전하량($1.6 \times 10^{-19} C$)의 정수배이다.
- $1C$의 전하량은 6.25×10^{18}개의 전자가 가지는 전하량이다.
- 쿨롱의 법칙은 두 전하 사이에 발생하는 전기력(인력 또는 척력)을 정량적으로 기술한 것이다.
  ① 같은 극성의 두 전하 → 척력이 작용
  ② 다른 극성의 두 전하 → 인력이 작용
  ③ 전기력은 전하량에 비례하고 두 전하 사이의 거리의 제곱에 반비례

$$F = k\frac{Q_1 Q_2}{r^2}, \ k = 9 \times 10^9$$

전압

- 전하는 다른 전하에 전기력을 작용시켜 다른 전하를 이동시킬 수 있는 능력인 전위를 가진다.
- 다른 전하량을 가지는 두 개의 전하는 각각 전위를 가지기 때문에 두 전하는 전위차(전압)를 가진다.
- $1V$는 두 위치 사이에서 $1C$의 전하(6.25×10^{18}개의 전자)를 이동시키는데 $1J$의 에너지가 필요하다는 것을 의미한다.
- 전압 v는 단위 전하당 에너지로 정의하며, 단위는 V이다.

$$v = \frac{W}{Q} \ [V]$$

- 전압의 극성은 양수와 음수의 개념이 아니라 두 위치에서의 전위가 상대적으로 크거나(+) 작다는(−) 것을 의미한다.

전류

- 전하의 연속적인 흐름을 전류라고 부르며, 단위는 A이다. 전류 i는 전하가 흐르는 속도로 이해할 수 있으며 다음과 같이 정의한다.

$$i = \frac{Q}{t} \ [A]$$

- $1A$는 1초 동안에 $1C$의 전하가 회로의 어떤 한 단면을 지날 때의 전류이다.
- 전류의 방향은 화살표로 표시하지만 실제로 전류가 흐르는 방향을 의미하지 않는다. 다음의 두 전류는 동일한 표현이다.

수동부호규약

- 어떤 회로소자에서 전류 i의 방향이, 전압극성이 +로 표시된 단자로 흘러나가도록 표시되어 있는 경우 수동부호규약을 만족한다고 말한다.

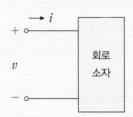

- 전류의 방향이 회로소자에서의 전압강하를 발생시키는 방향이라면 수동부호규약을 만족한다.

저항

• 도체에서 자유전자의 흐름을 제한하는 도체의 특성을 저항이라고 하며, 단위는 Ω이다.
• 1Ω의 저항은 $1V$의 전압이 인가된 도체에 $1A$의 전류가 흐를 때 존재하는 저항을 의미한다.
• 컨덕턴스는 저항의 역수로 정의되며, 단위는 S이다. 컨덕턴스는 도체에 전류를 얼마나 잘 흐르도록 할 수 있는 정도를 나타내는 개념이다.

옴의 법칙

• 옴의 법칙은 저항 R이 일정할 때 저항 양단전압 v와 저항에 흐르는 전류는 서로 비례관계라는 것이다.

$$v = Ri \ \text{ 또는 } \ i = \frac{v}{R}$$

• 키르히호프의 법칙과 함께 전기회로를 해석하는데 기초가 되는 매우 중요한 법칙이다.

독립전원과 종속전원

• 전압을 공급하는 전압원의 양단전압이 전류에 완전히 독립적인 경우를 독립전압원이라 한다.
• 전류를 공급하는 전류원의 전류가 전압에 완전히 독립적인 경우를 독립전류원이라 한다.
• 독립전원은 전원의 크기가 회로 내의 다른 소자들에 의해 전혀 영향을 받지 않지만, 종속전원은 전원의 크기가 회로 내의 다른 소자들에 의해 영향을 받는다.
• 종속전원에는 전류제어 전류원, 전압제어 전류원, 전압제어 전압원, 전류제어 전압원의 4가지 다른 형태가 있다.

전력

- 전력은 단위 전하가 소비하는 에너지로 단위는 W이다.

$$P = \frac{W}{t} \ [W]$$

- 전력은 전압과 전류의 곱으로도 표현 가능하다.

$$P = \frac{W}{t} = \left(\frac{W}{Q}\right)\left(\frac{Q}{t}\right) = vi$$

- 수동부호규약을 만족하는 회로소자에서의 전력 P는 $P > 0$이면 회로소자가 에너지를 소비(흡수)하는 것이며, $P < 0$이면 회로소자가 에너지를 공급(생성)하는 것이다.

연습문제

E X E R C I S E

1. 다음의 각각의 경우에 해당되는 전하량을 구하라.

(1) 6.25×10^{20}개의 전자가 중성의 유전체로부터 제거되는 경우 유전체에 축적되는 전하량 Q_1

(2) $+3C$의 양전하를 가지는 유전체에 1.25×10^{19}개의 전자가 추가되는 경우 유전체의 전체 전하량 Q_2

(3) 100,000,000개의 전자가 가지는 전하량 Q_3

2. $+2C$과 $-5C$의 두 전하가 2m 떨어져 있을 때의 전기력의 크기를 구하고, 인력인지 척력인지를 설명하라.

3. $-\frac{1}{2}C$의 음전하를 점 A에서 점 B로 이동하는 데 $8J$의 에너지가 필요하며, 점 B에서 점 C로 이동하는 데 $4J$의 에너지가 필요하다.

(1) v_{AB}와 v_{BA}를 각각 구하라.

(2) v_{BC}와 v_{CB}를 각각 구하라.

(3) v_{AC}와 v_{CA}를 각각 구하라.

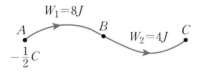

4. 어떤 회로소자에 흐르는 전류 i의 파형이 다음과 같다고 할 때, $t = 0$에서 $t = 5(\text{sec})$ 사이에 소자에 흘러들어간 전하량을 계산하라.

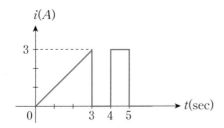

5. 다음의 회로에 대하여 물음에 답하라.

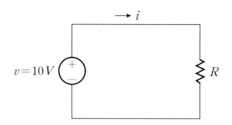

(1) $v = 10V$이고 $R = 5\Omega$일 때 전류 i를 구하라.

(2) 저항에서 소비하는 전력이 $100W$가 되도록 저항 R의 값을 구하라. 또한 이
   때 회로에 흐르는 전류 i를 구하라.

6. 어떤 회로소자에 흐르는 전류 $i(t)$와 양단전압 $v(t)$가 다음과 같을 때 소자가 소
   비하는 전력을 계산하라. 또한 $t = 0$에서 $t = 2$(sec) 사이에 소자에 공급되는
   전체 에너지를 계산하라.

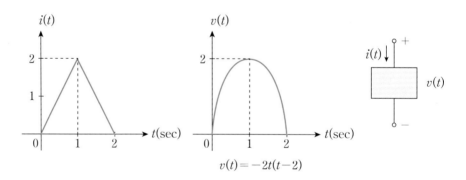

7. 다음의 각 회로소자에서의 전력을 계산하고, 회로소자가 에너지를 소비하고 있
   는지 또는 공급하고 있는지를 결정하라.

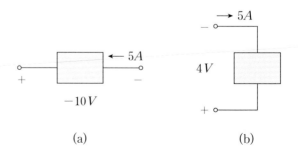

(a)   (b)

8. 다음 각 회로소자에서의 전력의 부호를 참고하여 전류의 방향과 크기 또는 전압의 극성과 크기를 표시하라.

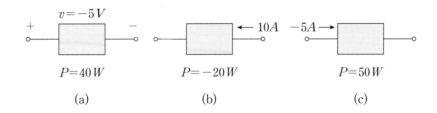

9. 다음 회로에 대하여 물음에 답하라.

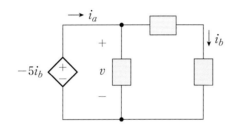

(1) $i_b = -3A$일 때 v를 계산하라.

(2) i_a를 전류계로 측정한 값이 $2A$라고 할 때, 종속전압원이 공급하는 전력을 계산하라.

10. 다음 회로는 전류원과 전압원이 직렬로 연결된 회로이다. 각 전원에서 소비 또는 공급하는 전력을 계산하라.

11. 10Ω 저항 양단에 나타나는 전압 $v(t)$의 파형이 다음과 같을 때 $t = 0$에서 $t = 3\,(\text{sec})$까지 저항에서 소비하는 에너지를 계산하라.

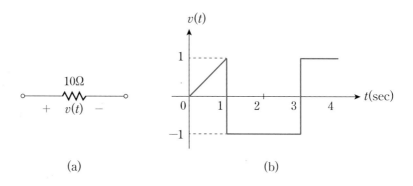

(a) (b)

12. 종속전원과 독립전원으로 구동되는 다음 회로에서 v_0를 계산하라.

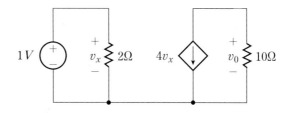

13. 다음 회로에 대하여 v_{AC}와 v_{AD}를 각각 구하라.

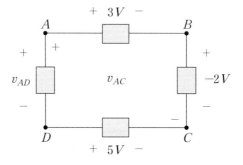

14. 전력량은 전력이 사용된 시간을 전력에 곱하여 정의한다. 즉 전력량(kWh)= 전력(kW)×시간(h)으로 표현할 수 있다. 가정에서 전기요금의 단위가 100원/kWh라고 가정하고 $60W$의 전구를 30일 동안 사용한다면 부과되는 전기요금은 얼마인지 계산하라.

15. 다음 그래프는 2개의 저항에 대한 전압과 전류를 도시한 것이다. 각 그래프에서 저항 R_1과 저항 R_2를 구하라.

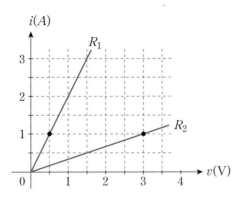

CHAPTER

02

키르히호프의 전류 및 전압 법칙

CONTENTS

02 키르히호프의 전류 및 전압 법칙

단원개요

 본 단원에서는 회로에서의 전류의 흐름과 전압의 분포 상태를 규정하는 키르히호프의 전류 법칙과 전압 법칙에 대하여 설명한다.

 회로소자들을 연결하는 방법에는 직렬 연결과 병렬 연결이 있으며, 저항회로에 대하여 직렬 연결시 전압이 분배되는 원리와 병렬 연결시 전류가 분배되는 원리를 유도하고 실제 활용하는 방법에 대하여 학습한다. 또한 전원들이 직렬 또는 병렬로 연결되어 있는 경우, 전원을 합성하는 방법에 대하여 학습함으로써 회로해석의 기초를 다진다.

 마지막으로 회로에서의 접지에 대하여 설명하고, 전압 및 전류를 측정하는 방법에 대하여 학습한다.

2.1 평면회로에 대한 회로 용어

 실제 회로는 여러 소자들이 복잡하게 연결되어 있으므로 어떤 의미로는 회로망(network)이라고 하는 것이 더 타당할 수도 있다. 이와 같은 복잡한 회로를 체계적으로 해석하는 방법에 대해 논의하기 위해 먼저 평면회로(planar circuit)에 대한 용어들을 정의한다.

(1) 마디, 경로, 가지

 마디(node)는 회로에서 2개 이상의 회로소자가 연결되는 한 점을 의미한다. 하나의 마디에서 시작하여 소자를 지나 다른 마디로 이동하는 과정을 여러 번 반복하는 경우를 생각해 보면, 여러 소자와 여러 마디를 계속 지나갈 수 있을 것이다. 이런 과정에서 각 마디를 단 한번만 지나가도록 마디와 소자를 선택하였다면, 이 마디와 소자로 구성되는 통로를 경로(path)라고 정의한다.

 경로 중에서 출발 마디와 끝나는 마디가 같으면 폐경로(closed path) 또는 루프

(loop)라고 한다.

예를 들어, 그림 2.1의 회로를 생각해 본다.

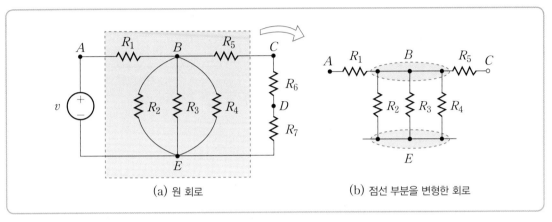

(a) 원 회로   (b) 점선 부분을 변형한 회로

그림 2.1 5개의 마디와 8개의 가지를 가지는 회로

그림 2.1(a)의 회로에서 A, B, C, D, E는 모두 마디이며, 마디 B나 마디 E의 경우는 한 점으로 표시할 수도 있지만 그림 2.1(b)와 같이 도선으로 연결하여 여러 점인 것처럼 표시하여도 실제로는 같은 마디라는 사실에 주의하라.

그림 2.1(a)의 회로에는 많은 경로와 루프가 존재하는데, 그림 2.2에 몇 가지 경로 와 루프를 도시하였다.

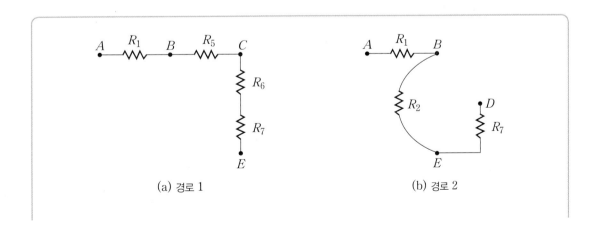

(a) 경로 1   (b) 경로 2

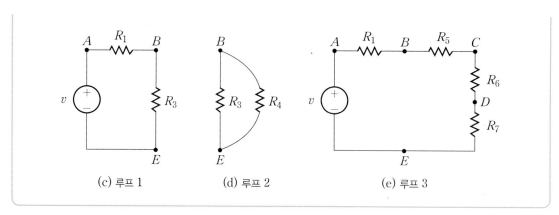

(c) 루프 1　　　　(d) 루프 2　　　　(e) 루프 3

그림 2.2 여러 가지 경로와 루프의 예

또한, 회로에서 하나의 소자와 그 소자의 양쪽 끝에 있는 마디로 구성되는 단일 경로를 가지(branch)라고 정의한다. 그림 2.1(a)의 회로에서 가지의 개수는 8개이다.

한편, 평면회로는 어떠한 가지도 다른 가지의 위로 또는 아래로 겹쳐지지 않게 하면서 평면 위에 그릴 수 있는 회로를 의미한다. 메쉬(mesh)는 평면회로에서만 정의되는 개념으로 루프 중에서 그 내부에 다른 루프를 포함하지 않는 루프로 정의된다. 즉, 메쉬는 루프의 특별한 경우이다. 지금까지의 회로 용어들을 표 2.1에 요약하여 정리하였다.

표 2.1 평면회로에 대한 회로 용어

명칭	정의
마디	2개 이상의 회로소자가 연결되는 한 점
경로	각 마디가 단 한번만 지나가도록 여러 마디와 소자로 구성되는 통로
루프, 폐경로	출발 마디와 끝나는 마디가 같은 경로
가지	하나의 소자와 그 소자의 양쪽 끝에 있는 마디로 구성되는 단일 경로
메쉬	루프 중에서 내부에 다른 루프를 포함하지 않는 루프
평면회로	어떠한 가지도 다른 가지의 위나 아래로 겹쳐지지 않도록 평면 위에 그릴 수 있는 회로

마지막으로 루프전류와 마디전압을 정의한다. 하나의 루프에는 하나의 공통된 전류가 흐르는데 이를 루프전류라고 한다. 또한, 각 마디에는 하나의 전압이 정의되며 이를 마디전압이라고 한다. 그림 2.3에 루프전류와 마디전압의 예를 나타내었다.

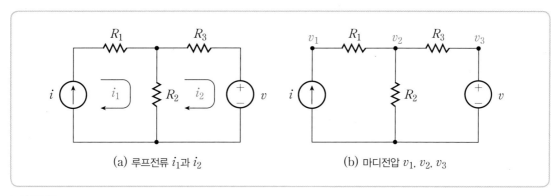

(a) 루프전류 i_1과 i_2 (b) 마디전압 v_1, v_2, v_3

그림 2.3 루프전류와 마디전압

예제 2.1

다음 회로에 대하여 물음에 답하라.

(1) 마디, 가지 및 메쉬의 개수를 구하라.

(2) 그림 (a)와 그림(b)의 점선 부분이 루프 또는 메쉬인지 여부를 판별하라.

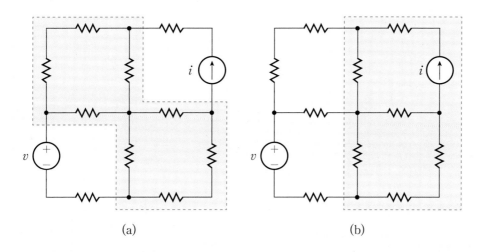

(a)   (b)

풀이 (1) 마디의 전체 개수는 9개이고, 가지의 전체 개수는 12개이다. 메쉬의 전체 개수는 4개이다.

(2) 그림 (a)의 점선 부분은 중앙의 마디를 2번 통과하므로 경로가 아니다. 따라서 루프도 아니다.

그림 (b)의 점선 부분은 루프이지만 루프 내부에 다른 루프가 존재하므로 메쉬는 아니다.

예제 2.2

다음 회로에 대하여 물음에 답하라.

(1) 마디와 가지, 메쉬의 전체 개수를 구하라.

(2) $C \rightarrow D \rightarrow E$로 이동한다면 경로를 구성하는가? 또한, 메쉬가 되는가?

(3) $B \rightarrow C \rightarrow D \rightarrow E \rightarrow F \rightarrow B$는 메쉬를 구성하는가?

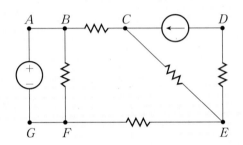

풀이 (1)회로에서 $A = B$, $G = F$이므로 전체 마디의 개수는 5개이며, 가지는 모두 7개이다. 또는 메쉬는 다음에 나타낸 것처럼 모두 3개가 존재한다.

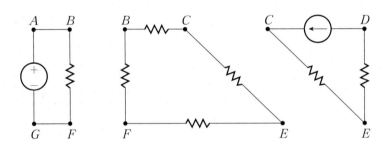

(2) $C \rightarrow D \rightarrow E$로 이동하면 경로를 구성하지만 출발 마디와 끝나는 마디가 같지 않으므로 루프가 아니다. 따라서 메쉬도 아니다.

(3) $B \rightarrow C \rightarrow D \rightarrow E \rightarrow F \rightarrow B$로 이동하면 출발 마디와 끝나는 마디가 같기 때문에 루프를 형성하지만, 루프 안에 다른 루프를 포함하고 있기 때문에 메쉬는 아니다.

2.2 키르히호프의 전류 법칙

키르히호프의 전류 법칙(Kirchhoff current law, KCL)은 회로해석에 있어 가장 많이 사용되며 기초가 되는 법칙 중의 하나이다. 마디는 회로소자가 아니며 전하를 저장하거나, 파괴하거나 또는 생성할 수 없으므로 각각의 마디로 유입하는 전류를 모두 합하면 당연히 0이 되어야 한다. 결국, 키르히호프의 전류 법칙은 전하보존의 법칙을 의미하며 다음과 같이 표현할 수 있다.

키르히호프의 전류 법칙

회로에서 임의의 마디로 흘러 들어가는 모든 전류의 대수적인 합은 영(0)이다.

키르히호프의 전류 법칙은 수도 파이프에 물이 흐르는 경우 그림 2.4에서와 같이 수력학적인 유사성으로 쉽게 이해될 수 있다.

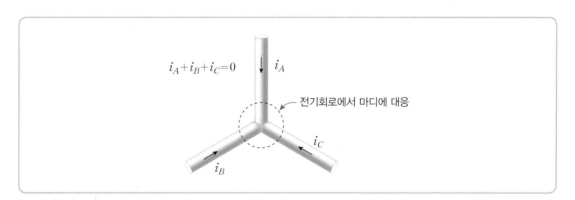

그림 2.4 3개의 파이프에 흐르는 물

그림 2.4에서처럼 3개의 파이프가 한 연결점에서 연결되어 있고, 각 파이프로 화살표 방향으로 강제로 물을 흐르게 한다면 결국 파이프는 터져 버릴 것이다. 여기서 물의 흐름과 파이프의 연결점을 전기회로에서 전류와 마디로 각각 생각한다면 $i_A + i_B + i_C = 0$이라는 표현이 잘못된 것이 아닐까 하는 의문이 들 수 있다.

그러나 전하보존의 법칙은 물리학에서 성립되는 기본 법칙이기 때문에 3개의 파

이프에 모두 물이 흘러들어온다는 상황이 잘못된 것이다. 실제로는 1개 또는 2개의
파이프에 흐르는 물의 방향은 나머지 다른 파이프에 흐르는 물의 방향과 반대로 흐
른다.

  결국, 파이프의 연결점으로 흘러들어오는 물의 양과 흘러나가는 물의 양이 동일하
다는 표현이 훨씬 쉽게 이해가 될 것이다. 그렇다면 앞에서 표현한 키르히호프의 전
류 법칙은 잘못된 것인가? 이에 대한 답을 구하기 위해 그림 2.5를 생각한다.

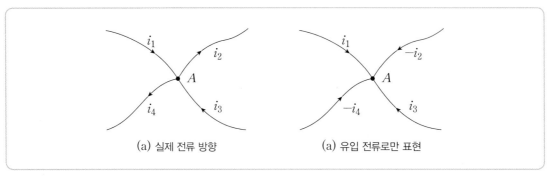

(a) 실제 전류 방향   (a) 유입 전류로만 표현

그림 2.5 키르히호프의 전류 법칙 이해

  그림 2.5(a)에서 마디 A로 유입되는 전류(i_1, i_3)와 유출되는 전류(i_2, i_4)가 실제
로 흐르는 전류의 방향이라고 가정하면, 전하보존의 법칙에 따라 다음의 관계가 성립
한다.

$$\underbrace{i_1 + i_3}_{\text{유입 전류의 합}} = \underbrace{i_2 + i_4}_{\text{유출 전류의 합}} \qquad (2-1)$$

  그런데 그림 2.5(b)에서처럼 전류의 방향을 모두 유입 전류로만 표현하여 마디 A로
유입되는 모든 전류의 합이 0이라는 키르히호프의 전류 법칙을 적용하면 다음과 같다.

$$\underbrace{i_1 - i_2 + i_3 - i_4}_{\text{유입 전류의 합}} = 0 \qquad (2-2)$$

  식(2-1)의 우변을 좌변으로 이항하게 되면 식(2-2)가 얻어진다는 것을 알 수 있으
므로 키르히호프의 전류 법칙을 "임의의 마디로 흘러들어가는 모든 전류의 대수적인

합은 0이다"라고 표현하여도 무관할 것이다. 또한, 식(2-1)의 좌변을 모두 우변으로
이항하면

$$\underbrace{-i_1 + i_2 - i_3 + i_4}_{\text{유출 전류의 합}} = 0 \qquad\qquad (2-3)$$

이 되므로 키르히호프의 전류 법칙을 "임의의 마디로 흘러나가는 모든 전류의 대수적
인 합은 0이다"라고 표현하여도 동일한 것이다.

지금까지 기술한 내용으로부터 키르히호프의 전류 법칙을 다음과 같이 3가지의 동
일한 의미로 표현할 수 있다.

• 회로에서 임의의 마디로 유입되는 모든 전류의 대수적인 합은 0이다.
• 회로에서 임의의 마디로 유입되는 전류의 대수적인 합과 유출되는 전류의 대수
  적인 합은 같다.
• 회로에서 임의의 마디로 유출되는 모든 전류의 대수적인 합은 0이다.

따라서 키르히호프의 전류 법칙은 일반적으로 그림 2.6에서처럼 마디 A로 모두
유입되거나 마디 A로 모두 유출되는 경우를 가정하여 표현할 수 있다.

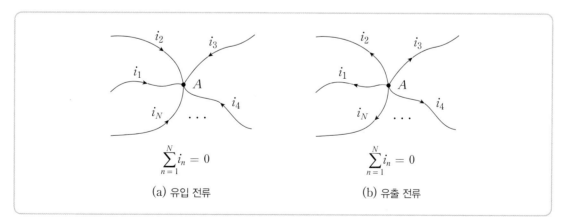

그림 2.6 키르히호프의 전류 법칙 일반화

그림 2.6에서처럼 N개의 가지에서 마디 A로 유입되거나 유출되는 모든 전류의
대수합은 0이다. 키르히호프의 전류 법칙은 3장에서 다루게 될 마디해석법(node

analysis)에 매우 유용하게 사용되는 법칙으로 명확한 이해가 필수적이다.

예제 2.3

다음 회로에서 $5V$ 전압원이 공급하는 전류 $i_S = 3A$라고 할 때 전류 i를 구하라.

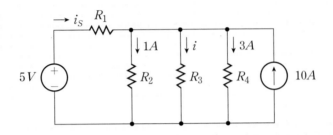

풀이 R_2의 상단의 마디를 기준으로 하여 키르히호프의 전류 법칙을 적용한다.

$$i_S + 10 = 1 + i + 3$$
$$\therefore \ i = 9A$$

예제 2.4

다음 그림에서 미지의 전류 i를 구하라.

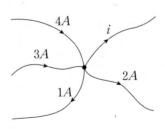

풀이 키르히호프의 전류 법칙을 이용하면 다음과 같다.

$$3A + 4A - 1A - 2A - i = 0$$
$$\therefore \ i = 4A$$

2.3 키르히호프의 전압 법칙

키르히호프의 전압 법칙(Kirchhoff voltage law, KVL)은 키르히호프의 전류 법칙과 함께 회로해석에서 가장 많이 사용되는 기본 법칙 중의 하나이며, 폐회로에서의 에너지 보존 법칙과 연관되어 있다.

그림 2.7의 저항과 독립전압원으로 구성된 회로를 고려한다.

그림 2.7의 회로를 전류가 흐르는 방향과 동일한 시계 방향으로 일주하게 되면, 각 저항 양단의 전압의 극성과 독립전압원에서의 전압의 극성은 항상 반대가 된다는 것을 알 수 있다. 즉, 저항은 (+)에서 (−)로 되고, 독립전압원은 (−)에서 (+)로 된다.

에너지 보존 법칙의 관점에서 볼 때, 폐회로를 시계 방향으로 일주할 때 각 저항에서 소비하는 에너지의 합과 독립전압원에서 공급하는 에너지가 서로 같아야 할 것이다. 저항에서의 에너지 소비는 전압강하(voltage drop)로 나타나고, 독립전압원에서의 에너지 공급은 전압상승(voltage rise)으로 나타난다.

따라서 그림 2.7의 회로에서 폐루프를 따라 모든 전압강하를 대수적으로 합하면 그 폐루프에서의 전원전압과 같다고 결론을 내릴 수 있으며, 이를 일반화한 것이 키르히호프의 전압 법칙이다.

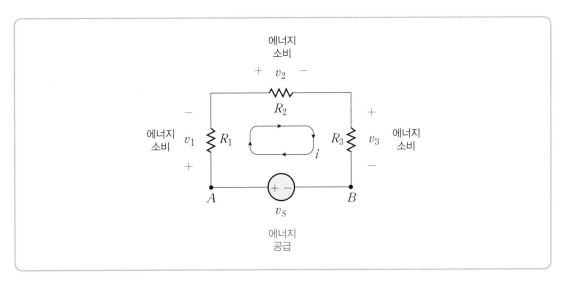

그림 2.7 에너지 보존 법칙의 설명

결국, 키르히호프의 전압 법칙은 에너지 보존 법칙을 의미하며 다음과 같이 표현할 수 있다.

키르히호프의 전압 법칙

회로에서 임의의 폐경로(루프)를 따라 일주할 때 발생되는 모든 전압강하의 대수적인 합은 0이다.

그림 2.8의 회로에 대하여 키르히호프의 전압 법칙을 적용해본다.

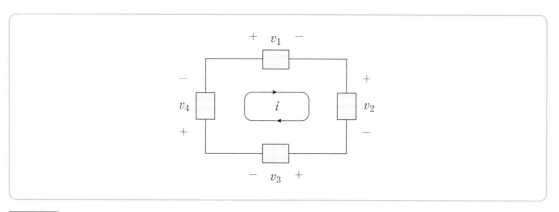

그림 2.8   키르히호프의 전압 법칙 이해

폐회로를 시계 방향으로 일주하면서 발생되는 전압강하를 모두 합하면 0이므로 다음 관계가 성립한다.

$$v_1 + v_2 + v_3 + v_4 = 0 \qquad (2-4)$$

그런데 식(2-4)를 에너지 보존의 관점에서 보면, 모든 소자에서 에너지를 소비하여 전압강하를 발생시키고 있으므로 에너지를 소비만 하고 있지 에너지를 공급하는 소자가 없는 것처럼 보인다.

실제로는 그림 2.8의 폐회로에서 하나 이상의 회로소자에서 에너지를 공급하고 있기 때문에 회로소자에서의 전압극성에 유의할 필요가 있다.

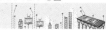

그림 2.7의 회로에 대하여 키르히호프의 전압 법칙을 적용해 본다. 단자 A에서 시작하여 3개의 저항을 경유하며 단자 B까지 시계 방향으로 일주할 때 전압강하가 발생하고, 단자 B에서 단자 A까지 전원을 경유할 때 전압상승이 발생한다. 즉,

$$\underbrace{v_1 + v_2 + v_3}_{\text{전압강하의 합}} = \underbrace{v_S}_{\text{전압상승}} \qquad (2-5)$$

식(2-5)의 우변을 좌변으로 이항하면

$$\underbrace{v_1 + v_2 + v_3 + (-v_S)}_{\text{모든 전압강하의 합}} = 0 \qquad (2-6)$$

이 되므로, 키르히호프의 전압 법칙은 폐회로를 일주할 때 발생되는 모든 전압강하의 합은 0이라고 표현할 수도 있다.

한편, 식(2-5)의 좌변을 모두 우변으로 이항하면

$$\underbrace{(-v_1) + (-v_2) + (-v_3) + v_S}_{\text{모든 전압상승의 합}} = 0 \qquad (2-7)$$

이 되므로, 키르히호프의 전압 법칙은 폐회로를 일주할 때 발생되는 모든 전압상승의 합은 0이라고 표현하여도 동일한 의미인 것이다.

지금까지 기술한 내용으로부터 키르히호프의 전압 법칙을 다음과 같이 3가지의 동일한 의미로 표현할 수 있다.
- 회로에서 임의의 폐경로를 따라 일주할 때 발생되는 모든 전압강하의 대수적인 합은 0이다.
- 회로에서 임의의 폐경로를 따라 일주할 때 발생되는 전압강하의 대수적인 합과 전압상승의 대수적인 합은 같다.
- 회로에서 임의의 폐경로를 따라 일주할 때 발생되는 모든 전압 상승의 대수적인 합은 0이다.

키르히호프의 전압 법칙을 적용할 때 폐회로를 일주하는 방향은 시계 방향 또는

반시계 방향으로 정할 수 있으나, 반드시 일관성을 가져야 한다. 본 책에서는 특별한 경우를 제외하고는 시계 방향으로 일주 방향을 선정한다.

또한, 전압강하와 전압상승의 부호도 양(+) 또는 음(−)으로 임의로 정할 수 있으나, 일주 방향과 마찬가지로 일관성을 가져야 한다. 이 책에서는 전압강하를 양(+)으로, 전압상승을 음(−)으로 선정하도록 한다.

일반적으로, 임의의 폐경로에서 소자의 개수가 N이고 각 소자에서의 전압강하 또는 전압상승을 v_1, v_2, $\cdots$, v_N이라고 하면, 키르히호프의 전압 법칙을 다음과 같이 일반화할 수 있다.

$$\sum_{n=1}^{N} v_n = 0 \qquad\qquad (2-8)$$

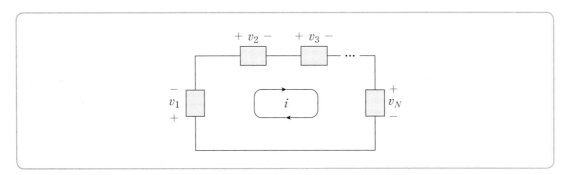

그림 2.9 키르히호프의 전압 법칙 일반화

예제 2.5

다음 회로에서 회로에 흐르는 전류 i와 10Ω 저항의 양단전압 v를 구하라.

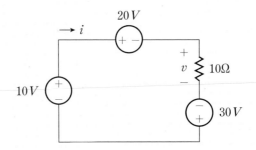

풀이 $10V$ 전원의 하단에서 시작하여 시계 방향으로 일주하면서 키르히호프의 전압 법칙을 적용하면

$$-10 + 20 + v - 30 = 0$$
$$\therefore \ v = 20V$$

이므로 옴의 법칙을 이용하여 전류 i를 계산한다.

$$v = Ri = 10\Omega \times i = 20V$$
$$\therefore \ i = 2A$$

예제 2.6

다음 회로에서 전류원의 크기 i_x와 양단전압 v_x를 각각 구하라.

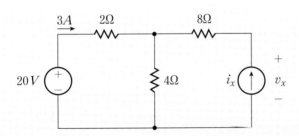

풀이 회로해석을 위하여 다음 그림과 같이 전류와 전압을 표기한다.

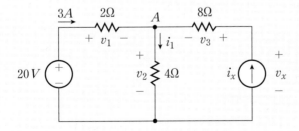

먼저, v_1은 옴의 법칙에 의해 $v_1 = 2\Omega \times 3A = 6V$ 이므로 좌측 메쉬에 키르히호프의 전압 법칙을 적용한다.

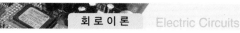

$$v_1 + v_2 - 20 = 0$$
$$\therefore v_2 = 20 - v_1 = 14\,V$$

옴의 법칙에 의해

$$i_1 = \frac{v_2}{4} = \frac{14\,V}{4\,\Omega} = \frac{7}{2}\,A$$

가 얻어지므로, 마디 A에서 키르히호프의 전류 법칙을 적용한다.

$$3 + i_x = i_1$$
$$\therefore i_x = i_1 - 3 = \frac{1}{2}\,A$$

i_x가 구해졌으므로 옴의 법칙에 의해 v_3는 다음과 같다.

$$v_3 = 8\,\Omega \times i_x = 8\,\Omega \times \frac{1}{2}\,A = 4\,V$$

v_x를 구하기 위하여 우측 메쉬에 키르히호프의 전압 법칙을 적용한다.

$$-v_3 + v_x - v_2 = 0$$
$$-4 + v_x - 14 = 0 \qquad \therefore v_x = 18\,V$$

여기서 잠깐! **종속전원과 키르히호프의 법칙**

• 종속전류원이 회로에 존재할 때, 일단 종속전류원을 독립전류원과 같이 취급하여 키르 히호프의 전류 법칙을 적용한다. 다음 단계로 종속전류원을 마디전압의 함수로 표현하여 방정식을 정리한다.

• 종속전압원이 회로에 존재할 때, 일단 종속전압원을 독립전압원과 같이 취급하여 키르 히호프의 전압 법칙을 적용한다. 다음 단계로 종속전압원을 루프전류의 함수로 표현하여 방정식을 정리한다.

회로에 종속전원이 존재하는 경우에 키르히호프의 법칙을 어떻게 적용할 수 있는
지를 다음 예제를 통해 살펴본다.

예제 2.7

다음 회로에서 루프전류 i와 v_0를 각각 구하라.

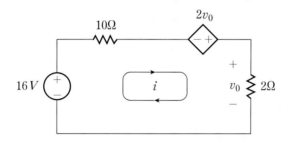

풀이 키르히호프의 전압 법칙을 적용하면

$$10i - 2v_0 + v_0 - 16 = 0$$
$$10i - v_0 - 16 = 0$$

이 얻어지며, 옴의 법칙에 의해 v_0는 다음과 같다.

$$v_0 = 2i$$

따라서 위의 두 방정식을 연립하여 정리하면

$$10i - 2i - 16 = 0 \qquad \therefore \ i = 2A$$

이므로 $v_0 = 2i = 2\Omega \times 2A = 4V$가 얻어진다.

예제 2.8

다음 회로에서 전류 i_1, i_2와 전압 v_0를 각각 구하라.

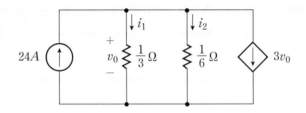

풀이　전류원의 상단 마디에서 키르히호프의 전류 법칙을 적용한다.

$$24 = i_1 + i_2 + 3v_0$$

옴의 법칙에 의해

$$i_1 = \frac{v_0}{\left(\dfrac{1}{3}\right)} = 3v_0, \ i_2 = \frac{v_0}{\left(\dfrac{1}{6}\right)} = 6v_0$$

이므로 다음 관계가 얻어진다.

$$24 = 3v_0 + 6v_0 + 3v_0$$
$$\therefore \ v_0 = 2V$$

따라서 $i_1 = 3v_0 = 6A$, $i_2 = 6v_0 = 12A$가 얻어진다.

2.4 전원의 직병렬 연결

　　회로해석에 있어서 직렬 또는 병렬로 연결되어 전원을 하나로 합하면 회로해석이 간편해지는 경우가 많다. 직병렬로 연결되어 있는 전원을 하나로 합해도 나머지 회로

의 전압, 전류 및 전력 관계는 전혀 변하지 않는다.

예를 들어, 그림 2.10(a)에 나타낸 것과 같이 직렬로 연결된 전압원은 각 전압원의 대수적인 합과 동일한 크기를 가지는 1개의 등가전압원으로 대체할 수 있다.

또한, 그림 2.10(b)에 나타낸 것과 같이 병렬로 연결된 전류원은 각 전류원의 대수적인 합과 동일한 크기를 가지는 1개의 등가전류원으로 대체할 수 있으며, 병렬로 연결된 소자들은 필요에 따라 순서를 바꾸어 주어도 무방하다.

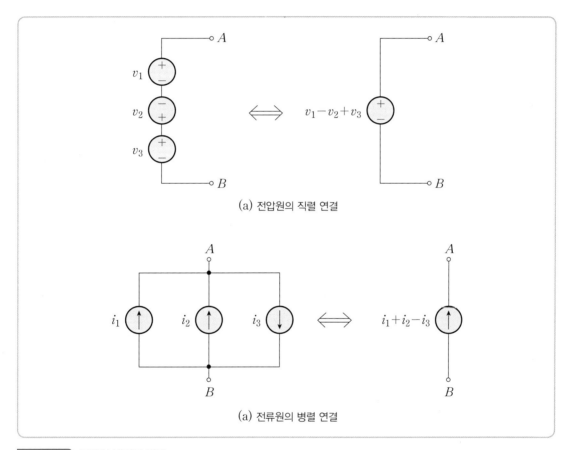

(a) 전압원의 직렬 연결

(a) 전류원의 병렬 연결

그림 2.10 전원의 직병렬 연결

직렬로 연결된 전압원을 1개의 등가전압원으로 대체할 때는 각 전압원의 극성에 유의하여야 하며, 마찬가지로 병렬로 연결된 전류원을 1개의 등가전류원으로 대체할 경우에도 각 전류원의 방향에 유의하여야 한다.

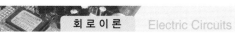
예제 2.9

다음 회로에서 4개의 전압원을 하나로 통합한 다음, 10Ω의 저항에 흐르는 전류를 구하라.

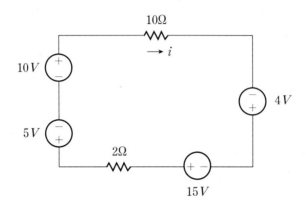

풀이　4개의 전압원을 위쪽의 단자가 (+)인 하나의 등가전압원으로 대체하기 위해서 각 전압원의 대수적인 합을 구한다.

$$10\,V - 5\,V + 15\,V + 4\,V = 24\,V$$

따라서 등가회로는 다음과 같다.

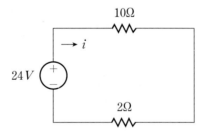

키르히호프의 전압 법칙을 적용하면 i는 다음과 같이 구해진다.

$$10i + 2i - 24 = 0$$
$$\therefore\ i = 2A$$

예제 2.10

다음 회로에서 3개의 전류원을 하나로 통합한 다음, 저항 R의 양단전압 $v = 10V$가 되도록 저항 R의 값을 결정하라.

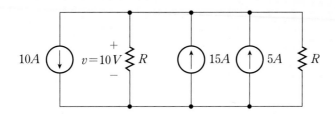

풀이 3개의 전류원을 화살표가 위로 향하는 하나의 등가전류원으로 대체하기 위해서 각 전류원의 대수적인 합을 구한다.

$$-10A + 15A + 5A = 10A$$

따라서 등가회로는 다음과 같다.

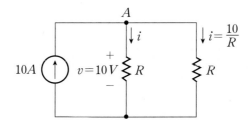

저항 R에 흐르는 전류를 옴의 법칙에 의해 계산하여 마디 A에서 키르히호프의 전류 법칙을 적용한다.

$$10 = \frac{10}{R} + \frac{10}{R}$$

$$\therefore \ R = 2\Omega$$

다음으로, 전압원의 크기가 v_1과 v_2인 2개의 전압원을 그림 2.11과 같이 병렬로 연결한 경우를 고찰한다. 만일 $v_1 \neq v_2$인 경우 그림 2.11(a)는 키르히호프의 전압 법칙을 만족시키지 않으므로 모순이 발생한다.

결과적으로 이상적인 전압원을 병렬로 연결하는 경우에는 각 전압원의 크기가 동일해야 한다는 것을 기억하자. 그림 2.11(b)에서처럼 $v_1 = v_2 \equiv v_S$인 경우 등가전압원의 크기도 v_S가 된다는 사실에 주목하라.

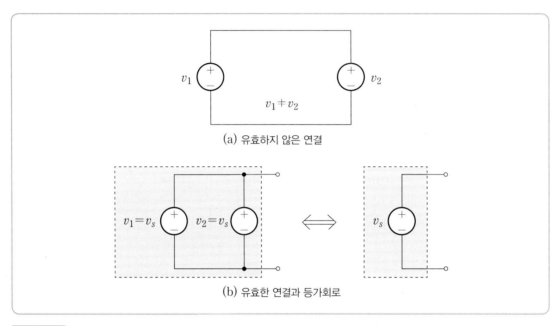

그림 2.11 이상적인 전압원의 병렬 연결

여 기서 잠깐! **실제 전압원의 병렬 연결**

회로해석에서 다루는 회로소자들은 이상적인 특성을 가진다고 가정한다. 이상적인 전압원의 경우 내부 저항은 존재하지 않기 때문에 그림 (a)의 병렬 연결은 모순이 발생한다. 그러나 실제의 전압원은 이상적이지 않기 때문에 전압원 내부의 작은 직렬저항 r이 존재하게 되므로, 전압원의 크기가 다른 두 전압원을 실제로는 연결하여도 모순이 발생하지는 않는다. 왜냐하면, 그림 (b)의 회로는 아무런 문제가 없이 정상적으로 동작하는 회로이기 때문이다.

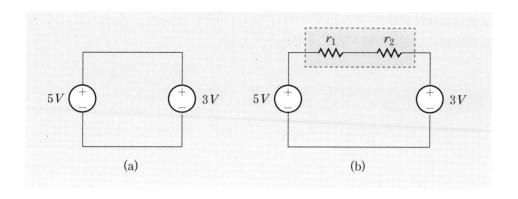

(a)　　　　　　　　　　　(b)

이번에는 전류원의 크기가 i_1과 i_2인 2개의 전류원을 그림 2.12와 같이 직렬로 연결한 경우를 고찰한다. 만일, $i_1 \neq i_2$인 경우 그림 2.12(a)는 키르히호프의 전류 법칙을 만족시키지 않으므로 모순이 발생한다.

결과적으로 이상적인 전류원을 직렬로 연결하는 경우에는 각 전류원의 크기와 방

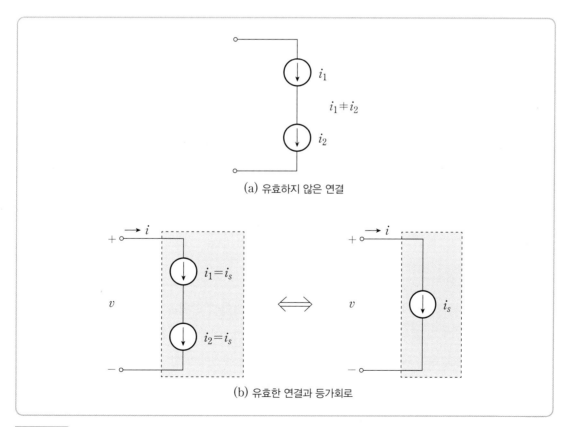

(a) 유효하지 않은 연결

(b) 유효한 연결과 등가회로

그림 2.12　이상적인 전류원의 직렬 연결

향이 동일해야 한다는 것을 기억하자. 그림 2.12(b)에서처럼 $i_1 = i_2 = i_S$인 경우 등가전류원의 크기도 i_S가 된다는 사실에 주목하라.

예제 2.11

다음 회로의 연결이 유효하기 위해 전압원과 전류원이 가져야 할 크기 v_a와 i_a를 각각 구하라.

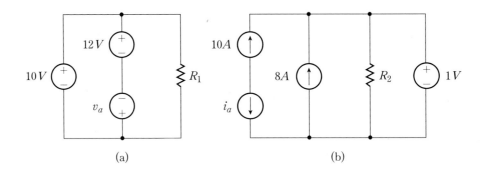

(a)　　　　　　　　　　　　　　　(b)

풀이　그림 (a)에서 병렬로 연결된 두 전압원의 전압이 크기는 동일해야 하므로 다음 관계가 성립한다.

$$12 - v_a = 10 \qquad \therefore v_a = 2\,V$$

또한, 그림 (b)에서 직렬로 연결된 두 전류원의 전류의 크기는 동일해야 하므로 다음 관계가 성립한다.

$$10 = -i_a \qquad \therefore i_a = -10A$$

지금까지 기술한 내용을 요약하면, 이상적인 전압원을 병렬로 연결할 수 있는 경우는 오직 동일한 전압을 가지는 경우뿐이며, 이상적인 전류원을 직렬로 연결할 수 있는 경우는 동일한 크기와 방향을 가지는 전류원에 국한된다.

2.5 저항의 직렬 연결과 전압분배

복잡한 회로에서 여러 개의 저항을 통합하여 하나의 등가저항으로 대체함으로써 회로해석의 편이성을 추구할 수 있다. 지금까지 옴의 법칙과 키르히호프의 법칙을 학습함으로써 이제 저항만으로 구성된 회로를 해석할 준비를 완료하였다.

인접한 두 소자가 한 마디를 공유하고 그 마디에 접속된 다른 소자가 없을 때 두 소자는 직렬(series)로 연결되었다고 정의한다. 인접하지 않은 소자가 어떤 한 소자와 각각 직렬로 연결되어 있을 때도 두 소자는 직렬이라고 한다.

예를 들어, 그림 2.13의 단일 루프회로에서 R_1과 R_2는 한 마디 A를 공유하고 마디 A에 연결된 다른 소자는 없기 때문에 R_1과 R_2는 서로 직렬이다. 마찬가지 이유로 R_2와 R_3는 한 마디 B를 공유하고 마디 B에 연결된 다른 소자는 없기 때문에 R_2와 R_3는 직렬이다.

또한, R_1과 R_3는 서로 인접하지는 않지만 R_2와 각각 직렬로 연결되어 있기 때문에 서로 직렬이다. 키르히호프의 전류 법칙에 의하면 직렬 연결된 소자에는 모두 같은 전류가 흘러야 한다.

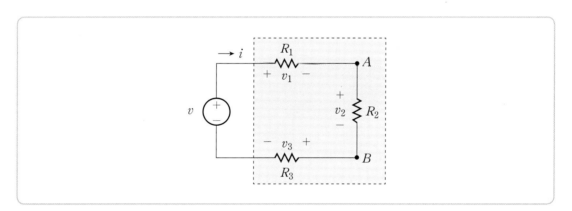

그림 2.13 직렬 연결된 단일 루프회로

그림 2.13의 회로에서 각 저항에 걸리는 전압을 v_1, v_2, v_3라고 정의하여 키르히호프의 전압 법칙을 적용한다.

$$v_1 + v_2 + v_3 - v = 0$$
$$\therefore \ v = v_1 + v_2 + v_3 \quad\quad (2-9)$$

식(2-9)로부터 전원전압 v가 각 저항 R_1, R_2, R_3로 전압이 분배된다는 것을 알 수 있다.

어떤 비율로 전압이 분배되는가를 알아보기 위해 루프전류 i를 구해본다. 식(2-9)에 옴의 법칙을 적용하면

$$v_1 = R_1 i, \quad v_2 = R_2 i, \quad v_3 = R_3 i \quad\quad (2-10)$$

이 얻어지며, 식(2-10)을 식(2-9)에 대입하여 i에 대해 정리하면 다음과 같다.

$$v = R_1 i + R_2 i + R_3 i = (R_1 + R_2 + R_3)\, i \triangleq R_{eq}\, i \quad\quad (2-11)$$
$$\therefore \ i = \frac{v}{R_1 + R_2 + R_3} \triangleq \frac{v}{R_{eq}} \quad\quad (2-12)$$

단, $R_{eq} \triangleq R_1 + R_2 + R_3$은 등가저항이다.

식(2-11)과 식(2-12)를 이용하여 회로를 다시 구성하면 다음과 같다.

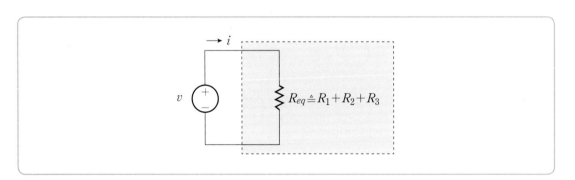

그림 2.14 그림 2.13에 대한 등가회로

따라서 그림 2.13과 그림 2.14로부터 직렬로 연결된 저항들은 각 저항을 대수적으로 합한 하나의 등가저항으로 나타낼 수 있다는 것을 알 수 있다.

다음으로 각 저항에 분배되는 전압의 크기를 구해본다. 식(2−12)를 식(2−10)에 각각 대입하면

$$v_1 = R_1 i = \frac{R_1}{R_1 + R_2 + R_3}v = \frac{R_1}{R_{eq}}v \qquad (2-13\mathrm{a})$$

$$v_2 = R_2 i = \frac{R_2}{R_1 + R_2 + R_3}v = \frac{R_2}{R_{eq}}v \qquad (2-13\mathrm{b})$$

$$v_3 = R_3 i = \frac{R_3}{R_1 + R_2 + R_3}v = \frac{R_3}{R_{eq}}v \qquad (2-13\mathrm{c})$$

가 얻어진다. 식(2−13)을 살펴보면 각 저항에 분배되는 전압은 각 저항에 비례하여 분배된다는 것을 알 수 있다. 이것을 전압분배의 원리(principle of voltage division)라고 하며, 그림 2.13과 같은 회로를 전압분배기(voltage divider)라고 부른다.

개념 이해와 단순화를 위해 3개의 저항이 직렬로 연결된 단일 루프회로에 대하여 전압분배의 원리를 설명하였으나, N개의 저항이 직렬로 연결된 일반적인 단일 루프 회로에 대해서도 식(2−13)의 결과를 자연스럽게 확장할 수 있다. 즉,

$$v_k = \frac{R_k}{R_1 + R_2 + \cdots + R_N}v = \frac{R_k}{R_{eq}}v \qquad (2-14)$$

$$k = 1,\ 2,\ \cdots,\ N$$

$$R_{eq} \triangleq R_1 + R_2 + \cdots + R_N = \sum_{k=1}^{N} R_k \qquad (2-15)$$

여 기서 잠깐! 종속전압원과 전압분배기

종속전압원의 크기가 특정 저항과 관계되어 있다면, 이 특정 저항이 여러 개의 직렬 저항과 통합되어 하나의 등가저항을 구성하고 나면 종속전압원의 기준이 사라져 버려 종속전압원의 크기를 정할 수 없게 된다.
이러한 경우에는 이 특정 저항을 제외한 나머지 저항만으로 등가저항을 계산하는 것이 바람직하다.

예제 2.12

다음 회로에서 전압원과 직렬 저항을 통합한 등가회로로부터 전류 i와 $10V$ 전압원에 대한 전력을 계산하라. 또한 $10V$ 전압원은 에너지를 소비하는지 또는 공급하는지를 판별하라.

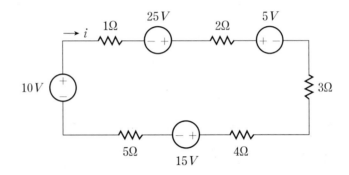

풀이 등가전압원을 위쪽이 (+)가 되도록 통합하기 위해 각 전압원의 대수적인 합을 구하면 다음과 같다.

$$10 + 25 - 5 - 15 = 15V$$

4개의 직렬 저항을 모두 통합하면

$$R_{eq} = 1\Omega + 2\Omega + 3\Omega + 4\Omega + 5\Omega = 15\Omega$$

이므로 등가회로는 다음과 같다.

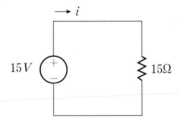

위의 등가회로에서 키르히호프의 전압 법칙을 적용하면 다음과 같다.

$$15i - 15 = 0 \qquad \therefore \ i = 1A$$

주어진 원 회로에서 $10V$ 전압원에 대한 전력을 수동부호규약에 유의하여 구하면

$P = 10V(-1A) = -10W < 0$이므로 $10V$ 전압원은 $10W$의 전력을 공급한다.

예제 2.13

다음 회로에서 v_x와 i를 각각 구하라.

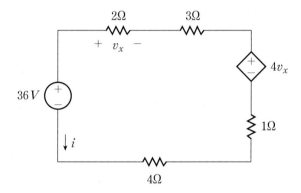

풀이 저항이 4개가 직렬 연결되어 있지만 2Ω의 저항 양단전압 v_x가 종속전압원의 크기를 결정하므로 2Ω을 제외한 나머지 저항들을 통합하면 다음과 같다.

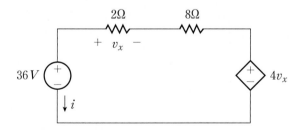

키르히호프의 전압 법칙을 시계 방향으로 일주하면서 적용하면

$$v_x + 8(-i) + 4v_x - 36 = 0$$

이 얻어지며, 옴의 법칙에 의하여

$$v_x = 2(-i) = -2i$$

이므로 다음 관계식이 얻어진다.

$$5v_x - 8i - 36 = -10i - 8i - 36 = 0$$
$$\therefore i = -2A$$

또한, $v_x = -2i = -2(-2) = 4V$

2.6 저항의 병렬 연결과 전류분배

앞 절에서 단일 루프를 가진 회로에서 저항의 직렬 연결에 대한 전압분배의 원리에 대하여 기술하였다. 본 절에서는 단일 마디쌍(single node pair) 회로에서 저항의 병렬 연결에 대한 전류분배의 원리를 설명한다.

두 소자가 하나의 루프를 이루며 그 루프에 다른 소자가 포함되지 않을 때, 두 소자는 병렬(parallel)로 연결되었다고 정의한다.

예를 들어, 그림 2.15의 단일 마디쌍 회로는 3개의 저항과 1개의 전류원이 병렬로 연결되어 있다. 4개의 소자 중에서 어떤 2개의 소자를 선택하더라도 다른 소자를 포함하지 않는 루프를 형성하므로 병렬로 연결되어 있는 구조이다. R_1과 R_2의 병렬 연결은 명확하나 R_1과 R_3의 병렬 연결은 R_2의 위치를 R_1과 R_3가 형성하는 루프의 밖으로 이동시킬 수 있으므로 루프 안에 다른 소자가 포함되지 않는다고 할 수 있다.

한편, 병렬 연결된 소자에는 모두 같은 전압이 걸려야 한다는 것에 유의하자.

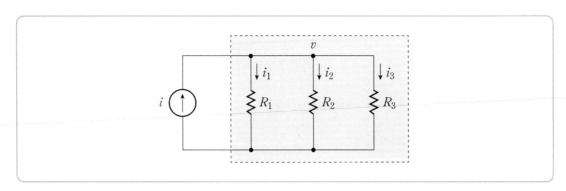

그림 2.15 병렬 연결된 단일 마디쌍 회로

그림 2.15에서 각 소자의 공통 전압을 v라고 하고, 각 저항에 흐르는 전류를 각각 i_1, i_2, i_3라고 정의하여 키르히호프의 전류 법칙을 적용한다.

$$i = i_1 + i_2 + i_3 \qquad (2-16)$$

식(2−16)으로부터 전원 전류 i가 각 저항 R_1, R_2, R_3로 전류가 분배된다는 것을 알 수 있다. 어떤 비율로 전류가 분배되는가를 알아보기 위해 마디 전압 v를 구해본다. 그림 2.15에 옴의 법칙을 적용하면

$$i_1 = \frac{v}{R_1}, \quad i_2 = \frac{v}{R_2}, \quad i_3 = \frac{v}{R_3} \qquad (2-17)$$

가 얻어지며, 식(2−17)을 식(2−16)에 대입하여 v에 대하여 정리하면 다음과 같다.

$$i = \frac{v}{R_1} + \frac{v}{R_2} + \frac{v}{R_3} = \left(\frac{1}{R_1} + \frac{1}{R_2} + \frac{1}{R_3}\right)v \triangleq \frac{v}{R_{eq}} \qquad (2-18)$$

$$\therefore \ v = \frac{i}{\left(\dfrac{1}{R_1} + \dfrac{1}{R_2} + \dfrac{1}{R_3}\right)} \triangleq R_{eq}\,i \qquad (2-19)$$

단, $\dfrac{1}{R_{eq}} \triangleq \dfrac{1}{R_1} + \dfrac{1}{R_2} + \dfrac{1}{R_3}$로 정의된다.

식(2−18)과 식(2−19)를 이용하여 회로를 다시 구성하면 다음과 같다.

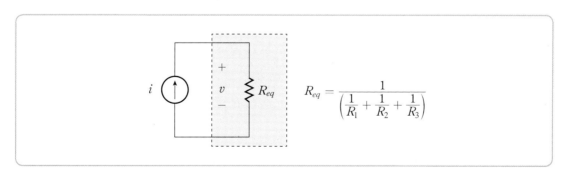

그림 2.16 그림 2.15에 대한 등가회로

따라서 그림 2.15와 그림 2.16으로부터 병렬로 연결된 저항들은 다음과 같은 등가 저항 R_{eq}로 나타낼 수 있다.

$$\frac{1}{R_{eq}} = \frac{1}{R_1} + \frac{1}{R_2} + \frac{1}{R_3}$$

$$\therefore \ R_{eq} = \frac{1}{\left(\dfrac{1}{R_1} + \dfrac{1}{R_2} + \dfrac{1}{R_3}\right)} \qquad (2-20)$$

식(2-20)의 표현이 복잡하기 때문에 저항의 역수인 컨덕턴스를 이용하면 수학적인 표현이 간단하게 된다.

각 저항의 컨덕턴스를 G_1, G_2, G_3라 가정하면 정의에 의해

$$G_1 = \frac{1}{R_1}, \quad G_2 = \frac{1}{R_2}, \quad G_3 = \frac{1}{R_3} \qquad (2-21)$$

이므로 식(2-20)은 등가 컨덕턴스 G_{eq}를 정의하여 다음과 같이 표현할 수 있다.

$$G_{eq} \triangleq \frac{1}{R_{eq}} = \frac{1}{R_1} + \frac{1}{R_2} + \frac{1}{R_3} = G_1 + G_2 + G_3 \qquad (2-22)$$

다음으로, 각 저항에 분배되는 전류의 크기를 구해본다.
식(2-19)를 식(2-17)에 각각 대입하면

$$i_1 = \frac{v}{R_1} = G_1 v = G_1 R_{eq} i = \frac{G_1}{G_{eq}} i \qquad (2-23a)$$

$$i_2 = \frac{v}{R_2} = G_2 v = G_2 R_{eq} i = \frac{G_2}{G_{eq}} i \qquad (2-23b)$$

$$i_3 = \frac{v}{R_3} = G_3 v = G_3 R_{eq} i = \frac{G_3}{G_{eq}} i \qquad (2-23c)$$

가 얻어진다. 식(2-23)을 살펴보면 각 저항에 분배되는 전류는 각 저항에 대한 컨덕턴스에 비례하여 분배된다는 것을 알 수 있다. 이것을 전류분배의 원리(principle

of current division)라고 하며, 그림 2.15와 같은 회로를 전류분배기(current divider)라고 부른다.

개념 이해와 단순화를 위해 3개의 저항이 병렬 연결된 단일 마디쌍 회로에 대하여 전류분배의 원리를 설명하였으나, N개의 저항이 병렬로 연결된 일반적인 단일 마디쌍 회로에 대해서도 식(2-23)의 결과를 자연스럽게 확장할 수 있다. 즉,

$$i_k = \frac{G_k}{G_1 + G_2 + \cdots + G_N}i = \frac{G_k}{G_{eq}}i \qquad (2-24)$$
$$k = 1, \ 2, \ \cdots, \ N$$

$$G_{eq} \triangleq G_1 + G_2 + \cdots + G_N = \sum_{k=1}^{N} G_k \qquad (2-25)$$

여 기서 잠깐! 종속전류원과 전류분배기

종속전류원의 크기가 특정 저항과 관계되어 있다면, 이 특정 저항이 여러 개의 병렬 저항과 통합되어 하나의 등가저항을 구성하고 나면 종속전류원의 기준이 사라져 버려 종속전류원의 크기를 정할 수 없게 된다.

이러한 경우에는 이 특정 저항을 제외한 나머지 저항만으로 등가저항을 계산하는 것이 바람직하다.

예제 2.14

다음 회로는 2개의 전류원과 3개의 병렬 저항으로 구성되어 있다. 전압 v와 각 저항으로 분배되는 전류 i_1, i_2, i_3를 각각 구하라. 또한, 각 전류원에 대한 전력을 계산하고 에너지를 소비 또는 공급하는지를 판별하라.

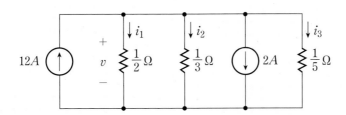

풀이 먼저, 전압 v를 구하기 위해 전류원을 화살표 방향이 위로 향하는 하나의 전류원으로 통합하면, 통합전류원의 크기는 다음과 같다.

$$12A - 2A = 10A$$

따라서 $10A$의 통합전류원에 의한 각 저항의 분배전류는 컨덕턴스에 비례하여 분배되므로 다음과 같이 계산할 수 있다.

$$G_{eq} = G_1 + G_2 + G_3 = 2 + 3 + 5 = 10S$$

$$i_1 = \frac{G_1}{G_{eq}}i = \frac{2}{10} \times 10A = 2A$$

$$i_2 = \frac{G_2}{G_{eq}}i = \frac{3}{10} \times 10A = 3A$$

$$i_3 = \frac{G_3}{G_{eq}}i = \frac{5}{10} \times 10A = 5A$$

$$v = \frac{1}{2}\Omega \times i_1 = \frac{1}{2}\Omega \times 2A = 1V$$

또한, 각 전류원에 대한 전력을 수동부호규약에 유의하여 계산하면

① $12A$ 전류원 : $P_1 = (-1V) \cdot (12A) = -12W < 0$

  ∴ $12A$의 전류원은 $12W$의 전력을 공급한다.

② $2A$의 전류원 : $P_2 = (1V) \cdot (2A) = 2W > 0$

  ∴ $2A$의 전류원은 $2W$의 전력을 소비한다.

예제 2.15

n개의 2Ω 저항과 m개의 3Ω 저항을 병렬로 연결하여 전체 저항이 $\frac{1}{5}\Omega$으로 만들려고 한다. n과 m의 가능한 조합을 구하라.

풀이 병렬 연결된 저항이므로 식(2-22)에 의하여

$$G_{eq} = \frac{1}{R_{eq}} = \underbrace{\frac{1}{2} + \frac{1}{2} + \cdots + \frac{1}{2}}_{n개} + \underbrace{\frac{1}{3} + \frac{1}{3} + \cdots + \frac{1}{3}}_{m개}$$

$$\frac{1}{R_{eq}} = \frac{n}{2} + \frac{m}{3} = \frac{3n + 2m}{6}$$

$$R_{eq} = \frac{6}{3n + 2m} = \frac{1}{5}$$

$$\therefore \ 3n + 2m = 30$$

여기에서 n과 m은 자연수이므로 $3n + 2m = 30$을 만족하는 n과 m의 쌍은 다음과 같다.

① $n=2$, $m=12$

② $n=4$, $m=9$

③ $n=6$, $m=6$

④ $n=8$, $m=3$

예제 2.16

다음 회로에서 종속전류원의 크기와 전력을 구하라.

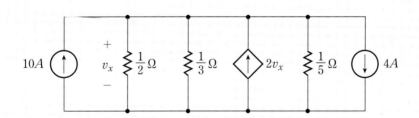

풀이 $\frac{1}{2}\Omega$의 저항 양단전압이 종속전류원의 크기를 결정하므로 $\frac{1}{2}\Omega$ 저항을 제외한 나머지 저항과 독립전류원을 통합하면 다음과 같다.

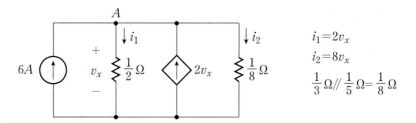

$$i_1 = 2v_x$$
$$i_2 = 8v_x$$
$$\frac{1}{3}\,\Omega \,/\!/\, \frac{1}{5}\,\Omega = \frac{1}{8}\,\Omega$$

마디 A에 대하여 키르히호프의 전류 법칙을 적용하면

$$6 + 2v_x = i_1 + i_2 = 2v_x + 8v_x$$

$$\therefore \ v_x = \frac{3}{4}\,V$$

이므로 종속전류원의 크기는 $2v_x = 2 \times \dfrac{3}{4} = \dfrac{3}{2}A$이다.

종속전류원에 대한 전력은 수동부호규약에 유의하면

$$P = (-\,v_x)\,(2v_x) = -\frac{3}{4} \times \frac{3}{2} = -\frac{9}{8}\,W$$

이므로 $\dfrac{9}{8}\,W$의 전력을 공급한다.

2.7 전압과 전류의 측정 및 회로 접지

전기 · 전자 분야의 엔지니어들은 특정 회로의 전압이나 전류를 측정해야 할 경우가 흔히 있으며, 이때 사용하는 장치가 디지털 멀티미터(digital multimeter) 또는 VOM(volt-ohm-meter)이다.

(1) 전압계로 전압 측정

회로에서 특정 소자의 양단 전압을 측정하려면, 전압을 측정할 소자 양단에 그림
2.17과 같이 전압계를 병렬로 연결한다.

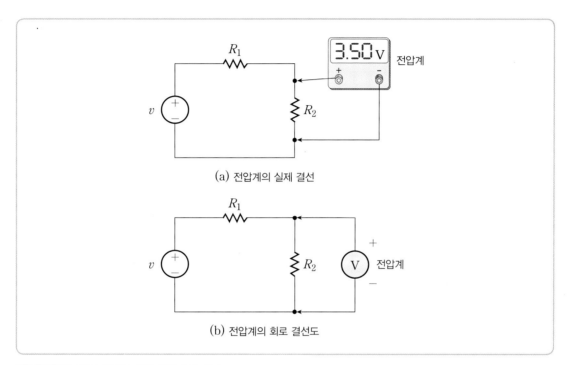

(a) 전압계의 실제 결선

(b) 전압계의 회로 결선도

그림 2.17 전압 측정을 위한 전압계의 연결

(2) 전류계로 전류 측정

회로에서 특정 소자에 흐르는 전류를 측정하려면, 전류를 측정할 소자의 전류 경
로를 개방(open)하고 전류계를 그림 2.18과 같이 직렬로 연결한다. 이때 주의해야
할 것은 예상되는 전류의 크기보다 충분히 큰 범위의 전류계를 사용하여야 전류계의
파손을 예방할 수 있다는 점이다.

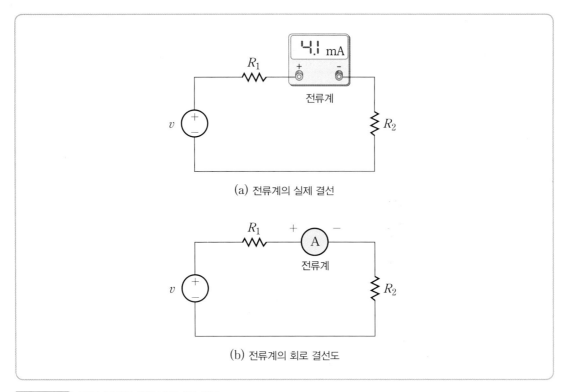

(a) 전류계의 실제 결선

(b) 전류계의 회로 결선도

그림 2.18 전류 측정을 위한 전류계의 연결

(3) 회로 접지

1장에서 전압은 상대적인 값이라고 학습하였다. 다시 말해서, 회로의 한 점에서의 전압은 반드시 다른 점의 전압을 기준으로 측정된다.

예를 들어, 회로 내의 한 점에서의 전압이 +5V라는 말의 의미는 회로에서 지정된 기준점보다 5V만큼 전위가 높다는 것이며, 이 기준점을 접지점(ground)이라고 한다.

대부분의 전기·전자회로에서 사용하는 접지라는 용어는 원래 교류전력 배전시스템에서 전력선의 한쪽 끝에 철로 만든 봉을 연결하여 땅에 묻음으로써 중화시킨 데에서 유래되었으며, 이러한 접지 방법을 대지접지라고 한다.

전기·전자회로에서는 내장회로를 감싸고 있는 금속 샤시(chassis)나 인쇄회로기판의 넓은 도체 부분을 기준점으로 사용하며, 이런 접지를 샤시접지 또는 회로접지라고 한다. 회로접지는 대지접지와 연결될 수도 있고 연결되지 않을 수도 있다.

접지 기호는 그림 2.19와 같이 3가지로 나타낼 수 있으나, 본 책에서는 그림 2.19(a)의 대지(기준)접지만을 사용할 것이다.

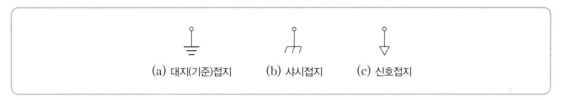

(a) 대지(기준)접지   (b) 샤시접지   (c) 신호접지

그림 2.19   접지 기호

그림 2.19(b)의 샤시접지가 대지접지에 연결되어 있지 않은 경우는 안전에 문제가 발생할 수도 있으므로, 전기계측기나 가전제품을 다루기 전에는 샤시접지가 대지접지에 연결이 되었는가를 확인하는 것이 바람직하다. 그림 2.19(c)의 신호접지는 통신 시스템에서 많이 사용되는 접지이다.

한편, 회로의 접지점을 기준으로 전압을 측정하는 경우 전압계의 한 단자는 회로의 접지에 연결하고, 나머지 다른 단자는 전압을 측정하고자 하는 점에 연결한다. 그림 2.20에 회로 내의 한 점 A에서 전압을 측정할 때 전압계의 결선 방법을 나타내었다.

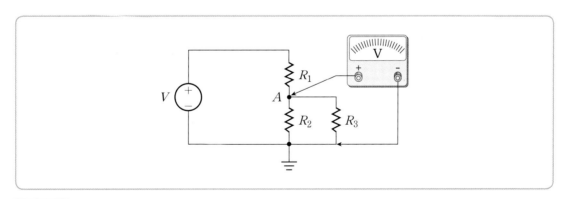

그림 2.20   접지에 대한 A점의 전압 측정

또한, 접지되지 않은 저항 양단의 전압을 측정하기 위해서는 저항의 두 단자에서의 전압을 각각 접지에 대하여 측정한다. 이렇게 측정된 두 전압의 차이가 저항 양단의 전압강하가 된다.

그림 2.21에 저항 R_1 양단의 전압을 측정하는 방법을 나타내었다. 그림 2.21(b)는 점 A에서 접지와의 전압(v_A)을 측정하는 것을 나타내었으며, 그림 2.21(c)는 점 B에서 접지와의 전압(v_B)를 측정하는 것을 나타내었다. 결과적으로 저항 R_1 양단 전압 v_1은 다음과 같이 구할 수 있다.

$$v_1 = v_A - v_B \qquad (2-26)$$

식(2-26)으로부터 접지되지 않은 저항 양단의 전압을 측정하기 위해서는 저항 양단에 전압계의 두 단자를 직접 연결하여 측정해서는 안 된다는 것을 알 수 있다. 반드시 기억하기 바란다.

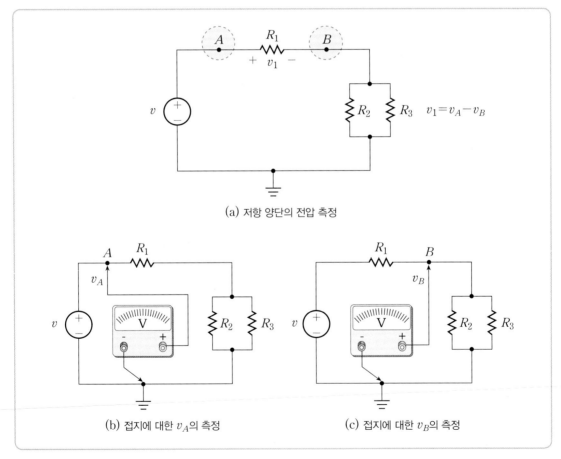

(a) 저항 양단의 전압 측정

(b) 접지에 대한 v_A의 측정

(c) 접지에 대한 v_B의 측정

그림 2.21 접지되지 않은 저항 양단의 전압 측정

예제 2.16

다음 회로에서 각 단자점의 전압을 구하라. 단, 각 저항 양단에서의 전압강하는 $10V$로 가정한다.

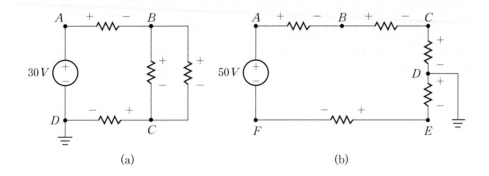

(a)   (b)

풀이 그림 (a)에서

단자 D가 접지이므로 $V_D = 0$이다.

단자 A가 단자 D보다 $30V$ 더 높은 전압을 가지므로 $V_A = +30V$이다.

단자 B는 단자 A보다 $10V$ 더 낮은 전압을 가지므로 $V_B = +20V$이다.

단자 C는 단자 B보다 $10V$ 더 낮은 전압을 가지므로 $V_C = +10V$이다.

그림 (b)에서

단자 D가 접지이므로 $V_D = 0V$이다.

단자 C는 단자 D보다 $10V$ 더 높은 전압을 가지고, 단자 F는 단자 D보다 $10V$ 더 낮은 전압을 가지므로 $V_C = +10V$, $V_E = -10V$이다.

단자 B는 단자 C보다 $10V$ 더 높은 전압을 가지므로 $V_B = +20V$이다.

단자 A는 단자 B보다 $10V$ 더 높은 전압을 가지므로 $V_A = +30V$이다.

단자 F는 단자 E보다 $10V$ 더 낮은 전압을 가지므로 $V_F = -20V$이다.

여 기서 잠깐! 개방(open)과 단락(short)

직렬회로에서 자주 발생되는 고장은 회로가 끊어지는 것(개방)이며, 회로가 개방되면 전류는 흐르지 않는다.

또한, 두 도체가 서로 맞닿거나, 땜납이나 잘라낸 도선 등이 회로의 두 부분을 우연히 연결하는 경우 회로는 단락되었다고 한다. 단락이 발생되면, 직렬 저항의 일부가 바이패스(bypass) 되어 모든 전류가 단락된 곳으로 흐르거나 회로 전체의 합성 저항이 감소된다.

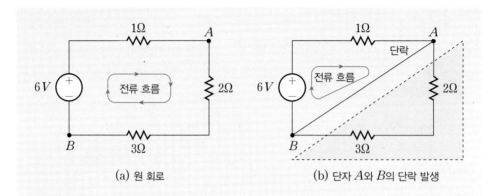

(a) 원 회로   (b) 단자 A와 B의 단락 발생

그림 (a)에서 단자 A와 B가 서로 단락이 되면 그림 (b)의 점선 부분의 회로는 회로에 아무런 영향을 미치지 못하므로 전류가 직접 단자 A에서 단자 B로 흐르게 된다.

그림 (a)에 흐르는 전류의 크기는 $1A$이지만, 그림 (b)에 흐르는 전류는 $6A$로 증가하게 된다는 것에 유의하라.

회로를 구성하여 테스트하는 경우 원하는 결과값이 나오지 않을 때에만 회로소자의 개방이나 단락을 판단하여 조치를 취하는 것이 바람직한 경우가 많다.

2.8 요약 및 복습

평면회로에 대한 회로 용어

- 마디 : 2개 이상의 회로소자가 연결되는 한 점
- 경로 : 각 마디가 단 한번만 지나가도록 여러 마디와 소자로 구성되는 통로
- 루프(폐경로) : 출발 마디와 끝나는 마디가 같은 경로
- 가지 : 하나의 소자와 그 소자의 양쪽 끝에 있는 마디로 구성되는 단일 경로
- 메쉬 : 루프 중에서 내부에 다른 루프를 포함하지 않는 루프
- 평면회로 : 어떠한 가지도 다른 가지의 위나 아래로 겹쳐지지 않도록 평면 위에 그릴 수 있는 회로
- 루프전류 : 루프에 흐르는 하나의 공통된 전류
- 마디전압 : 각 마디에 정의되는 하나의 전압

키르히호프의 전류 법칙

- 회로에서 임의의 마디로 유입되는 모든 전류의 대수적인 합은 0이다.
- 회로에서 임의의 마디로 유출되는 모든 전류의 대수적인 합은 0이다.
- 회로에서 임의의 마디로 유입되는 전류의 대수적인 합과 유출되는 전류의 대수적인 합은 같다.
- 키르히호프의 전류 법칙은 마디는 전하를 저장하거나 파괴 또는 생성할 수 없다는 전하 보존의 법칙을 의미한다.
- 키르히호프의 전류 법칙은 마디해석법에 매우 유용하다.

키르히호프의 전압 법칙

- 회로에서 임의의 폐경로를 따라 일주할 때 발생되는 모든 전압강하의 대수적인 합은 0이다.
- 회로에서 임의의 폐경로를 따라 일주할 때 발생되는 모든 전압상승의 대수적인 합은 0이다.
- 회로에서 임의의 폐경로를 따라 일주할 때 발생되는 전압강하의 대수적인 합과 전압상승의 대수적인 합은 같다.
- 키르히호프의 전압 법칙은 폐회로를 일주할 때 소비하는 에너지와 공급하는 에너지는 서로 같다는 에너지 보존 법칙을 의미한다.
- 키르히호프의 전압 법칙은 메쉬해석법에 매우 유용하다.

종속전원과 키르히호프의 법칙

- 종속전류원이 회로에 존재하는 경우
  ① 종속전류원을 독립전류원과 마찬가지로 취급하여 키르히호프 전류 법칙을 적용한다.
  ② 종속전류원을 마디전압의 함수로 표현하여 방정식을 정리한다.
- 종속전압원이 회로에 존재하는 경우
  ① 종속전압원을 독립전압원과 마찬가지로 취급하여 키르히호프의 전압 법칙을 적용한다.
  ② 종속전압원을 루프전류의 함수로 표현하여 방정식을 정리한다.

전압원의 직렬 및 병렬 연결

- 직렬로 연결된 전압원은 각 전압원의 대수적인 합과 동일한 크기를 가지는 하나의 등가 전압원으로 대체 가능하다.

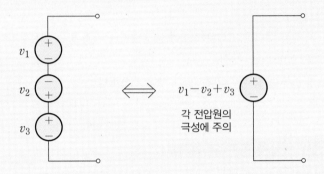

- 이상적인 전압원을 병렬로 연결하는 경우는 각 전압원의 크기와 극성이 동일해야 하며, 등가전압원의 크기도 각 전압원의 크기와 동일하다.

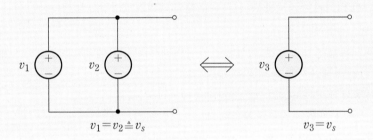

전류원의 직렬 및 병렬 연결

- 병렬로 연결된 전류원은 각 전류원의 대수적인 합과 동일한 크기를 가지는 하나의 등가 전류원으로 대체 가능하다.

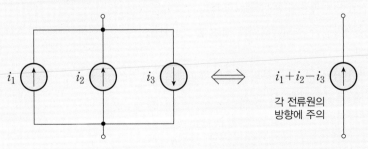

90

- 이상적인 전류원을 직렬로 연결하는 경우는 각 전류원의 크기와 방향이 동일해야 하며, 등가전류원의 크기도 각 전류원의 크기와 동일하다.

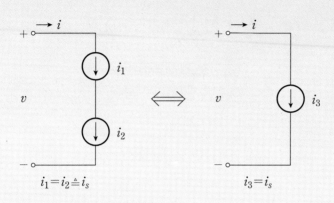

$$i_1 = i_2 \triangleq i_s \qquad\qquad i_3 = i_s$$

저항의 직렬 연결과 전압분배

- N개의 저항을 직렬로 연결한 경우 전체 등가저항 R_{eq}는 다음과 같다.

$$R_{eq} = \sum_{k=1}^{N} R_k$$

- 전압분배의 원리

  각 저항에 분배되는 전압의 크기는 각 저항값의 크기에 비례하여 분배된다.

$$v_k = \frac{R_k}{R_{eq}} v, \quad k = 1, \ 2, \ \cdots, \ N$$

v : 전원 전압

R_k : 직렬로 연결된 k번째 저항

R_{eq} : 등가저항, $R_{eq} \triangleq \sum_{k=1}^{N} R_k$

저항의 병렬 연결과 전류분배

• N개의 저항을 병렬로 연결한 경우 전체 등가저항 R_{eq} 는 다음과 같다.

$$\frac{1}{R_{eq}} = \sum_{k=1}^{N} \frac{1}{R_k} \ \text{또는} \ G_{eq} = \sum_{k=1}^{N} G_k$$

G_{eq} : R_{eq} 에 대한 컨덕턴스

G_k : R_k 에 대한 컨덕턴스

• 전류분배의 원리

각 저항에 분배되는 전류의 크기는 각 저항의 역수인 컨덕턴스 값의 크기에 비례하여 분배된다.

$$i_k = \frac{G_k}{G_{eq}} i, \ k = 1, \ 2, \ \cdots, \ N$$

i : 전원 전류

G_k : 병렬 저항 R_k 에 대한 컨덕턴스

G_{eq} : 등가 컨덕턴스, $G_{eq} \triangleq \sum_{k=1}^{N} G_k$

전압과 전류의 측정

• 특정 소자의 양단 전압을 측정하기 위해서는 전압을 측정할 소자의 양단에 전압계를 병렬로 연결한다.
• 특정 소자에 흐르는 전류를 측정하기 위해서는 전류를 측정할 소자의 전류 경로를 개방하여 전류계를 직렬로 연결한다.

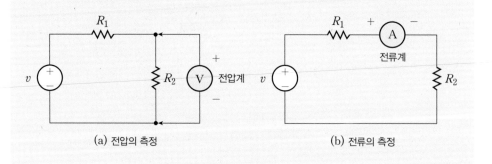

(a) 전압의 측정　　　　　　　　(b) 전류의 측정

회로 접지

- 회로에서 어떤 점의 전압을 측정할 때 기준이 되는 기준점을 접지점이라고 한다.
- 접지 기호의 표시

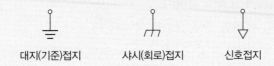

대지(기준)접지   샤시(회로)접지   신호접지

- 대지접지는 직접 땅에 연결하며 샤시(회로)접지는 회로기판의 넓은 도체 부분을 기준 점으로 사용한다. 샤시접지는 대지접지와 연결되지 않으면 안전에 문제가 발생할 수도 있다.
- 접지되지 않은 저항 양단의 전압 측정은 저항의 두 단자에서 접지에 대한 전압을 각각 측정한다. 이렇게 측정된 두 전압의 차이가 저항 양단의 전압강하가 된다.

개방과 단락

- 개방(open)은 회로가 끊어지는 것이며, 회로가 개방되면 전류는 흐르지 않는다.
- 단락(short)은 두 도체가 맞닿거나 회로의 두 부분이 우연히 연결되는 경우를 의미하 며, 단락이 발생되면 직렬 저항의 일부가 바이패스되거나 회로의 전체 합성저항이 감 소된다.

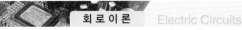
연습문제

1. 다음 회로에 대하여 물음에 답하라.

　(1) 마디와 가지, 메쉬의 전체 개수를 구하라.

　(2) $A \rightarrow B \rightarrow C \rightarrow G \rightarrow K \rightarrow J \rightarrow F \rightarrow G$는 경로를 구성하는가?

　(3) $A \rightarrow B \rightarrow E \rightarrow I \rightarrow H \rightarrow D \rightarrow A$는 루프인가?

　(4) 점선 부분의 루프의 개수는 모두 몇 개인가?

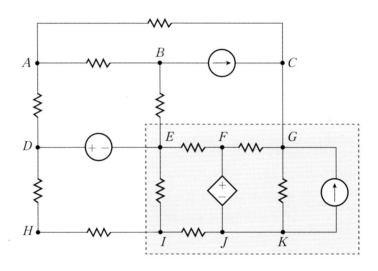

2. 다음 회로의 각 메쉬에 대하여 키르히호프의 전압 법칙을 이용하여 회로방정식
　을 각각 유도하라.

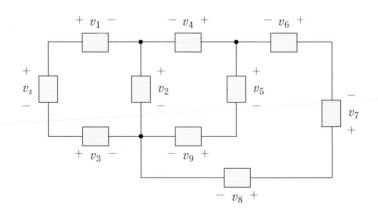

3. 다음 회로의 각 마디에 대하여 키르히호프의 전류 법칙을 이용하여 회로방정식을 각각 유도하라.

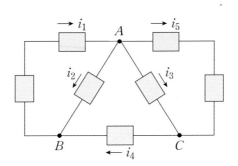

4. 다음 회로에서 10Ω의 저항에 흐르는 전류 i_L, 전압 v_L과 소비전력을 각각 구하라.

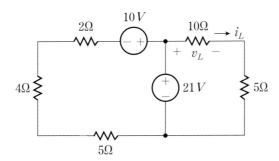

5. 다음 회로에서 저항 5Ω에 걸리는 전압 v_x와 40Ω에 흐르는 전류 i_y를 각각 구하라.

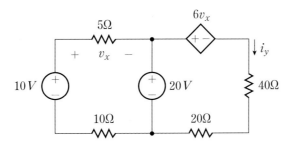

6. 다음 회로에서 루프전류 i와 2Ω 저항의 양단전압 v_0를 각각 구하라.

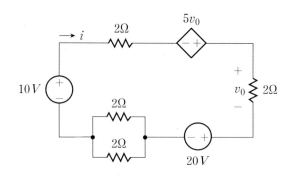

7. 다음 회로에 대하여 물음에 답하라.

   (1) 키르히호프의 전류 법칙과 옴의 법칙을 이용하여 i_a, i_b, v_0를 각각 구하라.

   (2) 전류원을 등가전류원으로 변환하면서 i_a, i_b, v_0를 각각 구하라.

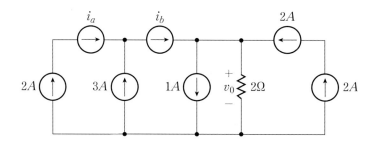

8. 다음 회로에서 각 소자가 소비하는 전력의 합과 공급하는 전력의 합이 서로 같다는 것을 전압원과 전류원을 각각 등가전원으로 통합하여 보여라.

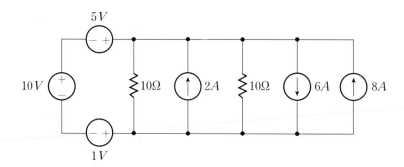

9. 다음 그림에서 등가저항 R_{eq}를 각각 구하라.

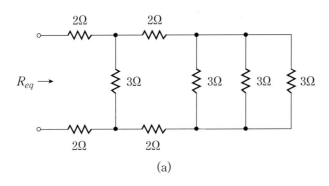

(a)

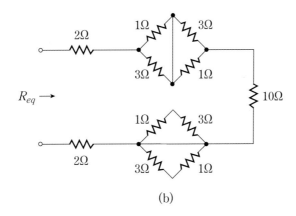

(b)

10. 다음 회로에서 전체 전류 i_S, i_1, v_0를 각각 구하라.

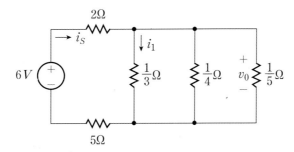

11. 다음은 전류원과 전압원으로 구동되는 회로이다. 물음에 답하라.

   (1) $v_S = 10V$, $i_S = 0A$일 때 v_1을 구하라.

   (2) $v_S = 0V$, $i_S = 3A$일 때 i_1과 i_2를 각각 구하라.

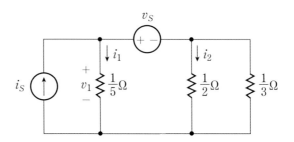

12. 다음 그림에서 전압분배의 원리를 이용하여 v_0와 i_0를 저항과 v_S의 함수로 표현하라.

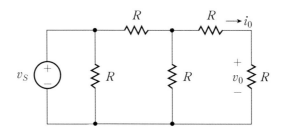

13. 다음의 단일 루프회로에 대하여 물음에 답하라.

   (1) 2Ω의 저항 양단에 걸리는 전압 v_0와 루프전류 i를 구하라.

   (2) 3개의 전원 중에서 전력을 공급하는 전원은 무엇인가?

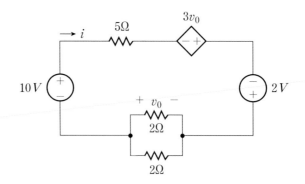

14. 다음의 단일 마디쌍 회로에 대하여 물음에 답하라.

(1) 1Ω의 저항에 걸리는 전압 v_0와 i_0를 구하라.

(2) 각 전류원의 전력을 구하고 어떤 전류원이 전력을 공급하는지를 판별하라.

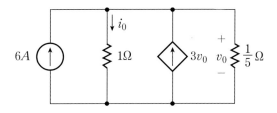

15. 다음 회로에 대하여 물음에 답하라.

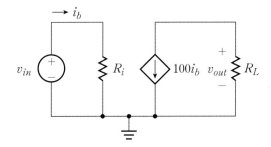

(1) 출력전압 v_{out}을 v_{in}과 회로소자의 함수로 표현하라.

(2) $R_L = 30\Omega$일 때 전압이득 $A_v \triangleq v_{out}/v_{in}$의 절댓값이 200이 되도록 저항 R_i의 값을 구하라.

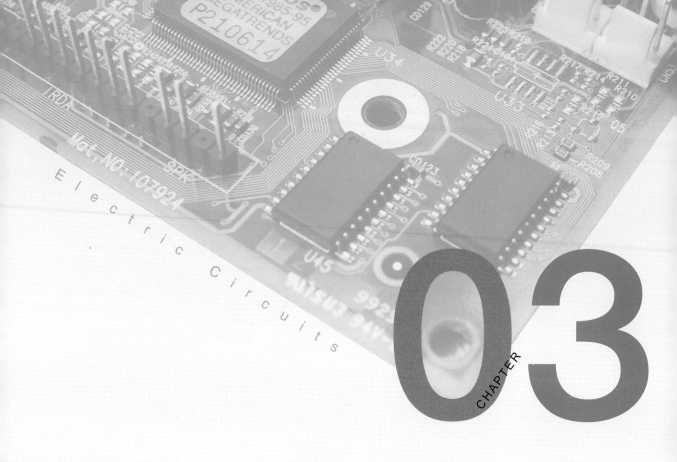

CHAPTER

03

기초 회로해석 기법

CONTENTS

03 기초 회로해석 기법

단 원 개 요

제2장에서는 키르히호프의 전류 및 전압 법칙을 단일 루프회로나 단일 마디쌍 회로에 적용한 기본적인 회로해석법에 대해 학습하였다. 좀 더 복잡한 일반적인 회로에 대해서는 여러 개의 회로 변수가 선형연립방정식의 형태로 표현된다.

본 단원에서는 회로해석에 있어 가장 기본적인 마디해석법과 메쉬해석법에 대해 설명한다. 마디해석법은 키르히호프의 전류 법칙을 기반으로 한 회로해석법이며, 수퍼마디를 가진 회로에 대해서도 마디해석법을 확장한다. 또한, 메쉬해석법은 키르히호프의 전압 법칙을 기반으로 한 회로해석법이며, 수퍼메쉬를 가진 회로에 대해서도 메쉬해석법을 확장한다.

이 두 가지 회로해석 기법을 적절하게 사용한다면, 많은 일반적인 회로들을 체계적이고 조직적인 방법으로 해석할 수 있어 해석상의 많은 오류들을 줄일 수 있을 것이다.

3.1 마디해석법

(1) 기준마디의 개념과 선정

회로를 체계적으로 해석할 수 있는 강력한 방법으로서 키르히호프의 전류 법칙에 기반을 둔 마디해석법(node analysis)을 설명한다.

마디해석법의 설명에 앞서 기준마디(reference node)를 정의한다. 회로에서 전압은 두 마디 사이에서 정의되므로 임의의 한 마디를 선택하여 기준마디로 선정한다. 기준마디의 선택은 임의로 할 수 있으나, 마디 중에서 가장 많은 가지를 가지는 마디를 기준으로 선택하면 매우 편리하다.

예를 들어, 그림 3.1의 회로에서 마디 A와 마디 B는 3개의 가지를 가지지만, 마디 C는 4개의 가지를 가지므로 마디 C를 기준마디로 선정하는 것이 좋다.

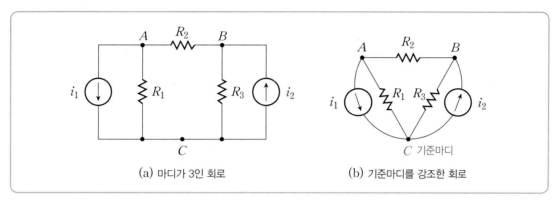

(a) 마디가 3인 회로 　　　　(b) 기준마디를 강조한 회로

그림 3.1 기준마디의 선택

만일 회로 내에 대지접지나 샤시접지 등이 존재한다면, 기준마디로서 대지접지나 샤시접지를 선택하면 된다.

여기서 잠깐! **기준마디의 이해**

A와 B의 두 사람의 키를 비교해본다고 하자. A와 B의 실제 키가 얼마인지가 관심이 아니라 두 사람의 키의 차이에 관심이 있다고 가정한다. 아래 그림에서처럼 임의로 2개의 기준선 G_1과 G_2를 선정한다.

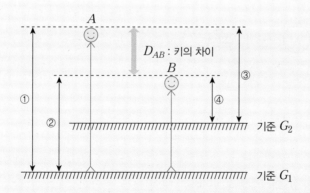

기준 G_1을 이용하면 키의 차이 D_{AB}는 다음과 같다.

$$D_{AB} = A의 키 - B의 키 = ① - ②$$

기준 G_2를 이용하면 키의 차이 D_{AB}는 다음과 같다.

$$D_{AB} = A의 키 - B의 키 = ③-④$$

따라서 어떤 기준을 이용하더라도 A와 B의 키의 차이 D_{AB}는 같게 됨을 알 수 있다.

이를 회로에 적용하여 보면, 마디 A와 마디 B의 전압 v_{AB}를 결정하기 위해서는 회로에 존재하는 어떤 마디를 기준으로 하여도 v_{AB}는 같게 된다. 따라서 기준마디의 선정은 완전히 임의적이지만 많은 가지를 가지는 마디나 대지접지 또는 샤시접지가 있다면 그것으로 선정하면 된다.

지금까지의 설명으로부터 기준마디의 실제 전압의 크기는 v_{AB}의 결정에 전혀 영향을 미치지 않으므로 영(0) 전위로 가정해도 무방하며, 본 책에서는 기준마디를 대지접지와 동일한 기호로 표시하도록 한다.

회로에서 기준마디가 결정되면 기준마디를 제외한 나머지 마디들을 기준마디를 기준으로 하여 전압을 지정하게 되며, 이를 마디전압(node voltage)이라고 한다.

그림 3.1(b)의 회로에 기준마디와 마디전압을 표시하여 그림 3.2에 다시 나타내었다.

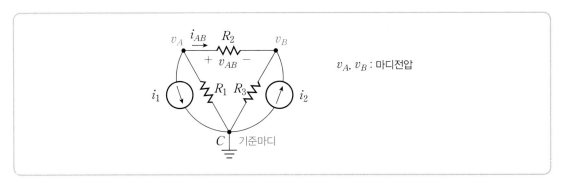

그림 3.2　기준마디에 대한 마디전압의 지정

그림 3.2에서 v_A와 v_B를 알면 회로 내의 모든 전압과 전류 관계를 알 수 있게 된다. 예를 들어, 저항 R_2의 양단 전압(좌측이 양이고 우측이 음인 경우) v_{AB}는 다음과 같이 결정된다.

$$v_{AB} = v_A - v_B \qquad (3-1)$$

또한, R_2에 흐르는 전류 i_{AB}는 옴의 법칙에 의해 다음과 같이 결정된다.

$$i_{AB} = \frac{v_{AB}}{R_2} \qquad\qquad (3-2)$$

이와 같이 회로에서 기준마디에 대한 마디전압 변수들을 선정하여 마디전압들을 결정할 수 있다면, 회로내의 모든 전압과 전류 관계를 알 수 있게 된다. 이러한 해석 방법을 마디해석법이라고 한다.

(2) 마디해석법의 과정

그러면 마디전압들을 어떻게 결정할 수 있을까에 대해 생각해보자. 이때 필요한 것이 키르히호프의 전류 법칙이다. 회로 내의 각 마디에 대하여 키르히호프의 전류 법칙을 적용하여 회로방정식을 유도한 다음, 그것들을 연립하여 풀면 마디전압을 구할 수 있는 것이다.

예를 들어, 그림 3.3의 회로에 대하여 마디해석법을 이용하여 회로를 해석하는 과정을 설명한다.

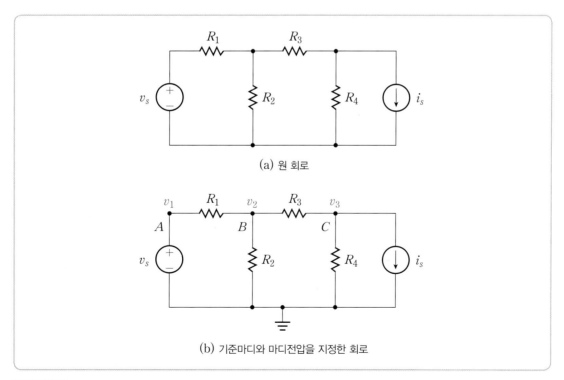

(a) 원 회로

(b) 기준마디와 마디전압을 지정한 회로

그림 3.3 마디해석법의 적용 회로

그림 3.3(b)의 회로와 같이 기준마디와 각 마디전압(v_1, v_2, v_3)을 지정한다. 마디 A에서 마디전압 v_1은 전원전압 v_S와 같다. 즉

$$v_1 = v_S \tag{3-3}$$

마디 B에서 각 가지의 유출 전류의 합은 0이므로

$$\frac{v_2 - v_1}{R_1} + \frac{v_2}{R_2} + \frac{v_2 - v_3}{R_3} = 0 \tag{3-4}$$

이 되며, 마디 C에서도 마찬가지로 유출 전류의 합이 0이므로 다음 관계가 성립된다.

$$\frac{v_3 - v_2}{R_3} + \frac{v_3}{R_4} + i_S = 0 \tag{3-5}$$

미지수가 마디전압 v_1, v_2, v_3의 3개이고 얻어진 회로방정식의 개수가 3개이므로 식(3-3)~식(3-5)를 연립하면 v_1, v_2, v_3를 구할 수 있다.

일단 회로에서 정의된 마디전압 v_1, v_2, v_3를 구하면 회로 내의 모든 가지 전류, 전압 그리고 전력을 구할 수 있게 된다. 이러한 과정으로 회로의 해석이 이루어지는데 이를 마디해석법이라 한다.

여 기서 잠깐! **가지 전류의 계산**

다음 그림에서 가지 전류를 계산하는 과정을 복습해 본다.

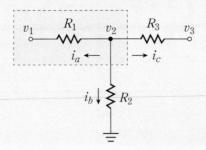

점선 부분의 전류 i_a를 구하기 위해서는 옴의 법칙을 적용한다.

$$v_1 \quad \overset{R_1}{\underset{-\ \ v\ \ +}{\wedge\!\wedge\!\wedge}} \overset{i_a}{\longleftarrow} v_2$$

저항 R_1의 양단 전압 $v = v_2 - v_1$이므로 옴의 법칙에 의해 다음 관계가 성립한다.

$$v = v_2 - v_1 = R_1 i_a$$

$$\therefore\ i_a = \frac{v_2 - v_1}{R_1}$$

만일, i_a의 전류 방향을 반대로 지정하였다면, 다음 그림에서와 같이 i_a를 구할 수 있다.

$$v_1 \overset{i_a}{\longrightarrow} \overset{R_1}{\underset{+\ \ v\ \ -}{\wedge\!\wedge\!\wedge}} v_2$$

$$v = v_1 - v_2 = R_1 i_a$$

$$\therefore\ i_a = \frac{v_1 - v_2}{R_1}$$

결국, 전류의 방향을 어떻게 정하는가에 따라 전압의 극성 표시가 바뀌게 되므로 전압 극성에 주의하면서 전류를 구하면 된다. 마찬가지 방법으로, 다른 가지의 전류 i_b와 i_c를 각각 구해보면 다음과 같다.

$$i_b = \frac{v_2 - 0}{R_2} = \frac{v_2}{R_2}$$

$$i_c = \frac{v_2 - v_3}{R_3}$$

마디해석법으로 회로를 해석하는 과정에 대하여 예제 3.1~예제 3.2에서 살펴본다.

예제 3.1

다음 회로에서 마디해석법을 이용하여 v와 i를 각각 구하라.

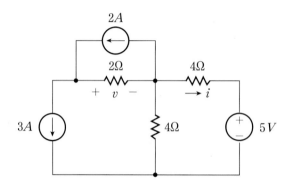

풀이   기준마디와 각 마디의 마디전압 v_1, v_2, v_3를 다음과 같이 선정한다.

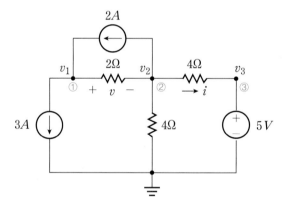

각 마디에서 유출 전류를 기준으로 회로방정식을 유도하면

마디 ① : $3 - 2 + \dfrac{v_1 - v_2}{2} = 0$

마디 ② : $2 + \dfrac{v_2 - v_1}{2} + \dfrac{v_2}{4} + \dfrac{v_2 - v_3}{4} = 0$

마디 ③ : $v_3 = 5$

이 얻어지며, 이 방정식을 v_1, v_2, v_3에 대해 정리하면 다음과 같다.

$$\begin{cases} v_1 - v_2 = -2 \\ -2v_1 + 4v_2 - v_3 = -8 \\ v_3 = 5 \end{cases}$$

따라서 위의 연립방정식을 풀면

$$v_1 = -\frac{11}{2}, \ v_2 = -\frac{7}{2}, \ v_3 = 5$$

가 얻어진다.

한편, $v = v_1 - v_2$이고 $i = \frac{1}{4}(v_2 - v_3)$이므로 다음과 같다.

$$v = v_1 - v_2 = -\frac{11}{2} - \left(-\frac{7}{2}\right) = -2 V$$

$$i = \frac{1}{4}(v_2 - v_3) = \frac{1}{4}\left(-\frac{7}{2} - 5\right) = -\frac{17}{8} A$$

예제 3.2

다음 회로에서 4Ω 저항의 양단 전압 v와 소비전력 P를 구하라.

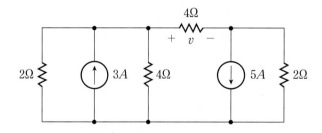

풀이 기준마디와 각 마디의 마디전압 v_1과 v_2를 다음과 같이 선정한다.

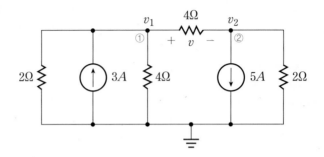

각 마디에서 유출 전류를 기준으로 회로방정식을 유도하면

마디 ① : $\dfrac{v_1}{2} - 3 + \dfrac{v_1}{4} + \dfrac{v_1 - v_2}{4} = 0$

마디 ② : $\dfrac{v_2 - v_1}{4} + 5 + \dfrac{v_2}{2} = 0$

이 얻어지며, 이 방정식을 v_1과 v_2에 대해 정리하면 다음과 같다.

$$\begin{cases} 4v_1 - v_2 = 12 \\ -v_1 + 3v_2 = -20 \end{cases}$$

Cramer 공식을 이용하여 v_1과 v_2를 구하면 다음과 같다.

$$v_1 = \frac{\begin{vmatrix} 12 & -1 \\ -20 & 3 \end{vmatrix}}{\begin{vmatrix} 4 & -1 \\ -1 & 3 \end{vmatrix}} = \frac{16}{11}\,V$$

$$v_2 = \frac{\begin{vmatrix} 4 & 12 \\ -1 & -20 \end{vmatrix}}{\begin{vmatrix} 4 & -1 \\ -1 & 3 \end{vmatrix}} = -\frac{68}{11}\,V$$

한편, $v = v_1 - v_2$이므로

$$v = v_1 - v_2 = \frac{16}{11} - \left(-\frac{68}{11}\right) = \frac{84}{11}\,V$$

가 되며, 소비전력 P는 다음과 같다.

$$P = \frac{v^2}{4} = \frac{1}{4}\left(\frac{84}{11}\right)^2 = 14.6\,W$$

여기서 잠깐! Cramer 공식

연립방정식의 해를 구하는 데 매우 유용한 Cramer 공식은 행렬식의 연산을 통해 연립방정식의 해를 구하는 편리한 공식이며 회로해석에서 많이 사용한다.
3차 연립방정식을 예로 설명한다.

$$\begin{bmatrix} a_{11} & a_{12} & a_{13} \\ a_{21} & a_{22} & a_{23} \\ a_{31} & a_{32} & a_{33} \end{bmatrix} \begin{bmatrix} x_1 \\ x_2 \\ x_3 \end{bmatrix} = \begin{bmatrix} b_1 \\ b_2 \\ b_3 \end{bmatrix}$$

$$x_1 = \frac{D_1}{D}, \ x_2 = \frac{D_2}{D}, \ x_3 = \frac{D_3}{D}$$

여기서, D는 계수행렬의 행렬식이며, $D_i(i = 1, \ 2, \ 3)$는 다음과 같이 정의된다.

$$D_1 = \begin{vmatrix} b_1 & a_{12} & a_{13} \\ b_2 & a_{22} & a_{23} \\ b_3 & a_{32} & a_{33} \end{vmatrix}, \ D_2 = \begin{vmatrix} a_{11} & b_1 & a_{13} \\ a_{21} & b_2 & a_{23} \\ a_{31} & b_3 & a_{33} \end{vmatrix}, \ D_3 = \begin{vmatrix} a_{11} & a_{12} & b_1 \\ a_{21} & a_{22} & b_2 \\ a_{31} & a_{32} & b_3 \end{vmatrix}$$

$$D = \begin{vmatrix} a_{11} & a_{12} & a_{13} \\ a_{21} & a_{22} & a_{23} \\ a_{31} & a_{32} & a_{33} \end{vmatrix}$$

Cramer 공식은 행렬식의 연산만으로 연립방정식의 해를 구할 수 있는 편리한 방법이지만, 미지수의 개수가 많아지면 행렬식의 연산이 쉽지 않다는 것에 주의하라.

(3) 종속전류원과 마디해석법

지금까지는 독립전원이 포함된 회로에 대하여 마디해석법을 적용하였다. 만일 회로에 종속전류원이 존재한다면 마디해석법을 어떻게 적용할 수 있을까? 그림 3.4의 회로에서 마디해석법을 앞에서와 마찬가지로 그대로 적용해 보자.

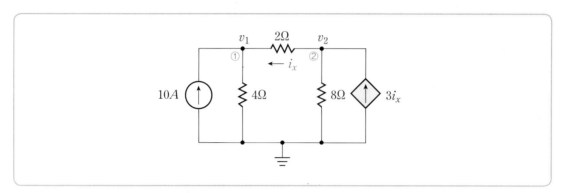

그림 3.4 종속전류원이 포함된 회로

각 마디에서 유출 전류를 기준으로 회로방정식을 유도하면

$$마디 ① : -10 + \frac{v_1}{4} + \frac{v_1 - v_2}{2} = 0 \tag{3-6}$$

$$마디 ② : \frac{v_2 - v_1}{2} + \frac{v_2}{8} - 3i_x = 0 \tag{3-7}$$

이 얻어지는데, 미지수는 v_1과 v_2, 그리고 i_x이고 방정식의 개수는 2개 밖에 없으므로 위의 식(3-6)~식(3-7)의 해를 구할 수 없게 된다. 문제는 i_x라는 미지수인데 이것은 종속전류원으로부터 파생된 미지수이므로 i_x를 마디전압의 함수로 표현하여 본다. 즉,

$$i_x = \frac{v_2 - v_1}{2} \tag{3-8}$$

따라서 방정식의 개수가 하나 증가하였으므로 식(3-6)~식(3-8)을 연립하여 미지수 v_1, v_2, i_x를 모두 구할 수가 있게 된다.

결과적으로, 종속전류원이 포함된 회로에 대하여 마디해석법을 적용하는 경우에도 독립전원이 포함된 회로에 대한 마디해석법과 동일한 과정으로 진행하면서 종속전류원과 관련된 미지의 변수를 마디전압의 함수로 표현하여 부족한 방정식을 추가해 주면 되는 것이다.

식(3-6)~식(3-8)을 정리하면 다음과 같다.

$$\begin{cases} 3v_1 - 2v_2 = 40 \\ -4v_1 + 5v_2 - 24i_x = 0 \\ v_1 - v_2 + 2i_x = 0 \end{cases} \qquad (3-9)$$

식(3-9)의 연립방정식을 풀면 해는 다음과 같다.

$$v_1 = 56\,V, \;\; v_2 = 64\,V, \;\; i_x = 4A$$

예제 3.3

다음 회로에서 마디해석법을 이용하여 i_x와 v_0를 각각 구하라.

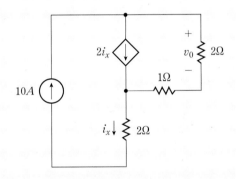

풀이 기준마디와 마디전압 v_1, v_2, v_3를 선정하면 다음과 같다.

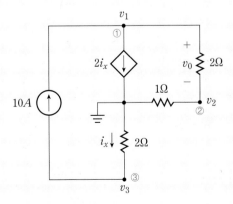

각 마디에서 유출 전류를 기준으로 회로방정식을 유도하면

마디 ① : $-10 + 2i_x + \dfrac{v_1 - v_2}{2} = 0$

마디 ② : $\dfrac{v_2 - v_1}{2} + v_2 = 0$

마디 ③ : $10 + \dfrac{v_3}{2} = 0$

이 얻어지며, $i_x = -\dfrac{v_3}{2}$이므로 다음과 같이 정리할 수 있다.

$$v_3 = -20\,V \qquad \therefore\ i_x = -\dfrac{v_3}{2} = 10A$$

$$\begin{cases} v_1 - v_2 = -20 \\ -v_1 + 3v_2 = 0 \end{cases}$$

$$v_1 = \dfrac{\begin{vmatrix} -20 & -1 \\ 0 & 3 \end{vmatrix}}{\begin{vmatrix} 1 & -1 \\ -1 & 3 \end{vmatrix}} = -\dfrac{60}{2} = -30\,V$$

$$v_2 = \dfrac{\begin{vmatrix} 1 & -20 \\ -1 & 0 \end{vmatrix}}{\begin{vmatrix} 1 & -1 \\ -1 & 3 \end{vmatrix}} = -\dfrac{20}{2} = -10\,V$$

한편, $v_0 = v_1 - v_2$이므로 $v_0 = -30 - (-10) = -20\,V$가 된다.

예제 3.4

다음 회로에서 마디해석법을 이용하여 v_x와 i_0를 각각 구하라.

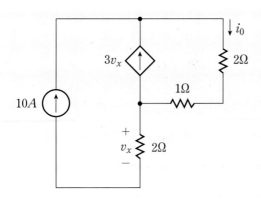

풀이 기준마디와 마디전압 v_1, v_2, v_3를 선정하면 다음과 같다.

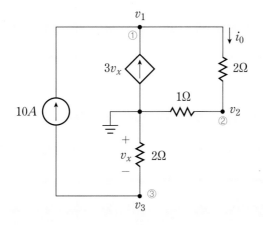

각 마디에서 유출 전류를 기준으로 회로방정식을 유도하면

마디 ① : $-10 - 3v_x + \dfrac{v_1 - v_2}{2} = 0$

마디 ② : $\dfrac{v_2 - v_1}{2} + v_2 = 0$

마디 ③ : $10 + \dfrac{v_3}{2} = 0$

이 얻어지며, $v_x = -v_3$이므로 다음과 같이 정리할 수 있다.

$$v_3 = -20\,V \qquad \therefore\ v_x = -v_3 = 20\,V$$

$$\begin{cases} v_1 - v_2 = 140 \\ -v_1 + 3v_2 = 0 \end{cases}$$

$$v_1 = \frac{\begin{vmatrix} 140 & -1 \\ 0 & 3 \end{vmatrix}}{\begin{vmatrix} 1 & -1 \\ -1 & 3 \end{vmatrix}} = \frac{420}{2} = 210\,V$$

$$v_2 = \frac{\begin{vmatrix} 1 & 140 \\ -1 & 0 \end{vmatrix}}{\begin{vmatrix} 1 & -1 \\ -1 & 3 \end{vmatrix}} = \frac{140}{2} = 70\,V$$

한편, i_0는 다음과 같이 구할 수 있다.

$$i_0 = \frac{v_1 - v_2}{2} = \frac{210 - 70}{2} = 70A$$

지금까지 기술한 마디해석법의 절차를 정리하면 다음과 같다.

마디해석법의 절차

① 기준마디를 선정한다.
② 기준마디를 기준으로 각 마디의 마디전압을 표시한다.
③ 기준마디가 아닌 각 마디에 키르히호프의 전류 법칙을 적용하여 회로방정식을 유도한다.
④ 종속전원이나 독립전압원이 있는 경우 추가적인 미지 변수를 마디전압으로 표현한다.
⑤ 연립방정식을 적절한 방법으로 풀어 마디전압을 구한다.
⑥ 문제에서 요구하는 전기량을 마디전압을 이용하여 구한다.

마디해석법에 의한 회로해석의 절차를 그림 3.5와 같이 신호흐름도(flow chart)로 나타내었다.

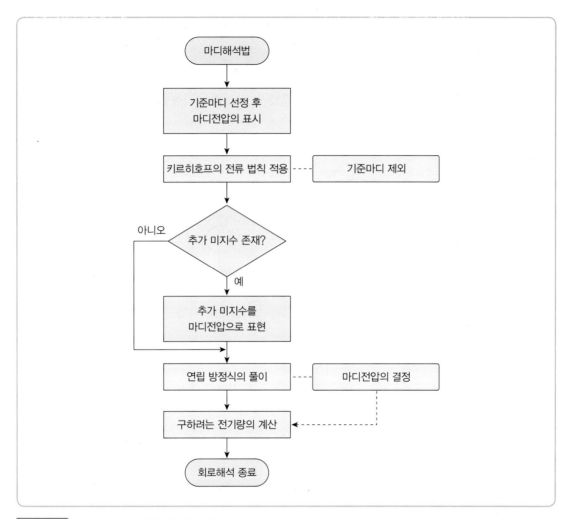

그림 3.5 마디해석법에 의한 회로해석 절차

3.2 수퍼마디와 마디해석법

앞 절에서 다룬 마디해석법은 키르히호프의 전류 법칙을 기반으로 하기 때문에 각 가지에서 전류가 마디전압으로 표현되어야 적용할 수 있다. 만일 마디해석법을 적용하는 과정에 어떤 특정한 가지에 전압원이 존재한다면 전압원에서의 전류를 어떻게 결정할 수 있을까? 결론부터 말하면, 전압원의 전압은 전압원에 흐르는 전류와는 전

혀 무관하기 때문에, 전압원이 존재하는 가지의 전류를 전압원의 전압으로 표현할 수
있는 방법은 없다.

이러한 어려움을 해결하는 방법 중의 하나가 수퍼마디(supernode)를 이용한 방
법이다. 수퍼마디의 개념을 이용하기에 앞서 기존의 가능한 방법을 적용해 본다.

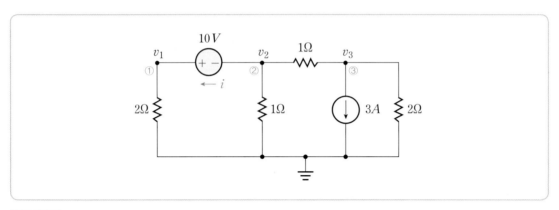

그림 3.6 전압원이 존재하는 경우 마디해석법

(1) 기존의 방법에 의한 마디해석법

먼저, 전압원에 흐르는 전류를 미지의 변수 i로 선정하고, 기준마디와 각 마디전압
을 그림 3.6과 같이 선정한다.

각 마디에서 유출 전류를 기준으로 회로방정식을 유도하면 다음과 같다.

$$마디 ① : \frac{v_1}{2} - i = 0 \tag{3-10}$$

$$마디 ② : i + v_2 + (v_2 - v_3) = 0 \tag{3-11}$$

$$마디 ③ : (v_3 - v_2) + 3 + \frac{v_3}{2} = 0 \tag{3-12}$$

식(3-10)~식(3-12)의 방정식에서 미지수는 i, v_1, v_2, v_3로서 4개인 반면, 방정식
의 개수는 3개이므로 하나의 방정식이 부족하다는 것을 알 수 있다. 부족한 방정식은
전압원의 크기가 10이므로

$$v_1 - v_2 = 10 \qquad\qquad (3-13)$$

의 관계가 성립한다는 것으로부터 구할 수 있다.

식(3-10)에서 $i = \frac{1}{2}v_1$의 관계를 식(3-11)에 대입하면 i를 소거할 수 있으므로 v_1, v_2, v_3를 다음의 연립방정식으로부터 계산할 수 있다.

$$\begin{aligned} v_1 + 4v_2 - 2v_3 &= 0 \\ -2v_2 + 3v_3 &= -6 \\ v_1 - v_2 &= 10 \end{aligned} \qquad\qquad (3-14)$$

Cramer 공식으로부터 식(3-14)의 연립방정식의 해를 구하면

$$v_1 = \frac{68}{11}\,V, \ \ v_2 = -\frac{42}{11}\,V, \ \ v_3 = -\frac{50}{11}\,V \qquad\qquad (3-15)$$

가 된다.

지금까지 설명한 기존의 방법은 전압원에 흐르는 전류를 미지수로 선정하였기 때문에 연립방정식의 개수가 회로에 존재하는 전압원의 수만큼 증가한다는 단점이 있다. 그림 3.6의 회로를 수퍼마디(supernode)의 개념으로부터 해석을 해보자.

(2) 수퍼마디를 이용한 마디해석법

전압원이 존재하는 경우 전압원에 흐르는 전류를 구할 수 없으므로 전압원과 전압원의 양 끝 마디를 포함하는 새로운 마디를 정의한다. 기존의 마디의 개념이 확장된 것으로 수퍼마디라고 부른다.

그림 3.6의 회로를 수퍼마디로부터 해석하기 위하여 그림 3.7과 같이 수퍼마디를 정의한다.

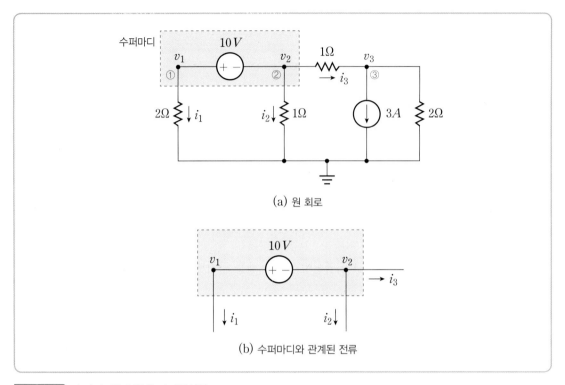

(a) 원 회로

(b) 수퍼마디와 관계된 전류

그림 3.7　수퍼마디를 이용한 마디해석법

먼저, 그림 3.7(a)에서와 같이 전압원과 양 끝 마디를 포함하는 점선 부분을 하나의 커다란 마디인 수퍼마디로 선정하면 기존의 마디 ①과 ②를 포함하게 된다.

그림 3.7(b)에서 수퍼마디와 관계된 전류는 i_1, i_2, i_3이므로 수퍼마디에서 유출되는 전류의 합이 0이라는 키르히호프의 전류 법칙을 적용하면 다음의 관계식을 얻는다.

$$\text{수퍼마디} : \frac{v_1}{2} + v_2 + (v_2 - v_3) = 0 \qquad (3\text{--}16)$$

$$\text{마디 ③} : (v_3 - v_2) + 3 + \frac{v_3}{2} = 0 \qquad (3\text{--}17)$$

$$\text{전압원} : v_1 - v_2 = 10 \qquad (3\text{--}18)$$

기존의 방법에 의한 마디해석법에서 유도된 식(3-10)~식(3-13)과 식(3-16)~식

(3-18)을 비교해 보면 전압원에 흐르는 미지의 전류 i가 수퍼마디에 의해 소거되었음을 알 수 있다. 따라서 식(3-16)~식(3-18)의 연립방정식을 풀면 식(3-15)의 결과와 동일한 결과를 얻을 수 있다.

여 기서 잠깐! **수퍼마디와 키르히호프의 전류 법칙**

수퍼마디에서 키르히호프의 전류 법칙이 성립한다는 가정하에 수퍼마디를 이용하여 마디해석법을 전개하였다. 수퍼마디에서 왜 키르히호프의 전류 법칙이 성립할까? 다음 그림을 보자.

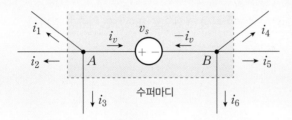

수퍼마디와 관련된 8개의 유출 전류의 합을 구해본다.

마디 A : $i_1 + i_2 + i_3 + i_v = 0$
마디 B : $i_4 + i_5 + i_6 - i_v = 0$

위의 두 식을 합하면

$$i_1 + i_2 + i_3 + i_4 + i_5 + i_6 = 0$$

이 성립하므로 수퍼마디에서 유출 전류의 합은 0이 된다. 따라서 수퍼마디에서 키르히호프의 전류 법칙은 여전히 성립한다는 것을 알 수 있다.

예제 3.5

다음 회로에서 수퍼마디를 표시하고 마디해석법으로 전류 i_0를 구하라.

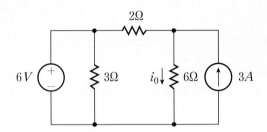

풀이 주어진 회로의 수퍼마디를 점선으로 표현하면 다음과 같다.

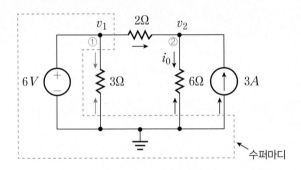

수퍼마디와 관계된 전류는 5개이지만 3Ω의 저항에서의 유출 전류(파란색 화살표)는 서로 방향이 반대이므로 합하면 0이 되어 소거된다. 따라서

수퍼마디 : $\dfrac{v_1 - v_2}{2} + \dfrac{v_1}{3} - \dfrac{v_1}{3} - \dfrac{v_2}{6} + 3 = 0$

전압원 : $v_1 = 6$

으로부터 $v_2 = 9V$가 얻어진다. 또한, i_0는 다음과 같다.

$$i_0 = \frac{v_2}{6} = \frac{9V}{6\Omega} = \frac{3}{2}A$$

예제 3.6

다음은 2개의 독립전압원을 가지는 회로이다. 수퍼마디를 정의하고 마디해석법을 적용하여 i_0와 v_0를 각각 구하라.

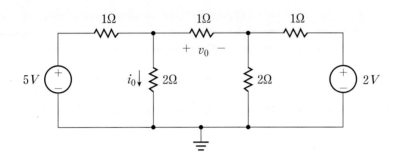

풀이 주어진 회로의 수퍼마디를 점선으로 표현하면 다음과 같다. 전압원이 2개이고 기준마디를 공유하고 있으므로 2개의 전압원을 한꺼번에 포함되도록 수퍼마디를 선정한다는 것에 주의하도록 한다.

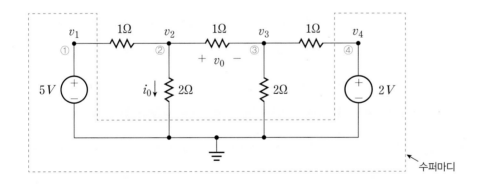

각 마디에서 유출되는 전류의 합을 구하면 다음과 같다.

수퍼마디 : $(v_1 - v_2) - \dfrac{v_2}{2} - \dfrac{v_3}{2} + (v_4 - v_3) = 0$

$5V$ 전압원 : $v_1 = 5\,V$

$2V$ 전압원 : $v_4 = 2\,V$

마디 ② : $(v_2 - v_1) + \dfrac{v_2}{2} + (v_2 - v_3) = 0$

마디 ③ : $(v_3 - v_2) + \dfrac{v_3}{2} + (v_3 - v_4) = 0$

위의 방정식을 정리하면

$$\begin{cases} 3v_2 + 3v_3 = 14 \\ 5v_2 - 2v_3 = 10 \\ -2v_2 + 5v_3 = 4 \end{cases}$$

이 된다. 따라서 방정식의 개수가 미지수의 개수보다 많으므로 임의의 2개의 방정식을 연립하여 v_2와 v_3를 구한 다음, 나머지 다른 방정식을 만족시켜야 해가 된다는 사실에 주의한다. v_2와 v_3를 구하면 다음과 같다.

$$v_2 = \frac{58}{21}\,V, \quad v_3 = \frac{40}{21}\,V$$

한편, v_0와 i_0를 마디전압으로 표현하여 계산하면 다음과 같다.

$$v_0 = v_2 - v_3 = \frac{58}{21} - \frac{40}{21} = \frac{18}{21} = \frac{6}{7}\,V$$

$$i_0 = \frac{v_2}{2} = \frac{1}{2} \times \frac{58}{21} = \frac{29}{21}A$$

다음으로, 회로에 종속전원이 포함된 경우를 예제를 통해 살펴본다.

예제 3.7

다음 회로에서 각 마디전압을 구하라.

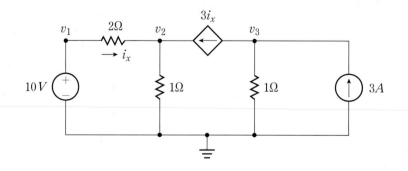

풀이 전압원이 존재하므로 점선과 같이 수퍼마디를 정의한다.

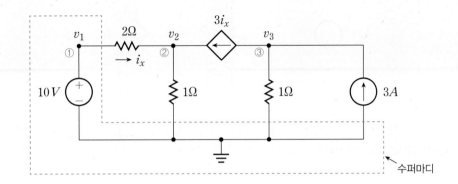

각 마디에서 유출 전류의 합을 구하면 다음과 같다.

수퍼마디 : $\dfrac{v_1 - v_2}{2} - v_2 - v_3 + 3 = 0$

마디 ② : $\dfrac{v_2 - v_1}{2} + v_2 - 3i_x = 0$

마디 ③ : $3i_x + v_3 - 3 = 0$

전압원 : $v_1 = 10\,V$

옴의 법칙 : $i_x = \dfrac{v_1 - v_2}{2}$

위의 방정식을 연립하여 해를 구하면 다음과 같다.

$$v_1 = 10\,V, \quad v_2 = \frac{20}{3}\,V, \quad v_3 = -\,2\,V$$

예제 3.8

다음은 종속전압원이 포함된 회로이다. 2Ω의 저항에 걸리는 전압 v_0와 종속전압원의 전력을 계산하고 전력을 공급하는지 소비하는지를 판별하라.

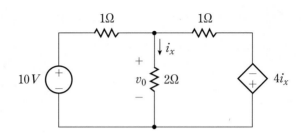

풀이 예제 3.6과 같이 전압원이 2개인 회로이므로 2개의 전압원을 수퍼마디에 포함시켜 마디해석법을 적용한다.

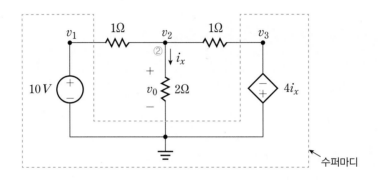

위의 회로를 주의깊게 살펴보면 수퍼마디에서 유출되는 전류의 합은 다시 마디 ②의 유입전류가 된다는 것을 알 수 있다. 결국, 수퍼마디와 마디 ②에서의 회로방정식은 동일하다는 것에 유의하라.

수퍼마디 : $(v_1 - v_2) - \dfrac{v_2}{2} + (v_3 - v_2) = 0$

또한, 각 전압원에서의 관계식을 구하면 다음과 같다.

$10V$ 전압원 : $v_1 = 10\,V$

종속전압원 : $v_3 = -4i_x = -4\left(\dfrac{v_2}{2}\right) = -2v_2$

위의 방정식을 정리하면

$$5v_2 - 2v_3 = 20 \longrightarrow 5v_2 - 2(-2v_2) = 20$$

$$\therefore \ v_2 = \frac{20}{9} \, V$$

$$v_3 = -2v_2 = -2 \times \frac{20}{9} = -\frac{40}{9} \, V$$

가 얻어진다.

한편, 2Ω의 저항에 걸리는 전압 v_0는 마디전압 v_2와 같으므로

$$v_0 = v_2 = \frac{20}{9} \, V$$

가 된다. 종속전압원에서의 전력 P는 수동부호규약에 주의하여 다음 그림을 참조하여 구하면

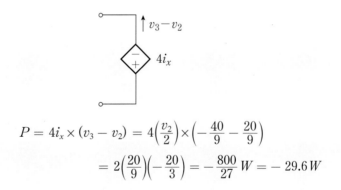

$$P = 4i_x \times (v_3 - v_2) = 4\left(\frac{v_2}{2}\right) \times \left(-\frac{40}{9} - \frac{20}{9}\right)$$

$$= 2\left(\frac{20}{9}\right)\left(-\frac{20}{3}\right) = -\frac{800}{27} \, W = -29.6 \, W$$

를 얻을 수 있다. 따라서 종속전압원은 $29.6W$의 전력을 공급한다는 것을 알 수 있다.

3.3 메쉬해석법

앞 절에서 설명한 마디해석법은 일반적인 회로해석 방법으로 어떤 회로에도 항상 적용이 가능하다. 본 절에서는 회로해석의 또 다른 방법으로서 메쉬해석법(mesh analysis)을 소개한다.

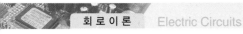

메쉬해석법은 평면회로에서 정의되는 메쉬에 메쉬전류(mesh current)를 정의한 다음, 키르히호프의 전압 법칙을 적용하여 메쉬전류를 결정하여 회로를 해석하는 것을 말한다.

메쉬해석법은 평면회로에 대해서만 적용할 수 있어, 마디해석법에 비해 제한적이기는 하지만, 회로에 따라서는 마디해석법보다 더 쉽게 적용할 수 있는 유용한 방법이다.

(1) 메쉬전류와 키르히호프의 전류 법칙

그림 3.8에 나타낸 회로를 살펴보자.

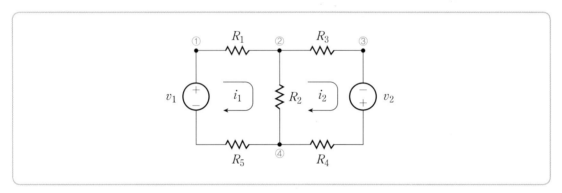

그림 3.8   메쉬전류 i_1과 i_2의 정의

그림 3.8의 회로에는 2개의 메쉬가 존재하며 각 메쉬에서 시계 방향으로 전류 i_1과 i_2를 정의하였다. 이 전류 i_1과 i_2를 메쉬전류라고 한다. 이렇게 정의된 메쉬전류는 메쉬의 둘레만을 따라 흐르는 전류라는 사실에 유의해야 한다. 저항 R_1에 흐르는 전류는 메쉬전류 i_1이며, 저항 R_3에 흐르는 전류는 메쉬전류 i_2라는 것이 명백하다.

그런데 2개의 메쉬에 서로 공유되고 있는 저항 R_2에 흐르는 전류는 무엇인가? 그림 3.9에서 R_2를 위에서 아래로 흐르는 전류는 i_1-i_2이고, R_2를 아래에서 위로 흐르는 전류는 i_2-i_1이 됨을 쉽게 알 수 있다.

결과적으로, 회로 내의 메쉬전류들을 정의하면 2개의 메쉬에서 공유하는 회로소자에 흐르는 전류는 2개의 메쉬전류의 차로 결정된다는 것을 알 수 있다.

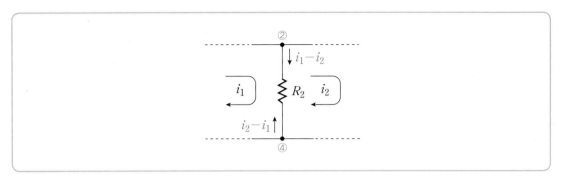

그림 3.9 저항 R_2에 흐르는 전류

메쉬전류는 반시계 방향으로도 정의할 수도 있으나, 특별한 이유가 없는 한 본 책에서는 시계 방향으로 정의하도록 한다.

그런데 메쉬전류가 정의되면, 각 마디에서의 전류 관계는 키르히호프의 전류 법칙을 만족하는가? 그림 3.8의 회로에서 마디 ②에서의 유입 전류를 표시하면 그림 3.10과 같다.

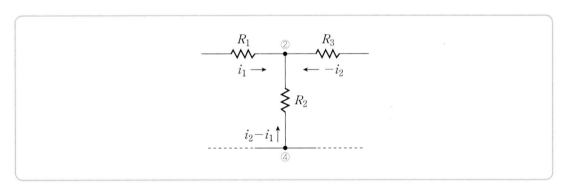

그림 3.10 마디 ②에서의 키르히호프의 전류 법칙 적용

마디 ②에서 유입 전류들의 합을 구하면

$$i_1 + (-i_2) + (i_2 - i_1) = 0 \qquad (3-19)$$

이 되므로 키르히호프의 전류 법칙이 만족됨을 알 수 있다. 다른 마디에 대해서도 키르히호프의 전류 법칙은 자동적으로 만족된다는 것에 주의하라. 만일 회로에서 메쉬전류를 선정하여 키르히호프의 전압 법칙으로부터 메쉬전류를 결정할 수 있다면, 회

로 내의 모든 전압과 전류 관계를 알 수 있게 된다. 이것을 메쉬해석법이라고 한다.

(2) 메쉬해석법의 과정

그러면 메쉬전류들을 어떻게 결정할 수 있을까에 대해 생각해 보자. 이때 필요한 것이 키르히호프의 전압 법칙이다. 회로 내의 각 메쉬에 대하여 키르히호프의 전압 법칙을 적용하여 회로방정식을 유도한 다음, 그것들을 연립하여 풀면 메쉬전류를 구할 수 있는 것이다.

예를 들어, 그림 3.11의 회로에 대하여 메쉬해석법을 이용하여 회로를 해석하는 과정을 설명한다.

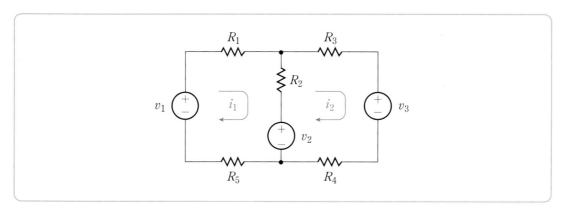

그림 3.11　메쉬전류를 지정한 회로

그림 3.11에서와 같이 메쉬전류 i_1과 i_2를 시계 방향으로 지정한다. 좌측 메쉬에 대하여 키르히호프의 전압 법칙을 적용하면

$$R_1 i_1 + R_2 (i_1 - i_2) + v_2 + R_5 i_1 - v_1 = 0 \qquad (3-20)$$

이 된다. 또한, 마찬가지로 방법에 따라 우측 메쉬에 키르히호프의 전압 법칙을 적용하면 다음과 같은 회로방정식이 얻어진다.

$$R_3 i_2 + v_3 + R_4 i_2 - v_2 + R_2 (i_2 - i_1) = 0 \qquad (3-21)$$

식(3-20)과 식(3-21)을 i_1과 i_2에 대하여 정리하면 다음과 같다.

$$(R_1 + R_2 + R_5)\,i_1 - R_2\,i_2 = v_1 - v_2 \qquad (3-22)$$

$$-R_2\,i_1 + (R_2 + R_3 + R_4)\,i_2 = v_2 - v_3 \qquad (3-23)$$

식(3-22)와 식(3-23)을 행렬로 표현하면 다음과 같다.

$$\begin{bmatrix} R_1 + R_2 + R_5 & -R_2 \\ -R_2 & R_2 + R_3 + R_4 \end{bmatrix}\begin{bmatrix} i_1 \\ i_2 \end{bmatrix} = \begin{bmatrix} v_1 - v_2 \\ v_2 - v_3 \end{bmatrix} \qquad (3-24)$$

식(3-24)는 미지수가 i_1과 i_2로 2개이고 유도된 회로방정식의 개수가 2개이므로 연립방정식을 풀어 i_1과 i_2를 구할 수 있다.

일단 회로에서 정의된 메쉬전류 i_1과 i_2를 구하면, 회로 내의 모든 가지 전류, 전압 그리고 전력을 구할 수 있게 된다. 이러한 과정으로 회로의 해석이 이루어지는데 이를 메쉬해석법이라 한다.

여기서 잠깐! 메쉬해석법의 규칙성

식(3-24)의 행렬 표현식을 살펴보면 메쉬해석법에서의 규칙성을 발견할 수 있다.

$$\begin{bmatrix} R_1 + R_2 + R_5 & -R_2 \\ -R_2 & R_2 + R_3 + R_4 \end{bmatrix}\begin{bmatrix} i_1 \\ i_2 \end{bmatrix} = \begin{bmatrix} v_1 - v_2 \\ v_2 - v_3 \end{bmatrix}$$

$$\begin{bmatrix} R_{11} & R_{12} \\ R_{21} & R_{22} \end{bmatrix}\begin{bmatrix} i_1 \\ i_2 \end{bmatrix} = \begin{bmatrix} V_1 \\ V_2 \end{bmatrix}$$

$R_{11} \triangleq R_1 + R_2 + R_5$; 좌측 메쉬에 포함된 모든 저항의 합

$R_{22} \triangleq R_2 + R_3 + R_4$; 우측 메쉬에 포함된 모든 저항의 합

$\left.\begin{array}{l} R_{12} \triangleq -R_2 \\ R_{21} \triangleq -R_2 \end{array}\right\} R_{12} = R_{21}$; 좌측 메쉬와 우측 메쉬에 의해 공유되는 저항의 음수값

$V_1 \triangleq v_1 - v_2$; 좌측 메쉬에 포함된 전압원에 의한 전압상승의 합

$V_2 \triangleq v_2 - v_3$; 우측 메쉬에 포함된 전압원에 의한 전압상승의 합

앞에서 정의한 R_{11}과 R_{22}를 자기저항(self resistance)이라 부르며, $R_{12} = R_{21}$을 상호저항(mutual resistance)이라고 부른다. 이러한 규칙성을 잘 기억해 두면 메쉬해석법을 적용할 때 회로방정식을 보다 쉽게 유도할 수 있을 것이다.

메쉬해석법으로 회로를 해석하는 과정에 대하여 예제 3.9~예제 3.10에서 살펴본다.

예제 3.9

다음 회로에서 메쉬해석법을 이용하여 4Ω에 흐르는 전류 i_0와 양단 전압 v_0를 각각 구하라.

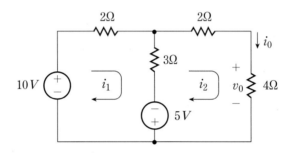

풀이   좌측 메쉬에 대해 키르히호프의 전압 법칙을 적용하면 다음과 같다.

$$2i_1 + 3(i_1 - i_2) - 5 - 10 = 0$$

우측 메쉬에 대해 키르히호프의 전압 법칙을 적용하면 다음과 같다.

$$2i_2 + 4i_2 + 5 + 3(i_2 - i_1) = 0$$

위의 두 식을 정리하면

$$5i_1 - 3i_2 = 15$$

$$-3i_1 + 9i_2 = -5$$

이므로 Cramer 공식에 의해 i_1과 i_2는 다음과 같이 계산된다.

$$i_1 = \frac{\begin{vmatrix} 15 & -3 \\ -5 & 9 \end{vmatrix}}{\begin{vmatrix} 5 & -3 \\ -3 & 9 \end{vmatrix}} = \frac{120}{36} = \frac{10}{3} A$$

$$i_2 = \frac{\begin{vmatrix} 5 & 15 \\ -3 & -5 \end{vmatrix}}{\begin{vmatrix} 5 & -3 \\ -3 & 9 \end{vmatrix}} = \frac{20}{36} = \frac{5}{9} A$$

한편, $i_0 = i_2$이고, $v_0 = 4i_0$이므로

$$i_0 = i_2 = \frac{5}{9} A$$

$$v_0 = 4i_0 = 4 \times \frac{5}{9} = \frac{20}{9} V$$

를 얻을 수 있다.

예제 3.10

다음 회로에서 메쉬해석법을 이용하여 1Ω에 걸리는 전압 v_0를 구하라.

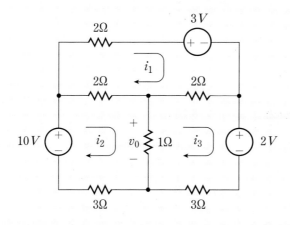

풀이 상단 메쉬에 대하여 키르히호프의 전압 법칙을 적용하면 다음과 같다.

$$2i_1 + 3 + 2(i_1 - i_3) + 2(i_1 - i_2) = 0$$

좌측 메쉬와 우측 메쉬에 대하여 각각 키르히호프의 전압 법칙을 적용하면 다음과 같다.

$$2(i_2 - i_1) + (i_2 - i_3) + 3i_2 - 10 = 0$$
$$2(i_3 - i_1) + 2 + 3i_3 + (i_3 - i_2) = 0$$

위의 세 식을 정리하면

$$6i_1 - 2i_2 - 2i_3 = -3$$
$$-2i_1 + 6i_2 - i_3 = 10$$
$$-2i_1 - i_2 + 6i_3 = -2$$

이므로 Cramer 공식에 의해 i_1, i_2, i_3는 다음과 같이 계산된다.

$$i_1 = \frac{1}{22}A, \quad i_2 = \frac{129}{77}A, \quad i_3 = -\frac{3}{77}A$$

따라서 1Ω에 걸리는 전압 v_0는 다음과 같이 결정된다.

$$v_0 = 1\Omega \times (i_2 - i_3) = \frac{129}{77} + \frac{3}{77} = \frac{132}{77}V$$

여 기서 잠깐! **메쉬해석법의 규칙성 적용**

예제 3.10의 회로에 대하여 메쉬해석법의 규칙성을 적용해 본다.

$$\begin{bmatrix} R_{11} & R_{12} & R_{13} \\ R_{21} & R_{22} & R_{23} \\ R_{31} & R_{32} & R_{33} \end{bmatrix} \begin{bmatrix} i_1 \\ i_2 \\ i_3 \end{bmatrix} = \begin{bmatrix} V_1 \\ V_2 \\ V_3 \end{bmatrix}$$

$R_{11} = 2 + 2 + 2 = 6$: 메쉬 ①에 포함된 저항의 합

$R_{22} = 2 + 1 + 3 = 6$: 메쉬 ②에 포함된 저항의 합

$R_{33} = 2 + 3 + 1 = 6$: 메쉬 ③에 포함된 저항의 합

$R_{12} = R_{21} = -2$: 메쉬 ①과 메쉬 ②가 공유하는 저항의 음수값

$R_{13} = R_{31} = -2$: 메쉬 ①과 메쉬 ③이 공유하는 저항의 음수값

$R_{32} = R_{23} = -1$: 메쉬 ③과 메쉬 ②가 공유하는 저항의 음수값

$V_1 = -3$: 메쉬 ①에 포함된 전압원의 전압상승의 합

$V_2 = 10$: 메쉬 ②에 포함된 전압원의 전압상승의 합

$V_3 = -2$: 메쉬 ③에 포함된 전압원의 전압상승의 합

위의 자기저항, 상호저항 그리고 V_1, V_2, V_3를 대입하면 예제 3.10과 같은 회로방정식을 얻을 수 있다. 이와 같이 메쉬해석법의 규칙성을 활용하면 회로방정식을 쉽고 간편하게 얻을 수 있다.

다음으로 회로에 전류원이 포함되어 있는 경우 메쉬해석법을 어떻게 적용할 수 있는지 예제를 통해 살펴본다.

예제 3.11

다음 회로에서 i_0와 전류원의 양단 전압 v_x를 각각 구하라.

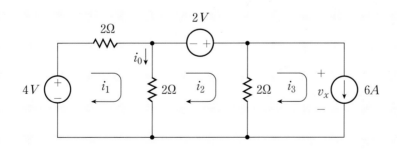

풀이 각 메쉬전류를 정의하고 회로방정식을 유도하면 다음과 같다.

메쉬 ① : $2i_1 + 2(i_1 - i_2) - 4 = 0$

메쉬 ② : $-2 + 2(i_2 - i_3) + 2(i_2 - i_1) = 0$

메쉬 ③ : $v_x + 2(i_3 - i_2) = 0$

한편, 메쉬전류 i_3는 전류원의 전류와 같기 때문에 $i_3 = 6A$가 된다. $i_3 = 6A$를 위의 방정식에 대입하여 정리하면

$$2i_1 - i_2 = 2$$
$$-i_1 + 2i_2 = 7$$
$$v_x = 2(i_2 - 6)$$

이므로 i_1과 i_2를 Cramer 공식을 이용하여 계산한다.

$$i_1 = \frac{\begin{vmatrix} 2 & -1 \\ 7 & 2 \end{vmatrix}}{\begin{vmatrix} 2 & -1 \\ -1 & 2 \end{vmatrix}} = \frac{11}{3}A, \quad i_2 = \frac{\begin{vmatrix} 2 & 2 \\ -1 & 7 \end{vmatrix}}{\begin{vmatrix} 2 & -1 \\ -1 & 2 \end{vmatrix}} = \frac{16}{3}A$$

따라서 i_0와 v_x는 다음과 같이 계산된다.

$$i_0 = i_1 - i_2 = \frac{11}{3} - \frac{16}{3} = -\frac{5}{3}A$$

$$v_x = 2(i_2 - i_3) = 2\left(\frac{16}{3} - 6\right) = -\frac{4}{3}V$$

예제 3.12

다음 회로에서 전류원의 양단 전압 v_x를 구하라.

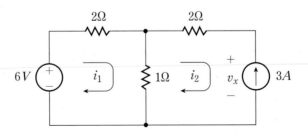

풀이 각 메쉬에 대하여 회로방정식을 유도하면 다음과 같다.

메쉬 ① : $2i_1 + (i_1 - i_2) - 6 = 0$

메쉬 ② : $2i_2 + v_x + (i_2 - i_1) = 0$

한편, 메쉬전류 $i_2 = -3A$이므로 위의 방정식에 각각 대입하면

$$3i_1 - i_2 - 6 = 0$$
$$\therefore i_1 = \frac{1}{3}(6 + i_2) = 1A$$
$$-6 + v_x + (-3 - 1) = 0$$
$$\therefore v_x = 10V$$

가 된다.

전류원이 포함된 회로에 대하여 메쉬해석법을 적용할 때, 전류원과 메쉬전류와의 관계를 이용하여 회로방정식을 풀어 해를 구할 수 있다. 이에 대한 일반적인 접근 방법으로서 수퍼메쉬(supermesh)의 개념을 3.4절에서 다루도록 한다.

(3) 종속전압원과 메쉬해석법

지금까지는 독립전원이 포함된 회로에 대하여 메쉬해석법을 적용하였다. 만일 회로에 종속전압원이 존재한다면 메쉬해석법을 어떻게 적용할 수 있을까? 그림 3.12의 회로에서 메쉬해석법을 앞에서와 마찬가지로 그대로 적용해 보자.

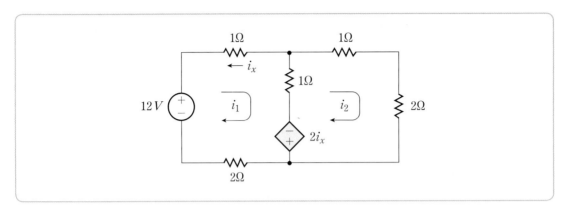

그림 3.12 종속전압원이 포함된 회로

각 메쉬에서 회로방정식을 유도하면

$$\text{메쉬 ①} : i_1 + (i_1 - i_2) - 2i_x + 2i_1 - 12 = 0 \qquad (3-25)$$

$$\text{메쉬 ②} : i_2 + 2i_2 + 2i_x + (i_2 - i_1) = 0 \qquad (3-26)$$

이 얻어지는데, 미지수는 i_1과 i_2 그리고 i_x이고 방정식의 개수는 2개밖에 없으므로 위의 식(3-25)~식(3-26)의 해를 구할 수 없게 된다. 문제는 i_x라는 미지수인데 이것은 종속전압원으로부터 파생된 미지수이므로 i_x를 메쉬전류의 함수로 표현하여 본다. 즉,

$$i_x = - i_1 \qquad (3-27)$$

따라서 방정식의 개수가 하나 증가하였으므로 식(3-25)~식(3-27)을 연립하여 미지수 i_1, i_2, i_x를 모두 구할 수가 있게 된다.

결과적으로, 종속전압원이 포함된 회로에 대하여 메쉬해석법을 적용하는 경우에도 독립전원이 포함된 회로에 대한 메쉬해석법과 동일한 과정으로 진행하면서 종속전압원과 관련된 미지의 변수를 메쉬전류의 함수로 표현하여 부족한 방정식을 추가해주면 되는 것이다.

식(3-25)~식(3-27)을 정리하면 다음과 같다.

$$\begin{cases} 4i_1 - i_2 - 2i_x = 12 \\ -i_1 + 4i_2 + 2i_x = 0 \\ i_x = -i_1 \end{cases} \qquad (3-28)$$

식(3-28)의 연립방정식을 풀면 해는 다음과 같다.

$$i_1 = \frac{16}{7}A, \quad i_2 = \frac{12}{7}A, \quad i_x = -\frac{16}{7}A \qquad (3-29)$$

예제 3.13

다음 회로에서 메쉬해석법을 이용하여 3Ω에 흐르는 전류 i_0와 양단전압 v_0를 결정하라.

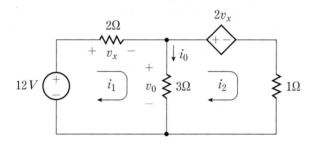

풀이 각 메쉬에서 회로방정식을 유도하면

$$2i_1 + 3(i_1 - i_2) - 12 = 0$$

$$2v_x + i_2 + 3(i_2 - i_1) = 0$$

이 얻어지며, $v_x = 2i_1$의 관계가 성립하므로 위의 방정식을 정리하면 다음과 같다.

$$\begin{cases} 5i_1 - 3i_2 = 12 \\ i_1 + 4i_2 = 0 \end{cases}$$

Cramer 공식을 이용하여 i_1과 i_2를 구하면 다음과 같다.

$$i_1 = \frac{\begin{vmatrix} 12 & -3 \\ 0 & 4 \end{vmatrix}}{\begin{vmatrix} 5 & -3 \\ 1 & 4 \end{vmatrix}} = \frac{48}{23} A$$

$$i_2 = \frac{\begin{vmatrix} 5 & 12 \\ 1 & 0 \end{vmatrix}}{\begin{vmatrix} 5 & -3 \\ 1 & 4 \end{vmatrix}} = -\frac{12}{23} A$$

한편, v_0와 i_0를 메쉬전류로 표현하면

$$v_0 = 3i_0 = 3\left(i_1 - i_2\right) = 3\left(\frac{48}{23} + \frac{12}{23}\right) = \frac{180}{23} V$$

$$i_0 = i_1 - i_2 = \frac{48}{23} + \frac{12}{23} = \frac{60}{23} A$$

를 얻을 수 있다.

예제 3.14

다음 회로에서 메쉬해석법을 이용하여 i_x와 v_0를 구하라.

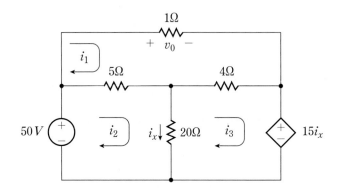

풀이 각 메쉬에서 회로방정식을 유도하면

$$i_1 + 4\left(i_1 - i_3\right) + 5\left(i_1 - i_2\right) = 0$$

$$5\left(i_2 - i_1\right) + 20\left(i_2 - i_3\right) - 50 = 0$$

$$4\left(i_3 - i_1\right) + 15i_x + 20\left(i_3 - i_2\right) = 0$$

이 얻어지며, $i_x = i_2 - i_3$의 관계가 성립하므로 위의 방정식을 정리하면 다음과 같다.

$$10i_1 - 5i_2 - 4i_3 = 0$$

$$-5i_1 + 25i_2 - 20i_3 = 50$$

$$-4i_1 - 5i_2 + 9i_3 = 0$$

Cramer 공식을 이용하여 i_1, i_2, i_3를 구하면 다음과 같다.

$$i_1 = 26A, \quad i_2 = \frac{148}{5}A, \quad i_3 = 28A$$

한편, $v_0 = i_1$이고 $i_x = i_2 - i_3$이므로

$$v_0 = i_1 = 26\,V$$

$$i_x = i_2 - i_3 = \frac{148}{5} - 28 = \frac{8}{5}A$$

를 얻을 수 있다.

지금까지 기술한 메쉬해석법의 절차를 정리하면 다음과 같다.

메쉬해석법의 절차

① 메쉬전류를 시계 방향으로 선정한다.
② 각 메쉬에 대하여 키르히호프의 전압 법칙을 적용하여 회로방정식을 유도한다.
③ 종속전원이나 독립전류원이 있는 경우 추가적인 미지 변수를 메쉬전류로 표현한다.
④ 연립방정식을 적절한 방법으로 풀어 메쉬전류를 구한다.
⑤ 문제에서 요구하는 전기량을 메쉬전류를 이용하여 구한다.

메쉬해석법에 의한 회로해석의 절차를 그림 3.13과 같이 신호흐름도로 나타내었다.

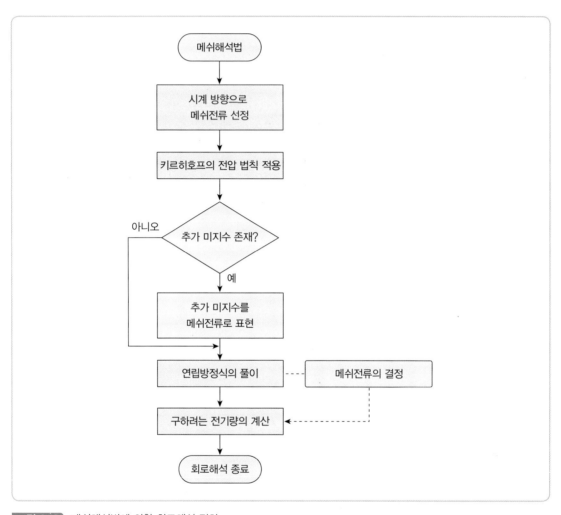

그림 3.13 메쉬해석법에 의한 회로해석 절차

3.4 수퍼메쉬와 메쉬해석법

앞 절에서 다룬 메쉬해석법은 키르히호프의 전압 법칙을 기반으로 하기 때문에 각 메쉬에서 전압강하가 메쉬전류로 표현되어야 적용할 수 있다. 만일 메쉬해석법을 적

용하는 과정에서 어떤 특정한 메쉬에 전류원이 존재한다면 전류원에서의 전압을 어떻게 결정할 수 있을까? 결론부터 말하면, 전류원의 전류는 전류원 양단에 걸리는 전압과는 전혀 무관하기 때문에, 메쉬에 존재하는 전류원 양단전압을 전류원의 전류로 표현할 수 있는 방법은 없다.

이러한 어려움을 해결하는 방법 중의 하나가 수퍼메쉬(supermesh)를 이용한 방법이다. 수퍼메쉬의 개념을 이용하기에 앞서 기존의 가능한 방법을 적용해 본다.

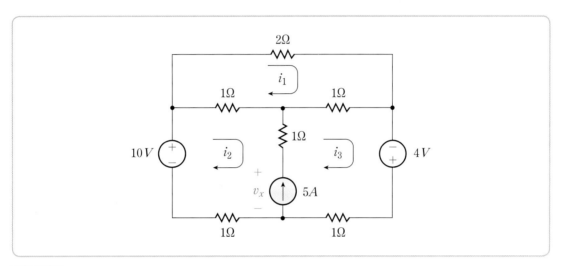

그림 3.14 전류원이 존재하는 경우 메쉬해석법

(1) 기존의 방법에 의한 메쉬해석법

먼저, 전류원 양단에 걸리는 전압을 미지의 변수 v_x로 선정하고, 메쉬전류 i_1, i_2, i_3를 그림 3.14와 같이 선정한다.

각 메쉬에서 회로방정식을 유도하면 다음과 같다.

메쉬 ① : $2i_1 + (i_1 - i_3) + (i_1 - i_2) = 0$ $(3-30)$

메쉬 ② : $(i_2 - i_1) + (i_2 - i_3) + v_x + i_2 - 10 = 0$ $(3-31)$

메쉬 ③ : $(i_3 - i_1) - 4 + i_3 - v_x + (i_3 - i_2) = 0$ $(3-32)$

한편, 전류원의 전류는 메쉬전류를 이용하여 다음과 같이 표현된다.

$$i_3 - i_2 = 5 \tag{3-33}$$

식(3-31)과 식(3-32)를 더하여 v_x를 소거하면

$$-i_1 + i_2 + i_3 = 7 \tag{3-34}$$

이 된다. 식(3-30)을 정리하면

$$4i_1 - i_2 - i_3 = 0 \tag{3-35}$$

이므로 식(3-33)~식(3-35)를 연립하면 i_1, i_2, i_3를 구할 수 있다.

$$i_1 = \frac{7}{3}A, \quad i_2 = \frac{13}{6}A, \quad i_3 = \frac{43}{6}A \tag{3-36}$$

지금까지 설명한 기존의 방법은 전류원에 걸리는 전압을 미지수로 선정하였기 때문에 연립방정식의 개수가 회로에 존재하는 전류원의 수만큼 증가한다는 단점이 있다.

그림 3.14의 회로에 대하여 수퍼메쉬의 개념을 적용하여 해석을 해보자.

(2) 수퍼메쉬를 이용한 메쉬해석법

전류원이 존재하는 경우 전류원 양단 전압을 구할 수 없으므로 전류원을 공통 소자로 가지는 2개의 메쉬 외곽으로 이루어지는 새로운 확장된 경로를 정의한다. 이것은 기존의 메쉬를 확장한 개념으로 수퍼메쉬라고 부른다.

그림 3.14의 회로에 대한 수퍼메쉬를 정의하여 그림 3.15에 나타내었다.

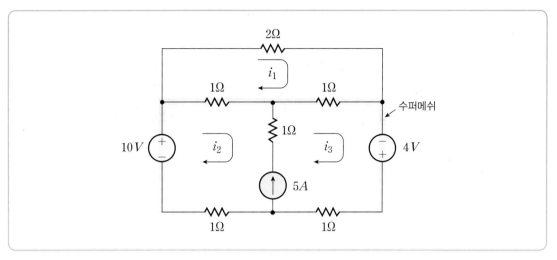

그림 3.15 수퍼메쉬를 이용한 메쉬해석법

$5A$ 전류원은 메쉬 ②와 메쉬 ③에 의해 공유되므로 그림 3.15에서처럼 굵은 선으로 표시된 외곽 경로를 수퍼메쉬로 정의한다. 수퍼메쉬가 정의됨으로써 회로에서 메쉬의 개수가 전류원의 개수만큼 감소된다는 것에 유의하라.

여 기서 잠깐! **수퍼마디와 수퍼메쉬로 인한 회로방정식의 감소**

수퍼마디해석법에서는 전압원을 포함하는 수퍼마디를 선정함으로써 기준마디가 아닌 마디의 수가 전압원의 개수만큼 감소된다.

수퍼메쉬해석법에서도 전류원을 공통 소자로 가지는 2개의 메쉬 외곽 경로를 수퍼메쉬로 선정함으로써 회로 내의 메쉬의 수가 전류원의 개수만큼 감소된다.

마디와 메쉬의 수가 감소된다는 것은 얻을 수 있는 회로방정식의 수가 감소된다는 의미이며, 감소된 회로방정식은 전압원이나 전류원과 관련하여 얻을 수 있으므로 회로해석이 가능해지는 것이다.

그림 3.15에서 수퍼메쉬에 대하여 키르히호프의 전압 법칙을 적용하면 다음 관계를 얻을 수 있다.

$$(i_2 - i_1) + (i_3 - i_1) - 4 + i_3 + i_2 - 10 = 0 \qquad (3-37)$$

메쉬 ①에 대하여 마찬가지로 회로방정식을 유도하면

$$2i_1 + (i_1 - i_3) + (i_1 - i_2) = 0 \qquad (3-38)$$

이 얻어진다. 한편, $5A$ 전류원은 메쉬전류 i_2와 i_3로 다음과 같이 표현된다.

$$i_3 - i_2 = 5 \qquad (3-39)$$

식(3-37)을 정리하면

$$-i_1 + i_2 + i_3 = 7 \qquad (3-40)$$

이 얻어지는데, 이 식은 식(3-31)과 식(3-32)에서 v_x를 소거한 결과식과 동일하다는 것에 주의하라. 결과적으로 수퍼메쉬를 이용하면 전류원의 양단전압 v_x가 자동으로 소거되므로 회로해석이 보다 간편해진다.

식(3-38)~식(3-40)은 식(3-33)~식(3-35)와 같은 방정식이므로 연립하여 풀면 식(3-36)과 동일한 결과를 얻을 수 있다.

$$i_1 = \frac{7}{3}A, \;\; i_2 = \frac{13}{6}A, \;\; i_3 = \frac{43}{6}A \qquad (3-41)$$

여 기서 잠깐! 수퍼메쉬에 대한 용어 정의

그림 3.15에서 굵은 선으로 표시된 외곽 경로를 수퍼메쉬로 정의하였다. 그런데 수퍼메쉬 내부에 또다른 메쉬가 존재하므로 엄격한 의미로는 수퍼메쉬는 메쉬라고 부를 수 없을 것이다. 그런데 왜 이러한 용어를 사용하였는지 궁금할 것이다.

원래 수퍼메쉬라는 용어는 2개의 메쉬에 의해 공유되는 전류원을 제거한 상태에서 2개의 메쉬 외곽 경로로 정의되는 것이며, 개념 이해를 위해 그림 3.15에서 정의한 수퍼메쉬를 다시 그려보면 그 의미가 좀더 명확해질 것이다.

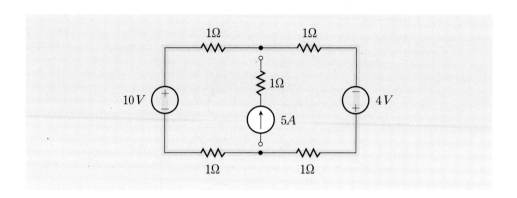

예제 3.15

다음 회로에서 수퍼메쉬를 정의하여 전압 v_0를 구하라.

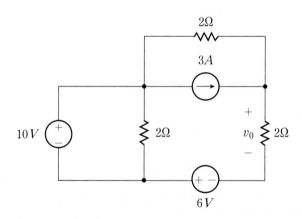

풀이 $3A$ 전류원은 메쉬 ②와 메쉬 ③에 의해 서로 공유되기 때문에 메쉬 ②와 메쉬 ③의 외곽 경로를 수퍼메쉬로 정의한다.

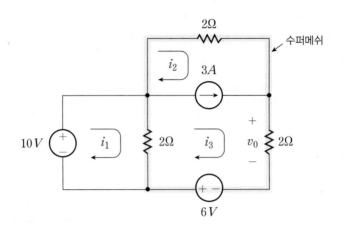

메쉬 ① : $2(i_1 - i_3) - 10 = 0$

수퍼메쉬 : $2i_2 + 2i_3 - 6 + 2(i_3 - i_1) = 0$

전류원 : $i_3 - i_2 = 3$

위의 식을 연립하여 풀면 다음과 같다.

$$i_1 = \frac{21}{2}A, \ \ i_2 = \frac{5}{2}A, \ \ i_3 = \frac{11}{2}A$$

한편, 전압 v_0는

$$v_0 = 2i_3 = 2 \times \frac{11}{2} = 11\,V$$

가 된다.

예제 3.16

다음 회로에 대하여 물음에 답하라.

(1) 수퍼메쉬를 이용한 메쉬해석법을 적용하여 i_0와 v_0를 구하라.

(2) $5A$의 전류원에 대한 전력을 계산하고, 전력을 소비하는지 또는 공급하는지를 판별하라.

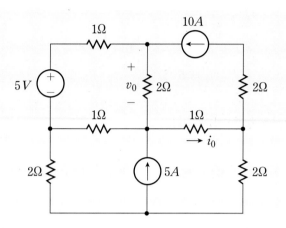

풀이 (1) $5A$의 전류원은 메쉬 ③과 메쉬 ④에 의해 서로 공유되기 때문에 메쉬 ③과 메쉬 ④의 외곽 경로를 수퍼메쉬로 정의한다. $10A$의 전류원은 메쉬 ②에만 존재하므로 수퍼메쉬로 정의할 필요없다.

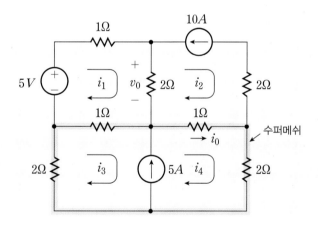

메쉬 ① : $i_1 + 2(i_1 - i_2) + (i_1 - i_3) - 5 = 0$

수퍼메쉬 : $(i_3 - i_1) + (i_4 - i_2) + 2i_4 + 2i_3 = 0$

$5A$ 전류원 : $i_4 - i_3 = 5$

$10A$ 전류원 : $i_2 = -10$

위의 식의 정리하면

$$4i_1 - i_3 = -15$$
$$-i_1 + 3i_3 + 3i_4 = -10$$
$$-i_3 + i_4 = 5$$

이므로 연립방정식을 풀면 다음과 같다.

$$i_1 = -5A, \quad i_2 = -10A, \quad i_3 = -5A, \quad i_4 = 0A$$

한편, v_0와 i_0는 다음과 같이 계산된다.

$$v_0 = 2(i_1 - i_2) = 2(-5 + 10) = 10V$$
$$i_0 = i_4 - i_2 = 0 + 10 = 10A$$

(2) $5A$ 전류원의 양단 전압을 v_x라 정의하고 키르히호프의 전압 법칙을 적용한다.

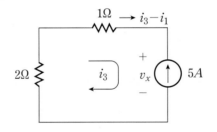

$$(i_3 - i_1) + v_x + 2i_3 = 0$$
$$\therefore v_x = i_1 - 3i_3 = -5 - 3(-5) = 10V$$

수동부호규약에 유의하여 $5A$ 전류원의 전력을 계산하면

$$P_{5A} = (-v_x) \times 5A = -10V \times 5A = -50W$$

이므로 $5A$의 전류원은 $50W$의 전력을 회로에 공급한다는 것을 알 수 있다.

예제 3.17

다음 회로에 대하여 수퍼메쉬를 정의하여 전압 v_0와 v_x를 구하라.

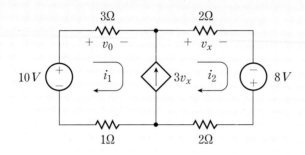

풀이 메쉬 ①과 메쉬 ②에 의하여 종속전류원이 서로 공유되고 있으므로 메쉬 ①과 메쉬 ②의 외곽 경로를 수퍼메쉬로 정의한다. 수퍼메쉬에 대해 키르히호프의 전압 법칙을 적용하면

$$3i_1 + 2i_2 - 8 + 2i_2 + i_1 - 10 = 0$$

이 되며, 종속전류원과 메쉬전류와의 관계를 구하면 다음과 같다.

$$i_2 - i_1 = 3v_x = 3(2i_2) = 6i_2$$

위의 두 식을 정리하면

$$2i_1 + 2i_2 = 9$$
$$i_1 + 5i_2 = 0$$

이므로, i_1과 i_2는 Cramer 공식에 의해 다음과 같이 구해진다.

$$i_1 = \frac{\begin{vmatrix} 9 & 2 \\ 0 & 5 \end{vmatrix}}{\begin{vmatrix} 2 & 2 \\ 1 & 5 \end{vmatrix}} = \frac{45}{8}A, \quad i_2 = \frac{\begin{vmatrix} 2 & 9 \\ 1 & 0 \end{vmatrix}}{\begin{vmatrix} 2 & 2 \\ 1 & 5 \end{vmatrix}} = -\frac{9}{8}A$$

한편, v_0와 v_x는 다음과 같이 계산된다.

$$v_0 = 3i_1 = 3 \times \frac{45}{8} = \frac{135}{8}\,V$$

$$v_x = 2i_2 = 2 \times \left(-\frac{9}{8}\right) = -\frac{9}{4}\,V$$

예제 3.18

다음 회로에 대하여 수퍼메쉬를 정의하여 v_0와 종속전류원에 대한 전력을 구하라.

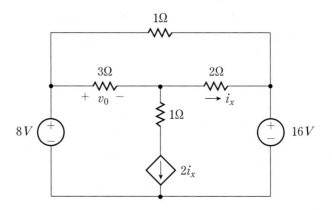

풀이 종속전류원은 메쉬 ②와 메쉬 ③에 의해 서로 공유되기 때문에 메쉬 ②와 메쉬 ③의 외곽 경로를 수퍼메쉬로 정의한다.

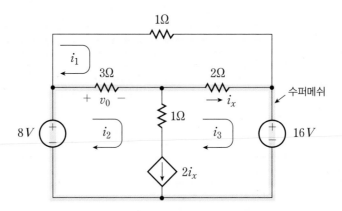

메쉬 ① : $i_1 + 2(i_1 - i_3) + 3(i_1 - i_2) = 0$

수퍼메쉬 : $3(i_2 - i_1) + 2(i_3 - i_1) + 16 - 8 = 0$

종속전류원 : $i_2 - i_3 = 2i_x = 2(i_3 - i_1)$

위의 식을 정리하면

$$6i_1 - 3i_2 - 2i_3 = 0$$

$$-5i_1 + 3i_2 + 2i_3 = -8$$

$$2i_1 + i_2 - 3i_3 = 0$$

이므로 연립방정식을 풀면 다음과 같다.

$$i_1 = \frac{\begin{vmatrix} 0 & -3 & -2 \\ -8 & 3 & 2 \\ 0 & 1 & -3 \end{vmatrix}}{\begin{vmatrix} 6 & -3 & -2 \\ -5 & 3 & 2 \\ 2 & 1 & -3 \end{vmatrix}} = -\frac{88}{11}A$$

$$i_2 = \frac{\begin{vmatrix} 6 & 0 & -2 \\ -5 & -8 & 2 \\ 2 & 0 & -3 \end{vmatrix}}{\begin{vmatrix} 6 & -3 & -2 \\ -5 & 3 & 2 \\ 2 & 1 & -3 \end{vmatrix}} = -\frac{112}{11}A$$

$$i_3 = \frac{\begin{vmatrix} 6 & -3 & 0 \\ -5 & 3 & -8 \\ 2 & 1 & 0 \end{vmatrix}}{\begin{vmatrix} 6 & -3 & -2 \\ -5 & 3 & 2 \\ 2 & 1 & -3 \end{vmatrix}} = -\frac{96}{11}A$$

한편, $v_0 = 3(i_2 - i_1)$이므로

$$v_0 = 3 \times \left(-\frac{112}{11} + \frac{88}{11} \right) = -\frac{72}{11}V = -6.6V$$

153

가 얻어진다. 종속전류원 양단의 전압을 v_x라 가정하고 메쉬 ②에서 키르히호프의 전압법칙을 적용하면

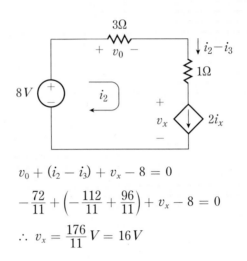

$$v_0 + (i_2 - i_3) + v_x - 8 = 0$$

$$-\frac{72}{11} + \left(-\frac{112}{11} + \frac{96}{11}\right) + v_x - 8 = 0$$

$$\therefore \; v_x = \frac{176}{11} V = 16 V$$

가 얻어진다. 따라서 수동부호규약에 주의하여 종속전류원의 전력을 계산하면

$$P = v_x(2i_x) = \frac{176}{11} V \times 2 \times \left(-\frac{8}{11}\right)A = -23.3 W$$

이므로 종속전류원은 $23.3W$의 전력을 공급한다.

3.5 마디해석법과 메쉬해석법의 비교

지금까지 회로해석에서 가장 많이 사용되는 중요한 2가지 해석법에 대하여 살펴보았다. 만일 주어진 회로가 평면회로가 아니라면 메쉬해석법은 사용할 수 없다는 것은 이미 설명한 바 있다.

그렇다면 주어진 회로가 평면회로라는 가정하에 어떤 해석 방법을 적용해야 하는가? 이 질문에 대한 명쾌한 답은 불행하게도 존재하지 않는다.

그러나 회로해석 방법을 선택하는데 있어 몇 가지 판단 근거는 있을 수 있으며, 효

율적인 해석 방법을 선택하여야 계산 과정의 복잡성을 줄일 수 있게 된다.

회로해석법의 선택 기준

① 어떤 해석 방법이 풀어야 할 연립방정식의 수가 더 적게 되는가?

② 회로에 종속전원이 포함되어 있다면 종속전원의 제어 변수가 무엇인가?

   – 종속전원의 제어변수를 마디전압으로 쉽게 표현할 수 있다면 마디해석법을 선택한다.

   – 종속전원의 제어변수를 메쉬전류로 쉽게 표현할 수 있다면 메쉬해석법을 선택한다.

③ 수퍼마디와 수퍼메쉬를 포함하는가?

④ 회로 해석을 통해 궁극적으로 구하려는 것이 무엇인가?

   – 구하려는 양이 전류라면 메쉬해석법을 선택하고, 전압이라면 마디해석법을 선택한다.

주어진 회로에 대하여 어떤 해석 방법을 선택하여 회로를 해석할 것인가를 결정하는 것은 쉬운 일이 아니며, 많은 회로해석에 대한 경험을 축적함으로써 직관력을 기를 수 있다는 것을 기억해 두기 바란다.

예를 들어, 다음의 회로에서 2Ω에 흐르는 전류 i_x를 구한다고 가정하자.

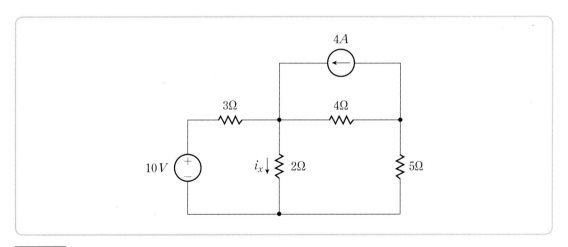

그림 3.16 마디가 4개이고 메쉬가 3개인 회로

(1) 마디해석법을 적용하는 경우

그림 3.17과 같이 기준마디와 마디전압 v_1, v_2, v_3를 선정하여 각 마디에서 유출전류를 기준으로 키르히호프의 전류 법칙을 적용한다.

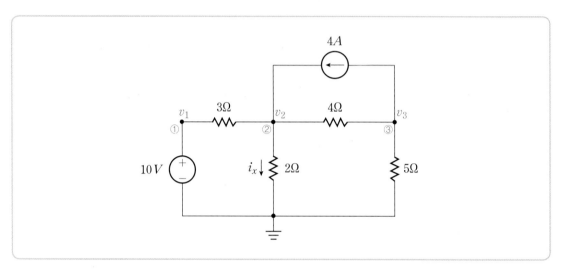

그림 3.17 마디해석법을 적용한 회로

$$\text{마디 ① : } v_1 = 10 \qquad\qquad (3-42)$$

$$\text{마디 ② : } \frac{v_2 - v_1}{3} + \frac{v_2}{2} - 4 + \frac{v_2 - v_3}{4} = 0 \qquad\qquad (3-43)$$

$$\text{마디 ③ : } 4 + \frac{v_3 - v_2}{4} + \frac{v_3}{5} = 0 \qquad\qquad (3-44)$$

식(3-42)에서 마디전압 v_1의 값이 10으로 정해지므로 미지수의 개수는 2개이고 방정식의 개수도 2개이므로 연립방정식을 풀어 마디전압 v_1, v_2, v_3를 각각 구할 수 있다.

그런데 구하려는 양이 2Ω 저항에 흐르는 전류 i_x이므로

$$i_x = \frac{v_2}{2} \qquad\qquad (3-45)$$

로부터 i_x를 구할 수 있다.

(2) 메쉬해석법을 적용하는 경우

그림 3.18과 같이 메쉬전류 i_1, i_2, i_3를 선정하여 키르히호프의 전압 법칙을 적용한다.

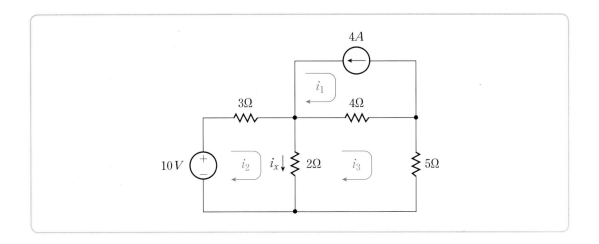

메쉬 ① : $i_1 = -4$ $(3-46)$

메쉬 ② : $3i_2 + 2(i_2 - i_3) - 10 = 0$ $(3-47)$

메쉬 ③ : $4(i_3 - i_1) + 5i_3 + 2(i_3 - i_2) = 0$ $(3-48)$

식(3-46)에서 메쉬전류 i_1의 값이 -4로 정해지므로 미지수의 개수는 2개이고 방정식의 개수도 2개이므로 연립방정식을 풀어 메쉬전류 i_1, i_2, i_3를 각각 구할 수 있다.

그런데 구하려는 양이 2Ω 저항에 흐르는 전류 i_x이므로

$$i_x = i_2 - i_3 \qquad (3-49)$$

로부터 i_x를 구할 수 있다.

지금까지의 설명으로부터 두 해석기법 모두 동일한 개수의 방정식을 제공하지만 구하려는 양이 전류 i_x이므로 회로해석의 선택 기준 ④에 따라 메쉬해석법을 선택하는 것이 좋으나 이 문제의 경우는 큰 차이는 없다는 것을 알 수 있다.

그러나 두 해석법 모두 효과적인 회로해석법이기 때문에 동일한 문제를 서로 다른 방법으로 풀어 해석 결과를 점검하는 수단으로 활용하는 것이 바람직하다.

한편, 복잡한 회로를 해석하기 위한 수단으로써 컴퓨터를 이용한 회로해석은 해석 결과를 점검하고 소자의 개수가 많은 경우 매우 유용하다. 그러나 명심해야 할 것은 컴퓨터를 이용한 회로 시뮬레이션의 결과를 확인하고 점검하기 위해서는 기초 회로 해석에 대한 지식이 있어야 한다는 것이다.

여기서 잠깐! | Gauss 소거법과 연립방정식

저항 회로를 해석하기 위해서는 회로의 마디나 메쉬의 개수가 많을수록 더 많은 개수의 방정식으로 구성된 연립방정식을 풀어야 한다.

지금까지 다룬 예제에서는 미지수의 개수가 3개 이내로 제한된 회로에 대해서만 다루었다. 미지수가 4개 이상인 복잡한 회로에서 나타나는 연립방정식을 풀기 위해 Cramer 공식을 활용할 수도 있으나 행렬식 계산이 복잡해진다는 단점이 있다.

좀더 체계적이면서 쉽게 연립방정식의 해를 구할 수 있는 방법으로 Gauss 소거법이 있다. 관련 서적을 참고하여 충분하게 이해하기를 권장한다.

참고자료:《공업수학 Express》, 생능출판사 pp.324~330

3.6 요약 및 복습

마디해석법의 절차

① 기준마디를 선정한다.

② 기준마디를 기준으로 각 마디의 마디전압을 표시한다.

③ 기준마디가 아닌 각 마디에 키르히호프의 전류 법칙을 적용하여 회로방정식을 유도한다.

④ 종속전원이나 독립전압원이 있는 경우 추가적인 미지 변수를 마디전압으로 표현한다.

⑤ 연립방정식을 적절한 방법으로 풀어 마디전압을 구한다.

⑥ 문제에서 요구하는 전기량을 마디전압을 이용하여 구한다.

수퍼마디

- 전압원과 전압원의 양 끝 마디를 포함하는 새로운 확장된 마디
- 수퍼마디에서 유출(유입) 전류의 합은 0이 되므로 키르히호프의 전류 법칙이 성립한다.
- 수퍼마디가 도입되면 기준마디가 아닌 마디의 수가 전압원의 개수만큼 감소된다.

메쉬해석법의 절차

① 메쉬전류를 시계 방향으로 선정한다.
② 각 메쉬에 대하여 키르히호프의 전압 법칙을 적용하여 회로방정식을 유도한다.
③ 종속전원이나 독립전류원이 있는 경우 추가적인 미지 변수를 메쉬전류로 표현한다.
④ 연립방정식을 적절한 방법으로 풀어 메쉬전류를 구한다.
⑤ 문제에서 요구하는 전기량을 메쉬전류를 이용하여 구한다.

수퍼메쉬

- 전류원을 공통 소자로 가지는 2개의 메쉬 외곽으로 이루어지는 새로운 확장된 경로
- 수퍼메쉬에서 키르히호프의 전압 법칙은 당연히 성립된다.
- 수퍼메쉬가 도입되면 회로 내의 메쉬의 수가 전류원의 개수만큼 감소된다.

마디해석법과 메쉬해석법의 비교

	마디해석법	메쉬해석법
회로 변수	마디전압	메쉬전류
관련 법칙	키르히호프의 전류 법칙	키르히호프의 전압 법칙
전류원 존재	해석시 문제 없음	수퍼메쉬해석법
전압원 존재	수퍼마디해석법	해석시 문제 없음
적용 가능 회로	모든 회로	평면회로

회로해석법의 선택 기준

- 유도되는 연립방정식의 개수가 적은 해석기법을 선택한다.
- 종속전원의 제어변수를 마디전압으로 쉽게 표현이 가능하면 마디해석법을 선택한다.
- 종속전원의 제어변수를 메쉬전류로 쉽게 표현이 가능하면 메쉬해석법을 선택한다.
- 수퍼마디가 존재하면 마디해석법을 선택한다.
- 수퍼메쉬가 존재하면 메쉬해석법을 선택한다.
- 회로에서 구하려는 양이 전류라면 메쉬해석법을 선택하고, 전압이라면 마디해석법을 선택한다.

연습문제

EXERCISE

1. 다음 회로에 마디해석법을 적용하여 6Ω 양단전압 v_0를 구하라.

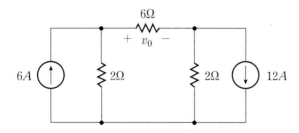

2. 다음 회로에 마디해석법을 적용하여 마디전압 v_1과 v_2를 각각 계산하여 $v_1 = 4V$, $v_2 = 2V$의 결과를 얻었다. 이때 각 전류원의 크기를 구하라.

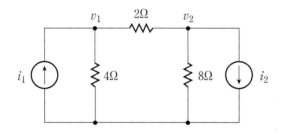

3. 다음 회로에 마디해석법을 적용하여 i_0와 v_0를 각각 구하라.

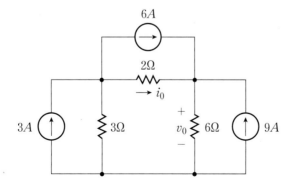

4. 다음은 종속전류원이 포함된 회로이다. v_0와 i_x를 마디해석법을 이용하여 구하라.

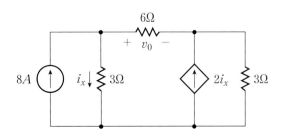

5. 다음 회로에 대하여 물음에 답하라.

(1) 마디해석법을 이용하여 i_x와 v_x를 각각 구하라.

(2) 독립전류원에 대한 전력을 구하고, 전력을 소비하는지 또는 공급하는지를 판별하라.

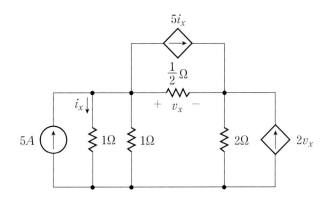

6. 다음 회로에서 전류 i_0와 3Ω 양단전압 v_0를 수퍼마디해석법을 이용하여 각각 구하라.

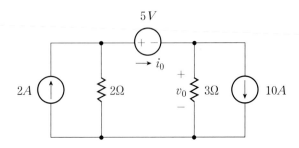

7. 다음 회로에 대하여 마디해석법을 적용하여 전류 i_0와 전압 v_0를 각각 구하라.

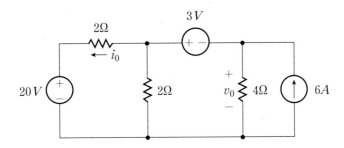

8. 다음 회로에 대하여 수퍼마디해석법을 이용하여 v_0를 구하라.

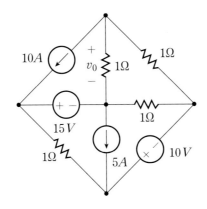

9. 다음 회로에 대하여 메쉬해석법을 이용하여 i_0와 v_x를 각각 구하라.

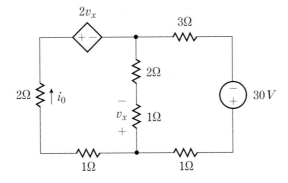

10. 다음 회로에 대하여 물음에 답하라.

(1) 메쉬해석법을 이용하여 v_0와 i_0를 각각 구하라.

(2) $10V$ 전압원이 위쪽을 향해 흐르는 $2A$ 전류원으로 대체될 때 v_0를 구하라.

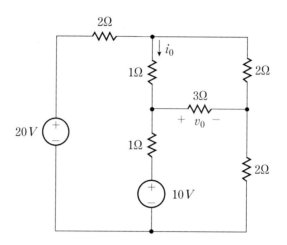

11. 다음 회로에 대하여 수퍼메쉬해석법을 적용하여 1Ω에서 소비하는 전력과 v_0를 각각 구하라.

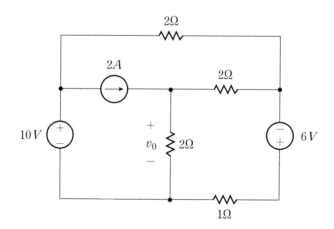

12. 다음의 브리지 회로에서 메쉬해석법을 이용하여 v_0와 i_0를 각각 구하라.

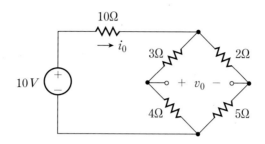

13. 다음 회로를 메쉬해석법을 이용하여 i_0와 v_0를 각각 구하라.

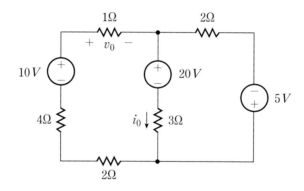

14. 다음 회로에 대하여 v_0를 메쉬해석법을 이용하여 구하라.

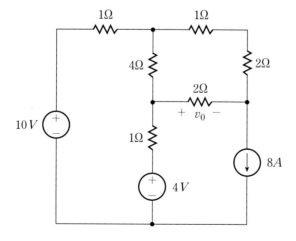

15. 다음 회로에 대하여 메쉬해석법을 적용하여 v_0와 $5V$ 전압원에 대한 전력을 계산하라.

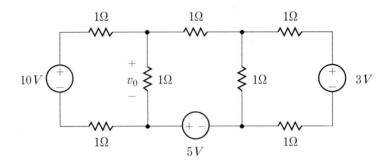

CHAPTER

04

유용한 회로해석 기법

CONTENTS

04

유용한 회로해석 기법

단 원 개 요

　3장에서 다루었던 마디해석법과 메쉬해석법은 신뢰할 수 있는 매우 강력한 해석도구를 제공한다. 그러나 이 두 기법은 회로 내의 한 소자에 대한 전압 또는 전류를 구하기 위하여 가능한 모든 회로방정식을 유도하여야 하는 단점이 있다.

　본 단원에서는 회로의 특정 부분을 등가적으로 분리시킬 수 있는 몇 가지 기법에 대하여 소개한다. 먼저 선형성과 중첩의 원리를 설명하고, 테브난과 노턴의 등가정리에 대한 개념을 서술한다. 또한, 회로의 구조를 단순화하기 위한 Y−△ 변환과 전원 변환에 대하여 기술하고, 밀만의 정리를 도입하여 회로를 해석하는 기법을 소개한다. 마지막으로 부하에 최대전력이 전달되기 위한 조건에 대해서도 살펴본다.

4.1 선형성과 중첩의 원리

(1) 선형성

　선형성(linearity)은 중첩의 원리와 매우 밀접한 관련을 가지는 개념이며, 이 책에서 다루는 모든 회로는 선형회로(linear circuit)이다.

　먼저, 선형소자를 정의하기 위해 x와 y를 2단자 소자의 회로변수(전압 또는 전류)라고 하자. 회로변수 x를 K배 하면 회로변수 y도 K배가 되는 성질을 만족할 때, 이 2단자 소자를 선형(linear)소자라고 부른다. a를 상수라고 가정하고 그림 4.1에 나타낸 3가지 종류의 2단자 소자들에 대해 선형성을 확인해 보자.

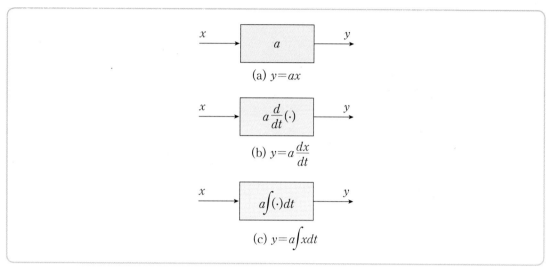

그림 4.1 선형성을 가지는 2단자 소자

그림 4.1(a)에서 x를 K배 하면, y도 K배가 되므로 선형소자이다. 즉,

$$x \longrightarrow ax$$
$$Kx \longrightarrow a(Kx) = K(ax) \tag{4-1}$$

그림 4.1(b)와 그림 4.1(c)에서도 마찬가지로 x를 K배하면, y도 K배가 되므로 모두 선형소자이다. 즉,

$$x \longrightarrow a\frac{dx}{dt}$$
$$Kx \longrightarrow a\frac{d}{dt}(Kx) = K\left(a\frac{dx}{dt}\right) \tag{4-2}$$

$$x \longrightarrow a\int xdt$$
$$Kx \longrightarrow a\int Kx\,dt = K\left(\int xdt\right) \tag{4-3}$$

지금까지 다루어 온 저항소자는 옴의 법칙에 의해 다음과 같이 표현된다.

$$v = Ri \qquad\qquad (4-4)$$

식(4-4)에서 i를 K배하면, v도 마찬가지로 K배가 되므로 저항 R은 선형이라는 것을 알 수 있다.

여 기서 잠깐!   비선형소자의 예

x와 y를 2단자 소자의 회로변수라고 하고 다음의 관계를 만족한다고 가정하자. a와 b는 상수이다.

$$y = ax + b$$

아래 그림에서 x_1을 K배하면

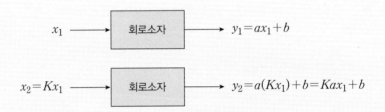

$y_2 = Kax_1 + b \neq Ky_1$이므로 이 회로소자는 선형이 아니다.

다른 예로써, 회로변수가 $y = ax^2$의 관계를 만족하는 2단자 소자를 살펴보자. x_1을 K 배하면

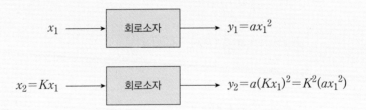

$y_2 = K^2(ax_1^2) = K^2 y_1$이 성립하므로 선형이 아니라는 것을 알 수 있다. 지금까지 설명에서 알 수 있는 바와 같이 x와 y가 선형이라는 의미가 직선 관계라는 의미는 아니다. $y = ax + b$의 관계도 x와 y가 직선 관계이지만 선형은 아니기 때문이다.

정확하게 말하자면, x와 y가 기하학적으로 원점을 지나는 직선 관계일 때 선형이라고 할 수 있다.

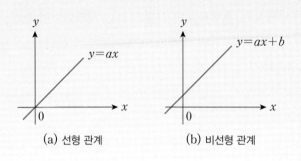

(a) 선형 관계   (b) 비선형 관계

(2) 중첩의 원리

중첩의 원리(superposition principle)는 선형성의 결과로서 얻어지는 매우 중요한 회로해석 기법이며, 선형회로에 대해서만 적용이 가능하다.

중첩의 원리는 선형회로가 2개 이상의 독립전원에 의해 구동되는 경우, 어떤 회로소자에서의 전체응답은 각 독립전원이 단독으로 존재할 때 얻어지는 개별응답의 합이라는 것을 의미한다.

예를 들어, 그림 4.2의 회로에서 저항 R_2의 양단 전압 v_0를 구하려고 한다고 가정하자.

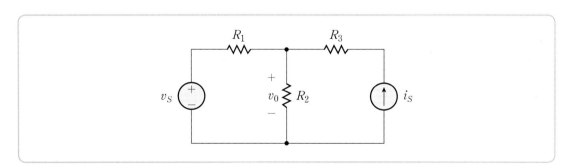

그림 4.2   독립전원이 2개인 선형회로

저항 R_2의 양단 전압 v_0에 대한 전체응답은 각 독립전원이 단독으로 존재할 때 얻어지는 개별응답의 합이라는 것이 중첩의 원리이다. v_0를 구하기 위해 각 독립전원에 대한 개별응답을 구하는 과정을 살펴본다.

① 전압원 v_S만 존재

전압원 v_S만이 단독으로 존재하려면 전류원 i_S는 제거되어야 한다. 전류원을 제거한다는 말의 의미는 전류원에서의 전류가 0이 되도록 만든다는 것이므로 전류원을 개방(open)시키면 된다.

전류원이 개방되어 전압원 v_S만이 존재하는 회로를 그림 4.3에 나타내었으며, 이때 R_2 양단 전압을 v_{01}으로 표시하였다.

전류원이 제거되면 저항 R_3에는 전류가 흐르지 않으므로 회로에서 제거될 수 있으며 앞에서 학습한 전압분배의 원리를 이용하여 v_{01}을 다음과 같이 구할 수 있다.

$$v_{01} = \frac{R_2}{R_1 + R_2} v_S \qquad (4-5)$$

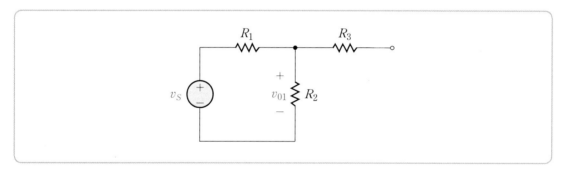

그림 4.3 전압원만이 존재할 때의 회로

② 전류원 i_S만 존재

전류원 i_S만이 단독으로 존재하려면 전압원 v_S는 제거되어야 한다. 전압원을 제거한다는 말의 의미는 전압원에서의 전압이 0이 되도록 만든다는 것이므로 전압원을 단락(short)시키면 된다.

전압원이 단락되어 전류원 i_S만이 존재하는 회로를 그림 4.4에 나타내었으며, 이때 R_2 양단 전압을 v_{02}로 표시하였다.

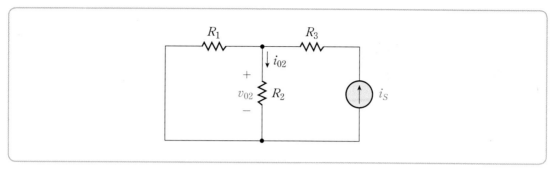

그림 4.4 전류원만이 존재할 때의 회로

그림 4.4에서 v_{02}를 구하기 위해서 전류분배의 원리를 이용하면 쉽게 계산할 수 있다.

$$i_{02} = \frac{R_1}{R_1 + R_2} i_s \qquad (4-6)$$

식(4-6)을 이용하면

$$v_{02} = R_2\, i_{02} = \frac{R_1 R_2}{R_1 + R_2} i_s \qquad (4-7)$$

가 얻어진다. 따라서 저항 R_2의 양단 전압 v_0는 중첩의 원리에 의해 다음과 같이 구해진다.

$$v_0 = v_{01} + v_{02} = \frac{R_2}{R_1 + R_2}(v_s + R_1 i_s) \qquad (4-8)$$

이와 같이, 독립전원이 여러 개 존재하는 선형회로에서 어떤 특정 소자에 대한 전압과 전류를 구하는 데 유용한 중첩의 개념은 매우 강력한 회로해석 도구이다.

일반적으로 중첩의 원리는 어떤 특정한 회로를 해석할 때 작업부담을 줄여 주지는 않는다. 왜냐하면 중첩의 원리를 사용하면 원하는 전체응답을 얻기 위하여 여러 개의 새로운 회로를 해석해야 하기 때문이다. 그러나 선형회로를 해석하기 위해 필요한 여러 도구들 중에 하나로 생각하여 충분한 연습을 통해 명확하게 이해하도록 한다.

여 기서 잠깐!   **중첩의 원리와 전력**

선형회로에서 전압과 전류를 계산하는 데 중첩의 원리를 유용하게 사용할 수 있지만, 전력은 회로변수인 전압이나 전류의 비선형함수이기 때문에 전력 계산에는 중첩의 원리를 사용할 수 없다. 따라서 만일 전력을 구해야 한다면, 개별 해석에서 구한 전압 또는 전류를 합산한 후에 계산하여야 한다는 것을 기억하자.

예제 4.1

다음 회로에서 전류 i_0를 중첩의 원리를 이용하여 구하라.

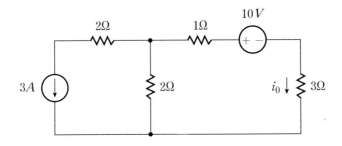

풀이 ① $10V$ 전압원만 존재

전류원을 제거한 회로에서 3Ω에 흐르는 전류를 i_{01}으로 표시하면 다음 그림과 같다.

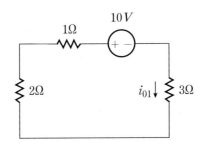

키르히호프의 전압 법칙을 적용하면

$$6i_{01} + 10 = 0 \qquad \therefore i_{01} = -\frac{5}{3}A$$

를 얻는다.

② $3A$ 전류원만 존재

전압원을 제거한 회로에서 3Ω에 흐르는 전류를 i_{02}로 표시하면 다음 그림과 같다.

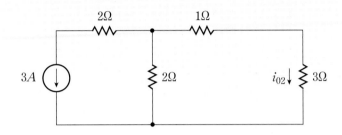

전류분배의 원리에 의해

$$i_{02} = \frac{2}{2+4}(-3A) = -1A$$

이므로 중첩의 원리에 의해 i_0는 다음과 같이 계산된다.

$$i_0 = i_{01} + i_{02} = -\frac{5}{3} - 1 = -\frac{8}{3}A$$

(3) 종속전원과 중첩의 원리

하나 이상의 종속전원이 포함되어 있는 선형회로에 중첩의 원리를 적용하여 해석하면 해석시간이 절약되는 경우는 거의 없다. 그 이유는 종속전원을 임의로 제거할수 없기 때문에 개별응답을 구하기 위하여 최소한 2개의 전원(독립전원 1개와 기타모든 종속전원)이 동작되는 회로를 해석해야 하기 때문이다. 다음 예제에서 종속전원이 포함된 회로에 중첩의 원리를 적용하는 과정을 살펴본다.

예제 4.2

다음 회로에서 2Ω에 흐르는 전류 i_x를 중첩의 원리를 이용하여 구하라.

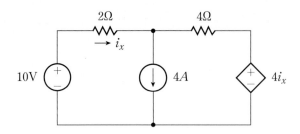

풀이 종속전원이 포함된 경우에는 종속전원을 회로에서 임의로 제거할 수 없다는 사실을 명심하여 중첩의 원리를 적용하도록 한다.

① $10V$ 전압원만 존재

$4A$ 전류원을 제거하고 종속전원은 그대로 회로에 두고 종속전원의 제어변수를 i_{x1}으로 표시하면 다음 그림과 같다.

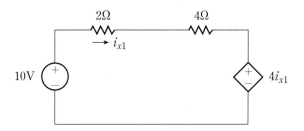

키르히호프의 전압 법칙을 적용하면 다음과 같다.

$$2i_{x1} + 4i_{x1} + 4i_{x1} - 10 = 0$$
$$\therefore i_{x1} = 1A$$

② $4A$ 전류원만 존재

$10V$ 전압원을 제거하고 종속전원은 그대로 회로에 두고 종속전원의 제어변수를 i_{x2}로 표시하면 다음 그림과 같다.

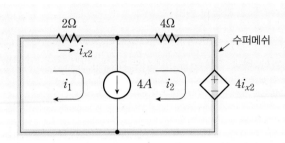

위의 그림에서 i_{x2}를 구하기 위하여 메쉬해석법을 이용한다. $4A$ 전류원이 메쉬 ①과 메쉬 ②에 서로 공유되므로 메쉬 ①과 메쉬 ②의 외곽 경로를 수퍼메쉬로 선정한다.

수퍼메쉬 : $2i_1 + 4i_2 + 4i_{x2} = 0$

종속전원 : $i_{x2} = i_1$

독립전류원 : $i_1 - i_2 = 4$

위 식을 정리하면

$$6i_1 + 4i_2 = 0$$
$$i_1 - i_2 = 4$$

이므로 i_1과 i_2는 다음과 같다.

$$i_1 = \frac{8}{5}A, \quad i_2 = -\frac{12}{5}A$$

i_{x2}는 i_1과 같으므로 $i_{x2} = i_1 = \frac{8}{5}A$이다.

따라서 중첩의 원리에 의하여 2Ω에 흐르는 전류 i_x는 다음과 같이 구할 수 있다.

$$i_x = i_{x1} + i_{x2} = 1A + \frac{8}{5}A = \frac{13}{5}A$$

여 기서 잠깐!　종속전원과 중첩의 원리

예제 4.2의 경우 i_x를 구하기 위하여 수퍼메쉬해석법을 이용하면 쉽게 i_x를 구할 수 있다. $4A$ 전류원을 제외한 외곽 경로를 수퍼메쉬로 선정하면 다음의 회로방정식을 얻을 수 있다.

수퍼메쉬 : $2i_1 + 4i_2 + 4i_x - 10 = 0$
전류원 : $i_1 - i_2 = 4$
종속전원 : $i_x = i_1$

위 식을 정리하면

$$6i_1 + 4i_2 = 10$$
$$i_1 - i_2 = 4$$

이므로 $i_1 = \dfrac{13}{5}A$, $i_2 = -\dfrac{7}{5}A$를 얻을 수 있다.

$$\therefore i_x = i_1 = \frac{13}{5}A$$

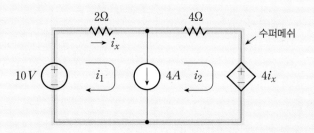

따라서 종속전원이 있는 회로에서는 중첩의 원리를 적용하는 것이 문제 해결을 더 어렵게 만들 수 있다는 사실을 기억하도록 하자.

여 기서 잠깐! | **선형회로와 중첩의 원리**

선형회로에 2개의 전원이 인가되는 경우 회로 내의 전류 i_0를 개념적으로 구해보자.

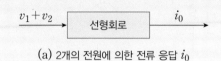

(a) 2개의 전원에 의한 전류 응답 i_0

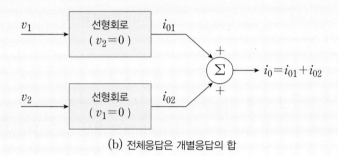

(b) 전체응답은 개별응답의 합

위의 그림에서 2개의 전원에 의한 전류 i_0는 v_1만 인가될 때의 개별응답 i_{01}과 v_2만 인가될 때의 개별응답 i_{02}의 합으로 구성된다. 이것을 중첩의 원리라고 부른다.

4.2 테브난 정리

테브난 정리(Thévenin theorem)는 프랑스의 전신기술자인 테브난이 제안한 이론으로 복잡한 회로에서 특정한 한 부분만을 해석하고자 할 때 유용한 방법이다.

그림 4.5에 나타낸 것처럼 복잡한 회로에서 특정한 한 부분, 예를 들어 부하저항 R_L에 대한 전압과 전류를 구할 필요가 있다고 가정하자.

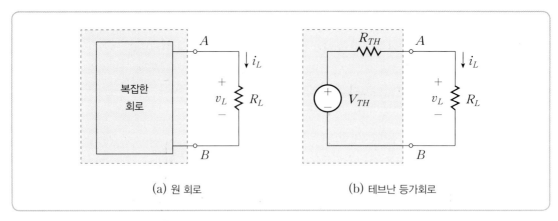

(a) 원 회로   (b) 테브난 등가회로

그림 4.5   부하저항 R_L에 대한 테브난 정리

테브난은 개념적으로 그림 4.5(a)에서 점선 부분의 복잡한 회로를 전기적으로 등가(electrically equivalent)가 되는 그림 4.5(b)의 점선 부분으로 대체할 수 있다면, 부하저항에 대한 전압과 전류를 쉽게 구할 수 있을 것으로 생각하였다. 실제로 테브난의 이런 생각은 가능하다는 것이 증명되었으며, 그림 4.5(b)의 점선 부분(전압원과 저항의 직렬 연결)을 테브난 등가회로라고 부른다.

테브난 등가회로를 이용하게 되면, 부하저항 R_L에 대한 전류와 전압을 간단하게 계산할 수 있다. 즉, 그림 4.5(b)의 회로에서 i_L과 v_L은 옴의 법칙과 키르히호프의 전압 법칙을 이용하여 구하면 다음과 같다.

$$i_L = \frac{V_{TH}}{R_{TH} + R_L} \tag{4-9}$$

$$v_L = R_L i_L = \frac{R_L}{R_{TH} + R_L} V_{TH} \tag{4-10}$$

지금까지 설명한 바와 같이 회로에서 복잡하며 관심이 없는 부분을 테브난 등가회로로 대체함으로써 회로의 특정 부분에 대한 해석을 매우 신속하게 계산할 수 있다는 것이 테브난 정리의 핵심이라 할 수 있다. 테브난 등가회로에서 V_{TH}를 테브난 등가전압, R_{TH}를 테브난 등가저항이라고 부른다.

그런데 문제는 주어진 복잡한 회로와 전기적으로 등가가 되도록 V_{TH}와 R_{TH}를 어떻게 결정할 수 있는가이다. V_{TH}와 R_{TH}는 실험실에서도 간단하게 측정될 수 있으며, 정의에 따라 간단한 회로해석으로부터 결정할 수도 있다.

(1) 테브난 등가전압(V_{TH})의 결정

테브난 등가전압은 그림 4.5(a)에서 부하저항을 개방시킨 다음, 단자 A와 B 양단에 나타나는 개방전압으로 정의된다. 즉,

$$V_{TH} \triangleq v_{AB} = \text{단자 } A \text{와 } B \text{에 대한 개방전압}$$

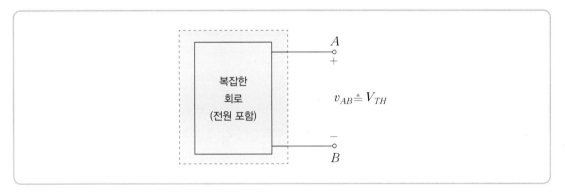

그림 4.6 테브난 등가전압 V_{TH}의 결정

실험실에서는 전압을 측정할 수 있는 디지털 멀티미터의 두 단자를 부하저항 R_L의 연결을 끊은 다음, 단자 A와 B에 연결하여 측정되는 전압이 바로 테브난 등가전압 V_{TH}인 것이다.

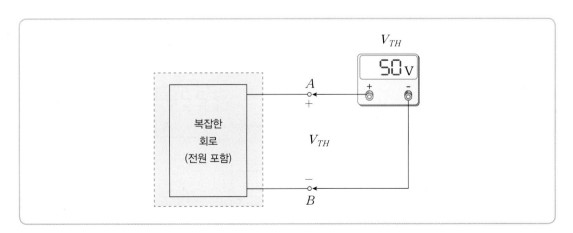

그림 4.7 테브난 등가전압 V_{TH}의 측정

(2) 테브난 등가저항(R_{TH})의 결정

테브난 등가저항은 그림 4.5(a)에서 부하저항을 개방시킨 다음, 복잡한 회로(점선 부분)의 전원을 모두 차단한 상태에서 단자 A와 B에서의 등가저항으로 정의된다.

$$R_{TH} = 단자\ A와\ B에\ 대한\ 등가저항$$

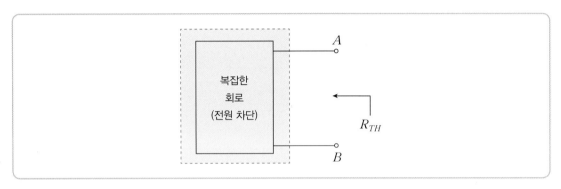

그림 4.8　테브난 등가저항 R_{TH}의 결정

R_{TH}를 결정할 때 전원을 차단한다는 것은 독립전압원은 단락시키고, 독립전류원은 개방시킨다는 것을 의미한다.

V_{TH}와 마찬가지로 R_{TH}도 저항계를 이용하여 측정할 수 있다. 즉, 저항계의 두 단자를 부하저항 R_L의 연결을 끊은 다음, 단자 A와 B에 연결하여 측정되는 저항이 바로 테브난 등가저항 R_{TH}인 것이다. 저항을 측정할 때 주의해야 할 것은 복잡한 회로 부분의 전원을 모두 차단시킨 상태에서 측정해야 한다는 것이다.

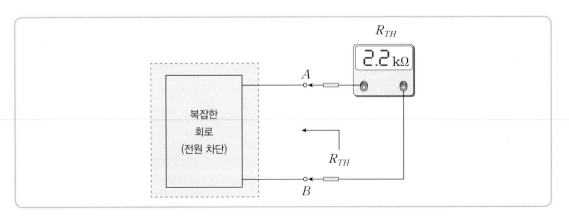

그림 4.9　테브난 등가저항 R_{TH}의 측정

지금까지 설명한 내용을 요약하면 테브난 정리가 완성된다.

> **테브난 정리**
>
> 부하저항을 제외한 회로의 나머지 부분을 1개의 독립전압원(V_{TH})과 1개의 저항(R_{TH})을 직렬로 연결한 테브난 등가회로로 대체할 수 있으며, 이때 부하저항에서 계산한 응답은 동일하다.

테브난 정리를 회로에 적용하는 단계를 요약하면 다음과 같다.

단계 ① : 테브난 등가회로를 구하려는 두 단자를 개방하여 부하저항을 제거한다.

단계 ② : 개방된 두 단자 사이의 전압 V_{TH}를 구한다.

단계 ③ : 모든 전압원은 단락시키고 모든 전류원은 개방시킨 상태에서 두 단자 사이의 등가저항 R_{TH}를 구한다.

단계 ④ : V_{TH}와 R_{TH}를 직렬로 연결하여 원래의 회로를 대체하는 테브난 등가회로를 구성한다.

단계 ⑤ : 테브난 등가회로의 양단에 단계 ①에서 제거한 부하저항을 연결하여 옴의 법칙으로부터 부하저항에 대한 전압과 전류를 계산한다.

(3) 테브난 정리의 적용 예

그림 4.10에 나타낸 회로에 대하여 부하저항 R_L에 대한 전압과 전류를 구하기 위하여 테브난 정리를 적용해 본다.

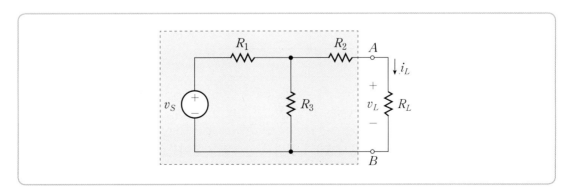

그림 4.10 2개의 메쉬를 가지는 회로

먼저, 부하저항 R_L을 제거하기 위해 단자 A와 B를 개방하면 다음과 같다.

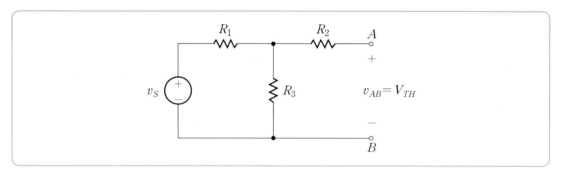

그림 4.11   부하저항이 제거된 나머지 회로

테브난 등가전압 V_{TH}는 단자 A와 B 사이의 개방전압이므로 저항 R_3에 걸리는 전압과 동일하다. 전압분배의 원리에 따라

$$V_{TH} = \frac{R_3}{R_1 + R_3} v_S \qquad (4-11)$$

다음으로, 테브난 등가저항 R_{TH}를 결정하기 위해서는 그림 4.11에서 전압원 v_S를 단락시켜야 한다.

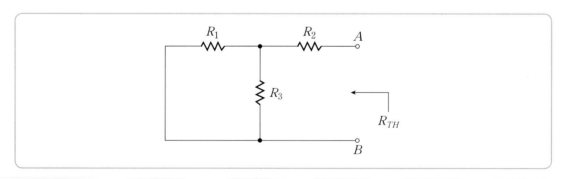

그림 4.12   전압원이 단락된 회로

R_{TH}는 저항 R_2와 $(R_1 /\!/ R_3)$가 직렬로 연결된 저항이므로 다음과 같이 결정된다.

$$R_{TH} = R_2 + (R_1 /\!/ R_3) = R_2 + \frac{R_1 R_3}{R_1 + R_3} \qquad (4-12)$$

식(4-11)과 식(4-12)로부터 V_{TH}와 R_{TH}가 결정되었기 때문에 그림 4.10의 점선 부분은 그림 4.13과 같이 테브난 등가회로로 대체될 수 있다.

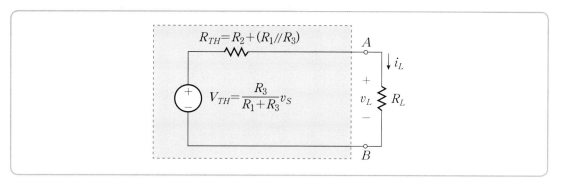

그림 4.13 테브난 등가회로로 대체된 회로

그림 4.13으로부터 부하저항 R_L에 흐르는 전류 i_L과 양단전압 v_L은 옴의 법칙에 의해 다음과 같이 결정된다.

$$i_L = \frac{V_{TH}}{R_{TH} + R_L} = \frac{R_3 v_S}{R_1 R_2 + R_1 R_3 + R_2 R_3 + R_L(R_2 + R_3)} \qquad (4-13)$$

$$v_L = R_L i_L = \frac{R_3 R_L v_S}{R_1 R_2 + R_1 R_3 + R_2 R_3 + R_L(R_2 + R_3)} \qquad (4-14)$$

예제 4.3

다음 회로에서 부하저항에 흐르는 전류 i_L을 테브난 등가회로를 이용하여 구하라.

185

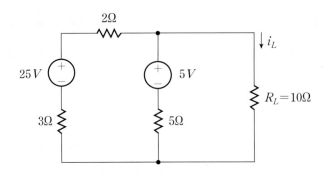

풀이 부하저항 R_L을 제거한 다음 테브난 등가전압 V_{TH}를 구하면 다음과 같다.

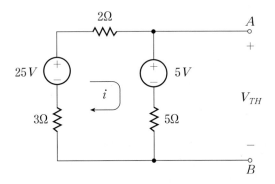

V_{TH}를 구하기 위해 메쉬전류 i를 선정하고 키르히호프의 전압 법칙을 적용하면 다음과 같다.

$$2i + 5 + 5i + 3i - 25 = 0$$
$$10i = 20 \qquad \therefore i = 2A$$

V_{TH}는 단자 A와 B 사이의 전압이므로 다음과 같이 계산된다.

$$V_{TH} = 5 + 5i = 5 + 10 = 15\,V$$

R_{TH}를 구하기 위해 모든 전압원을 단락시키면 다음과 같다.

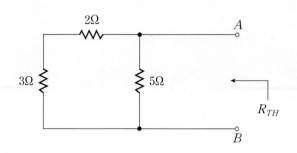

$$R_{TH} = 5\Omega \,/\!/\, (3\Omega + 2\Omega) = \frac{5}{2}\Omega$$

V_{TH}와 R_{TH}를 이용하여 테브난 등가회로를 구하여 부하저항 R_L과 연결하면 다음과 같다.

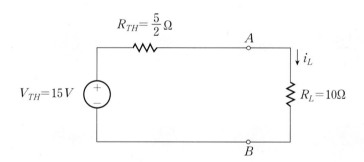

$$\therefore i_L = \frac{V_{TH}}{R_{TH} + R_L} = \frac{15\,V}{\frac{5}{2}\Omega + 10\Omega} = \frac{6}{5}A$$

예제 4.4

다음 회로에서 부하저항 R_L에 걸리는 전압 v_L을 테브난 등가회로를 이용하여 구하라.

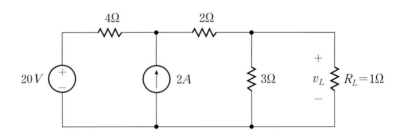

풀이 부하저항 R_L을 제거한 다음 V_{TH}를 구하면 다음과 같다. 결국 V_{TH}는 3Ω의 저항에 걸리는 전압이다.

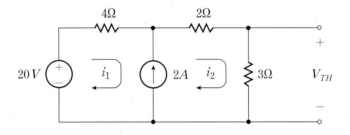

전류원을 제외한 외곽 경로를 수퍼메쉬로 선정하여 키르히호프의 전압 법칙을 적용하면 다음과 같다.

수퍼메쉬 : $4i_1 + 2i_2 + 3i_2 - 20 = 0 \longrightarrow 4i_1 + 5i_2 = 20$

전류원 : $i_2 - i_1 = 2 \longrightarrow -i_1 + i_2 = 2$

위 식을 연립하여 풀면

$$i_1 = \frac{\begin{vmatrix} 20 & 5 \\ 2 & 1 \end{vmatrix}}{\begin{vmatrix} 4 & 5 \\ -1 & 1 \end{vmatrix}} = \frac{10}{9} A, \qquad i_2 = \frac{\begin{vmatrix} 4 & 20 \\ -1 & 2 \end{vmatrix}}{\begin{vmatrix} 4 & 5 \\ -1 & 1 \end{vmatrix}} = \frac{28}{9} A$$

이 되므로, 테브난 등가전압 V_{TH}는 다음과 같다.

$$V_{TH} = 3i_2 = 3 \times \frac{28}{9} = \frac{28}{3} V$$

또한, R_{TH}를 구하기 위하여 전원을 모두 차단하면 다음과 같다.

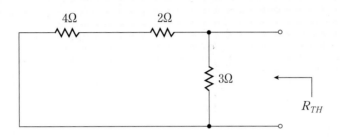

$$R_{TH} = 3\Omega \,/\!/\, (4\Omega + 2\Omega) = \frac{3\Omega \times 6\Omega}{3\Omega + 6\Omega} = 2\Omega$$

V_{TH}와 R_{TH}를 이용하여 테브난 등가회로를 구성하여 $R_L = 1\Omega$을 연결하면 다음과 같다.

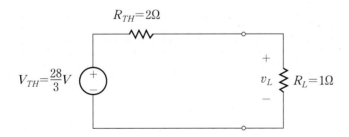

v_L은 전압분배의 원리를 이용하여 쉽게 계산된다.

$$v_L = \frac{1\Omega}{2\Omega + 1\Omega} \times \frac{28}{3} V = \frac{28}{9} V$$

아래의 회로에서 단자 A와 C에서 바라보는 관점과 단자 B와 C에서 바라보는 관점은 서로 다른 테브난 등가회로를 얻게 된다.

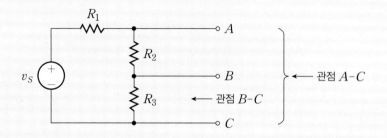

① 관점 A-C에 대한 테브난 등가회로

$$V_{TH} = \frac{R_2 + R_3}{R_1 + R_2 + R_3} v_S$$

$$R_{TH} = R_1 \mathbin{/\!/} (R_2 + R_3)$$

② 관점 B-C에 대한 테브난 등가회로

$$V_{TH} = \frac{R_3}{R_1 + R_2 + R_3} v_S$$

$$R_{TH} = R_3 \mathbin{/\!/} (R_1 + R_2)$$

따라서 회로를 어떻게 바라보는가에 따라 얻어지는 테브난 등가회로도 달라지게 된다는 사실을 기억하도록 하자.

(4) 종속전원과 테브난 등가회로

지금까지는 독립전원이 존재하는 경우에 대한 테브난 등가회로를 다루었다. 만일, 회로 내에 종속전원이 존재한다면 테브난 정리를 어떻게 적용할 수 있을까? 예를 들어, 회로 내의 모든 독립전원을 차단하게 되면 종속전원을 제어하는 제어변수(전압 또는 전류)가 모두 사라지게 되므로 전원을 차단하고 회로를 들여다 보면, 종속전원이 없는 경우와 같은 결과를 얻게 되므로 종속전원이 있는 회로는 직관에 의해 R_{TH} 와 V_{TH} 를 결정할 수는 없다.

종속전원이 존재하는 경우 V_{TH} 를 구하는 것은 지금까지 학습한 회로해석 기법을 이용하면 되지만, 문제는 R_{TH} 를 구하는 것에서 발생된다. 종속전원은 제거할 수 없으므로 직관에 의해 R_{TH} 를 구할 수는 없으나 다음과 같은 방법을 이용하여 간접적으로 R_{TH} 를 계산할 수 있다.

그림 4.14에 종속전원을 포함하는 회로에서 R_{TH} 를 구하는 방법을 나타내었다.

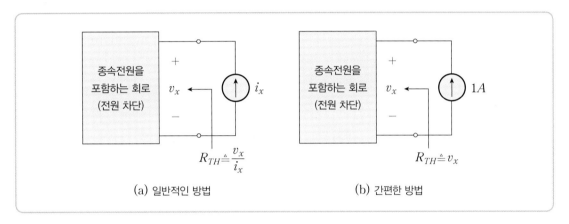

(a) 일반적인 방법   (b) 간편한 방법

그림 4.14 종속전원을 포함하는 회로에서 R_{TH} 의 결정

그림 4.14에서 R_{TH} 를 구하기 위하여 회로 내의 모든 독립전원을 차단한 상태에서 가상의 시험 전원을 인가하여 단자전류 i_x 와 양단전압 v_x 를 구하면 R_{TH} 는 다음과 같이 결정된다.

$$R_{TH} \triangleq \frac{v_x}{i_x} \qquad (4-15)$$

좀더 간편한 방법으로 가상의 시험 전원 $i_x = 1A$ 로 설정하면, $R_{TH} \triangleq v_x$ 로 간단히 계산되므로 실제 계산에 많이 사용된다.

예를 들어, 그림 4.15의 회로에서 R_{TH} 를 계산해 본다.

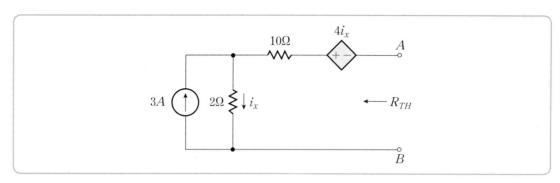

종속전원이 있는 회로의 R_{TH} 계산

$3A$ 독립전류원을 차단시키고 단자 A와 B에 시험전원 $1A$를 인가하면 그림 4.16
의 회로가 얻어진다.

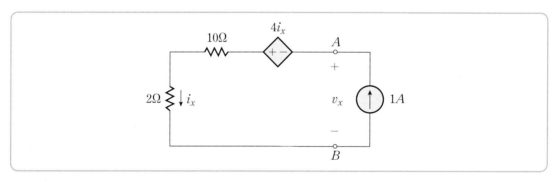

1A의 시험 전원을 인가한 회로

키르히호프의 전압 법칙을 적용하면

$$-(10+2)i_x + 4i_x + v_x = 0 \tag{4-16}$$

이 얻어지므로 $i_x = 1A$를 대입하면 $v_x = 8\,V$이다.

테브난 등가저항 $R_{TH} = v_x$이므로 $R_{TH} = 8\Omega$이 된다는 것을 알 수 있다.

예제 4.5

다음 회로에서 단자 A와 B에 대한 등가저항이 12Ω이 되도록 상수 β값을 결정하라.

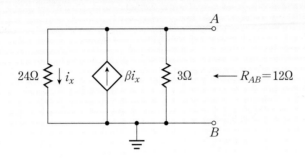

풀이 단자 A와 B에 $1A$의 시험 전원을 인가하면 다음과 같다.

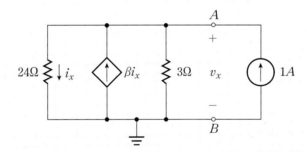

v_x를 구하기 위하여 마디해석법을 적용한다. 옴의 법칙에 의하여 $i_x = \frac{v_x}{24}$이므로 다음의 회로방정식을 얻을 수 있다.

$$\frac{v_x}{24} - \beta i_x + \frac{v_x}{3} - 1 = 0$$
$$(1 - \beta)\frac{v_x}{24} + \frac{v_x}{3} - 1 = 0$$

위의 방정식을 v_x에 대하여 정리하면 $R_{AB} = v_x$이므로 다음의 관계를 얻을 수 있다.

$$v_x = \frac{24}{9 - \beta} = R_{AB} = 12$$
$$9 - \beta = 2 \qquad \therefore \beta = 7$$

예제 4.6

다음 회로에서 $R_L = 1\Omega$일 때 부하전압 v_L과 부하전류 i_L을 테브난 등가회로를 이용하여 구하라.

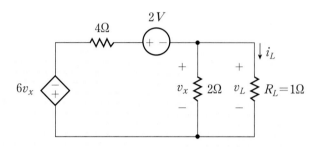

풀이 R_L과 독립전압원을 제거하고 시험 전원 $1A$의 전류원을 인가하면 다음 회로를 얻을 수 있다.

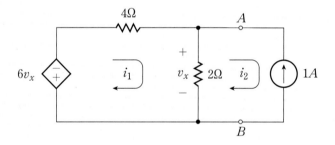

테브난 등가저항 R_{TH}를 결정하기 위하여 메쉬해석법을 이용하여 v_x를 구한다.

메쉬 ① : $4i_1 + v_x + 6v_x = 0$

종속전원 : $v_x = 2(i_1 - i_2)$

전류원 : $i_2 = -1$

위 식들을 정리하면 $i_1 = -\dfrac{7}{9}A$, $i_2 = -1A$가 얻어진다.

테브난 등가저항 R_{TH}는

$$R_{TH} = v_x = 2(i_1 - i_2) = 2\left(-\frac{7}{9} + 1\right) = \frac{4}{9}\Omega$$

다음으로 V_{TH}를 구하기 위하여 부하저항을 제거하면 $V_{TH} = v_x$가 된다는 것을 알 수 있다.

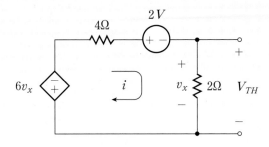

메쉬전류를 i로 선정하면 키르히호프의 전압 법칙에 의하여

$$4i + 2 + 2i + 6v_x = 0$$
$$v_x = 2i$$
$$18i + 2 = 0 \qquad \therefore i = -\frac{1}{9}A$$

이므로 $V_{TH} = v_x = 2i = -\frac{2}{9}V$가 된다.

R_{TH}와 V_{TH}를 직렬로 연결하여 테브난 등가회로를 구성하고, 부하저항 $R_L = 1\Omega$을 연결하면 다음과 같다.

$$v_L = \frac{R_L}{R_{TH} + R_L} V_{TH} = \frac{1}{\frac{4}{9} + 1}\left(-\frac{2}{9}\right) = -\frac{2}{13}V$$

$$i_L = \frac{v_L}{R_L} = -\frac{2}{13}A$$

여 기서 잠깐!   테브난 등가회로

테브난 등가회로는 테브난 등가전압 V_{TH}와 테브난 등가저항 R_{TH}의 직렬 연결로 구성된다. 매우 드문 일이기는 하지만 V_{TH}와 R_{TH} 중에 어느 하나가 0이 될 수도 있다는 사실을 기억하라.

지금까지의 논의는 회로의 일부가 부하저항 하나로 구성된 경우에 대하여 부하저항을 제외한 나머지 회로를 테브난 등가회로로 대체하였다. 그러나 다음의 경우도 가능하다.

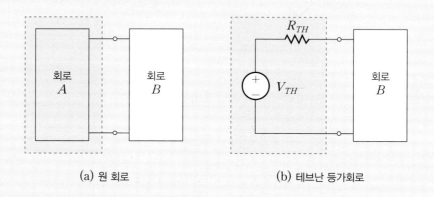

(a) 원 회로   (b) 테브난 등가회로

그림 (a)에서 회로 B의 좌측 부분을 테브난 등가회로로 변환하면 그림 (b)와 같으며, 테브난 등가회로는 회로 B와는 완전히 독립적이다.

또한, 회로 B에 대한 응답은 그림 (a)와 그림 (b)의 경우에 완전히 동일하다는 것에 주의하라.

4.3 노턴 정리

노턴 정리(Norton theorem)는 벨 전화연구소의 과학자인 노턴이 제안한 이론으로 테브난 정리와 마찬가지로 복잡한 회로에서 특정한 한 부분만을 해석하고자 할 때 매우 유용한 방법이다.

그림 4.17에 나타낸 것처럼 복잡한 회로에서 특정한 한 부분, 예를 들어 부하저항 R_L에 대한 전압과 전류를 구할 필요가 있다고 가정한다.

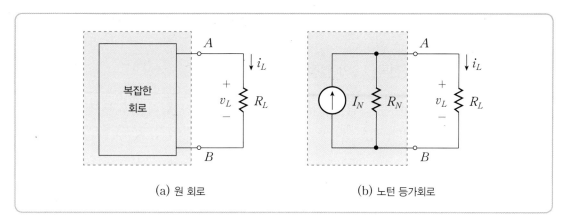

(a) 원 회로   (b) 노턴 등가회로

그림 4.17 부하저항 R_L에 대한 노턴 등가회로

노턴은 개념적으로 그림 4.17(a)에서 점선 부분의 복잡한 회로를 전기적으로 등가가 되는 그림 4.17(b)의 점선 부분으로 대체할 수 있다면, 부하저항에 대한 전압과 전류를 쉽게 구할 수 있을 것으로 생각하였다. 실제로 노턴의 이러한 생각은 실제로 가능하다는 것이 증명되었으며, 그림 4.17(b)의 점선 부분(전류원과 저항의 병렬 연결)을 노턴 등가회로라고 부른다.

노턴 등가회로를 이용하게 되면, 부하저항 R_L에 대한 전류와 전압을 간단하게 계산할 수 있다. 즉, 그림 4.17(b)의 회로에서 i_L과 v_L은 옴의 법칙과 키르히호프의 전류 법칙을 이용하여 구하면 다음과 같다.

$$i_L = \frac{R_N}{R_N + R_L} I_N \qquad (4-17)$$

$$v_L = R_L i_L = \frac{R_L R_N}{R_N + R_L} I_N \qquad (4-18)$$

지금까지 설명한 바와 같이 회로에서 복잡하며 관심이 없는 부분을 노턴 등가회로로 대체함으로써 회로의 특정 부분에 대한 해석을 매우 신속하게 계산할 수 있다는 것이 노턴 정리의 핵심이라 할 수 있다. 노턴 등가회로에서 I_N을 노턴 등가전류, R_N을 노턴 등가저항이라고 부른다.

그런데 문제는 주어진 복잡한 회로와 전기적으로 등가가 되도록 I_N과 R_N을 어떻게 결정할 수 있는가이다. I_N과 R_N은 실험실에서도 간단하게 측정될 수 있으며, 정

의에 따라 간단한 회로해석으로부터 결정할 수도 있다.

(1) 노턴 등가전류(I_N)의 결정

노턴 등가전류는 그림 4.17(a)에서 단자 A와 B를 단락시킨 후 두 점 사이의 단락전류로 정의된다. 즉,

$$I_N \triangleq \text{단자 } A \text{와 } B \text{ 사이의 단락전류}$$

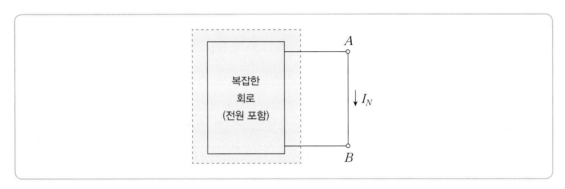

그림 4.18   노턴 등가전류 I_N의 결정

실험실에서는 전류를 측정할 수 있는 디지털 멀티미터의 두 단자를 단자 A와 B 사이에 삽입하여 측정되는 전류가 바로 노턴 등가전류 I_N인 것이다.

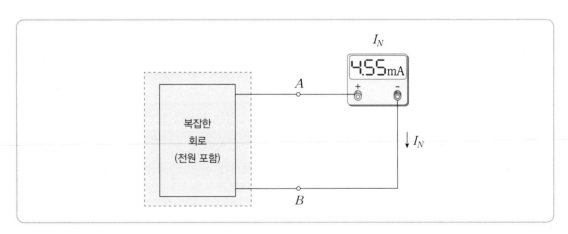

그림 4.19   노턴 등가전류 I_N의 측정

(2) 노턴 등가저항(R_N)의 결정

노턴 등가저항은 그림 4.17(a)에서 부하저항을 개방시킨 다음, 복잡한 회로(점선부분)의 전원을 모두 차단한 상태에서 단자 A와 B에서의 등가저항으로 정의된다. 즉, R_N은 R_{TH}와 같은 값을 가진다.

$$R_N \triangleq \text{단자 } A\text{와 } B\text{에 대한 등가저항} = R_{TH}$$

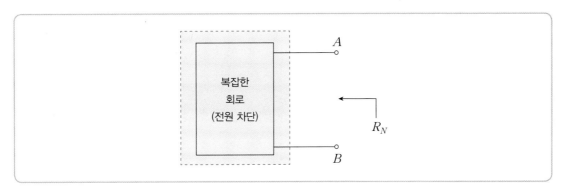

그림 4.20 노턴 등가저항 R_N의 결정

지금까지 설명한 내용을 요약하면 노턴 정리가 완성된다.

> **노턴 정리**
>
> 부하저항을 제외한 회로의 나머지 부분을 1개의 독립전류원(I_N)과 1개의 저항(R_N)을 병렬로 연결한 노턴 등가회로로 대체할 수 있으며, 이때 부하저항에서 계산한 응답은 동일하다.

노턴 정리를 회로에 적용하는 단계를 요약하면 다음과 같다.

단계 ① : 노턴 등가회로를 구하려는 두 단자를 개방하여 부하저항을 제거한다.

단계 ② : 두 단자를 단락시킨 후 단락전류 I_N을 구한다.

단계 ③ : 모든 전압원은 단락시키고 모든 전류원은 개방시킨 상태에서 두 단자 사이의 등가저항 $R_N(= R_{TH})$을 구한다.

단계 ④ : I_N과 R_N을 병렬로 연결하여 원래의 회로를 대체하는 노턴 등가회로를 구성한다.

단계 ⑤ : 노턴 등가회로의 양단에 단계 ①에서 제거한 부하저항을 연결하여 부하
저항에 대한 전압과 전류를 계산한다.

(3) 노턴 정리의 적용 예

앞 절에서 살펴본 그림 4.10의 회로에 대하여 부하저항 R_L에 대한 전압과 전류를
구하기 위하여 노턴 정리를 적용해 본다.

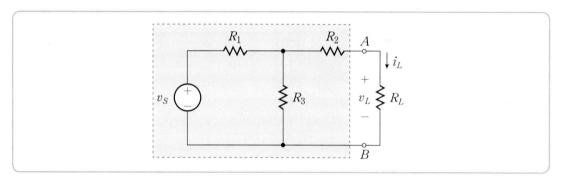

그림 4.10 2개의 메쉬를 가지는 회로

먼저, 단자 A와 B를 단락시킨 다음, 두 단자 사이에 흐르는 단락전류 I_N을 구해
보자.

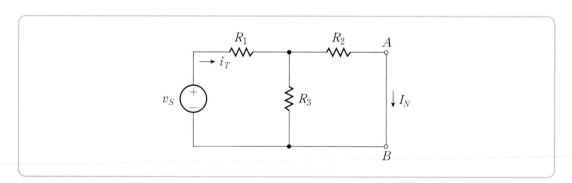

그림 4.21 노턴 등가전류 I_N의 결정

I_N을 구하기 위하여 회로에 흐르는 전체 전류 i_T를 먼저 계산하면 다음과 같다.

$$i_T = \frac{v_S}{R_1 + (R_2 \,/\!/\, R_3)} = \frac{(R_2 + R_3)\,v_S}{R_1 R_2 + R_1 R_3 + R_2 R_3} \qquad (4-19)$$

전류분배의 원리에 따라 I_N은 저항 R_2에 흐르는 전류이므로

$$I_N = \frac{R_3}{R_2 + R_3} i_T = \frac{R_3 v_S}{R_1 R_2 + R_1 R_3 + R_2 R_3} \qquad (4-20)$$

이 된다.

다음으로, 노턴 등가저항 R_N은 테브난 등가저항 R_{TH}와 구하는 과정이 동일하므로 식(4-12)에 의해 다음과 같이 결정된다.

$$R_N = R_2 + (R_1 \,/\!/\, R_3) = R_2 + \frac{R_1 R_3}{R_1 + R_3} \qquad (4-21)$$

식(4-20)과 식(4-21)로부터 I_N과 R_N이 결정되었기 때문에 그림 4.10의 점선 부분은 그림 4.22와 같이 노턴 등가회로로 대체될 수 있다.

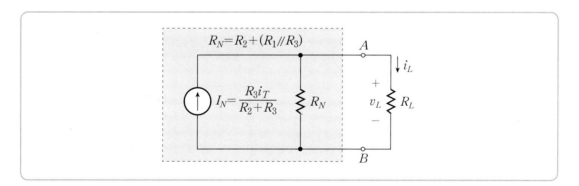

그림 4.22 노턴 등가회로로 대체된 회로

그림 4.22로부터 부하저항 R_L에 흐르는 전류 i_L은 전류분배 법칙에 의해 다음과 같이 결정된다.

$$i_L = \frac{R_N}{R_N + R_L} I_N = \frac{R_3 v_S}{R_1 R_2 + R_1 R_3 + R_2 R_3 + R_L (R_2 + R_3)} \qquad (4-22)$$

$$v_L = R_L i_L = \frac{R_3 R_L v_S}{R_1 R_2 + R_1 R_3 + R_2 R_3 + R_L(R_2 + R_3)} \qquad (4-23)$$

예제 4.7

다음 회로에서 1Ω에 흐르는 전류 i_0와 양단전압 v_0를 점선 부분에 대한 노턴 등가회로를 이용하여 구하라.

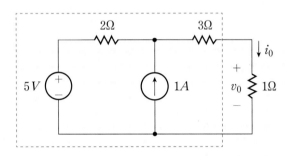

풀이 먼저, I_N을 구하기 위하여 저항 1Ω의 양단을 단락시키면 다음과 같다.

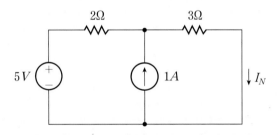

I_N을 구하기 위하여 중첩의 원리를 적용한다.

① $5V$ 전압원만 존재
$1A$의 전류원이 개방되어 회로를 흐르는 전류를 I_{N1}이라 하면

$$I_{N1} = \frac{5V}{5\Omega} = 1A$$

가 얻어진다.

② $1A$ 전류원만 존재

$5V$의 전압원이 단락되어 회로를 흐르는 전류를 I_{N2}라고 하면, 전류분배의 원리에 따라 다음과 같이 구해진다.

$$I_{N2} = \frac{2}{3+2} \times 1A = \frac{2}{5}A$$

따라서 I_N은 중첩의 원리에 의해 다음과 같다.

$$I_N = I_{N1} + I_{N2} = 1A + \frac{2}{5}A = \frac{7}{5}A$$

다음으로, 1Ω 양단을 개방하고 전원을 모두 차단하면

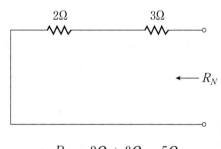

$$R_N = 2\Omega + 3\Omega = 5\Omega$$

이 얻어지므로 주어진 회로를 노턴 등가회로로 대체하면 다음과 같다.

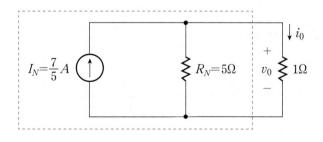

$$i_0 = \frac{5}{5+1} \times \left(\frac{7}{5}\right) = \frac{7}{6}A$$
$$v_0 = 1\Omega \times i_0 = \frac{7}{6}V$$

예제 4.8

다음 회로에서 점선 부분의 회로를 노턴 등가회로로 대체하여 $v_L = 10\,V$가 되도록 저항 R_L을 결정하라.

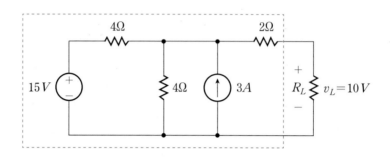

풀이　점선 부분의 회로에 대해 전압원을 단락시키고 전류원은 개방시키면, 노턴 등가 저항 R_N은 다음과 같이 구할 수 있다.

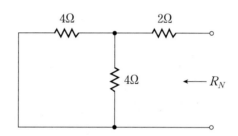

$$R_N = (4\Omega \,/\!/\, 4\Omega) + 2\Omega = \frac{16}{4+4} + 2 = 4\Omega$$

다음으로, 노턴 등가전류 I_N을 구하기 위해 R_L 양단을 단락시키면 다음과 같다.

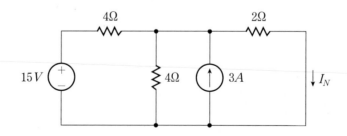

I_N을 구하기 위해 중첩의 원리를 적용한다.

① 15V 전압원만 존재

3A의 전류원이 개방되어 회로를 흐르는 전류를 I_{N1}이라 하면 다음과 같다.

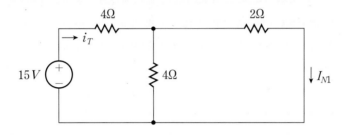

전체 전류 i_T은

$$i_T = \frac{15\,V}{4\Omega + (4\Omega \,/\!/\, 2\Omega)} = \frac{45}{16}A$$

이므로 전류분배의 원리에 따라 I_{N1}은 다음과 같다.

$$\therefore I_{N1} = \frac{4}{4+2}i_T = \frac{4}{6} \times \frac{45}{16} = \frac{15}{8}A$$

② 3A 전류원만 존재

15V의 전압원이 단락되어 회로를 흐르는 전류를 I_{N2}라고 하면 다음과 같다.

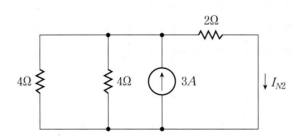

전류분배의 원리에 의해

$$I_{N2} = \frac{4\Omega \mathbin{/\mkern-5mu/} 4\Omega}{(4\Omega \mathbin{/\mkern-5mu/} 4\Omega) + 2\Omega} \times 3A = \frac{3}{2}A$$

가 얻어지므로 노턴 등가전류 I_N은 중첩의 원리에 의해 다음과 같다.

$$I_N = I_{N1} + I_{N2} = \frac{15}{8} + \frac{3}{2} = \frac{27}{8}A$$

R_N과 I_N을 이용하여 점선 부분을 노턴 등가회로로 대체하면 다음과 같다.

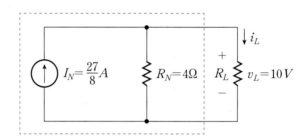

$$v_L = R_L i_L = R_L \left(\frac{R_N}{R_L + R_N} I_N \right) = 10$$

$$\frac{4R_L}{R_L + 4} \left(\frac{27}{8} \right) = 10$$

$$\therefore R_L = \frac{80}{7}\Omega$$

(4) 종속전원과 노턴 등가회로

지금까지는 독립전원이 존재하는 경우에 대한 노턴 등가회로에 대하여 다루었다. 만일, 회로 내에 종속전원이 존재한다면 노턴 정리를 어떻게 적용할 수 있을까?

다행스럽게도 종속전원이 존재하는 경우 테브난 등가회로를 구하는 방법과 동일한 방법으로 노턴 등가회로를 구할 수 있다. 즉, 그림 4.14(b)에서와 같이 가상의 시험전원을 인가하여 노턴 등가저항 R_N을 결정할 수 있다.

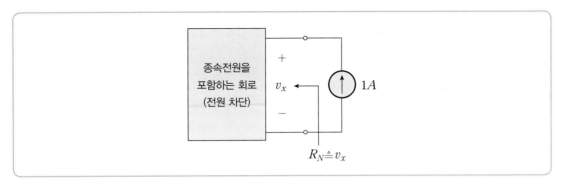

그림 4.23 종속전원을 포함하는 회로에서 R_N의 결정

다음의 예제를 통하여 종속전원이 존재하는 회로에 대한 노턴 등가회로를 구해보자. 이미 예제 4.6에서 다루었던 회로이다.

예제 4.9

다음 회로에서 $R_L = 1\Omega$일 때 부하전압 v_L과 부하전류 i_L을 노턴 등가회로를 이용하여 구하라.

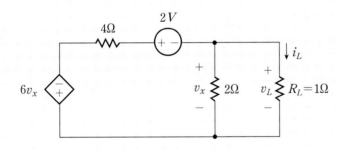

풀이 예제 4.6에서 R_N은 R_{TH}와 동일하므로

$$R_N = R_{TH} = \frac{4}{9}\Omega$$

이 된다.

다음으로, I_N을 구하기 위해 부하저항 R_L 양단을 단락시키면 다음과 같다.

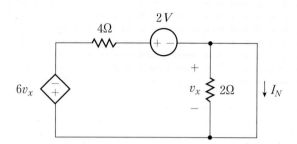

저항 2Ω에는 단락전류 I_N으로 인하여 전류가 흐르지 않으므로 $v_x = 0$이 된다. 키르히호프의 전압 법칙을 적용하면 I_N은 다음과 같다.

$$4I_N + 2 + 6v_x = 0$$
$$\therefore I_N = -\frac{1}{2}A$$

R_N과 I_N으로부터 노턴 등가회로를 구하여 주어진 회로에 대체하면 다음과 같다.

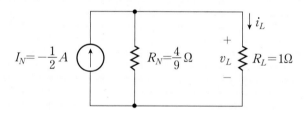

전류분배의 원리에 의해

$$i_L = \frac{R_N}{R_N + R_L}I_N = \frac{\frac{4}{9}}{\frac{4}{9} + 1}\left(-\frac{1}{2}\right) = -\frac{2}{13}A$$
$$v_L = R_L i_L = 1\Omega \times \left(-\frac{2}{13}A\right) = -\frac{2}{13}V$$

를 얻을 수 있다.

예제 4.6의 결과와 비교하면 동일하다는 것을 알 수 있다.

예제 4.10

다음 회로에 대한 노턴 등가회로를 구하라. 또한 단자 A와 B에 10Ω의 부하저항 R_L을 연결할 때 저항 R_L에서 소비하는 전력을 구하라.

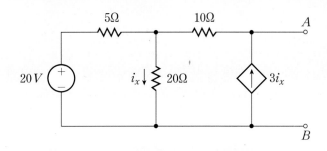

풀이 먼저, 노턴 등가저항 R_N을 구하기 위해 $20V$ 전압원을 단락시키고 가상의 $1A$ 시험 전류원을 인가하면 다음과 같다.

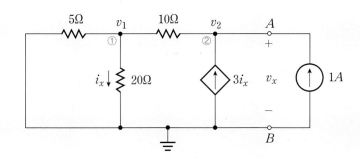

$R_N = v_{AB} \triangleq v_x$ 이므로 마디해석법을 적용하여 v_x를 구한다.

마디 ① : $\dfrac{v_1}{5} + \dfrac{v_1}{20} + \dfrac{v_1 - v_2}{10} = 0$

마디 ② : $\dfrac{v_2 - v_1}{10} - 3i_x - 1 = 0$

종속전원 : $i_x = \dfrac{v_1}{20}$

위의 식을 정리하면 다음과 같다.

$$7v_1 - 2v_2 = 0$$
$$-5v_1 + 2v_2 = 20$$

Cramer 공식을 이용하면

$$v_1 = 10V, \quad v_2 = 35V$$
$$\therefore v_x = v_2 = 35V$$

이므로 $R_N = 35\Omega$이 된다.

노턴 등가전류 I_N을 구하기 위해 단자 A와 B를 단락시키면, 종속전류원이 제거되므로 다음 회로를 얻을 수 있다. 회로 전체에 흐르는 전류 i_T를 구하면

$$i_T = \frac{20V}{5\Omega + (10\Omega \, // \, 20\Omega)} = \frac{12}{7}A$$

이므로 I_N은 전류분배의 원리에 따라 다음과 같다.

$$I_N = \frac{20}{20 + 10}i_T = \frac{2}{3} \times \frac{12}{7} = \frac{8}{7}A$$

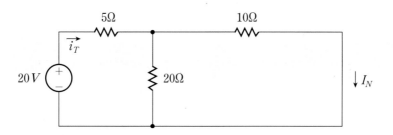

따라서 노턴 등가회로는 다음과 같다.

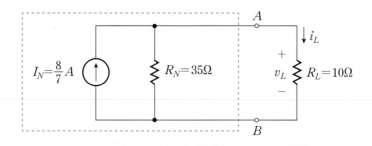

R_L에 흐르는 전류 i_L은 전류분배의 원리에 따라

$$i_L = \frac{R_N}{R_N + R_L} I_N = \frac{35}{35 + 10} \times \left(\frac{8}{7}\right) = \frac{8}{9} A$$
$$v_L = R_L i_L = 10\Omega \times \frac{8}{9} A = \frac{80}{9} V$$

이 되며, R_L에서 소비하는 전력 P는 다음과 같다.

$$P = i_L v_L = \frac{8}{9} A \times \frac{80}{9} V = \frac{640}{81} W = 7.9 W$$

4.4 테브난–노턴 변환

(1) 테브난–노턴 등가변환

앞 절에서 복잡한 회로를 테브난 등가회로와 노턴 등가회로로 변환하는 과정에 대하여 설명하였다. 지금까지의 설명을 요약하면 그림 4.24와 같다.

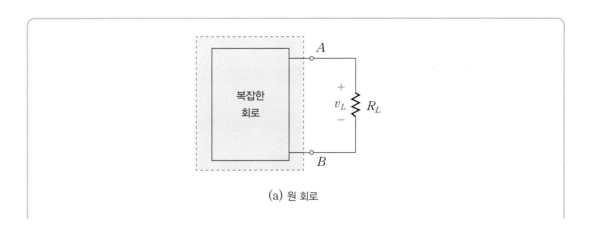

(a) 원 회로

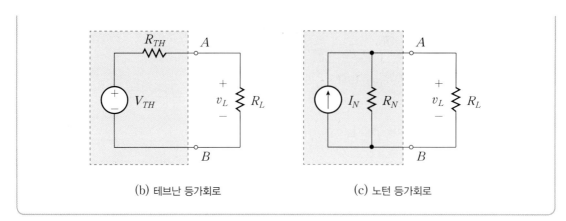

(b) 테브난 등가회로   (c) 노턴 등가회로

그림 4.24   테브난 및 노턴 등가회로의 비교

그림 4.24(a)의 원 회로에 대한 2개의 다른 등가회로를 그림 4.24(b)와 그림 4.24(c)에 나타내었으므로 점선 부분의 테브난 등가회로와 노턴 등가회로는 부하저항 R_L에 대하여 완전한 등가라는 것을 알 수 있다.

앞 절에서 이미 설명한 바와 같이 $R_{TH} = R_N$이므로 전압원과 직렬인 등가회로(테브난 등가회로)와 전류원과 병렬인 등가회로(노턴 등가회로)는 서로 등가이다. 그렇다면 V_{TH}와 I_N은 어떤 관계를 만족하는지 살펴보자.

테브난 등가회로와 노턴 등가회로는 부하저항 R_L에 대하여 동일한 응답을 나타내야 하므로 그림 4.24(b)와 그림 4.24(c)에 대하여 양단전압 v_L을 각각 구해본다.

먼저, 테브난 등가회로에 대하여

$$v_L = \frac{R_L}{R_{TH} + R_L} V_{TH} \tag{4-24}$$

가 되며, 노턴 등가회로에 대해서는

$$v_L = \left(\frac{R_N}{R_N + R_L} I_N \right) R_L \tag{4-25}$$

이므로 식(4−24)와 식(4−25)는 서로 같아야 한다. 즉,

$$\frac{R_L V_{TH}}{R_{TH} + R_L} = \frac{R_N I_N R_L}{R_N + R_L} \tag{4-26}$$

$R_N = R_{TH}$의 관계를 이용하면 다음의 관계가 얻어진다.

$$V_{TH} = R_{TH} I_N \text{ 또는 } V_{TH} = R_N I_N \qquad (4-27)$$

$$I_N = \frac{V_{TH}}{R_{TH}}, \qquad R_{TH} = \frac{V_{TH}}{I_N} \qquad (4-28)$$

식(4-27)과 식(4-28)의 관계를 이용하면 그림 4.25에 나타낸 것과 같은 결과를 얻을 수 있다. 이는 다른 관점에서 보면, 전압원과 직렬로 연결된 회로는 전류원과 병렬로 연결된 회로로 변환할 수 있다고 해석할 수도 있다. 이러한 전원 변환은 회로를 해석하는데 매우 유용한 수단이 되므로 반드시 기억해두기 바란다.

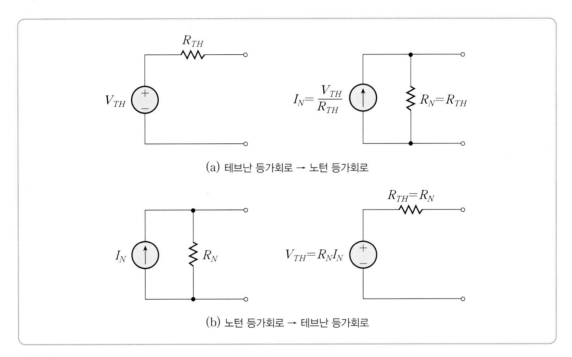

(a) 테브난 등가회로 → 노턴 등가회로

(b) 노턴 등가회로 → 테브난 등가회로

그림 4.25 테브난 등가회로와 노턴 등가회로의 관계

213

여 기서 잠깐! │ **테브난-노턴 등가 변환**

다음에 주어진 회로를 노턴 등가회로로 변환해 보자.

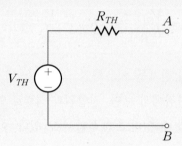

먼저, R_N을 구하기 위해 전압원을 단락시키면 $R_N = R_{TH}$가 얻어진다. 다음으로, I_N을 구하기 위해 단자 A와 B를 단락시키면 옴의 법칙에 의하여 다음과 같다.

$$I_N = \frac{V_{TH}}{R_{TH}}$$

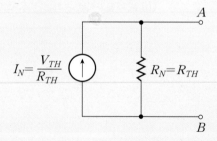

R_N과 I_N으로부터 주어진 회로에 대한 노턴 등가회로는 다음과 같다.

따라서 식(4-27)~식(4-28)의 관계와 동일한 관계를 얻을 수 있다.

(2) 전압원과 전류원의 등가 변환

테브난-노턴의 등가 변환은 직렬 저항을 가진 전압원과 병렬 저항을 가진 전류원을 상호 변환할 수 있도록 해주는 매우 유용한 전원 변환이다.

전압원과 전류원의 변환은 여러 개의 전원을 포함하는 회로를 간결하게 하는데 매우 유용하다. 전류원을 가진 회로는 전류들을 더하거나 분배할 수 있는 병렬 연결에서 더 쉽게 해석될 수 있으며, 전압원을 가진 회로는 전압을 더하거나 분배할 수 있는 직렬 연결에서 더 쉽게 해석될 수 있다. 그림 4.26에 전압원과 전류원의 상호 변환에 대해 나타내었다.

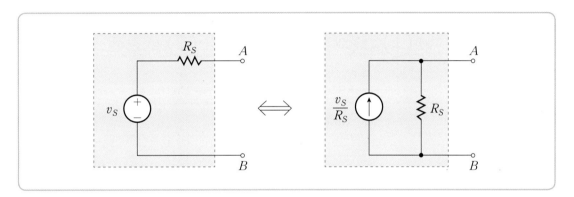

그림 4.26 전압원과 전류원의 상호 변환

한 가지 주의할 사항은 전류원의 화살표가 전압원의 양(+)의 극성에 붙어 있다는 것이다. 전류원의 방향이 다르면 등가회로가 구성되지 않으므로 전류원의 화살표와 전압원의 양(+)의 극성과 일치하도록 해야 한다는 것을 반드시 기억하라.

예를 들어, 다음의 회로에서 전원 변환을 통해 4Ω 양단의 전압을 구해보자.

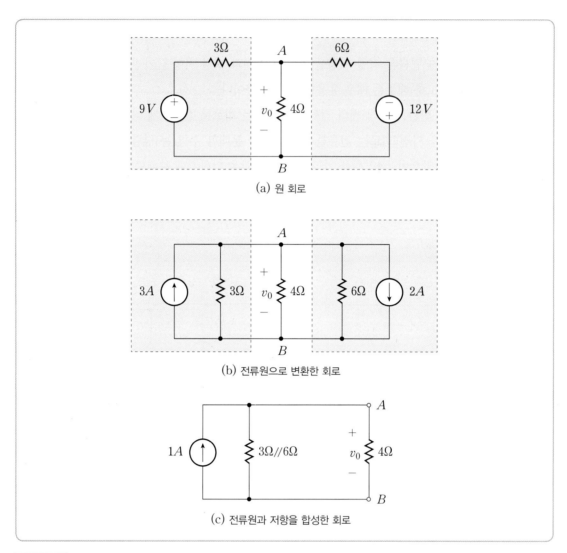

(a) 원 회로

(b) 전류원으로 변환한 회로

(c) 전류원과 저항을 합성한 회로

그림 4.27 전원 변환을 통한 회로해석

그림 4.27(b)는 원 회로에서 전압원과 직렬 저항을 전류원과 병렬 저항으로 변환한 회로를 나타낸 것이며, 그림 4.27(c)는 전류원과 저항을 합성한 회로이다.

따라서 저항 4Ω 양단의 전압은 전류분배의 원리에 의해

$$v_0 = 4\Omega \times \left\{ \frac{3\Omega \,/\!/\, 6\Omega}{(3\Omega \,/\!/\, 6\Omega) + 4}(1A) \right\} = \frac{4}{3}\,V \qquad (4-29)$$

가 된다.

예제 4.11

다음 회로에서 R_L의 양단 전압 $v_L = 5V$가 되도록 저항 R_L을 결정하라. 단, 전압원을 전류원으로 변환하여 R_L을 결정하라.

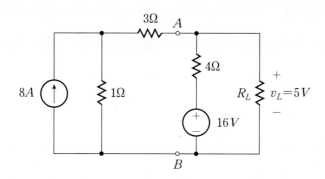

풀이 단자 A와 B의 좌측 부분을 노턴 등가회로로 변환한다.

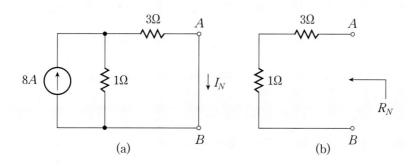

$$I_N = \frac{1}{1+3} \times 8A = 2A, \qquad R_N = 3\Omega + 1\Omega = 4\Omega$$

또한, 전압원과 직렬 저항을 전류원과 병렬 저항으로 변환한 다음, 전류원과 병렬 저항을 통합하면 다음 그림과 같이 나타낼 수 있다.

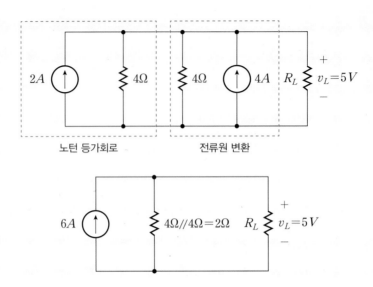

노턴 등가회로   전류원 변환

전류분배의 원리에 의해

$$v_L = R_L \left(\frac{2}{2+R_L} \, 6A \right) = 5\,V$$

$$\therefore R_L = \frac{10}{7}\,\Omega$$

여 기서 잠깐! **종속전압원과 종속전류원의 상호 변환**

종속전원에 대해서도 전원 변환의 원리가 그대로 적용이 가능하다. 그러나 전원 변환 과정에서 종속전원과 관련된 제어변수가 누락되지 않도록 유의해야 한다.

다음의 회로에서 $5A$의 전류원과 10Ω의 저항을 전압원으로 변환하게 되면 종속전류원에 대한 제어변수가 없어져 버리므로 변환해서는 안된다는 것에 주의하라. 한편, 점선 부분의 종속전류원과 병렬 저항을 종속전압원과 직렬 저항으로 변환하는 것은 종속전원의 제어변수에 영향을 미치지 않으므로 전혀 문제가 발생하지 않는다.

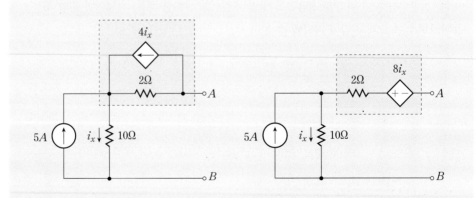

예제 4.12

다음 회로에서 전류원을 전압원으로 변환하여 2Ω에 흐르는 전류 i_0를 구하라.

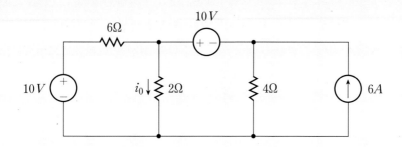

풀이 회로의 우측단에 전류원과 병렬 저항을 전압원으로 등가 변환하면 다음과 같다.

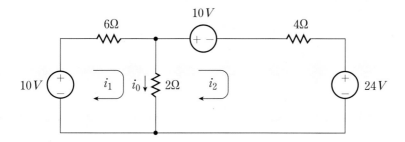

i_0를 구하기 위해 메쉬해석법을 이용하면 다음과 같다.

메쉬 ① : $6i_1 + 2(i_1 - i_2) - 10 = 0$

메쉬 ② : $10 + 4i_2 + 24 + 2(i_2 - i_1) = 0$

두 식을 정리하면

$$4i_1 - i_2 = 5$$
$$-i_1 + 3i_2 = -17$$

이므로 Cramer 공식에 의해 $i_1 = -\dfrac{2}{11}A,\ i_2 = -\dfrac{63}{11}A$가 얻어진다.

따라서 2Ω에 흐르는 전류 i_0는 다음과 같이 구할 수 있다.

$$i_0 = i_1 - i_2 = -\frac{2}{11} + \frac{63}{11} = \frac{61}{11}A$$

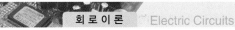
4.5 Y–△ 변환

앞 단원에서 저항의 직렬 또는 병렬 연결에 대하여 학습하였으나, 저항의 연결 중에는 직렬 또는 병렬로 분류할 수 없는 특별한 형태의 결선이 존재한다.

그림 4.28에 이러한 특별한 형태를 가진 2종류의 결선을 나타내었으며, 결선의 모습을 본떠 Y–결선과 △–결선이라 부른다.

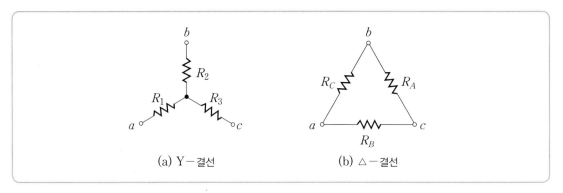

(a) Y–결선   (b) △–결선

그림 4.28 Y–결선과 △–결선

이들 Y–결선과 △–결선은 3개의 단자를 가지며 3상 회로에서 특히 중요하다. Y–결선과 △–결선 사이에는 등가 변환이 가능하며, 이러한 등가 변환을 이용하면 경우에 따라 회로의 해석이 간편해질 수 있다. 이러한 등가 변환을 Y–△ 변환이라고 부른다.

그림 4.28의 Y–결선과 △–결선이 단자 a, b, c에 대해 등가가 되기 위해서는 임의의 두 단자(a–b, b–c, c–a)에서의 등가저항이 각각 같아야 한다.

단자 a와 b에서의 등가저항을 R_{ab}, 단자 b와 c에서의 등가저항을 R_{bc}, 단자 c와 a에서의 등가저항을 R_{ca}로 각각 정의하여 임의의 두 단자에서 Y–결선과 △–결선에 대하여 등가저항을 구해보면 그림 4.29와 같다.

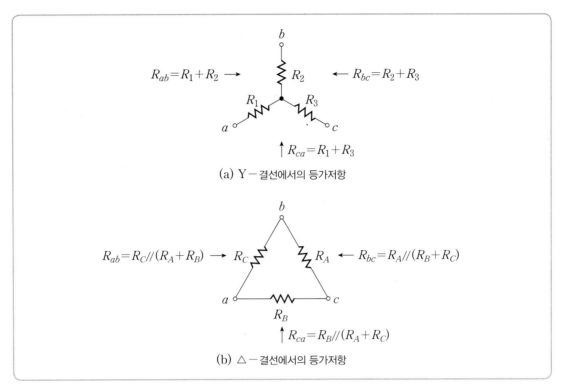

(a) Y−결선에서의 등가저항

(b) △−결선에서의 등가저항

그림 4.29 임의의 두 단자에서의 등가저항의 계산

그림 4.29에서 Y−결선과 △−결선에서 임의의 두 단자에서의 등가저항이 같아야 하므로 다음의 관계가 만족되어야 한다.

$$R_{ab} = R_1 + R_2 = R_C \mathbin{/\mkern-5mu/} (R_A + R_B) = \frac{R_C(R_A + R_B)}{R_A + R_B + R_C} \qquad (4-30\text{a})$$

$$R_{bc} = R_2 + R_3 = R_A \mathbin{/\mkern-5mu/} (R_B + R_C) = \frac{R_A(R_B + R_C)}{R_A + R_B + R_C} \qquad (4-30\text{b})$$

$$R_{ca} = R_1 + R_3 = R_B \mathbin{/\mkern-5mu/} (R_A + R_C) = \frac{R_B(R_A + R_C)}{R_A + R_B + R_C} \qquad (4-30\text{c})$$

식(4−30)을 모두 합하여 R_1, R_2, R_3에 대하여 정리하면 다음과 같다.

$$R_1 = \frac{R_B R_C}{R_A + R_B + R_C} \qquad (4-31\text{a})$$

$$R_2 = \frac{R_C R_A}{R_A + R_B + R_C} \qquad (4-31\text{b})$$

$$R_3 = \frac{R_A R_B}{R_A + R_B + R_C} \qquad (4-31\text{c})$$

식(4-31)은 △-결선을 Y-결선으로 변환할 때 사용되는 관계식이다. 또한, 식(4-30)을 R_A, R_B, R_C에 대하여 정리하면 다음과 같다.

$$R_A = \frac{R_1 R_2 + R_2 R_3 + R_3 R_1}{R_1} \qquad (4-32\text{a})$$

$$R_B = \frac{R_1 R_2 + R_2 R_3 + R_3 R_1}{R_2} \qquad (4-32\text{b})$$

$$R_C = \frac{R_1 R_2 + R_2 R_3 + R_3 R_1}{R_3} \qquad (4-32\text{c})$$

식(4-32)는 Y-결선을 △-결선으로 변환할 때 사용되는 관계식이다.

여기서 잠깐! Y-△ 변환의 관계식의 기억

Y-결선과 △-결선을 겹쳐서 그리면 다음과 같다.

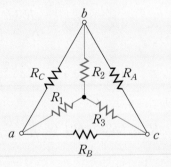

① △-Y 변환

$$R_1 = \frac{R_B R_C}{R_A + R_B + R_C}, \quad R_2 = \frac{R_C R_A}{R_A + R_B + R_C}, \quad R_3 = \frac{R_A R_B}{R_A + R_B + R_C}$$

앞의 그림으로부터 예를 들어, R_1은 △-결선을 구성하는 모든 저항의 합 $(R_A + R_B + R_C)$을 분모로 가지며, R_1의 좌측과 우측 저항(R_B와 R_C)의 곱으로 구성된다고 기억하면 쉽게 기억할 수 있을 것이다.

② Y-△ 변환

$$R_A = \frac{R_1 R_2 + R_2 R_3 + R_3 R_1}{R_1}$$

$$R_B = \frac{R_1 R_2 + R_2 R_3 + R_3 R_1}{R_2}$$

$$R_C = \frac{R_1 R_2 + R_2 R_3 + R_3 R_1}{R_3}$$

앞의 그림으로부터 예를 들어, R_A는 분자가 Y-결선을 구성하는 모든 가능한 두 저항의 곱의 합($R_1 R_2 + R_2 R_3 + R_3 R_1$)이며, 분모는 R_A가 마주보는 저항(R_1)으로 구성되므로 쉽게 기억할 수 있을 것이다.

예제 4.13

다음 Y-결선과 등가가 되도록 △-결선의 저항 R_A, R_B, R_C를 구하라.

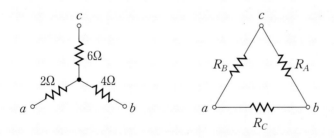

풀이 식(4-32)의 관계로부터

$$R_A = \frac{12 + 8 + 24}{2} = 22\,\Omega$$

$$R_B = \frac{12 + 8 + 24}{4} = 11\,\Omega$$

$$R_C = \frac{12 + 8 + 24}{6} = \frac{22}{3}\,\Omega$$

을 얻을 수 있다.

예제 4.14

다음 주어진 회로에서 △−Y 변환을 이용하여 전체 전류 i_0를 구하라.

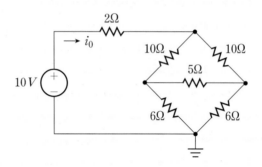

풀이 주어진 회로에서 상단의 △−결선을 Y−결선으로 변환하면 다음과 같다.

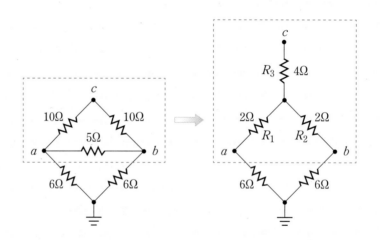

식(4−31)을 이용하면 R_1, R_2, R_3는 다음과 같다.

$$R_1 = \frac{R_B R_C}{R_A + R_B + R_C} = \frac{10 \times 5}{10 + 10 + 5} = 2\Omega$$

$$R_2 = \frac{R_C R_A}{R_A + R_B + R_C} = \frac{5 \times 10}{10 + 10 + 5} = 2\Omega$$

$$R_3 = \frac{R_A R_B}{R_A + R_B + R_C} = \frac{10 \times 10}{10 + 10 + 5} = 4\Omega$$

Y−결선으로 변환된 회로에서 2Ω과 6Ω이 직렬 연결 형태가 되므로 다음의 등가회로를 얻을 수 있다.

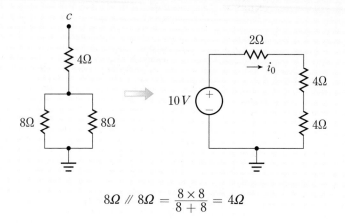

$$8\Omega \mathbin{/\!/} 8\Omega = \frac{8 \times 8}{8 + 8} = 4\Omega$$

따라서 2Ω에 흐르는 전류 i_0는 옴의 법칙에 의해 다음과 같다.

$$i_0 = \frac{10}{2 + 4 + 4} = 1A$$

예제 4.15

다음 회로에서 전원 변환과 Y−△ 변환을 이용하여 1Ω에 걸리는 전압 v_0를 구하라.

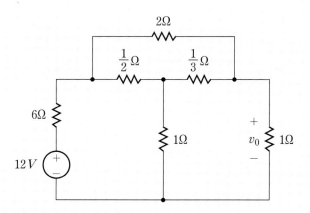

풀이 전압원을 전류원으로 변환하고 Y–결선을 △–결선으로 변환하면 다음 그림과 같다.

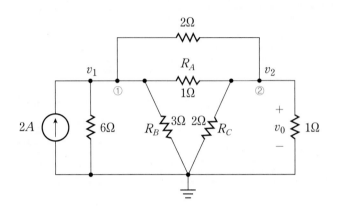

먼저, Y–△ 변환에 의해 R_A, R_B, R_C를 구하면

$$R_A = \frac{\frac{1}{2} \times 1 + \frac{1}{3} \times 1 + \frac{1}{2} \times \frac{1}{3}}{1} = 1\Omega$$

$$R_B = \frac{\frac{1}{2} \times 1 + \frac{1}{3} \times 1 + \frac{1}{2} \times \frac{1}{3}}{\left(\frac{1}{3}\right)} = 3\Omega$$

$$R_C = \frac{\frac{1}{2} \times 1 + \frac{1}{3} \times 1 + \frac{1}{2} \times \frac{1}{3}}{\left(\frac{1}{2}\right)} = 2\Omega$$

이 얻어지며, v_0를 구하기 위하여 마디해석법을 사용하면 다음과 같다.

마디 ① : $-2 + \dfrac{v_1}{6} + \dfrac{v_1 - v_2}{2} + \dfrac{v_1}{3} + (v_1 - v_2) = 0$

마디 ② : $\dfrac{v_2 - v_1}{2} + (v_2 - v_1) + \dfrac{v_2}{2} + v_2 = 0$

위 식을 정리하면

$$4v_1 - 3v_2 = 4$$
$$-v_1 + 2v_2 = 0$$

이므로 Cramer 공식을 이용하면 v_1과 v_2는 다음과 같다.

$$v_1 = \frac{\begin{vmatrix} 4 & -3 \\ 0 & 2 \end{vmatrix}}{\begin{vmatrix} 4 & -3 \\ -1 & 2 \end{vmatrix}} = \frac{8}{5} V$$

$$v_2 = \frac{\begin{vmatrix} 4 & 4 \\ -1 & 0 \end{vmatrix}}{\begin{vmatrix} 4 & -3 \\ -1 & 2 \end{vmatrix}} = \frac{4}{5} V$$

따라서 v_0는 v_2와 같으므로 $v_0 = v_2 = \dfrac{4}{5} V$가 된다.

여 기서 잠깐! T-결선과 π-결선

Y-결선을 T-결선이라고도 부르며 △-결선을 $\boldsymbol{\pi}$-결선이라고도 부르는데, 이는 결선의 형태를 보면 쉽게 이해할 수 있다.

다음 그림에 Y-결선과 △-결선을 약간 형태를 달리하여 나타내었다.

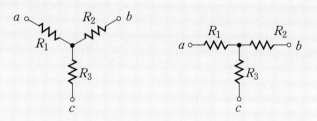

(a) T-결선으로 보는 Y-결선

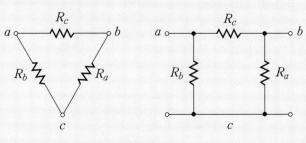

(b) π-결선으로 보는 △-결선

4.6 밀만의 정리

밀만의 정리(Millman's theorem)는 서로 다른 전압원을 포함하는 병렬가지들에 걸리는 공통 전압을 쉽게 구할 수 있는 방법을 제공한다. 이 방법은 가지의 수에 제한은 없으나 각 가지들이 병렬로 연결되어야 하며 병렬가지 사이에 어떠한 직렬 저항이 있어서는 안된다.

그림 4.30에 전압원을 포함하는 3개의 병렬가지를 나타내었다.

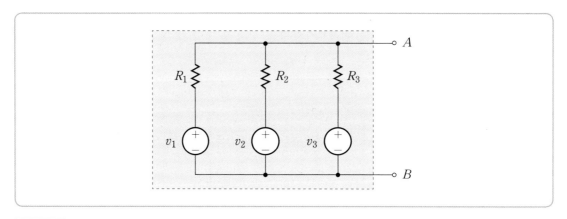

그림 4.30 전압원을 포함하는 3개의 병렬가지

그림 4.30의 회로를 전원 변환을 이용하여 전압원과 직렬 저항을 전류원과 병렬 저항으로 변환하면 다음과 같다.

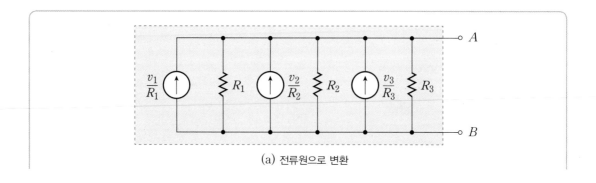

(a) 전류원으로 변환

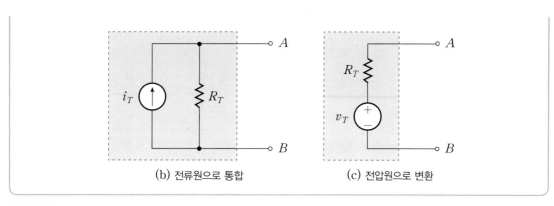

(b) 전류원으로 통합　　　　(c) 전압원으로 변환

그림 4.31 밀만의 정리 유도 과정

그림 4.31(a)의 모든 전류원을 하나로 통합하면 그림 4.31(b)와 같이 나타낼 수 있으며, 이때 i_T와 R_T는 다음과 같다.

$$i_T = \frac{v_1}{R_1} + \frac{v_2}{R_2} + \frac{v_3}{R_3} = \sum_{k=1}^{3} \frac{v_k}{R_k} \qquad (4-33)$$

$$R_T = R_1 /\!/ R_2 /\!/ R_3 \qquad (4-34)$$

한편, 그림 4.31(b)를 다시 전압원으로 변환하면 그림 4.31(c)가 얻어지며, 이때 v_T는 다음과 같다.

$$v_T = R_T i_T = (R_1 /\!/ R_2 /\!/ R_3)\sum_{k=1}^{3} \frac{v_k}{R_k} \qquad (4-35)$$

따라서 병렬로 연결된 실제 전압원들은 단자 A와 B에 대해 하나의 실제 전압원으로 등가화할 수 있으며, 이를 일반화한 것을 밀만의 정리라고 부른다.

전압원을 포함하는 N개의 병렬가지에 대해서도 자연스럽게 확장할 수 있으며, 이를 그림 4.32에 나타내었다.

$$v_T = R_T i_T = (R_1 /\!/ R_2 /\!/ \cdots /\!/ R_N)\sum_{k=1}^{N} \frac{v_k}{R_k} \qquad (4-36)$$

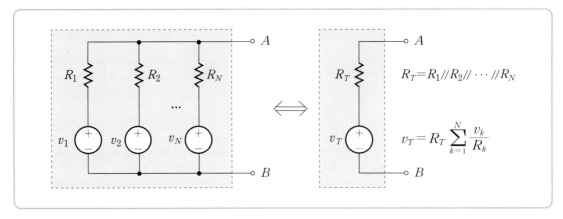

그림 4.32 밀만의 정리

예제 4.16

다음 회로에서 밀만의 정리를 이용하여 2Ω의 양단전압 v_0를 구하라.

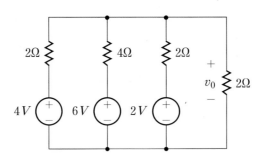

풀이 밀만의 정리에 의해 먼저 R_T를 계산한다.

$$R_T = R_1 \mathbin{/\!/} R_2 \mathbin{/\!/} R_3 = 2\Omega \mathbin{/\!/} 4\Omega \mathbin{/\!/} 2\Omega$$

$$\therefore R_T = \cfrac{1}{\cfrac{1}{2} + \cfrac{1}{4} + \cfrac{1}{2}} = \frac{4}{5}\,\Omega$$

다음으로 v_T를 계산하면

$$v_T = \frac{4}{5}\left(\frac{4}{2} + \frac{6}{4} + \frac{2}{2}\right) = \frac{18}{5}\,V$$

이므로 다음의 등가회로를 얻을 수 있다.

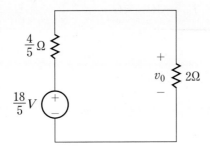

따라서 전압분배의 원리를 이용하면 v_0는 다음과 같다.

$$v_0 = \frac{2}{\frac{4}{5}+2} \times \left(\frac{18}{5}\right) = \frac{18}{7}\,V$$

예제 4.17

다음 회로에서 밀만의 정리를 이용하여 6Ω 저항에 흐르는 전류 i_0와 소비전력을 구하라.

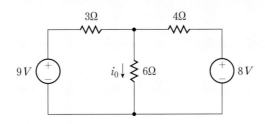

풀이 주어진 회로를 다시 그리면 다음과 같다.

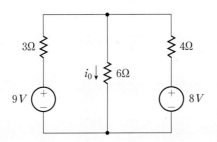

밀만의 정리를 적용하기 위해 R_T와 v_T를 계산한다.

$$R_T = 3\Omega \, / \! / \, 4\Omega = \frac{3 \times 4}{3 + 4} = \frac{12}{7}\Omega$$

$$v_T = \frac{12}{7}\left(\frac{9}{3} + \frac{8}{4}\right) = \frac{60}{7}V$$

따라서 밀만의 정리에 의해 등가회로는 다음과 같다.

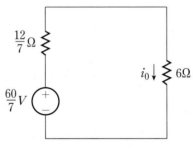

$$i_0 = \frac{\dfrac{60}{7}}{\dfrac{12}{7} + 6} = \frac{10}{9}A$$

$$P = i_0^2 \times 6\Omega = \left(\frac{10}{9}\right)^2 \times 6 = 7.4W$$

여 기서 잠깐! **밀만의 정리에서 전압원 극성**

밀만의 정리를 적용할 때 전압원의 극성이 그림 4.32와 다른 경우는 전압원의 극성을 맞추어서 적용해야 한다.

예를 들어, 2개의 전압원을 포함하는 병렬가지를 살펴보자.

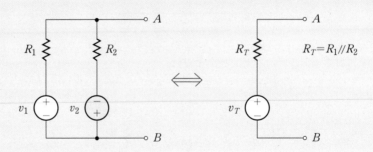

v_T는 다음과 같이 구해야 한다는 것에 주의하자.

$$v_T = R_T\left[\frac{v_1}{R_1} + \frac{(-v_2)}{R_2}\right] = R_T\left(\frac{v_1}{R_1} - \frac{v_2}{R_2}\right)$$

4.7 최대전력 전달

회로를 설계할 때 전원으로부터 부하로 최대의 전력을 공급하는 것이 중요할 경우가 많이 있기 때문에 본 절에서는 어떤 조건하에서 부하로 최대전력이 전달될 수 있는 지를 다루어 본다.

그림 4.33의 회로에서 최대전력 전달(maximum power transfer) 문제를 살펴보자.

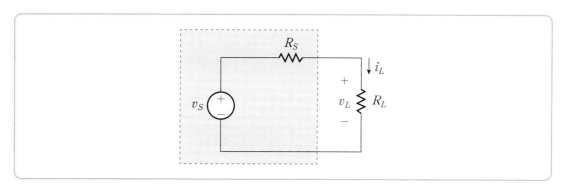

그림 4.33 최대전력 전달

그림 4.33의 점선 부분의 전압원과 직렬 저항은 부하저항 R_L을 제외한 나머지 회로부분을 테브난 등가회로로 대체한 것으로 간주해도 무관하다.

부하저항 R_L에서의 전력 P_L을 구하면

$$P_L = v_L i_L = i_L^2 R_L = \left(\frac{v_S}{R_S + R_L}\right)^2 R_L = \frac{v_S^2 R_L}{(R_S + R_L)^2} \qquad (4-37)$$

이 얻어지며, P_L의 최댓값을 구하기 위해 P_L을 R_L로 미분한다.

$$\frac{dP_L}{dR_L} = \frac{v_S^2 (R_S + R_L)^2 - 2(R_S + R_L)v_S^2 R_L}{(R_S + R_L)^4} = \frac{v_S^2 (R_S - R_L)}{(R_S + R_L)^3} \qquad (4-38)$$

P_L이 최댓값을 가지기 위해서는 미적분학에서 배운 바와 같이 다음의 조건을 만족해야 한다. 즉,

$$\frac{dP_L}{dR_L} = 0 \qquad\qquad (4-39)$$

식(4-39)의 조건으로부터

$$\frac{dP_L}{dR_L} = \frac{v_S^2(R_S - R_L)}{(R_S + R_L)^3} = 0 \qquad\qquad (4-40)$$

을 만족해야 하므로 다음 조건을 얻을 수 있다.

$$R_L = R_S \qquad\qquad (4-41)$$

따라서 부하저항 R_L에 최대전력이 전달되기 위해서는 부하저항 R_L이 전압원의 내부 저항 R_S와 같아야 한다.

만일, 그림 4.33에서 점선 부분을 테브난 등가회로라고 간주한다면, 일반적으로 최대전력 전달 정리는 다음과 같이 표현할 수 있다.

최대전력 전달 정리

어떤 회로가 부하저항 R_L에 최대전력을 공급하는 것은 R_L 값이 이 회로의 테브난 등가 저항과 같을 때이다.

식(4-41)의 조건을 만족할 때 최대전력 전달이 이루어지며, 이때의 최대전력 $P_{L(\max)}$는 다음과 같이 구할 수 있다.

$$P_{L(\max)} = \frac{v_S^2 R_L}{(R_S + R_L)^2} = \frac{v_S^2}{4R_L} \qquad\qquad (4-42)$$

예제 4.18

다음의 회로에서 부하저항 R_L에 최대전력을 전달하기 위한 R_S의 값을 구하고, 그때의 최대전력 $P_{L(\max)}$를 계산하라.

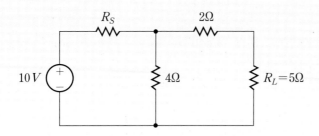

풀이 부하저항 R_L을 제외한 나머지 회로 부분을 테브난 등가회로로 변환한다.

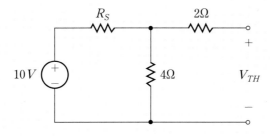

전압분배의 원리에 의하여

$$V_{TH} = \frac{4}{R_S + 4} \times 10 = \frac{40}{R_S + 4}$$

이 된다. R_{TH}를 구하기 위하여 $10V$ 전압원을 단락시키면

$$R_{TH} = 2 + (R_S \,/\!/\, 4\Omega) = 2 + \frac{4R_S}{R_S + 4}$$

가 얻어진다. 최대전력 전달 정리에 따라 $R_L = R_{TH}$의 조건을 만족해야 하므로 다음 관계식을 얻을 수 있다.

$$2 + \frac{4R_S}{R_S + 4} = 5 \qquad \therefore R_S = 12\Omega$$

$$P_{L(\max)} = \frac{V_{TH}^2}{4R_L} = \frac{1}{4 \times 5}\left(\frac{40}{12 + 4}\right)^2 = \frac{5}{16}\,W$$

예제 4.19

다음 회로에서 부하저항 R_L에 최대전력을 전달하기 위한 P_L 값을 구하고, 그때의 최대
전력 $P_{L(\max)}$를 계산하라.

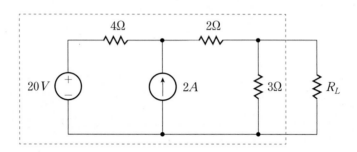

풀이 예제 4.4의 결과로부터 부하저항 R_L을 제외한 나머지 회로에 대한 테브난 등가
회로는 다음과 같다.

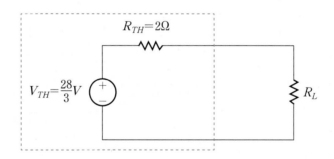

따라서 최대전력 전달 정리에 의해 R_L에 최대전력을 전달하기 위한 R_L 값은 R_{TH}와 같
을 때이므로 $R_L = R_{TH} = 2\Omega$이다.

이때의 최대전력 $P_{L(\max)}$는 다음과 같다.

$$P_{L(\max)} = \frac{V_{TH}^2}{4R_L} = \frac{1}{4 \times 2}\left(\frac{28}{3}\right)^2 = \frac{98}{9}\,W$$

여 기서 잠깐! **전류원과 최대전력 전달**

다음 회로에 대하여 부하저항 R_L에서 소비하는 전력을 계산해 보자.

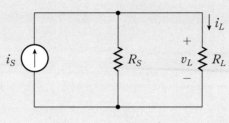

$$P_L = i_L v_L = i_L^2 R_L = \left(\frac{R_S i_S}{R_S + R_L}\right)^2 R_L = \frac{R_S^2 i_S^2 R_L}{(R_S + R_L)^2}$$

P_L을 R_L로 미분하여 0으로 놓으면 다음과 같다.

$$\frac{dP_L}{dR_L} = \frac{R_S^2 i_S^2 (R_S + R_L) - 2R_S^2 i_S^2 R_L}{(R_S + R_L)^3} = 0$$
$$R_S^2 i_S^2 (R_S + R_L - 2R_L) = 0$$
$$\therefore R_L = R_S$$

즉, $R_L = R_S$의 조건을 만족할 때 부하저항 R_L에 최대전력이 전달되며, 이때의 최대전력 $P_{L(\max)}$는 다음과 같다.

$$P_{L(\max)} = \frac{R_L^2 i_S^2 R_L}{4R_L^2} = \frac{1}{4} i_S^2 R_L$$

전원 변환 관계식으로부터 $v_S = i_S R_L$이 성립하므로

$$P_{L(\max)} = \frac{i_S^2 R_L^2}{4R_L} = \frac{v_S^2}{4R_L}$$

이 되어, 식(4-42)와 동일한 결과를 얻는다는 것을 알 수 있다.

4.8 요약 및 복습

선형성

- x와 y를 2단자 소자의 회로변수라고 할 때, 회로변수 x를 K배 하면 회로변수 y도 K배가 되는 성질을 가진 2단자 소자를 선형소자라 정의한다.
- 선형소자의 회로변수 x와 y는 기하학적으로 원점을 지나는 직선을 나타낸다.

중첩의 원리

- 2개 이상의 독립전원에 의해 구동되는 선형회로에서 어떤 특정한 회로소자에서의 전체 응답은 각 독립전원이 단독으로 존재할 때 얻어지는 개별응답의 합과 같다.
- 전압과 전류에 대해서는 중첩의 원리를 적용할 수 있지만, 전력은 전류와 전압에 대해 비선형이므로 중첩의 원리를 적용할 수 없다.
- 종속전원을 포함하는 회로에서 중첩의 원리를 적용할 때, 종속전원을 임의로 제거할 수 없어 회로해석이 간편해지지는 않는다.

테브난 정리

- 부하저항을 제외한 회로의 나머지 부분을 1개의 독립전압원(V_{TH})과 1개의 저항(R_{TH})을 직렬로 연결한 테브난 등가회로로 대체할 수 있으며, 이때 부하저항에서 계산한 응답은 동일하다.
- V_{TH} : 부하저항을 개방시킨 다음, 단자 A와 B 사이에 나타나는 개방전압

  R_{TH} : 부하저항을 개방하고 회로의 모든 전원을 차단한 상태에서 단자 A와 B 사이의 등가저항

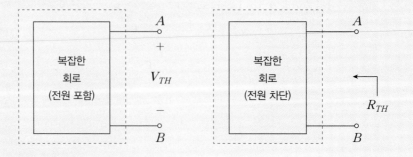

• 종속전원을 포함하는 회로에서 R_{TH}를 계산하기 위해 회로 내의 모든 독립전원을 차단한 상태에서 가상의 시험 전원을 인가하여 단자전류 i_x와 양단전압 v_x를 계산해야 한다.

테브난 정리의 적용 절차

단계 ① : 테브난 등가회로를 구하려는 두 단자를 개방하여 부하저항을 제거한다.

단계 ② : 개방된 두 단자 사이의 전압 V_{TH}를 구한다.

단계 ③ : 모든 전압원은 단락시키고 모든 전류원은 개방시킨 상태에서 두 단자 사이의 등가저항 R_{TH}를 구한다.

단계 ④ : V_{TH}와 R_{TH}를 직렬로 연결하여 테브난 등가회로를 구성한다.

단계 ⑤ : 테브난 등가회로의 양단에 단계 ①에서 제거한 부하저항을 연결하여 부하저항에 대한 전압과 전류를 계산한다.

노턴 정리

• 부하저항을 제외한 회로의 나머지 부분을 1개의 독립전류원(I_N)과 1개의 저항(R_N)을 병렬로 연결한 노턴 등가회로로 대체할 수 있으며, 이때 부하저항에서 계산한 응답은 동일하다.

• I_N : 부하저항의 두 단자를 단락시킨 후 흐르는 단락전류

  R_N : 부하저항을 개방하고 회로의 모든 전원을 차단한 상태에서 단자 A와 B 사이의 등가저항

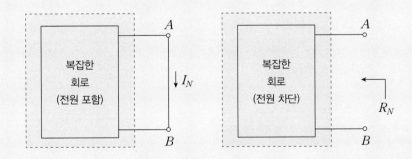

• 종속전원을 포함하는 회로에서 R_N을 계산하기 위해 회로 내의 모든 독립전원을 차단한 상태에서 가상의 시험 전원을 인가하여 단자전류 i_x와 양단전압 v_x를 계산해야 한다.

노턴 정리의 적용 절차

단계 ① : 노턴 등가회로를 구하려는 두 단자를 개방하여 부하저항을 제거한다.

단계 ② : 두 단자를 단락시킨 후 단락전류 I_N을 구한다.

단계 ③ : 모든 전압원을 단락시키고 모든 전류원은 개방시킨 상태에서 두 단자 사이의
등가저항 R_N을 구한다.

단계 ④ : I_N과 R_N을 병렬로 연결하여 노턴 등가회로를 구성한다.

단계 ⑤ : 노턴 등가회로의 양단에 단계 ①에서 제거한 부하저항을 연결하여 부하저항에
대한 전압과 전류를 계산한다.

테브난-노턴 등가 변환

• 테브난 등가회로와 노턴 등가회로 등가 변환

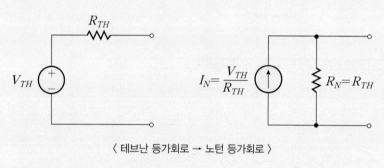

〈 테브난 등가회로 → 노턴 등가회로 〉

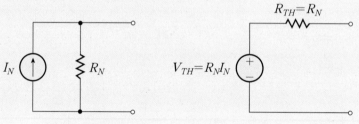

〈 노턴 등가회로 → 테브난 등가회로 〉

전원 변환

• 전압원과 직렬 저항회로는 전류원과 병렬 저항회로로 상호 변환이 가능하다.

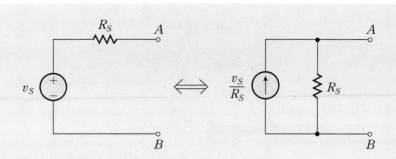

• 전류원의 화살표가 전압원의 양(+)의 극성과 일치한다는 것에 주의해야 한다.

• 종속전원도 전원 변환을 할 수 있으나 변환 과정에서 종속전원의 제어변수가 없어지지 않도록 유의해야 한다.

Y−△ 변환

• Y−결선과 △−결선은 직렬 또는 병렬도 아닌 특별한 형태의 결선이다.

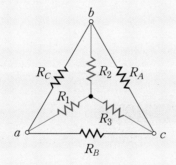

① △−Y 변환 관계식

$$R_1 = \frac{R_B R_C}{R_A + R_B + R_C}, \ R_2 = \frac{R_C R_A}{R_A + R_B + R_C}, \ R_3 = \frac{R_A R_B}{R_A + R_B + R_C}$$

② Y−△ 변환 관계식

$$R_A = \frac{R_1 R_2 + R_2 R_3 + R_3 R_1}{R_1}$$

$$R_B = \frac{R_1 R_2 + R_2 R_3 + R_3 R_1}{R_2}$$

$$R_C = \frac{R_1 R_2 + R_2 R_3 + R_3 R_1}{R_3}$$

밀만의 정리

- 서로 다른 전압원을 포함하는 병렬가지들에 걸리는 공통 전압을 밀만의 정리를 이용하여 쉽게 구할 수 있다.

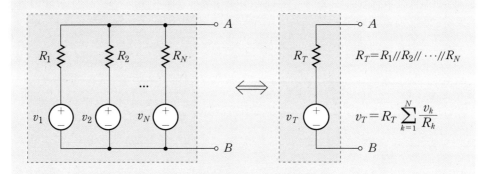

- 밀만의 정리를 적용할 때 전압원의 극성에 주의해야 한다.

최대전력 전달 정리

- 어떤 회로가 부하저항 R_L에 최대전력을 공급하는 것은 R_L 값이 이 회로의 테브난 등가저항과 같을 때이다.

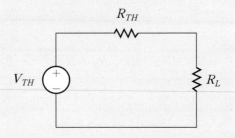

$$\text{최대전력 } P_{L(\max)} = \frac{V_{TH}^2}{4R_L}$$

연습문제

1. 다음 회로에서 중첩의 원리를 이용하여 전류 i_0를 구하라.

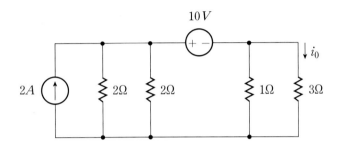

2. 다음 회로에서 6Ω에 흐르는 전류 i_0를 중첩의 원리를 이용하여 구하라.

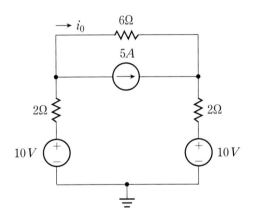

3. 다음 회로에 대하여 물음에 답하라.

    (1) 20Ω의 양단전압 v_0를 중첩의 원리를 이용하여 구하라.

    (2) $10V$ 전압원이 회로의 위쪽을 향해 흐르는 $2A$ 전류원으로 대체되는 경우 중첩의 원리를 이용하여 v_0를 구하라.

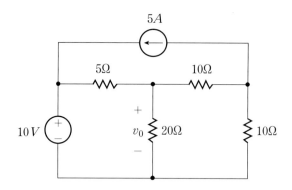

4. 다음 회로에서 4Ω의 양단전압 v_0를 단자 A와 B에 대한 테브난 등가회로로부터 구하라.

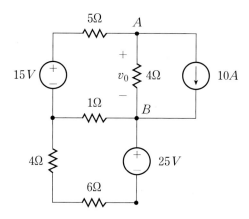

5. 문제 4의 회로에서 $10A$ 전류원을 제거하였을 때, 4Ω의 양단전압 v_0를 노턴 등가회로로부터 구하라.

6. 다음 회로에 대하여 물음에 답하라.
(1) 단자 A와 B에 대한 노턴 등가회로를 구하라.
(2) 단자 B와 C에 대한 노턴 등가회로를 구하라.

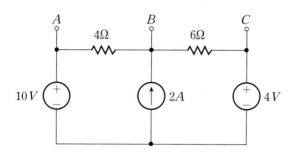

7. 다음 회로에서 단자 A와 B에 대한 테브난 등가저항 R_{TH}를 가상의 시험 전류원 $(1A)$을 인가하여 구하라.

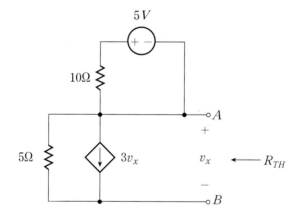

8. 다음 회로에서 전류 i_0를 전원 변환을 이용하여 구하라.

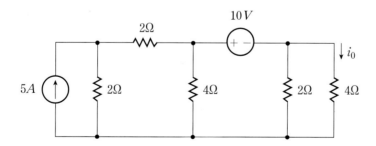

9. 다음 회로에서 전원 변환을 이용하여 4Ω에 흐르는 전류 i_0와 양단전압 v_0를 구하라.

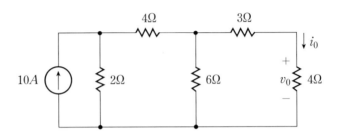

10. 다음 회로에서 단자 A와 B에 대한 노턴 등가회로를 Y$-\triangle$ 변환을 이용하여 구하라.

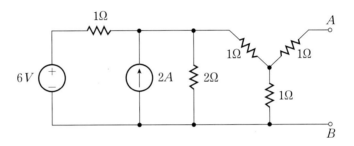

11. 다음 회로에서 그림 (a)와 그림 (b)의 점선 부분이 전기적으로 등가가 되도록 하는 저항 R의 값과 이때 전압 v_0를 구하라.

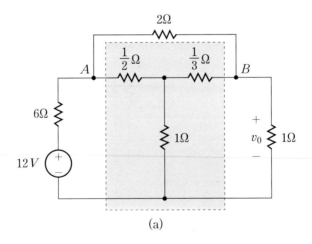

(a)

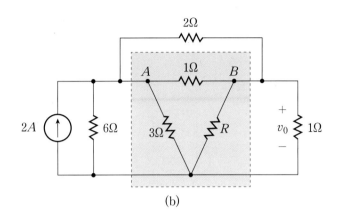

(b)

12. 다음 회로에서 밀만의 정리를 이용하여 v_0를 구하라.

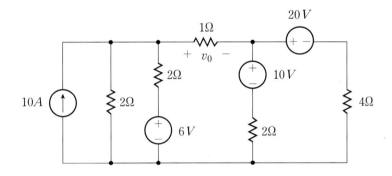

13. 다음 회로에서 물음에 답하라.

(1) 단자 A와 B에 대한 테브난 등가회로를 구하라.

(2) 단자 A와 B에 $R_L = 2\Omega$이 연결되는 경우 R_L의 양단전압 v_L을 구하라.

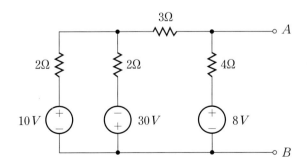

14. 다음 그림에서 단자 A와 B에서 테브난 등가회로를 구하고, 이로부터 부하저항에 최대전력이 전달되도록 하는 R_L 값을 결정하라.

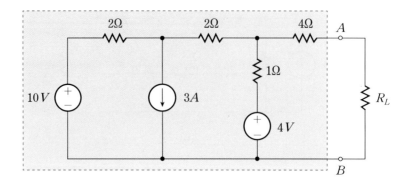

15. 다음 회로에서 R_L에 최대전력을 전달되도록 하는 R_L 값을 구하라.

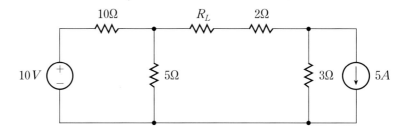

CHAPTER

05

에너지 저장소자

CONTENTS

Electric Circuits

CHAPTER

05 에너지 저장소자

지금까지는 에너지를 소비하는 저항과 에너지를 공급하는 전원으로 이루어진 저항회로에 대하여 설명하였다. 본 단원에서는 에너지를 소비하거나 또는 공급하지는 않지만, 에너지를 전기장이나 자기장 내에 저장할 수 있는 커패시터나 인덕터와 같은 에너지 저장소자에 대하여 기술한다.

저항회로에서는 회로방정식이 대수방정식으로 표현되지만, 에너지 저장소자가 포함된 회로에서는 회로방정식이 미적분방정식으로 표현되기 때문에 에너지 저장소자를 동적소자(dynamic element)라고도 한다.

본 단원에서는 에너지 저장소자의 단자 특성과 에너지 관계, 직병렬 연결 관계에 대해 설명하고 마지막으로 커패시터와 인덕터의 연속성 조건에 대해 학습한다.

5.1 커패시터의 특성

커패시터(capacitor)의 기본 구조는 그림 5.1과 같이 금속인 2개의 평행판으로 이루어지며, 두 평행판은 유전체(dielectric)라 불리는 절연물질에 의해 격리되어 있다.

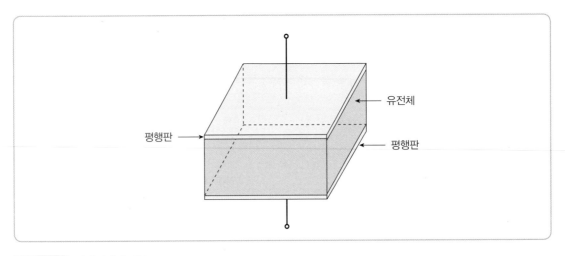

유전체

평행판

평행판

그림 5.1 커패시터의 기본 구조

실제 커패시터는 평행판 대신에 도체 평행판과 유전체를 교대로 겹친 것을 원통형으로 둥글게 말은 형태를 많이 사용한다.

(1) 커패시터의 전하 저장 메커니즘

커패시터에서 2개의 도체 평행판은 외부에서 전압을 가하지 않은 중성 상태에서는 그림 5.2(a)에 나타낸 것처럼 같은 수의 전자를 가진다. 커패시터 양단에 외부 전압을 인가하면 외부 전원의 양(+)극에서 평행판 A의 전자들을 끌어 당기기 때문에 평행판 A의 전자들은 도선과 외부 전원을 통해 평행판 B로 이동하게 된다[그림 5.2(b)]. 결국 평행판 A는 전자를 잃게 되어 양(+)으로 대전되고, 평행판 B는 전자를 얻게 되어 음(−)으로 대전되므로 2개의 평행판에는 대전된 전하로부터 전위차(전압)가 나타나게 된다[그림 5.2(c)]. 이러한 전자들의 이동은 도선과 외부 전원을 통해서만 이루어지며, 유전체는 절연물질이므로 전자들은 유전체를 통과할 수 없다.

한편, 이러한 전자들의 이동은 계속 일어나는 것이 아니라 2개의 평행판 사이의 전압이 외부 전원의 전압과 같아질 때까지만 지속되며, 같아지는 순간 전자의 이동은 멈추게 된다. 만일, 커패시터가 외부 전원에서 분리되더라도 그림 5.2(d)와 같이 2개의 평행판에는 오랜 시간 동안 저장된 전하가 남아 있게 되고 전압도 그대로 유지된다.

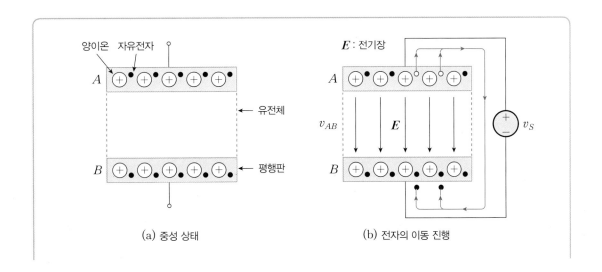

(a) 중성 상태   (b) 전자의 이동 진행

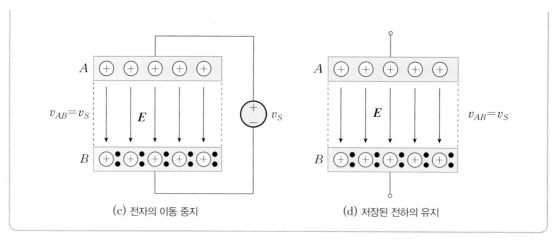

그림 5.2 커패시터의 전하 저장 메커니즘

그림 5.2에 커패시터가 전하를 저장하는 메커니즘을 나타내었으며, 커패시터에 따라 전하를 저장하는 능력에 차이가 있을 수 있다.

커패시터가 평행판 양단에 저장할 수 있는 전하량을 단위 전압으로 환산한 것을 커패시턴스(capacitance) C로 다음과 같이 정의한다.

$$C = \frac{Q}{v} \ [F] \tag{5-1}$$

커패시턴스의 단위는 패럿(F)을 사용하며, $1F$은 $1C$의 전하가 $1V$의 전압으로 평행판 양단에 저장되는 커패시턴스의 크기를 의미한다.

한편, 패럿은 대단히 큰 용량이므로 보통 μF이나 pF의 단위를 사용하며 $1\mu F = 10^{-6}F$, $1pF = 10^{-12}F$이다.

(2) 커패시터의 정격전압

모든 커패시터는 평행판 사이에서 견딜 수 있는 전압에 한계를 가진다. 만일, 커패시터 양단에 매우 큰 전압을 인가하게 되면, 평행판 사이에 있는 유전체의 절연이 파괴되어 커패시터의 기능을 할 수 없게 된다. 이와 같이 커패시터에 손상을 주지 않고 인가할 수 있는 최대의 직류전압을 정격전압이라고 정의한다.

따라서 커패시터를 실제 회로에 사용하려고 할 때, 회로에서 예상되는 최대전압보

다 큰 정격전압을 가지는 커패시터를 선택하여야 한다.

(3) 커패시턴스와 커패시터의 구조

평행판에 전하를 저장할 수 있는 능력을 의미하는 커패시턴스는 커패시터의 물리적인 구조에 따라 변하게 된다.

일반적으로 커패시턴스는 평행판의 면적이 크면 클수록, 평행판 사이의 간격이 작으면 작을수록 커진다. 즉, C는 평행판의 면적 A에 비례하고, 평행판 사이의 간격 d에 반비례하므로 다음과 같이 표현할 수 있다.

$$C = \varepsilon \frac{A}{d} \qquad (5-2)$$

여기서, ε은 유전율(permittivity)을 나타낸다.

(4) 커패시터의 단자 특성

지금까지 설명한 평행판 커패시터의 회로 기호를 그림 5.3에 나타내었다.

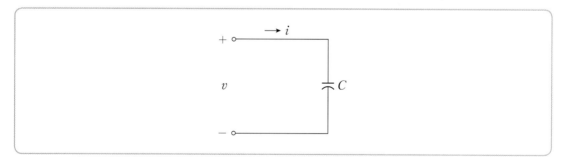

그림 5.3 커패시터의 회로 기호

식(5-1)에서 전하량 $Q = Cv$이므로 양변을 미분하면

$$\frac{dQ}{dt} = C\frac{dv}{dt} \longrightarrow i = C\frac{dv}{dt} \qquad (5-3)$$

이 얻어지며, 전압 v에 대하여 정리하면 다음과 같이 표현할 수 있다.

$$v = \frac{1}{C}\int i\,dt \qquad (5-4)$$

식(5-3)~식(5-4)로부터 커패시터의 전압과 전류 관계는 저항소자와는 달리 미분과 적분으로 표현된다는 것에 주목하라. 이러한 특성으로 인하여 커패시터가 포함된 회로에서 회로방정식은 미적분방정식의 형태로 유도된다.

그림 5.3에서 전압의 극성과 전류의 방향을 살펴보면, 전류의 방향이 전압 기준 방향의 양(+)의 단자로 흘러가도록 선정되었기 때문에 저항에서 사용해 온 수동부호규약에 따른다는 것을 알 수 있다.

식(5-4)에서 적분 구간을 $(-\infty,\ t)$로 취하면 커패시터의 단자 특성은 다음과 같이 일반적으로 표현할 수 있다.

$$v(t) = \frac{1}{C}\int_{-\infty}^{t} i(\tau)\,d\tau \qquad (5-5)$$

식(5-5)의 의미는 시간 t에서의 커패시터 양단전압 $v(t)$는 과거$(\tau = -\infty)$부터 $\tau = t$까지의 커패시터 전류를 적분하면 얻을 수 있다는 것이다.

$\tau = t_0$를 커패시터가 동작하는 초기시간이라 가정하여 식(5-5)의 적분을 분리하여 보자.

$$\frac{1}{C}\int_{-\infty}^{t} i(\tau)\,d\tau = \frac{1}{C}\int_{-\infty}^{t_0} i(\tau)\,d\tau + \frac{1}{C}\int_{t_0}^{t} i(\tau)\,d\tau \qquad (5-6)$$

식(5-6)을 이용하면 식(5-5)는 다음과 같이 표현할 수 있다.

$$v(t) = \frac{1}{C}\int_{-\infty}^{t_0} i(\tau)\,d\tau + \frac{1}{C}\int_{t_0}^{t} i(\tau)\,d\tau = v(t_0) + \frac{1}{C}\int_{t_0}^{t} i(\tau)\,d\tau \qquad (5-7)$$

여기서, $v(t_0)$는 초기시간 t_0까지의 커패시터의 초기전압을 나타낸다.
지금까지 설명한 내용을 그림 5.4에 그림으로 나타내었다.

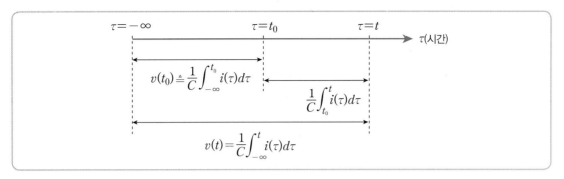

그림 5.4 커패시터의 양단전압 표현

예제 5.1

커패시턴스 $C = 2F$인 커패시터에 그림과 같은 전류를 흘릴 때, 커패시터의 양단전압을 시간의 함수로 표현하라. 단, 커패시터에는 초기 전하가 없다고 가정한다.

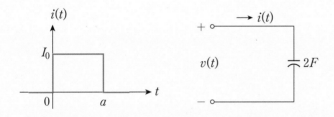

풀이 커패시터의 초기 전하는 없으므로 커패시터 양단전압 $v(t)$는

$$v(t) = \frac{1}{C}\int_0^t i(\tau)\,d\tau = \frac{1}{2}\int_0^t i(\tau)\,d\tau$$

가 된다. 시간 구간에 따라 $v(t)$를 계산하면 다음과 같다.
① $0 \le t \le a$

$$v(t) = \frac{1}{2}\int_0^t i(\tau)\,d\tau = \frac{1}{2}\int_0^t I_0\,d\tau = \frac{I_0}{2}t$$

② $t > a$

$$v(t) = \frac{1}{2}\int_0^t i(\tau)\,d\tau = \frac{1}{2}\left\{\int_0^a i(\tau)\,d\tau + \int_a^t i(\tau)\,d\tau\right\}$$
$$= \frac{1}{2}\left\{\int_0^a I_0\,d\tau + \int_a^t 0\,d\tau\right\} = \frac{I_0 a}{2}$$

따라서 $v(t)$를 그래프로 그리면 다음과 같다.

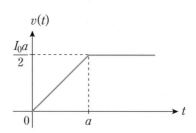

기서 잠깐! 커패시터의 직류 차단

식(5-3)에서 만일 전압 v가 항상 일정한 직류전압이라고 가정하면, 커패시터에 흐르는 전류는 어떻게 될까?

$$i = C\frac{dv}{dt} \xrightarrow{\;v\text{가 일정}\;} i = 0$$

따라서 커패시터에 흐르는 전류는 0이므로 커패시터는 직류에 대하여 개방회로로 동작하므로 직류를 차단하는 특성을 가진다.

기서 잠깐! 직류와 교류

직류와 교류는 시간축 상에서 정의되며, 직류(direct current; DC)란 시간의 변화에 대하여 동일한 극성을 가지는 전기량으로 정의된다.
다음 그림은 모두 직류의 예가 될 수 있으며, 시간에 대하여 값이 일정한 경우만이 직류는 아니다 라는 것에 주의하라.

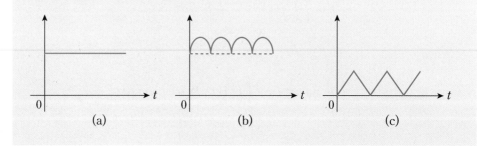

(a)   (b)   (c)

그렇다면 교류의 정의는 간단하다. 교류(alternating current; AC)란 시간의 변화에 대하여 극성이 변하는 전기량으로 정의된다. 다음 그림은 모두 교류의 예가 될 수 있다.

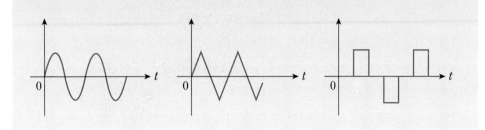

5.2 커패시터의 에너지 저장

커패시터는 그림 5.2에서 나타낸 것과 같이 반대 극성을 가지는 전하들에 의해 두 평행판 사이에 형성되는 전기장 E 내에 에너지를 저장한다.

커패시터에 저장되는 에너지를 $W_C(t)$라고 하면 정의에 의해

$$W_C(t) = \int_{t_0}^{t} P(\tau)\,d\tau = \int_{t_0}^{t} vi\,d\tau = \int_{t_0}^{t} v\left(C\frac{dv}{d\tau}\right)d\tau \qquad (5-8)$$

가 된다.

식(5-8)에서 부분적분 관계를 이용하면 다음 관계식을 얻을 수 있다.

$$\begin{aligned} &\int_{t_0}^{t} v\frac{dv}{d\tau}d\tau = \left[v^2(\tau)\right]_{t_0}^{t} - \int_{t_0}^{t} v\frac{dv}{d\tau}d\tau \\ &\therefore \int_{t_0}^{t} v\frac{dv}{d\tau}d\tau = \frac{1}{2}\left[v^2(\tau)\right]_{t_0}^{t} = \frac{1}{2}\{v^2(t) - v^2(t_0)\} \end{aligned} \qquad (5-9)$$

식(5-9)를 식(5-8)에 대입하여 정리하면

$$W_C(t) = \frac{1}{2}C\{v^2(t) - v^2(t_0)\} \qquad (5-10)$$

257

가 얻어지며, $v(t_0) = 0$인 경우 커패시터에 저장되는 에너지는 다음과 같다.

$$W_c(t) = \frac{1}{2} Cv^2(t) \qquad\qquad (5-11)$$

저항에서는 에너지를 소비한다. 그러나 이상적인 커패시터는 에너지를 소비하거나 공급하지는 않지만, 전기장 내에 에너지를 저장하여 추후에 에너지를 회로에 다시 되돌려 줄 수 있는 것이다.

그림 5.2(a)~그림 5.2(c)까지는 전하가 커패시터의 평행판에 저장되어 에너지를 전기장 내에 저장할 수 있기 때문에 이 과정을 충전(charge)이라고 하며, 이상적인 커패시터는 전원이 제거되어도 그림 5.2(d)와 같이 충전된 전하는 무한히 오랫동안 보존된다.

만일 그림 5.5와 같이 충전된 커패시터에 저항이 연결되면, 커패시터에 충전된 전하가 흘러 나와 저장된 에너지를 저항에 공급하게 되는데 이를 방전(discharge)이라고 한다.

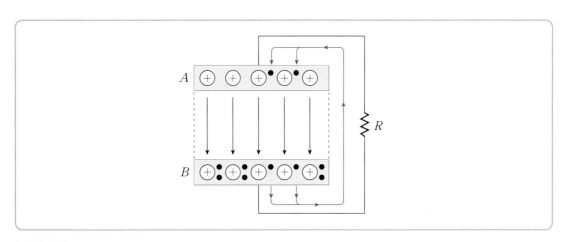

그림 5.5 충전된 커패시터의 방전

방전으로 인하여 커패시터에 축적된 전하가 점차 소멸되면서 커패시터의 양단전압은 낮아지며, 저장된 에너지가 모두 저항에 공급되고 나면 양단전압은 0이 된다.

여 기서 잠깐! **부분적분법**

피적분 함수가 두 함수의 곱의 형태로 되어 있는 경우 사용할 수 있는 유용한 적분 방법이다.

$$\int_a^b u(t)\,v'(t)\,dt = \left[u(t)\,v(t)\right]_a^b - \int_a^b u'(t)\,v(t)\,dt$$

예제 5.2

(1) 커패시턴스가 $\frac{1}{2}F$인 커패시터에 저장된 에너지가 $25J$이라고 할 때, 커패시터의 양단 전압과 전하량을 구하라.

(2) 커패시턴스가 $2F$인 커패시터가 $4C$의 전하량을 가지고 있다. 커패시터의 양단전압과 저장된 에너지를 구하라.

풀이 (1) $W_C = \frac{1}{2}Cv^2$의 관계식에서

$$W_C = \frac{1}{2} \times \frac{1}{2}v^2 = 25$$
$$\therefore v^2 = 100 \longrightarrow v = 10V$$

또한, $C = \dfrac{Q}{v}$의 관계식에서

$$\frac{1}{2} = \frac{Q}{10} \qquad \therefore Q = 5C$$

(2) $C = \dfrac{Q}{v}$의 관계식에서

$$2 = \frac{4}{v} \qquad \therefore v = 2V$$
$$W_C = \frac{1}{2}Cv^2 = \frac{1}{2} \times 2 \times 4 = 4J$$

5.3 커패시터의 직병렬 연결

본 절에서는 2개 이상의 커패시터를 직렬 및 병렬로 연결할 때 등가 커패시턴스에 대해 살펴본다.

(1) 커패시터의 직렬 연결

그림 5.6에 나타낸 것과 같이 3개의 커패시터를 직렬로 연결한 경우 등가 커패시턴스를 구해보자.

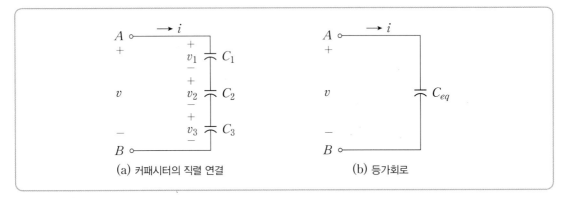

(a) 커패시터의 직렬 연결   (b) 등가회로

그림 5.6 커패시터의 직렬 연결과 등가 커패시턴스

그림 5.6(a)에서 키르히호프의 전압 법칙을 적용하면 다음 관계가 성립된다.

$$v = v_1 + v_2 + v_3 \qquad (5-12)$$

식(5-12)에 각 커패시터의 단자 특성을 대입하면

$$
\begin{aligned}
v(t) &= \frac{1}{C_1}\int_{-\infty}^{t} i(\tau)\,d\tau + \frac{1}{C_2}\int_{-\infty}^{t} i(\tau)\,d\tau + \frac{1}{C_3}\int_{-\infty}^{t} i(\tau)\,d\tau \\
&= \left(\frac{1}{C_1} + \frac{1}{C_2} + \frac{1}{C_3}\right)\int_{-\infty}^{t} i(\tau)\,d\tau = \left(\sum_{k=1}^{3}\frac{1}{C_k}\right)\int_{-\infty}^{t} i(\tau)\,d\tau
\end{aligned}
\qquad (5-13)
$$

가 된다.

또한, 그림 5.16(b)에서의 단자 특성은 다음과 같이 표현된다.

$$v(t) = \frac{1}{C_{eq}} \int_{-\infty}^{t} i\,dt \qquad (5-14)$$

따라서 그림 5.6의 두 회로가 등가가 되기 위해서는 다음의 관계가 만족되어야 한다.

$$\frac{1}{C_{eq}} = \frac{1}{C_1} + \frac{1}{C_2} + \frac{1}{C_3} = \sum_{k=1}^{3} \frac{1}{C_k} \qquad (5-15)$$

식(5-15)로부터 직렬 연결된 커패시터의 등가 커패시턴스는 각 커패시턴스의 역수를 합하여 다시 역수를 취하면 구할 수 있다.

지금까지 설명한 내용을 일반화시키면, N개의 커패시터가 직렬 연결된 경우 등가 커패시턴스 C_{eq}는 다음과 같이 구할 수 있다.

$$\frac{1}{C_{eq}} = \frac{1}{C_1} + \frac{1}{C_2} + \cdots + \frac{1}{C_N} = \sum_{k=1}^{N} \frac{1}{C_k} \qquad (5-16)$$

식(5-16)의 결과로부터 커패시터를 직렬 연결하면 저항을 병렬 연결하였을 때와 유사한 결과를 얻는다는 것을 알 수 있다.

예를 들어, 커패시터 2개를 직렬로 연결하면 등가 커패시턴스는 다음과 같이 구할 수 있다. 회로해석 시에 많이 사용되는 관계식이므로 기억해두기 바란다.

$$C_{eq} = \frac{C_1 C_2}{C_1 + C_2} \qquad (5-17)$$

(2) 커패시터의 병렬 연결

그림 5.7에 나타낸 것과 같이 3개의 커패시터를 병렬로 연결한 경우 등가 커패시턴스를 구해보자.

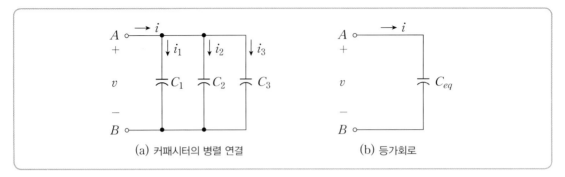

(a) 커패시터의 병렬 연결   (b) 등가회로

그림 5.7 커패시터의 병렬 연결과 등가 커패시턴스

그림 5.7(a)에서 키르히호프의 전류 법칙에 의해 다음 관계가 성립된다.

$$i = i_1 + i_2 + i_3 \qquad (5-18)$$

식(5-18)에 각 커패시터의 단자 특성을 대입하면

$$
\begin{aligned}
v(t) &= C_1 \frac{dv}{dt} + C_2 \frac{dv}{dt} + C_3 \frac{dv}{dt} \\
&= (C_1 + C_2 + C_3)\frac{dv}{dt} = \left(\sum_{k=1}^{3} C_k\right)\frac{dv}{dt}
\end{aligned}
\qquad (5-19)
$$

가 된다.

그림 5.7(b)에서의 단자 특성은 다음과 같이 표현된다.

$$v(t) = C_{eq} \frac{dv}{dt} \qquad (5-20)$$

따라서 그림 5.7의 두 회로가 등가가 되기 위해서는 다음의 관계가 만족되어야 한다.

$$C_{eq} = C_1 + C_2 + C_3 = \sum_{k=1}^{3} C_k \qquad (5-21)$$

식(5-21)로부터 병렬 연결된 커패시터의 등가 커패시턴스는 각 커패시턴스를 합하여 구할 수 있다.

지금까지 설명한 내용을 일반화시키면, N개의 커패시터가 병렬로 연결된 경우 등가 커패시턴스 C_{eq}는 다음과 같이 구할 수 있다.

$$C_{eq} = C_1 + C_2 + \cdots + C_N = \sum_{k=1}^{N} C_k \qquad (5-22)$$

식(5-22)의 결과로부터 커패시터를 병렬로 연결하면 저항을 직렬 연결하였을 때와 유사한 결과를 얻는다는 것을 알 수 있다.

예제 5.3

다음 회로에서 등가 커패시턴스를 구하라.

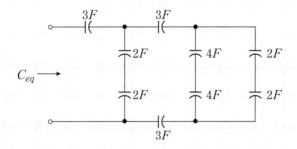

풀이 회로의 우측에서 좌측으로 등가 커패시턴스를 계산한다.

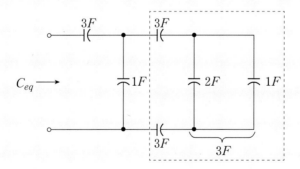

점선 부분은 $3F$ 커패시터 3개가 직렬 연결된 구조이므로 등가 커패시턴스는

$$\frac{1}{\frac{1}{3} + \frac{1}{3} + \frac{1}{3}} = 1F$$

이므로 다음 회로로 간략화 될 수 있다.

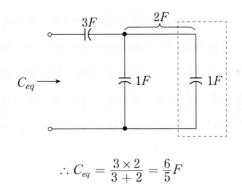

$$\therefore C_{eq} = \frac{3 \times 2}{3 + 2} = \frac{6}{5}F$$

예제 5.4

다음 회로에서 2개의 병렬 커패시터로 분배되는 전류 i_1과 i_2를 각각 구하라.

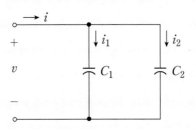

풀이 각 커패시터에 흐르는 전류 i_1과 i_2를 구하면 다음과 같다.

$$i_1 = C_1 \frac{dv}{dt}, \quad i_2 = C_2 \frac{dv}{dt}$$

또한, 키르히호프의 전류 법칙을 이용하면

$$i = i_1 + i_2 = (C_1 + C_2)\frac{dv}{dt}$$

$$\therefore \frac{dv}{dt} = \frac{i}{C_1 + C_2}$$

가 얻어지므로 이를 i_1과 i_2에 대입하여 정리하면 다음과 같다.

$$i_1 = C_1 \frac{dv}{dt} = C_1 \frac{i}{C_1 + C_2} = \frac{C_1}{C_1 + C_2} i$$

$$i_2 = C_2 \frac{dv}{dt} = C_2 \frac{i}{C_1 + C_2} = \frac{C_2}{C_1 + C_2} i$$

예제 5.5

다음 회로에서 충전되지 않은 2개의 직렬 커패시터에 분배되는 전압 v_1과 v_2를 각각 구하라.

풀이 각 커패시터에 걸리는 전압 v_1과 v_2를 구하면 다음과 같다.

$$v_1(t) = \frac{1}{C_1} \int_{t_0}^{t} i(\tau)\,d\tau, \qquad v_2(t) = \frac{1}{C_2} \int_{t_0}^{t} i(\tau)\,d\tau$$

또한, 키르히호프의 전압 법칙을 이용하면

$$v(t) = v_1(t) + v_2(t) = \left(\frac{1}{C_1} + \frac{1}{C_2}\right)\int_{t_0}^{t} i(\tau)\,d\tau = \frac{C_1 + C_2}{C_1 C_2} \int_{t_0}^{t} i(\tau)\,d\tau$$

$$\therefore \int_{t_0}^{t} i(\tau)\,d\tau = \frac{C_1 C_2}{C_1 + C_2} v(t)$$

가 얻어지므로 이를 $v_1(t)$와 $v_2(t)$에 대입하여 정리하면 다음과 같다.

$$v_1 = \frac{1}{C_1}\frac{C_1 C_2}{C_1 + C_2}v = \frac{C_2}{C_1 + C_2}v$$

$$v_2 = \frac{1}{C_2}\frac{C_1 C_2}{C_1 + C_2}v = \frac{C_1}{C_1 + C_2}v$$

여 기서 잠깐!   **커패시터 직병렬회로에 대한 전류/전압분배기**

① 전류분배기

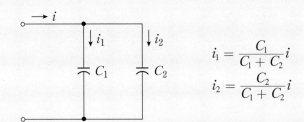

$$i_1 = \frac{C_1}{C_1 + C_2}i$$

$$i_2 = \frac{C_2}{C_1 + C_2}i$$

커패시터의 병렬회로에서 전류는 각 커패시턴스에 비례하여 분배되며, 저항의 직렬회로에서 전압분배와 유사하다.

② 전압분배기

$$v_1 = \frac{C_2}{C_1 + C_2}v$$

$$v_2 = \frac{C_1}{C_1 + C_2}v$$

커패시터의 직렬회로에서 전압은 각 커패시턴스에 반비례하여 분배되며, 저항의 병렬회로에서 전류분배와 유사하다.

5.4 인덕터의 특성

(1) 인덕터의 구조

커패시터와 쌍을 이루는 또 다른 대표적인 에너지 저장소자로 인덕터(inductor)가 있으며, 추후에 논의되겠지만 전압과 전류 관계가 커패시터와 정반대의 특성을 가진다.

인덕터는 원형의 도선 형태인 여러 개의 코일(coil)로 구성된 2단자 소자이다. 그림 5.8에 나타낸 것처럼 코일에 전류를 흘리면 암페어(Ampere)의 법칙에 따라 코일 주변에 자기장이 형성된다.

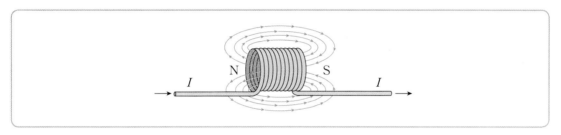

그림 5.8 인덕터의 구조

그림 5.8의 인덕터 구조에서 2개의 서로 인접한 코일 사이의 자속(magnetic flux) 분포를 살펴보면, 그림 5.9(a)와 같이 인접한 코일 사이의 자속이 서로 상쇄되므로 각 코일이 서로 밀접하게 감겨져 있는 경우 그림 5.9(b)와 같은 폐루프 형태의 자속을 형성한다는 것을 알 수 있다.

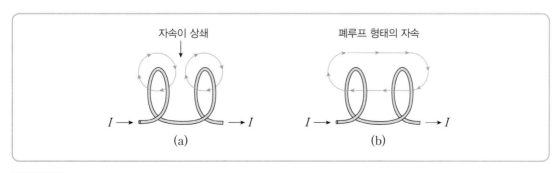

그림 5.9 인접한 코일에서의 자속의 생성

여 기서 잠깐! 암페어의 법칙

전류가 흐르는 도선 주위에 자기장이 형성되는데, 자기장의 세기는 도선에 흐르는 전류의 크기에 비례하며 자기장의 방향은 오른손의 엄지손가락을 전류의 방향으로 향하게 하고 나머지 손가락으로 도선을 감싸 쥐었을 때 손가락들이 향하는 방향이 된다. 이를 암페어의 법칙이라고 한다.

전류의 방향

자기장의 방향

(2) 인덕터의 단자 특성

인덕터를 구성하는 각 코일에서 생성된 자속을 Φ라고 하면, 코일이 N번 감겨져 있는 경우 전체 자속 λ는 다음과 같다.

$$\lambda = N\Phi \qquad\qquad (5-23)$$

그림 5.10에 코일이 N번 감겨져 있는 인덕터의 간략화된 모델을 나타내었으며, 전체 자속을 보통 쇄교자속(flux linkage)이라고도 한다.

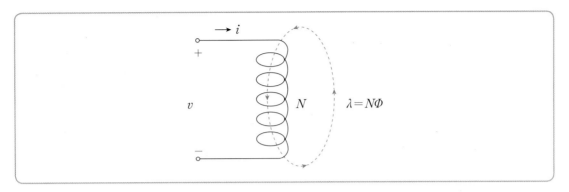

그림 5.10 인덕터의 전체 자속 λ의 개념도

자속의 단위는 독일의 물리학자인 웨버(Weber)의 이름에서 유래한 Wb를 사용한다. 식(5−23)에서 쇄교자속 λ는 전류 i가 증가하면 이에 비례하여 증가한다는 사실이 헨리(Henry)에 의해 발견되었으며, 이를 수학적으로 표현하면 다음과 같다.

$$\lambda = Li \tag{5−24}$$

식(5−24)에서 비례상수 L을 자기 인덕턴스(self−inductance) 또는 간단히 인덕턴스(inductance)라고 부르며, 단위로는 헨리(H)를 사용한다.

식(5−23)과 식(5−24)를 시간에 대하여 미분하면

$$\frac{d\lambda}{dt} = N\frac{d\Phi}{dt} = L\frac{di}{dt} \tag{5−25}$$

가 되며, 패러데이(Faraday) 법칙에 의해 시간에 따라 변화하는 자속은 기전력을 유도하므로 식(5−25)는 다음과 같이 표현된다.

$$v = \frac{d\lambda}{dt} = N\frac{d\Phi}{dt} = L\frac{di}{dt} \tag{5−26}$$
$$\therefore v = L\frac{di}{dt}$$

식(5−26)으로부터 인덕터에서는 전류의 변화율이 전압에 비례하며, 이는 전압의 변화율이 전류에 비례하는 커패시터와는 정반대의 특성이다.

식(5−26)을 전류에 대해 정리하면

$$i = \frac{1}{L} \int v dt \qquad (5-27)$$

가 되며, 마찬가지로 커패시터의 전압 표현과 형태상으로 유사하다는 것에 주의하라. 식(5-26)과 식(5-27)과 같이 인덕터의 전압과 전류는 저항소자와는 달리 미분과 적분으로 표현되기 때문에 인덕터가 포함된 회로에서 회로방정식은 미적분방정식의 형태로 유도된다.

지금까지 설명한 인덕터의 회로 기호를 그림 5.11에 나타내었다.

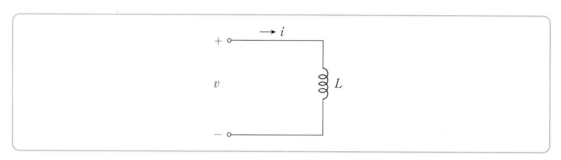

그림 5.11　인덕터의 회로 기호

그림 5.11에서 전압의 극성과 전류의 방향을 살펴보면, 전류의 방향이 전압 기준 방향의 양(+)의 단자로 흘러가도록 선정되었기 때문에 저항에서 사용해 온 수동부호 규약에 따른다는 것을 알 수 있다.

여 기서 잠깐!　**패러데이 법칙과 렌츠의 법칙**

시간에 따라 변화는 자속 Φ에 놓여 있는 코일에는 다음과 같은 유도기전력이 발생되며, 이를 패러데이 법칙이라고 한다.

$$v = \frac{d\Phi}{dt}$$

패러데이 법칙에 의해 발생되는 유도기전력의 극성은 자속 Φ의 변화를 상쇄시키는 방향으로 결정되며, 이를 렌츠(Lentz)의 법칙이라고 한다. 렌츠의 법칙을 기반으로 한 패러데이 법칙은 인덕터의 전압·전류 특성을 결정하는 기본 원리가 되므로 충분한 이해를 위해 전자기 관련 서적을 학습하기를 권장한다.

여 기서 잠깐! **커패시터와 인덕터의 단자 특성 비교**

커패시터의 단자 특성과 인덕터의 단자 특성을 비교하기 위해 각 소자의 단자 특성을 다음 그림 (a)와 그림 (b)에 나타내었다.

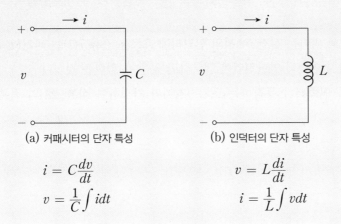

(a) 커패시터의 단자 특성　　(b) 인덕터의 단자 특성

$$i = C\frac{dv}{dt} \qquad\qquad v = L\frac{di}{dt}$$
$$v = \frac{1}{C}\int i\,dt \qquad\qquad i = \frac{1}{L}\int v\,dt$$

위의 전압과 전류의 관계에서 i와 v를 교환하고, L과 C를 교환하면 두 소자의 단자 특성은 유사한 형태라는 것을 알 수 있다.

$$i \longleftrightarrow v$$
$$L \longleftrightarrow C$$

사람이나 동물도 자신의 짝이 있고 닮은 꼴이 있듯이 회로에서도 서로 유사한 닮은 꼴이 존재한다. 회로를 해석하거나 설계할 때 서로 유사한 형태나 수식을 발견하게 되는데 이러한 성질을 회로의 쌍대성(duality)이라고 한다.

〈회로의 쌍대성〉

전원	전압원	전류원
회로 연결	직렬	병렬
소자	인덕터(L)	커패시터(C)
키르히호프의 법칙	전압 법칙(KVL)	전류 법칙(KCL)
회로해석법	테브난 정리	노턴 정리
회로 구성	메쉬	마디
연결 상태	단락	개방

식(5−27)에서 적분 구간을 $(-\infty, t)$로 취하면, 인덕터의 단자 특성은 다음과 같이 일반적으로 표현할 수 있다.

$$i(t) = \frac{1}{L}\int_{-\infty}^{t} v(\tau)d\tau \qquad (5-28)$$

식(5−28)의 의미는 시간 t에서의 인덕터에 흐르는 전류 $i(t)$는 과거($\tau = -\infty$)부터 $\tau = t$까지 인덕터 양단전압을 적분하면 얻을 수 있다는 것이다.

$\tau = t_0$를 인덕터가 동작하는 초기시간이라 가정하여 식(5−28)의 적분을 분리하여 보자.

$$\frac{1}{L}\int_{-\infty}^{t} v(\tau)d\tau = \frac{1}{L}\int_{-\infty}^{t_0} v(\tau)d\tau + \frac{1}{L}\int_{t_0}^{t} v(\tau)d\tau \qquad (5-29)$$

식(5−29)를 이용하면 식(5−28)은 다음과 같이 표현할 수 있다.

$$i(t) = \frac{1}{L}\int_{-\infty}^{t_0} v(\tau)d\tau + \frac{1}{L}\int_{t_0}^{t} v(\tau)d\tau = i(t_0) + \frac{1}{L}\int_{t_0}^{t} v(\tau)d\tau \qquad (5-30)$$

여기서, $i(t_0)$는 초기시간 t_0에서 인덕터에 흐르는 초기전류를 나타낸다.

지금까지 설명한 내용을 그림 5.12에 그림으로 나타내었다.

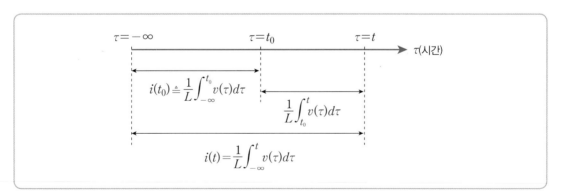

그림 5.12 인덕터에 흐르는 전류 표현

예제 5.6

인덕턴스 $L = 2H$인 인덕터에 흐르는 전류 파형이 다음과 같을 때, 인덕터의 양단전압을 구하라.

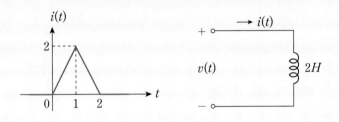

풀이 인덕터의 양단전압 v는 식(5-26)에 의해 다음과 같다.

$$v = L\frac{di}{dt} = 2\frac{di}{dt}$$

시간 구간에 따라 $v(t)$를 계산하면 다음과 같다.

① $t < 0$

전류 $i(t) = 0$이므로 $v(t) = 0$이다.

② $0 \le t \le 1$

$$v(t) = 2\frac{di}{dt} = 2 \times 직선의\ 기울기 = 2 \times 2 = 4V$$

③ $1 < t \le 2$

$$v(t) = 2\frac{di}{dt} = 2 \times 직선의\ 기울기 = 2 \times (-2) = -4V$$

④ $t > 2$

전류 $i(t) = 0$이므로 $v(t) = 0$이다.

따라서 전압 $v(t)$를 그래프로 그리면 다음과 같다.

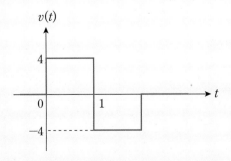

예제 5.7

인덕턴스 $L=2H$인 인덕터의 양단전압 $v(t)$가 다음 그림과 같을 때, 인덕터에 흐르는 전류를 구하라. 단, 인덕터의 초기전류는 0이라 가정한다.

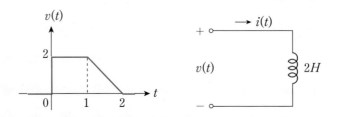

풀이 인덕터의 초기전류는 없으므로 인덕터에 흐르는 전류 $i(t)$는

$$i(t) = \frac{1}{L}\int_0^t v(\tau)\,d\tau = \frac{1}{2}\int_0^t v(\tau)\,d\tau$$

가 된다. 시간 구간에 따라 $i(t)$를 계산하면 다음과 같다.

① $0 \le t \le 1$

$$i(t) = \frac{1}{2}\int_0^t v(\tau)\,d\tau = \frac{1}{2}\int_0^t 2\,d\tau = t\ A$$

② $1 < t \le 2$

$$\begin{aligned}
i(t) &= \frac{1}{2}\int_0^t v(\tau)\,d\tau = \frac{1}{2}\left\{\int_0^1 v(\tau)\,d\tau + \int_1^t v(\tau)\,d\tau\right\} \\
&= \frac{1}{2}\left\{\int_0^1 2\,d\tau + \int_1^t (-2\tau + 4)\,d\tau\right\} \\
&= \frac{1}{2}\left\{2 + \left[-\tau^2 + 4\tau\right]_1^t\right\} = -\frac{1}{2}(t^2 - 4t + 1)\ A
\end{aligned}$$

③ $t > 2$

$$\begin{aligned}
i(t) &= \frac{1}{2}\int_0^t v(\tau)\,d\tau = \frac{1}{2}\left\{\int_0^1 v(\tau)\,d\tau + \int_1^2 v(\tau)\,d\tau\right\} \\
&= \frac{1}{2}\left\{\int_0^1 2\,d\tau + \int_1^2 (-2\tau + 4)\,d\tau\right\} = \frac{1}{2}\left\{2 + \left[-\tau^2 + 4\tau\right]_1^2\right\} \\
&= \frac{3}{2}\ A
\end{aligned}$$

여기서 잠깐!   인덕터의 직류 단락

식(5-26)에서 만일 전류 i가 항상 일정한 직류전류라고 가정하면 인덕터의 양단전압은 어떻게 될까?

$$v = L\frac{di}{dt} \xrightarrow{\;i가\; 일정\;} v = 0$$

따라서 인덕터의 양단전압이 0이므로 인덕터는 직류에 대하여 단락회로로 동작하므로 직류를 그대로 통과시키는 특성을 가진다.

5.5 인덕터의 에너지 저장

인덕터는 그림 5.10에 나타낸 것과 같이 코일 주변에 형성되는 자기장 H 내에 에너지를 저장한다. 커패시터는 반대 극성을 가지는 두 평행판 사이에 형성되는 전기장 E 내에 에너지를 저장하는 것과는 달리 인덕터는 자기장 내에 에너지를 저장한다는 차이가 있다.

인덕터에 저장되는 에너지를 $W_L(t)$라고 하면 정의에 의해

$$W_L(t) = \int_{t_0}^{t} P(\tau)\,d\tau = \int_{t_0}^{t} vi\,d\tau = \int_{t_0}^{t} \left(L\frac{di}{d\tau}\right)i\,d\tau \qquad (5-31)$$

가 된다.

식(5-31)에서 부분적분 관계를 이용하면 다음 관계식을 얻을 수 있다.

$$\int_{t_0}^{t} i\frac{di}{d\tau}d\tau = \left[i^2(\tau)\right]_{t_0}^{t} - \int_{t_0}^{t} i\frac{di}{d\tau}d\tau$$
$$\therefore \int_{t_0}^{t} i\frac{di}{d\tau}d\tau = \frac{1}{2}\left[i^2(\tau)\right]_{t_0}^{t} = \frac{1}{2}\{i^2(t) - i^2(t_0)\} \qquad (5-32)$$

식(5-32)를 식(5-31)에 대입하여 정리하면

$$W_L(t) = \frac{1}{2}L\{i^2(t) - i^2(t_0)\} \qquad (5-33)$$

가 얻어지며, $i(t_0) = 0$인 경우 인덕터에 저장되는 에너지는 다음과 같다.

$$W_L(t) = \frac{1}{2}Li^2(t) \qquad\qquad (5-34)$$

저항에서는 에너지를 소비한다. 그러나 이상적인 인덕터는 에너지를 소비하거나 공급하지는 않지만, 자기장 내에 에너지를 저장하여 추후에 에너지를 회로에 다시 되돌려 줄 수 있는 것이다.

그림 5.13에 인덕터에 에너지 저장 기능을 설명하는 간단한 스위치 회로를 나타내었으며, 전류원 i_S는 직류전류원이라 가정한다.

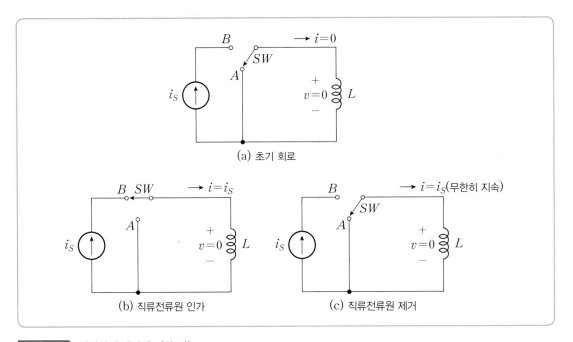

(a) 초기 회로

(b) 직류전류원 인가

(c) 직류전류원 제거

그림 5.13 인덕터의 에너지 저장 기능

그림 5.13(a)의 회로에서 스위치(SW)를 단자 A에서 단자 B로 이동한 경우를 생각해 본다. 전류원이 직류전류 i_S를 인덕터에 공급하기 때문에 인덕터 내부에 형성되는 자속 $\varPhi$는 일정하다. 그러므로 패러데이 법칙에 의하여 일정한 자속은 유도기전력을 발생시킬 수 없으므로 인덕터 양단전압 v는 충분한 시간이 지나면 0이 된다.

이제 그림 5.13(c)와 같이 스위치를 단자 A에 접속시켜 인덕터에 공급되는 직류전류원을 차단해 보자.

인덕터 주위에는 일정한 자속 $\varPhi$를 변화시키는 어떠한 전기적인 자극이 없기 때문

에 패러데이 법칙에 의해 인덕터에는 계속해서 직류전류 i_s가 흐르게 된다. 따라서 자속 Φ는 영원히 지속됨으로써 에너지가 자기장 내에 저장되는 것이다.

그러나 이상적이 아닌 실제 인덕터에서는 코일 자체에 권선저항이 분포되어 있어 저항에서 에너지를 소비하면서 자속은 점차로 소멸되어 간다.

예제 5.8

인덕턴스 $L = 2H$인 인덕터에 흐르는 전류의 파형이 각각 다음 그림과 같을 때, $t = 2\,\mathrm{sec}$에서 인덕터에 저장된 에너지를 구하라.

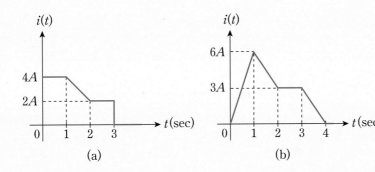

(a)　　　　　(b)

풀이 그림 (a)에서 $t = 2\,\mathrm{sec}$일 때 인덕터에 흐르는 전류 $i(2) = 2A$이므로 식(5-34)를 이용하면 인덕터에 저장되는 에너지는

$$W_L = \frac{1}{2}Li^2 = \frac{1}{2} \times 2 \times 4 = 4J$$

이 된다.

그림 (b)에서 $t = 2\,\mathrm{sec}$일 때 인덕터에 흐르는 전류 $i(2) = 3A$이므로 인덕터에 저장되는 에너지는

$$W_L = \frac{1}{2}Li^2 = \frac{1}{2} \times 2 \times 9 = 9J$$

이 된다.

5.6 인덕터의 직병렬 연결

본 절에서는 2개 이상의 인덕터를 직렬 및 병렬로 연결할 때 등가 인덕턴스에 대해 살펴본다.

(1) 인덕터의 직렬 연결

그림 5.14에 나타낸 것과 같이 3개의 인덕터를 직렬로 연결한 경우 등가 인덕턴스를 구해보자.

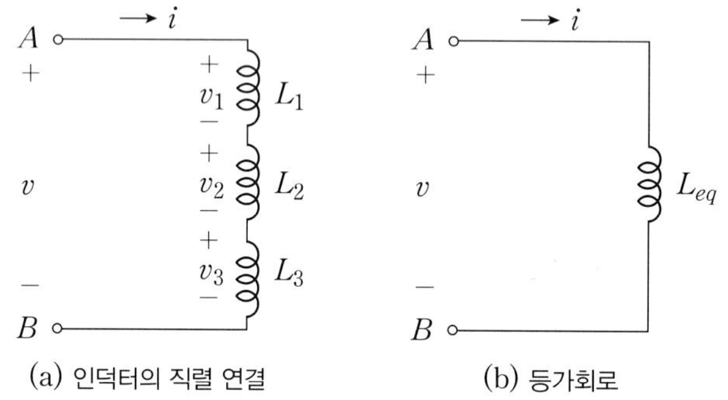

(a) 인덕터의 직렬 연결   (b) 등가회로

그림 5.14 인덕터의 직렬 연결과 등가 인덕턴스

그림 5.14(a)에서 키르히호프의 전압 법칙을 적용하면 다음 관계가 성립된다.

$$v = v_1 + v_2 + v_3 \qquad (5-35)$$

식(5-35)에 각 인덕터의 단자 특성을 대입하면

$$
\begin{aligned}
v &= L_1 \frac{di}{dt} + L_2 \frac{di}{dt} + L_3 \frac{di}{dt} \\
&= (L_1 + L_2 + L_3)\frac{di}{dt} = \left(\sum_{k=1}^{3} L_k\right)\frac{di}{dt}
\end{aligned}
\qquad (5-36)
$$

가 된다.

또한, 그림 5.14(b)에서의 단자 특성은 다음과 같이 표현된다.

$$v = L_{eq} \frac{di}{dt} \qquad (5-37)$$

따라서 그림 5.14의 두 회로가 등가가 되기 위해서는 다음의 관계가 만족되어야한다.

$$L_{eq} = L_1 + L_2 + L_3 = \sum_{k=1}^{3} L_k \qquad (5-38)$$

식(5-38)로부터 직렬 연결된 인덕터의 등가 인덕턴스는 각 인덕턴스의 합과 같음을 알 수 있다.

지금까지 설명한 내용을 일반화시키면, N개의 인덕터가 직렬 연결된 경우 등가 인덕턴스 L_{eq}는 다음과 같이 구할 수 있다.

$$L_{eq} = L_1 + L_2 + \cdots + L_N = \sum_{k=1}^{N} L_k \qquad (5-39)$$

식(5-39)의 결과로부터 인덕터를 직렬 연결하면 저항을 직렬 연결하였을 때와 유사한 결과를 얻는다는 것을 알 수 있다.

(2) 인덕터의 병렬 연결

그림 5.15에 나타낸 것과 같이 3개의 인덕터를 병렬로 연결한 경우 등가 인덕턴스를 구해보자.

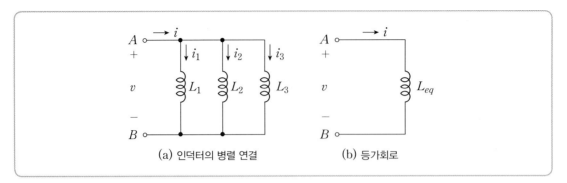

(a) 인덕터의 병렬 연결 　　　　(b) 등가회로

그림 5.15 인덕터의 병렬 연결과 등가 인덕턴스

그림 5.15(a)에서 키르히호프의 전류 법칙에 의해 다음 관계가 성립된다.

$$i = i_1 + i_2 + i_3 \qquad (5-40)$$

식(5-40)에 각 인덕터의 단자 특성을 대입하면

$$
\begin{aligned}
i(t) &= \frac{1}{L_1}\int_{-\infty}^{t} v(\tau)\,d\tau + \frac{1}{L_2}\int_{-\infty}^{t} v(\tau)\,d\tau + \frac{1}{L_3}\int_{-\infty}^{t} v(\tau)\,d\tau \\
&= \left(\frac{1}{L_1} + \frac{1}{L_2} + \frac{1}{L_3}\right)\int_{-\infty}^{t} v(\tau)\,d\tau
\end{aligned} \qquad (5-41)
$$

가 된다.

또한, 그림 5.15(b)에서의 단자 특성은 다음과 같이 표현된다.

$$i(t) = \frac{1}{L_{eq}}\int_{-\infty}^{t} v(\tau)\,d\tau \qquad (5-42)$$

따라서 그림 5.15의 두 회로가 등가가 되기 위해서는 다음의 관계가 만족되어야 한다.

$$\frac{1}{L_{eq}} = \frac{1}{L_1} + \frac{1}{L_2} + \frac{1}{L_3} = \sum_{k=1}^{3}\frac{1}{L_k} \qquad (5-43)$$

식(5-43)으로부터 병렬 연결된 인덕터의 등가 인덕턴스는 각 인덕턴스의 역수를 합하여 다시 역수를 취하면 구할 수 있다.

지금까지 설명한 내용을 일반화시키면, N개의 인덕터가 병렬 연결된 경우 등가 인덕턴스 L_{eq}는 다음과 같이 구할 수 있다.

$$\frac{1}{L_{eq}} = \frac{1}{L_1} + \frac{1}{L_2} + \cdots + \frac{1}{L_N} = \sum_{k=1}^{N} \frac{1}{L_k} \qquad (5-44)$$

식(5-44)의 결과로부터 인덕터를 병렬 연결하면 저항을 병렬 연결하였을 때와 유사한 결과를 얻는다는 것을 알 수 있다.

예를 들어, 인덕터 2개를 병렬로 연결하면 등가 인덕턴스는 다음과 같이 구할 수 있다. 회로해석 시에 많이 사용되는 관계식이므로 기억해 두기 바란다.

$$L_{eq} = \frac{L_1 L_2}{L_1 + L_2} \qquad (5-45)$$

예제 5.9

다음 회로에서 단자 A와 B에서의 등가 인덕턴스 L_{AB}를 구하라.

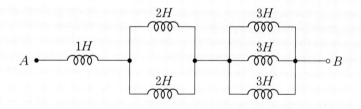

풀이 $2H \; / \! / \; 2H = \dfrac{2 \times 2}{2 + 2} = 1H$

$3H \; / \! / \; 3H \; / \! / \; 3H = \dfrac{1}{\dfrac{1}{3} + \dfrac{1}{3} + \dfrac{1}{3}} = 1H$

따라서 단자 A와 B에서의 등가 인덕턴스 L_{AB}는 다음과 같다.

$$L_{AB} = 1H + 1H + 1H = 3H$$

예제 5.10

다음 회로에서 $L_{eq} = 10H$가 되도록 인덕턴스 L의 값을 구하라.

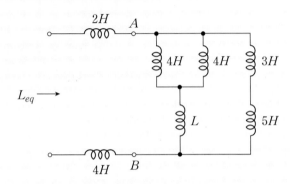

풀이 단자 A와 B의 우측단의 등가 인덕턴스를 구하면 다음과 같다.

$$4H \mathbin{/\!/} 4H = \frac{4 \times 4}{4 + 4} = 2H$$

$$(2 + L)H \mathbin{/\!/} 8H = \frac{(2 + L) \times 8}{(2 + L) + 8} = \frac{8L + 16}{L + 10}$$

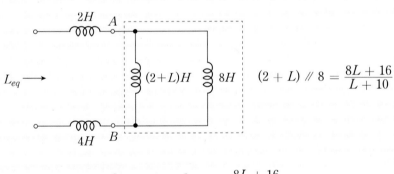

$$(2 + L) \mathbin{/\!/} 8 = \frac{8L + 16}{L + 10}$$

$$L_{eq} = 2 + \left[(2 + L) \mathbin{/\!/} 8 \right] + 4 = \frac{8L + 16}{L + 10} + 6 = 10$$

$$\frac{8L + 16}{L + 10} = 4 \longrightarrow \therefore L = 6H$$

예제 5.11

다음 회로에서 2개의 병렬 인덕터로 분배되는 전류 i_1과 i_2를 각각 구하라. 단, 각 인덕터의 초기전류는 0이라 가정한다.

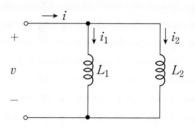

풀이 각 인덕터에 흐르는 전류 i_1과 i_2를 구하면 다음과 같다.

$$i_1(t) = \frac{1}{L_1}\int_{t_0}^{t} v(\tau)\,d\tau, \quad i_2(t) = \frac{1}{L_2}\int_{t_0}^{t} v(\tau)\,d\tau$$

또한, 키르히호프의 전류 법칙을 이용하면

$$i(t) = i_1(t) + i_2(t) = \left(\frac{1}{L_1} + \frac{1}{L_2}\right)\int_{t_0}^{t} v(\tau)\,d\tau = \frac{L_1 + L_2}{L_1 L_2}\int_{t_0}^{t} v(\tau)\,d\tau$$

$$\therefore \int_{t_0}^{t} v(\tau)\,d\tau = \frac{L_1 L_2}{L_1 + L_2}i(t)$$

가 얻어지므로 이를 $i_1(t)$와 $i_2(t)$에 대입하여 정리하면 다음과 같다.

$$i_1 = \frac{1}{L_1}\frac{L_1 L_2}{L_1 + L_2}i = \frac{L_2}{L_1 + L_2}i$$

$$i_2 = \frac{1}{L_2}\frac{L_1 L_2}{L_1 + L_2}i = \frac{L_1}{L_1 + L_2}i$$

예제 5.12

다음 회로에서 2개의 직렬 인덕터로 분배되는 전압 v_1과 v_2를 각각 구하라.

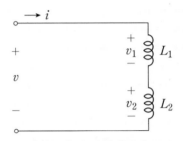

풀이 각 인덕터에 걸리는 전압 v_1과 v_2를 구하면 다음과 같다.

$$v_1 = L_1 \frac{di}{dt}, \qquad v_2 = L_2 \frac{di}{dt}$$

또한, 키르히호프의 전압 법칙을 이용하면

$$v = v_1 + v_2 = L_1 \frac{di}{dt} + L_2 \frac{di}{dt} = (L_1 + L_2) \frac{di}{dt}$$
$$\therefore \frac{di}{dt} = \frac{v}{L_1 + L_2}$$

가 얻어지므로 이를 v_1과 v_2에 대입하여 정리하면 다음과 같다.

$$v_1 = L_1 \frac{v}{L_1 + L_2} = \frac{L_1}{L_1 + L_2} v$$
$$v_2 = L_2 \frac{v}{L_1 + L_2} = \frac{L_2}{L_1 + L_2} v$$

여 기서 잠깐! **인덕터 직병렬 회로에 대한 전류/전압분배기**

① 전류분배기

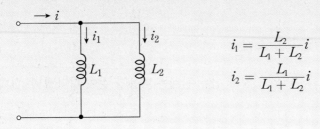

$$i_1 = \frac{L_2}{L_1 + L_2} i$$

$$i_2 = \frac{L_1}{L_1 + L_2} i$$

인덕터의 병렬회로에서 전류는 각 인덕턴스에 반비례하여 분배되며, 저항의 병렬회로에서 전류분배와 유사하다.

② 전압분배기

$$v_1 = \frac{L_1}{L_1 + L_2} v$$

$$v_2 = \frac{L_2}{L_1 + L_2} v$$

인덕터의 직렬회로에서 전압은 각 인덕턴스에 비례하여 분배되며, 저항의 직렬회로에서 전압분배와 유사하다.

여 기서 잠깐! **용어의 정리**

커패시터는 전하를 저장할 수 있는 능력이 있으므로 용량성 소자라고도 하며, 또한 콘덴서(condenser)라고도 한다.
인덕터는 기전력을 유도할 수 있는 능력이 있으므로 유도성 소자라고도 하며, 또한 코일(coil)이라고도 한다.

5.7 커패시터와 인덕터의 연속성 조건

(1) 커패시터의 연속성 조건

5.1절에서 커패시터의 전압과 전류 관계는 다음과 같이 나타낼 수 있다는 것을 설명하였다.

$$i = C\frac{dv}{dt} \tag{5-3}$$

식(5-3)에서 커패시터의 양단전압 v가 급격히 또는 순간적으로 변화한다면, v의 변화율이 ∞이므로 커패시터에는 무한대의 전류가 흘러야 한다. 그러나 무한대의 전류는 물리적으로 불가능하므로 커패시터의 양단전압은 급격히 또는 순간적으로 변할 수 없다. 즉, 커패시터의 양단전압은 항상 연속이어야 하며, 이를 연속성의 원리 (principle of continuity)라고 한다.

한편, 커패시터에 저장되는 에너지 $W_C(t)$는 식(5-11)에 의해 다음과 같이 주어진다.

$$W_C(t) = \frac{1}{2}Cv^2 \tag{5-11}$$

커패시터의 전압은 연속적이어야 하므로 식(5-11)에 의해 커패시터에 저장되는 에너지도 연속적이어야 한다. 에너지는 관성의 법칙에 의해 연속적으로 변해야 하며 불연속적으로 변할 수 없다는 에너지 관점의 측면에서도 커패시터의 양단전압은 연속이라는 사실은 자명하다 할 수 있을 것이다.

일반적으로 회로가 동작하는 시점은 $t = 0$을 기준으로 한다. 따라서 $t = 0$에서 회로의 주위 환경이 갑작스럽게 변한다 하더라도 커패시터의 양단전압 v_C는 연속적으로 변해야 하므로 다음의 조건을 만족해야 한다.

$$v_C(0^-) = v_C(0^+) = v_C(0) \tag{5-46}$$

여기서 $t = 0^-$와 $t = 0^+$는 각각 $t = 0$ 직전과 직후의 시각을 의미하는 수학적인 기호이다.

한 가지 주의할 것은 커패시터 양단전압은 언제나 연속적이어야 하지만, 커패시터에 흐르는 전류는 연속적이지 않을 수 있다는 것이다.

그림 5.16의 회로에 $t = 0^-$와 $t = 0^+$에서의 커패시터 양단전압은 연속적이므로 $v_C(0^+) = v_C(0^-)$가 된다는 것을 나타내었다.

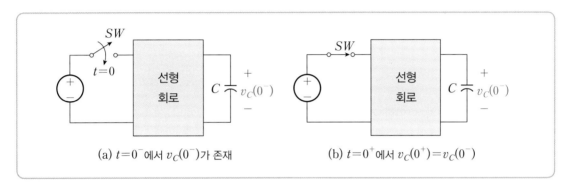

(a) $t=0^-$에서 $v_C(0^-)$가 존재   (b) $t=0^+$에서 $v_C(0^+)=v_C(0^-)$

그림 5.16 커패시터 양단전압의 연속성

(2) 인덕터의 연속성 조건

5.4절에서 인덕터의 전압과 전류 관계는 다음과 같이 나타낼 수 있다는 것을 설명하였다.

$$v = L\frac{di}{dt} \qquad (5-26)$$

식(5-26)에서 인덕터에 흐르는 전류 i가 급격히 또는 순간적으로 변화한다면, i의 변화율이 ∞이므로 인덕터에는 무한대의 전압이 유도되어야 한다. 그러나 무한대의 전압은 물리적으로 불가능하므로 인덕터에 흐르는 전류는 급격히 또는 순간적으로 변할 수 없다. 즉, 인덕터에 흐르는 전류는 항상 연속이어야 하며, 이를 커패시터의 경우와 마찬가지로 연속성의 원리라고 한다.

한편, 인덕터에 저장되는 에너지 $W_L(t)$는 식(5-34)에 의해 다음과 같이 주어진다.

$$W_L(t) = \frac{1}{2}Li^2 \qquad\qquad (5-34)$$

인덕터에 흐르는 전류는 연속적이어야 하므로 식(5−34)에 의해 인덕터에 저장되는 에너지도 연속적이어야 한다. 에너지는 관성의 법칙에 의해 연속적으로 변해야 하며 불연속적으로 변할 수 없다는 에너지 관점의 측면에서도 인덕터에 흐르는 전류가 연속이라는 사실은 자명하다 할 수 있을 것이다.

일반적으로 $t = 0$에서 회로의 주위 환경이 갑작스럽게 변한다 하더라도 인덕터에 흐르는 전류 i_L은 연속적으로 변해야 하므로 다음의 조건을 만족해야 한다.

$$i_L(0^-) = i_L(0^+) = i_L(0) \qquad\qquad (5-47)$$

한 가지 주의할 것은 인덕터에 흐르는 전류는 언제나 연속적이어야 하지만, 인덕터의 양단전압은 연속적이지 않을 수 있다는 것이다.

그림 5.17의 회로에 $t = 0^-$와 $t = 0^+$에서의 인덕터에 흐르는 전류는 연속적이므로 $i_L(0^+) = i_L(0^-)$가 된다는 것을 나타내었다.

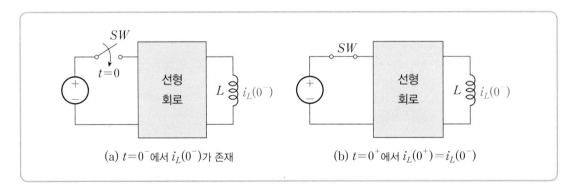

(a) $t=0^-$에서 $i_L(0^-)$가 존재　　　　(b) $t=0^+$에서 $i_L(0^+)=i_L(0^-)$

그림 5.17 인덕터에 흐르는 전류의 연속성

예제 5.13

다음 회로는 $t < 0$일 때 오랜 시간 동안 직류정상상태에 있다가 $t = 0$에서 스위치가 닫힌다. $v_C(0^+)$와 $i_L(0^+)$를 각각 구하라.

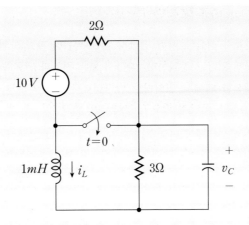

풀이 $t < 0$에서 회로가 직류정상상태에 있었으므로 인덕터는 단락, 커패시터는 개방 회로로 대체될 수 있다. $t < 0$에서의 회로는 다음과 같다.

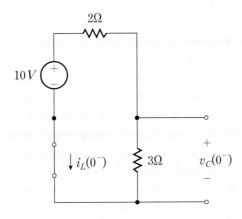

위의 회로에서

$$i_L(0^-) = -\frac{10\,V}{2\Omega + 3\Omega} = -2A$$

$$v_C(0^-) = \frac{3}{2+3} \times 10\,V = 6\,V$$

가 얻어지므로 연속성의 원리에 의해 $i_L(0^+)$와 $v_C(0^+)$는 각각 다음과 같다.

$$i_L(0^+) = i_L(0^-) = -2A$$

$$v_C(0^+) = v_C(0^-) = 6\,V$$

여 기서 잠깐!   직류정상상태

회로 내의 전압과 전류가 시간에 따라 변하지 않는 직류일 때, 그 회로는 직류정상상태 (DC steady state)에 있다고 정의한다. 따라서 모든 전압과 전류가 상수인 직류정상상 태에 있는 회로를 해석할 때에는 인덕터는 단락회로로, 커패시터는 개방회로로 대체할 수 있다.

다음의 회로가 직류정상상태에 있다고 가정하면, 회로에 흐르는 전류 i와 커패시터 양단 전압 v를 간단히 계산할 수 있다.

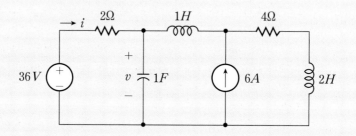

인덕터는 단락, 커패시터는 개방회로로 대체하면 다음과 같다.

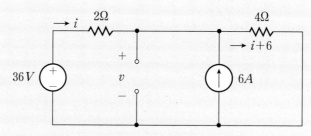

$$2i + 4(i+6) = 36 \longrightarrow i = 2A$$
$$2i + v - 36 = 0 \longrightarrow v = 36 - 2i = 36 - 4 = 32V$$

5.8 요약 및 복습

커패시터의 특성

• 커패시터는 에너지를 소비하거나 공급하지는 않지만 두 평행판 사이의 전기장 내에 에 너지를 저장하는 동적소자이다.

- 커패시턴스 : 커패시터가 평행판 양단에 저장할 수 있는 전하량을 단위 전압으로 환산한 양으로 단위는 패럿(F)이다.

$$C = \frac{Q}{v}$$

- 커패시터의 정격전압은 커패시터에 손상을 주지 않고 인가할 수 있는 최대의 직류전압을 의미한다.
- 커패시턴스는 평행판의 면적(A)에 비례하고, 평행판 사이의 간격(d)에 반비례한다.

$$C = \varepsilon \frac{A}{d}, \qquad \varepsilon : \text{유전율}$$

커패시터의 단자 특성과 에너지

- 커패시터의 전압 · 전류 관계

$$i = C \frac{dv}{dt}$$
$$v(t) = \frac{1}{C} \int_{-\infty}^{t} i(\tau) \, d\tau = \frac{1}{C} \int_{t_0}^{t} i(\tau) \, d\tau + v(t_0)$$

- 커패시터는 직류에 대하여 개방회로로 동작하므로 직류를 차단하는 특성을 가진다.
- 커패시터에 저장되는 에너지 $W_C(t)$: 전기장 내에 에너지를 저장

$$W_C(t) = \frac{1}{2} C v^2$$

- 커패시터의 평행판에 전하를 저장하며 에너지를 전기장 내에 저장하는 과정을 충전이라 하며, 충전된 전하가 흘러 나와 저장된 에너지를 외부 회로에 공급하는 과정을 방전이라 한다.

커패시터의 직렬 연결

- N개의 커패시터를 직렬로 연결하는 경우, 등가 커패시턴스는 각 커패시턴스의 역수를 합한 다음 다시 역수를 취하여 구할 수 있다.

$$C_{eq} = \left(\sum_{k=1}^{N} \frac{1}{C_k} \right)^{-1}$$

- 커패시터의 직렬 연결은 저항을 병렬 연결하였을 때와 유사한 결과를 얻는다.

커패시터의 병렬 연결

- N개의 커패시터를 병렬로 연결하는 경우, 등가 커패시턴스는 각 커패시턴스를 합하여 구할 수 있다.

$$C_{eq} = \sum_{k=1}^{N} C_k$$

- 커패시터의 병렬 연결은 저항을 직렬 연결하였을 때와 유사한 결과를 얻는다.

인덕터의 특성

- 인덕터는 에너지를 소비하거나 공급하지는 않지만 코일 주변의 자기장 내에 에너지를 저장하는 동적소자이다.
- 인덕턴스 : 전류가 변화함에 따라 유도전압을 발생시키는 코일의 능력을 의미하며, 단위는 헨리(H)를 사용한다.
- 시간에 따라 변하는 자속에 놓여 있는 코일에는 패러데이 법칙에 따라 유도기전력이 발생하며, 자속의 변화를 상쇄시키는 방향으로 유도기전력의 극성이 결정된다.

인덕터의 단자 특성과 에너지

- 인덕터의 전압 · 전류 관계

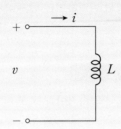

$$v = L\frac{di}{dt}$$

$$i(t) = \frac{1}{L}\int_{-\infty}^{t} v(\tau)\,d\tau = \frac{1}{L}\int_{t_0}^{t} v(\tau)\,d\tau + i(t_0)$$

- 인덕터는 직류에 대하여 단락회로로 동작하므로 직류를 잘 통과시킨다.
- 인덕터에 저장되는 에너지 $W_L(t)$: 자기장 내에 에너지를 저장

$$W_L(t) = \frac{1}{2}Li^2$$

인덕터의 직렬 연결

- N개의 인덕터를 직렬로 연결하는 경우, 등가 인덕턴스는 각 인덕턴스를 합하여 구할 수 있다.

$$L_{eq} = \sum_{k=1}^{N} L_k$$

- 인덕터의 직렬 연결은 저항을 직렬 연결하였을 때와 유사한 결과를 얻는다.

인덕터의 병렬 연결

- N개의 인덕터를 병렬로 연결하는 경우, 등가 인덕턴스는 각 인덕턴스의 역수를 합한 다음 다시 역수를 취하여 구할 수 있다.

$$L_{eq} = \left(\sum_{k=1}^{N} \frac{1}{L_k} \right)^{-1}$$

- 인덕터의 병렬 연결은 저항을 병렬 연결하였을 때와 유사한 결과를 얻는다.

연속성의 원리

- 커패시터의 양단전압 v_C는 언제나 연속적이다.

$$v_C(0^-) = v_C(0^+) = v_C(0)$$

- 커패시터에 저장되는 에너지도 연속적이다.
- 인덕터에 흐르는 전류 i_L은 언제나 연속적이다.

$$i_L(0^-) = i_L(0^+) = i_L(0)$$

- 인덕터에 저장되는 에너지도 연속적이다.
- 커패시터에 흐르는 전류나 인덕터의 양단전압은 연속적이지 않을 수 있다.

직류정상상태

- 회로 내의 전압과 전류가 시간에 따라 변하지 않는 직류일 때, 그 회로는 직류정상상태에 있다고 정의한다.
- 직류정상상태에 있는 회로에서 인덕터는 단락회로로, 커패시터는 개방회로로 대체할 수 있다.

연습문제

1. 커패시턴스가 $1F$인 커패시터에 그림과 같은 전류를 흘릴 때, 커패시터의 양단전압을 시간의 함수로 표현하라. 단, 커패시터는 초기 전하가 없다고 가정한다.

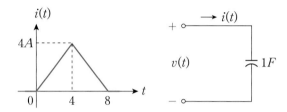

2. 커패시터의 양단전압이 그림과 같을 때, 흐르는 전류와 커패시터에 저장되는 에너지를 구하라. 단, 커패시턴스 $C = 2F$으로 가정한다.

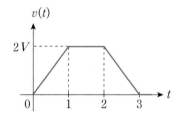

3. 다음 회로에서 각 커패시터의 초기전압이 0이라 할 때, $t \geq 0$일 때의 전압 v를 구하라.

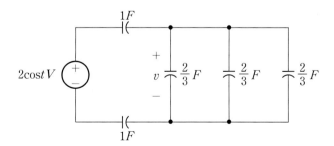

4. 다음 회로에서 모든 커패시턴스가 $3F$일 때 등가 커패시턴스 C_{eq}를 구하라.

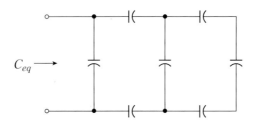

5. 다음 회로에서 모든 커패시터의 커패시턴스가 동일하다고 할 때, 등가 커패시턴스가 $3F$이 되도록 커패시턴스 C를 결정하라.

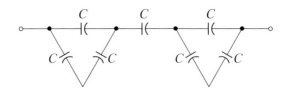

6. 인덕턴스가 $2H$인 인덕터의 양단전압 $v(t)$가 다음 그림과 같을 때, 인덕터에 흐르는 전류를 구하라. 단, 인덕터의 초기전류는 0이라 가정한다.

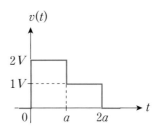

7. 인덕턴스가 $2H$인 인덕터에 흐르는 전류 파형이 다음과 같을 때, 인덕터의 양단전압과 저장되는 에너지를 구하라.

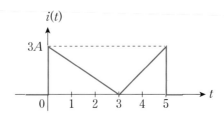

8. 다음 회로에서 각 인덕터의 양단전압을 구하라.

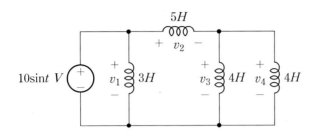

9. 다음 회로에서 모든 인덕턴스가 $2H$일 때 등가 인덕턴스를 구하라.

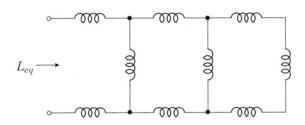

10. 다음 회로에서 모든 인덕터의 인덕턴스가 동일하다고 할 때, 등가 인덕턴스가 $7H$가 되도록 인덕턴스 L을 결정하라.

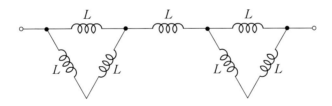

11. 다음 회로는 스위치 $SW1$과 $SW2$가 오랜 시간 동안 개방 상태를 유지한 후 $t = 0$에서 동시에 닫히는 회로이다. $2H$의 인덕터에 흐르는 초기전류 $i_L(0^+)$를 구하라.

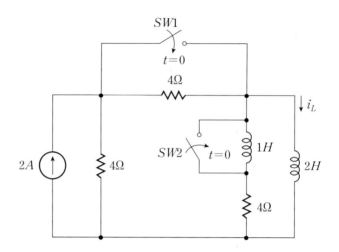

12. 다음 회로는 스위치 SW가 오랜 시간 동안 닫혀 있다가 $t = 0$에서 열리는 회로 이다. 인덕터에 흐르는 전류 $i_L(0^+)$와 커패시터의 양단전압 $v_C(0^+)$를 각각 구하라.

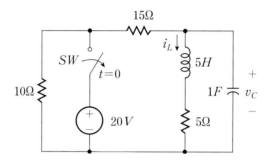

13. 다음 회로는 직류정상상태에 있다. 회로에 흐르는 전류 i_1과 i_2를 각각 구하라.

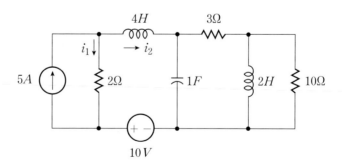

14. 다음 회로는 직류정상상태이다. i_0, v_1, v_2를 각각 구하라.

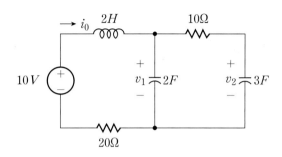

15. 다음 회로에서 스위치가 단자 A에서 오랜 시간 동안 연결되어 있다가 $t = 0$에서 단자 B로 이동하였다. $2H$의 인덕터에 흐르는 전류 $i_L(0^+)$를 구하라.

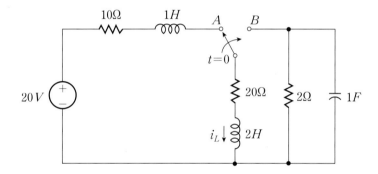

CHAPTER
06

Electric Circuits

RL 및 RC 회로의 응답

CONTENTS

06

RL 및 RC 회로의 응답

🖲 원 개 요

　본 단원에서는 동적소자인 커패시터나 인덕터로 구성된 RC 및 RL 회로와 같은 동적회로(dynamic circuit)의 응답 특성에 대해 고찰한다.

　동적회로의 응답은 커패시터나 인덕터가 가지고 있는 초기 에너지원에 의한 자연응답(natural response)과 외부에서 인가되는 전원에 의한 강제응답(forced response)으로 구성되며, 이 두 가지 응답을 합하여 완전응답이라고 부른다. 자연응답은 유한한 에너지를 가지는 초기 조건에 의해 나타나므로 충분한 시간이 지나면 거의 소멸되는데 반해, 강제응답은 지속적인 외부 에너지원인 독립전원에 의해 발생되기 때문에 외부 전원이 차단되지 않는 한 지속된다.

　본 단원에서는 RC 및 RL 회로의 여러 가지 응답 특성에 대해 학습하며, 회로해석에 중요한 역할을 하는 초기 조건을 결정하는 방법에 대해 기술한다. 또한, 종속전원을 가지는 RC 및 RL 회로의 해석에 대해서도 살펴본다.

6.1 RL 회로의 자연응답

　커패시터나 인덕터와 같은 에너지 저장소자들은 주위 환경이 갑작스럽게 변하여도 관성의 법칙에 의해 에너지가 연속적으로 변하기 때문에 새로운 환경에 적응하는 데 시간이 걸린다.

　외부 에너지원인 독립전원이 인가되지 않은 상태에서 커패시터나 인덕터가 가지고 있는 초기 에너지(초기 조건)에 의해 나타나는 응답을 자연응답(natural response)이라고 부른다. 자연응답은 소자의 종류나 크기, 소자의 연결 구조 등과 같은 회로의 일반적인 성질에 의존하여 나타나는 응답으로 초기 에너지가 유한하기 때문에 충분한 시간이 지나면 결국 소멸된다.

　이와 같이 초기 조건에 의한 자연응답이 지속되는 기간을 동적회로가 새로운 환경에 적응한다는 의미로 과도상태(transient state)라 한다.

> **(여) 기서 잠깐!** **자연응답에 대한 명칭의 다양성**
>
> 자연응답은 에너지 저장소자의 유한한 초기 에너지에 의한 응답이므로 시간이 지나면 결국 소멸하기 때문에 과도응답(transient response)이라고도 부른다. 또한, 수학적인 관점에서는 자연응답에 대응되는 미분방정식의 해를 보조해(complementary solution)라고 부른다.
>
> 결과적으로 외부 전원이 존재하지 않는 무전원 상태의 회로응답을 자연응답, 고유응답, 자유응답, 과도응답, 보조해 등의 여러 가지 이름으로 부른다.

(1) *RL* 회로의 과도해석

본 절에서는 *RL* 회로의 자연응답을 구하기 위하여 외부 전원이 없는 무전원 *RL* 회로를 고찰한다. 외부 전원이 없기 때문에 만일 인덕터가 초기 에너지(즉, 초기 전류)를 가지지 않는다면, *RL* 회로에는 자연응답은 존재하지 않으므로 그림 6.1과 같이 초기 조건 $i(0) = I_0$를 가진다고 가정한다.

이와 같이 *RL* 회로에서 자연응답을 결정함으로써 과도상태를 분석하는 것을 *RL* 회로의 과도해석(transient analysis)이라고 한다.

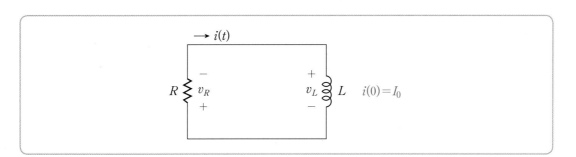

그림 6.1 초기 조건을 가진 무전원 *RL* 회로

그림 6.1의 회로에서 키르히호프의 전압 법칙을 적용하면

$$L\frac{di}{dt} + Ri = 0, \qquad i(0) = I_0 \qquad\qquad (6-1)$$

가 되므로 초기 조건 $i(0) = I_0$를 가진 1차 미분방정식을 얻을 수 있다. 식(6-1)로

주어진 미분방정식의 해를 구하기 위하여 변수분리법을 사용하면

$$\frac{di}{i} = -\frac{R}{L}dt \tag{6-2}$$

가 얻어지는데, 양변을 적분하면 다음과 같다.

$$\int \frac{di}{i} = -\int \frac{R}{L}dt$$
$$\ln i(t) = -\frac{R}{L}t + c^* \quad (c^*: \text{임의의 상수}) \tag{6-3}$$

식(6-3)을 $i(t)$에 대하여 정리하면

$$i(t) = e^{-\frac{R}{L}t + c^*} = e^{-\frac{R}{L}t}e^{c^*}$$
$$\therefore i(t) = Ce^{-\frac{R}{L}t} \quad (C \triangleq e^{c^*}) \tag{6-4}$$

인덕터의 초기 조건 $i(0) = I_0$를 이용하면, 식(6-4)로부터

$$i(0) = C = I_0$$

이므로, 무전원 RL 회로의 자연응답 $i(t)$는 다음과 같이 표현된다.

$$i(t) = I_0 e^{-\frac{R}{L}t} \tag{6-5}$$

식(6-5)로부터 $i(t)$는 그림 6.2에서와 같이 지수함수적으로 감소하며 t가 충분히 크면 $i(t)$는 거의 0이 됨을 알 수 있다.

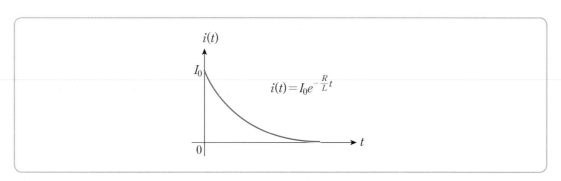

그림 6.2 무전원 RL 회로의 자연응답 $i(t)$

저항에 걸리는 전압 v_R과 인덕터에 걸리는 전압 v_L은 식(6-5)로부터 다음과 같이 구할 수 있다.

$$v_R(t) = Ri(t) = RI_0 e^{-\frac{R}{L}t} \qquad (6-6)$$

$$v_L(t) = L\frac{di}{dt} = L\left(-\frac{R}{L}I_0 e^{-\frac{R}{L}t}\right) = -RI_0 e^{-\frac{R}{L}t} \qquad (6-7)$$

여 기서 잠깐! **초기 조건만을 가진 *RL* 회로의 실현 가능성**

실제로 그림 6.1의 회로가 독자적으로 존재할 수는 없다. 인덕터가 초기전류(초기 에너지)를 어떻게 가질 수 있는지 다음 회로를 살펴보자.

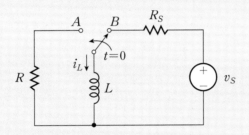

위의 그림은 $t < 0$일 때 스위치가 단자 B의 위치에 오랫동안 머물다가 $t = 0$인 시각에 단자 A의 위치로 이동하는 회로이다. $t < 0$에서 인덕터는 독립전원 v_S에 의해 전류 $i_L(0^-)$가 흐르게 되고, $t = 0$에서 스위치가 단자 B로 이동하게 되면 $t > 0$에서는 다음의 회로가 나타난다.

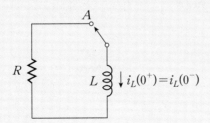

이 회로가 그림 6.1에 나타낸 회로라고 생각하면 될 것이다.

여 기서 잠깐! **변수분리법**

1차 미분방정식의 해를 구하기 위하여 가장 먼저 시도해 볼 수 있는 방법이 변수분리법 (method of separable variables)이다.

만일, 1차 미분방정식이 적절한 대수적인 조작에 의해 다음과 같이 표현할 수 있다고 가정하자.

$$\frac{dy}{dx} = \frac{f(x)}{g(y)}$$
$$g(y)\,dy = f(x)\,dx$$

위 식의 좌변은 변수 y만의 함수로 표현되어 있으며, 우변은 변수 x만의 함수로 표현되어 있다. 즉, 변수가 분리가 되어 있는 형태이다.

양변을 적분하면

$$\int g(y)\,dy = \int f(x)\,dx$$

가 되므로, 이 적분들을 수행하여 주어진 미분방정식의 해를 구하는 방법을 변수분리법 이라고 한다.

물론 모든 1차 미분방정식이 적절한 대수적인 조작에 의해 변수분리가 가능한 것은 아니지만 미분방정식의 해를 구하는 가장 기초적인 방법 중의 하나이다.

예제 6.1

다음은 $t = 0$에서 스위치가 개방되는 RL 회로이다. $t > 0$에서 인덕터의 양단전압 $v_L(t)$를 구하라. 단, $t < 0$에서 회로는 직류정상상태이다.

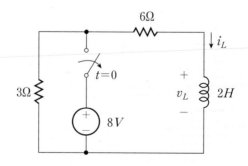

풀이 $t < 0$에서 회로는 직류정상상태이므로 인덕터는 단락회로로 대체되어 다음과 같다.

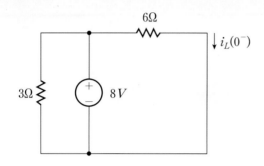

$i_L(0^-)$는 6Ω에 흐르는 전류이므로

$$i_L(0^-) = \frac{8V}{6\Omega} = \frac{4}{3}A$$

가 된다.

$t = 0$에서 스위치가 개방되므로 $8V$의 독립전원은 회로에서 제거되고 인덕터에 초기전류가 존재하는 무전원 *RL* 회로가 된다. $i_L(0^+)$는 연속성의 원리에 의해 다음과 같다.

$$i_L(0^+) = i_L(0^-) = \frac{4}{3}A$$

따라서 인덕터에 흐르는 전류 $i_L(t)$는 식(6-5)에 의해

$$i_L(t) = \frac{4}{3}e^{-\frac{9}{2}t}A$$

가 얻어지므로, 인덕터의 양단전압 $v_L(t)$는 다음과 같다.

$$v_L(t) = L\frac{di_L}{dt} = 2 \times \frac{4}{3}\left(-\frac{9}{2}e^{-\frac{9}{2}t}\right) = -12e^{-\frac{9}{2}t}V$$

(2) RL 회로의 시정수

그림 6.2의 무전원 RL 회로의 전류응답은 초기전류 I_0의 값으로부터 지수함수적으로 감소하여 시간이 충분히 지나면 전류는 0이 된다. 식(6-5)로부터 전류가 얼마나 빨리 0으로 감소하는가는 지수함수의 지수 $\dfrac{R}{L}$에 의해 결정됨을 알 수 있다.

이 지수의 역수를 시정수(time constant) τ 라고 다음과 같이 정의한다.

$$\tau \triangleq \frac{L}{R} \tag{6-8}$$

식(6-8)을 이용하여 무전원 RL 회로의 전류 $i(t)$를 다시 표현하면

$$i(t) = I_0 e^{-\frac{R}{L}t} = I_0 e^{-\frac{t}{\tau}} \tag{6-9}$$

가 된다.

한편, $t = \tau$ 일 때의 전류를 계산해 보면 다음과 같다.

$$i(\tau) = I_0 e^{-1} = 0.368 I_0 \tag{6-10}$$

식(6-10)에 의해 RL 회로의 시정수 τ 는 전류 $i(t)$가 초기전류 I_0의 36.8%로 감소하는 시간으로도 정의할 수 있다.

한편, 시정수의 기하학적인 의미를 살펴보기 위하여 식(6-9)의 초기 변화율을 계산하여 보자.

$$\left.\frac{di}{dt}\right|_{t=0} = -\frac{I_0}{\tau} e^{-\frac{t}{\tau}}\bigg|_{t=0} = -\frac{I_0}{\tau} \tag{6-11}$$

식(6-11)을 이용하여 전류 $i(t)$와 $i(t)$의 초기 변화율을 그림 6.3에 나타내었다.

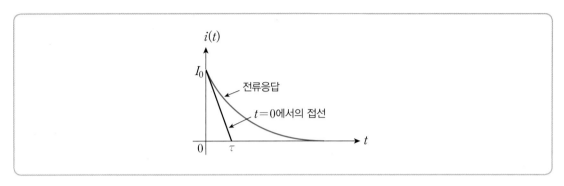

그림 6.3 무전원 *RL* 회로의 시정수 τ

식(6-11)에서 $i(t)$의 초기 변화율이 $-I_0/\tau$이므로 초기 변화율을 나타내는 $t = 0$에서의 접선은 t축의 τ에서 교차한다는 것을 알 수 있다.

따라서 *RL* 회로에서의 시정수는 전류응답 곡선에서 $t = 0$에서의 접선을 그려서 시간축과 교차하는 점과 같다는 사실을 기억해두기 바란다.

시정수가 다른 2개의 응답 곡선을 그림 6.4에 나타내었다.

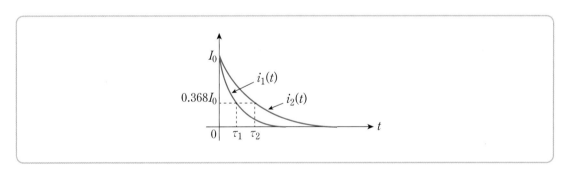

그림 6.4 시정수가 다른 2개의 응답 곡선

그림 6.4에서 전류 $i_1(t)$와 $i_2(t)$의 시정수는 각각 τ_1과 τ_2이며, $i_1(t)$는 $i_2(t)$에 비해 더 빠르게 0으로 감소하는 것을 알 수 있다. 응답이 빠른 $i_1(t)$의 시정수 τ_1이 응답이 느린 $i_2(t)$의 시정수 τ_2보다 작다. 따라서 시정수가 작으면 작을수록 응답이 빨라지고, 시정수가 크면 클수록 응답은 느려진다고 결론내릴 수 있다.

여 기서 잠깐! 　시정수의 10배, $t = 10\tau$

무전원 RL 회로에서 전류 $i(t)$는 언제 0으로 감소하는가? 라는 질문의 답은 수학적으로는 $t = \infty$가 되어야 지수함수가 0으로 되기 때문에 무한대의 시간이 지나야 0으로 감소한다고 말할 수 있을 것이다.

그러나 공학적으로는 시정수 τ의 10배의 시간, 즉 $t = 10\tau$의 시간이 지나면 이 시점에서 전류응답은 초깃값의 0.01% 미만으로 감소하므로 시정수의 10배의 시간이 지나면 전류는 근사적으로 0이 된다고 간주한다.

예제 6.2

다음은 $t = 0$에서 스위치가 단자 A에서 단자 B로 이동하는 회로이다. $t > 0$에서 인덕터에 흐르는 전류 $i_L(t)$와 시정수 τ를 계산하라. 단, 스위치는 단자 A에서 오랜 시간 머물렀다고 가정한다.

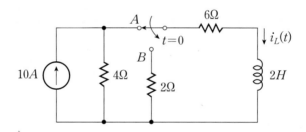

풀이　$t < 0$에서 회로는 직류정상상태이므로 인덕터는 단락회로로 대체할 수 있으며, 전류분배의 원리에 의하여 $i_L(0^-)$는 다음과 같다.

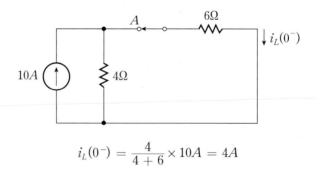

$$i_L(0^-) = \frac{4}{4+6} \times 10A = 4A$$

$t = 0$에서 스위치가 단자 B로 이동하면 다음의 회로가 얻어진다.

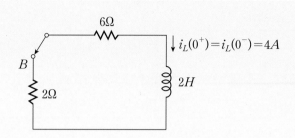

인덕터 전류의 연속성에 의하여 $i_L(0^+) = i_L(0^-) = 4A$이므로 식(6-5)에 의하여 $i_L(t)$는 다음과 같다.

$$i_L(t) = I_0 e^{-\frac{R}{L}t} = 4e^{-\frac{8}{2}t} = 4e^{-4t} A$$

따라서 시정수 $\tau = \frac{1}{4}\sec$이다.

6.2 *RC* 회로의 자연응답

(1) *RC* 회로의 과도해석

저항과 인덕터의 결합회로보다 저항과 커패시터의 결합회로가 실제의 응용에서는 더 많이 사용된다. *RC* 회로의 자연응답을 구하기 위하여 외부 전원이 없는 무전원 *RC* 회로를 고찰한다. 외부 전원이 없기 때문에 만일 커패시터가 초기 에너지(즉, 초기 전압)를 가지지 않는다면, *RC* 회로에는 자연응답이 존재하지 않으므로 그림 6.5와 같이 초기 조건 $v_c(0) = V_0$를 가진다고 가정한다.

이와 같이 *RC* 회로에서 자연응답을 결정함으로써 과도상태를 분석하는 것을 *RC* 회로의 과도해석이라고 한다.

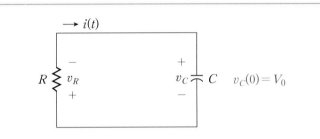

그림 6.5 초기 조건을 가진 무전원 RC 회로

그림 6.5의 회로에서 키르히호프의 전류 법칙을 적용하면

$$C\frac{dv_C}{dt} + \frac{v_C}{R} = 0, \qquad v_C(0) = V_0 \tag{6-12}$$

가 되므로 초기 조건 $v_C(0) = V_0$을 가진 1차 미분방정식을 얻을 수 있다. 식(6-12)로 표현된 미분방정식의 해를 구하기 위하여 변수분리법을 사용하면

$$\frac{dv_C}{v_C} = -\frac{1}{RC}dt \tag{6-13}$$

가 얻어지는데, 양변을 적분하면 다음과 같다.

$$\int \frac{dv_C}{v_C} = -\int \frac{1}{RC}dt \tag{6-14}$$

$$\ln v_C(t) = -\frac{1}{RC}t + c^*, \ (c^* : \text{임의의 상수})$$

식(6-14)를 $v_C(t)$에 대하여 정리하면

$$v_C(t) = e^{-\frac{1}{RC}t + c^*} = e^{-\frac{1}{RC}t} \cdot e^{c^*}$$
$$\therefore v_C(t) = Ce^{-\frac{1}{RC}t} \quad (C \triangleq e^{c^*}) \tag{6-15}$$

커패시터의 초기 조건 $v_C(0) = V_0$를 이용하면, 식(6-15)로부터

$$v_C(0) = C = V_0$$

이므로 무전원 *RC* 회로의 자연응답 $v_C(t)$는 다음과 같이 표현된다.

$$v_C(t) = V_0 e^{-\frac{1}{RC}t} \qquad (6-16)$$

식(6−16)으로부터 $v_C(t)$는 그림 6.6에서와 같이 지수함수적으로 감소하며, t가 충분히 크면 $v_C(t)$는 거의 0이 됨을 알 수 있다.

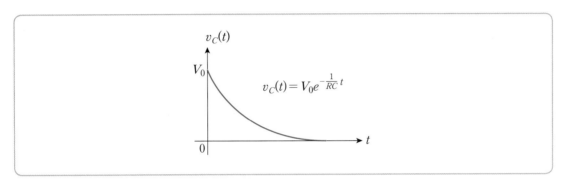

그림 6.6 무전원 *RC* 회로의 자연응답 $v_C(t)$

회로에 흐르는 전류 $i(t)$와 저항 R의 양단전압 v_R은 식(6−16)으로부터 다음과 같이 구할 수 있다.

$$i(t) = C\frac{dv_C}{dt} = CV_0\left(-\frac{1}{RC}e^{-\frac{1}{RC}t}\right) = -\frac{V_0}{R}e^{-\frac{1}{RC}t} \qquad (6-17)$$

$$v_R(t) = Ri(t) = -V_0 e^{-\frac{1}{RC}t} \qquad (6-18)$$

예제 6.3

다음은 $t = 0$에서 스위치가 개방되는 *RC* 회로이다. $t > 0$에서 커패시터의 양단전압 $v_C(t)$를 구하라. 단, $t < 0$에서 회로는 직류정상상태이다.

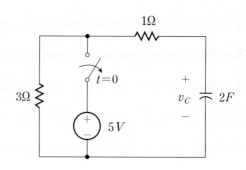

풀이　$t < 0$에서 회로는 직류정상상태이므로 커패시터는 개방회로로 대체되어 커패시터 양단의 초기전압 $v_C(0^-)$는 독립전압원의 전압과 같게 된다.

$$v_C(0^-) = 5\,V$$

$t = 0$에서 스위치가 개방되므로 $5V$의 독립전압원은 회로에서 제거되고 커패시터에 초기전압이 존재하는 무전원 RC 회로가 된다. $v_C(0^+)$는 연속성의 원리에 의해 다음과 같다.

$$v_C(0^+) = v_C(0^-) = 5\,V$$

따라서 커패시터의 양단전압은 식(6-16)에 의해 다음과 같다.

$$v_C(t) = 5e^{-\frac{1}{8}t}\,V$$

(2) RC 회로의 시정수

　그림 6.5의 무전원 RC 회로의 전압응답은 초기전압 V_0의 값으로부터 지수함수적으로 감소하여 시간이 충분히 지나면 전압은 0이 된다. 식(6-16)으로부터 전압이 얼마나 빨리 0으로 감소하는가는 지수함수의 지수 $\dfrac{1}{RC}$에 의해 결정됨을 알 수 있다.

　6.1절에서와 마찬가지로 이 지수의 역수를 시정수 τ로 정의하면 무전원 RC 회로의 시정수는 다음과 같다.

$$\tau \triangleq RC \qquad (6-19)$$

식(6-19)를 이용하여 무전원 *RC* 회로의 전압 $v_C(t)$를 다시 표현하면

$$v_C(t) = V_0 e^{-\frac{t}{\tau}} \qquad (6-20)$$

가 된다.

한편, $t = \tau$일 때의 전압을 계산해 보면 다음과 같다.

$$v_C(\tau) = V_0 e^{-1} = 0.368\,V_0 \qquad (6-21)$$

식(6-21)에 의해 *RC* 회로의 시정수 τ는 전압 $v_C(t)$가 초기전압 V_0의 36.8%로 감소하는 시간으로도 정의할 수 있다.

무전원 *RL* 회로에서 시정수의 기하학적인 의미와 마찬가지로 $t = 0$에서 $v_C(t)$의 접선이 시간축과 만나는 점이 시정수이며, 이를 그림 6.7에 도시하였다.

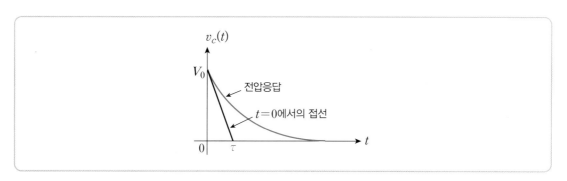

그림 6.7 무전원 *RC* 회로의 시정수 τ

예제 6.4

다음은 $t = 0$에서 스위치가 닫히는 회로이다. $t > 0$일 때 커패시터의 양단전압 $v_C(t)$와 시정수 τ를 계산하라. 단, 스위치는 $t < 0$에서 오랜 시간 머물렀다고 가정한다.

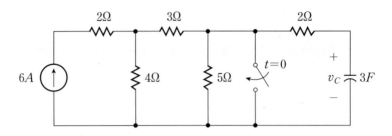

풀이　$t < 0$에서 회로는 직류정상상태이므로 커패시터는 개방회로로 대체할 수 있다.

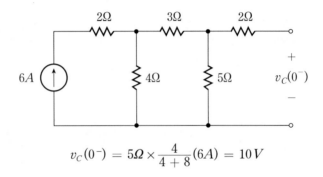

$$v_C(0^-) = 5\Omega \times \frac{4}{4+8}(6A) = 10\,V$$

$t = 0$에서 스위치가 닫히면 스위치 좌측단의 회로가 모두 제거되므로 다음의 회로가 얻어진다.

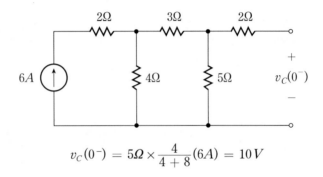

커패시터 전압의 연속성에 의하여 $v_C(0^+) = v_C(0^-) = 10\,V$이므로 식(6-16)에 의하여 전압 $v_C(t)$는 다음과 같다.

$$v_C(t) = V_0 e^{-\frac{1}{RC}t} = 10 e^{-\frac{1}{6}t}\,V$$

따라서 시정수 $\tau = 6\,\text{sec}$이다.

예제 6.5

다음은 $t = 0$에서 스위치가 닫히는 회로이다. $t > 0$에서 커패시터의 양단전압을 구하고 시정수를 계산하라. 단, 스위치가 닫히기 전에 회로는 직류정상상태라고 가정한다.

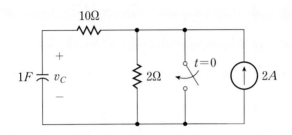

풀이 $t < 0$에서 회로가 직류정상상태이므로 커패시터는 개방회로로 대체되어 커패시터 양단의 초기전압 $v_C(0^-)$는 2Ω의 저항에 걸리는 전압이다. 즉,

$$v_C(0^-) = 2\Omega \times 2A = 4V$$

$t = 0$에서 스위치가 닫히면 $2A$ 전류원과 2Ω의 저항은 회로에서 제거되므로 커패시터의 초기전압 $v_C(0^+) = v_C(0^-) = 4V$인 무전원 *RC* 회로가 된다.

따라서 커패시터의 양단전압은 식(6-16)에 의해

$$v_C(t) = V_0 e^{-\frac{1}{RC}t} = 4e^{-\frac{1}{10}t} V$$

가 되며, 시정수 $\tau = 10\,\text{sec}$가 된다.

여 기서 잠깐!   *RLC* 회로의 차수

RL 및 *RC* 회로를 키르히호프의 법칙을 이용하여 회로방정식을 유도하면 1차 미분방정식이 얻어진다. 이와 같이 어떤 회로의 회로방정식에서 얻어진 미분방정식의 차수를 그 회로의 차수라고 한다.

일반적으로 어떤 회로에서 에너지 저장소자의 개수가 그 회로의 차수를 결정하는데, n개의 에너지 저장소자를 포함하는 회로는 n차 미분방정식을 회로방정식으로 가지기 때문에 n차 회로라고 한다. 다만, 2개 이상의 동일 종류의 저장소자들을 1개의 등가소자로 대체할 수 있는 경우는 단일 저장소자로 간주한다.

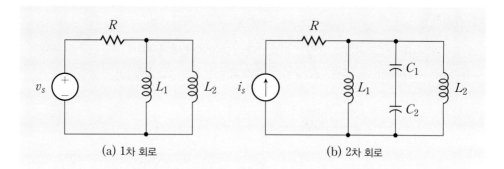

(a) 1차 회로   (b) 2차 회로

그림 (a)에서는 2개의 인덕터를 합성하여 하나의 인덕터로 대체할 수 있으므로 에너지 저장소자의 개수는 2개이지만 회로의 차수는 1차이다.

그림 (b)에서는 2개의 인덕터와 2개의 커패시터를 각각 합성하여 하나의 인덕터와 하나의 커패시터로 대체할 수 있으므로 저장소자의 개수는 4개이지만 회로의 차수는 2차가 된다.

6.3 단위계단함수로 표현된 전원

지금까지는 전원이 없는 회로의 자연응답을 살펴보았는데, 만일 회로에 직류전원을 갑작스럽게 인가하는 경우를 생각해 보자. 전원을 갑작스럽게 인가한다는 말의 의미는 시간이 걸리지 않고 순간적으로 전원을 인가한다는 것을 말한다.

어떤 회로에서 갑작스런 직류전원의 인가는 수학적으로 단위계단함수(unit step function)를 이용하여 표현할 수 있기 때문에 먼저 단위계단함수에 대해 살펴본다.

(1) 단위계단함수

회로해석에 많이 사용되는 단위계단함수 $u(t)$는 영국의 공학자인 헤비사이드(Heaviside)가 제안한 함수로서 다음과 같이 정의된다.

$$u(t) = \begin{cases} 1, & t > 0 \\ 0, & t < 0 \end{cases} \qquad (6-22)$$

$u(t)$는 $t = 0$에서는 정의되지 않으며, 그림 6.8에 그래프로 나타내었다.

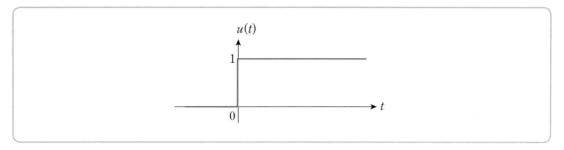

그림 6.8 단위계단함수 $u(t)$

단위계단함수 $u(t)$를 시간축을 따라 t_0만큼 평행 이동한 $u(t - t_0)$는 다음과 같이 정의되며, 그림 6.9에 그래프로 나타내었다. $u(t)$와 마찬가지로 $u(t - t_0)$는 $t = t_0$에서는 정의되지 않는다는 사실에 주의하라.

$$u(t - t_0) = \begin{cases} 1, & t > t_0 \\ 0, & t < t_0 \end{cases} \qquad (6-23)$$

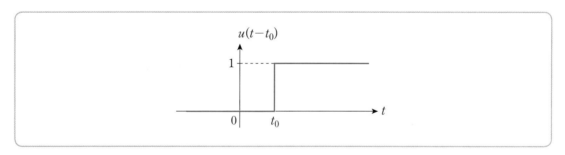

그림 6.9 시간이동 단위계단함수 $u(t - t_0)$

또한, 단위계단함수에서 t 대신에 $-t$를 치환한 $u(-t)$를 시간반전 단위계단함수라고 부르며, 식(6-22)에 의해 다음과 같이 정의된다.

$$u(-t) = \begin{cases} 1, & t < 0 \\ 0, & t > 0 \end{cases} \qquad (6-24)$$

$u(-t)$를 그래프로 나타내면 그림 6.10과 같다.

그림 6.10 시간반전 단위계단함수 $u(-t)$

마지막으로, 단위계단함수를 K배한 $Ku(t)$는 다음과 같이 정의되며, 그래프를 그림 6.11에 나타내었다.

$$Ku(t) = \begin{cases} K, & t > 0 \\ 0, & t < 0 \end{cases} \qquad (6-25)$$

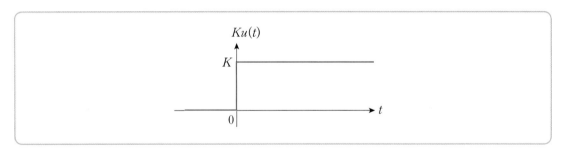

그림 6.11 K배 계단함수 $Ku(t)$

예제 6.6

다음 함수들을 단위계단함수를 이용하여 표현하라.

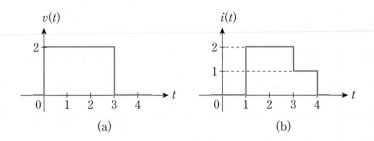

풀이 함수 $v(t)$는 다음 그림에서 그래프 Ⓐ에서 그래프 Ⓑ를 빼면 얻을 수 있다.

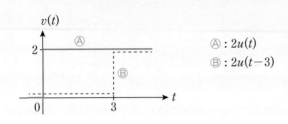

$$\therefore \ v(t) = Ⓐ - Ⓑ = 2u(t) - 2u(t-3)$$

또한, 마찬가지 방법에 의해 $i(t)$는 다음 4개의 그래프로부터 얻을 수 있다.

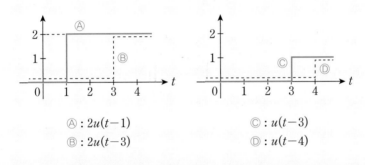

Ⓐ : $2u(t-1)$ Ⓒ : $u(t-3)$

Ⓑ : $2u(t-3)$ Ⓓ : $u(t-4)$

$$\begin{aligned}
\therefore \ i(t) &= Ⓐ - Ⓑ + Ⓒ - Ⓓ \\
&= 2\{u(t-1) - u(t-3)\} + u(t-3) - u(t-4) \\
&= 2u(t-1) - u(t-3) - u(t-4)
\end{aligned}$$

(2) 물리적인 전원과 단위계단함수

단위계단함수는 스위치를 순간적으로 열거나 닫음으로써 전원을 제거하거나 인가하는 상황을 간단하게 표현할 수 있는 장점이 있다.

그림 6.12(a)에 나타낸 것처럼 $t < 0$에서는 직류전압을 인가하지 않다가 $t = 0$에서 갑작스럽게 V_0의 직류전압을 인가하는 경우를 생각해보자.

이러한 경우를 단위계단함수를 이용하면 매우 간편하게 전원이 인가되는 상황을 표현할 수 있으며, 그림 6.12(b)에 나타내었다.

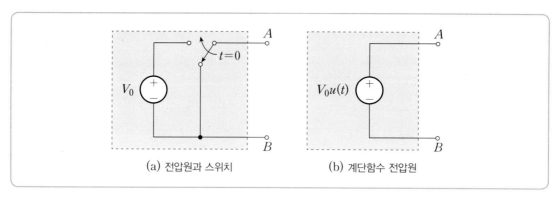

(a) 전압원과 스위치   (b) 계단함수 전압원

그림 6.12 계단함수 전압원의 활용

　다음으로, $t < t_0$에서는 직류전류를 인가하지 않다가 $t = t_0$에서 갑작스럽게 I_0의 직류전류를 인가하는 경우를 시간지연 단위계단함수를 이용하면 간편하게 전원이 인가되는 상황을 표현할 수 있으며, 이를 그림 6.13에 나타내었다.

　그림 6.12~그림 6.13에서 알 수 있듯이 전원과 스위치를 적절하게 결합해서 전원을 인가하는 상황을 단위계단함수나 시간지연 단위계단함수를 이용하면 매우 쉽고 간편하게 표현할 수 있다는 것이다.

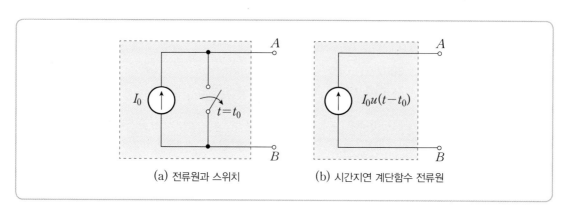

(a) 전류원과 스위치   (b) 시간지연 계단함수 전류원

그림 6.13 시간지연 계단함수 전류원의 활용

　또한, 시간반전 단위계단함수는 $t < 0$일 때는 전원이 인가되고 $t = 0$ 이후에는 전원이 차단되는 상황을 표현하는데 유용하다. 예제 6.7에서 시간반전 단위계단함수를 살펴본다.

예제 6.7

다음은 시간반전 단위계단함수로 표현된 RL 회로이다. $t < 0$일 때와 $t > 0$일 때의 등가회로를 각각 구하라.

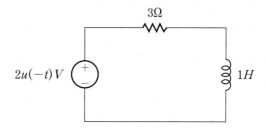

풀이 $t < 0$일 때 $2u(-t) = 2V$이고, $t > 0$일 때 $2u(-t) = 0V$이므로 등가회로는 다음과 같다.

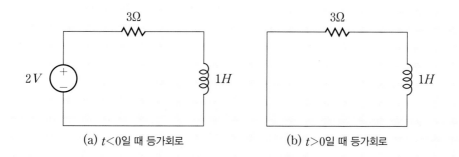

(a) $t<0$일 때 등가회로   (b) $t>0$일 때 등가회로

위의 등가회로를 전압원과 스위치를 이용하여 표현하면 다음과 같다.

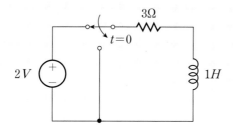

예제 6.8

다음의 구형파 펄스 전압원을 시간지연 단위계단함수를 이용하여 표현하라.

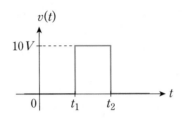

풀이 $v(t)$를 시간지연 단위계단함수를 이용하여 표현하면

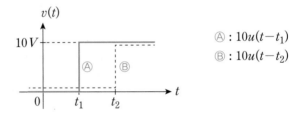

Ⓐ : $10u(t-t_1)$

Ⓑ : $10u(t-t_2)$

$$v(t) = Ⓐ - Ⓑ = 10u(t-t_1) - 10u(t-t_2)$$

이므로 시간지연 계단함수 전압원을 중첩하면 다음과 같다.

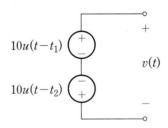

6.4 *RL* 회로의 계단응답

본 절에서는 *RL* 직렬 및 병렬회로에 갑자기 직류전원을 인가하는 경우 회로의 응답을 구해본다. 갑자기 직류전원을 인가하는 것은 단위계단함수 전원이 인가되는 것과 동일하므로 이때의 회로응답을 계단응답(step response)이라고 한다.

먼저, 직류전압원에 의해 구동되는 *RL* 직렬회로의 계단응답을 살펴본다.

(1) *RL* 직렬회로의 계단응답

그림 6.14의 *RL* 직렬회로에 인덕터의 초기전류 $i_L(0) = I_0$라고 가정한다.

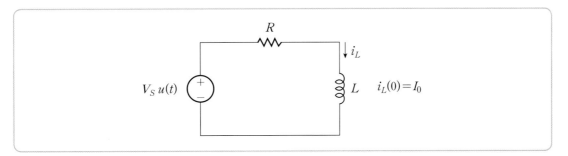

그림 6.14 계단함수 전원을 가지는 *RL* 직렬회로

그림 6.14의 회로에 키르히호프의 전압 법칙을 적용하면

$$L\frac{di_L}{dt} + Ri_L = V_s u(t), \quad i_L(0) = I_0 \qquad (6-26)$$

가 되므로 초기 조건 $i_L(0) = I_0$를 가진 1차 미분방정식을 얻을 수 있다. $t > 0$일 때 식(6-26)으로 주어진 미분방정식의 해를 구하기 위해 변수분리법을 사용하면

$$\frac{Ldi_L}{V_s - Ri_L} = dt \longrightarrow \frac{-\dfrac{L}{R}(-Rdi_L)}{V_s - Ri_L} = dt \qquad (6-27)$$

이 얻어지는데, 양변을 적분하면 다음과 같다.

$$-\frac{L}{R}\int \frac{-R di_L}{V_S - R i_L} = \int dt$$

$$-\frac{L}{R}\ln\{V_S - R i_L(t)\} = t + c^* \quad (c^* : \text{임의의 상수})$$

$(6-28)$

식(6-28)을 $i_L(t)$에 대하여 정리하면

$$V_S - R i_L(t) = e^{-\frac{R}{L}t + \frac{R}{L}c^*} = e^{-\frac{R}{L}t} \cdot e^{\frac{R}{L}c^*}$$

$$\therefore i_L(t) = \frac{1}{R}\left(V_S - C e^{-\frac{R}{L}t}\right), \quad (C = e^{\frac{R}{L}c^*})$$

$(6-29)$

인덕터의 초기 조건 $i_L(0) = I_0$를 이용하면

$$i_L(0) = \frac{1}{R}(V_S - C) = I_0 \longrightarrow \therefore C = V_S - R I_0$$

이므로 RL 직렬회로의 계단응답 $i_L(t)$는 다음과 같이 표현된다.

$$i_L(t) = \frac{V_S}{R} + \left(I_0 - \frac{V_S}{R}\right) e^{-\frac{R}{L}t}$$

$(6-30)$

식(6-30)을 살펴보면 첫째 항은 외부 전원 $V_S u(t)$에 의한 응답으로 강제응답 (forced response)이라 부르며, 두 번째 항은 시간이 지나면 지수함수에 의해 소멸되는 응답으로 자연응답(natural response)이라 부른다.

결국 식(6-30)으로부터 $i_L(t)$는 시간이 충분히 지나게 되면 자연응답은 소멸되고 강제응답만이 남게 된다. 이러한 측면에서 자연응답을 다른 용어인 과도응답 (transient response)이라 하고, 강제응답은 정상상태응답(steady-state response)이라고 부른다.

일반적으로 선형회로의 응답은 자연응답과 강제응답의 합으로 구성되며, 이를 완전응답이라고도 부른다.

식(6-30)으로 표현된 RL 직렬회로의 계단응답을 그림 6.15에 나타내었으며, $i_L(t)$는 정상상태가 되면 $\frac{V_S}{R}$가 된다는 것을 알 수 있다.

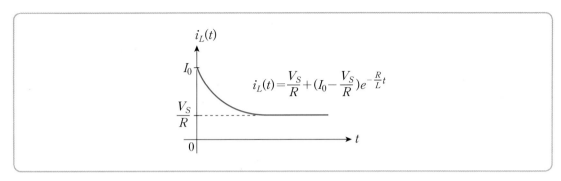

그림 6.15 RL 직렬회로의 계단응답 $i_L(t)$

여 기서 잠깐! 분수함수의 적분

$f(x)$를 임의의 함수라 할 때 $\ln f(x)$를 미분해 보면

$$\frac{d}{dx}\{\ln f(x)\} = \frac{f'(x)}{f(x)}$$

가 되므로 위 식의 양변을 적분하면 다음의 관계를 얻을 수 있다.

$$\int \frac{d}{dx}\{\ln f(x)\}dx = \int \frac{f'(x)}{f(x)}dx$$
$$\therefore \int \frac{f'(x)}{f(x)}dx = \ln f(x) + c$$

여기서 c는 적분상수이다.

즉, 분모를 미분한 형태가 분자로 되어 있는 분수함수의 적분은 분모에 자연로그(ln)를 취하면 된다.

예를 들어,

$$\int \frac{x}{2x^2 + 1}dx = \int \frac{\frac{1}{4}(4x)}{2x^2 + 1}dx = \frac{1}{4}\int \frac{4x}{2x^2 + 1}dx$$
$$\therefore \int \frac{x}{2x^2 + 1}dx = \frac{1}{4}\ln(2x^2 + 1) + c$$

예제 6.9

다음은 $t = 0$에서 스위치가 단자 A에서 단자 B로 이동하는 RL 회로이다. $t > 0$에서 인덕터에 흐르는 전류 $i_L(t)$를 구하라. 단, 단자 A에서 스위치는 오랜 시간 동안 머물러 있었다고 가정한다.

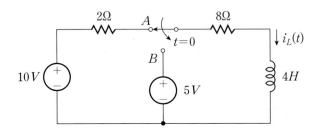

풀이 $t < 0$에서 회로는 직류정상상태이므로 인덕터는 단락회로로 대체된다.

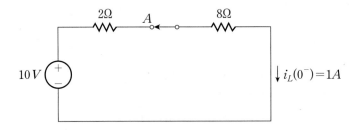

$i_L(0^-)$는 회로에 흐르는 전체 전류이므로

$$i_L(0^-) = \frac{10\,V}{2\Omega + 8\Omega} = 1A$$

가 된다.

$t = 0$에서 스위치가 단자 B로 이동하므로 $t > 0$에서의 회로는 다음과 같다.

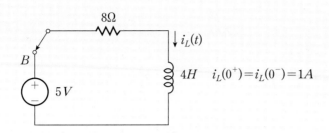

따라서 식(6-30)을 이용하면 인덕터에 흐르는 전류 $i_L(t)$는 다음과 같다.

$$i_L(t) = \frac{5}{8} + \left(1 - \frac{5}{8}\right)e^{-\frac{8}{4}t} = \frac{5}{8} + \frac{3}{8}e^{-2t}A, \quad t > 0$$

다음으로 직류전류원에 의해 구동되는 *RL* 병렬회로의 계단응답을 살펴보자.

(2) *RL* 병렬회로의 계단응답

그림 6.16의 *RL* 병렬회로에 인덕터의 초기전류 $i_L(0) = I_0$라고 가정한다.

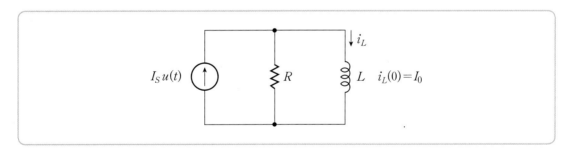

그림 6.16 계단함수 전원을 가지는 *RL* 병렬회로

그림 6.16에서 전류원과 병렬 저항을 전압원과 직렬 저항으로 변환하면 다음과 같은 *RL* 직렬회로가 된다.

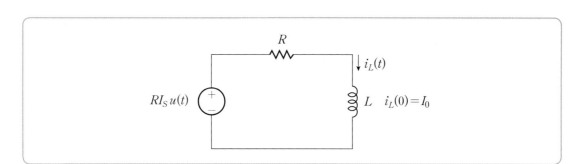

그림 6.17 RL 병렬회로에 대한 등가회로

그림 6.17에서 키르히호프의 전압 법칙을 적용하면 다음과 같은 미분방정식을 얻을 수 있다.

$$L\frac{di_L}{dt} + Ri_L = RI_s u(t), \qquad i_L(0) = I_0 \qquad (6-31)$$

식(6−31)의 미분방정식을 식(6−26)과 비교하면 V_S와 RI_S가 서로 대응하므로 식 (6−30)에 $V_S \longleftrightarrow RI_S$의 관계를 대입하면 다음과 같다.

$$i_L(t) = \frac{RI_S}{R} + \left(I_0 - \frac{RI_S}{R}\right)e^{-\frac{R}{L}t} = I_S + (I_0 - I_S)e^{-\frac{R}{L}t} \qquad (6-32)$$

식(6−32)를 살펴보면 첫째 항은 외부 전원 $I_S u(t)$에 의한 강제응답이며, 두번째 항은 시간이 지나면 지수함수에 의해 소멸되는 자연응답이다.

식(6−32)로 표현된 RL 병렬회로의 계단응답을 그림 6.18에 나타내었으며, $i_L(t)$ 는 정상상태가 되면 I_S가 된다는 것을 알 수 있다.

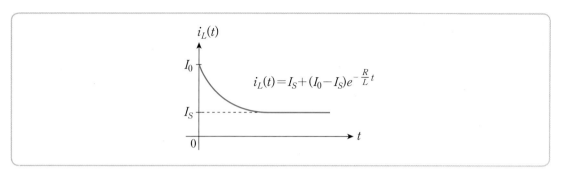

그림 6.18 *RL* 병렬회로의 계단응답 $i_L(t)$

예제 6.10

다음은 $t = 0$에서 스위치가 단자 A에서 단자 B로 이동하는 *RL* 회로이다. $t > 0$에서
인덕터에 흐르는 전류 $i_L(t)$를 구하라. 단, 단자 A에서 스위치는 오랜 시간 동안 머물러
있었다고 가정한다.

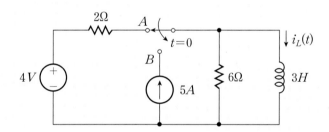

풀이 $t < 0$에서 회로는 직류정상상태이므로 인덕터는 단락회로로 대체된다.

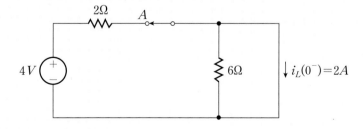

6Ω 저항은 회로에서 제거되므로 $i_L(0^-)$는 다음과 같이 구할 수 있다.

$$i_L(0^-) = \frac{4V}{2\Omega} = 2A$$

$t = 0$에서 스위치가 단자 B로 이동하므로 $t > 0$에서의 회로는 다음과 같다.

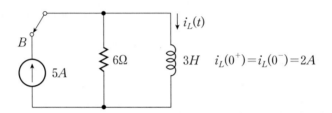

따라서 식(6-32)를 이용하면 인덕터에 흐르는 전류 $i_L(t)$는 다음과 같다.

$$i_L(t) = 5 + (2-5)e^{-\frac{6}{3}t} = 5 - 3e^{-2t}A, \quad t > 0$$

(3) RL 직병렬회로의 시정수

1차 RL 회로의 시정수 τ는 인덕터 L과 L과 결합되는 등가저항 R_{eq}에 의해 다음과 같이 주어진다.

$$\tau = \frac{L}{R_{eq}} \tag{6-33}$$

식(6-33)에서 등가저항 R_{eq}는 그림 6.19에 나타낸 것처럼 전원을 차단한 상태에서 인덕터 양단에서의 등가저항을 의미한다.

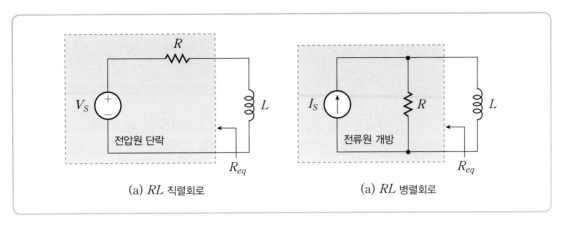

그림 6.19 RL 회로에서 시정수의 계산

예제 6.11

다음의 RL 회로에 대한 시정수를 각각 구하라.

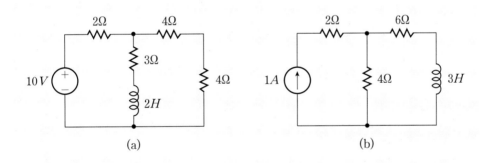

풀이 (a) 전압원을 차단(단락)시킨 상태에서 인덕터 양단에서의 등가저항 R_{eq}를 계산하면 다음과 같다.

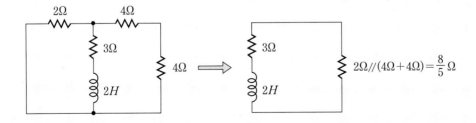

$$R_{eq} = 3\Omega + (2\Omega \,/\!/\, 8\Omega) = 3 + \frac{2 \times 8}{2 + 8} = \frac{23}{5}\,\Omega$$

$$\therefore \tau = \frac{L}{R_{eq}} = \frac{10}{23}\,\text{sec}$$

(b) 전류원을 개방시킨 상태에서 인덕터 양단에서의 등가저항 R_{eq}를 계산하면

$$R_{eq} = 6\Omega + 4\Omega = 10\Omega$$

이므로 시정수 τ는 다음과 같다.

$$\tau = \frac{L}{R_{eq}} = \frac{3}{10}\,\text{sec}$$

6.5 RC 회로의 계단응답

본 절에서는 RC 직렬 및 병렬회로에 갑자기 직류전원을 인가하는 경우 회로의 응답을 구해본다. 갑자기 직류전원을 인가하는 것은 단위계단함수 전원이 인가되는 것과 동일하므로 이때의 회로응답을 계단응답이라고 한다.

먼저, 직류전압원에 의해 구동되는 RC 직렬회로의 계단응답을 살펴본다.

(1) RC 직렬회로의 계단응답

그림 6.20의 RC 직렬회로에 커패시터의 초기전압 $v_C(0) = V_0$라고 가정한다.

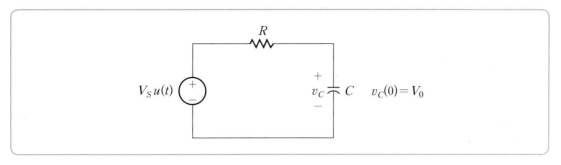

계단함수 전원을 가지는 *RC* 직렬회로

그림 6.20에서 구하려는 것이 커패시터의 양단전압 $v_C(t)$이므로 전압원을 전류원으로 변환하면 다음과 같은 *RC* 병렬회로가 된다.

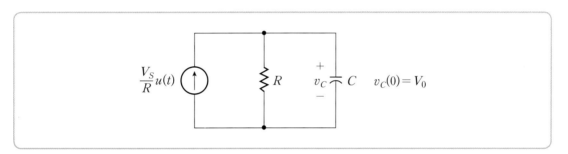

RC 직렬회로에 대한 등가회로

그림 6.21에서 키르히호프의 전류 법칙을 적용하면 다음과 같은 v_C에 대한 미분방정식을 얻을 수 있다.

$$C\frac{dv_C}{dt} + \frac{v_C}{R} = \frac{V_S}{R}u(t), \quad v_C(0) = V_0 \qquad (6-34)$$

식(6−34)의 미분방정식을 6.4절에서와는 달리 일반 미분방정식 해법에 의해 해를 구해보자.

위의 미분방정식의 우변은 $t > 0$일 때 상수가 인가되는 형태이므로 v_C의 강제응답 v_{Cf}는 다음과 같이 쉽게 구해진다.

$$v_{Cf}(t) = V_S \qquad (6-35)$$

다음으로 식(6-34)의 특성방정식(characteristic equation)과 특성근을 구하면

$$Cs + \frac{1}{R} = 0, \qquad s = -\frac{1}{RC} \qquad (6-36)$$

이므로 v_C의 자연응답 v_{Cn}은 K를 임의의 상수라 하면 다음과 같다.

$$v_{Cn} = Ke^{-\frac{1}{RC}t} \qquad (6-37)$$

따라서 완전응답 $v_C(t)$의 형태는 자연응답과 강제응답의 합이므로

$$v_C(t) = v_{Cn}(t) + v_{Cf}(t) = Ke^{-\frac{1}{RC}t} + V_S \qquad (6-38)$$

가 얻어지며, 미지의 상수 K를 구하기 위해 초기 조건 $v_C(0) = V_0$를 이용한다. 식 (6-38)에 $t = 0$를 대입하면

$$v_C(0) = K + V_S = V_0$$
$$\therefore K = V_0 - V_S$$

가 얻어지므로 완전응답 $v_C(t)$는 다음과 같다.

$$v_C(t) = V_S + (V_0 - V_S)e^{-\frac{1}{RC}t} \qquad (6-39)$$

식(6-39)로부터 $v_C(t)$는 시간이 충분히 지나게 되면 자연응답인 과도응답은 소멸되고, 강제응답인 정상상태응답만이 지속적으로 남게 된다.

식(6-39)로 표현된 RC 직렬회로의 계단응답을 그림 6.22에 나타내었으며, $v_C(t)$는 정상상태가 되면 V_S가 된다는 것을 알 수 있다.

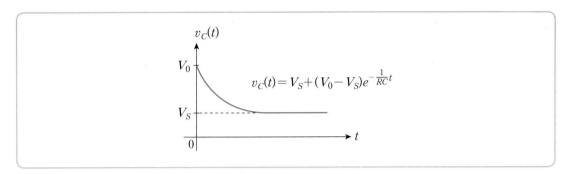

그림 6.22 RC 직렬회로의 계단응답 $v_C(t)$

여 기서 잠깐! 특성방정식과 특성근

다음의 상수계수를 가지는 2차 미분방정식을 살펴보자.

$$\frac{d^2 y}{dt^2} + a\frac{dy}{dt} + by = 0$$

위의 2차 미분방정식의 해를 e^{st}의 형태라고 가정하면

$$s^2 e^{st} + ase^{st} + be^{st} = 0$$
$$(s^2 + as + b)e^{st} = 0$$

이므로 다음의 방정식이 얻어진다.

$$s^2 + as + b = 0$$

이를 특성방정식이라 부르며, 특성방정식의 해를 특성근이라 한다. 특성근의 종류에 따라 주어진 미분방정식의 해가 다른 형태를 가진다.

〈특성근의 종류에 따른 미분방정식의 해〉

특성근의 종류	미분방정식의 해
서로 다른 두 실근 s_1, s_2	$c_1 e^{s_1 t} + c_2 e^{s_2 t}$
중복근 $s_1 = s_2 \triangleq s^*$	$c_1 e^{s^* t} + c_2 t e^{s^* t}$
복소근 s_1, $s_2 = p \pm iq$	$e^{pt}(c_1 \cos qt + c_2 \sin qt)$

(여) 기서 잠깐!　강제응답의 결정

식(6-34)의 미분방정식에서 강제응답을 구하는 과정을 살펴보자.

$$C\frac{dv_C}{dt} + \frac{v_C}{R} = \frac{V_S}{R}, \quad t > 0$$

개념적으로 강제응답은 시간이 충분히 지난 후의 정상상태응답을 의미하므로 직류정상상태에서는 v_C는 일정하게 된다.
따라서 위의 미분방정식에서 미분항이 0이 되므로 v_{Cf}는 다음과 같다.

$$\frac{v_{Cf}}{R} = \frac{V_S}{R} \quad \therefore v_{Cf} = V_S$$

한편, 미정계수법을 이용하여 강제응답을 구해본다.
주어진 미분방정식의 강제함수가 상수(V_S/R)이므로 강제응답 v_{Cf}를 다음과 같이 가정한다.

$$v_{Cf} = K \quad (K : 임의의 상수)$$

미지의 상수 K를 결정하기 위하여 $v_{Cf} = K$를 주어진 미분방정식에 대입하면

$$0 + \frac{K}{R} = \frac{V_S}{R} \quad \therefore K = V_S$$

이므로 강제응답 $v_{Cf} = V_S$가 된다.
이와 같이 강제함수의 형태에 따라 강제응답의 형태를 미정계수가 포함되도록 가정하여 강제응답(특수해)을 구하는 방법을 미정계수법이라 한다. 이에 대한 자세한 내용은 다음의 참고문헌을 참고하기 바란다.
김동식 저,《공업수학 Express》, pp. 93~106, 생능출판사

예제 6.12

다음은 $t = 0$에서 스위치가 단자 A에서 단자 B로 이동하는 RC 회로이다. $t > 0$에서 커패시터의 양단전압 $v_C(t)$를 구하라. 단, 단자 A에서 스위치는 오랜 시간 동안 머물러 있었다고 가정한다.

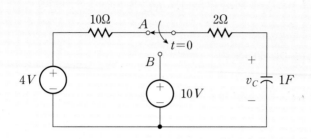

풀이 $t < 0$에서 회로는 직류정상상태이므로 커패시터가 개방회로로 대체되어 다음과 같이 나타낼 수 있다.

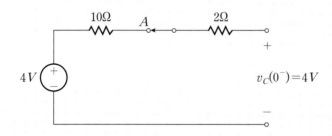

$v_C(0^-)$는 회로에 전류가 흐르지 않으므로 $v_C(0^-) = 4V$가 된다.
$t = 0$에서 스위치가 단자 B로 이동하므로 $t > 0$에서의 회로는 다음과 같다.

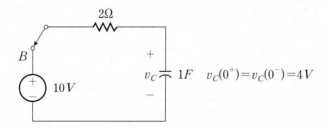

따라서 식(6–39)를 이용하면 커패시터의 양단전압 $v_C(t)$는 다음과 같다.

$$v_C(t) = 10 + (4 - 10)e^{-\frac{1}{2}t} = 10 - 6e^{-\frac{1}{2}t} V, \quad t > 0$$

다음으로 직류전류원에 의해 구동되는 RC 병렬회로의 계단응답을 살펴본다.

(2) RC 병렬회로의 계단응답

그림 6.23의 RC 병렬회로에 커패시터의 초기전압 $v_C(0) = V_0$라고 가정한다.

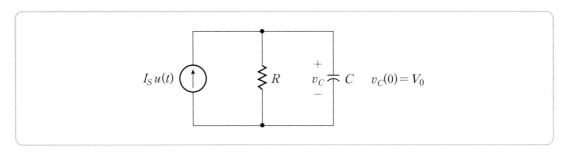

그림 6.23 계단함수 전원을 가지는 RC 병렬회로

그림 6.23에서 키르히호프의 전류 법칙을 적용하면 다음과 같은 미분방정식을 얻을 수 있다.

$$C\frac{dv_C}{dt} + \frac{v_C}{R} = I_S u(t), \qquad v_C(0) = V_0 \qquad (6-40)$$

식(6-40)의 미분방정식은 식(6-34)와 비교하면 I_S와 V_S/R가 서로 대응하므로 식(6-39)에 $V_S \longleftrightarrow RI_S$의 관계를 대입하면 다음과 같다.

$$v_C(t) = RI_S + (V_0 - RI_S)e^{-\frac{1}{RC}t} \qquad (6-41)$$

식(6-41)로부터 $v_C(t)$는 시간이 충분히 지나게 되면 자연응답인 과도응답은 소멸되고, 강제응답인 정상상태응답만이 지속적으로 남게 된다.

식(6-41)로 표현된 RC 병렬회로의 계단응답을 그림 6.24에 나타내었으며, $v_C(t)$는 정상상태가 되면 RI_S가 된다는 것을 알 수 있다.

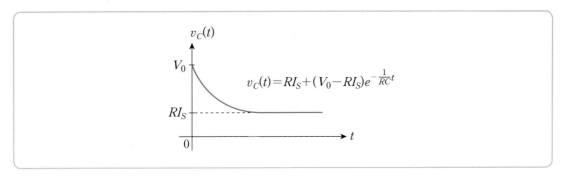

그림 6.24 *RC* 병렬회로의 계단응답 $v_C(t)$

예제 6.13

다음은 $t = 0$에서 스위치가 단자 A에서 단자 B로 이동하는 *RC* 회로이다. $t > 0$에서 커패시터의 양단전압 $v_C(t)$를 구하라. 단, 단자 A에서 스위치는 오랜 시간 동안 머물러 있었다고 가정한다.

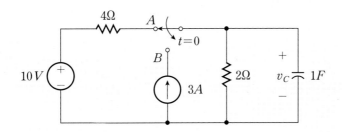

풀이 $t < 0$에서 회로는 직류정상상태이므로 커패시터는 개방회로로 대체된다.

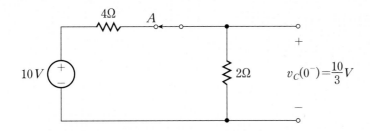

$v_C(0^-)$는 2Ω의 저항에 걸리는 전압이므로 다음과 같이 계산할 수 있다.

$$v_C(0^-) = \frac{2}{4+2} \times 10V = \frac{10}{3}V$$

$t = 0$에서 스위치가 단자 B로 이동하므로 $t > 0$에서의 회로는 다음과 같다.

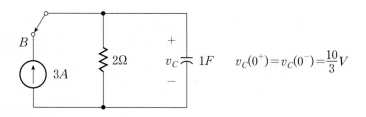

따라서 식(6-41)을 이용하면 커패시터의 양단전압 $v_C(t)$는 다음과 같다.

$$v_C(t) = 6 + \Big(\frac{10}{3} - 6\Big)e^{-\frac{1}{2}t} = 6 - \frac{8}{3}e^{-\frac{1}{2}t}V, \quad t > 0$$

(3) RC 직병렬회로의 시정수

1차 RC 회로의 시정수 τ는 커패시터 C와 C와 결합되는 등가저항 R_{eq}에 의해 다음과 같이 주어진다.

$$\tau = R_{eq}C \qquad\qquad (6-42)$$

식(6-42)에서 등가저항 R_{eq}는 그림 6.25에 나타낸 것처럼 전원을 차단한 상태에서 커패시터 양단에서의 등가저항을 의미한다.

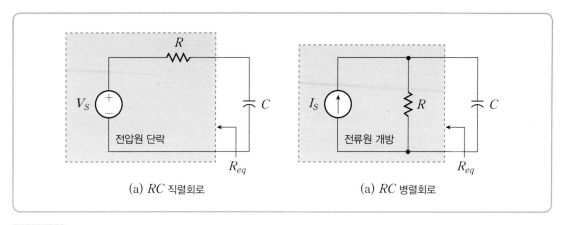

(a) *RC* 직렬회로   (a) *RC* 병렬회로

그림 6.25 *RC* 회로에서의 시정수 계산

여기서 잠깐! **일반적인 *RL* 및 *RC* 회로의 시정수**

만일 회로에 여러 개의 인덕터나 커패시터가 존재하는 경우, 시정수는 다음과 같이 계산할 수 있다.

$$\tau = \frac{L_{eq}}{R_{eq}} \qquad \text{또는} \qquad \tau = R_{eq} C_{eq}$$

여기서 L_{eq}와 C_{eq}는 각각 등가 인덕턴스와 등가 커패시턴스를 나타낸다.

한 가지 주의할 점은 인덕터나 커패시터를 합성할 때, 초기 조건이 다른 경우는 합성하면 안된다는 것이다.

예제 6.14

다음의 *RC* 회로에 대한 시정수를 구하라.

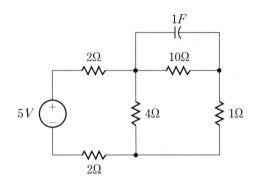

풀이 전압원을 단락시킨 상태에서 커패시터 양단에서의 등가저항 R_{eq}를 구한다.

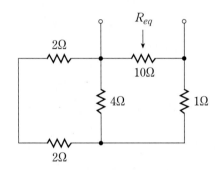

$$R_{eq} = \{(2\Omega + 2\Omega) \; /\!/ \; 4\Omega + 1\Omega\} \; /\!/ \; 10\Omega$$
$$= \left(\frac{4 \times 4}{4 + 4} + 1\right) /\!/ \; 10\Omega = \frac{3 \times 10}{3 + 10} = \frac{30}{13}\Omega$$
$$\therefore \tau = R_{eq}C = \frac{30}{13}\sec$$

지금까지는 직류 독립전압원에 의해 구동되는 RL 및 RC 회로의 완전응답에 대하여 살펴보았다. 만일 회로에 종속전원이 포함되어 있는 경우 RL 및 RC 회로의 완전응답은 어떻게 결정할 수 있을까? 다음 절에서 이 질문에 대한 해답을 찾아보기로 한다.

6.6 종속전원이 있는 1차 회로의 해석

RL 및 *RC* 회로에 종속전원이 존재하는 경우에도 독립전원으로 구동되는 경우와 거의 유사한 방법으로 완전응답을 결정할 수 있다. 그런데 초기 조건을 결정하는 데 종속전원의 제어변수가 영향을 미치는 경우 제어변수 초깃값을 함께 고려해 주어야 한다.

그림 6.26의 회로는 종속전압원이 있는 *RC* 회로이며, 스위치는 오랜 시간 동안 개방되어 있다가 $t = 0$에서 닫힌다.

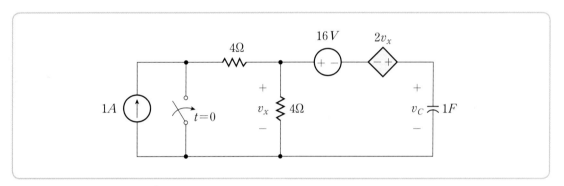

그림 6.26 종속전압원이 있는 *RC* 회로

$t > 0$에서 커패시터의 양단전압 $v_C(t)$의 완전응답을 구해본다. $t < 0$에서 회로는 직류정상상태이므로 커패시터는 그림 6.27과 같이 개방회로로 대체된다.

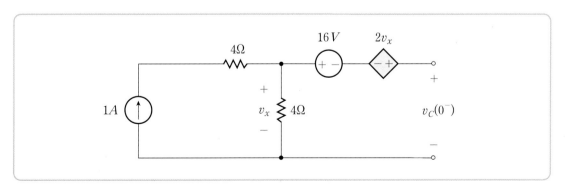

그림 6.27 $t < 0$에서 그림 6.26의 등가회로

커패시터의 초기전압 $v_C(0^-)$는 키르히호프의 전압 법칙을 적용하면 다음과 같다.

$$v_C(0^-) - v_x + 16 - 2v_x = 0$$
$$\therefore v_C(0^-) = 3v_x - 16 = 3 \times 4 - 16 = -4\,V \tag{6-43}$$

연속성의 원리에 의하여 $v_C(0^+)$는 $v_C(0^+) = v_C(0^-) = -4\,V$가 된다.

$t = 0$에서 스위치가 닫히면 $1A$의 독립전류원은 회로에서 제거되며, 2개의 병렬 저항은 합성하여도 종속전원의 제어변수인 v_x에 영향을 미치지 않으므로 $t > 0$에서 의 등가회로는 그림 6.28에 나타낸 것과 같다.

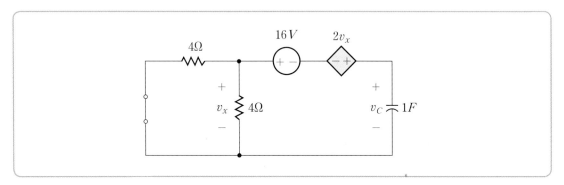

그림 6.28　$t > 0$에서 그림 6.26의 등가회로

그림 6.28에서 4Ω의 병렬 저항을 합성한 다음, 키르히호프의 전압 법칙을 적용하면 다음의 회로방정식을 얻을 수 있다.

$$16 - 2v_x + v_C - v_x = 0$$
$$v_C - 3v_x + 16 = 0 \tag{6-44}$$

커패시터를 흐르는 전류를 이용하면 v_x는 4Ω의 병렬 저항에 걸리는 전압이므로 다음과 같이 구할 수 있다.

$$v_x = -(4\Omega \mathbin{/\!/} 4\Omega)\frac{dv_C}{dt} = -2\frac{dv_C}{dt} \tag{6-45}$$

식(6-45)를 식(6-44)에 대입하면

$$\frac{dv_C}{dt} + \frac{1}{6}v_C = -\frac{8}{3} \qquad (6-46)$$

이므로 완전응답 $v_C(t)$는 자연응답과 강제응답의 합으로 다음과 같이 표현된다.

$$v_C(t) = Ke^{-\frac{1}{6}t} - 16 \quad (K : \text{임의의 상수}) \qquad (6-47)$$

식(6-43)의 초기 조건을 이용하여 미정계수 K를 결정하면

$$v_C(0) = K - 16 = -4 \qquad \therefore K = 12$$

이므로 완전응답 $v_C(t)$는 다음과 같다.

$$v_C(t) = 12e^{-\frac{1}{6}t} - 16 \ V, \qquad t > 0 \qquad (6-48)$$

식(6-48)로부터 $v_C(t)$는 시간이 충분히 지나면 강제응답인 $v_{Cf} = -16V$에 접근해 감을 알 수 있다. 이것은 그림 6.28에서 회로가 직류정상상태에 도달하면 커패시터는 개방회로이므로 $v_C(\infty) = -16V$가 된다는 사실로도 확인할 수 있다.

여 기서 잠깐! 무한응답

회로의 응답은 시간에 따라 보통 지수함수적으로 감소하지만 종속전원이 포함된 RL 및 RC 회로에서는 시간에 따라 회로의 응답이 무제한적으로 증가하는 경우가 있다. 이러한 회로응답을 무한응답(unbounded response)이라고 부른다.

이러한 경우에 인덕터나 커패시터 양단에서 회로를 바라본 테브난 등가저항 R_{TH}는 음의 값을 가질 수 있으며, 결과적으로 음(-)의 시정수를 발생시킴으로써 전압과 전류는 무한대로 증가하는 것이다.

따라서 실제 회로에서는 응답이 한계에 도달하여 소자가 파괴되거나 포화상태가 된다는 사실에 유의하라.

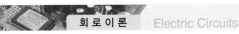
예제 6.15

다음 회로는 $t = 0$에서 스위치가 닫히는 RL 회로이며, $t < 0$에서 회로는 직류정상상태에 있었다고 하자. $t > 0$에서 인덕터에 흐르는 전류 $i_L(t)$의 완전응답을 구하라.

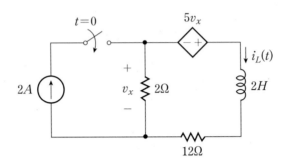

풀이 $t < 0$에서는 독립전류원이 공급되지 않으므로 2Ω의 저항에는 전류가 흐르지 않는다. 따라서 인덕터의 초기전류 $i_L(0^-) = 0A$이다.

$t = 0$에서 스위치가 닫히면 주어진 회로는 다음과 같으며, 우측 메쉬에 대하여 키르히호프의 전압 법칙을 적용한다.

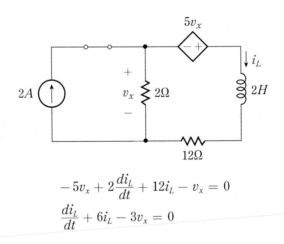

$$-5v_x + 2\frac{di_L}{dt} + 12i_L - v_x = 0$$

$$\frac{di_L}{dt} + 6i_L - 3v_x = 0$$

한편, v_x는 옴의 법칙에 의하여 다음과 같이 표현된다.

$$v_x = 2\left(2 - i_L\right)$$

v_x를 회로방정식에 대입하여 정리하면

$$\frac{di_L}{dt} + 12i_L = 12$$

이므로 $i_L(t)$의 완전응답은 자연응답과 강제응답의 합으로 다음과 같이 표현된다.

$$i_L(t) = Ke^{-12t} + 1$$

$i_L(0^-) = i_L(0^+) = 0A$의 초기 조건을 이용하여 미정계수 K를 결정하면

$$i_L(0) = K + 1 = 0 \qquad \therefore K = -1$$

이므로 완전응답 $i_L(t)$ 는 다음과 같다.

$$i_L(t) = -e^{-12t} + 1\,A, \qquad t > 0$$

여 기서 잠깐! | **완전응답의 회로적인 의미**

어떤 회로의 완전응답은 초기 에너지에 의해 나타나는 자연응답과 외부 에너지에 의해 나타나는 강제응답의 합을 의미하며, 결과적으로 초기 에너지원과 외부 에너지원에 대해 중첩의 원리를 적용한 것과 동일하다.
다음 그림에 완전응답의 회로적인 의미를 개념적으로 나타내었다.

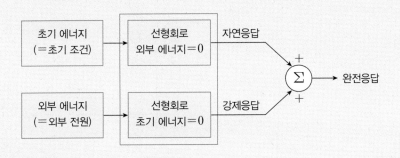

6.7 요약 및 복습

RL 회로의 자연응답

- 독립전원이 인가되지 않은 상태에서 인덕터의 초기전류에 의해 나타나는 응답을 자연응답이라 한다.
- 자연응답은 유한한 초기 에너지에 의한 응답이므로 시간이 지나면 소멸되어 과도응답이라고도 한다.
- RL 회로의 시정수 $\tau = \dfrac{L}{R}$로 정의되며, $t = 0$에서 자연응답 곡선의 접선이 시간축과 교차하는 점이다.
- 시정수가 크면 응답은 느리고, 시정수가 작으면 응답은 빠르다.

RC 회로의 자연응답

- 독립전원이 인가되지 않은 상태에서 커패시터의 초기전압에 의해 나타나는 응답을 자연응답이라 한다.
- RC 회로의 시정수 $\tau = RC$로 정의되며, $t = 0$에서 자연응답 곡선의 접선이 시간축과 교차하는 점이다.

단위계단함수로 표현된 전원

- 어떤 회로에 갑작스런 직류전원의 인가는 수학적으로 단위계단함수로 표현이 가능하다.

  ① 단위계단함수 $u(t)$

$$u(t) = \begin{cases} 1, & t > 0 \\ 0, & t < 0 \end{cases}$$

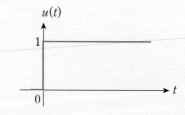

② 시간지연 단위계단함수 $u(t - t_0)$

$$u(t - t_0) = \begin{cases} 1, & t > t_0 \\ 0, & t < t_0 \end{cases}$$

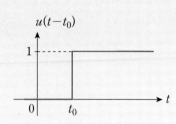

③ 시간반전 단위계단함수

$$u(-t) = \begin{cases} 1, & t < 0 \\ 0, & t > 0 \end{cases}$$

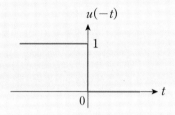

④ K배 계단함수

$$Ku(t) = \begin{cases} K, & t > 0 \\ 0, & t < 0 \end{cases}$$

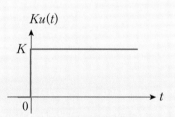

- 단위계단함수는 스위치를 순간적으로 열거나 닫음으로써 전원을 제거하거나 인가하는 상황을 간편하게 표현할 수 있다.

RL 회로의 계단응답

- *RL* 회로에 갑작스런 직류전원을 인가하였을 때 나타나는 회로응답을 계단응답이라고 한다.
- *RL* 회로의 계단응답은 외부 직류전원에 의한 강제응답과 시간이 지나면 소멸되는 자연응답으로 구성되며, 시간이 충분히 지나면 강제응답만이 남게 된다.
- 시간이 충분히 지난 후 *RL* 회로의 계단응답은 *RL* 회로가 직류정상상태에 있을 때의 응답과 동일하다.

- RL 직렬 및 병렬회로의 시정수는 인덕터 L과 L과 결합되는 등가저항 R_{eq}에 의해 다음과 같이 계산된다.

$$\tau = \frac{L}{R_{eq}}$$

RC 회로의 계단응답

- RC 회로에 갑작스런 직류전원을 인가하였을 때 나타나는 회로응답을 계단응답이라고 한다.
- RC 회로의 계단응답은 외부 직류전원에 의한 강제응답과 시간이 지나면 소멸되는 자연응답으로 구성되며, 시간이 충분히 지나면 강제응답만 남게 된다.
- 시간이 충분히 지난 후 RC 회로의 계단응답은 RC 회로가 직류정상상태에 있을 때의 응답과 동일하다.
- RC 직렬 및 병렬회로의 시정수는 커패시터 C와 C와 결합되는 등가저항 R_{eq}에 의해 다음과 같이 계산된다.

$$\tau = R_{eq}C$$

종속전원이 포함된 RL 및 RC 회로의 해석

- RL 및 RC 회로에 종속전원이 존재하는 경우에도 독립전원으로 구동되는 경우와 유사한 방법으로 완전응답을 결정한다.
- 초기 조건이 종속전원의 제어변수와 관계가 있을 때, 제어변수의 초깃값을 함께 고려하여 초기 조건을 계산해야 한다.
- 종속전원이 존재하는 경우 회로의 응답이 무한응답 형태를 가질 수 있으며, 이때 소자가 파괴되거나 포화된다.

연습문제

1. 다음은 $t = 0$에서 스위치가 단자 A에서 단자 B로 이동하는 RL 회로이다. $t > 0$에서 인덕터에 흐르는 전류 $i_L(t)$와 $v_0(t)$를 각각 구하라. 단, 스위치는 단자 A에서 오랜 시간 동안 머물렀다고 가정한다.

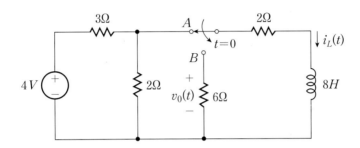

2. 다음은 $t = 0$에서 스위치가 닫혀지는 회로이다. $t > 0$에서 인덕터 전류 $i_L(t)$와 전압 $v_L(t)$를 각각 구하라. 단, 스위치가 닫히기 전 회로는 직류정상상태라고 가정한다.

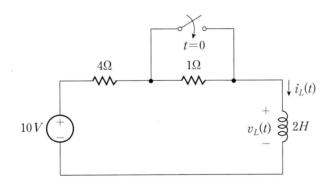

3. 다음 회로는 $t = 0$에서 단자 A에서 단자 B로 이동하는 회로이다. $t > 0$에서 커패시터의 양단전압 $v_C(t)$를 구하라. 단, 스위치는 단자 A에서 오랜 시간 동안 머물렀다고 가정한다.

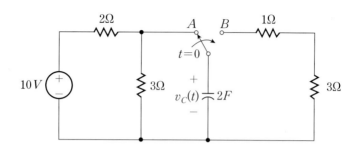

4. 다음은 $t = 0$에서 스위치가 개방되는 RC 회로이다. $t > 0$에서 커패시터의 양
   단전압 $v_C(t)$를 구하라. 단, 스위치는 $t < 0$에서 오랜 시간 동안 닫혀있었다고
   가정한다.

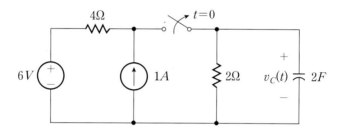

5. 다음은 $t = 0$에서 스위치가 개방되는 RC 회로이다. $t > 0$에서 커패시터의 양
   단전압 $v_C(t)$를 구하라. 단, $t < 0$에서 스위치는 오랜 시간 동안 닫혀있었다고
   가정한다.

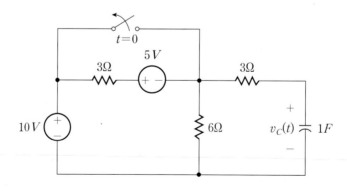

6. 단위계단함수를 이용하여 다음 그림의 파형을 수학적으로 표현하라.

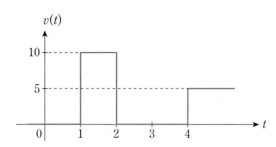

7. 다음 회로에서 $t < 0$에서 스위치는 단자 A에 연결되어 있었다고 가정한다. $t = 1\,\text{sec}$에서 단자 B로 이동하고 $t = 3\,\text{sec}$에서 단자 C로 이동하여 계속 연결되어 있다. $v(t)$의 파형을 그리고 단위계단함수를 이용하여 표현하라.

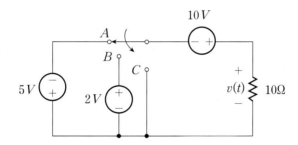

8. 다음은 $t = 0$에서 스위치가 단자 A에서 단자 B로 이동하는 *RC* 회로이다. $t > 0$에서 커패시터의 양단전압 $v_C(t)$의 완전응답을 구하라. 단, 스위치는 단자 A에서 오랜 시간 동안 머물렀다고 가정한다.

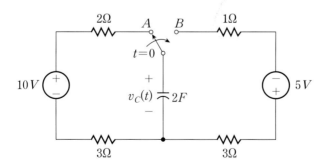

9. 다음은 $t = 0$에서 스위치가 닫히는 RL 회로이다. $t > 0$에서 $3H$의 인덕터에 흐르는 전류 $i_L(t)$를 구하라. 단, $t < 0$에서 스위치는 오랜 시간 동안 닫혀있었다고 가정한다.

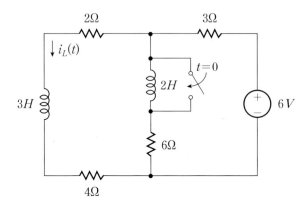

10. 다음은 $t = 0$에서 스위치가 닫히는 RL 회로이다. $t > 0$에서 2Ω에 흐르는 전류 $i_0(t)$를 구하라. 단, $t < 0$에서 스위치는 오랜 시간 동안 개방되어 있었다고 가정한다.

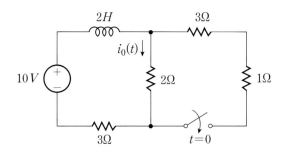

11. 다음 회로에서 인덕터에 흐르는 전류 $i_L(t)$와 양단전압 $v_L(t)$를 구하라.

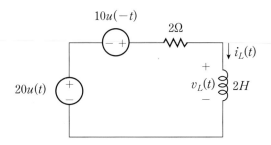

12. 다음 *RL* 직렬회로에 구형파 펄스를 인가하였을 때, 인덕터에 흐르는 전류 $i_L(t)$ 를 구하라.

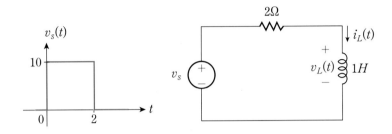

13. 다음은 계단함수 전원을 포함하는 *RL* 회로이다. $t > 1$에서 인덕터에 흐르는 전류 $i_L(t)$를 구하라.

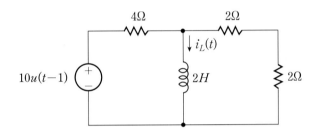

14. 다음은 $t = 0$에서 스위치가 열리는 *RL* 회로이다. $t > 0$일 때 인덕터에 흐르는 전류 $i_L(t)$와 양단전압 $v_L(t)$에 대한 완전응답을 구하라. 단, 스위치는 $t < 0$에서 오랜 시간 동안 닫혀있었다고 가정한다.

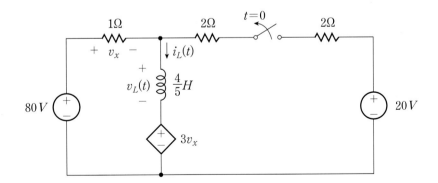

15 다음은 2개의 스위치를 가진 RL 회로이다. $t = 0$에서 스위치 $SW1$은 닫히고 스위치 $SW2$는 열리며, $t < 0$에서 회로는 직류정상상태에 있었다고 가정한다. $t > 0$에서 $i_0(t)$와 $v_0(t)$의 완전응답을 각각 구하라.

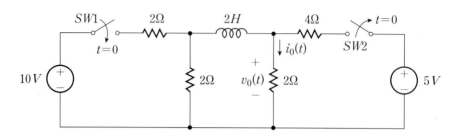

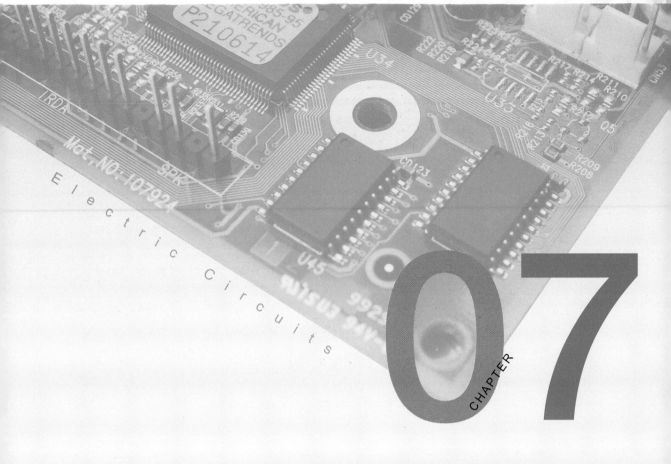

CHAPTER

07

RLC 회로의 응답

CONTENTS

RLC 회로의 응답

단원개요

　본 단원에서는 커패시터와 인덕터를 모두 포함하는 RLC 회로의 응답 특성에 대해 고찰한다. 6장에서 다룬 1차 회로의 과도상태는 하나의 지수함수 형태로 표현되므로 과도해석이 단순하였으나, RLC 회로에서는 2차 미분방정식으로 주어지는 회로방정식으로부터 3가지 유형의 과도상태가 가능하기 때문에 1차 회로에 비해 좀더 복잡한 양상을 보인다.

　또한, 1차 회로의 완전응답을 결정하기 위해서는 초기 조건만이 필요하였으나, 2차 RLC 회로의 완전응답은 초기 조건 외에도 도함수의 초기 조건이 필요하다. 본 단원에서는 직렬 및 병렬 RLC 회로의 자연응답과 계단응답, 그리고 무손실 LC 회로에 대한 해석 과정에 대하여 살펴본다.

7.1 병렬 RLC 회로의 특성방정식

　어떤 회로에 인덕터와 커패시터가 모두 포함되어 있는 경우 키르히호프의 법칙을 이용하여 회로방정식을 유도하면 복잡한 미분방정식이 얻어진다. 유도되는 미분방정식의 차수는 독립된 L과 C의 개수를 합한 것과 같으며 여기서 '독립된'이란 말의 뜻은 직렬 또는 병렬 결합으로 더 이상 합성할 수 없는 L과 C를 의미한다. 미분방정식의 차수가 1차이면 1차 회로라 하고 2차이면 2차 회로라 부르며, 특히 2차 회로의 해석 과정은 3차 이상의 고차회로의 해석 과정에 기초가 되므로 충분한 이해가 필요하다.

(1) 병렬 RLC 회로에서의 미분방정식

　그림 7.1에 인덕터와 커패시터의 초기 에너지가 0이 아닌 무전원 병렬 RLC 회로를 나타내었다.

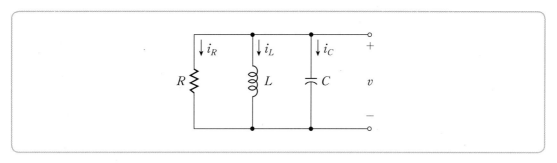

그림 7.1 초기 에너지를 가진 무전원 병렬 *RLC* 회로

그림 7.1에서 인덕터와 커패시터의 초기 에너지는 다음과 같다고 가정한다.

$$i_L(0) = I_0, \quad v_C(0) = V_0 \qquad (7-1)$$

키르히호프의 전류 법칙을 이용하여 그림 7.1의 회로방정식을 유도하면

$$\frac{v}{R} + \frac{1}{L}\int_0^t v(\tau)\,d\tau + i_L(0) + C\frac{dv}{dt} = 0 \qquad (7-2)$$

이 얻어진다.

식(7-2)는 미적분방정식(integrodifferential equation)의 형태이므로 양변을 미분하면 다음의 2차 미분방정식을 얻을 수 있다.

$$C\frac{d^2v}{dt^2} + \frac{1}{R}\frac{dv}{dt} + \frac{1}{L}v = 0 \qquad (7-3)$$

결국, 그림 7.1의 무전원 병렬 *RLC* 회로를 해석하기 위해서는 식(7-3)의 2차 미분방정식을 풀어서 식(7-1)의 초기 조건을 만족하도록 $v(t)$를 결정해야 하는 것이다.

그림 7.1의 무전원 병렬 *RLC* 회로는 식(7-3)과 같은 2차 미분방정식을 회로방정식으로 가지기 때문에 2차 회로라고 부른다.

(2) 미분방정식의 일반해

식(7-3)의 미분방정식은 1차 미분방정식과 같이 변수분리법을 이용하여 해를 구할 수는 없다. 상수계수를 가지는 2차 미분방정식의 일반해를 구하는 방법은 여러 가지가 있으나, 여기서는 가장 쉽고 간편한 방법을 소개한다.

식(7-3)의 가능한 해를 다음과 같이 가정한다.

$$v(t) = Ke^{st} \quad (K \neq 0) \tag{7-4}$$

여기서 K와 s는 미지의 상수이다.

식(7-4)가 2차 미분방정식인 식(7-3)의 해가 된다고 가정하였으므로 대입하여 정리하면 다음과 같다.

$$
\begin{aligned}
CKs^2 e^{st} + \frac{1}{R}Kse^{st} + \frac{1}{L}Ke^{st} &= 0 \\
Ke^{st}\left(Cs^2 + \frac{1}{R}s + \frac{1}{L}\right) &= 0
\end{aligned}
\tag{7-5}
$$

식(7-5)에서 Ke^{st}는 유한한 st 값에 대해 0이 아니기 때문에 괄호 안의 항이 0이 되어야 모든 t에 대하여 식(7-5)가 만족된다. 즉,

$$
\begin{aligned}
Cs^2 + \frac{1}{R}s + \frac{1}{L} &= 0 \\
s^2 + \frac{1}{RC}s + \frac{1}{LC} &= 0
\end{aligned}
\tag{7-6}
$$

식(7-6)의 2차 대수방정식을 특성방정식(characteristic equation)이라 정의하며, 식(7-3)의 2차 미분방정식의 해의 특성을 결정한다.

식(7-6)의 특성방정식은 2차 방정식이므로 다음 2개의 특성근 s_1, s_2를 가진다.

$$s_1,\ s_2 = -\frac{1}{2RC} \pm \sqrt{\left(\frac{1}{2RC}\right)^2 - \frac{1}{LC}} \tag{7-7}$$

특성방정식의 해 s_1과 s_2를 식(7-4)의 $v(t)$에 대입하면

$$v_1(t) = K_1 e^{s_1 t}, \quad v_2(t) = K_2 e^{s_2 t}$$

이므로 $v_1(t)$와 $v_2(t)$는 식(7−3)에 제시된 미분방정식의 해가 되어 다음을 만족한다.

$$C\frac{d^2 v_1}{dt^2} + \frac{1}{R}\frac{dv_1}{dt} + \frac{1}{L}v_1 = 0 \qquad\qquad (7-8)$$

$$C\frac{d^2 v_2}{dt^2} + \frac{1}{R}\frac{dv_2}{dt} + \frac{1}{L}v_2 = 0 \qquad\qquad (7-9)$$

식(7−8)과 식(7−9)를 더하면

$$C\frac{d^2(v_1 + v_2)}{dt^2} + \frac{1}{R}\frac{d(v_1 + v_2)}{dt} + \frac{1}{L}(v_1 + v_2) = 0 \qquad (7-10)$$

이므로 $v_1(t) + v_2(t)$도 식(7−3)의 해가 된다는 것을 알 수 있다. 이것을 미분방정식 이론에서 해의 선형성(linearity)이라고 부른다.

따라서 무전원 병렬 *RLC* 회로의 일반해는 다음과 같이 나타낼 수 있다.

$$v(t) = K_1 e^{s_1 t} + K_2 e^{s_2 t} \qquad\qquad (7-11)$$

여기서, K_1과 K_2는 식(7−1)의 초기 조건을 만족하도록 결정되는 미지의 상수이다.

여기서 잠깐! $v(t) = Ke^{st}$**의 가정**

미분방정식을 처음 접하는 독자는 식(7−3)의 해가 지수함수 형태라는 것을 어떻게 알았는지가 궁금할 것이다. 이것은 여러 가지 함수를 이용하여 시행착오를 거쳐 최종적으로 가능한 해의 형태 중의 하나가 지수함수라는 것을 발견한 것이다.

s가 특성방정식의 근이기 때문에 특성근의 형태에 따라 미분방정식의 해의 유형이 달라지게 되며 7.2절에서 다루게 된다.

다음의 2차 미분방정식에서 선형성에 대해 살펴본다.

$$\frac{d^2 y}{dt^2} + a\frac{dy}{dt} + by = 0 \quad (a, b\text{는 상수})$$

위의 미분방정식의 한 해를 y_1, 또 다른 해를 y_2라 가정하면 다음의 사실이 항상 성립된다.

① y_1과 y_2가 미분방정식의 해가 되면, 두 해의 합인 $y_1 + y_2$도 해가 된다.
② y_1이 미분방정식의 해가 되면, y_1을 상수배한 Ky_1도 해가 된다.

위의 2가지 성질을 만족하는 것을 선형성이라고 하며, 일반 대수방정식에서는 성립되지 않는 매우 놀라운 사실이다. 좀더 수학적으로 언급하면 위의 미분방정식의 해를 모아 놓으면 벡터 공간을 형성한다는 의미이나 상세한 내용은 미분방정식 관련 서적을 참고하기 바란다.

(3) 특성근에 대한 용어 정의

식(7-6)으로 표현되는 특성방정식의 해를 특성근(characteristic root)이라 하며, 특성근의 유형에 따라 무전원 병렬 RLC 회로의 응답이 달라지게 된다. 특성근을 복소주파수(complex frequency)라고도 부른다.

먼저, 공진주파수 ω_0와 네퍼(neper)주파수 α를 다음과 같이 정의한다.

$$\omega_0 \triangleq \frac{1}{\sqrt{LC}} \tag{7-12a}$$

$$\alpha \triangleq \frac{1}{2RC} \tag{7-12b}$$

식(7-12)를 이용하여 식(7-3)의 회로방정식을 다시 표현하면 다음과 같다.

$$\frac{d^2 v}{dt^2} + 2\alpha\frac{dv}{dt} + \omega_0^2 v = 0 \tag{7-13}$$

식(7-13)의 특성방정식을 공진주파수 ω_0와 네퍼주파수 α를 이용하여 복소주파수 s_1과 s_2를 표현하면 다음과 같다.

$$s_1, \ s_2 = -\alpha \pm \sqrt{\alpha^2 - \omega_0^2} \qquad\qquad (7-14)$$

식(7-14)에서 제곱근 안에 있는 항에 따라 복소주파수는 근의 형태가 달라지며, 다음 3가지 유형으로 분류될 수 있다.

① $\alpha > \omega_0$이면 복소주파수는 서로 다른 실수가 되며, 이때의 응답을 과도감쇠 (overdamping)라고 한다.

② $\alpha < \omega_0$이면 복소주파수는 공액 관계인 복소수가 되며, 이때의 응답을 부족감 쇠(underdamping)라고 한다.

③ $\alpha = \omega_0$이면 복소주파수는 중복된 실수가 되며, 이때의 응답을 임계감쇠 (critical damping)라고 한다.

지금까지 설명한 무전원 병렬 *RLC* 회로의 각 유형별 응답 특성을 표 7.1에 나타 내었으며, 다음 절에서 상세하게 다루도록 한다.

표 7.1 무전원 병렬 *RLC* 회로의 응답 유형

조건	복소주파수	응답 유형
$\alpha > \omega_0$	서로 다른 실수	과도감쇠
$\alpha < \omega_0$	공액 관계인 복소수	부족감쇠
$\alpha = \omega_0$	중복된 실수	임계감쇠

예제 7.1

다음 무전원 병렬 *RLC* 회로에서 v에 대한 미분방정식을 구하고 응답 유형을 판별하라.

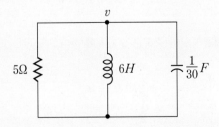

풀이 v에 대한 미분방정식은 식(7-3)에 의하여 다음과 같다.

$$\frac{1}{30}\frac{d^2v}{dt^2} + \frac{1}{5}\frac{dv}{dt} + \frac{1}{6}v = 0$$

위의 미분방정식에 대한 특성방정식을 구하면

$$\frac{1}{30}s^2 + \frac{1}{5}s + \frac{1}{6} = 0$$
$$s^2 + 6s + 5 = 0$$

이며, 특성근 $s_1 = -1$, $s_2 = -5$이므로 표 7.1에서와 같이 과도감쇠 응답을 나타낸다.

예제 7.2

다음 무전원 병렬 RLC 회로에서 응답 유형이 임계감쇠가 되도록 저항 R의 값을 결정하라.

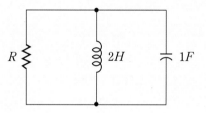

풀이 식(7-6)에 의하여 특성방정식을 구하면 다음과 같다.

$$s^2 + \frac{1}{R}s + \frac{1}{2} = 0$$
$$2Rs^2 + 2s + R = 0$$

임계감쇠가 되려면 특성방정식이 중복근을 가져야 한다.

$$4 - 4(2R)R = 0$$
$$R^2 = \frac{1}{2} \quad \therefore R = \frac{1}{\sqrt{2}}\Omega$$

다음 절에서는 무전원 병렬 *RLC* 회로의 유형별 응답 특성에 대하여 살펴본다.

7.2 병렬 *RLC* 회로의 자연응답

지금까지 무전원 병렬 *RLC* 회로의 자연응답은 복소주파수 s_1과 s_2에 따라 응답 특성이 달라진다는 것에 대하여 설명하였다.

본 절에서는 회로소자인 R, L, C의 값에 따라 먼저 복소주파수를 계산한 다음, 대응되는 응답 유형이 무엇인지를 판단하여 자연응답을 결정하는 방법에 대하여 고찰한다.

그런데 자연응답을 결정하기 위해서는 식(7-11)에서 두 미지의 계수 K_1과 K_2를 구해야 하며, 이는 2차 회로의 초기 조건을 이용하면 된다. 일반적으로 2차 회로의 초기 조건은 전압 또는 전류의 초깃값과 전압 또는 전류에 대한 도함수의 초깃값이므로 회로의 조건으로부터 이들 초기 조건들을 구해야 한다.

(1) 과도감쇠 병렬 *RLC* 회로

$\alpha > \omega_0$일 때 식(7-14)의 복소주파수 s_1과 s_2는 모두 음의 실수가 되므로 식(7-11)에서 자연응답 $v(t)$는 시간이 증가하면 감소하는 2개의 지수함수의 합으로 표현된다. s_2의 절댓값이 s_1보다 크기 때문에 $e^{s_2 t}$가 $e^{s_1 t}$보다 더 빠르게 감소하며, 시간 t가 충분히 커지면 $v(t)$는 거의 0으로 수렴한다. 그림 7.2에 *RLC* 병렬회로의 과도감쇠 응답의 예를 나타내었다.

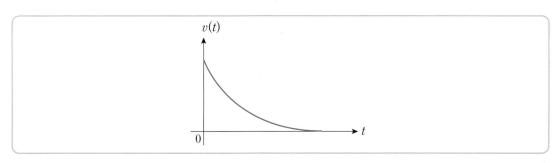

그림 7.2 병렬 *RLC* 회로의 과도감쇠 응답

다음으로 식(7-11)에서 미지의 계수 K_1과 K_2를 초기 조건으로부터 결정하는 과정을 그림 7.3에서 설명한다.

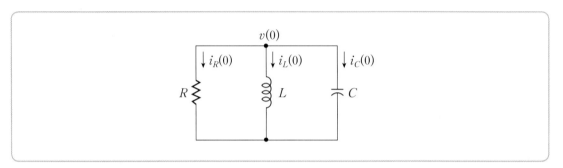

그림 7.3 병렬 RLC 회로에서 초기 조건의 결정

식(7-11)의 $v(t)$에서 K_1과 K_2를 결정하기 위해서는 2개의 초기 조건이 필요하다. $v(0)$는 커패시터 양단전압의 초기 조건이 주어지면 구할 수 있다. 다른 하나의 초기 조건은 그림 7.3에서 키르히호프의 전류 법칙으로부터 다음과 같이 구할 수 있다.

$$i_R(0) + i_L(0) + i_C(0) = 0$$
$$i_R(0) + i_L(0) + C\frac{dv}{dt}\bigg|_{t=0} = 0$$

$$\frac{dv}{dt}\bigg|_{t=0} \triangleq v'(0) = -\frac{i_R(0) + i_L(0)}{C} \qquad (7-15)$$

따라서 무전원 병렬 RLC 회로의 자연응답 $v(t)$는 $v(t)$와 관련된 2개의 초기 조건으로부터 미지의 계수 K_1과 K_2를 구함으로써 결정된다.

$$v(0) = V_0, \qquad \frac{dv}{dt}\bigg|_{t=0} = v'(0) = V_1 \qquad (7-16)$$

다음에 무전원 병렬 RLC 회로에서 과도감쇠 자연응답을 결정하는 절차를 요약하였다.

> ### 병렬 *RLC* 회로에서 과도감쇠 응답의 결정 절차
>
> ① 회로소자 R, L, C의 값을 이용하여 특성방정식의 근을 결정한다.
>
> ② 과도감쇠 조건 $\alpha > \omega_0$를 만족하는지 확인한다.
>
> ③ 인덕터와 커패시터의 초기 조건을 이용하여 $v(t)$와 관련된 2개의 초기 조건을 주어진 회로로부터 유도함으로써 미지의 계수 K_1과 K_2를 구한다.
>
> $$v(0) = V_0, \qquad v'(0) = V_1$$
>
> ④ 과도감쇠 자연응답 $v(t)$를 다음과 같이 결정한다.
>
> $$v(t) = K_1 e^{s_1 t} + K_2 e^{s_2 t}$$

　병렬 *RLC* 회로에서 자연응답을 결정하기 위하여 회로로부터 필요한 초기 조건을 구하는 과정은 충분한 연습이 필요한 과정이므로 많은 회로를 다루어 볼 것을 권장한다.

예제 7.3

다음 병렬 *RLC* 회로에서 $v_C(0) = 10V$, $i_L(0) = 1A$라고 가정하자. 자연응답 $v(t)$를 구하고 응답 유형을 판별하라.

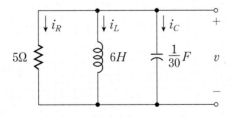

풀이 예제 7.1로부터 특성방정식과 특성근은 다음과 같다.

$$s^2 + 6s + 5 = 0$$
$$\therefore s_1 = -1, \ s_2 = -5$$

특성근이 서로 다른 두 실근이므로 과도감쇠 응답 특성을 나타낸다.

식(7-11)로부터 자연응답 $v(t)$는

$$v(t) = K_1 e^{-t} + K_2 e^{-5t}$$

이므로 K_1과 K_2를 구하기 위한 2개의 초기 조건을 유도한다.

먼저, $v(0) = v_C(0) = 10\,V$가 얻어진다. $v'(0)$를 구하기 위해 키르히호프의 전류 법칙을 적용하면 다음의 관계를 얻을 수 있다.

$$i_R(t) + i_L(t) + i_C(t) = 0$$
$$C\frac{dv}{dt} = -\, i_R(t) - i_L(t)$$
$$\therefore \frac{dv}{dt}\bigg|_{t=0} = v'(0) = -\frac{i_R(0) + i_L(0)}{C}$$

$i_R(0)$는 옴의 법칙에 의하여

$$i_R(0) = \frac{v(0)}{R} = \frac{10\,V}{5\,\Omega} = 2A$$

이고 $i_L(0) = 1A$이므로 $v'(0)$는 다음과 같이 구해진다.

$$v'(0) = -\,30\,(2+1) = -\,90\,V/\sec$$

K_1과 K_2를 구하기 위하여 $v(0) = 10\,V,\ v'(0) = -\,90\,V/\sec$를 이용하면

$$v(0) = K_1 + K_2 = 10$$
$$v'(t) = -\,K_1 e^{-t} - 5K_2 e^{-5t}$$
$$v'(0) = -\,K_1 - 5K_2 = -\,90$$

이므로 $K_1 = -\,10,\ K_2 = 20$이 얻어진다.

따라서 자연응답 $v(t)$는 다음과 같이 결정된다.

$$v(t) = -\,10e^{-t} + 20e^{-5t}\,V, \quad t > 0$$

예제 7.4

다음은 $t = 0$에서 스위치가 닫히는 *RLC* 회로이다. $t > 0$에서 커패시터의 양단전압 $v_C(t)$를 구하라. 단, $t = 0$ 이전에 오랜 시간 동안 스위치는 개방되어 있었다고 가정한다.

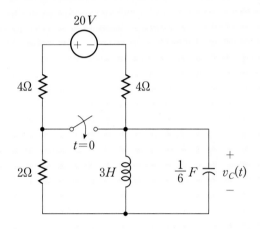

풀이 $t < 0$에서 회로는 직류정상상태에 있으므로 커패시터는 개방회로, 인덕터는 단락회로로 대체되면 다음의 회로를 얻을 수 있다.

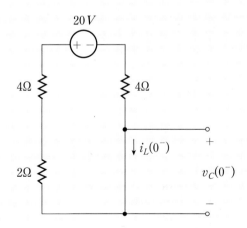

$v_C(0^-) = 0\,V$ 이고 $i_L(0^-)$는 옴의 법칙에 의해 다음과 같이 구해진다.

$$i_L(0^-) = -\frac{20\,V}{4\Omega + 4\Omega + 2\Omega} = -2A$$

따라서 연속성의 원리에 의해 $i_L(0^+)$와 $v_C(0^+)$는 다음과 같다.

$$i_L(0^+) = i_L(0^-) = -2A$$
$$v_C(0^+) = v_C(0^-) = 0V$$

한편, $t = 0$에서 스위치가 닫히므로 회로의 상단부의 전압원과 2개의 4Ω 저항은 회로에서 제거되므로 $t > 0$에서 다음 회로를 얻을 수 있다.

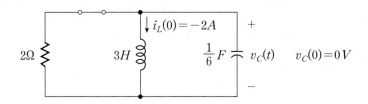

먼저, 특성방정식과 특성근을 구하면

$$s^2 + 3s + 2 = 0 \qquad \therefore s_1 = -1, \ s_2 = -2$$

이므로 과도감쇠 응답 특성을 나타낸다.

식(7-11)로부터 커패시터 양단전압 $v_C(t)$는

$$v_C(t) = K_1 e^{-t} + K_2 e^{-2t}$$

이므로 K_1과 K_2를 구하기 위한 2개의 초기 조건을 유도한다.

먼저, $v_C(0) = 0V$이므로, $v'_C(0)$를 구하기 위하여 식(7-15)를 이용한다.

$$v'_C(0) = -\frac{i_R(0) + i_L(0)}{C} = -6\{i_R(0) + i_L(0)\}$$

$i_R(0)$는 옴의 법칙에 의해

$$i_R(0) = \frac{v_C(0)}{R} = 0A$$

이므로 $v'_C(0) = 12 \, V/\sec$가 얻어진다.

K_1과 K_2를 구하기 위하여 $v_C(0) = 0, \; v'(0) = 12$를 이용하면

$$v_C(0) = K_1 + K_2 = 0$$
$$v'_C(t) = -K_1 e^{-t} - 2K_2 e^{-2t}$$
$$v'_C(0) = -K_1 - 2K_2 = 12$$

이므로 $K_1 = 12, \; K_2 = -12$가 얻어진다.

따라서 커패시터의 양단전압 $v_C(t)$는 다음과 같이 결정된다.

$$v_C(t) = 12e^{-t} - 12e^{-2t} \, V, \quad t > 0$$

(2) 부족감쇠 병렬 *RLC* 회로

$\alpha < \omega_0$일 때 식(7-14)의 복소주파수 s_1과 s_2는 공액(complex conjugate) 관계인 복소수가 되므로 $j \triangleq \sqrt{-1}$을 이용하여 표현하면 다음과 같다.

$$s_1, \; s_2 = -\alpha \pm \sqrt{\alpha^2 - \omega_0^2} = -\alpha \pm j\sqrt{\omega_0^2 - \alpha^2} \qquad (7-17)$$

식(7-17)에서 허수 부분을 ω_d로 정의하면

$$s_1, \; s_2 = -\alpha \pm j\omega_d \qquad (7-18)$$

$$\omega_d \triangleq \sqrt{\omega_0^2 - \alpha^2} \qquad (7-19)$$

이 되며 ω_d를 감쇠공진주파수(damped resonant frequency)라고 부른다.

식(7-17)을 식(7-11)에 대입하면

$$
\begin{aligned}
v(t) &= K_1 e^{s_1 t} + K_2 e^{s_2 t} \\
&= K_1 e^{(-\alpha + j\omega_d)t} + K_2 e^{(-\alpha - j\omega_d)t} \\
&= K_1 e^{-\alpha t} e^{j\omega_d t} + K_2 e^{-\alpha t} e^{-j\omega_d t}
\end{aligned}
\qquad (7-20)
$$

가 얻어진다.

한편, 복소지수함수 $e^{j\theta}$에 대한 다음의 오일러 공식을 이용하면

$$e^{j\theta} = \cos\theta + j\sin\theta \qquad (7-21)$$

$$e^{-j\theta} = \cos\theta - j\sin\theta \qquad (7-22)$$

식(7-20)은 다음과 같이 표현할 수 있다.

$$
\begin{aligned}
v(t) &= K_1 e^{-\alpha t} e^{j\omega_d t} + K_2 e^{-\alpha t} e^{-j\omega_d t} \\
&= e^{-\alpha t}(K_1\cos\omega_d t + jK_1\sin\omega_d t + K_2\cos\omega_d t - jK_2\sin\omega_d t) \\
&= e^{-\alpha t}\{(K_1 + K_2)\cos\omega_d t + j(K_1 - K_2)\sin\omega_d t\} \\
&= e^{-\alpha t}(A_1\cos\omega_d t + A_2\sin\omega_d t)
\end{aligned}
\qquad (7-23)
$$

여기서 상수 A_1과 A_2는 다음과 같이 정의된다.

$$A_1 \triangleq K_1 + K_2 \qquad (7-24)$$

$$A_2 \triangleq j(K_1 - K_2) \qquad (7-25)$$

식(7-23)의 부족감쇠 응답은 지수함수와 삼각함수의 곱의 형태로 표현되므로 $v(t)$는 진폭이 지수함수적으로 감소하면서 삼각함수와 같이 양(+)과 음(−)을 진동하는 형태를 보인다. 시간 t가 충분히 커지면 지수함수항으로 인해 $v(t)$는 궁극적으로 0으로 진동하면서 수렴한다. 그림 7.4에 병렬 RLC 회로의 부족감쇠 응답의 예를 나타내었다.

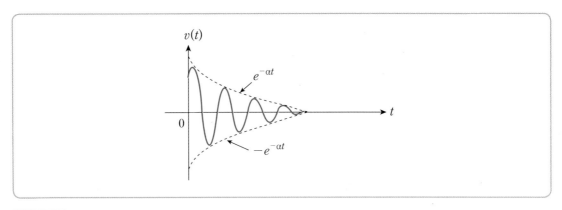

그림 7.4 병렬 *RLC* 회로의 부족감쇠 응답

그림 7.4에서 포락선(envelope)은 지수함수 $e^{-\alpha t}$가 결정하므로 α 값에 따라 진동이 얼마나 빠르게 감소되는지가 결정된다. 이런 이유로 α를 감쇠인자(damping factor)라고 부른다.

여 기서 잠깐! 여러 가지 주파수 명칭

α를 네퍼주파수로 정의하였으나 부족감쇠 응답에서 진동이 얼마나 빠르게 감소하는 지에 관여하기 때문에 감쇠인자(damping factor)라고도 부른다.

만일, $\alpha = 0$이면 감쇠가 없이 무한히 진동하는 응답을 나타내며, $\omega_d = \omega_0$가 되므로 ω_0를 비감쇠공진주파수(undamped resonant frequency)라고도 부른다.

ω_d는 $\alpha \neq 0$일 때 진폭이 지수함수적으로 감소하면서 진동하는 응답과 관계되기 때문에 감쇠공진주파수(damped resonant frequency)라고 부르는 것이다.

이와 같이 여러 가지의 주파수 명칭은 응답 특성을 반영한 명칭이므로 무조건 암기하기 보다는 회로의 응답 특성과 연계하여 이해하는 것이 바람직하다.

여 기서 잠깐! 상수 A_1과 A_2는 실수이다!

상수 A_1과 A_2는 식(7-24)와 식(7-25)에 의해 정의되는 양이나 복소수가 아니라 실수라는 사실에 주의해야 한다. 특히, 식(7-25)에 순허수 j로 인하여 A_2가 실수가 아니라 복소수로 생각할 수 있으나, 문제는 식(7-20)에서 s_1과 s_2가 복소수이므로 K_1과 K_2가 서로 공액 복소수가 된다.

따라서 K_1과 K_2를 더하면 실수 A_1이 되고, K_1과 K_2를 빼서 j를 곱하면 실수 A_2가 된다.

한편, 식(7–23)에서 미지의 계수 A_1과 A_2를 결정하기 위해서는 커패시터와 인덕터의 초기 조건을 이용하여 주어진 회로로부터 $v(t)$와 관련된 2개의 초기 조건을 유도해야 한다. 초기 조건을 유도하는 과정은 과도감쇠 응답에서 구하는 방법과 동일하다.

병렬 RLC 회로에서 부족감쇠 응답의 결정 절차

① 회로소자 R, L, C의 값을 이용하여 특성방정식의 근을 결정한다.

② 부족감쇠 조건 $\alpha < \omega_0$를 만족하는지 확인한다.

③ 인덕터와 커패시터의 초기 조건을 이용하여 $v(t)$와 관련된 2개의 초기 조건을 주어진 회로로부터 유도함으로써 미지의 계수 A_1과 A_2를 구한다.

$$v(0) = V_0, \quad v'(0) = V_1$$

④ 부족감쇠 자연응답 $v(t)$를 다음과 같이 결정한다.

$$v(t) = e^{-\alpha t}(A_1 \cos \omega_d t + A_2 \sin \omega_d t)$$

예제 7.5

다음은 $t = 0$에서 스위치가 개방되는 회로이다. $t > 0$에서 커패시터의 양단전압 $v_C(t)$를 구하라. 단, $t = 0$ 이전에 오랜 시간 동안 스위치는 닫혀있었다고 가정한다.

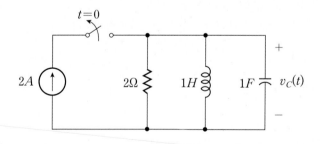

풀이 $t < 0$에서 회로는 직류정상상태에 있으므로 커패시터는 개방회로, 인덕터는 단락회로로 대체하면 다음의 회로를 얻을 수 있다.

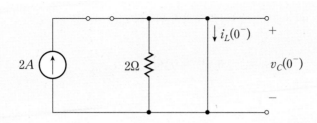

위의 그림에서 $i_L(0^-) = 2A$이고 $v_C(0^-) = 0V$이므로 연속성의 원리에 의해 $i_L(0^+)$와 $v_C(0^+)$는 다음과 같다.

$$i_L(0^+) = i_L(0^-) = 2A$$
$$v_C(0^+) = v_C(0^-) = 0V$$

한편, $t = 0$에서 스위치가 개방되므로 $2A$의 전류원이 제거되므로 $t > 0$에서 다음의 회로가 얻어진다.

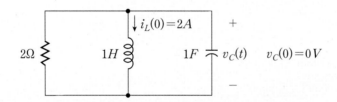

먼저, 특성방정식과 특성근을 구하면

$$2s^2 + s + 2 = 0$$
$$s_1, \ s_2 = \frac{-1 \pm \sqrt{1-16}}{2 \times 2} = -\frac{1}{4} \pm j\frac{\sqrt{15}}{4}$$

이므로 부족감쇠 응답 특성을 나타낸다. 식(7-23)으로부터 커패시터의 양단전압 $v_C(t)$는

$$v_C(t) = e^{-\frac{1}{4}t}\left(A_1\cos\frac{\sqrt{15}}{4}t + A_2\sin\frac{\sqrt{15}}{4}t\right)$$

이므로 A_1과 A_2를 구하기 위한 2개의 초기 조건을 유도한다.

먼저, $v_C(0) = 0\,V$이므로 $v'_C(0)$을 구하기 위하여 식(7−15)를 이용한다.

$$v'_C(0) = -\frac{i_R(0) + i_L(0)}{C} = -i_R(0) - i_L(0)$$

$i_R(0)$는 옴의 법칙에 의하여

$$i_R(0) = \frac{v_C(0)}{R} = 0A$$

이므로 $v'_C(0) = -2\,V/\sec$가 얻어진다.

A_1과 A_2를 구하기 위하여 $v_C(0) = 0$, $v'(0) = -2$를 이용하면 다음과 같다.

$$v_C(0) = A_1 = 0$$
$$v'_C(t) = e^{-\frac{1}{4}t}\left(-\frac{\sqrt{15}}{4}A_1\sin\frac{\sqrt{15}}{4}t + \frac{\sqrt{15}}{4}A_2\cos\frac{\sqrt{15}}{4}t\right)$$
$$-\frac{1}{4}e^{-\frac{1}{4}t}\left(A_1\cos\frac{\sqrt{15}}{4}t + A_2\sin\frac{\sqrt{15}}{4}t\right)$$
$$v'(0) = \frac{\sqrt{15}}{4}A_2 - \frac{1}{4}A_1 = -2$$
$$\therefore A_1 = 0, \quad A_2 = -\frac{8\sqrt{15}}{15}$$

따라서 커패시터의 양단전압 $v_C(t)$는 다음과 같이 결정된다.

$$v_C(t) = -\frac{8\sqrt{15}}{15}e^{-\frac{1}{4}t}\sin\frac{\sqrt{15}}{4}t\,V, \quad t > 0$$

여 기서 잠깐!   **오일러 공식**

오일러(Euler) 공식을 이용하여 $\sin\theta$와 $\cos\theta$를 복소지수함수 $e^{\pm j\theta}$를 이용하여 표현할 수 있다.

$$e^{j\theta} = \cos\theta + j\sin\theta$$
$$e^{-j\theta} = \cos\theta - j\sin\theta$$

두 식을 더하면

$$\cos\theta = \frac{1}{2}(e^{j\theta} + e^{-j\theta})$$

가 얻어지며, 두 식을 빼면

$$\sin\theta = \frac{1}{2j}(e^{j\theta} - e^{-j\theta})$$

가 얻어진다.

오일러 공식은 회로해석에 많이 이용되는 중요한 공식이므로 반드시 기억하도록 하자.

여기서 잠깐! 곱의 미분법

두 함수 $f(x)$와 $g(x)$의 곱의 형태로 되어 있는 함수를 미분하면

$$\frac{d}{dx}\{f(x)g(x)\} = \frac{df(x)}{dx}g(x) + f(x)\frac{dg(x)}{dx}$$

가 된다. 예를 들어, $h(x) = e^{3x}\sin 4x$를 미분하면 다음과 같다.

$$\begin{aligned} h'(x) &= (e^{3x})'\sin 4x + e^{3x}(\sin 4x)' \\ &= 3e^{3x}\sin 4x + e^{3x}(4\cos 4x) \\ &= e^{3x}(3\sin 4x + 4\cos 4x) \end{aligned}$$

(3) 임계감쇠 병렬 *RLC* 회로

$\alpha = \omega_0$일 때 식(7-14)의 복소주파수 s_1과 s_2는 같은 값을 가지는 실수가 되며, 그 값은 다음과 같다.

$$s_1, \ s_2 = -\alpha = -\frac{1}{2RC} \tag{7-26}$$

식(7-26)의 특성근을 식(7-11)에 대입해 보면

$$v(t) = K_1 e^{-\alpha t} + K_2 e^{-\alpha t} \tag{7-27}$$

이 되어, 형태상으로는 식(7-27)이 완전한 응답인 것처럼 보인다.

그러나 K_1과 K_2는 임의의 상수이므로 식(7-27)은 다음과 같이 하나의 상수로 표현할 수 있게 된다.

$$v(t) = (K_1 + K_2) e^{-\alpha t} = K_3 e^{-\alpha t} \tag{7-28}$$

식(7-28)에서 미지의 상수 K_3만으로는 2개의 초기 조건을 만족시킬 수 없으므로 식(7-27)은 무엇인가 잘못되어 있다는 것을 알 수 있다. 따라서 본 절에서는 미분방정식 이론에 따라 특성근이 중복되는 경우 식(7-9)의 해는 다음과 같이 주어진다는 결과만을 이용하기로 한다.

$$v(t) = K_1 e^{-\alpha t} + K_2 t e^{-\alpha t} \tag{7-29}$$

식(7-29)에서 알 수 있는 것처럼 특성방정식의 근이 중복되는 경우 추가적인 해는 t를 한번 곱하여 결정된다는 것에 주의하라.

식(7-29)로 표현되는 자연응답은 $t e^{-\alpha t}$의 항을 포함하는데 t가 증가함에 따라 $t e^{-\alpha t}$는 일차함수의 증가 비율보다는 지수함수의 감소 비율이 훨씬 빠르기 때문에 궁극적으로는 0으로 수렴한다. 즉,

$$\lim_{t \to \infty} t e^{-\alpha t} = 0 \tag{7-30}$$

따라서 식(7-29)의 자연응답은 그림 7.5에 나타낸 것과 같은 응답 특성을 가진다.

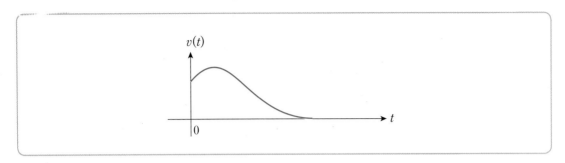

그림 7.5 병렬 *RLC* 회로의 임계감쇠 응답

그림 7.5에서 자연응답이 처음에는 약간 증가하다가 감소하는 특성을 가지는 것은 $te^{-\alpha t}$의 항에서 t로 인해 처음에는 증가하다가 지수함수 $e^{-\alpha t}$에 의해 감소되는 것이다.

여 기서 잠깐! **$t^n e^{-\alpha t}$의 수렴성**

만일 $te^{-\alpha t}$에서 t의 차수가 t^3이라고 하면 $t^3 e^{-\alpha t}$는 t가 증가함에 따라 어떤 양상을 보일까? t^3은 t가 증가하면 3차 함수로 증가하고 $e^{-\alpha t}$는 t가 증가하면 지수함수적으로 감소한다. 결국 t가 증가함에 따라 t^3은 증가하고 $e^{-\alpha t}$는 감소하는데 $t^3 e^{-\alpha t}$의 수렴성은 어떤 항이 더 빠른 비율을 가지는가에 의해 결정된다.

즉, t^3은 다항함수의 비율로 증가하는데 비해 $e^{-\alpha t}$는 지수함수적인 비율로 감소하므로 증가하는 비율보다 감소하는 비율이 훨씬 빠르기 때문에 결과적으로 $t^3 e^{-\alpha t}$는 0으로 수렴하게 된다.

일반적으로 n이 양수라 하면

$$\lim_{t \to \infty} t^n e^{-\alpha t} = 0$$

의 관계가 항상 성립한다. 다시 말해, 다항함수는 차수가 아무리 높더라도 지수함수의 감소 비율보다 느리기 때문에 $t^n e^{-\alpha t}$는 $t \to \infty$일 때 0으로 수렴한다.

한편, 식(7-29)에서 미지의 계수 K_1과 K_2를 결정하기 위해서는 커패시터와 인덕터의 초기 조건을 이용하여 주어진 회로로부터 $v(t)$와 관련된 2개의 초기 조건을 유도해야 한다. 초기 조건을 유도하는 과정은 앞에서 언급한 과도감쇠 및 부족감쇠 응답에서 구하는 방법과 동일하다.

병렬 RLC 회로에서 임계감쇠 응답의 결정 절차

① 회로소자 R, L, C의 값을 이용하여 특성방정식의 근을 결정한다.

② 임계감쇠 조건 $\alpha = \omega_0$를 만족하는지 확인한다.

③ 인덕터와 커패시터의 초기 조건을 이용하여 $v(t)$와 관련된 2개의 초기 조건을 주어진 회로로부터 유도함으로써 미지의 계수 K_1과 K_2를 구한다.

$$v(0) = V_0, \quad v'(0) = V_1$$

④ 임계감쇠 자연응답 $v(t)$를 다음과 같이 결정한다.

$$v(t) = K_1 e^{-\alpha t} + K_2 t e^{-\alpha t}$$

예제 7.6

다음 회로에서 커패시터의 양단전압 $v_C(t)$를 $t > 0$에서 구하라.

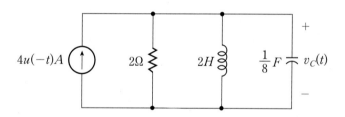

풀이 $t < 0$에서 $4A$의 전류원이 계속 인가되어 있는 상태이므로 직류정상상태이다. 인덕터와 커패시터를 각각 단락 및 개방회로로 대체하면 다음 회로를 얻을 수 있다.

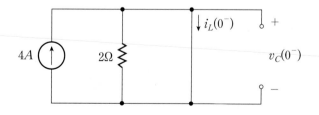

앞의 그림에서 $i_L(0^-) = 4A$이고 $v_C(0^-) = 0\,V$이므로 연속성의 원리에 의해 $i_L(0^+)$와 $v_C(0^+)$는 다음과 같다.

$$i_L(0^+) = i_L(0^-) = 4A$$
$$v_C(0^+) = v_C(0^-) = 0\,V$$

한편, $t = 0$에서 전류원이 개방되어 회로에서 제거되므로 $t > 0$에서 다음의 회로가 얻어진다.

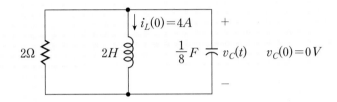

먼저, 특성방정식과 특성근을 구하면

$$s^2 + 4s + 4 = 0 \qquad \therefore s_1 = s_2 = -2$$

이므로 임계감쇠 응답 특성을 나타낸다. 식(7-29)로부터 커패시터의 양단전압 $v_C(t)$는

$$v_C(t) = K_1 e^{-2t} + K_2 te^{-2t}$$

이므로 K_1과 K_2를 구하기 위한 2개의 초기 조건을 유도한다.

먼저, $v_C(0) = 0\,V$이므로 $v'_C(0)$를 구하기 위하여 식(7-15)를 이용한다.

$$v'_C(0) = -\frac{i_R(0) + i_L(0)}{C} = -8\{i_R(0) + i_L(0)\}$$

$i_R(0)$는 옴의 법칙에 의하여

$$i_R(0) = \frac{v_C(0)}{R} = 0A$$

이므로 $v'_C(0) = -32\,V/\sec$가 얻어진다.

K_1과 K_2를 구하기 위하여 $v_C(0) = 0$, $v'_C(0) = -32$의 초기 조건을 이용하면 다음과 같다.

$$v_C(0) = K_1 = 0$$
$$v'_C(t) = -2K_1e^{-2t} + K_2e^{-2t} - 2K_2te^{-2t}$$
$$v'_C(0) = -2K_1 + K_2 = -32$$
$$\therefore K_1 = 0, \quad K_2 = -32$$

따라서 커패시터의 양단전압 $v_C(t)$는 다음과 같이 결정된다.

$$v_C(t) = -32te^{-2t}\,V, \quad t > 0$$

예제 7.7

다음 회로에서 $t > 0$에서 임계감쇠가 일어나도록 저항 R_1을 구하고 $v_C(0) = 20\,V$가 되도록 저항 R_2를 구하라. 단, $t < 0$에서 회로는 직류정상상태라고 가정한다.

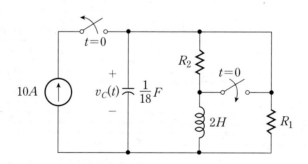

풀이 $t < 0$에서 회로는 직류정상상태이므로 커패시터와 인덕터는 각각 개방 및 단락 회로로 대체되어 다음의 회로가 얻어진다.

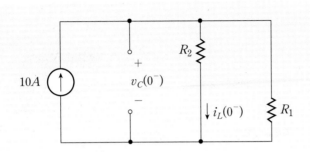

위의 회로에서 $v_C(0^-)$는 $R_1 \mathbin{/\mkern-5mu/} R_2$에 걸리는 전압이므로

$$v_C(0^+) = v_C(0^-) = (R_1 \mathbin{/\mkern-5mu/} R_2)\,10 = \frac{10R_1R_2}{R_1+R_2} = 20$$

$$\frac{R_1R_2}{R_1+R_2} = 2$$

를 얻을 수 있다.

$t > 0$에서 전류원은 회로에서 제거되고 저항 R_2의 양단이 단락되므로 다음의 회로를 얻을 수 있다.

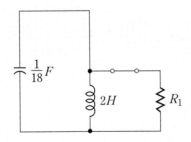

임계 감쇠가 일어나기 위해서는 $\alpha = \omega_0$의 조건이 만족되어야 한다.

$$\left.\begin{array}{l} \alpha = \dfrac{1}{2R_1C} = \dfrac{9}{R_1} \\[2mm] \omega_0 = \dfrac{1}{\sqrt{LC}} = 3 \end{array}\right\} \quad \frac{9}{R_1} = 3 \quad \therefore R_1 = 3\varOmega$$

$R_1 = 3\Omega$을 $v_C(0^+)$에 대한 식에 대입하면

$$\frac{3R_2}{3 + R_2} = 2 \qquad \therefore R_2 = 6\Omega$$

을 얻을 수 있다.

지금까지는 무전원 병렬 RLC 회로의 자연응답에 대하여 고찰하였다. 다음 절에서는 병렬 RLC 회로에 갑작스럽게 직류전원을 인가할 때 회로의 계단응답을 살펴본다.

7.3 병렬 RLC 회로의 계단응답

이제 병렬 RLC 회로에 직류전류원이 갑작스럽게 인가되어 강제응답이 나타나는 경우를 생각해 보자. 6장에서 RL 및 RC 회로의 계단응답을 결정하는 절차와 동일하게, 먼저 강제응답을 구한 후 임의의 상수를 포함하는 자연응답을 합하여 완전응답을 구성한다. 다음으로, 초기 조건을 이용하여 임의의 상수계수의 값을 구함으로써 병렬 RLC 회로의 완전응답(계단응답)을 결정한다.

결과적으로 무전원 병렬 RLC 회로의 자연응답을 결정하는 과정과 큰 차이는 없으나 초기 조건을 구하고 이를 적용하는 부분에 일반적인 규칙이 없기 때문에 사고의 창의성이 요구된다.

그림 7.6에 직류전류원 I_s에 의해 구동되는 병렬 RLC 회로를 나타내었다.

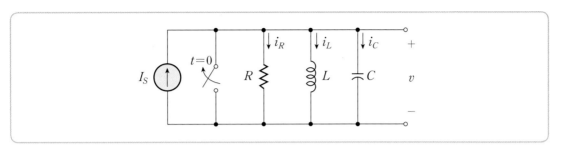

그림 7.6 직류전류원에 의해 구동되는 병렬 *RLC* 회로

그림 7.6에서 키르히호프의 전류 법칙을 적용하면, $t > 0$에서 다음의 관계가 만족된다.

$$i_R + i_L + i_C = I_s \qquad (7-31)$$

식(7-31)로부터 인덕터 전류 i_L과 커패시터 전압 v_C에 대한 2개의 미분방정식의 유도가 가능하다.

① 인덕터 전류 $i_L(t)$에 대한 미분방정식

식(7-31)에서 각 전류를 v_C로 표현하면

$$\frac{v_C}{R} + i_L + C\frac{dv_C}{dt} = I_s \qquad (7-32)$$

$$v_C = v_L = L\frac{di_L}{dt} \qquad (7-33)$$

이므로 식(7-33)을 식(7-32)에 대입하여 정리하면 i_L에 대한 2차 미분방정식을 얻을 수 있다.

$$\frac{d^2 i_L}{dt^2} + \frac{1}{RC}\frac{di_L}{dt} + \frac{1}{LC}i_L = \frac{I_s}{LC} \qquad (7-34)$$

② 커패시터 전압 $v_C(t)$에 대한 미분방정식

식(7-31)에서 커패시터 전압 $v_C(t)$를 이용하면

$$\frac{v_C}{R} + \frac{1}{L}\int_0^t v_C(\tau)\,d\tau + v_C(0) + C\frac{dv_C}{dt} = I_S \qquad (7-35)$$

이므로 식(7-35)의 양변을 미분하면 다음과 같다.

$$\frac{1}{R}\frac{dv_C}{dt} + \frac{1}{L}v_C + C\frac{d^2v_C}{dt^2} = 0$$
$$\frac{d^2v_C}{dt^2} + \frac{1}{RC}\frac{dv_C}{dt} + \frac{1}{LC}v_C = 0 \qquad (7-36)$$

따라서 식(7-34) 또는 식(7-36)으로 표현되는 2차 미분방정식의 강제응답(i_{Lf} 또는 v_{Cf})을 구하고, 특성방정식의 근의 종류에 따라 미지의 계수가 포함된 자연응답(i_{Ln} 또는 v_{Cn})을 구하여 더함으로써 완전응답의 형태를 구성한다. 그리고 회로에서 유도되는 2개의 초기 조건을 적용하여 미지의 계수를 구함으로써 최종적인 완전응답을 구하면 된다.

상수가 강제함수(forcing function)로 주어지는 경우 강제응답은 미분방정식에서 도함수 항들을 모두 0으로 놓으면 쉽게 구해진다. 또한 자연응답은 외부 에너지가 0인 상태에서 얻어지는 응답이므로 7.2절에서 논의된 방법과 동일하게 특성방정식의 근의 종류에 따라 자연응답을 구하면 된다.

한 가지 주의할 것은 초기 조건을 유도하여 미지의 계수를 구할 때, 초기 조건은 자연응답과 강제응답의 합인 완전응답에 적용해야 한다는 것이다. 미지의 계수가 자연응답에 포함되어 있기 때문에 초기 조건을 자연응답에 적용하는 실수를 하지 않도록 한다. 이는 매우 중요한 내용이니 꼭 기억해 두도록 하자.

그림 7.7에 병렬 RLC 회로의 계단응답을 구하는 과정을 나타내었다.

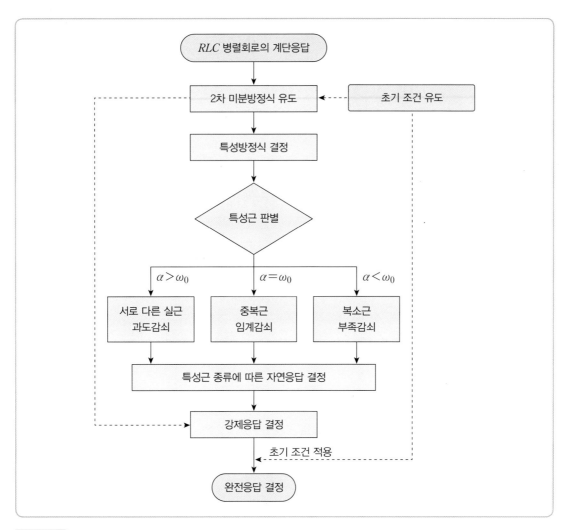

그림 7.7 병렬 *RLC* 회로의 계단응답 결정 과정

예제 7.8

다음은 $t = 0$에서 스위치가 개방되는 병렬 *RLC* 회로이다. $t > 0$에서 인덕터에 흐르는 전류 $i_L(t)$와 양단전압 $v_L(t)$를 각각 구하라.

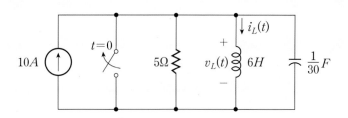

풀이 $t < 0$에서 회로에는 어떠한 에너지원도 없으므로 $i_L(0^-) = i_L(0^+) = 0A$, $v_C(0^-) = 0V$가 된다. $v_C(0^+) = v_C(0^-) = 0V$이므로 다음 관계가 성립한다.

$$v_C(0^+) = L\frac{di_L}{dt}\Big|_{t=0^+} = 0$$

$$\therefore \frac{di_L}{dt}\Big|_{t=0^+} = i'_L(0^+) = 0$$

식(7-34)로부터 다음의 2차 미분방정식이 얻어진다.

$$\frac{d^2 i_L}{dt^2} + 6\frac{di_L}{dt} + 5i_L = 50$$

특성방정식을 구하면

$$s^2 + 6s + 5 = 0$$
$$(s + 1)(s + 5) = 0 \qquad \therefore s_1 = -1, \ s_2 = -5$$

가 얻어지고, 과도감쇠 응답 특성을 나타내므로 자연응답 $i_{Ln}(t)$는 다음과 같다.

$$i_{Ln}(t) = K_1 e^{-t} + K_2 e^{-5t}$$

또한, 강제함수가 50이므로 강제응답은 다음과 같이 구할 수 있다.

$$i_{Lf}(t) = 10A$$

완전응답은 자연응답과 강제응답의 합의 형태이므로

$$i_L(t) = i_{Lf}(t) + i_{Ln}(t) = 10 + K_1 e^{-t} + K_2 e^{-5t}$$

가 얻어진다.

초기 조건 $i_L(0) = 0$, $i'_L(0^+) = 0$을 완전응답에 대입하면 K_1, K_2는 다음과 같이 구할 수 있다.

$$i_L(0) = 10 + K_1 + K_2 = 0$$
$$i'_L(t) = -K_1 e^{-t} - 5K_2 e^{-5t}$$
$$i'_L(0) = -K_1 - 5K_2 = 0$$
$$\therefore K_1 = -\frac{25}{2}, \quad K_2 = \frac{5}{2}$$

따라서 완전응답 $i_L(t)$와 $v_L(t)$는

$$i_L(t) = 10 - \frac{25}{2} e^{-t} + \frac{5}{2} e^{-5t} A, \ t > 0$$
$$v_L(t) = 6 \frac{di_L}{dt} = 6 \left(\frac{25}{2} e^{-t} - \frac{25}{2} e^{-5t} \right) = 75 \left(e^{-t} - e^{-5t} \right) V, \ t > 0$$

가 된다.

예제 7.9

다음 회로에서 인덕터에 흐르는 전류 $i_L(t)$의 완전응답을 구하라.

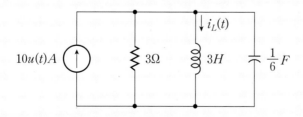

풀이 $t < 0$에서 계단함수 전원으로 구동되는 회로에는 어떠한 에너지원도 존재하지 않으므로 $i_L(0^-) = i_L(0^+) = 0A$, $v_C(0^-) = v_C(0^+) = 0V$가 얻어진다. 또한,

$$v_C(0^+) = v_L(0^+) = L\frac{di_L}{dt}\bigg|_{t=0^+} = 0$$

$$\therefore \frac{di_L}{dt}\bigg|_{t=0^+} = i'_L(0^+) = 0$$

식(7-34)로부터 다음의 2차 미분방정식이 얻어진다.

$$\frac{d^2 i_L}{dt^2} + 2\frac{di_L}{dt} + 2i_L = 20$$

특성방정식을 구하면

$$s^2 + 2s + 2 = 0$$

$$s_1, \; s_2 = \frac{-2 \pm \sqrt{4-8}}{2} = -1 \pm j1$$

이 얻어지고 부족감쇠 응답 특성을 나타내므로 자연응답 $i_{Ln}(t)$는 다음과 같다.

$$i_{Ln}(t) = e^{-t}(A_1\cos t + A_2\sin t)$$

또한, 강제함수가 20이므로 강제응답은 다음과 같이 구할 수 있다.

$$i_{Lf}(t) = 10A$$

완전응답은 자연응답과 강제응답의 합의 형태이므로

$$i_L(t) = i_{Lf}(t) + i_{Ln}(t) = 10 + e^{-t}(A_1\cos t + A_2\sin t)$$

가 얻어진다.

초기 조건 $i_L(0) = 0$, $i'_L(0) = 0$을 완전응답에 대입하면 A_1, A_2는 다음과 같이 구할 수 있다.

$$i_L(0) = 10 + A_1 = 0 \quad \therefore A_1 = -10$$
$$i'_L(t) = e^{-t}(-A_1 \sin t + A_2 \cos t)$$
$$\quad - e^{-t}(A_1 \cos t + A_2 \sin t)$$
$$i'_L(0) = A_2 - A_1 = 0 \quad \therefore A_2 = A_1 = -10$$

따라서 완전응답 $i_L(t)$는 다음과 같이 결정된다.

$$i_L(t) = 10 - 10e^{-t}(\cos t + \sin t), \ t > 0$$

예제 7.10

다음 회로에서 커패시터의 양단전압 $v_C(t)$의 완전응답을 구하라.

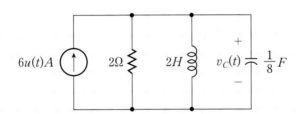

풀이 $t < 0$에서 계단함수 전원으로 구동되는 회로에는 어떠한 에너지원도 존재하지 않으므로 $v_C(0^-) = v_C(0^+) = 0\,V$, $i_L(0^-) = i_L(0^+) = 0A$가 얻어진다.

키르히호프의 전류 법칙을 $t = 0^+$에서 적용하면 다음의 초기 조건을 얻을 수 있다.

$$i_R(0^+) + i_L(0^+) + i_C(0^+) = 6$$
$$\frac{v_C(0^+)}{R} + i_L(0^+) + C\frac{dv_C}{dt}\bigg|_{t=0^+} = 6$$
$$\therefore \frac{dv_C}{dt}\bigg|_{t=0^+} = \frac{6}{C} = 48\,V/\sec$$

식(7-36)으로부터 다음의 2차 미분방정식이 얻어진다.

$$\frac{d^2 v_C}{dt^2} + 4\frac{dv_C}{dt} + 4v_C = 0$$

특성방정식을 구하면

$$s^2 + 4s + 4 = 0, \qquad s_1 = s_2 = -2$$

가 얻어지고 임계감쇠 응답 특성을 나타내므로 자연응답 $v_{Cn}(t)$는 다음과 같다.

$$v_{Cn}(t) = K_1 e^{-2t} + K_2 t e^{-2t}$$

또한, 강제함수가 0이므로 강제응답 $v_{Cf}(t) = 0$임을 알 수 있다.
완전응답은 자연응답과 강제응답의 합의 형태이므로

$$v_C(t) = v_{Cf}(t) + v_{Cn}(t) = K_1 e^{-2t} + K_2 t e^{-2t}$$

가 얻어진다.

초기 조건 $v_C(0) = 0$, $v'_C(0) = 48$을 완전응답에 대입하면 K_1, K_2는 다음과 같이 구할 수 있다.

$$v_C(0) = K_1 = 0$$
$$v'_C(t) = -2K_1 e^{-2t} + K_2 e^{-2t} - 2K_2 t e^{-2t}$$
$$v'_C(0) = -2K_1 + K_2 = 48 \qquad \therefore K_2 = 48$$

따라서 완전응답 $v_C(t)$는 다음과 같이 결정된다.

$$v_C(t) = 48 t e^{-2t} \, V, \qquad t > 0$$

예제 7.11

다음 회로에서 커패시터의 양단전압 $v_C(t)$의 완전응답을 구하라. 단, $t < 0$에서 회로는
직류정상상태라고 가정한다.

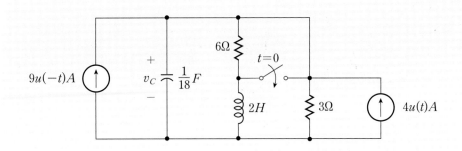

풀이　$t < 0$에서 회로는 직류정상상태이므로 커패시터와 인덕터는 각각 개방 및 단락 회로로 대체되어 다음의 회로를 얻을 수 있다.

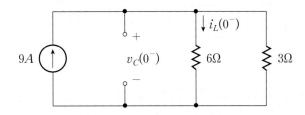

$v_C(0^-)$는 6Ω과 3Ω의 합성저항에 걸리는 전압이므로

$$v_C(0^-) = (6\Omega \mathbin{/\!/} 3\Omega) \times 9A = \frac{6 \times 3}{6 + 3} \times 9A = 18V$$

가 되며, 전류분배의 원리에 따라 $i_L(0^-)$는 다음과 같다.

$$i_L(0^-) = \frac{3\Omega}{6\Omega + 3\Omega} \times 9A = 3A$$

연속성의 원리에 의해 다음의 초기 조건을 얻을 수 있다.

$$v_C(0^+) = v_C(0^-) = 18V$$
$$i_L(0^+) = i_L(0^-) = 3A$$

$t > 0$에서 $9A$의 전류원은 개방되고 6Ω의 저항은 단락되어 회로에서 제거되므로 다음의 회로를 얻을 수 있다.

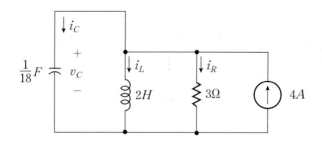

식(7–36)으로부터 다음의 2차 미분방정식이 얻어진다.

$$\frac{d^2 v_C}{dt^2} + 6\frac{dv_C}{dt} + 9v_C = 0$$

특성방정식을 구하면

$$s^2 + 6s + 9 = 0, \qquad s_1 = s_2 = -3$$

이 얻어지고, 임계감쇠 응답 특성을 나타내므로 자연응답은 다음과 같다.

$$v_{Cn}(t) = K_1 e^{-3t} + K_2 t e^{-3t}$$

또한, 강제함수가 0이므로 강제응답 $v_{Cf}(t) = 0$임을 알 수 있다.
완전응답은 자연응답과 강제응답의 합의 형태이므로

$$v_C(t) = v_{Cf}(t) + v_{Cn}(t) = K_1 e^{-3t} + K_2 t e^{-3t}$$

가 얻어진다.

v_C의 도함수에 대한 초기 조건을 구하기 위하여 키르히호프의 전류 법칙을 $t = 0^+$에서 적용한다.

$$i_R(0^+) + i_L(0^+) + i_C(0^+) = 4$$
$$\frac{v_C(0^+)}{R} + i_L(0^+) + C\frac{dv_C}{dt}\bigg|_{t=0^+} = 4$$
$$\therefore \frac{dv_C}{dt}\bigg|_{t=0^+} = v'_C(0^+) = 18\Big(4 - \frac{18}{3} - 3\Big) = -90$$

초기 조건 $v_C(0) = 18$, $v'_C(0) = -90$을 완전응답에 대입하면 K_1, K_2는 다음과 같이 구할 수 있다.

$$v_C(0) = K_1 = 18$$
$$v'_C(t) = -3K_1 e^{-3t} + K_2 e^{-3t} - 3K_2 te^{-3t}$$
$$v'_C(0) = -3K_1 + K_2 = -90 \qquad \therefore K_2 = -36$$

따라서 완전응답 $v_C(t)$는 다음과 같이 결정된다.

$$v_C(t) = 18e^{-3t} - 36te^{-3t} \, V, \qquad t > 0$$

여 기서 잠깐! | 도함수에 대한 연속성의 원리

완전응답을 구하기 위해서는 구하고자 하는 변수의 초기 조건과 그 변수에 대한 도함수의 초기 조건을 주어진 회로로부터 유도해야 한다.

모든 초기 조건은 커패시터의 초기전압 $v_C(0)$와 인덕터의 초기전류 $i_L(0)$에 의해 결정되며, v_C와 i_L은 연속성의 조건을 만족한다는 것을 학습하였다.

그러나 커패시터의 전류와 인덕터의 전압은 연속성의 조건을 만족하지 않는다. 즉,

$$i_C(0^-) \neq i_C(0^+)$$
$$v_L(0^-) \neq v_L(0^+)$$

한편, 커패시터의 전류 $i_C = C\dfrac{dv_C}{dt}$이므로 다음 관계를 얻을 수 있다.

$$i_C(0^-) = C\frac{dv_C}{dt}\bigg|_{t=0^-} \longrightarrow \frac{dv_C}{dt}\bigg|_{t=0^-} = \frac{i_C(0^-)}{C}$$
$$i_C(0^+) = C\frac{dv_C}{dt}\bigg|_{t=0^+} \longrightarrow \frac{dv_C}{dt}\bigg|_{t=0^+} = \frac{i_C(0^+)}{C}$$
$$\therefore \frac{dv_C}{dt}\bigg|_{t=0^-} \neq \frac{dv_C}{dt}\bigg|_{t=0^+} \qquad \text{또는} \qquad v'_C(0^-) \neq v'_C(0^+)$$

또한, 인덕터의 전압 $v_L = L\dfrac{di_L}{dt}$이므로 다음의 관계를 얻을 수 있다.

$$v_L(0^-) = L\frac{di_L}{dt}\Big|_{t=0^-} \longrightarrow \frac{di_L}{dt}\Big|_{t=0^-} = \frac{v_L(0^-)}{L}$$

$$v_L(0^+) = L\frac{di_L}{dt}\Big|_{t=0^+} \longrightarrow \frac{di_L}{dt}\Big|_{t=0^+} = \frac{v_L(0^+)}{L}$$

$$\therefore \frac{di_L}{dt}\Big|_{t=0^-} \neq \frac{di_L}{dt}\Big|_{t=0^+} \qquad \text{또는} \qquad i'_L(0^-) \neq i'_L(0^+)$$

이상과 같이 v_C와 i_L의 도함수에 대한 연속성은 만족되지 않는다는 것을 알 수 있다.

7.4 직렬 RLC 회로와 쌍대성

(1) 직렬 RLC 회로의 미분방정식

직렬 RLC 회로의 자연응답은 병렬 RLC 회로의 자연응답을 결정하는 과정과 동일한 방식으로 구할 수 있다. 그림 7.8에 인덕터와 커패시터의 초기 에너지가 0이 아닌 무전원 직렬 RLC 회로를 나타내었다.

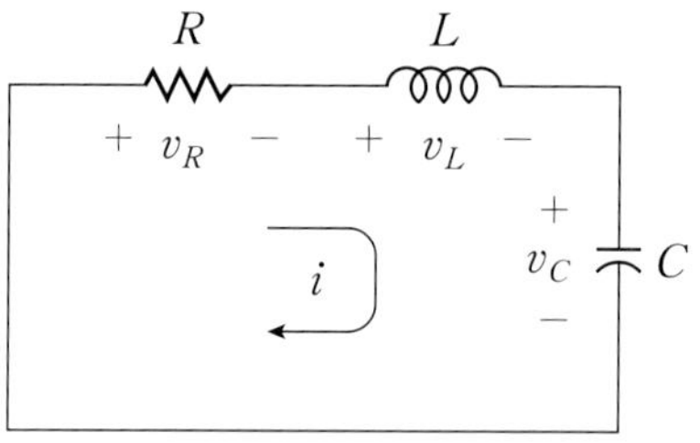

그림 7.8 초기 에너지를 가진 무전원 직렬 RLC 회로

그림 7.8에서 인덕터와 커패시터의 초기 에너지는 다음과 같다고 가정한다.

$$i_L(0) = I_0, \quad v_C(0) = V_0 \tag{7-37}$$

키르히호프의 전압 법칙을 이용하여 그림 7.8의 회로방정식을 유도하면

$$Ri + L\frac{di}{dt} + \frac{1}{C}\int_0^t i(\tau)\,d\tau + v_C(0) = 0 \qquad (7\text{--}38)$$

이 얻어진다.

식(7-38)은 미적분방정식의 형태이므로 양변을 미분하면 다음의 2차 미분방정식을 얻을 수 있다.

$$L\frac{d^2 i}{dt^2} + R\frac{di}{dt} + \frac{1}{C}i = 0 \qquad (7\text{--}39)$$

식(7-39)의 특성방정식을 구하면 다음과 같다.

$$Ls^2 + Rs + \frac{1}{C} = 0$$
$$s^2 + \frac{R}{L}s + \frac{1}{LC} = 0 \qquad (7\text{--}40)$$

식(7-40)의 특성방정식은 2차 방정식이므로 다음 2개의 특성근 s_1, s_2를 가진다.

$$s_1,\ s_2 = -\frac{R}{2L} \pm \sqrt{\left(\frac{R}{2L}\right)^2 - \frac{1}{LC}} \qquad (7\text{--}41)$$

먼저, 직렬 *RLC* 회로의 공진주파수 ω_0와 네퍼주파수 α를 다음과 같이 정의한다.

$$\omega_0 \triangleq \frac{1}{\sqrt{LC}} \qquad (7\text{--}42)$$

$$\alpha \triangleq \frac{R}{2L} \qquad (7\text{--}43)$$

직렬 *RLC* 회로의 공진주파수 ω_0와 네퍼주파수 α를 이용하여 복소주파수 s_1과 s_2를 표현하면 다음과 같다.

$$s_1, \ s_2 = -\alpha \pm \sqrt{\alpha^2 - \omega_0^2} \qquad (7-44)$$

직렬 RLC 회로의 네퍼주파수는 병렬 RLC 회로의 네퍼주파수와는 다르지만, 공진주파수는 같다는 사실에 주의한다.

식(7-44)에서 제곱근 안에 있는 항에 따라 복소주파수는 근의 형태가 달라지며, 다음 3가지 유형으로 분류될 수 있다.

① $\alpha > \omega_0$이면 복소주파수는 서로 다른 실수가 되며, 이때의 응답을 과도감쇠라고 한다.

② $\alpha < \omega_0$이면 복소주파수는 공액 관계인 복소수가 되며, 이때의 응답을 부족감쇠라고 한다.

③ $\alpha = \omega_0$이면 복소주파수는 중복된 실수가 되며, 이때의 응답을 임계감쇠라고 한다.

직렬 RLC 회로의 경우도 병렬 RLC 회로의 경우와 마찬가지로 특성근의 종류에 따라 3가지의 응답 특성을 가진다는 것을 알 수 있다.

예제 7.12

다음 무전원 직렬 RLC 회로에서 전류 i에 대한 미분방정식을 구하고 응답 유형을 판별하라.

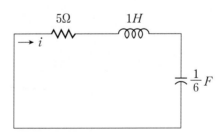

풀이 i에 대한 미분방정식은 식(7-39)에 의하여 다음과 같다.

$$\frac{d^2 i}{dt^2} + 5\frac{di}{dt} + 6i = 0$$

앞의 미분방정식에 대해 특성방정식을 구하면

$$s^2 + 5s + 6 = 0 \qquad \therefore s_1 = -2, \ s_2 = -3$$

이므로 과도감쇠 응답을 나타낸다.

한편, 네퍼주파수 α와 공진주파수 ω_0를 각각 구하면

$$\alpha = \frac{R}{2L} = \frac{5}{2}, \quad \omega_0 = \frac{1}{\sqrt{LC}} = \sqrt{6}$$

이므로, $\alpha > \omega_0$의 관계가 성립한다.

(2) 쌍대성

직렬 *RLC* 회로와 병렬 *RLC* 회로는 서로 쌍대적(dual)인 관계에 있으므로 이러한 쌍대성을 이용하면 회로해석이 보다 간편해지고 결과를 쉽게 예측할 수 있게 된다.

병렬 *RLC* 회로의 미분방정식은 식(7-3)에 의해 다음과 같다.

$$C\frac{d^2 v}{dt^2} + \frac{1}{R}\frac{dv}{dt} + \frac{1}{L}v = 0 \qquad\qquad (7-3)$$

또한, 직렬 *RLC* 회로의 미분방정식은 식(7-39)에 의해 다음과 같다.

$$L\frac{d^2 i}{dt^2} + R\frac{di}{dt} + \frac{1}{C}i = 0 \qquad\qquad (7-39)$$

식(7-3)과 식(7-39)를 비교해 보면 다음의 대응 관계를 쉽게 찾을 수 있다.

$$\begin{aligned} C &\longleftrightarrow L \\ \frac{1}{R} &\longleftrightarrow R \\ v &\longleftrightarrow i \end{aligned} \qquad\qquad (7-45)$$

식(7-45)의 대응 관계를 이용하면 병렬 *RLC* 회로에 관한 모든 논의를 직렬

RLC 회로에도 직접 적용할 수 있다. 병렬 RLC 회로의 커패시터 전압과 인덕터 전류의 초기 조건은 직렬 RLC 회로의 인덕터 전류와 커패시터 전압의 초기 조건에 대응되며, 병렬 RLC 회로의 전압응답은 직렬 RLC 회로의 전류응답에 대응된다.

표 7.2에 병렬 RLC 회로와 직렬 RLC 회로의 쌍대 관계를 나타내었다.

표 7.2 병렬 및 직렬 RLC 회로의 쌍대성

	병렬 RLC 회로	직렬 RLC 회로
미분방정식	$C\dfrac{d^2v}{dt^2} + \dfrac{1}{R}\dfrac{dv}{dt} + \dfrac{1}{L}v = 0$	$L\dfrac{d^2i}{dt^2} + R\dfrac{di}{dt} + \dfrac{1}{C}i = 0$
특성방정식	$s^2 + \dfrac{1}{RC}s + \dfrac{1}{LC} = 0$	$s^2 + \dfrac{R}{L}s + \dfrac{1}{LC} = 0$
α	$\dfrac{1}{2RC}$	$\dfrac{R}{2L}$
ω_0	$\dfrac{1}{\sqrt{LC}}$	$\dfrac{1}{\sqrt{LC}}$
키르히호프의 법칙	전류 법칙	전압 법칙

표 7.2로부터 병렬 및 직렬 RLC 회로에서 α를 계산하는 데 있어서 병렬인 경우에는 $\dfrac{1}{2RC}$이고 직렬인 경우에는 $\dfrac{R}{2L}$이므로, 병렬저항을 증가시키면 α가 감소하고 직렬저항을 증가시키면 α가 증가한다는 사실에 주의하도록 하자.

식(7-40)의 대응 관계를 이용하면 병렬 및 직렬 RLC 회로는 서로 쌍대적인 관계에 있음을 쉽게 알 수 있다. 따라서 직렬 RLC 회로의 모든 응답은 쌍대성에 의하여 병렬 RLC 회로의 응답으로부터 쉽게 예측이 가능하다.

7.5 직렬 RLC 회로의 자연응답

지금까지 무전원 직렬 RLC 회로의 자연응답은 복소주파수 s_1과 s_2에 따라 응답 특성이 달라진다는 것에 대하여 설명하였다.

본 절에서는 복소주파수의 근의 종류에 따라 3가지 유형의 자연응답을 결정하는

방법에 대하여 고찰한다.

(1) 과도감쇠 직렬 *RLC* 회로

$\alpha > \omega_0$일 때 식(7-44)의 복소주파수 s_1과 s_2는 모두 음의 실수가 되므로 직렬 *RLC* 회로의 자연응답은 병렬 *RLC* 회로와 마찬가지로 다음과 같이 결정된다.

$$i(t) = K_1 e^{s_1 t} + K_2 e^{s_2 t} \qquad (7-46)$$

여기서 미지의 계수 K_1과 K_2는 병렬 *RLC* 회로에서와 마찬가지 방법에 의하여 $i(t)$와 관련된 다음의 초기 조건을 적용하여 결정한다.

$$i(0) = I_0, \quad \left.\frac{di}{dt}\right|_{t=0^+} = I_1 \qquad (7-47)$$

예제 7.13

다음 회로에서 $t > 0$일 때 인덕터에 흐르는 전류 $i(t)$를 구하라.

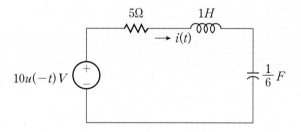

풀이 $t < 0$에서 회로는 직류정상상태이므로 커패시터와 인덕터는 각각 개방 및 단락 회로로 대체되어 다음의 회로가 얻어진다.

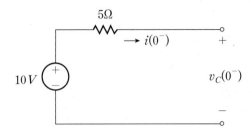

개방회로이므로 $i(0^-) = 0A$, $v_C(0^-) = 10V$가 되어 연속성의 원리에 의해 $i(0^+)$와 $v_C(0^+)$는 다음과 같다.

$$i(0^+) = i(0^-) = 0A$$
$$v_C(0^+) = v_C(0^-) = 10V$$

$t > 0$에서 직류전압원이 제거되어 직렬 RLC 회로가 얻어지므로 식(7-40)에 의하여 특성방정식과 특성근을 구하면 다음과 같다.

$$s^2 + 5s + 6 = 0 \qquad \therefore s_1 = -2, \ s_2 = -3$$

특성근이 서로 다른 실수이므로 식(7-46)에 의하여 자연응답 $i(t)$는

$$i(t) = K_1 e^{-2t} + K_2 e^{-3t}$$

가 되므로 K_1과 K_2를 구하기 위한 초기 조건을 유도한다.

$$v_R(0^+) + v_L(0^+) + v_C(0^+) = 0$$
$$Ri(0^+) + L\frac{di}{dt}\Big|_{t=0^+} + v_C(0^+) = 0$$
$$\therefore \frac{di}{dt}\Big|_{t=0^+} = -\frac{v_C(0^+)}{L} = -10A/\sec$$

K_1과 K_2를 구하기 위하여 $i(0) = 0$, $i'(0^+) = -10$을 이용하면

$$i(0) = K_1 + K_2 = 0$$
$$i'(t) = -2K_1e^{-2t} - 3K_2e^{-3t}$$
$$i'(0) = -2K_1 - 3K_2 = -10$$

$K_1 = -10, \ K_2 = 10$이 얻어진다.

따라서 인덕터에 흐르는 전류 $i(t)$는 다음과 같다.

$$i(t) = -10e^{-2t} + 10e^{-3t}A, \quad t > 0$$

(2) 부족감쇠 직렬 *RLC* 회로

$\alpha < \omega_0$일 때 식(7−44)의 복소주파수 s_1과 s_2는 공액 관계인 복소수가 되므로 다음과 같이 표현할 수 있다.

$$s_1, \ s_2 = -\alpha \pm \sqrt{\alpha^2 - \omega_0^2} = -\alpha \pm j\sqrt{\omega_0^2 - \alpha^2} \qquad (7-48)$$

식(7−48)에서 허수 부분을 ω_d로 정의하면

$$s_1, \ s_2 = -\alpha \pm j\omega_d \qquad (7-49)$$

$$\omega_d \triangleq \sqrt{\omega_0^2 - \alpha^2} \qquad (7-50)$$

이 되며, ω_d를 감쇠공진주파수라고 부른다.

직렬 *RLC* 회로의 자연응답은 병렬 *RLC* 회로와 마찬가지로 다음과 같이 결정된다.

$$i(t) = e^{-\alpha t}(A_1 \cos \omega_d t + A_2 \sin \omega_d t) \qquad (7-51)$$

여기서 미지의 계수 A_1과 A_2는 병렬 *RLC* 회로에서와 마찬가지 방법에 의하여 $i(t)$와 관련된 식(7−47)의 초기 조건을 적용하여 결정한다.

예제 7.14

다음은 $t = 0$에서 스위치가 단자 A에서 단자 B로 이동하는 RLC 회로이다. $t < 0$에서 스위치가 단자 A에서 오랜 시간 동안 머물렀다고 가정하고, $t > 0$에서 인덕터에 흐르는 전류 $i(t)$를 구하라.

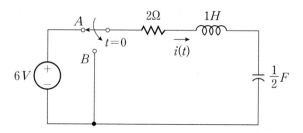

풀이 $t < 0$에서 회로는 직류정상상태이므로 커패시터와 인덕터는 각각 개방 및 단락 회로로 대체되어 다음의 회로가 얻어진다.

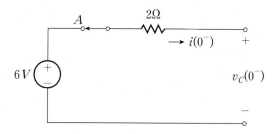

개방회로이므로 $i(0^-) = 0A$, $v_C(0^-) = 6V$가 되어 연속성의 원리에 의해 $i(0^+)$와 $v_C(0^+)$는 다음과 같다.

$$i(0^+) = i(0^-) = 0A$$
$$v_C(0^+) = v_C(0^-) = 6V$$

$t = 0$에서 스위치가 단자 B로 이동하므로 다음의 회로가 얻어진다.

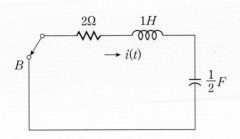

식(7-40)에 의하여 특성방정식과 특성근을 구하면

$$s^2 + 2s + 2 = 0$$
$$s_1, \ s_2 = -1 \pm j1$$

이 얻어지고, 부족감쇠 응답 특성을 나타내므로 자연응답 $i(t)$는 식(7-51)로부터 다음과 같다.

$$i(t) = e^{-t}(A_1 \cos t + A_2 \sin t)$$

초기 조건을 유도하기 위해 키르히호프의 전압 법칙을 적용하면 다음과 같다.

$$v_R(0^+) + v_L(0^+) + v_C(0^+) = 0$$
$$Ri(0^+) + L\frac{di}{dt}\bigg|_{t=0^+} + v_C(0^+) = 0$$
$$\therefore \frac{di}{dt}\bigg|_{t=0^+} = \frac{1}{L}\{-Ri(0^+) - v_C(0^+)\} = -6A/\sec$$

A_1과 A_2를 구하기 위해

$$i(0) = A_1 = 0$$
$$i'(t) = e^{-t}(-A_1 \sin t + A_2 \cos t) - e^{-t}(A_1 \cos t + A_2 \sin t)$$
$$i'(0) = A_2 - A_1 = -6 \qquad \therefore A_2 = -6$$

이므로 인덕터에 흐르는 전류 $i(t)$는 다음과 같이 결정된다.

$$i(t) = -6e^{-t}\sin t \ A, \quad t > 0$$

(3) 임계감쇠 직렬 RLC 회로

$\alpha = \omega_0$일 때 식(7-44)의 복소주파수 s_1과 s_2는 같은 값을 가지는 실수가 되며, 그 값은 다음과 같다.

$$s_1, \ s_2 = -\alpha = -\frac{R}{2L} \qquad (7-52)$$

직렬 RLC 회로의 자연응답은 병렬 RLC 회로와 마찬가지로 다음과 같이 결정된다.

$$i(t) = K_1 e^{-\alpha t} + K_2 t e^{-\alpha t} \qquad (7-53)$$

여기서 미지의 계수 K_1과 K_2는 병렬 RLC 회로에서와 마찬가지 방법에 의하여 $i(t)$와 관련된 식(7-47)의 초기 조건을 적용하여 결정한다.

예제 7.15

다음 회로에서 $t > 0$일 때 전체전류 $i(t)$와 인덕터의 양단전압 $v_L(t)$를 구하라.

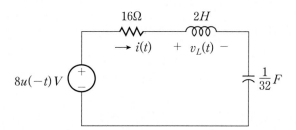

풀이 $t < 0$에서 회로는 직류정상상태이므로 커패시터와 인덕터는 각각 개방 및 단락 회로로 대체되어 다음의 회로가 얻어진다.

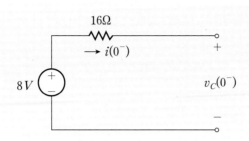

개방회로이므로 $i(0^-) = 0A$, $v_C(0^-) = 8V$가 되어 연속성의 원리에 의하여 $i(0^+)$와 $v_C(0^+)$는 다음과 같다.

$$i(0^+) = i(0^-) = 0A$$
$$v_C(0^+) = v_C(0^-) = 8V$$

$t > 0$에서 직류전압원이 제거되어 직렬 RLC 회로가 얻어지므로 식(7-40)에 의하여 특성방정식과 특성근을 구하면 다음과 같다.

$$s^2 + 8s + 16 = 0 \qquad \therefore s_1 = s_2 = -4$$

특성근이 중복된 실수이므로 식(7-53)에 의하여 자연응답 $i(t)$는 다음과 같다.

$$i(t) = K_1 e^{-4t} + K_2 t e^{-4t}$$

K_1과 K_2를 결정하기 위하여 초기 조건을 유도한다.

$$v_R(0^+) + v_L(0^+) + v_C(0^+) = 0$$
$$Ri(0^+) + L\frac{di}{dt}\Big|_{t=0^+} + v_C(0^+) = 0$$
$$\therefore \frac{di}{dt}\Big|_{t=0^+} = \frac{1}{L}\{-Ri(0^+) - v_C(0^+)\} = -4A/\sec$$

$i(0) = 0$, $i'(0) = -4$를 이용하면

$$i(0) = K_1 = 0$$
$$i'(t) = -4K_1 e^{-4t} + K_2 e^{-4t} - 4K_2 t e^{-4t}$$
$$i'(0) = -4K_1 + K_2 = -4 \quad \therefore K_2 = -4$$

가 얻어지므로 자연응답 $i(t)$는 다음과 같다.

$$i(t) = -4te^{-4t} A, \quad t > 0$$

인덕터의 양단전압 $v_L(t)$는 다음과 같이 결정된다.

$$v_L(t) = 2\frac{di}{dt} = 2(-4e^{-4t} + 16te^{-4t}) V, \quad t > 0$$

표 7.3에 병렬 및 직렬 RLC 회로의 자연응답을 유형별로 요약하였다.

표 7.3 병렬 및 직렬 RLC 회로의 자연응답

응답 특성	병렬 RLC 회로$[v(t)]$	직렬 RLC 회로$[i(t)]$
과도감쇠 $(\alpha > \omega_0)$	$K_1 e^{s_1 t} + K_2 e^{s_2 t}$	$K_1 e^{s_1 t} + K_2 e^{s_2 t}$
부족감쇠 $(\alpha < \omega_0)$	$e^{-\alpha t}(A_1 \cos \omega_d t + A_2 \sin \omega_d t)$	$e^{-\alpha t}(A_1 \cos \omega_d t + A_2 \sin \omega_d t)$
임계감쇠 $(\alpha = \omega_0)$	$K_1 e^{-\alpha t} + K_2 te^{-\alpha t}$	$K_1 e^{-\alpha t} + K_2 te^{-\alpha t}$
α	$\alpha = \dfrac{1}{2RC}$	$\alpha = \dfrac{R}{2L}$

지금까지는 무전원 직렬 RLC 회로의 자연응답에 대하여 고찰하였다. 다음 절에서는 직렬 RLC 회로에 갑작스럽게 직류전원을 인가할 때 회로의 계단응답을 살펴본다.

여기서 잠깐! 감쇠와 제동

특성근의 종류에 따른 응답 특성을 나타내는 과도감쇠, 부족감쇠, 임계감쇠라는 용어를 같은 의미로 '감쇠' 대신에 '제동'이라는 용어로 사용하기도 한다. 즉, 과제동(overdamping), 부족제동(underdamping), 임계제동(critical damping)이라는 용어를 사용하며, 주로 제어시스템의 응답 특성을 다룰 때 의미상으로 감쇠보다는 제동이 더 적합하기 때문에 많이 사용되고 있다.

7.6 직렬 *RLC* 회로의 계단응답

이제 직렬 *RLC* 회로에 직류전압원이 갑작스럽게 인가되어 강제응답이 나타나는 경우를 생각해 보자. 7.3절에서 병렬 *RLC* 회로의 계단응답을 결정하는 절차와 동일하게, 먼저 강제응답을 구한 후 임의의 상수를 포함하는 자연응답을 합하여 완전응답을 구성한다. 다음으로 초기 조건을 이용하여 임의의 상수계수의 값을 구함으로써 직렬 *RLC* 회로의 완전응답(계단응답)을 결정한다.

병렬 *RLC* 회로의 계단응답을 결정하는 과정과 마찬가지로, 커패시터의 초기전압과 인덕터의 초기전류로부터 필요로 하는 변수의 초기 조건을 유도하는 과정에 일반적인 규칙이 없기 때문에 충분한 연습을 통해 직관력과 창의성을 습득하는 것이 중요하다.

그림 7.9에 직류전압원 V_S에 의해 구동되는 직렬 *RLC* 회로를 나타내었다.

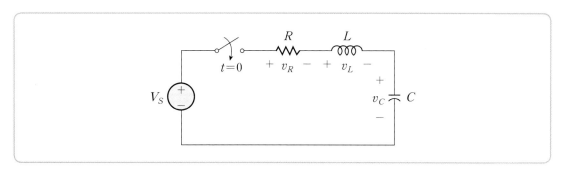

그림 7.9 직류전압원에 의해 구동되는 직렬 *RLC* 회로

그림 7.9에서 키르히호프의 전압 법칙을 적용하면, $t > 0$에서 다음의 관계가 만족된다.

$$v_R + v_L + v_C = V_S \qquad (7-54)$$

식(7−54)로부터 인덕터 전류 i_L과 커패시터 전압 v_C에 대한 2개의 미분방정식의 유도가 가능하다.

① 인덕터 전류 $i_L(t)$에 대한 미분방정식

식(7-54)에서 인덕터 전류 $i_L(t)$를 이용하면

$$Ri_L + L\frac{di_L}{dt} + \frac{1}{C}\int_0^t i_L(\tau)\,d\tau + v_C(0) = V_S \qquad (7-55)$$

이므로 식(7-55)의 양변을 미분하면 다음과 같다.

$$R\frac{di_L}{dt} + L\frac{d^2 i_L}{dt^2} + \frac{1}{C}i_L = 0$$
$$\frac{d^2 i_L}{dt^2} + \frac{R}{L}\frac{di_L}{dt} + \frac{1}{LC}i_L = 0 \qquad (7-56)$$

② 커패시터 전압 $v_C(t)$에 대한 미분방정식

식(7-54)에서

$$Ri_L + L\frac{di_L}{dt} + v_C = V_S \qquad (7-57)$$

$$i_L = i_C = C\frac{dv_C}{dt} \qquad (7-58)$$

이므로 식(7-58)을 식(7-57)에 대입하여 정리하면, v_C에 대한 2차 미분방정식을 얻을 수 있다.

$$\frac{d^2 v_C}{dt^2} + \frac{R}{L}\frac{dv_C}{dt} + \frac{1}{LC}v_C = \frac{V_S}{LC} \qquad (7-59)$$

따라서 식(7-56) 또는 식(7-59)로 표현되는 2차 미분방정식의 강제응답(i_{Lf} 또는 v_{Cf})을 구하고, 특성방정식의 근의 종류에 따라 미지의 계수가 포함된 자연응답(i_{Ln} 또는 v_{Cn})을 구하여 더함으로써 완전응답의 형태를 구성한다. 그리고 회로에서 유도되는 2개의 초기 조건을 적용하여 미지의 계수를 구함으로써 최종적인 완전응답을 구하면 된다.

결과적으로 직렬 RLC 회로의 계단응답을 결정하는 과정은 그림 7.7에 나타낸 것과 완전히 동일하다는 것을 알 수 있다.

예제 7.16

다음은 스위치가 단자 A에 오랜 시간 동안 머물다가 $t = 0$에서 단자 B로 이동하는 *RLC* 회로이다. $t > 0$에서 커패시터의 양단전압 $v_C(t)$를 구하라.

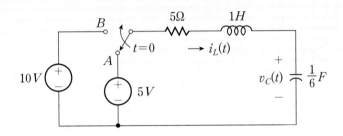

풀이 $t < 0$에서 회로는 직류정상상태이므로 인덕터와 커패시터는 각각 단락 및 개방 회로로 대체되어 다음의 초기 조건을 얻을 수 있다.

$$i_L(0^-) = 0A, \quad v_C(0^-) = 5V$$

연속성의 원리에 의해

$$i_L(0^+) = i_L(0^-) = 0A$$
$$v_C(0^+) = v_C(0^-) = 5V$$
$$i_C(0^+) = i_L(0^+) = C\frac{dv_C}{dt}\bigg|_{t=0^+} = 0$$
$$\therefore \frac{dv_C}{dt}\bigg|_{t=0^+} = v'_C(0^+) = 0$$

$t = 0$에서 스위치가 단자 B로 이동하므로 식(7-59)의 미분방정식으로부터 특성방정식을 구하면 다음과 같다.

$$\frac{d^2v_C}{dt^2} + 5\frac{dv_C}{dt} + 6v_C = 60$$

$$s^2 + 5s + 6 = 0 \quad \therefore s_1 = -2, \ s_2 = -3$$

특성근이 서로 다른 실수이므로 자연응답 $v_{Cn}(t)$는 다음과 같이 표현된다.

$$v_{Cn}(t) = K_1 e^{-2t} + K_2 e^{-3t}$$

또한, 강제함수가 60이므로 강제응답 $v_{Cf}(t)$는

$$v_{Cf}(t) = 10\,V$$

이므로, 완전응답 $v_C(t)$는 다음과 같다.

$$v_C(t) = v_{Cn}(t) + v_{Cf}(t) = K_1 e^{-2t} + K_2 e^{-3t} + 10$$

초기 조건 $v_C(0) = 5$, $v'_C(0^+) = 0$을 완전응답에 대입하면 K_1과 K_2를 다음과 같이 구할 수 있다.

$$
\begin{aligned}
v_C(0) &= K_1 + K_2 + 10 = 5 \\
v'_C(t) &= -2K_1 e^{-2t} - 3K_2 e^{-3t} \\
v'_C(0) &= -2K_1 - 3K_2 = 0 \\
\therefore\ K_1 &= -15,\ \ K_2 = 10
\end{aligned}
$$

따라서 완전응답 $v_C(t)$는 다음과 같이 결정된다.

$$v_C(t) = -15 e^{-2t} + 10 e^{-3t} + 10\,V, \quad t > 0$$

예제 7.17

다음 직렬 RLC 회로에서 단위계단함수 형태의 전원이 인가될 때, $t > 0$에서 커패시터의 양단전압 $v_C(t)$를 구하라.

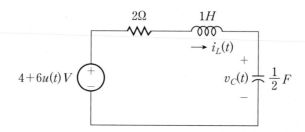

풀이 $t < 0$일 때 주어진 회로는 $4V$의 전압이 계속 인가되는 직류정상상태이므로 커패시터와 인덕터를 각각 개방 및 단락회로로 대체하면 다음의 초기 조건들을 얻을 수 있다.

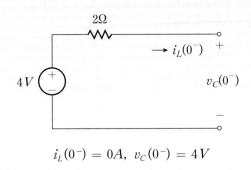

$$i_L(0^-) = 0A, \ v_C(0^-) = 4V$$

연속성의 원리에 의해

$$i_L(0^+) = i_L(0^-) = 0A$$
$$v_C(0^+) = v_C(0^-) = 4V$$
$$i_L(0^+) = i_C(0^+) = C\frac{dv_C}{dt}\bigg|_{t=0^+} = 0$$
$$\therefore \frac{dv_C}{dt}\bigg|_{t=0^+} = v'_C(0^+) = 0$$

$t > 0$에서 $6V$의 단위계단함수 전원이 인가되므로 결과적으로 $10V$ 전압원에 의해 구동되는 직렬 *RLC* 회로가 얻어진다. 식(7–59)로부터 미분방정식과 특성방정식을 구하면 다음과 같다.

$$\frac{d^2 v_C}{dt^2} + 2\frac{dv_C}{dt} + 2v_C = 20$$

$$s^2 + 2s + 2 = 0$$
$$s_1, \ s_2 = -1 \pm j1$$

특성근이 복소수이므로 자연응답 $v_{Cn}(t)$는 다음과 같이 표현된다.

$$v_{Cn}(t) = e^{-t}(A_1 \cos t + A_2 \sin t)$$

또한, 강제함수가 20이므로 강제응답 $v_{Cf}(t)$는

$$v_{Cf}(t) = 10\,V$$

이므로, 완전응답 $v_C(t)$는 다음과 같다.

$$v_C(t) = v_{Cn}(t) + v_{Cf}(t) = e^{-t}(A_1 \cos t + A_2 \sin t) + 10$$

초기 조건 $v_C(0) = 4$, $v'_C(0^+) = 0$을 완전응답에 대입하면, A_1과 A_2를 다음과 같이 구할 수 있다.

$$v_C(0) = A_1 + 10 = 4 \quad \therefore A_1 = -6$$
$$v'_C(t) = e^{-t}(-A_1 \sin t + A_2 \cos t) - e^{-t}(A_1 \cos t + A_2 \sin t)$$
$$v'_C(0) = A_2 - A_1 = 0 \quad \therefore A_2 = A_1 = -6$$

따라서 완전응답 $v_C(t)$는 다음과 같이 결정된다.

$$v_C(t) = -6e^{-t}(\cos t + \sin t) + 6\,V, \quad t > 0$$

예제 7.18

다음 회로에서 스위치가 단자 A에 오랜 시간 동안 머물다가 $t = 0$에서 단자 B로 이동하였다. $t > 0$일 때 인덕터에 흐르는 전류 $i_L(t)$를 구하라.

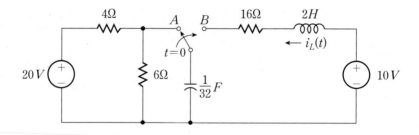

풀이 $t < 0$일 때 스위치는 단자 A에 오랜 시간 동안 머물러 있었으므로 회로는 직류 정상상태이다. 커패시터와 인덕터는 각각 개방 및 단락회로로 대체되므로 다음의 초기 조건들을 얻을 수 있다.

$$v_C(0^-) = \frac{6\Omega}{4\Omega + 6\Omega} \times 20V = 12V$$

$$i_L(0^-) = 0A$$

연속성의 원리에 의해

$$v_C(0^+) = v_C(0^-) = 12V$$

$$i_L(0^+) = i_L(0^-) = 0A$$

가 얻어지며, $t > 0$에서 키르히호프의 전압 법칙을 적용하면 다음과 같다.

$$v_R(0^+) + v_L(0^+) + v_C(0^+) = 10$$

$$16i_L(0^+) + 2\frac{di_L}{dt}\Big|_{t=0^+} + 12 = 10$$

$$\therefore \frac{di_L}{dt}\Big|_{t=0^+} = i'_L(0^+) = \frac{10 - 12}{2} = -1A/\sec$$

$t = 0$에서 스위치가 단자 B로 이동하므로 $t > 0$에서의 회로는 $10V$ 전압원에 의해 구동되는 직렬 *RLC* 회로이다. 식(7-56)으로부터 미분방정식과 특성방정식을 구하면 다음과 같다.

$$\frac{d^2 i_L}{dt^2} + 8\frac{di_L}{dt} + 16i_L = 0$$

$$s^2 + 8s + 16 = 0 \qquad \therefore s_1 = s_2 = -4$$

특성근이 중복된 실수이므로 자연응답 $i_{Ln}(t)$는 다음과 같이 표현된다.

$$i_{Ln}(t) = K_1 e^{-4t} + K_2 t e^{-4t}$$

한편, 강제함수가 0이므로 강제응답은 0이 된다. 결국 완전응답 $i_L(t)$는 다음과 같이 자연응답만으로 표현될 수 있다.

$$i_L(t) = K_1 e^{-4t} + K_2 t e^{-4t}$$

초기 조건 $i_L(0) = 0$, $i'(0^+) = -1$을 완전응답에 대입하면, K_1과 K_2를 다음과 같이 구할 수 있다.

$$i_L(0) = K_1 = 0$$
$$i'_L(t) = -4K_1e^{-4t} + K_2e^{-4t} - 4K_2te^{-4t}$$
$$i'_L(0) = -4K_1 + K_2 = -1 \quad \therefore K_2 = -1$$

따라서 완전응답 $i_L(t)$는 다음과 같이 결정된다.

$$i_L(t) = -te^{-4t}A, \quad t > 0$$

다음은 종속전원이 포함되는 2차 회로의 완전응답을 구해본다. 앞에서도 설명한 바와 같이 종속전원을 일단 독립전원으로 취급하여 회로방정식을 유도한 다음, 종속전원을 완전응답을 구하려는 변수로 표현하여 다시 정리하면 된다. 다음 예제 7.19를 통해 종속전원을 포함하는 2차 회로의 완전응답을 구해본다.

예제 7.19

다음은 $t = 0$에서 스위치가 개방되는 RLC 회로이다. $t > 0$에서 커패시터의 양단전압 $v_C(t)$를 구하라. 단, $t < 0$에서 회로는 직류정상상태라고 가정한다.

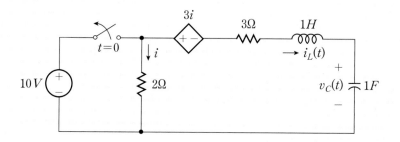

풀이 $t < 0$에서 회로는 직류정상상태이므로 커패시터와 인덕터는 각각 개방 및 단락 회로로 대체되어 다음의 초기 조건들을 얻을 수 있다.

$$i(0^-) = \frac{10V}{2\Omega} = 5A$$
$$i_L(0^-) = 0A, \quad v_C(0^-) = -3i + 10 = -5V$$

연속성의 원리에 의하여

$$i_L(0^+) = i_L(0^-) = 0A$$
$$v_C(0^+) = v_C(0^-) = -5V$$

가 얻어진다. $t > 0$일 때 $10V$ 전압원이 회로에서 제거되므로 다음의 회로에서 초기 조건을 얻을 수 있다.

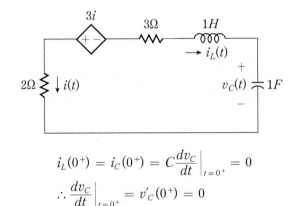

$$i_L(0^+) = i_C(0^+) = C\frac{dv_C}{dt}\bigg|_{t=0^+} = 0$$
$$\therefore \frac{dv_C}{dt}\bigg|_{t=0^+} = v'_C(0^+) = 0$$

키르히호프의 전압 법칙을 적용하면

$$3i_L + \frac{di_L}{dt} + v_C + 2i_L + 3i = 0$$
$$i_L = i_C = C\frac{dv_C}{dt} = \frac{dv_C}{dt}, \quad i = -i_L$$
$$\frac{d^2v_C}{dt^2} + 2\frac{dv_C}{dt} + v_C = 0$$

이 되므로, 특성근을 구하면 다음과 같다.

$$s^2 + 2s + 1 = 0 \quad \therefore s_1 = s_2 = -1$$

특성근이 중복된 실수이므로 자연응답 $v_{Cn}(t)$는 임계감쇠 응답 특성을 가지므로 다음과 같이 표현된다.

$$v_{Cn}(t) = K_1 e^{-t} + K_2 t e^{-t}$$

한편, 강제함수가 0이므로 강제응답은 0이 되며, 결국 완전응답 $v_C(t)$는 다음과 같이 자연응답만으로 표현된다.

$$v_C(t) = K_1 e^{-t} + K_2 t e^{-t}$$

초기 조건 $v_C(0) = -5$, $v'_C(0^+) = 0$을 완전응답에 대입하면, K_1과 K_2는 다음과 같이 결정된다.

$$v_C(0) = K_1 = -5$$
$$v'_C(t) = -K_1 e^{-t} + K_2 e^{-t} - K_2 t e^{-t}$$
$$v'_C(0) = -K_1 + K_2 = 0 \qquad \therefore K_2 = K_1 = -5$$

따라서 커패시터의 양단전압 $v_C(t)$의 완전응답은 다음과 같이 결정된다.

$$v_C(t) = -5e^{-t} - 5t e^{-t} = -5e^{-t}(1 + t)\,V, \quad t > 0$$

7.7 무손실 LC 회로의 해석

그림 7.10에 나타낸 것처럼 저항 R이 무한히 큰 경우의 무전원 병렬 RLC 회로를 살펴보자.

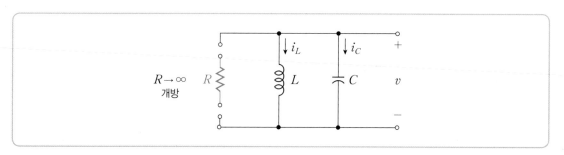

그림 7.10　저항이 개방된 병렬 LC 회로

인덕터의 초기전류 $i_L(0)$와 커패시터의 초기전압 $v_C(0)$는 각각 다음과 같다고 가정한다.

$$i_L(0) = I_0, \quad v_C(0) = v(0) = V_0 \qquad (7-60)$$

그림 7.10에서 키르히호프의 전류 법칙을 적용하면

$$i_L + i_C = 0 \qquad (7-61)$$

$$\frac{1}{L}\int_0^t v(\tau)\,d\tau + i_L(0) + C\frac{dv}{dt} = 0 \qquad (7-62)$$

이므로 식(7-62)의 양변을 미분하면 다음과 같다.

$$\frac{d^2v}{dt^2} + \frac{1}{LC}v = 0 \qquad (7-63)$$

식(7-63)의 특성방정식과 특성근을 구하면

$$s^2 + \frac{1}{LC} = 0 \qquad (7-64)$$

$$s_1,\ s_2 = \pm j\frac{1}{\sqrt{LC}} = \pm j\omega_0 \qquad (7-65)$$

가 얻어져 부족감쇠 응답을 나타내므로 자연응답은 다음과 같이 표현될 수 있다.

$$v(t) = A_1\cos\omega_0 t + A_2\sin\omega_0 t \qquad (7-66)$$

식(7-60)을 이용하여 $v(t)$의 도함수에 대한 초기 조건을 구하면

$$\begin{aligned}
&i_L(0^+) + i_C(0^+) = 0 \\
&i_C(0^+) = -i_L(0^+) = C\frac{dv}{dt}\Big|_{t=0^+} \\
&\therefore \frac{dv}{dt}\Big|_{t=0^+} = -\frac{i_L(0^+)}{C} = -\frac{I_0}{C}
\end{aligned} \qquad (7-67)$$

이므로 초기 조건들을 이용하여 미지의 계수 A_1과 A_2를 구한다.

$$v(0) = A_1 = V_0 \qquad\qquad (7-68)$$

$$v'(t) = -\omega_0 A_1 \sin \omega_0 t + \omega_0 A_2 \cos \omega_0 t \qquad\qquad (7-69)$$

$$v'(0) = \omega_0 A_2 = -\frac{I_0}{C} \qquad \therefore A_2 = -\frac{I_0}{\omega_0 C} \qquad\qquad (7-70)$$

따라서 자연응답 $v(t)$는 다음과 같이 결정된다.

$$v(t) = V_0 \cos \omega_0 t - \frac{I_0}{\omega_0 C} \sin \omega_0 t \qquad\qquad (7-71)$$

식(7-71)에서 사인과 코사인 함수를 단진동 합성하면 다음과 같다.

$$v(t) = \frac{\sqrt{(\omega_0 V_0 C)^2 + I_0^2}}{\omega_0 C} \cos(\omega_0 t + \phi) \qquad\qquad (7-72)$$

$$\phi = \tan^{-1}\left(\frac{I_0}{\omega_0 V_0 C}\right) \qquad\qquad (7-73)$$

식(7-72)에서 $v(t)$는 비감쇠(undamped) 정현파응답이므로 전압은 감쇠되지 않고 무한히 진동한다는 것을 알 수 있다. 따라서 $v(t)$의 응답은 영원히 감쇠되지 않는 지속적인 진동응답을 나타내므로 그림 7.10의 회로를 무손실 LC 회로라고 부른다.

한편, 그림 7.11에 나타낸 것처럼 저항 R이 0인 무전원 직렬 RLC 회로를 이용하여도 무손실 LC 회로를 얻을 수 있으며, 앞에서 언급한 쌍대성을 이용하면 결과를 쉽게 예측할 수 있다.

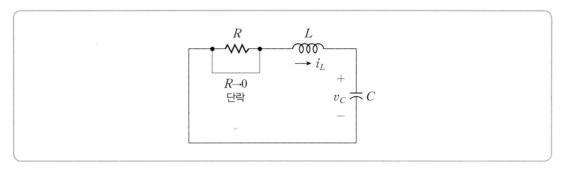

R→0
단락

그림 7.11 저항이 단락된 직렬 LC 회로

인덕터의 초기전류 $i_L(0)$와 커패시터의 초기전압 $v_C(0)$는 각각 다음과 같다고 가정한다.

$$i_L(0) = I_0, \quad v_C(0) = V_0 \qquad (7-74)$$

그림 7.11에서 키르히호프의 전압 법칙을 적용하면

$$v_L + v_C = 0 \qquad (7-75)$$

$$v_L = L\frac{di_L}{dt}, \quad i_L = i_C = C\frac{dv_C}{dt} \qquad (7-76)$$

이므로 식(7-76)을 식(7-75)에 대입하여 정리하면 다음의 2차 미분방정식을 얻을 수 있다.

$$\frac{d^2 v_C}{dt^2} + \frac{1}{LC}v_C = 0 \qquad (7-77)$$

따라서 식(7-63)과 같은 형태의 미분방정식이 얻어지므로 $v_C(t)$는 영원히 감쇠되지 않는 지속적인 진동응답을 나타내므로 그림 7.10에서와 마찬가지로 그림 7.11을 무손실 LC 회로라고 부른다.

예제 7.20

다음은 $t = 0$에서 스위치가 닫히는 RLC 회로이다. $t > 0$에서 커패시터의 양단전압 $v_C(t)$를 구하라. 단, $t < 0$에서 회로는 직류정상상태라고 가정한다.

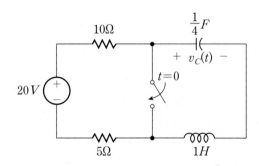

풀이 $t < 0$에서 회로는 직류정상상태이므로 커패시터와 인덕터는 각각 개방 및 단락 회로로 대체되어 다음의 초기 조건들을 구할 수 있다.

$$i_L(0^-) = 0A, \ v_C(0^-) = 20V$$

연속성의 원리에 의하여

$$i_L(0^+) = i_L(0^-) = 0A$$
$$v_C(0^+) = v_C(0^-) = 20V$$
$$i_L(0^+) = i_C(0^+) = C\frac{dv_C}{dt}\bigg|_{t=0^+} = 0$$
$$\therefore \frac{dv_C}{dt}\bigg|_{t=0^+} = 0 V/\sec$$

$t = 0$에서 스위치가 닫혀 전압원과 두 저항은 회로에서 제거되므로 무전원 LC 회로가 얻어진다.

식(7-64)에 의하여 특성근을 구하면

$$s^2 + 4 = 0 \qquad \therefore s_1, \ s_2 = \pm j2$$

이므로 부족감쇠 응답 특성을 나타내므로 자연응답 $v_C(t)$는 다음과 같다.

$$v_C(t) = A_1 \cos 2t + A_2 \sin 2t$$

초기 조건들을 이용하여 미지의 계수 A_1과 A_2를 계산하면

$$v_C(0) = A_1 = 20$$
$$v'_C(t) = -2A_1 \sin 2t + 2A_2 \cos 2t$$
$$v'_C(0) = 2A_2 = 0 \qquad \therefore A_2 = 0$$

이 얻어지므로 자연응답 $v_C(t)$는 다음과 같이 결정된다.

$$v_C(t) = 20 \cos 2t \, V, \quad t > 0$$

여 기서 잠깐! **삼각함수의 합성**

다음과 같이 사인 함수와 코사인 함수의 합으로 주어진 삼각함수를 하나의 사인 함수나 코사인 함수로 표현해 보자.

$$a \cos x + b \sin x$$

위의 식을 대수적으로 변형하면 다음과 같다.

$$a \cos x + b \sin x = \sqrt{a^2 + b^2} \left(\frac{a}{\sqrt{a^2 + b^2}} \cos x + \frac{b}{\sqrt{a^2 + b^2}} \sin x \right)$$

여기서, a와 b를 직각삼각형의 밑변과 높이, ϕ를 직각삼각형의 한 예각이라고 정의하면 다음의 관계가 성립한다.

$$\cos \phi = \frac{a}{\sqrt{a^2 + b^2}}$$
$$\sin \phi = \frac{b}{\sqrt{a^2 + b^2}}$$
$$\tan \phi = \frac{b}{a}$$

$$a\cos x + b\sin x = \sqrt{a^2 + b^2}\,(\cos\phi\cos x + \sin\phi\sin x)$$
$$= \sqrt{a^2 + b^2}\cos(x - \phi), \quad \phi = \tan^{-1}\left(\frac{b}{a}\right)$$

만일, ϕ를 다른 한 예각이라고 정의하면 다음의 관계가 성립된다.

$$\sin\phi = \frac{a}{\sqrt{a^2 + b^2}}$$
$$\cos\phi = \frac{b}{\sqrt{a^2 + b^2}}$$
$$\tan\phi = \frac{a}{b}$$

$$a\cos x + b\sin x = \sqrt{a^2 + b^2}\,(\sin\phi\cos x + \cos\phi\sin x)$$
$$= \sqrt{a^2 + b^2}\sin(x + \phi)$$

결론적으로, 사인 함수나 코사인 함수의 합은 하나의 사인 함수나 코사인 함수로 항상 표현이 가능하며, 이를 물리학에서는 단진동 합성이라고 부른다.

여 기서 잠깐!   직렬 또는 병렬?

다음의 LC 회로는 직렬 연결인가, 아니면 병렬 연결인가?

직렬 연결이기도 하면서 병렬 연결이기도 하다. 따라서 그림 7.10과 그림 7.11은 회로가 얻어지는 과정은 다르지만 완전히 동일한 회로인 것이다.

7.8 요약 및 복습

2차 *RLC* 회로

- 에너지 저장소자인 인덕터와 커패시터의 독립된 개수가 2개인 회로를 2차 회로라고 정의한다.
- 2차 회로는 2차 미분방정식으로 표현될 수 있으며, 3차 이상의 고차회로의 해석에 기초가 된다.
- 2차 회로를 해석하기 위하여 인덕터의 초기전류와 커패시터의 초기전압을 이용하여 필요한 초기 조건을 유도해야 한다.

병렬 *RLC* 회로의 자연응답 유형

- 과도감쇠 자연응답

  $\alpha > \omega_0$를 만족하며 특성근이 서로 다른 두 실근을 가진다.

$$s_1,\ s_2 = -\alpha \pm \sqrt{\alpha^2 - \omega_0^2}, \quad \alpha \triangleq \frac{1}{2RC},\ \omega_0 \triangleq \frac{1}{\sqrt{LC}}$$
$$v(t) = K_1 e^{s_1 t} + K_2 e^{s_2 t}$$

- 부족감쇠 자연응답

  $\alpha < \omega_0$를 만족하며 특성근이 공액 복소근을 가진다.

$$s_1,\ s_2 = -\alpha \pm j\omega_d, \quad \omega_d \triangleq \sqrt{\omega_0^2 - \alpha^2}$$
$$v(t) = e^{-\alpha t}(A_1 \cos\omega_d t + A_2 \sin\omega_d t)$$

- 임계감쇠 자연응답

  $\alpha = \omega_0$를 만족하며 특성근이 중복된 실근을 가진다.

$$s_1 = s_2 = -\alpha$$
$$v(t) = K_1 e^{-\alpha t} + K_2 t e^{-\alpha t}$$

병렬 RLC 회로의 계단응답

- 병렬 RLC 회로에서 갑작스럽게 직류전원을 인가하였을 때 나타나는 응답을 계단응답이라 정의한다.
- 병렬 RLC 회로에서 인가되는 직류전류원의 크기를 I_S라고 할 때 다음의 미분방정식 표현이 모두 가능하다.

① 인덕터 전류 i_L에 대한 표현

$$\frac{d^2 i_L}{dt^2} + \frac{1}{RC}\frac{di_L}{dt} + \frac{1}{LC}i_L = \frac{I_S}{LC}$$

② 커패시터 전압 v_C에 대한 표현

$$\frac{d^2 v_C}{dt^2} + \frac{1}{RC}\frac{dv_C}{dt} + \frac{1}{LC}v_C = 0$$

- 병렬 RLC 회로의 계단응답은 자연응답과 강제응답의 합으로 결정되며, 초기 조건을 이용하여 미지의 계수들을 결정한다.

직렬 RLC 회로의 자연응답 유형

- 과도감쇠 자연응답

  $\alpha > \omega_0$를 만족하며 특성근이 서로 다른 두 실근을 가진다.

$$s_1,\ s_2 = -\alpha \pm \sqrt{\alpha^2 - \omega_0^2}, \quad \alpha \triangleq \frac{R}{2L}, \ \omega_0 \triangleq \frac{1}{\sqrt{LC}}$$
$$v(t) = K_1 e^{s_1 t} + K_2 e^{s_2 t}$$

- 부족감쇠 자연응답

  $\alpha < \omega_0$를 만족하며 특성근이 공액 복소근을 가진다.

$$s_1,\ s_2 = -\alpha \pm j\omega_d, \quad \omega_d \triangleq \sqrt{\omega_0^2 - \alpha^2}$$
$$v(t) = e^{-\alpha t}(A_1 \cos \omega_d t + A_2 \sin \omega_d t)$$

- 임계감쇠 자연응답

  $\alpha = \omega_0$를 만족하며 특성근이 중복된 실근을 가진다.

$$s_1 = s_2 = -\alpha$$
$$v(t) = K_1 e^{-\alpha t} + K_2 t e^{-\alpha t}$$

병렬 및 직렬 *RLC* 회로의 쌍대성

- 다음의 대응 관계를 이용하면 병렬 *RLC* 회로에 대한 모든 논의를 직렬 *RLC* 회로에도 적용이 가능하다.

$$C \longleftrightarrow L$$
$$\frac{1}{R} \longleftrightarrow R$$
$$v \longleftrightarrow i$$

- 네퍼주파수 α는 병렬 *RLC* 회로와 직렬 *RLC* 회로에서 정의가 서로 다르다. 병렬 저항을 증가시키면 α가 감소하고, 직렬저항을 증가시키면 α는 증가한다.
- 서로 쌍대 관계에 있는 두 회로는 어느 한 회로의 응답 특성으로부터 쌍대 관계인 다른 회로의 응답을 쉽게 예측할 수 있다.

직렬 *RLC* 회로의 계단응답

- 직렬 *RLC* 회로에서 갑작스럽게 직류전원을 인가하였을 때 나타나는 응답을 계단응답이라 정의한다.
- 직렬 *RLC* 회로에서 인가되는 직류전압원의 크기를 V_S라고 할 때 다음의 미분방정식 표현이 모두 가능하다.

  ① 인덕터 전류 i_L에 대한 표현

$$\frac{d^2 i_L}{dt^2} + \frac{R}{L}\frac{di_L}{dt} + \frac{1}{LC}i_L = 0$$

② 커패시터 전압 v_C에 대한 표현

$$\frac{d^2 v_C}{dt^2} + \frac{R}{L}\frac{dv_C}{dt} + \frac{1}{LC}v_C = \frac{V_S}{LC}$$

- 직렬 RLC 회로의 계단응답은 자연응답과 강제응답의 합으로 결정되며, 초기 조건을 이용하여 미지의 계수들을 결정한다.

종속전원을 포함하는 2차 회로의 해석

- 종속전원을 일단 독립전원으로 취급하여 회로방정식을 유도한다.
- 종속전원의 제어변수를 완전응답을 구하려고 하는 변수의 함수로 표현하여 정리한다.
- 초기 조건을 유도할 때 종속전원이 활성화되어 있는지를 판단하여 구한다.

무손실 LC 회로

- 병렬 RLC 회로에서 저항이 무한히 커지거나 직렬 RLC 회로에서 저항이 한없이 작아지는 경우 무손실 LC 회로가 얻어진다.
- 무손실 LC 회로의 응답은 영원히 감쇠되지 않는 지속적인 진동응답을 나타낸다.

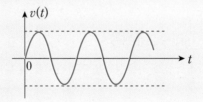

연습문제

1. 다음은 $t = 0$에서 스위치가 닫히는 RLC 회로이다. $t > 0$에서 커패시터의 양
단전압 $v_C(t)$를 구하라. 단, $t = 0$ 이전에 스위치는 오랜 시간 동안 개방되어 있
었다고 가정한다.

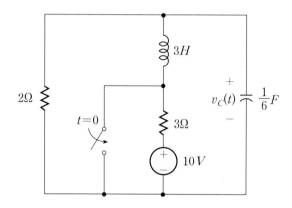

2 다음 회로에서 $t > 0$에서 커패시터의 전압 $v_C(t)$와 전류 $i_C(t)$를 각각 구하라.

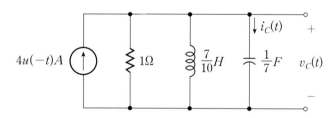

3. 다음은 $t = 0$에서 스위치가 닫히는 RLC 회로이다. $t > 0$에서 커패시터의 양단전압 $v_C(t)$를 구하라. 단, $t = 0$ 이전에 스위치는 오랜 시간 동안 개방되어 있었다고 가정한다.

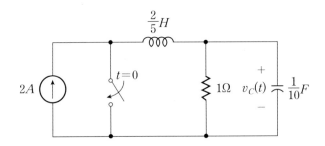

4. 다음은 $t = 0$에서 스위치가 개방되는 RLC 회로이다. $t > 0$에서 인덕터에 흐르는 전류 $i_L(t)$를 구하라. 단, $t = 0$ 이전에 스위치는 오랜 시간 동안 개방되어 있었다고 가정한다.

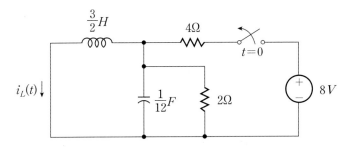

5. 다음은 $t = 0$에서 스위치가 닫히는 RLC 회로이다. $t < 0$에서 스위치가 오랜 시간 동안 개방되어 있었다고 할 때, 커패시터 양단전압 $v_C(t)$의 완전응답을 구하라.

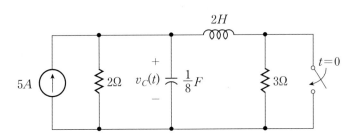

6. 다음은 $t = 0$에서 스위치가 닫히는 *RLC* 회로이다. $t < 0$에서 스위치가 오랜 시간 동안 개방되어 있었다고 할 때, 인덕터에 흐르는 전류 $i_L(t)$와 양단전압 $v_L(t)$를 구하라.

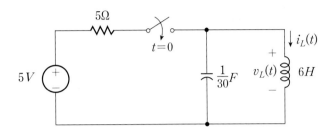

7. 다음 회로에서 스위치가 단자 A에서 오랜 시간 동안 머물다가 $t = 0$에서 단자 B로 이동하였다. $t > 0$에서 커패시터의 양단전압 $v_C(t)$를 구하라.

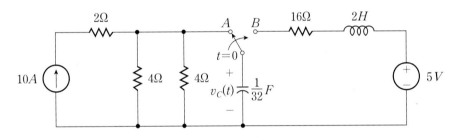

8. 다음 직렬 *RLC* 회로에서 단위계단함수 형태의 전원이 인가될 때, $t > 0$에서 커패시터의 양단전압 $v_C(t)$를 구하라.

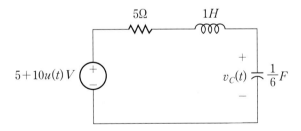

9. 다음은 스위치가 단자 A에 오랜 시간 동안 머물다가 $t = 0$에서 단자 B로 이동하는. RLC 회로이다. $t > 0$에서 $v_C(t)$와 $i_L(t)$의 완전응답을 각각 구하라.

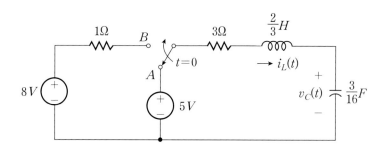

10. 다음 회로에서 $t > 0$일 때 인덕터에 흐르는 전류 $i_L(t)$를 구하라.

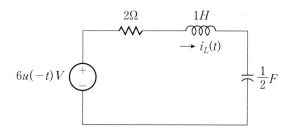

11. 다음은 $t = 0$에서 스위치가 개방되는 RLC 회로이다. $t > 0$에서 커패시터의 양단전압 $v_C(t)$를 구하라. 단, $t < 0$에서 회로는 직류정상상태라고 가정한다.

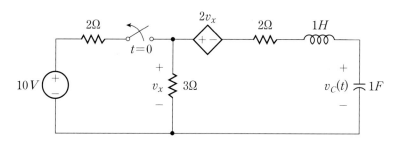

12. 다음 회로는 $t = 0$에서 스위치가 개방되기 전에 오랜 시간 동안 닫혀 있었다. $t > 0$에서 커패시터의 양단전압 $v_C(t)$를 구하라.

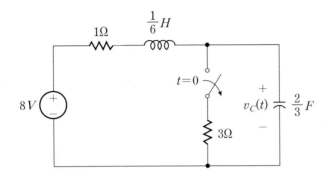

13. 다음 회로는 $t = 0$에서 스위치가 닫히는 *RLC* 회로이다. $t > 0$에서 커패시터에 흐르는 전류 $i_C(t)$와 저항에 흐르는 전류 $i_R(t)$를 구하라. 단, $t < 0$에서 회로는 직류정상상태라고 가정한다.

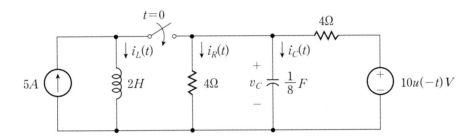

14. 다음 회로에서 $t > 0$에서 커패시터의 양단전압 $v_C(t)$를 구하라.

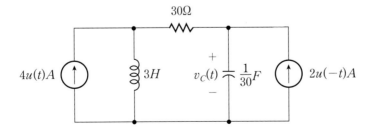

15. 다음의 무손실 LC 회로에서 $t > 0$에서 인덕터에 흐르는 전류 $i_L(t)$를 구하라.

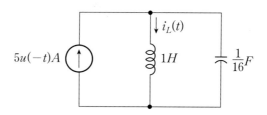

페이저를 이용한
정현파 정상상태 해석

CHAPTER

08 페이저를 이용한 정현파 정상상태 해석

단 원 개 요

본 단원에서는 전기·전자분야에서 폭넓게 사용되고 있는 정현파가 회로의 외부 입력으로 인가되는 경우에 나타나는 강제응답에 대하여 살펴본다.

지금까지는 시간 영역에서 미분방정식의 해를 구함으로써 회로해석이 이루어졌으나, 본 단원에서는 정현파가 인가되는 경우에 정현파를 복소수 형태로 표현하는 페이저(phasor)를 도입함으로써 보다 쉽게 회로를 해석할 수 있는 주파수 영역의 해석기법에 대해서 기술한다.

페이저를 이용한 회로해석은 R, L, C 소자를 주파수 영역에서 모두 저항과 같은 차원의 소자를 취급함으로써 간단한 복소대수연산만으로 이루어지기 때문에 시간 영역에서의 미분방정식에 의한 회로해석보다 매우 간편하고 쉽다는 장점을 가진다. 또한, 시간 영역에서 다루었던 마디 및 메쉬해석, 테브난 및 노턴 정리, 중첩의 원리 및 밀만의 정리 등을 주파수 영역에서 페이저를 이용하여 체계적으로 해석할 수 있는 방법을 소개한다.

8.1 시간 영역에서의 정현파 특성

정현파(sinusoidal waveform)는 교류 발전기나 신호 발생기라고 불리는 전자 발진회로에서 발생되며, 교류전류나 교류전압의 일반적인 형태이다. 즉, 시간에 따라 변하는 파형을 직류와 대비하여 교류라고 부르며, 교류 중에서 사인함수나 코사인함수처럼 정현적(sinusoidal)으로 변하는 파형을 특히 정현파라고 부른다.

(1) 정현파의 주기와 주파수

정현파는 식(8-1)과 같이 표현될 수 있다.

$$v(t) = V_m \sin(\omega t + \phi) \qquad (8-1)$$

V_m : 진폭

ω : 각주파수

ϕ : 위상

식(8-1)에서 주기(period) T를 정의하기 위해 $\phi = 0°$라고 가정하여 그림 8.1에
나타내었다.

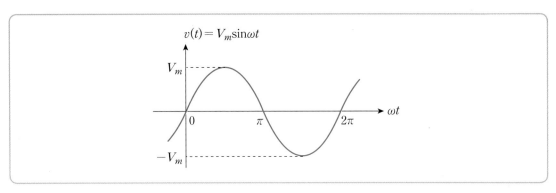

그림 8.1 정현파 $v(t) = V_m \sin \omega t$

그림 8.1에서 알 수 있듯이 $v(t) = V_m \sin \omega t$는 시간축을 ωt로 선정하면
$2\pi \, \text{rad}(= 360°)$마다 파형이 반복되므로 주기는 $2\pi \, \text{rad}$이 된다.

한편, 시간축을 ωt가 아닌 t로 선정하면 $v(t) = V_m \sin \omega t$는 t의 함수가 되므로
그림 8.2와 같이 나타낼 수 있다.

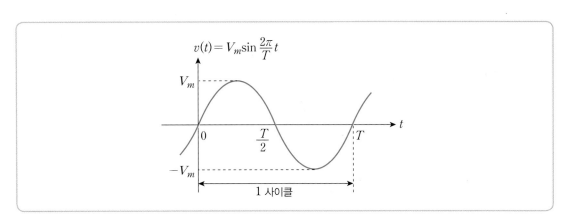

그림 8.2 정현파 $v(t) = V_m \sin \dfrac{2\pi}{T} t$의 파형

그림 8.2에서 $v(t)$의 주기를 T라고 하면 주기함수의 정의에 의하여 다음의 관계
가 성립한다.

$$v(t + T) = v(t), \ \forall t \qquad (8-2)$$

식(8-2)로부터

$$V_m \sin \omega(t + T) = V_m \sin \omega t$$
$$V_m \sin(\omega t + \omega T) = V_m \sin \omega t \qquad (8-3)$$

가 얻어지므로 식(8-3)을 만족하는 가장 작은 ωt 는 다음과 같다.

$$\omega T = 2\pi$$
$$\therefore \ T = \frac{2\pi}{\omega} \qquad (8-4)$$

또한, 주기 T 의 역수를 주파수(frequency) f 로 정의하면

$$f \triangleq \frac{1}{T} = \frac{\omega}{2\pi} \qquad (8-5)$$

이 얻어지며, 단위는 헤르츠(Hz)를 사용한다.

그림 8.2에서 알 수 있듯이 주기 T 를 기준으로 하여 정현파가 반복이 되는데 정현파가 반복되는 최소 단위를 1사이클(cycle)이라 부른다. 결국 1초 동안에 한 주기(사이클)가 반복되는 주파수를 $1Hz$ 라고 정의하며, 보통 가정에서 사용하는 정현파의 주파수는 $60Hz$ 인데 이것은 1초 동안에 60사이클이 반복되기 때문이다. 그림 8.3에 주파수가 다른 2개의 정현파를 나타내었다.

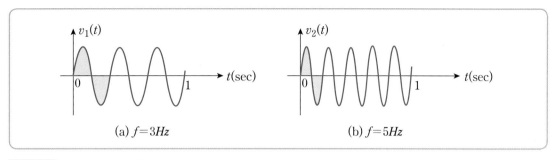

(a) $f = 3Hz$ (b) $f = 5Hz$

그림 8.3   주파수가 다른 정현파

결국 그림 8.3으로부터 어떤 정현파의 주파수가 크다는 것은 1초 동안에 더 많은 정현파의 사이클을 포함한다는 의미이다. $1MHz$의 정현파는 1초에 10^6개의 사이클이 포함된다는 의미이다.

여 기서 잠깐!   기본 주기

다음 정현파의 주기에 대하여 생각해본다.

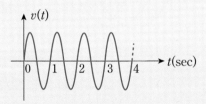

위의 $v(t)$의 주기는 얼마인가? 이 질문에 대부분의 학생들은 주기 $T = 1\text{sec}$라고 대답할 것이다. 매 1sec마다 사인파가 반복되기 때문에 당연하다고 생각할 것이다. 여기서 식 (8-2)로 주어지는 주기함수의 정의식을 살펴보자.

$$v(t + T) = v(t), \ \forall t$$

$T = 1\text{sec}$인 경우 위의 정의식은 당연히 만족되지만 $T = 2, 3, \cdots$ 인 경우에도 주기함수의 정의식을 만족시키므로 $T = 2\,\text{sec}, 3\,\text{sec}, \cdots$ 등도 $v(t)$의 주기라고 할 수 있는 것이다. 다시 말해서, 주기 함수의 정의식에 의하면 어떤 정현파의 주기가 T이면 그 주기의 정수배인 $2T, 3T, \cdots$ 등도 주기가 될 수 있다는 것이다.

이러한 이유로 정현파의 주기는 무수히 많이 존재하기 때문에 가능한 주기 중에서 가장 작은 주기를 기본 주기(fundamental period)라고 부르며, 앞으로 정현파의 주기는 바로 기본 주기를 지칭한다고 간주한다.

(2) 정현파의 위상

다음은 $\phi = 0°$가 아닌 일반적인 경우를 고찰해 본다. 그림 8.4에 ϕ가 양수 또는 음수일 때 정현파의 파형을 나타내었다.

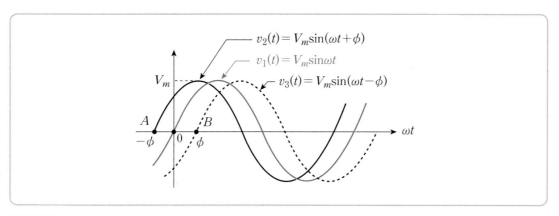

그림 8.4 정현파 사이의 위상관계

먼저, $\phi = 0°$인 정현파 $v_1(t)$를 기준으로 하여 ϕ가 양수 또는 음수인 경우의 정현파를 $v_2(t)$와 $v_3(t)$로 표현하면 다음과 같다.

$$v_1(t) = V_m \sin \omega t \qquad (8-6)$$

$$v_2(t) = V_m \sin(\omega t + \phi) \qquad (8-7)$$

$$v_3(t) = V_m \sin(\omega t - \phi) \qquad (8-8)$$

그림 8.4로부터 $v_1(t)$는 원점에서 파형이 시작되는데 반해 $v_2(t)$는 위상이 ϕ만큼 앞서서 A점에서 시작됨을 알 수 있다. 이러한 경우 $v_2(t)$는 $v_1(t)$보다 위상이 ϕ만큼 앞선다(phase-lead)고 말한다.

또한, $v_3(t)$는 $v_1(t)$보다 위상이 ϕ만큼 뒤진 B점에서 파형이 시작되는데 이때

$v_3(t)$는 $v_1(t)$보다 위상이 ϕ만큼 뒤진다(phase-lag)고 말한다.

지금까지의 논의는 $t=0$을 기준으로 위상차를 정의하였으나, 위상차는 기준 시간을 어디로 정하던 관계없이 언제나 일정하므로 상대적인 위상차만이 중요하다는 것에 유의하라.

2개의 정현파의 위상을 비교하기 위해서는 위상을 비교하기에 앞서 2개의 정현파를 양의 진폭을 가지도록 사인함수나 코사인함수로 통일하여야 한다.

또한, 2개의 정현파가 반드시 같은 주파수를 가지는 경우에만 위상을 비교할 수 있는 것에 주의하여야 한다.

여 기서 잠깐! **각도의 표현 방법**

각도를 표현하는 방법은 360분법과 호도법이 있다. 360분법은 일상적으로 많이 사용하는 각도 표현 방법으로 원을 360°로 하여 360등분한 한 조각의 각도를 1°라고 정의하여 각을 표현하는 방법으로 단위는 도(degree)를 사용한다.

반면에 호도법은 원에서 호의 길이와 대응되는 원의 중심각은 서로 비례한다는 사실로부터 호의 길이가 반지름의 길이의 몇 배가 되는가로부터 각을 표현하는 방법으로 단위는 라디안(radian)을 사용한다.

즉, 1rad이란 각은 호의 길이가 반지름의 1배가 되는 각이며, 2rad은 호의 길이가 반지름의 2배가 되는 각을 의미한다. 결국 θrad은 호의 길이가 반지름의 θ배가 되는 각을 의미한다.

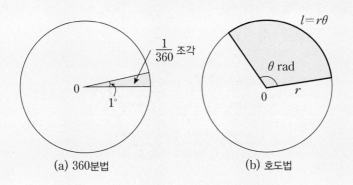

(a) 360분법   (b) 호도법

rad을 degree로 변환하려면 다음 관계식을 이용하면 된다.

$$\text{degrees} = \frac{180°}{\pi \text{ rad}} \times \text{rad}$$

예제 8.1

다음의 정현파에 대하여 위상 관계를 설명하라.

(1) $v_1(t) = 3\sin\omega t,\ v_2(t) = -4\cos\omega t$

(2) $v_1(t) = 4\sin\left(\omega t + \dfrac{\pi}{3}\right),\ v_2(t) = 2\cos\omega t$

풀이　(1) $v_2(t)$의 진폭이 음의 부호가 포함되어 있으므로 삼각함수 공식을 이용하면 다음과 같다.

$$v_2(t) = -4\cos\omega t = 4\sin\left(\omega t - \frac{\pi}{2}\right)$$

따라서 $v_2(t)$는 $v_1(t)$보다 위상이 $\dfrac{\pi}{2} = 90°$ 뒤진다.

(2) 위상 비교를 위해 $v_2(t)$를 사인함수로 변형하면

$$v_2(t) = 2\cos\omega t = 2\sin\left(\omega t + \frac{\pi}{2}\right)$$

이므로 $v_2(t)$가 $v_1(t)$ 보다 위상이 $\dfrac{\pi}{2} - \dfrac{\pi}{3} = \dfrac{\pi}{6}$ 만큼 앞선다.

여 기서 잠깐!　삼각함수 변환공식

다음의 삼각함수 변환공식을 기억하도록 하자.

$$\sin(\omega t + 90°) = \cos\omega t$$
$$\sin(\omega t - 90°) = -\cos\omega t$$

$$\cos(\omega t + 90°) = -\sin\omega t$$
$$\cos(\omega t - 90°) = \sin\omega t$$

$$\sin(\omega t + 180°) = -\sin\omega t$$
$$\sin(\omega t - 180°) = -\sin\omega t$$

$$\cos(\omega t + 180°) = -\cos\omega t$$
$$\cos(\omega t - 180°) = -\cos\omega t$$

정현파는 미분하거나 적분을 하여도 진폭과 위상만이 변하며, 주파수는 변하지 않기 때문에 정현파를 표현하는데 진폭과 위상에 대한 정보는 대단히 중요하다. 따라서 외부 입력이 정현파인 동적회로의 강제응답은 정현파의 진폭과 위상 변화만을 추적하기 위하여 복소수를 이용하여 해석하는 것이며, 8.3절에서 페이저를 도입하게 되는 기반을 제공하게 된다.

(3) 정현파의 실효값

정현파는 시간에 따라 그 값이 변하기 때문에 어떤 특정한 시간 $t=t_0$에서의 정현파의 값 $v(t_0)$를 순시값(instantaneous value)이라고 하며 그림 8.5에 순시값을 도시하였다.

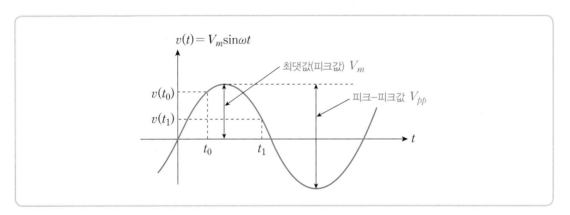

그림 8.5 정현파의 순시값 정의

또한, 그림 8.5에서 정현파가 최대가 되는 순간의 값을 최댓값 또는 피크값(peak value)이라고 하며, 최소가 되는 점부터 최대가 될 때까지를 피크-피크값(peak-to-peak value) V_{pp}로 정의한다.

정현파는 양(+)과 음(−)이 교대로 나타나기 때문에 한 주기 동안의 평균값은 언제나 0이 되므로 정현파에서는 평균값의 개념이 무의미하게 되며, 평균값 대신에 실효값(root−mean−square)을 사용하게 된다.

정현파의 실효값은 저항에서의 가열효과를 이용하여 정의한다. 그림 8.6(a)의 회로는 저항 R에 정현파 전원을 인가한 회로이며, 그림 8.6(b)는 저항 R에 직류전원을 인가하는 회로이다.

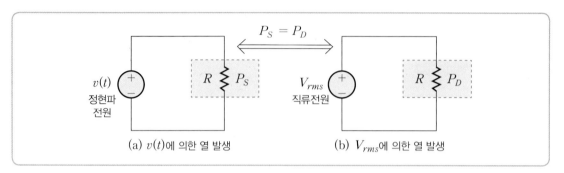

그림 8.6 의 (a) $v(t)$에 의한 열 발생 (b) V_{rms}에 의한 열 발생

그림 8.6 정현파의 실효값 정의

그림 8.6(a)에서 저항 R에는 정현파 전원에 의하여 공급된 전력을 소비함으로써 열이 발생하게 된다. 한 주기 동안 저항 R에 공급된 평균전력 P_S를 계산하면 다음과 같다.

$$P_S = \frac{1}{T}\int_0^T \frac{v^2(t)}{R}dt = \frac{1}{RT}\int_0^T v^2(t)\,dt \tag{8-9}$$

한편, 그림 8.6(b)에서 정현파 전원 대신에 연결된 직류전압원의 크기 V_{rms}를 조절하여 그림 8.6(a)에서와 동일한 열을 발생시켰다고 하면, 이때의 전력 P_D는 다음과 같다.

$$P_D = \frac{V_{rms}^2}{R} \tag{8-10}$$

$P_S = P_D$의 관계로부터 V_{rms}는 다음과 같이 구해진다.

$$\frac{1}{RT}\int_0^T v^2(t)\,dt = \frac{V_{rms}^2}{R}$$

$$\therefore\ V_{rms} = \sqrt{\frac{1}{T}\int_0^T v^2(t)\,dt} \tag{8-11}$$

식(8-11)의 V_{rms}를 정현파 $v(t)$의 실효값이라고 정의한다. 결국, 정현파 전압의 실효값 V_{rms}는 저항에 정현파 전압 $v(t)$로 발생시키는 열과 동일한 양의 열을 발생시키는 직류전압의 크기와 같다.

예제 8.2

다음 정현파 $v(t)$에 대한 실효값 V_{rms}를 구하라.

$$v(t) = V_m \sin \omega t$$

풀이 먼저 $v^2(t)$의 평균값을 계산하면 $T = \dfrac{2\pi}{\omega}$이므로 다음과 같다.

$$\frac{1}{T}\int_0^T v^2(t)\,dt = \frac{\omega}{2\pi}\int_0^{\frac{2\pi}{\omega}} V_m^2 \sin^2 \omega t\,dt$$

$$= \frac{\omega V_m^2}{2\pi}\int_0^{\frac{2\pi}{\omega}} \frac{1}{2}(1 - \cos 2\omega t)\,dt$$

$$= \frac{\omega V_m^2}{4\pi}\left[t - \frac{1}{2\omega}\sin 2\omega t\right]_0^{\frac{2\pi}{\omega}} = \frac{\omega V_m^2}{4\pi}\frac{2\pi}{\omega} = \frac{V_m^2}{2}$$

$$\therefore\ V_{rms} = \frac{V_m}{\sqrt{2}}$$

예제 8.2의 결과로부터 정현파의 실효값과 최댓값 사이에는 다음의 관계가 성립함을 알 수 있다.

$$\text{실효값} = \frac{\text{최댓값}}{\sqrt{2}},\ \ V_{rms} = \frac{V_m}{\sqrt{2}} \tag{8-12}$$

여 기서 잠깐! **삼각함수의 반각공식**

코사인에 대한 삼각함수의 덧셈공식에 의하여

$$\cos(\alpha + \beta) = \cos\alpha\cos\beta - \sin\alpha\sin\beta$$

가 얻어지며, $\alpha = \beta$라고 가정하면 다음 관계가 성립된다.

$$\cos(\alpha + \alpha) = \cos^2\alpha - \sin^2\alpha$$

$\cos^2\alpha = 1 - \sin^2\alpha$의 관계를 이용하면

$$\cos 2\alpha = 1 - 2\sin^2\alpha$$
$$\therefore \ \sin^2\alpha = \frac{1}{2}(1 - \cos 2\alpha)$$

또한, $\sin^2\alpha = 1 - \cos^2\alpha$의 관계를 이용하면

$$\cos 2\alpha = 2\cos^2\alpha - 1$$
$$\therefore \ \cos^2\alpha = \frac{1}{2}(1 + \cos 2\alpha)$$

예제 8.3

다음 정현파에 대하여 최댓값 V_m, 피크-피크값 V_{pp}, V_{rms}를 각각 구하라.

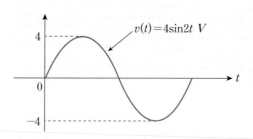

$v(t) = 4\sin 2t \ V$

풀이 최댓값 $V_m = 4\text{V}$, 피크-피크값 $V_{pp} = 8\text{V}$

실효값 $V_{rms} = \dfrac{V_m}{\sqrt{2}} = 2\sqrt{2}$

8.2 정현파 강제응답

간단한 RL 또는 RC 회로에 정현파 전압이 인가되었을 때 완전응답을 구하는 문제를 살펴보자.

완전응답을 결정하기 위해서는 먼저, 키르히호프의 법칙에 의해 회로방정식을 유도한 다음, 자연응답과 강제응답을 구하여 합하므로써 완전응답을 결정하면 된다. 그러나 본 단원에서 다루고자 하는 내용은 짧은 시간 동안에 나타나 바로 소멸되는 자연응답, 즉 과도상태의 응답이 아니라 긴 시간 동안 지속되는 강제응답, 즉 정상상태 응답을 구하는 것에 중점을 둔다.

어떤 회로에 정현파가 인가된 상태에서 충분히 오랜 시간이 지나서 과도응답 또는 자연응답이 소멸된 상태를 정현파 정상상태라고 정의한다.

(1) RL 직렬회로의 강제응답

그림 8.7의 RL 회로에 정현파 전압 $v_s(t)$가 인가될 때 회로에 흐르는 전류 $i(t)$의 강제응답을 구해보자.

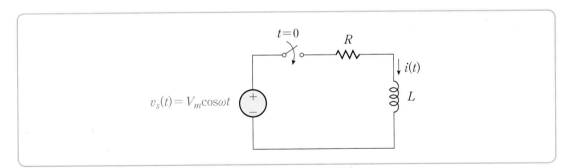

그림 8.7 정현파로 구동되는 RL 회로

$t=0$ 이전에는 스위치가 개방 상태이므로 인덕터의 초기전류 $i_L(0^-) = 0\text{A}$이다. 키르히호프의 전압 법칙에 의해 $t > 0$에서 다음의 회로방정식이 얻어진다.

$$L\frac{di}{dt} + Ri = V_m \cos \omega t \qquad (8-13)$$

강제함수가 $V_m \cos \omega t$ 이므로 식(8-13)의 강제응답 $i_f(t)$ 를 다음과 같이 가정한다.

$$i_f(t) = K_1 \cos \omega t + K_2 \sin \omega t \qquad (8-14)$$

여기서 K_1 과 K_2 는 임의의 상수이다.

식(8-14)로 강제응답의 형태를 가정할 수 있는 근거는 강제함수가 정현파일 때, 강제응답은 사인함수와 코사인함수의 합으로 표현된다는 미분방정식의 미정계수법에 근거한 것이다.

식(8-14)를 식(8-13)에 대입하여 정리하면 다음과 같다.

$$L(-\omega K_1 \sin \omega t + \omega K_2 \cos \omega t)$$
$$+ R(K_1 \cos \omega t + K_2 \sin \omega t) = V_m \cos \omega t$$
$$(-\omega L K_1 + R K_2) \sin \omega t + (\omega L K_2 + R K_1) \cos \omega t = V_m \cos \omega t \qquad (8-15)$$

식(8-15)가 항상 만족되기 위해서는 다음 관계가 성립해야 한다.

$$-\omega L K_1 + R K_2 = 0 \qquad (8-16)$$
$$R K_1 + \omega L K_2 = V_m \qquad (8-17)$$

Cramer 공식을 이용하여 미지의 계수 K_1 과 K_2 를 결정하면

$$K_1 = \frac{\begin{vmatrix} 0 & R \\ V_m & \omega L \end{vmatrix}}{\begin{vmatrix} -\omega L & R \\ R & \omega L \end{vmatrix}} = \frac{R V_m}{R^2 + \omega^2 L^2} \qquad (8-18)$$

$$K_2 = \frac{\begin{vmatrix} -\omega L & 0 \\ R & V_m \end{vmatrix}}{\begin{vmatrix} -\omega L & R \\ R & \omega L \end{vmatrix}} = \frac{\omega L V_m}{R^2 + \omega^2 L^2} \qquad (8-19)$$

이 얻어지므로 구하려는 강제응답 $i_f(t)$ 는 다음과 같다.

$$i_f(t) = \frac{RV_m}{R^2 + \omega^2 L^2} \cos \omega t + \frac{\omega L V_m}{R^2 + \omega^2 L^2} \sin \omega t \qquad (8-20)$$

식(8-20)은 사인함수와 코사인함수를 더한 형태이므로 7장에서 언급한 단진동 합성에 의하여 다음과 같이 간결하게 표현할 수 있다.

$$i_f(t) = \frac{V_m}{\sqrt{R^2 + \omega^2 L^2}} \cos(\omega t - \phi) \qquad (8-21)$$

$$\phi = \tan^{-1}\left(\frac{\omega L}{R}\right) \qquad (8-22)$$

식(8-22)로부터 RL 회로에서 전원전압 $v_s(t)$와 회로에 흐르는 전류 $i(t)$와의 위상차 ϕ는 R과 ωL에 따라 결정됨을 알 수 있다. ωL을 인덕터의 유도성 리액턴스(inductive reactance) X_L이라고 정의하며, 단위는 옴(Ω)을 사용한다. 유도성 리액턴스는 정현파 전류가 흐를 때 인덕터가 전류의 흐름에 저항하는 척도를 나타내는 개념으로 8.5절에서 상세하게 다룬다.

다음은 RC 회로에 정현파 전원이 인가될 때 회로에 흐르는 전류의 강제응답을 구해본다.

(2) RC 직렬회로의 강제응답

그림 8.8의 RC 회로에 정현파 전압 $v_s(t)$가 인가될 때 회로에 흐르는 전류 $i(t)$의 강제응답을 구해보자.

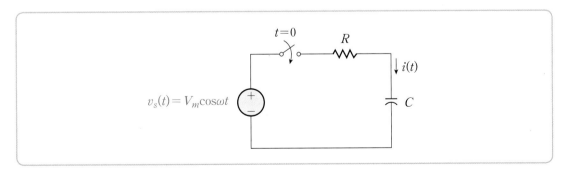

그림 8.8 정현파로 구동되는 RC 회로

$t=0$ 이전에는 스위치가 개방 상태이므로 커패시터의 초기전압 $v_C(0^-) = 0\text{V}$ 이다. 키르히호프의 전압법칙에 의해 $t>0$ 에서 다음의 회로방정식이 얻어진다.

$$Ri + \frac{1}{C}\int_0^t i(\tau)\,d\tau = V_m\cos\omega t \qquad (8-23)$$

식(8-23)의 양변을 미분하면

$$R\frac{di}{dt} + \frac{1}{C}i = -\omega V_m\sin\omega t \qquad (8-24)$$

가 얻어지므로 식(8-24)의 강제응답 $i_f(t)$를 다음과 같이 가정한다.

$$i_f(t) = K_1\cos\omega t + K_2\sin\omega t \qquad (8-25)$$

여기서 K_1과 K_2는 임의의 상수이다.

식(8-25)를 식(8-24)에 대입하여 정리하면 다음과 같다.

$$R(-\omega K_1\sin\omega t + \omega K_2\cos\omega t)$$

$$+\frac{1}{C}(K_1\cos\omega t + K_2\sin\omega t) = -\omega V_m\sin\omega t$$

$$\left(-\omega R K_1 + \frac{1}{C}K_2\right)\sin\omega t + \left(\omega R K_2 + \frac{1}{C}K_1\right)\cos\omega t = -\omega V_m\sin\omega t \quad (8-26)$$

식(8-26)이 항상 만족되기 위해서는 다음의 관계가 성립해야 한다.

$$-\omega R K_1 + \frac{1}{C}K_2 = -\omega V_m \qquad (8-27)$$

$$\frac{1}{C}K_1 + \omega R K_2 = 0 \qquad (8-28)$$

위의 연립방정식의 양변에 C를 곱한 다음 Cramer 공식을 이용하여 미지의 계수 K_1과 K_2를 결정하면

$$K_1 = \frac{\begin{vmatrix} -\omega C V_m & 1 \\ 0 & \omega RC \end{vmatrix}}{\begin{vmatrix} -\omega RC & 1 \\ 1 & \omega RC \end{vmatrix}} = \frac{\omega^2 RC^2 V_m}{1 + \omega^2 R^2 C^2} \qquad (8-29)$$

$$K_2 = \frac{\begin{vmatrix} -\omega RC & -\omega C V_m \\ 1 & 0 \end{vmatrix}}{\begin{vmatrix} -\omega RC & 1 \\ 1 & \omega RC \end{vmatrix}} = \frac{-\omega C V_m}{1 + \omega^2 R^2 C^2} \qquad (8-30)$$

이 얻어지므로 구하려는 강제응답 $i_f(t)$는 다음과 같다.

$$i_f(t) = \frac{\omega^2 RC^2 V_m}{1 + \omega^2 R^2 C^2} \cos \omega t - \frac{\omega C V_m}{1 + \omega^2 R^2 C^2} \sin \omega t \qquad (8-31)$$

단진동 합성에 의하여 식(8-31)은 다음과 같이 간결하게 표현할 수 있다.

$$i_f(t) = \frac{\omega C V_m}{\sqrt{1 + \omega^2 R^2 C^2}} \cos(\omega t + \phi) \qquad (8-32)$$

$$\phi = \tan^{-1}\left(\frac{1}{\omega RC}\right) \qquad (8-33)$$

식(8-33)으로부터 RC 회로에서 전원전압 $v_s(t)$와 회로에 흐르는 전류 $i(t)$와의 위상차는 R과 $\frac{1}{\omega C}$에 따라 결정됨을 알 수 있다. $\frac{1}{\omega C}$을 커패시터의 용량성 리액턴스(capacitive reactance) X_C라고 정의하며, 단위는 옴(Ω)을 사용한다. 용량성 리액턴스는 정현파 전류가 흐를 때 커패시터의 전류의 흐름에 저항하는 척도를 나타내는 개념으로 8.5절에서 상세히 다룬다.

식(8-21)로부터 RL 회로에서는 회로에 흐르는 전류의 위상은 전원전압의 위상보다 ϕ만큼 위상이 뒤진다는 것을 알 수 있다. 또한, 식(8-32)로부터 RC 회로에서는 회로에 흐르는 전류의 위상이 전원전압보다 ϕ만큼 앞선다는 것을 알 수 있다.

지금까지의 해석에서 과도상태는 이미 지나가고 회로의 정상상태응답인 강제응답에만 관심을 가지고 있다는 것에 주의하라. RL 및 RC 회로에 정현파가 인가되는

경우 강제응답을 결정하는 과정은 인덕터와 커패시터의 존재로 인하여 나타나는 미분방정식의 정상상태 해를 구하는 과정과 완전히 동일하다는 것을 알 수 있다.

미분방정식의 정상상태 해를 구하는 과정은 복잡하고 지루한 과정이므로 일반적인 RLC 회로에 대한 정상상태 해석은 간단하지 않게 된다. 다음 절에서 시간 영역에서 주어진 미분방정식의 해를 구하는 대신에 주파수 영역이라는 새로운 영역에서 일반적인 RLC 회로의 해를 쉽게 구할 수 있는 방법을 소개한다.

예제 8.4

다음의 RLC 직렬회로에서 회로에 흐르는 전류 $i(t)$의 정상상태응답을 구하라.

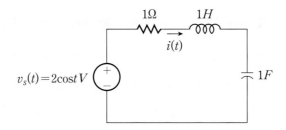

풀이 키르히호프의 전압 법칙을 적용하면

$$i + \frac{di}{dt} + \int_0^t i(\tau)\, d\tau = 2\cos t$$

이므로 양변을 미분하면 다음의 2차 미분방정식이 얻어진다.

$$\frac{d^2 i}{dt^2} + \frac{di}{dt} + i = -2\sin t$$

강제함수가 사인함수이므로 위의 미분방정식의 정상상태응답을 다음과 같이 가정한다.

$$i_f(t) = K_1 \cos t + K_2 \sin t$$

$i_f(t)$를 2차 미분방정식에 대입하여 정리하면

454

$$\frac{di_f}{dt} = -K_1\sin t + K_2\cos t$$

$$\frac{d^2 i_f}{dt^2} = -K_1\cos t - K_2\sin t$$

$$(-K_1\cos t - K_2\sin t) + (-K_1\sin t + K_2\cos t) + (K_1\cos t + K_2\sin t) = -2\sin t$$

$$K_2\cos t - K_1\sin t = -2\sin t$$

$$\therefore K_2 = 0, \ K_1 = 2$$

가 되므로 $i_f(t)$는 다음과 같이 결정된다.

$$i_f(t) = 2\cos t \ A$$

8.3 주파수 영역에서의 복소페이저

앞 절에서 살펴본 바와 같이 정현파가 인가되는 회로의 정상상태응답을 구하는 과정은 복잡하고 지루한 과정이다. 좀 더 간편하게 정현파 정상상태응답을 구할 수 있는 방법은 정현파 전원을 복소지수 전원으로 대체하여 회로해석을 진행하는 것이다.

(1) 복소지수 전원에 의한 정상상태응답 결정

먼저, 복소지수함수 $e^{j\omega t}$에 대하여 살펴본다. 오일러 공식에 의하여 $e^{j\omega t}$는 다음과 같이 표현할 수 있다.

$$e^{j\omega t} = \cos\omega t + j\sin\omega t \tag{8-34}$$

식(8-34)로부터 $e^{j\omega t}$는 $\cos\omega t$와 $\sin\omega t$를 각각 실수부와 허수부로 가지는 복소수이므로 형태상으로는 코사인함수와 사인함수의 정보를 모두 가지고 있다는 것에 주목하라.

또한, 식(8-34)를 복소수의 극형식(polar form) 관점에서 보면 $e^{j\omega t}$는 크기가 1이고 위상이 ωt인 복소수이므로 그림 8.9와 같이 표현된다.

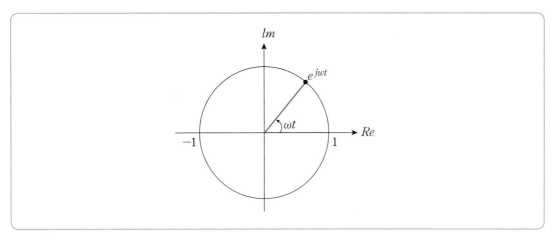

그림 8.9 복소지수함수 $e^{j\omega t}$

복소지수함수는 복소수이므로 실제로 존재하지는 않지만 정현파 정보를 포함하고 있어 공학적으로 매우 유용한 함수이다.

그림 8.10(a), (b)에 나타낸 것처럼 선형 RLC 회로에 $\cos \omega t$와 $\sin \omega t$를 각각 전원으로 인가하여 부하저항 R_L에 흐르는 전류응답 $i_1(t)$와 $i_2(t)$를 얻었다고 가정하자. 중첩의 원리에 따라 $e^{j\omega t}$를 인가하게 되면 부하저항 R_L에 흐르는 전류응답 $i(t)$는 그림 8.10(c)에 나타낸 것처럼 다음과 같다.

$$i(t) = i_1(t) + ji_2(t) \qquad (8-35)$$

식(8-35)로부터 복소지수 전원 $e^{j\omega t}$에 대한 전류응답 $i(t)$는 $\cos \omega t$에 대한 응답 $i_1(t)$와 $\sin \omega t$에 대한 응답 $i_2(t)$로 구성된다. 따라서 $i(t)$의 실수부 $Re\{i(t)\}$는 강제함수가 $\cos \omega t$일 때의 응답이며, $i(t)$의 허수부 $Im\{i(t)\}$는 강제함수가 $\sin \omega t$일 때의 응답이 된다.

$$\cos \omega t \longrightarrow i_1(t) = Re\{i(t)\} \qquad (8-36)$$

$$\sin \omega t \longrightarrow i_2(t) = Im\{i(t)\} \qquad\qquad (8-37)$$

요약하면, 정현파에 의해 구동되는 선형 RLC 회로의 정상상태응답을 구하려면 먼저, 정현파를 복소지수 전원으로 대체하여 정상상태응답을 구한 다음, 주어진 정현파가 코사인함수이면 정상상태응답의 실수부를, 또는 주어진 정현파가 사인함수이면 허수부를 취하면 된다.

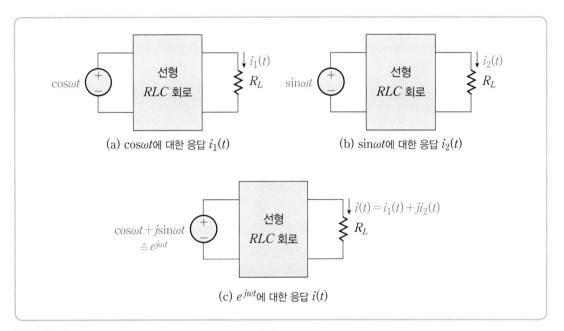

그림 8.10 복소지수 전원에 대한 선형 RLC 회로의 응답

예제 8.5

다음 RL 회로에서 $i(t)$의 정현파 정상상태응답 $i_f(t)$를 복소지수 전원을 이용하여 구하라.

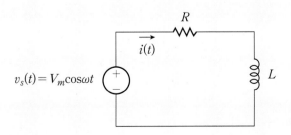

풀이 키르히호프의 전압 법칙을 이용하면

$$Ri + L\frac{di}{dt} = V_m \cos\omega t$$

가 얻어지므로 $V_m \cos\omega t$를 $V_m e^{j\omega t}$의 복소지수 전원으로 대체한다. 즉,

$$R\tilde{i} + L\frac{d\tilde{i}}{dt} = V_m e^{j\omega t}$$

강제함수가 복소지수함수이므로 $\tilde{i}$의 정상상태응답을 다음과 같이 가정한다.

$$\tilde{i}_f(t) = Ke^{j\omega t} \ (K\text{는 임의의 상수})$$

$\tilde{i}_f(t)$를 미분하여 강제함수가 $V_m e^{j\omega t}$인 미분방정식에 대입하여 정리하면

$$RKe^{j\omega t} + j\omega LKe^{j\omega t} = V_m e^{j\omega t}$$

$$(R + j\omega L)K = V_m \qquad \therefore K = \frac{V_m}{R + j\omega L}$$

이므로 $\tilde{i}_f(t)$는 다음과 같다.

$$\tilde{i}_f(t) = \frac{V_m}{R + j\omega L}e^{j\omega t}$$

주어진 회로의 정현파는 코사인함수이므로 $i(t)$의 정상상태응답 $i_f(t)$는 식(8-36)에 의하여 다음과 같이 결정된다.

$$i_f(t) = Re\{\tilde{i}_f(t)\} = Re\left\{\frac{V_m}{R + j\omega L}(\cos\omega t + j\sin\omega t)\right\}$$

$$= Re\left\{\frac{V_m(R - j\omega L)}{R^2 + \omega^2 L^2}(\cos\omega t + j\sin\omega t)\right\}$$

$$= \frac{RV_m}{R^2 + \omega^2 L^2}\cos\omega t + \frac{\omega L V_m}{R^2 + \omega^2 L^2}\sin\omega t$$

8.2절의 식(8-20)과 동일한 결과를 얻을 수 있음을 알 수 있다.

예제 8.6

다음의 RLC 회로에 대하여 물음에 답하라.

(1) $v_s(t) = 2\cos t$일 때 $i(t)$의 강제응답을 구하라.

(2) $v_s(t) = 2\sin t$일 때 $i(t)$의 강제응답을 구하라.

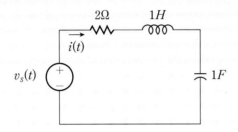

풀이 (1) $v_s = 2\cos t$가 인가되는 경우

키르히호프의 전압 법칙에 의하여

$$2i + \frac{di}{dt} + \int_0^t i(\tau)\,d\tau = v_s(t)$$

$$\frac{d^2 i}{dt^2} + 2\frac{di}{dt} + i = \frac{d}{dt}v_s = -2\sin t$$

이므로 $-2\sin t$를 복소지수 전원으로 대체한다. 즉,

$$\frac{d^2 \tilde{i}}{dt^2} + 2\frac{d\tilde{i}}{dt} + \tilde{i} = -2e^{jt}$$

$\tilde{i}(t)$의 정상상태응답을 다음과 같이 가정한다.

$$\tilde{i}_f(t) = Ke^{jt} \ (K는 \ 임의의 \ 상수)$$

$\tilde{i}_f(t)$를 미분하여 위의 미분방정식에 대입하면

$$-Ke^{jt} + j2Ke^{jt} + Ke^{jt} = -2e^{jt}$$
$$j2K = -2 \qquad \therefore \ K = j$$

이므로 $\tilde{i}_f(t)$는 다음과 같다.

$$\tilde{i}_f(t) = je^{jt}$$

강제함수가 $-2\sin t$로 주어져 있으므로 $i(t)$의 정상상태응답 $i_f(t)$는 식(8-37)에 의하여 다음과 같이 결정된다.

$$i_f(t) = Im\{\tilde{i}_f(t)\} = Im\{j(\cos t + j\sin t)\} = \cos t$$

(2) $v_s(t) = 2\sin t$가 인가되는 경우 식(8-36)에 의하여

$$i_f(t) = Re\{\tilde{i}_f(t)\} = Re\{j(\cos t + j\sin t)\} = -\sin t$$

를 얻는다.

여 기서 잠깐! **복소수의 극형식**

복소평면상에 있는 복소수 z를 생각한다.

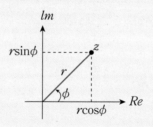

위의 그림에서와 같이 복소수 z를 매개변수 r과 ϕ를 이용하여 표현하는 것을 복소수의 극형식이라 하며 다음과 같이 나타낸다.

$$z = r\angle\phi$$

한편, 복소수 z를 실수부와 허수부로 표현해보면

$$z = r\cos\phi + jr\sin\phi = r(\cos\phi + j\sin\phi) = re^{j\phi}$$

이므로 복소수의 극형식은 복소지수함수를 이용하여 표현할 수도 있다.

$$z = r\angle\phi \quad \text{또는} \quad z = re^{j\phi}$$

지금까지 살펴본 바와 같이 복소지수 전원을 이용하면 정현파 정상상태응답을 구하는 과정이 훨씬 간편해진다는 것을 학습하였다. 다음으로 정현파를 복소수의 극형식으로 표현하는 복소페이저(complex phasor) 기법을 살펴본다.

(2) 복소페이저

주파수가 정해진 경우 정현파 전압이나 전류는 그 진폭(amplitude)과 위상(phase)의 2개의 파라미터에 의하여 완전히 기술될 수 있다. 예를 들어, 정현파 전압 $v(t)$가 다음과 같다고 가정한다.

$$v(t) = V_m\cos(\omega t + \phi) \qquad (8-38)$$

식(8-38)에 대응되는 복소수 표시는 다음과 같다.

$$V_m\cos(\omega t + \phi) \longleftrightarrow V_m e^{j(\omega t + \phi)} \qquad (8-39)$$

식(8-39)에서 주파수 ω에 대한 정보를 생략하고 정현파의 진폭 V_m과 위상 ϕ에 대한 정보만을 이용하여 복소수의 극형식으로 표현하면 다음과 같다.

$$V_m e^{j\phi} \quad \text{또는} \quad V_m\angle\phi \qquad (8-40)$$

식(8-40)을 정현파 $v(t)$에 대한 복소페이저라고 정의하며, 간략히 페이저라고 부른다. 페이저는 보통 굵은 대문자 $\mathbf{V} = V_m e^{j\phi} = V_m\angle\phi$로 표현하며, 시간 영역의 정현파에 대한 정보를 가진 주파수 영역에서의 복소수인 것이다. 그림 8.11에 시간 영역과 주파수 영역의 페이저 변환 관계를 나타내었다.

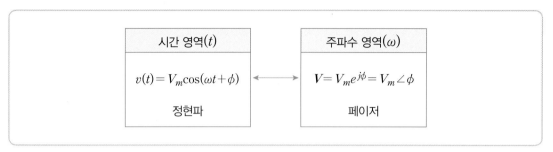

그림 8.11 시간 및 주파수 영역에서의 페이저 변환

페이저를 정의할 때 기준이 되는 정현파를 코사인함수로 설정하였기 때문에 만일 정현파가 사인함수인 경우는 다음의 삼각함수 공식을 이용한다.

$$\sin \omega t = \cos\left(\omega t - \frac{\pi}{2}\right) \tag{8-41}$$

예를 들어, $v(t) = V_m \sin(\omega t + \phi) = V_m \cos(\omega t + \phi - \frac{\pi}{2})$이므로 $v(t)$에 대한 페이저 변환은 다음과 같다.

$$v(t) = V_m \sin(\omega t + \phi) \longleftrightarrow V = V_m e^{j\left(\phi - \frac{\pi}{2}\right)} \tag{8-42}$$

여 기서 잠깐! | RMS 페이저

정현파에 대한 페이저를 정의할 때 정현파의 진폭(최댓값)과 위상 정보를 이용하였으나, 정현파의 진폭 대신에 실효값과 위상 정보를 이용한 것을 RMS 페이저라고 부른다.

예를 들면, $v(t) = 100 \cos(\omega t + 30°)$를 페이저와 RMS 페이저로 각각 표현하면 다음과 같다.

① 페이저 $V = V_m \angle \phi = 100 \angle 30° = 100 e^{j\frac{\pi}{6}}$

② RMS 페이저 $V_{RMS} = V_{rms} \angle \phi = \frac{100}{\sqrt{2}} \angle 30° = 50\sqrt{2}\, e^{j\frac{\pi}{6}}$

이 책에서는 특별한 언급이 없는 한 모든 페이저는 정현파의 최댓값을 사용하는 일반 페이저로 간주할 것이다.

예제 8.7

다음 정현파를 페이저로 변환하라.

(1) $v_1(t) = -4\sin(2t + 30°)$

(2) $v_2(t) = 3\cos 4t + 4\sin 4t$

풀이 (1) 삼각함수 변환공식을 사용하면

$$-4\sin(2t + 30°) = -4\cos(2t + 30° - 90°) = -4\cos(2t - 60°)$$
$$= 4\cos(2t - 60° + 180°) = 4\cos(2t + 120°)$$

이므로 $v_1(t)$에 대한 페이저 $\boldsymbol{V}_1$은 다음과 같다.

$$\boldsymbol{V}_1 = 4\angle 120° = 4e^{j\frac{2}{3}\pi}$$

(2) $v_2(t)$를 단진동 합성 공식을 이용하면

$$v_2(t) = 3\cos 4t + 4\sin 4t = \sqrt{3^2 + 4^2}\cos(4t - \phi) = 5\cos(4t - \phi)$$
$$\phi = \tan^{-1}\left(\frac{4}{3}\right)$$

이므로 $v_2(t)$에 대한 페이저 $\boldsymbol{V}_2$는 다음과 같다.

$$\boldsymbol{V}_2 = 5\angle -\phi = 5e^{-j\phi}$$

예제 8.8

다음의 페이저를 시간 영역의 정현파로 변환하라.

(1) $\boldsymbol{V}_1 = 3\angle 30°, \quad \omega = 2\,\mathrm{rad/sec}$

(2) $\boldsymbol{V}_2 = 4\angle -60°, \quad \omega = 3\,\mathrm{rad/sec}$

풀이 (1) $v_1(t) = 3\cos(2t + 30°)$

(2) $v_2(t) = 4\cos(3t - 60°)$

지금까지 설명한 페이저 변환은 시간 영역에서 정의되는 정현파 함수를 복소수 영역으로 변환하며, 그 복소수 영역은 응답이 일반적으로 각주파수 ω에 의존하기 때문에 주파수 영역(frequency domain)이라고도 한다.

8.4 R, L, C에 대한 페이저 관계식

본 절에서는 R, L, C 소자에 대한 페이저 전압과 페이저 전류 관계를 유도하여 주파수 영역에서 정현파 정상상태 해석을 간편하게 할 수 있도록 토대를 구축한다.

(1) 저항에 대한 페이저 표현

그림 8.12(a)에 나타낸 것처럼 시간 영역에서 저항소자의 전압과 전류 관계는 옴의 법칙에 의하여 다음과 같이 표현될 수 있다.

$$v(t) = Ri(t) \qquad (8-43)$$

그림 8.12(a)에 복소지수 전압 $v(t) = V_m e^{j(\omega t+\theta)}$를 인가할 때 저항에 흐르는 복소전류응답을 $i(t) = I_m e^{j(\omega t+\phi)}$라고 가정하면, 식(8-43)에 의하여

$$V_m e^{j(\omega t+\theta)} = RI_m e^{j(\omega t+\phi)}$$
$$V_m e^{j\omega t} e^{j\theta} = RI_m e^{j\omega t} e^{j\phi} \qquad (8-44)$$

를 얻을 수 있다. 식(8-44)의 양변을 $e^{j\omega t}$로 나누면 다음과 같다.

$$\underbrace{V_m e^{j\theta}}_{V} = R \underbrace{I_m e^{j\phi}}_{I} \qquad (8-45)$$

$$\therefore \ V = RI \qquad (8-46)$$

저항 R에서 페이저 전압 V와 전류 I의 관계는 시간 영역에서의 전압 v와 전류 i

의 관계와 동일한 관계이다. 또한 $\theta = \phi$가 성립해야 하므로 전압과 전류는 동상(in phase)임을 알 수 있다.

식(8-46)을 주파수 영역에서 표현하면 그림 8.12(b)와 같이 나타낼 수 있다.

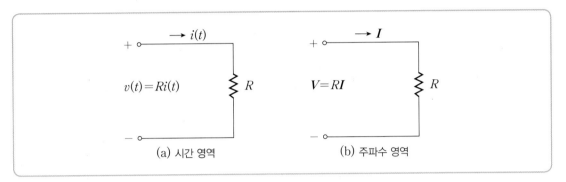

(a) 시간 영역   (b) 주파수 영역

그림 8.12 저항에 대한 전압 · 전류 관계

저항소자는 전압 · 전류 관계가 시간 영역이나 주파수 영역에서 동일한 관계를 가지기 때문에 저항 회로가 주파수 영역에서 해석될 때 시간이나 노력을 절약할 수는 없다는 것에 유의하라.

(2) 인덕터에 대한 페이저 표현

그림 8.13(a)에 나타낸 것처럼 시간 영역에서 인덕터 소자의 전압과 전류 관계는 다음과 같이 표현할 수 있다.

$$v(t) = L\frac{di}{dt} \tag{8-47}$$

그림 8.13(a)에 복소지수 전압 $v(t) = V_m e^{j(\omega t + \theta)}$를 인가할 때 인덕터에 흐르는 복소전류응답을 $i(t) = I_m e^{j(\omega t + \phi)}$라고 가정하면, 식(8-47)에 의하여

$$V_m e^{j(\omega t + \theta)} = L\frac{d}{dt}\{I_m e^{j(\omega t + \phi)}\}$$

$$V_m e^{j(\omega t + \theta)} = j\omega L\, I_m e^{j(\omega t + \phi)} \tag{8-48}$$

를 얻을 수 있다. 식(8−48)의 양변을 $e^{j\omega t}$ 로 나누면 다음과 같다.

$$\underbrace{V_m e^{j\theta}}_{V} = j\omega L \underbrace{I_m e^{j\phi}}_{I}$$

$$\therefore \ V = j\omega L \ I \qquad\qquad (8-49)$$

인덕터에서의 페이저 전압은 페이저 전류에 $j\omega L$을 곱한 것과 동일하며, 식(8−49)의 위상 관계는 $j\omega L$의 위상이 90°이므로 다음 관계가 성립된다.

$$\theta = \phi + 90° \qquad\qquad (8-50)$$

따라서, 식(8−50)으로부터 인덕터에서 페이저 전류는 페이저 전압보다 위상이 90° 뒤진다는 것을 알 수 있다.

식(8−49)를 주파수 영역에서 표현하면 그림 8−13(b)와 같이 나타낼 수 있다.

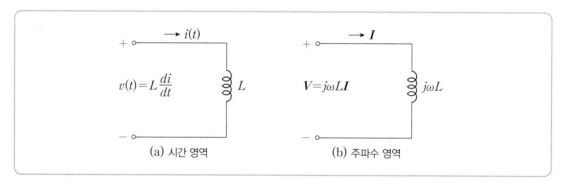

(a) 시간 영역   (b) 주파수 영역

그림 8.13 인덕터에 대한 전압 · 전류 관계

시간 영역에서 인덕터에 대한 전압 · 전류 관계는 미분으로 주어지지만, 주파수 영역에서는 단순히 페이저 전류에 $j\omega L$을 곱하여 페이저 전압을 결정하는 복소대수 관계이다. 따라서 주파수 영역에서 인덕터를 다루는 것은 시간 영역에서 다루는 것보다 훨씬 간편하다는 장점을 가진다.

(3) 커패시터에 대한 페이저 표현

그림 8.14(a)에 나타낸 것처럼 시간 영역에서 커패시터 소자의 전압과 전류 관계는 다음과 같이 표현될 수 있다.

$$i(t) = C\frac{dv}{dt} \qquad (8-51)$$

그림 8.14(a)에 복소지수 전압 $v(t) = V_m e^{j(\omega t + \theta)}$를 인가할 때 커패시터에 흐르는 복소전류응답을 $i(t) = I_m e^{j(\omega t + \phi)}$라고 가정하면, 식(8-51)에 의하여

$$I_m e^{j(\omega t + \phi)} = C\frac{d}{dt}\{V_m e^{j(\omega t + \theta)}\}$$

$$I_m e^{j(\omega t + \phi)} = j\omega C V_m e^{j(\omega t + \theta)} \qquad (8-52)$$

를 얻을 수 있다. 식(8-52)의 양변을 $e^{j\omega t}$로 나누어 정리하면 다음과 같다.

$$\underbrace{I_m e^{j\phi}}_{I} = j\omega C \underbrace{V_m e^{j\theta}}_{V} \qquad (8-53)$$

$$\therefore \; V = \frac{1}{j\omega C}I \qquad (8-54)$$

커패시터에서 페이저 전압은 페이저 전류에 $\dfrac{1}{j\omega C}$을 곱한 것과 동일하며, 위상 관계는 $\dfrac{1}{j\omega C}$의 위상이 $-90°$이므로 다음 관계가 성립된다.

$$\theta = \phi - 90° \qquad (8-55)$$

따라서 식(8-55)로부터 커패시터에서 페이저 전류는 페이저 전압보다 위상이 $90°$ 앞선다는 것을 알 수 있다.

식(8-54)를 주파수 영역에서 표현하면 그림 8.14(b)와 같이 나타낼 수 있다.

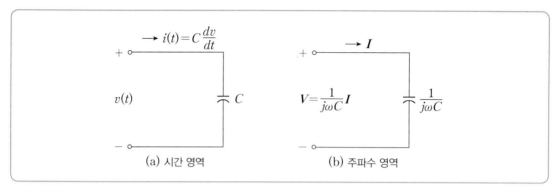

그림 8.14 커패시터에 대한 전압 · 전류 관계

시간 영역에서 커패시터에 대한 전압 · 전류 관계는 적분으로 주어지지만, 주파수 영역에서는 단순히 페이저 전류에 $\dfrac{1}{j\omega C}$을 곱하여 페이저 전압을 결정하는 복소대수 관계이다. 따라서 주파수 영역에서 커패시터를 다루는 것은 시간 영역에서 다루는 것보다 훨씬 간편하다는 장점을 가진다.

지금까지 언급한 R, L, C 소자에 대한 전압 · 전류 관계식을 시간 영역과 주파수 영역에서 각각 비교하여 표 8.1에 나타내었다.

표 8.1　RLC 소자에 대한 각 영역별 전압 · 전류 관계

시간 영역 표현		주파수 영역 표현	
$\xrightarrow{i}\ \overset{R}{\text{WW}}$ $+\quad v\quad -$	$v = Ri$	$\xrightarrow{I}\ \overset{R}{\text{WW}}$ $+\quad V\quad -$	$V = RI$
$\xrightarrow{i}\ \overset{L}{\text{mm}}$ $+\quad v\quad -$	$v = L\dfrac{di}{dt}$	$\xrightarrow{I}\ \overset{j\omega L}{\text{mm}}$ $+\quad V\quad -$	$V = j\omega L I$
$\xrightarrow{i}\ \overset{C}{\dashv\vdash}$ $+\quad v\quad -$	$v = \dfrac{1}{C}\displaystyle\int i\,dt$	$\xrightarrow{I}\ \overset{\frac{1}{j\omega C}}{\dashv\vdash}$ $+\quad V\quad -$	$V = \dfrac{1}{j\omega C}I$

표 8.1에 나타낸 것처럼 RLC 회로의 정상상태응답을 구하기 위해서는 시간 영역에서는 미적분방정식을 풀어야 하지만, 주파수 영역에서는 복소수 대수방정식을 풀

면 되기 때문에 해석 과정이 매우 간편하고 쉽다는 것을 알 수 있다.

여 기서 잠깐! 복소수의 곱셈과 나눗셈

극형식으로 표현된 두 복소수 z_1과 z_2가 다음과 같다고 하자.

$$z_1 = r_1 e^{j\theta_1}, \; z_2 = r_2 e^{j\theta_2}$$

z_1과 z_2의 곱 $z_1 z_2$를 계산하면 다음과 같다.

$$z_1 z_2 = r_1 r_2 e^{j(\theta_1 + \theta_2)}$$

즉, 극형식으로 표현된 두 복소수 z_1과 z_2의 곱셈은 각 복소수의 크기는 서로 곱하고, 위상은 더하면 된다.

z_1과 z_2의 나눗셈 $\frac{z_2}{z_1}$를 계산하면 다음과 같다.

$$\frac{z_2}{z_1} = \frac{r_2 e^{j\theta_2}}{r_1 e^{j\theta_1}} = \frac{r_2}{r_1} e^{j(\theta_2 - \theta_1)}$$

즉, 극형식으로 표현된 두 복소수의 나눗셈은 각 복소수의 크기는 나누고, 위상은 빼면 된다.

---

(4) 페이저도

페이저도(phasor diagram)란 어떤 RLC 회로에서 페이저 전압과 전류를 복소평면 위에 방향성이 있는 유향선분으로 그린 것을 의미한다.

페이저는 크기와 위상을 가지는 복소수이므로 선분의 길이로 크기를 표현하며, 위상은 복소평면의 실수축에서 반시계 방향으로 진행하는 각을 양수로 표현한다. 그림 8.15에 $V = V_m e^{j\phi}$에 대한 페이저도를 나타내었다.

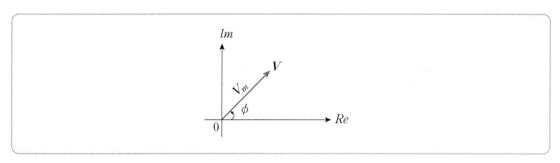

그림 8.15 페이저 다이어그램

주파수 영역에서 RLC 소자에 대한 페이저 관계식으로부터 페이저도를 그려서 위상 관계를 살펴보자.

① 저항에 대한 페이저도

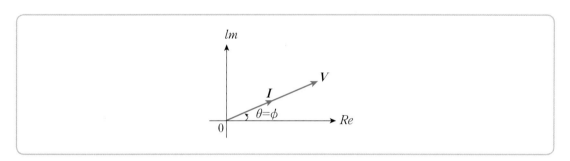

그림 8.16 $V = RI$ 에 대한 페이저도

페이저 전압과 전류는 동상이므로 두 페이저는 겹쳐져서 나타난다.

② 인덕터에 대한 페이저도

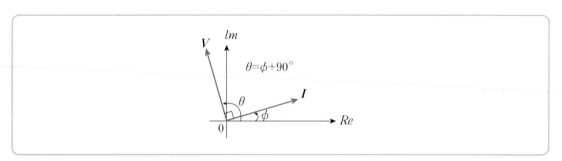

그림 8.17 $V = j\omega LI$ 에 대한 페이저도

페이저 전압 V의 위상 θ가 페이저 전류 I의 위상 ϕ보다 90° 앞서거나 페이저 전류 I가 페이저 전압 V의 위상보다 90° 뒤진다.

③ 커패시터에 대한 페이저도

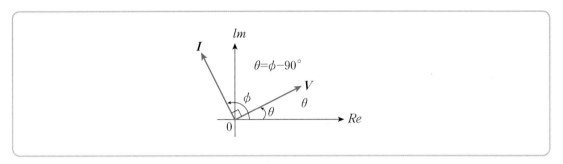

그림 8.18 $V = \dfrac{1}{j\omega C} I$에 대한 페이저 도

페이저 전압 V의 위상 θ가 페이저 전류 I의 위상 ϕ보다 90° 뒤지거나 페이저 전류 I가 페이저 전압 V의 위상보다 90° 앞선다.

이와 같이 페이저 전압이나 전류에 대한 페이저 도를 그려보면 이론적인 해석 과정을 거쳐 얻은 결과를 확인하는 데 유용하게 사용될 수 있으며, 특히 위상 선행이나 지연 관계를 살펴보는 데 편리하다.

여 기서 잠깐! | 페이저와 벡터의 유사성

페이저도를 표현하는데 있어 페이저를 유향선분으로 표시하기 때문에 수학에서 다루는 평면 벡터와 유사하다고 생각할 수도 있다.

엄격히 말하면 페이저는 복소수이고 평면 벡터는 크기과 방향을 가진 물리량이므로 페이저와 평면 벡터의 본질은 다른 것이라 할 수 있다. 그러나 복소수와 평면 벡터를 수학적으로 표현하는 방식이 매우 유사하기 때문에 평면 벡터에서 성립하는 많은 성질들이 그대로 페이저에서도 만족된다. 예를 들어, 평면 벡터에서 덧셈의 기하학적인 의미는 페이저 간의 덧셈에도 그대로 적용된다. 다음 그림 (a)와 (b)에 평면 벡터와 페이저의 덧셈에 대한 기하학적인 의미를 나타내었다.

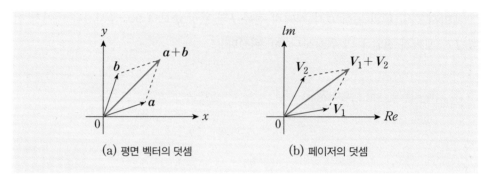

(a) 평면 벡터의 덧셈　　　　(b) 페이저의 덧셈

예제 8.9

$2H$의 인덕터에 주파수 $\omega = 20 \, \text{rad/sec}$에서 전압 $10e^{j30°} \, V$를 인가하였을 때, 흐르는 페이저 전류와 대응되는 시간 영역 전류를 구하라.

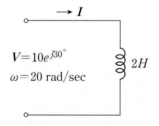

$$V = 10e^{j30°}$$
$$\omega = 20 \, \text{rad/sec}$$

$2H$

$\rightarrow I$

풀이　$V = j\omega L I$의 관계식으로부터

$$10e^{j30°} = j20 \times 2I$$

$$I = \frac{10\angle 30°}{j40} = \frac{10\angle 30°}{40\angle 90°} = \frac{1}{4}\angle -60° \, A$$

따라서 페이저 전류 I에 대응되는 시간 영역 전류 $i(t)$는 다음과 같다.

$$i(t) = \frac{1}{4}\cos(20t - 60°) \, A$$

예제 8.10

$1F$의 커패시터에 $\omega = 20 \, \text{rad/sec}$에서 전압 $20\angle 0° \, V$를 인가하였을 때, 커패시터에 흐르는 페이저 전류와 대응되는 시간 영역 전류를 구하라.

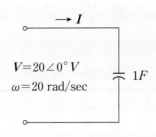

풀이 $I = j\omega C V$의 관계식으로부터

$$I = j20 \times 1 \times 20\angle 0° = (20\angle 90°)(20\angle 0°) = 400\angle 90° \; A$$

따라서 페이저 전류 I에 대응되는 시간 영역 전류 $i(t)$는 다음과 같다.

$$i(t) = 400\cos(20t + 90°) = -400\sin 20t \; A$$

8.5 복소 임피던스와 어드미턴스

(1) 복소 임피던스

옴의 법칙에서 저항 R은 전류의 흐름을 방해하는 성분으로 다음과 같이 정의되며, 단위는 옴(Ω)이다.

$$R = \frac{v}{i} \tag{8-56}$$

저항은 시간 영역에서 정의되는 개념이며, 주파수 영역에서도 식(8-56)과 유사하게 페이저 전압과 전류의 비로 임피던스(impedance)라는 개념을 정의한다.

임피던스는 페이저 전압 V와 페이저 전류 I의 비로 정의되며, 보통 Z로 표현한다.

$$Z \triangleq \frac{V}{I} \tag{8-57}$$

식(8-57)에서 알 수 있듯이 임피던스는 두 페이저의 비로 정의되므로 복소수이지만, 시간 영역에서 대응되는 정현파가 없기 때문에 페이저는 아니다라는 사실에 주의하자. 일반적으로 모든 페이저는 복소수이지만, 모든 복소수가 페이저는 아니다. 식(8-57)에서 $V = ZI$가 성립하므로 마치 옴의 법칙과 유사하다는 것을 알 수 있다.

8.4절에서 R, L, C 소자에 대해 유도한 페이저 관계식을 살펴보자.

$$\text{저항} : V = RI \longrightarrow Z = \frac{V}{I} = R \tag{8-58}$$

$$\text{인덕터} : V = j\omega LI \longrightarrow Z = \frac{V}{I} = j\omega L \tag{8-59}$$

$$\text{커패시터} : V = \frac{1}{j\omega C}I \longrightarrow Z = \frac{V}{I} = \frac{1}{j\omega C} \tag{8-60}$$

식(8-58)~식(8-60)으로부터 저항 R에 대한 임피던스는 주파수와 무관하지만, 인덕터나 커패시터는 임피던스가 주파수 ω의 함수이므로 주파수에 따라 임피던스의 크기가 변한다.

일반적으로 임피던스 Z는 복소수이므로 다음과 같이 실수부 R과 허수부 X로 표현할 수 있다.

$$Z = R + jX \tag{8-61}$$

식(8-61)에서 실수부 R은 저항, 허수부 X는 리액턴스(reactance)라고 부른다. 한편, 임피던스를 복소수의 극형식을 이용하여 표현하면 다음과 같다.

$$Z = |Z| \angle \theta = Z e^{j\theta} \tag{8-62}$$

식(8-61)과 비교하면

$$\left| \boldsymbol{Z} \right| \triangleq Z = \sqrt{R^2 + X^2} \qquad (8-63)$$

$$\theta = \tan^{-1}\left(\frac{X}{R}\right) = \angle \boldsymbol{V} - \angle \boldsymbol{I} \qquad (8-64)$$

가 얻어진다. 식(8-64)에서 θ는 임피던스의 정의에 의하여 페이저 전압 $\boldsymbol{V}$와 페이저 전류 $\boldsymbol{I}$의 위상차를 나타내며, 임피던스 각(impedance angle)이라고 부른다.

따라서 임피던스는 주파수 영역에서 전류의 흐름을 방해하는 복소량으로 정의되는 개념으로 전압과 전류의 위상차에 대한 중요한 정보를 포함한다.

임피던스는 개별 소자뿐만 아니라 여러 소자들이 직렬 또는 병렬로 연결되어 있는 경우도 저항의 직렬 및 병렬 연결에서와 마찬가지로 임피던스를 합성할 수 있다.

그림 8.19에 RLC 소자들의 직병렬 연결 관계를 나타내었다.

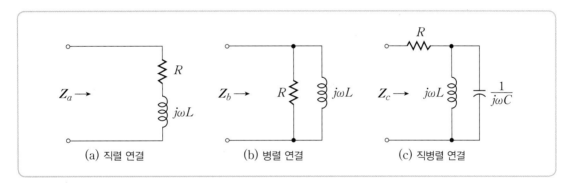

(a) 직렬 연결   (b) 병렬 연결   (c) 직병렬 연결

그림 8.19 RLC 소자들의 직병렬 연결

그림 8.19에서 각각의 임피던스를 계산하면 다음과 같다.

$$\boldsymbol{Z}_a = R + j\omega L \qquad (8-65)$$

$$\boldsymbol{Z}_b = R \mathbin{/\mkern-5mu/} j\omega L = \frac{j\omega RL}{R + j\omega L} \qquad (8-66)$$

$$\boldsymbol{Z}_c = R + \left(j\omega L \mathbin{/\mkern-5mu/} \frac{1}{j\omega C} \right) = R + \frac{j\omega L}{1 - \omega^2 LC} \qquad (8-67)$$

그림 8.19에 대한 임피던스 계산에서 알 수 있듯이 임피던스를 복소수로 계산한다
는 것을 제외하면, 저항의 직병렬 연결에서 합성 저항을 계산하는 과정과 완전히 동
일하다.

예제 8.11

다음 회로에서 점선 부분에 대한 등가 임피던스 Z_{eq}를 구하라.

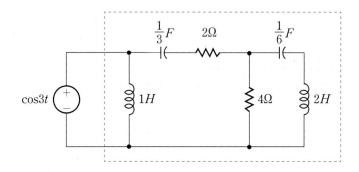

풀이 $\omega = 3 \text{ rad/sec}$이므로 점선 부분의 회로를 주파수 영역으로 변환하면 다음과
같다.

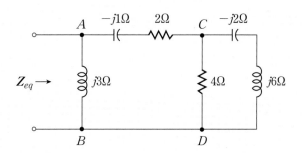

단자 C와 D의 우측 회로 부분을 합성하면 다음과 같다.

$$Z_{CD} = 4\Omega \,/\!/\, (-j2 + j6)\,\Omega = \frac{j16}{4 + j4} = 2 + j2 \ \Omega$$

단자 A와 B의 우측 회로 부분을 합성하면 다음과 같다.

$$\boldsymbol{Z}_{eq} = \boldsymbol{Z}_{AB} = j3 \mathbin{/\!/} (2 - j1 + \boldsymbol{Z}_{CD}) = j3 \mathbin{/\!/} (4 + j1)$$

$$= \frac{j3(4 + j1)}{j3 + (4 + j1)} = \frac{-3 + j12}{4 + j4} = \frac{9}{8} + j\frac{15}{8} \; \Omega$$

예제 8.12

다음 회로에서 점선 부분의 등가 임피던스가 R이 되도록 주파수 ω의 값을 구하라.

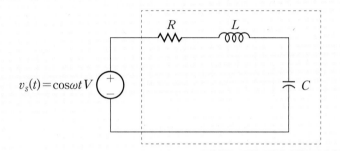

풀이 점선 부분의 등가 임피던스 $\boldsymbol{Z}_{eq}$를 구하면

$$\boldsymbol{Z}_{eq} = R + j\omega L + \frac{1}{j\omega C} = R + j\!\left(\omega L - \frac{1}{\omega C}\right)$$

이므로 $\boldsymbol{Z}_{eq}$의 허수부가 0이 되어야 한다. 즉,

$$\omega L - \frac{1}{\omega C} = 0$$

$$\omega^2 LC - 1 = 0 \qquad \therefore \; \omega = \frac{1}{\sqrt{LC}}$$

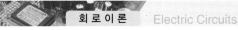

여 기서 잠깐! 정현파 전압원의 기호

정현파 전압원의 경우는 전압원의 기호를 사인함수의 모양을 흉내내어 다음과 같이 표기하기도 한다.

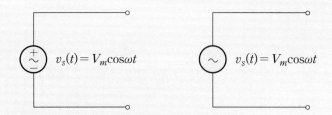

정현파 전류원의 경우는 다음과 같이 표기하기도 한다.

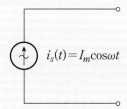

(2) 복소 어드미턴스

임피던스의 역수를 어드미턴스(admittance)라고 정의하며, 보통 Y로 표현한다.

$$Y \triangleq \frac{1}{Z} = \frac{I}{V} = G + jB \qquad (8-68)$$

어드미턴스의 단위로는 저항의 역수이므로 지멘스(Siemens) S를 사용하며, 어드미턴스의 실수부 G를 컨덕턴스(conductance), 허수부 B를 서셉턴스(susceptance)라고 부른다.

식(8-61)을 이용하여 임피던스 Z의 역수를 구하면

$$Y \triangleq G + jB = \frac{1}{R + jX} = \frac{R - jX}{R^2 + X^2} \qquad (8-69)$$

가 되므로 컨덕턴스 G와 서셉턴스 B는 각각 다음과 같다.

$$G = \frac{R}{R^2 + X^2} \qquad (8-70)$$

$$B = \frac{-X}{R^2 + X^2} \qquad (8-71)$$

식(8-70)과 식(8-71)로부터 G는 $X=0$일 때만 R의 역수이고 일반적으로 R의 역수는 아니다. 또한 B도 $R=0$일 때만 X의 역수이고 일반적으로 X의 역수는 아니라는 것에 주의하라.

8.4절에서 R, L, C 소자에 대하여 유도한 페이저 관계식을 살펴보자.

$$\text{저항} : V = RI \longrightarrow Y = \frac{I}{V} = \frac{1}{R} \qquad (8-72)$$

$$\text{인덕터} : V = j\omega LI \longrightarrow Y = \frac{I}{V} = \frac{1}{j\omega L} \qquad (8-73)$$

$$\text{커패시터} : V = \frac{1}{j\omega L}I \longrightarrow Y = \frac{I}{V} = j\omega C \qquad (8-74)$$

임피던스와 마찬가지로 어드미턴스도 저항에 대해서는 주파수 ω에 무관하지만 인덕터와 커패시터에 대해서는 주파수 ω의 함수이므로 ω에 따라 어드미턴스의 크기가 변한다.

어드미턴스는 주파수 영역에서 얼마나 전류가 잘 흐르는가의 척도를 나타내는 복소량으로 정의되는 개념이다. 임피던스 또는 어드미턴스의 개념은 주파수 영역에서 정현파 정상상태 해석에 유용하게 사용되는 개념이므로 여러 가지 다양한 회로에 대하여 임피던스 또는 어드미턴스를 계산하는 연습을 충분히 하기 바란다.

예제 8.13

다음 회로에서 점선 부분에 대한 등가 어드미턴스를 구하라. 단, 정현파 전원의 각주파수 $\omega = 1\mathrm{rad/sec}$이다.

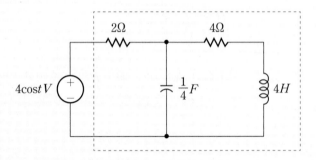

풀이   점선 부분에 대하여 먼저 등가 임피던스를 구하기 위하여 주어진 회로를 주파수 영역으로 변환하면 다음과 같다.

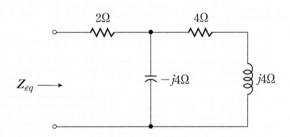

$$Z_{eq} = 2\Omega + \left\{-j4\Omega \,/\!/\, (4\Omega + j4\Omega)\right\}$$

$$= 2 + \frac{-j4(4+j4)}{-j4+4+j4} = 2 + 4 - j4 = 6 - j4 \; \Omega$$

따라서 등가 어드미턴스는 다음과 같다.

$$Y_{eq} = \frac{1}{Z_{eq}} = \frac{1}{6-j4} = \frac{6+j4}{52} = \frac{3}{26} + j\frac{1}{13} \; S$$

예제 8.14

다음 회로에서 점선 부분의 등가 어드미턴스가 $\dfrac{1}{R}$이 되도록 주파수 ω의 값을 구하라.

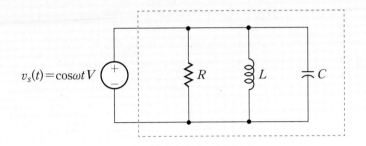

풀이 점선 부분의 등가 어드미턴스 Y_{eq}를 구하면

$$Y_{eq} = \frac{1}{R} + \frac{1}{j\omega L} + j\omega C = \frac{1}{R} + j\left(\omega C - \frac{1}{\omega L}\right)$$

이므로 Y_{eq}의 허수부가 0이 되어야 한다. 즉,

$$\omega C - \frac{1}{\omega L} = 0$$

$$\omega^2 LC - 1 = 0 \qquad \therefore \ \omega = \frac{1}{\sqrt{LC}}$$

여 기서 잠깐! 용량성 리액턴스와 유도성 리액턴스

임피던스 Z의 허수부 X를 리액턴스라고 하며, 소자의 종류에 따라 다음과 같이 용량성 리액턴스 X_C와 유도성 리액턴스 X_L로 정의한다.

$$X_C \triangleq \frac{1}{\omega C}$$

$$X_L \triangleq \omega L$$

$\omega = \dfrac{2\pi}{T} = 2\pi f$ 이므로 X_C와 X_L을 전원 주파수 f로 표현하면 다음과 같다.

$$X_C \triangleq \frac{1}{2\pi f C}$$

$$X_L \triangleq 2\pi f L$$

X_C는 f가 클수록 작아지므로 커패시터는 주파수가 큰 신호를 잘 통과시키고, 주파수가 작은 신호는 잘 통과시키지 못한다. 극단적으로 $f=0$인 직류의 경우 $X_C = \infty$가 되므로 커패시터는 직류를 완전히 차단한다.

한편, X_L은 f가 클수록 비례하여 커지므로 인덕터는 주파수가 큰 신호를 잘 통과시키지 못하고, 주파수가 작은 신호는 잘 통과시킨다. 극단적으로 $f = 0$인 직류의 경우 $X_L = 0$이 되므로 직류에 대해서는 인덕터가 단락회로로 동작한다. 용량성 리액턴스는 교재에 따라 음($-$)의 부호를 포함하여 정의하기도 한다. 즉,

$$X_C \triangleq -\frac{1}{\omega C}$$

이 책에서는 용량성 리액턴스를 양($+$)의 값으로 정의한다.

8.6 주파수 영역에서의 마디 및 메쉬해석법

주파수 영역에서 R, L, C 소자에 대한 페이저 관계식을 이용하여 정현파 정상상태를 해석하기에 앞서 시간 영역에서 성립하는 키르히호프의 법칙이 주파수 영역에서도 성립한다는 것을 보인다.

(1) 주파수 영역에서의 키르히호프의 전압 법칙

그림 8.20에 나타낸 것처럼 3개의 소자를 직렬 연결하여 정현파로 구동하는 회로를 살펴보자.

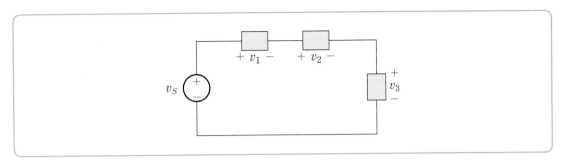

그림 8.20 키르히호프의 전압 법칙(시간 영역)

그림 8.20으로부터 키르히호프의 전압 법칙을 적용하면

$$v_S = v_1 + v_2 + v_3 \tag{8-75}$$

가 성립된다. 식(8-75)에서 v_S에 복소지수 전압 $V_S e^{j(\omega t + \phi)}$를 인가할 때, 각 소자에 걸리는 전압은 다음과 같다.

$$v_1(t) = V_1 e^{j(\omega t + \phi_1)} \tag{8-76}$$

$$v_2(t) = V_2 e^{j(\omega t + \phi_2)} \tag{8-77}$$

$$v_3(t) = V_3 e^{j(\omega t + \phi_3)} \tag{8-78}$$

식(8-76)~식(8-78)을 식(8-75)에 대입하면

$$V_S e^{j(\omega t + \phi)} = V_1 e^{j(\omega t + \phi_1)} + V_2 e^{j(\omega t + \phi_2)} + V_3 e^{j(\omega t + \phi_3)}$$

$$V_S e^{j\phi} = V_1 e^{j\phi_1} + V_2 e^{j\phi_2} + V_3 e^{j\phi_3} \tag{8-79}$$

가 얻어지므로 식(8-79)를 페이저 전압을 이용하여 표현하면 다음과 같다.

$$V_S = V_1 + V_2 + V_3 \tag{8-80}$$

여기서,

$$V_S \triangleq v_S \text{에 대한 페이저 전압}$$

$$V_k \triangleq v_k \text{에 대한 페이저 전압}(k = 1, 2, 3)$$

따라서 식(8-80)에 의하여 주파수 영역에서도 키르히호프의 전압 법칙이 페이저 전압에 대하여 성립한다는 것을 알 수 있으며, 이를 그림 8.21에 나타내었다.

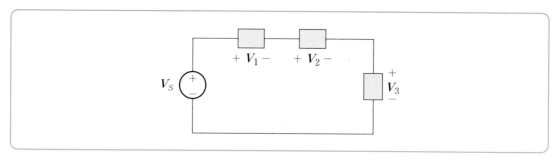

그림 8.21 키르히호프의 전압 법칙(주파수 영역)

(2) 주파수 영역에서의 키르히호프의 전류 법칙

그림 8.22에 나타낸 것처럼 3개의 소자를 병렬 연결하여 정현파로 구동하는 회로를 살펴보자.

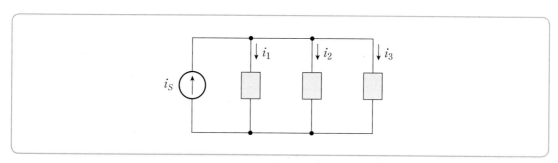

그림 8.22 키르히호프의 전류 법칙(시간 영역)

그림 8.22로부터 키르히호프의 전류 법칙을 적용하면

$$i_S = i_1 + i_2 + i_3 \tag{8-81}$$

가 성립된다. 식(8-81)에서 i_S에 복소지수 전류 $I_S e^{j(\omega t + \theta)}$를 인가할 때 각 소자로 흐르는 전류는 다음과 같다.

$$i_1(t) = I_1 e^{j(\omega t + \theta_1)} \qquad (8-82)$$

$$i_2(t) = I_2 e^{j(\omega t + \theta_2)} \qquad (8-83)$$

$$i_3(t) = I_3 e^{j(\omega t + \theta_3)} \qquad (8-84)$$

식(8-82)~식(8-84)를 식(8-81)에 대입하면

$$I_S e^{j(\omega t + \theta)} = I_1 e^{j(\omega t + \theta_1)} + I_2 e^{j(\omega t + \theta_2)} + I_3 e^{j(\omega t + \theta_3)}$$

$$I_S e^{j\theta} = I_1 e^{j\theta_1} + I_2 e^{j\theta_2} + I_3 e^{j\theta_3} \qquad (8-85)$$

가 얻어지므로 식(8-85)를 페이저 전류를 이용하여 표현하면 다음과 같다.

$$\mathbf{I}_S = \mathbf{I}_1 + \mathbf{I}_2 + \mathbf{I}_3 \qquad (8-86)$$

여기서

$$\mathbf{I}_S \triangleq i_S \text{에 대한 페이저 전류}$$

$$\mathbf{I}_k \triangleq i_k \text{에 대한 페이저 전류}(k=1,2,3)$$

따라서 식(8-86)에 의하여 주파수 영역에서도 키르히호프의 전류 법칙이 페이저 전류에 대하여 성립한다는 것을 알 수 있으며, 이를 그림 8.23에 나타내었다.

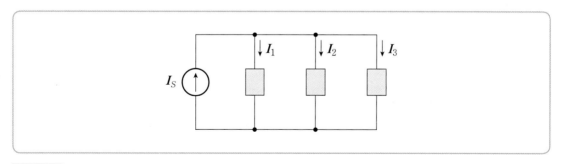

그림 8.23 키르히호프의 전류 법칙(주파수 영역)

지금까지 살펴본 바와 같이 주파수 영역에서도 키르히호프의 전압 및 전류 법칙이 시간 영역에서와 마찬가지로 성립한다. 설명의 편의를 위해 3개의 소자로 제한하였으나, 일반적으로 소자의 개수가 N개인 경우에도 자연스럽게 논의를 확장함으로써

키르히호프의 법칙이 주파수 영역에서도 성립한다는 것을 증명할 수 있다.

(3) 임피던스의 직렬 결합

그림 8.24와 같이 N개의 회로소자가 직렬로 연결된 회로를 살펴보자.

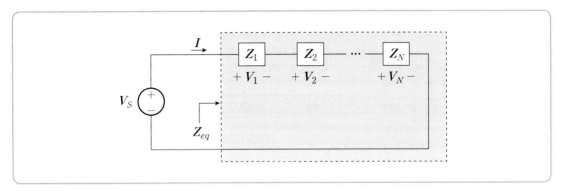

그림 8.24 직렬 연결된 페이저 회로

그림 8.24에서 키르히호프의 전압 법칙을 적용하면 다음과 같다.

$$V_S = V_1 + V_2 + \cdots + V_N \qquad (8-87)$$

유사 옴의 법칙에 의하여 각 회로소자에 걸리는 페이저 전압은

$$V_1 = Z_1 I, \quad V_2 = Z_2 I, \quad \cdots, \quad V_N = Z_N I \qquad (8-88)$$

이므로 식(8-88)을 식(8-87)에 대입하면 다음과 같다.

$$V_S = I(Z_1 + Z_2 + \cdots + Z_N) \qquad (8-89)$$

그림 8.24의 점선 부분에 대한 등가 임피던스 Z_{eq}는 식(8-89)로부터 다음과 같이 구해진다.

$$Z_{eq} \triangleq \frac{V_S}{I} = Z_1 + Z_2 + \cdots + Z_N \tag{8-90}$$

따라서 직렬로 연결된 임피던스는 식(8-90)과 같이 각 회로소자의 임피던스를 합한 것과 등가이다. 이것은 저항의 직렬 연결과 유사한 결과임에 주목하라.

또한, 각 회로소자에 걸리는 전압 $V_k (k = 1, 2, \cdots, N)$는

$$V_k = Z_k I = \frac{Z_k}{Z_{eq}} V_S = \frac{Z_k}{Z_1 + Z_2 + \cdots + Z_N} V_s \tag{8-91}$$

이므로 임피던스에 비례하여 분배된다.

(4) 임피던스의 병렬 결합

그림 8.25와 같이 N개의 회로소자가 병렬로 연결된 회로를 살펴보자.

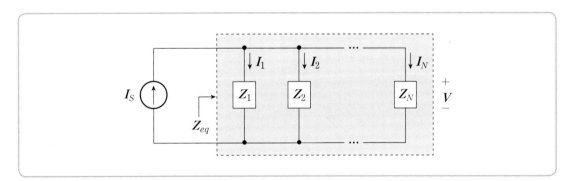

그림 8.25 병렬 연결된 페이저 회로

그림 8.25에서 키르히호프의 전류 법칙을 적용하면 다음과 같다.

$$I_S = I_1 + I_2 + \cdots + I_N \tag{8-92}$$

유사 옴의 법칙에 의하여 각 회로소자에 흐르는 페이저 전류는

$$I_1 = \frac{V}{Z_1} = Y_1 V, \quad I_2 = \frac{V}{Z_2} = Y_2 V, \cdots, I_N = \frac{V}{Z_N} = Y_N V \qquad (8-93)$$

이므로 식(8-93)을 식(8-92)에 대입하면 다음과 같다.

$$I_S = V\left(\frac{1}{Z_1} + \frac{1}{Z_2} + \cdots + \frac{1}{Z_N}\right) = V(Y_1 + Y_2 + \cdots + Y_N) \qquad (8-94)$$

그림 8.25의 점선 부분에 대한 등가 임피던스 Z_{eq}는 식(8-94)로부터 다음과 같이 구해진다.

$$Z_{eq} \triangleq \frac{V}{I_S} = \frac{1}{\dfrac{1}{Z_1} + \dfrac{1}{Z_2} + \cdots + \dfrac{1}{Z_N}} \qquad (8-95)$$

따라서 병렬로 연결된 임피던스는 식(8-95)와 같이 각 회로소자의 임피던스의 역수를 모두 더하여 다시 역수를 취한 것과 같다. 이것은 저항의 병렬 연결과 유사한 결과임에 주목하라.

식(8-95)를 등가 어드미턴스 Y_{eq}로 표현하면

$$Y_{eq} \triangleq \frac{1}{Z_{eq}} = Y_1 + Y_2 + \cdots + Y_N \qquad (8-96)$$

이므로 병렬 연결된 어드미턴스는 각 회로소자의 어드미턴스를 합한 것과 등가이다. 또한, 각 회로소자에 흐르는 전류 $I_k (k = 1, 2, \cdots, N)$는

$$I_k = Y_k V = Y_k Z_{eq} I_S = \frac{Y_k}{Y_{eq}} I_S = \frac{Y_k}{Y_1 + Y_2 + \cdots + Y_N} I_S \qquad (8-97)$$

이므로 어드미턴스에 비례하여 분배된다.

예제 8.15

다음 회로에서 각 회로소자에 걸리는 전압 v_1, v_2, v_3를 구하라.

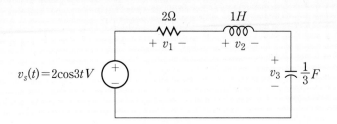

풀이 주어진 회로를 주파수 영역으로 변환하면 다음과 같다.

전체 임피던스 Z_{eq}를 구하면 식(8-90)으로부터

$$Z_{eq} = 2 + j3 - j1 = 2 + j2 \ \Omega$$

이므로 전압분배의 원리에 의하여 각 회로소자에 분배되는 전압은 다음과 같다.

$$V_1 = \frac{Z_1}{Z_{eq}} V_s = \frac{2}{2 + j2}(2\angle 0°) = \frac{2\angle 0°}{\sqrt{2}\angle 45°} = \sqrt{2}\angle -45°$$

$$V_2 = \frac{Z_2}{Z_{eq}} V_s = \frac{j3}{2 + j2}(2\angle 0°) = \frac{3\angle 90°}{2\sqrt{2}\angle 45°}(2\angle 0°) = \frac{3\sqrt{2}}{2}\angle 45°$$

$$V_3 = \frac{Z_3}{Z_{eq}} V_s = \frac{-j1}{2 + j2}(2\angle 0°) = \frac{1\angle -90°}{2\sqrt{2}\angle 45°}(2\angle 0°) = \frac{\sqrt{2}}{2}\angle -135°$$

따라서 시간 영역으로 변환하면 v_1, v_2, v_3는 다음과 같다.

$$v_1 = \sqrt{2}\cos(3t - 45°)\,V$$

$$v_2 = \frac{3\sqrt{2}}{2}\cos(3t + 45°)\,V$$

$$v_3 = \frac{\sqrt{2}}{2}\cos(3t - 135°)\,V$$

예제 8.16

다음 회로에서 각 소자에 흐르는 전류 i_1, i_2, i_3를 구하라.

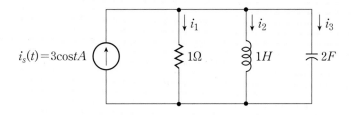

풀이 주어진 회로를 주파수 영역으로 변환하면 다음과 같다.

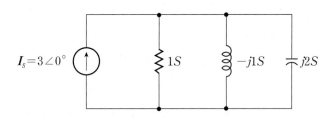

전체 어드미턴스 Y_{eq}를 구하면 식(8-96)으로부터

$$Y_{eq} = 1 - j1 + j2 = 1 + j1\ S$$

이므로 전류분배의 원리에 의하여 각 회로소자에 분배되는 전류는 다음과 같다.

$$I_1 = \frac{Y_1}{Y_{eq}}I_s = \frac{1}{1 + j1}(3\angle 0°) = \frac{3\angle 0°}{\sqrt{2}\angle 45°} = \frac{3\sqrt{2}}{2}\angle -45°$$

$$I_2 = \frac{Y_2}{Y_{eq}}I_s = \frac{-j1}{1+j1}(3\angle 0°) = \frac{1\angle -90°}{\sqrt{2}\angle 45°}(3\angle 0°) = \frac{3\sqrt{2}}{2}\angle -135°$$

$$I_3 = \frac{Y_3}{Y_{eq}}I_s = \frac{j2}{1+j1}(3\angle 0°) = \frac{2\angle 90°}{\sqrt{2}\angle 45°}(3\angle 0°) = 3\sqrt{2}\angle 45°$$

따라서 시간 영역으로 변환하면 i_1, i_2, i_3는 다음과 같다.

$$i_1 = \frac{3\sqrt{2}}{2}\cos(t-45°)\,A$$

$$i_2 = \frac{3\sqrt{2}}{2}\cos(t-135°)\,A$$

$$v_3 = 3\sqrt{2}\cos(t+45°)\,A$$

여 기서 잠깐! 복소수의 표현

직각 좌표로 표현된 복소수 z가 다음과 같다.

$$z = a + jb$$

이 복소수를 극좌표로 변환하기 위하여 r과 ϕ를 구하면 다음과 같다.

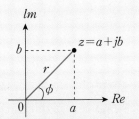

$$r = \sqrt{a^2 + b^2}$$
$$\phi = \tan^{-1}\left(\frac{b}{a}\right)$$

따라서 복소수 z는 다음과 같이 극형식(극좌표)으로 표현된다.

$$z = r\angle\phi = \sqrt{a^2+b^2}\angle\tan^{-1}\left(\frac{b}{a}\right)$$

예를 들어, $z = 2 + j2$인 경우

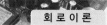

$$r = \sqrt{2^2 + 2^2} = \sqrt{8} = 2\sqrt{2}$$

$$\phi = \tan^{-1}\left(\frac{2}{2}\right) = 45°$$

이므로 $z = 2 + j2$는 다음과 같이 극형식으로 변환된다.

$$z = 2 + j2 = 2\sqrt{2} \angle 45°$$

(5) 주파수 영역에서의 마디 및 메쉬해석법

앞 절에서 RLC 소자에 대한 임피던스 $\mathbf{Z}$를 정의하여 다음의 유사 옴의 법칙이 만족된다는 것을 설명하였다.

$$V = ZI, \quad I = \frac{V}{Z} \tag{8-98}$$

또한, 주파수 영역에서 식(8-86)과 같은 키르히호프의 전류 법칙이 만족된다는 것도 증명하였다. 결과적으로 마디해석법을 적용하기 위한 기본 법칙들이 주파수 영역의 페이저에 대해서 모두 성립하므로, 정현파 정상상태응답을 얻기 위하여 마디해석법을 사용할 수 있다는 것을 알 수 있다.

마찬가지로 식(8-98)과 키르히호프의 전압 법칙이 주파수 영역에서 만족되므로 정현파 정상상태응답을 얻기 위하여 메쉬해석법을 사용할 수 있다.

따라서 회로해석의 기초 해석기법인 마디해석법과 메쉬해석법을 주파수 영역의 페이저 회로에 적용함으로써 복잡한 미분방정식을 풀지 않고도 간단한 복소수 대수 연산만으로 정현파 정상상태응답을 구할 수 있게 된다. 이것이 페이저를 도입함으로써 얻을 수 있는 매우 큰 장점인 것이다.

그림 8.26에 페이저를 이용한 정현파 정상상태 해석기법을 요약하여 신호흐름도로 나타내었다.

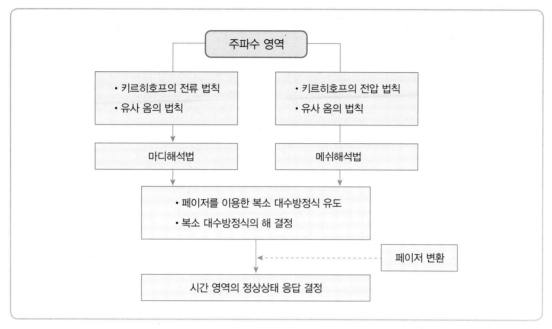

그림 8.26 페이저를 이용한 정현파 정상상태 해석방법

예제 8.17

다음 회로에서 인덕터에 흐르는 전류 $i_L(t)$의 정상상태응답을 페이저를 이용하여 구하라.

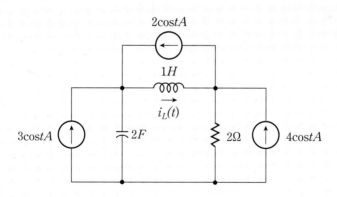

풀이 시간 영역의 회로를 주파수 영역으로 변환하고 기준마디와 마디전압을 선정하면 다음과 같다.

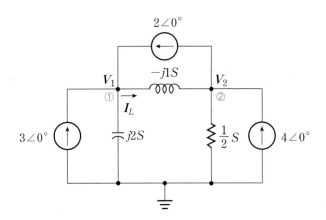

각 마디에서 키르히호프의 전류 법칙을 적용하면

마디 ① : $j2V_1 - j1(V_1 - V_2) - 3\angle 0° - 2\angle 0° = 0$

마디 ② : $\dfrac{V_2}{2} - j1(V_2 - V_1) + 2\angle 0° - 4\angle 0° = 0$

이므로 V_1과 V_2에 대하여 정리하면 다음과 같다.

$$j1V_1 + j1V_2 = 5\angle 0°$$
$$j2V_1 + (1 - j2)V_2 = 4\angle 0°$$

Cramer 공식을 이용하여 V_1과 V_2를 구하면

$$V_1 = \dfrac{\begin{vmatrix} 5\angle 0° & j1 \\ 4\angle 0° & 1 - j2 \end{vmatrix}}{\begin{vmatrix} j1 & j1 \\ j2 & 1 - j2 \end{vmatrix}} = \dfrac{5 - j14}{4 + j1} = \dfrac{6}{17} - j\dfrac{61}{17}$$

$$V_2 = \dfrac{\begin{vmatrix} j1 & 5\angle 0° \\ j2 & 4\angle 0° \end{vmatrix}}{\begin{vmatrix} j1 & j1 \\ j2 & 1 - j2 \end{vmatrix}} = \dfrac{-j6}{4 + j1} = -\dfrac{6}{17} - j\dfrac{24}{17}$$

가 얻어진다.

따라서 인덕터에 흐르는 전류 I_L은

$$I_L = -j1(V_1 - V_2) = -j1\left(-\frac{6}{17} - j\frac{61}{17} + \frac{6}{17} + j\frac{24}{17}\right) = -\frac{37}{17} = \frac{37}{17}\angle 180°$$

이므로 시간 영역에서의 전류 $i_L(t)$는 다음과 같다.

$$i_L(t) = \frac{37}{17}\cos(t + 180°)\,A = -\frac{37}{17}\cos t\,A$$

예제 8.18

다음 회로에서 커패시터 양단전압 $v_C(t)$에 대한 페이저 전압 V_C를 마디해석법을 이용하여 구하라.

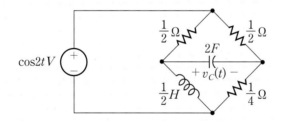

풀이 시간 영역의 회로를 주파수 영역으로 변환하고 기준마디와 마디전압을 선정하면 다음과 같다.

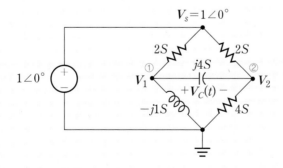

각 마디에서 키르히호프의 전류 법칙을 적용하면

마디 ① : $2(V_1 - V_s) + j4(V_1 - V_2) - j1V_1 = 0$

마디 ② : $2(V_2 - V_s) + j4(V_2 - V_1) + 4V_2 = 0$

이므로 V_1과 V_2에 대하여 정리하면 다음과 같다.

$$(2 + j3)V_1 - j4V_2 = 2\angle 0°$$
$$-j2V_1 + (3 + j2)V_2 = 1\angle 0°$$

Cramer 공식을 이용하여 V_1과 V_2를 구하면

$$V_1 = \frac{\begin{vmatrix} 2\angle 0° & -j4 \\ 1\angle 0° & 3+j2 \end{vmatrix}}{\begin{vmatrix} 2+j3 & -j4 \\ -j2 & 3+j2 \end{vmatrix}} = \frac{6+j8}{8+j13} = \frac{2}{233}(76 - j7)$$

$$V_2 = \frac{\begin{vmatrix} 2+j3 & 2\angle 0° \\ -j2 & 1\angle 0° \end{vmatrix}}{\begin{vmatrix} 2+j3 & -j4 \\ -j2 & 3+j2 \end{vmatrix}} = \frac{2+j7}{8+j13} = \frac{1}{233}(107 + j30)$$

이므로 V_C는 다음과 같다.

$$V_C = V_1 - V_2 = \frac{1}{233}(45 - j44) = 0.27\angle -44.4° \, V$$

예제 8.19

다음 회로에서 커패시터에 흐르는 전류 $i_C(t)$에 대한 페이전 전류 I_C를 메쉬해석법을 이용하여 구하라.

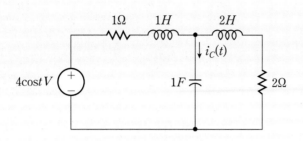

풀이 주어진 회로를 주파수 영역으로 변환하고 메쉬전류를 각각 I_1과 I_2로 선정하면 다음과 같다.

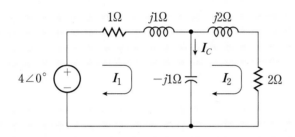

각 메쉬에 대하여 키르히호프의 전압 법칙을 적용하면

> 메쉬 ① : $I_1 + j1I_1 - j1(I_1 - I_2) - 4\angle 0° = 0$
>
> 메쉬 ② : $j2I_2 + 2I_2 - j1(I_2 - I_1) = 0$

이므로 I_1과 I_2에 대하여 정리하면 다음과 같다.

$$I_1 + j1I_2 = 4\angle 0°$$
$$j1I_1 + (2 + j1)I_2 = 0$$

Cramer 공식을 이용하여 I_1과 I_2를 구하면

$$I_1 = \frac{\begin{vmatrix} 4\angle 0° & j1 \\ 0 & 2+j1 \end{vmatrix}}{\begin{vmatrix} 1 & j1 \\ j1 & 2+j1 \end{vmatrix}} = \frac{4(2+j1)}{3+j1} = \frac{2}{5}(7 + j1)$$

$$I_2 = \frac{\begin{vmatrix} 1 & 4\angle0° \\ j1 & 0 \end{vmatrix}}{\begin{vmatrix} 1 & j1 \\ j1 & 2+j1 \end{vmatrix}} = \frac{-j4}{3+j1} = -\frac{2}{5}(1+j3)$$

이므로 커패시터에 흐르는 페이저 전류 I_C는 다음과 같다.

$$I_C = I_1 - I_2 = \frac{2}{5}(8+j4) = 3.58\angle26.6° \; A$$

예제 8.20

다음 회로에서 인덕터에 흐르는 전류 $i_L(t)$의 정상상태응답을 페이저를 이용하여 구하라.

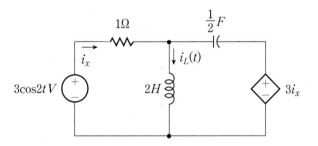

풀이 주어진 회로를 주파수 영역으로 변환하고 메쉬전류를 각각 I_1과 I_2로 선정하면 다음과 같다.

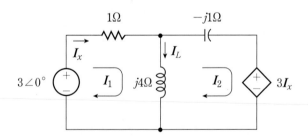

각 메쉬에 대하여 키르히호프의 전압 법칙을 적용하면

메쉬 ① : $I_1 + j4(I_1 - I_2) = 3\angle 0°$

메쉬 ② : $-j1I_2 + 3I_x + j4(I_2 - I_1) = 0$

종속전원 : $I_x = I_1$

이 되므로 I_1과 I_2에 대하여 정리하면 다음과 같다.

$$(1 + j4)I_1 - j4I_2 = 3\angle 0°$$
$$(3 - j4)I_1 + j3I_2 = 0$$

Cramer 공식을 이용하여 I_1과 I_2를 구하면

$$I_1 = \frac{\begin{vmatrix} 3\angle 0° & -j4 \\ 0 & j3 \end{vmatrix}}{\begin{vmatrix} 1 + j4 & -j4 \\ 3 - j4 & j3 \end{vmatrix}} = \frac{j9}{4 + j15} = \frac{9}{241}(15 + j4)$$

$$I_2 = \frac{\begin{vmatrix} 1 + j4 & 3\angle 0° \\ 3 - j4 & 0 \end{vmatrix}}{\begin{vmatrix} 1 + j4 & -j4 \\ 3 - j4 & j3 \end{vmatrix}} = \frac{-9 + j12}{4 + j15} = \frac{1}{241}(144 + j183)$$

이 되므로 인덕터에 흐르는 페이저 전류 I_L은 다음과 같다.

$$I_L = I_1 - I_2 = -\frac{1}{241}(9 + j147) = 0.6\angle -93.5° \, A$$

따라서 시간 영역에서 인덕터에 흐르는 전류 $i_L(t)$는 다음과 같이 결정된다.

$$i_L(t) = 0.6\cos(2t - 93.5°) \, A$$

8.7 주파수 영역에서 테브난 및 노턴의 정리

시간 영역에서 복잡한 회로의 특정한 한 부분만을 해석하고자 할 때 매우 유용한 방법인 테브난 및 노턴의 정리를 주파수 영역의 페이저 회로에도 마찬가지로 적용할 수 있는가를 생각해보자.

결론적으로 말하면, 주파수 영역에서 키르히호프의 전압 법칙과 전류 법칙이 성립되고 식(8-98)의 유사 옴의 법칙이 성립하므로 테브난 및 노턴의 정리도 그대로 성립한다.

그림 8.27(a)의 점선 부분의 복잡한 회로를 테브난 및 노턴 등가회로로 대체하여 각각 그림 8.27(b)와 그림 8.27(c)에 나타내었다. V_{TH}와 Z_{TH}는 각각 테브난 등가전압과 테브난 등가 임피던스이며, I_N과 Z_N은 각각 노턴 등가전류와 노턴 등가 임피던스를 나타낸다. 시간 영역에서와 마찬가지로 $Z_{TH} = Z_N$이 성립되므로 주파수 영역에서도 전압원 및 전류원 변환을 그대로 적용할 수 있다.

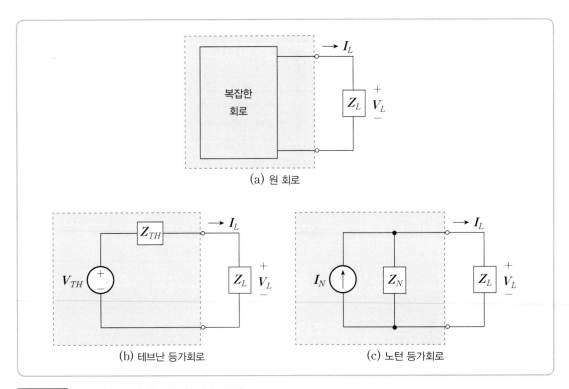

(a) 원 회로

(b) 테브난 등가회로   (c) 노턴 등가회로

그림 8.27 테브난 및 노턴 등가회로(주파수 영역)

그림 8.27의 테브난 및 노턴 등가회로를 이용하면 부하 임피던스 Z_L의 양단전압 V_L과 흐르는 전류 I_L을 다음과 같이 간단하게 구할 수 있다.

$$V_L = \frac{Z_L}{Z_{TH} + Z_L} V_{TH} \qquad (8-99)$$

$$I_L = \frac{Z_N}{Z_N + Z_L} I_N \qquad (8-100)$$

지금까지 설명한 테브난 및 노턴 정리를 요약하면 다음과 같다.

테브난 정리(주파수 영역)

부하 임피던스를 제외한 회로의 나머지 부분을 1개의 독립전압원(V_{TH})과 1개의 임피던스 (Z_{TH})를 직렬로 연결한 테브난 등가회로로 대체할 수 있으며, 이때 부하 임피던스에서 계산한 응답은 동일하다.

노턴 정리(주파수 영역)

부하 임피던스를 제외한 회로의 나머지 부분을 1개의 독립전류원(I_N)과 1개의 임피던스 (Z_N)를 병렬로 연결한 노턴 등가회로로 대체할 수 있으며, 이때 부하 임피던스에서 계산한 응답은 동일하다.

다음 예제들을 통하여 주파수 영역에서 페이저 회로에 대하여 테브난 및 노턴 정리를 적용하는 방법을 살펴본다.

예제 8.21

다음 페이저 회로에서 단자 A와 B에 대한 테브난 등가회로를 구하여 인덕터의 양단전압 V_L을 구하라.

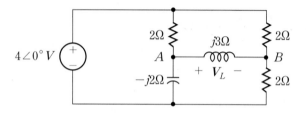

풀이　단자 A와 B에서 인덕터를 제거한 후에 테브난 등가 임피던스 Z_{TH}를 구하기 위하여 전압원을 단락시킨다.

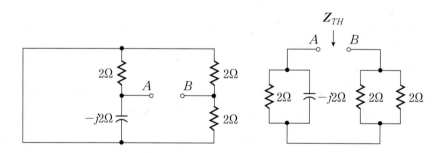

$$Z_{TH} = \{2\Omega \,/\!/\, (-j2\Omega)\} + (2\Omega \,/\!/\, 2\Omega)$$

$$= \frac{-j4}{2-j2} + \frac{2 \times 2}{2+2} = 2 - j1 \ \Omega$$

테브난 등가전압 V_{TH}는 다음 회로에서 전압분배의 원리에 의하여 다음과 같이 구할 수 있다.

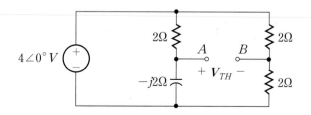

$$V_{TH} = V_A - V_B = \frac{-j2}{2-j2} \times (4\angle 0°) - \frac{2}{2+2} \times (4\angle 0°)$$

$$= \left(\frac{1}{2} - j\frac{1}{2} - \frac{1}{2}\right)4\angle 0° = \left(\frac{1}{2}\angle -90°\right)(4\angle 0°) = 2\angle -90° \, V$$

따라서 V_{TH}와 Z_{TH}를 이용하여 테브난 등가회로를 구하여 인덕터를 연결하면 다음과 같다.

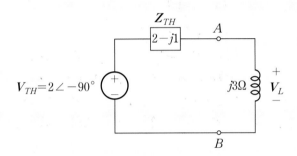

$$V_L = \frac{j3}{Z_{TH} + j3} V_{TH} = \frac{j3}{2 - j1 + j3}(2\angle -90°)$$

$$= \left(\frac{3}{4}\sqrt{2}\angle 45°\right)(2\angle -90°) = \frac{3\sqrt{2}}{2}\angle -45° \, V$$

예제 8.22

다음 페이저 회로에서 단자 A와 B에 대한 테브난 등가회로를 구하여 V_R과 I_R을 각각 구하라.

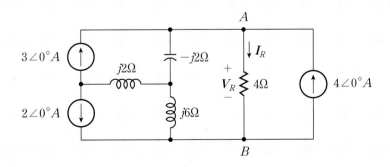

풀이   단자 A와 B에서 4Ω의 저항을 제거한 후에 Z_{TH}를 계산하기 위하여 전류원을 모두 개방하면 다음과 같다.

$$Z_{TH} = -j2\ \Omega + j6\ \Omega = j4\ \Omega$$

테브난 등가전압 V_{TH}를 구하기 위하여 먼저 페이저 전류 I_1, I_2, I_3를 구해본다.

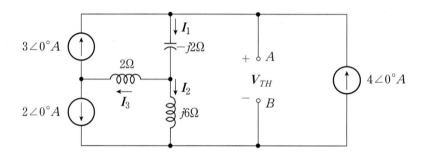

$$I_1 = 3\angle 0° + 4\angle 0° = 7\angle 0° A$$

$$I_3 = 3\angle 0° + 2\angle 0° = 5\angle 0° A$$

$$I_2 = I_1 - I_3 = 7\angle 0° - 5\angle 0° = 2\angle 0° A$$

$$\therefore\ V_{TH} = (-j2)I_1 + j6I_2 = -j2\ V$$

따라서 V_{TH}와 Z_{TH}를 이용하여 테브난 등가회로를 구하여 4Ω의 저항을 연결하면 다음과 같다.

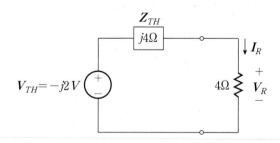

$$V_R = \frac{4}{j4 + 4}V_{TH} = \frac{1}{1 + j1}(-j2) = \sqrt{2}\angle -135°\ V$$

$$I_R = \frac{V_R}{4} = \frac{\sqrt{2}}{4}\angle -135°\ A$$

예제 8.23

다음 페이저 회로에서 노턴 등가회로를 이용하여 커패시터의 양단전압 V_C를 구하라.

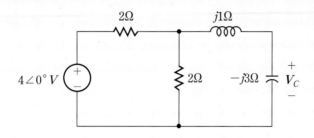

풀이 커패시터를 제거하고 전압원을 단락시키면, 노턴 등가임피던스 Z_N은 다음과 같이 계산할 수 있다.

$$Z_N = (2\Omega \, // \, 2\Omega) + j1\Omega = 1 + j1 \; \Omega$$

노턴 등가전류 I_N을 구하기 위하여 커패시터 양단을 단락시키면 다음과 같다.

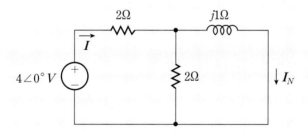

I_N을 구하기 위하여 전체 전류 I를 먼저 구하면

$$I = \frac{4\angle 0°}{2\Omega + (2\Omega \, // \, j1\Omega)} = \frac{5\angle 0°}{3 + j1} \; A$$

이므로 전류분배의 원리에 의하여 I_N은 다음과 같이 구해진다.

$$I_N = \frac{2}{2 + j1}I = \frac{2}{2 + j1} \times \frac{5\angle 0°}{3 + j1} = \frac{2}{1 + j1} = \sqrt{2} \angle -45° \; A$$

따라서 I_N과 Z_N을 이용하여 노턴 등가회로를 구한 후 커패시터를 연결하면 다음과 같다.

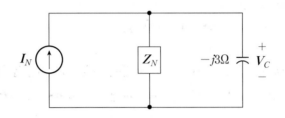

$$V_C = \frac{Z_N}{Z_N - j3}\, I_N \times (-j3\Omega)$$

$$= \frac{1 + j1}{1 + j1 - j3}\left(\frac{2}{1 + j1}\right) \times (-j3) = \frac{-j6}{1 - j2} = \frac{6\angle - 90°}{\sqrt{5}\, \angle - 63.4°}$$

$$= \frac{6\sqrt{5}}{5}\angle - 26.6° \; V$$

8.8 주파수 영역에서의 중첩 및 밀만의 정리

시간 영역에서 선형회로에 적용되는 중첩의 원리와 밀만의 정리가 주파수 영역의 페이저 회로에서도 그대로 적용되어 정현파 정상상태응답을 구하는 데 활용될 수 있다.

(1) 주파수 영역에서 중첩의 원리

주파수 영역에서 페이저 회로를 해석할 때 가장 주의해야 하는 것은 동일한 주파수에 대해서만 페이저를 사용할 수 있다는 것이다. 전압과 전류의 페이저는 정현파의 진폭과 위상 정보만을 고려하므로 당연히 주파수는 같아야 한다. 뿐만 아니라 인덕터와 커패시터의 임피던스는 주파수의 함수이므로 만일 주파수가 다른 전원들이 존재한다면 임피던스를 결정할 수가 없게 된다.

따라서 페이저 회로에 주파수가 서로 다른 2개 이상의 전원이 존재하는 경우는 각각의 주파수에 대한 페이저 회로를 따로 구하여 해석한 다음, 그 해석 결과를 시간 영역에서 중첩하여야 한다. 결국 주파수가 다른 전원이 포함된 교류회로를 페이저를 이용하여 해석할 때는 반드시 중첩의 원리를 적용하여야 한다.

예를 들어, 주파수가 다른 2개의 전압원에 의해 구동되는 그림 8.28의 회로를 살펴보자.

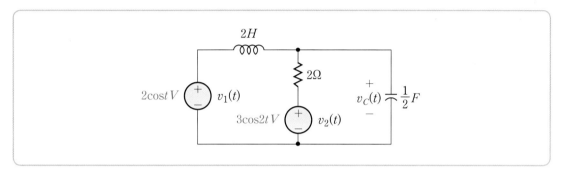

그림 8.28 주파수가 다른 전압원을 포함하는 회로

그림 8.28에서 전압원 $v_1(t)$와 $v_2(t)$가 서로 주파수가 다르기 때문에 중첩의 원리를 이용하여 $v_C(t)$의 정상상태응답을 구해본다.

① $v_1(t) = 2\cos t\, V$ 만 존재

전압원 $v_1(t)$만 단독으로 존재하려면 전압원 $v_2(t)$는 단락시킨다. $v_1(t)$에 대한 주파수 $\omega = 1\,\mathrm{rad/sec}$이므로 인덕터와 커패시터의 임피던스는 각각 $j2\Omega$과 $-j2\Omega$이 되어 그림 8.29의 페이저 회로를 얻을 수 있다.

그림 8.29에서 전압분배의 원리를 적용하면

$$V_{C1} = \frac{2\Omega \; /\!/ \; (-j2\Omega)}{j2\Omega + \{2\Omega \; /\!/ \; (-j2\Omega)\}} V_1 = -j2 = 2\angle -90° \qquad (8-101)$$

이므로 시간 영역으로 변환하면 다음과 같다.

$$v_{C1}(t) = 2\cos(t - 90°)\,V \qquad (8-102)$$

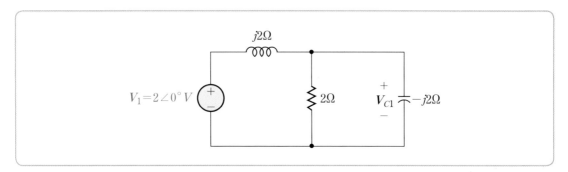

그림 8.29 페이저 회로($\omega = 1\,\text{rad}/\sec$)

② $v_2(t) = 3\cos 2t\,V$ 만 존재

전압원 $v_2(t)$ 만 단독으로 존재하려면 전압원 $v_1(t)$ 는 단락시킨다. $v_2(t)$ 에 대한 주파수 $\omega = 2\,\text{rad}/\sec$ 이므로 인덕터와 커패시터의 임피던스는 각각 $j4\Omega$ 과 $-j1\Omega$ 이 되어 그림 8.30의 페이저 회로를 얻을 수 있다.

그림 8.30에서 전압분배의 원리를 적용하면

$$V_{C2} = \frac{j4\Omega \mathbin{/\mkern-5mu/} (-j1\Omega)}{2\Omega + \{j4\Omega \mathbin{/\mkern-5mu/} (-j1\Omega)\}}\,V_2 = \frac{2}{2 + j3}\,V_2 = 0.5\angle - 56.3° \quad (8-103)$$

이므로 시간 영역으로 변환하면 다음과 같다.

$$v_{C2}(t) = 0.5\cos(2t - 56.3°)\,V \qquad (8-104)$$

따라서 중첩의 원리에 의하여 커패시터에 걸리는 전압 $v_C(t)$ 는 다음과 같이 결정된다.

$$v_C(t) = v_{C1}(t) + v_{C2}(t) = 2\cos(t - 90°) + 0.5\cos(2t - 56.3°)\,V \quad (8-105)$$

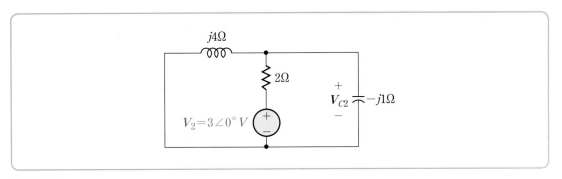

그림 8.30 페이저 회로($\omega = 2\,\mathrm{rad/sec}$)

지금까지의 논의에서 주의할 점은 V_{C1}과 V_{C2}는 서로 다른 주파수에서 결정된 페이저이므로 합할 수 없으며, 오로지 식(8-105)와 같이 시간 영역에서만 합할 수 있다는 것이다.

(2) 주파수 영역에서의 밀만의 정리

시간 영역에서 밀만의 정리는 서로 다른 전압원을 포함하는 병렬 가지들에 걸리는 공통 전압을 쉽게 구할 수 있는 방법을 제공하였다. 주파수 영역의 페이저 회로에 대해서도 마찬가지로 밀만의 정리가 성립되며, 다음과 같이 일반적으로 나타낼 수 있다.

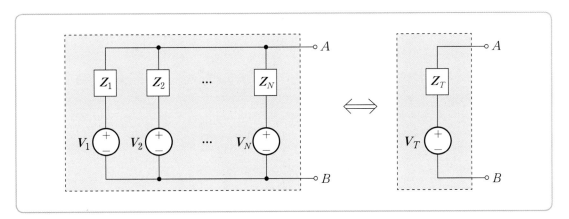

그림 8.31 밀만의 정리(주파수 영역)

$$Z_T = Z_1 // Z_2 // \cdots // Z_N \qquad (8-106)$$

$$V_T = Z_T \sum_{k=1}^{N} \frac{V_k}{Z_k} \qquad (8-107)$$

예제 8.24

다음 RLC 회로에서 중첩의 원리를 이용하여 커패시터에 흐르는 전류 $i(t)$의 정상상태 응답을 구하라.

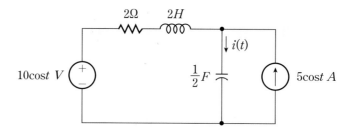

풀이 ① $10\cos t$의 전압원만 존재

전류원을 개방하고 커패시터에 흐르는 페이저 전류를 I_1이라고 하면, 다음의 회로를 얻을 수 있다.

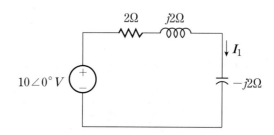

$$I_1 = \frac{10\angle 0° \ V}{2\Omega + j2\Omega - j2\Omega} = 5\angle 0° \ A$$

② $5\cos t$의 전류원만 존재

전압원을 단락시키고 커패시터에 흐르는 페이저 전류를 I_2라고 하면, 다음의 회로를 얻을 수 있다.

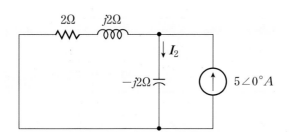

$$I_2 = \frac{2 + j2}{2 + j2 - j2}(5\angle 0°) = 5 + j5 = 5\sqrt{2}\,\angle 45°\ A$$

따라서 중첩의 원리에 의하여 커패시터에 흐르는 전류 I는 다음과 같다.

$$I = I_1 + I_2 = 5 + (5 + j5) = 5\sqrt{5}\,\angle 26.6°\ A$$

시간 영역에서의 전류 $i(t)$는 다음과 같이 결정된다.

$$i(t) = 5\sqrt{5}\cos{(t + 26.6°)}\ A$$

예제 8.25

다음 회로에서 밀만의 정리를 이용하여 4Ω 양단의 전압 $v_0(t)$의 정상상태응답을 구하라.
단, $v_1 = v_2 = 2\cos 2t\ V$이고, $v_3 = 4\cos 2t\ V$이다.

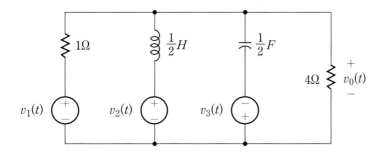

풀이 주어진 시간 영역에서의 회로를 주파수 영역으로 변환하면 다음과 같다.

$$Z = \frac{V}{I}$$

- 복소 임피던스는 주파수 영역에서 전류의 흐름을 방해하는 복소량이지만 시간 영역에서 대응되는 정현파가 없기 때문에 페이저는 아니다.
- 복소 임피던스의 실수부는 저항 R, 허수부는 리액턴스 X라고 부른다.

$$Z = R + jX = \sqrt{R^2 + X^2} \angle \theta$$

$$\theta = \tan^{-1}\left(\frac{X}{R}\right)$$

- 임피던스 각 θ는 전압과 전류의 위상차를 나타낸다.

$$\theta = \angle Z = \angle V - \angle I$$

복소 어드미턴스 Y

- 복소 어드미턴스는 복소 임피던스의 역수로 정의하며, 단위는 지멘스(S)이다.
- 복소 어드미턴스는 주파수 영역에서 전류를 얼마나 잘 흐르게 할 수 있는지를 나타내는 복소량이지만 시간 영역에서 대응되는 정현파가 없기 때문에 페이저는 아니다.
- 복소 어드미턴스의 실수부는 컨덕턴스 G, 허수부는 서셉턴스 B라고 부른다.

$$Y = G + jB = \frac{1}{Z} = \frac{1}{R + jX}$$

$$G = \frac{R}{R^2 + X^2}$$

$$B = -\frac{X}{R^2 + X^2}$$

용량성 및 유도성 리액턴스

- 용량성 리액턴스 X_C

$$X_C \triangleq \frac{1}{\omega C} = \frac{1}{2\pi f C}$$

주파수 f가 클수록 X_C는 작아지므로 커패시터는 주파수가 큰 신호를 잘 통과시킨다. $f = 0$인 직류는 $X_C = \infty$이므로 커패시터는 직류를 완전히 차단한다.

• 유도성 리액턴스 X_L

$$X_L \triangleq \omega L = 2\pi f L$$

주파수 f가 작을수록 X_L은 작아지므로 인덕터는 주파수가 작은 신호를 잘 통과시킨다. $f = 0$인 직류는 $X_L = 0$이므로 인덕터는 직류에 대하여 단락회로로 동작한다.

주파수 영역에서의 키르히호프 법칙

• 주파수 영역에서 키르히호프의 전류 법칙은 시간 영역에서와 마찬가지로 성립된다.
• 주파수 영역에서 키르히호프의 전압 법칙은 시간 영역에서와 마찬가지로 성립된다.

임피던스의 직렬 및 병렬 결합

• 직렬로 연결된 임피던스는 각 임피던스를 합한 것과 등가이다.
• 직렬 연결된 임피던스에 걸리는 전압은 각 임피던스에 비례하여 분배된다. → 전압분배의 원리
• 병렬로 연결된 임피던스는 각 임피던스의 역수를 모두 더하여 다시 역수를 취한 것과 등가이다.
• 병렬 연결된 임피던스로 분배되는 전류는 각 임피던스의 역수, 즉 어드미턴스에 비례하여 분배된다. → 전류분배의 원리

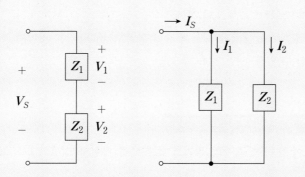

$$V_1 = \frac{Z_1}{Z_1 + Z_2} V_S \qquad I_1 = \frac{Y_1}{Y_1 + Y_2} I_S = \frac{Z_2}{Z_1 + Z_2} I_S$$

$$V_2 = \frac{Z_2}{Z_1 + Z_2} V_S \qquad I_2 = \frac{Y_2}{Y_1 + Y_2} I_S = \frac{Z_1}{Z_1 + Z_2} I_S$$

주파수 영역에서의 마디 및 메쉬해석법

- 주파수 영역에서 다음의 유사 옴의 법칙이 만족된다.

$$V = ZI, \quad I = \frac{V}{Z}$$

- 주파수 영역에서 키르히호프의 전류 및 전압 법칙이 만족된다.
- 마디해석과 메쉬해석을 위한 기초 법칙들이 모두 주파수 영역에서 만족되므로 페이저 회로에 대하여 마디 및 메쉬해석법을 적용할 수 있다.
- 마디 및 메쉬해석을 통해 얻어지는 회로방정식은 시간 영역에서는 미분방정식이지만 주파수 영역에서는 복소대수방정식이다.

주파수 영역에서 테브난 및 노턴 정리

- 부하 임피던스를 제외한 회로의 나머지 부분을 1개의 독립전압원 V_{TH}와 1개의 임피던스 Z_{TH}를 직렬로 연결한 테브난 등가회로로 대체할 수 있으며, 이때 부하 임피던스에서 계산한 응답은 동일하다. → 테브난 정리
- 부하 임피던스를 제외한 회로의 나머지 부분을 1개의 독립전류원 I_N과 1개의 임피던스 Z_N을 병렬로 연결한 노턴 등가회로로 대체할 수 있으며, 이때 부하 임피던스에서 계산한 응답은 동일하다. → 노턴 정리
- 테브난 등가 임피던스 Z_{TH}와 노턴 등가 임피던스 Z_N은 같은 값이며, 이로부터 전원 변환에 활용할 수 있다.

주파수 영역에서의 중첩의 원리

- 페이저 회로에 대하여 중첩의 원리를 적용하여 정현파 정상상태응답을 결정할 수 있다.

- 주파수가 다른 전원이 포함된 교류회로를 페이저를 이용하여 해석할 때는 반드시 중첩의 원리를 적용하여야 한다.
- 페이저 회로에 주파수가 서로 다른 2개 이상의 전원이 존재하는 경우는 각각의 주파수에 대한 페이저 회로를 따로 구하여 해석한 다음, 그 해석 결과를 반드시 시간 영역에서 중첩해야 한다.

주파수 영역에서의 밀만의 정리

- 시간 영역에서 밀만의 정리는 서로 다른 전압원을 포함하는 병렬 가지들에 걸리는 공통 전압을 쉽게 구할 수 있는 방법을 제공한다.
- 주파수 영역의 페이저 회로에 대해서도 시간 영역과 마찬가지로 밀만의 정리가 성립한다.

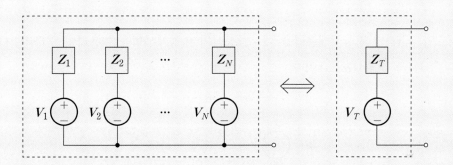

$$Z_T = Z_1 \,/\!/\, Z_2 \,/\!/\, \cdots \,/\!/\, Z_N$$

$$V_T = Z_T \sum_{k=1}^{N} \frac{V_k}{Z_k}$$

연습문제

1. 다음 구형파의 평균값과 실효값을 구하라.

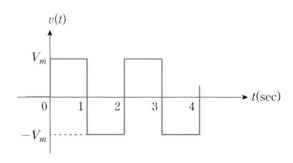

2. 다음 병렬 RC 회로가 정현파 전류원 $i_S(t)$에 의해 구동될 때, 저항 R의 양단전압 $v_R(t)$의 정상상태응답을 미분방정식의 미정계수법을 이용하여 구하라. 단, $i_S(t) = I_m \cos \omega t\ A$이다.

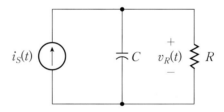

3. 다음 병렬 RL 회로가 정현파 전류원 $i_S(t)$에 의해 구동될 때, 저항 R의 양단전압 $v_R(t)$의 정상상태응답을 미분방정식의 미정계수법을 이용하여 구하라. 단, $i_S(t) = I_m \cos \omega t\ A$이다.

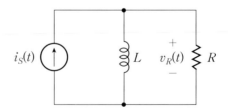

4. 정현파 전류원에 의해 구동되는 병렬 RLC 회로에 대하여 물음에 답하라.

   (1) $i_S(t) = 2\cos 2t\ A$일 때 2Ω 저항에 걸리는 전압 $v_R(t)$의 정상상태응답을 미분방정식의 미정계수법을 이용하여 구하라.

   (2) $i_S(t)$를 복소지수 전원으로 표현하여 2Ω 저항에 걸리는 전압 $v_R(t)$의 정상상태응답을 구하라.

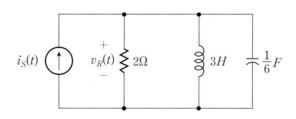

5. 다음 시간 영역의 정현파를 페이저로 표현하라.

   (1) $v_1(t) = 10\cos(3t + 45°)\ V$

   (2) $v_2(t) = 3\cos t + 4\sin t\ V$

   (3) $v_3(t) = -\sin(2t + 30°)\ V$

6. 다음 병렬 RC 회로에서 정상상태 전류 $i_C(t)$를 페이저를 이용하여 구하라. 단, $i_S(t) = I_m\cos\omega t\ A$이다.

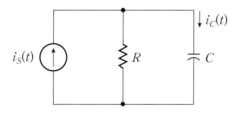

7. 다음 병렬 RL 회로에서 정상상태 전류 $i_L(t)$를 페이저를 이용하여 구하라. 단, $i_S(t) = I_m\cos\omega t\ A$이다.

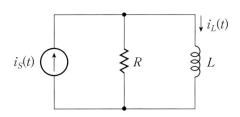

8. 다음 RLC 회로에서 커패시터의 양단전압 $v_C(t)$의 정상상태응답을 복소지수 전원을 이용하여 구하라. 단, $v_S(t) = 3\cos 2t\,V$ 이다.

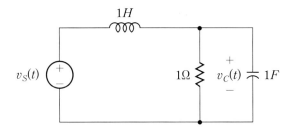

9. 다음 회로에서 인덕터의 양단전압 $v_L(t)$의 정상상태응답을 페이저를 이용하여 구하라.

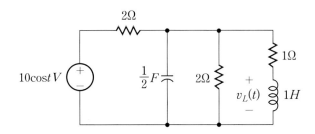

10. 다음 페이저 회로를 마디해석법을 이용하여 V_0와 I_0를 각각 구하라.

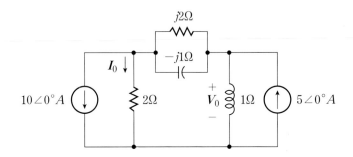

11. 다음 페이저 회로에 대하여 메쉬해석법을 이용하여 $v_0(t)$와 $i_0(t)$의 정상상태응답을 구하라.

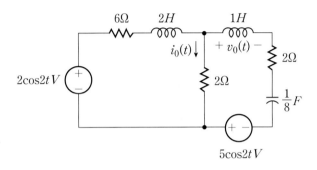

12. 다음 회로에서 점선 부분을 테브난 등가회로로 대체하여 커패시터의 양단전압 $v_C(t)$의 정상상태응답을 구하라.

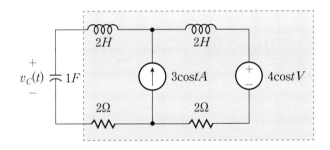

13. 다음 회로에서 점선 부분을 노턴 등가회로로 대체하여 인덕터에 흐르는 전류 $i_L(t)$의 정상상태응답을 구하라.

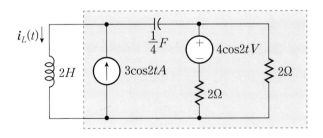

14. 다음 회로에 주파수가 다른 2개의 정현파 전원이 인가될 때, 인덕터의 양단전압 $v_L(t)$의 정상상태응답을 중첩의 원리를 이용하여 구하라.

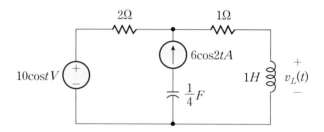

15. 다음 회로에서 밀만의 정리를 이용하여 전류 $i_0(t)$의 정상상태응답을 구하라.

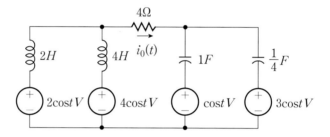

CHAPTER

09

정현파 정상상태의 전력해석

CONTENTS

09 정현파 정상상태의 전력해석

단 원 개 요

전기전자 분야에서 사용되는 거의 대부분의 전기 에너지는 정현파 전압과 정현파 전류의 형태로 공급된다. 본 단원에서는 8장에서 학습한 정현파 정상상태 해석에 기초하여 정현파 정상상태의 전력계산에 대해 살펴본다.

정현파는 시간에 따라 변하기 때문에 시간 영역에서의 전압과 전류의 곱으로 표현되는 순간전력의 개념을 먼저 살펴보고, 이로부터 한 주기 동안 회로소자가 소비 또는 공급하는 평균전력을 정의한다. 또한, 주파수 영역에서 정현파 정상상태 전력계산에 매우 편리한 복소전력을 도입함으로써 유효전력, 무효전력, 피상전력 등의 개념을 정의하고, 불필요한 전력의 낭비를 줄일 수 있는 역률개선 방안에 대해서도 학습한다. 마지막으로 정현파 정상상태회로에서 부하에 최대전력을 전달하기 위한 조건에 대해서도 살펴본다.

9.1 순간전력

어떤 소자에 전달되는 순간전력(instantaneous power)은 소자 양단의 순간전압과 소자에 흐르는 순간전류의 곱으로 정의되며, 수동부호규약을 만족한다고 가정한다.

그림 9.1의 회로소자에서 순간전력을 정의해본다.

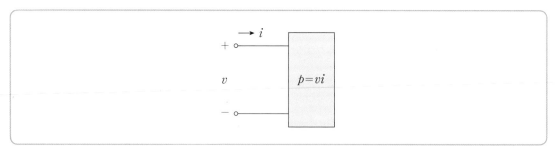

그림 9.1 순간전력의 정의

그림 9.1의 회로에서 전류의 기준 방향이 전압강하를 발생시키는 방향으로 설정되어 있으므로 수동부호규약을 만족하고 있음을 알 수 있다. 어떤 소자에 대한 순간전력 $p(t)$는 다음과 같이 정의된다.

$$p(t) = v(t)i(t) \qquad (9-1)$$

순간전력은 매시간 변하는 값을 가지기 때문에 사용되고 있는 장치의 안전동작 범위를 초과하지 못하도록 크기를 제한할 필요가 있다. 따라서 순간전력의 최댓값은 매우 중요한 의미를 가지며, 특정한 시각에 순간전력의 최댓값이 어떤 정해진 한계를 넘지 않도록 장치를 설계하는 과정에서 고려되어야 한다.

만일 그림 9.1에서 전압 $v(t)$와 전류 $i(t)$가 정현파인 경우 소자에 전달되는 순간전력 $p(t)$를 계산해 보자. 소자에 걸리는 정현파 전압 $v(t)$와 소자에 흐르는 정현파 전류 $i(t)$가 다음과 같다고 가정한다.

$$v(t) = V_m \cos(\omega t + \theta) \qquad (9-2)$$

$$i(t) = I_m \cos(\omega t + \phi) \qquad (9-3)$$

순간전력의 정의에 의하여 $p(t)$는 다음과 같이 표현된다.

$$p(t) = v(t)i(t) = V_m I_m \cos(\omega t + \theta)\cos(\omega t + \phi) \qquad (9-4)$$

식(9-4)를 다음의 삼각함수 항등식

$$\cos\alpha\cos\beta = \frac{1}{2}\cos(\alpha+\beta) + \frac{1}{2}\cos(\alpha-\beta) \qquad (9-5)$$

을 이용하여 정리하면 다음과 같다.

$$p(t) = \frac{1}{2}V_m I_m \cos(2\omega t + \theta + \phi) + \frac{1}{2}V_m I_m \cos(\theta - \phi) \qquad (9-6)$$

식(9-6)에서 첫 번째 항은 코사인 함수이고 두 번째 항은 t와 무관한 상수이므로 $p(t)$는 전원주파수의 2배가 되는 주파수로 변동하고 있는 주기 함수라는 것을 알 수 있다.

여 기서 잠깐! 인덕터와 커패시터의 순간전력 비교

인덕터와 커패시터의 평균전력은 모두 0이지만 순간전력의 파형에는 재미있는 현상이 발견된다. 인덕터와 커패시터의 전압 · 전류 관계에 대한 다음의 그림을 살펴본다.

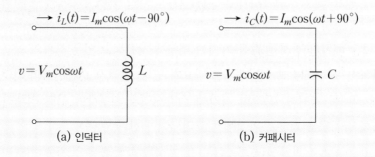

(a) 인덕터 (b) 커패시터

인덕터의 순간전력 : $p_L(t) = \dfrac{1}{2} V_m I_m \cos(2\omega t - 90°) = \dfrac{1}{2} V_m I_m \sin 2\omega t$

커패시터의 순간전력 : $p_C(t) = \dfrac{1}{2} V_m I_m \cos(2\omega t + 90°) = -\dfrac{1}{2} V_m I_m \sin 2\omega t$

$p_L(t)$와 $p_C(t)$을 그래프로 나타내면 다음과 같다.

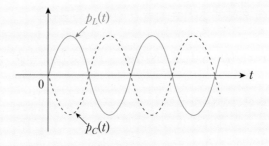

위의 그래프에서 알 수 있듯이 인덕터와 커패시터는 서로 전력을 주고 받는다는 것에 주목하라. 인덕터와 커패시터는 어느 한쪽이 전력을 방출하면 다른 한쪽은 전력을 저장함을 알 수 있다. 이러한 성질은 인덕터와 커패시터가 동시에 존재하는 회로의 전력에 대해 고찰할 때 매우 중요한 물리적인 성질을 제공한다.

예제 9.1

다음 RL 회로에서 정현파 정상상태일 때 인덕터에 전달되는 순간전력 $p_L(t)$를 구하라.

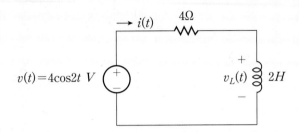

풀이 먼저, 주어진 회로를 주파수 영역의 페이저 회로로 변환하여 회로에 흐르는 전류를 계산하면 다음과 같다.

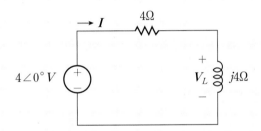

$$I = \frac{4\angle 0°}{4 + j4} = \frac{1\angle 0°}{1 + j1} = \frac{1}{\sqrt{2}}\angle -45° A$$

시간 영역으로 변환하면, 회로에 흐르는 전체 전류 $i(t)$는

$$i(t) = \frac{1}{\sqrt{2}}\cos(2t - 45°)A$$

이므로 인덕터에 전달되는 순간전력 $p_L(t)$는 다음과 같다.

$$
\begin{aligned}
p_L(t) &= i(t)v_L(t) = i(t)L\frac{di}{dt} = 2i(t)\frac{di}{dt} \\
&= \frac{2}{\sqrt{2}}\cos(2t - 45°)\left\{-\frac{2}{\sqrt{2}}\sin(2t - 45°)\right\} \\
&= -2\cos(2t - 45°)\sin(2t - 45°)
\end{aligned}
$$

삼각함수의 공식 $\cos(\alpha + 90°) = -\sin\alpha$을 이용하면

$$-\sin(2t - 45°) = \cos(2t + 45°)$$

이므로 $p_L(t)$는 다음과 같이 표현된다.

$$
\begin{aligned}
p_L(t) &= 2\cos(2t - 45°)\cos(2t + 45°) \\
&= \cos 4t + \cos(-90°) = \cos 4t \; W
\end{aligned}
$$

예제 9.2

예제 9.1의 회로에서 전압원이 공급하는 순간전력 $p(t)$가 저항 및 인덕터에 전달되는 전력 $p_R(t)$와 $p_L(t)$의 합이 된다는 것을 보여라.

풀이　전압원에서 공급하는 순간전력 $p(t)$를 구하면

$$
\begin{aligned}
p(t) = v(t)i(t) &= 4\cos 2t \frac{1}{\sqrt{2}}\cos(2t - 45°) \\
&= \frac{4}{\sqrt{2}} \cdot \frac{1}{2}\{\cos(4t - 45°) + \cos 45°\} \\
&= \sqrt{2}\left\{\cos(4t - 45°) + \frac{1}{\sqrt{2}}\right\} \\
&= 1 + \sqrt{2}\cos(4t - 45°) \; W
\end{aligned}
$$

가 된다. 저항에서 소비하는 순간전력 $p_R(t)$를 구하면 다음과 같다.

$$p_R(t) = Ri^2(t) = 4 \cdot \frac{1}{2}\cos^2(2t - 45°) = 2\cos^2(2t - 45°)$$

삼각함수의 반각공식을 이용하면

$$
\begin{aligned}
\cos^2(2t - 45°) &= \frac{1}{2}\{1 + \cos 2(2t - 45°)\} \\
&= \frac{1}{2}\{1 + \cos(4t - 90°)\} = \frac{1}{2}(1 + \sin 4t)
\end{aligned}
$$

이므로 $p_R(t)$는 다음과 같이 구할 수 있다.

$$p_R(t) = 2\cos^2(2t - 45°) = 1 + \sin 4t$$

따라서 $p_R(t)$와 $p_L(t)$를 합하면

$$p_R(t) + p_L(t) = 1 + \sin 4t + \cos 4t$$
$$= 1 + \sqrt{2}\cos(4t - 45°) = p(t)$$

가 성립된다.

여) 기서 잠깐! 삼각함수의 반각공식과 2배각 공식

다음의 삼각함수의 덧셈공식을 살펴본다.

$$\cos(\alpha + \beta) = \cos\alpha\cos\beta - \sin\alpha\sin\beta \text{ ----------- ①}$$
$$\sin(\alpha + \beta) = \sin\alpha\cos\beta + \cos\alpha\sin\beta \text{ ----------- ②}$$

식①에서 $\alpha = \beta$로 가정하고 $\cos^2\alpha + \sin^2\alpha = 1$의 관계를 이용하면 다음의 관계식을 얻는다.

$$\cos(\alpha + \alpha) = \cos\alpha\cos\alpha - \sin\alpha\sin\alpha$$
$$\cos 2\alpha = \cos^2\alpha - \sin^2\alpha = \cos^2\alpha - (1 - \cos^2\alpha)$$
$$\therefore \cos^2\alpha = \frac{1}{2}(1 + \cos 2\alpha)$$

식②에서 $\alpha = \beta$로 가정하면

$$\sin(\alpha + \alpha) = \sin\alpha\cos\alpha + \cos\alpha\sin\alpha = 2\sin\alpha\cos\alpha$$
$$\therefore \sin 2\alpha = 2\sin\alpha\cos\alpha$$

삼각함수의 반각 및 2배각 공식은 수식 유도 과정에서 많이 사용되기 때문에 기억해두기 바란다.

9.2 평균전력

앞 절에서 순간전력을 정의하였으나 순간전력보다 더 유용한 개념이 평균전력 (average power) P이며, 주기를 T라고 할 때 다음과 같이 정의된다.

$$P \triangleq \frac{1}{T}\int_0^T p(t)\,dt \tag{9-7}$$

식(9-7)에서 주의할 것은 적분 구간을 선정하는 데 있어 한 주기가 되는 어떤 구간이던 무관하다는 것이다. 마찬가지로 여러 주기에 대하여 순간전력 $p(t)$를 적분하고 그 주기의 수로 나누어 평균을 취해도 무관하다. 즉,

$$P = \frac{1}{T}\int_{-T/2}^{T/2} p(t)\,dt = \frac{1}{nT}\int_0^{nT} p(t)\,dt, \quad n\text{은 정수} \tag{9-8}$$

식(9-8)의 정의에 의하여 정현파 정상상태에 대한 평균전력 P를 구해보자. 식(9-6)을 한 주기 동안 적분하면 다음과 같다.

$$\begin{aligned}
P &= \frac{1}{T}\int_0^T p(t)\,dt \\
&= \frac{1}{T}\int_0^T \left\{ \frac{1}{2} V_m I_m \cos(2\omega t + \theta + \phi) + \frac{1}{2} V_m I_m \cos(\theta - \phi) \right\} dt
\end{aligned} \tag{9-9}$$

식(9-9)에서 첫 번째 항에 대한 적분은 코사인 함수이므로 한 주기 동안의 적분값은 0이 되므로 다음 관계식을 얻을 수 있다.

$$\begin{aligned}
P &= \frac{1}{T}\int_0^T \frac{1}{2} V_m I_m \cos(\theta - \phi)\,dt \\
&= \frac{1}{2T} V_m I_m \cos(\theta - \phi)\big[t\big]_0^T = \frac{1}{2} V_m I_m \cos(\theta - \phi)
\end{aligned} \tag{9-10}$$

식(9-10)은 정현파 정상상태에서 적용되는 매우 중요한 관계식이다. 평균전력 P는 전압의 진폭과 전류의 진폭 그리고 전압과 전류의 위상차의 코사인을 곱한 값의 $\frac{1}{2}$이 된다는 것에 주목하라.

순수한 저항회로, 순수한 유도성 또한 용량성 회로에서의 평균전력을 각각 구해본다.

① 순수한 저항회로

순수한 저항회로에서 전압과 전류의 위상차는 0이므로 평균전력 P_R은 다음과 같다.

$$P_R = \frac{1}{2} V_m I_m \cos 0° = \frac{1}{2} V_m I_m \qquad (9-11)$$

또는 $V_m = RI_m$의 관계를 이용하면 식(9-11)은

$$P_R = \frac{1}{2} V_m I_m = \frac{1}{2} I_m^2 R = \frac{V_m^2}{2R} \qquad (9-12)$$

이 된다. 식(9-11)과 식(9-12)에서 계수 $\frac{1}{2}$의 존재를 반드시 기억하라.

② 순수한 인덕터 또는 커패시터 회로

순수한 인덕터(유도성) 회로와 순수한 커패시터(용량성) 회로에서 전압과 전류의 위상차는 90°이므로 평균전력 P_L과 P_C는 다음과 같다.

$$P_L = \frac{1}{2} V_m I_m \cos 90° = 0 \qquad (9-13)$$

$$P_C = \frac{1}{2} V_m I_m \cos(-90°) = 0 \qquad (9-14)$$

식(9-13)과 식(9-14)로부터 인덕터와 커패시터만으로 구성된 회로에 공급되는 평균전력은 0이다. 그러나 순간전력은 어떤 특정한 순간에만 0이고 한 주기 동안 어떤 구간에서는 전원으로부터 회로로 전력이 공급되고, 또 어떤 구간에서는 전력이 전원으로 반환된다는 것에 주의하라.

여 기서 잠깐! | **평균전력과 유효전력**

평균전력은 부하에서 실제로 소비되는 전력을 의미하며, 유효전력(effective power)이
라고도 한다. 이 용어는 부하에서 유효하게 사용되지 않으면서 전원과 부하 사이에서 왕
복하기만 하는 전력 개념인 무효전력(reactive power)과 대비하여 사용된다.
전력회사에서는 이러한 평균(유효)전력의 사용량에 따라 수용가에 전기요금을 부여하는
것이다.

예제 9.3

다음 회로에서 각 소자의 평균전력과 각 전압원이 공급하는 평균전력을 구하라.

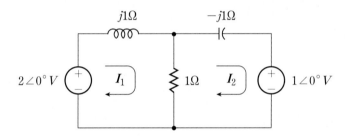

풀이 인덕터와 커패시터에서 소비되는 평균전력은 식(9-13)과 식(9-14)로부터 각각
0이 된다. 즉,

$$P_L = 0, \ P_C = 0$$

메쉬해석법에 의하여 페이저 전류 I_1과 I_2를 구하면 다음과 같다.

메쉬 ① : $j1I_1 + (I_1 - I_2) - 2\angle 0° = 0$

메쉬 ② : $-j1I_2 + 1\angle 0° + (I_2 - I_1) = 0$

위의 방정식을 정리하면

$$(1 + j1)I_1 - I_2 = 2\angle 0°$$
$$-I_1 + (1 - j1)I_2 = -1\angle 0°$$

이므로 Cramer 공식을 이용하면 I_1과 I_2는 다음과 같다.

$$I_1 = \frac{\begin{vmatrix} 2 & -1 \\ -1 & 1-j1 \end{vmatrix}}{\begin{vmatrix} 1+j1 & -1 \\ -1 & 1-j1 \end{vmatrix}} = \frac{2-j2-1}{2-1} = 1-j2 = \sqrt{5} \angle -63.4° A$$

$$I_2 = \frac{\begin{vmatrix} 1+j1 & 2 \\ -1 & -1 \end{vmatrix}}{\begin{vmatrix} 1+j1 & -1 \\ -1 & 1-j1 \end{vmatrix}} = \frac{-1-j1+2}{2-1} = 1-j1 = \sqrt{2} \angle -45° A$$

저항에서 소비하는 평균전력은 $I_1 - I_2 = -j1 = 1 \angle -90°$로부터

$$P_R = \frac{1}{2} I_m^2 R = \frac{1}{2} \times 1 \times 1 = \frac{1}{2} W \text{(소비)}$$

가 얻어진다. 좌측 전압원은 전압이 $2 \angle 0° V$이고 전류가 $\sqrt{5} \angle -63.4° A$이며, 수동부호규약을 만족하지 않으므로 전압원이 공급하는 평균전력 P_{left}는 다음과 같다.

$$P_{left} = \frac{1}{2} V_m I_m \cos (\theta - \phi) = \frac{1}{2} \times 2 \times \sqrt{5} \cos 63.4° = 1 W > 0$$

$$\therefore P_{left} = 1 W \text{(수동부호규약과 만족하지 않으므로 전력공급)}$$

우측 전압원은 전압이 $1 \angle 0° V$이고 전류가 $\sqrt{2} \angle -45° A$이며, 수동부호규약을 만족하므로 전압원이 소비하는 평균전력 P_{right}는 다음과 같다.

$$P_{right} = \frac{1}{2} V_m I_m \cos (\theta - \phi) = \frac{1}{2} \times 1 \times \sqrt{2} \cos (45°) = \frac{1}{2} W > 0$$

$$\therefore P_{right} = \frac{1}{2} W \text{(수동부호규약을 만족하므로 전력소비)}$$

따라서 다음 관계가 성립하므로 전력보존의 원리가 성립한다.

$$P_{left} = P_{right} + P_R = \frac{1}{2} W + \frac{1}{2} W = 1 W$$

예제 9.4

다음의 페이저 회로에서 전압원이 공급하는 평균전력을 구하라.

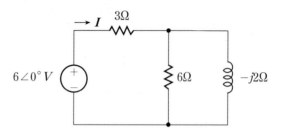

풀이 회로 전체에 흐르는 페이저 전류 I를 구하기 위하여 등가 임피던스 Z_{eq}를 먼저 구하면 다음과 같다.

$$Z_{eq} = 3\Omega + 6\Omega \,/\!/ \,(-j2\Omega) = 3 + \frac{-j12}{6-j2} = \frac{9}{5}(2-j1)\,\Omega$$

페이저 전류 I는 유사 옴의 법칙에 의하여

$$I = \frac{6\angle 0°}{Z_{eq}} = \frac{10}{3}\frac{1}{2-j1} = \frac{2}{3}(2+j1) = \frac{2\sqrt5}{3}\angle 26.6° A$$

이므로 전압원이 공급하는 평균전력은 다음과 같다.

$$P = \frac{1}{2}V_m I_m \cos(\theta-\phi) = \frac{1}{2}\times 6 \times \frac{2\sqrt5}{3}\cos(-26.6°) = 4\,W$$

예제 9.5

다음 페이저 회로에서 각 임피던스에 공급되는 평균전력을 구하라.

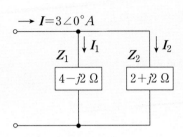

풀이 각각의 임피던스에 흐르는 전류 I_1과 I_2를 전류분배의 원리에 의하여 구하면 다음과 같다.

$$I_1 = \frac{Z_2}{Z_1 + Z_2}I = \frac{(2 + j2)(3\angle 0°)}{4 - j2 + 2 + j2} = 1 + j1 = \sqrt{2}\angle 45°A$$
$$I_2 = \frac{Z_1}{Z_1 + Z_2}I = \frac{(4 - j2)(3\angle 0°)}{4 - j2 + 2 + j2} = 2 - j1 = \sqrt{5}\angle -26.6°A$$

임피던스 Z_1에서 $-j2\Omega$의 소자는 평균전력을 소비하지 않으므로 오로지 4Ω의 저항만이 평균전력을 소비하며 그 값은 다음과 같다.

$$P_1 = \frac{1}{2}I_m^2 R_1 = \frac{1}{2} \times (\sqrt{2})^2 \times 4 = 4\,W$$

또한, 임피던스 Z_2에서 $j2\Omega$의 소자는 평균전력을 소비하지 않으므로 오로지 2Ω의 저항만이 평균전력을 소비하며 그 값은 다음과 같다.

$$P_2 = \frac{1}{2}I_m^2 R_2 = \frac{1}{2} \times (\sqrt{5})^2 \times 2 = 5\,W$$

9.3 실효값에 의한 평균전력의 계산

8장에서 이미 논의된 바와 같이 어떤 저항 R에 대한 교류 $v(t)$의 발열효과와 동일한 발열효과를 내는 직류값을 교류에 대한 실효값 V_{rms}로 다음과 같이 정의하였다.

$$V_{rms} \triangleq \sqrt{\frac{1}{T}\int_0^T v^2(t)\,dt} \qquad (9-15)$$

$v(t)$가 다음과 같은 정현파일 때

$$v(t) = V_m \cos \omega t \qquad (9-16)$$

$v(t)$의 실효값 V_{rms}는 다음과 같이 결정된다는 것도 이미 8장에서 기술하였다.

$$V_{rms} = \frac{V_m}{\sqrt{2}} \qquad (9-17)$$

정현파 정상상태에서 평균전력 P를 정의하는데 전압과 전류의 최댓값 대신에 실효값을 이용하면 평균전력의 표현식이 간결해진다.

식(9-10)의 평균전력 P의 정의식을 실효값으로 표현하면 다음과 같다.

$$P = \frac{1}{2}V_m I_m \cos(\theta - \phi) = \frac{V_m}{\sqrt{2}}\frac{I_m}{\sqrt{2}}\cos(\theta - \phi)$$
$$\therefore P = V_{rms} I_{rms} \cos(\theta - \phi) \qquad (9-18)$$

식(9-18)에서 알 수 있듯이 평균전력의 정의식에 실효값을 이용함으로써 $\frac{1}{2}$이라는 계수가 없어져 간결하게 평균전력을 표현할 수 있다.

또한, 순수한 저항회로에서 평균전력 P_R을 실효값을 이용하여 표현해보면, 다음과 같이 계수가 없어져 직류회로에 대한 전력 관계식과 동일한 형태가 얻어진다.

$$P_R = \frac{1}{2}V_m I_m = \frac{V_m}{\sqrt{2}}\frac{I_m}{\sqrt{2}} = V_{rms}I_{rms} \qquad (9-19)$$

$$P_R = \frac{1}{2}I_m^2 R = \left(\frac{I_m}{\sqrt{2}}\right)^2 R = I_{rms}^2 R \qquad (9-20)$$

$$P_R = \frac{V_m^2}{2R} = \left(\frac{V_m}{\sqrt{2}}\right)^2 \frac{1}{R} = \frac{V_{rms}^2}{R} \qquad (9-21)$$

실효값은 전력 송전이나 배전 분야 그리고 회전기기 분야에서 널리 사용되고 있으

며, 최댓값은 전자나 통신 분야에서 많이 사용되고 있다.

다음 페이저 회로에서 전원이 공급하는 평균전력을 구하라. 단, 전원은 실효값이 10V인
정현파이다.

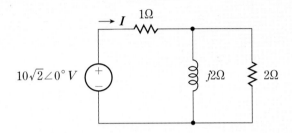

풀이 회로에 흐르는 전체 전류 I를 계산하기 위하여 등가 임피던스 Z_{eq}를 구하면

$$Z_{eq} = 1\Omega + (j2\Omega \mathbin{/\mkern-5mu/} 2\Omega) = 1 + \frac{j4}{2 + j2} = 2 + j1 \ \Omega$$

이므로 I는 다음과 같다.

$$I = \frac{10\sqrt{2} \angle 0°}{2 + j1} = \frac{10\sqrt{2} \angle 0°}{\sqrt{5} \angle 26.6°} = 2\sqrt{10} \angle -26.6° A$$

전압원이 공급하는 평균전력은

$$P = V_{rms} I_{rms} \cos(\theta - \phi) = 10 \times 2\sqrt{5} \cos 26.6° = 40W$$

가 된다. 수동부호규약을 만족하지 않으므로 평균전력이 양(+)의 값을 가지면 전력을 공
급하고, 음(−)의 값을 가지면 전력을 소비한다는 것에 주의하라.

정현파 정상상태 해석에서 페이저 전압과 전류는 최댓값과 실효값을 모두 사용할
수 있는데, 실효값과 위상으로 정의한 페이저를 RMS 페이저라고 부른다는 것은 이
미 언급한 바 있다.

여 기서 잠깐! **전원의 평균전력**

수동부호규약을 만족하는 어떤 회로소자의 전력이 양(+)의 값이면, 그 소자는 전력을 소비한다는 것을 의미한다. 이러한 개념으로부터 능동소자인 전원은 수동부호규약에 맞추어 평균전력을 계산하는 경우, 회로에 전력을 공급해야 하므로 평균전력이 음(−)의 값을 가져야 한다고 생각할 것이다. 그러나 여러 개의 전원이 존재하는 경우 에너지가 적은 전원이 에너지가 큰 전원으로부터 전력을 소비할 수 있기 때문에 평균전력은 양(+)의 값을 가질 수 있는 것이다. 결과적으로 에너지가 적은 전원은 전력을 소비하고, 에너지가 큰 전원은 전력을 공급하는 셈이 된다.

예제 9.7

다음 파형에 대하여 실효값을 구하라.

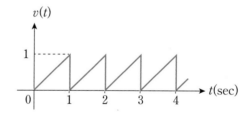

풀이 주기 $T = 1\,\sec$이므로 $v^2(t)$의 평균값을 먼저 구하면

$$\frac{1}{T}\int_0^T v^2(t)\,dt = \int_0^1 t^2 dt = \left[\frac{1}{3}t^3\right]_0^1 = \frac{1}{3}$$

이므로 $v(t)$의 실효값 V_{rms}는 다음과 같다.

$$V_{rms} = \sqrt{\frac{1}{T}\int_0^T v^2(t)\,dt} = \frac{1}{\sqrt{3}}$$

9.4 피상전력과 역률

앞 절에서 정현파 정상상태의 평균전력 P는 식(9-18)로부터 다음과 같이 표현될 수 있다.

$$P = V_{rms}I_{rms}\cos(\theta - \phi) \qquad (9-18)$$

만일 인가전압과 응답전류가 직류라면 회로에 공급되는 평균전력은 단순히 전압과 전류의 곱으로 표시되며, 이를 정현파에 그대로 적용하여 $V_{rms}I_{rms}$를 피상전력(apparent power) P_a라고 정의한다. 피상전력의 차원은 실제 전력과 같은 단위를 가져야 하지만 혼동을 피하기 위하여 피상전력의 단위를 볼트암페어(VA)로 표시한다.

한편, 피상전력과 평균전력의 비를 역률(power factor, pf)이라 하며 다음과 같이 정의한다.

$$pf \triangleq \frac{\text{평균전력}}{\text{피상전력}} = \frac{P}{P_a} = \frac{P}{V_m I_m} \qquad (9-22)$$

정현파의 경우 역률 pf는 식(9-18)로부터 다음과 같이 계산되며, $\theta - \phi$는 전압이 전류보다 앞서는 각으로 간단히 역률각(power factor angle)이라 한다.

$$pf = \cos(\theta - \phi) \qquad (9-23)$$

식(9-23)에서 코사인은 각도가 작을수록 큰 값을 가지기 때문에 $\theta - \phi$가 작은 값을 가질수록, 즉 전압과 전류의 위상차가 작을수록 역률은 커진다.

역률 $pf = 0.5$라는 의미는

$$\cos(\theta - \phi) = 0.5 \qquad \therefore \theta - \phi = \pm 60°$$

라는 의미인데 $\theta - \phi = 60°$이면 전압이 전류보다 위상이 앞서므로 인덕터 성분이 큰 유도성 부하(inductive load)이고, $\theta - \phi = -60°$이면 전압이 전류보다 위상이 뒤지므로 커패시터 성분이 큰 용량성 부하(capacitive load)인 경우이다.

일반적으로 역률 계산은 전류를 기준으로 하여 전류가 전압보다 위상이 앞서면 진상역률(leading power factor)이라 하고, 전류가 전압보다 위상이 뒤지면 지상역률(lagging power factor)이라고 정의한다. 따라서 용량성 부하는 진상역률을 가지고, 유도성 부하는 지상역률을 가진다.

여 기서 잠깐!   **페이저 간의 위상차**

다음 두 페이저 V_1과 V_2의 위상 관계를 살펴보자.

$$V_1 = V_{m1}\angle\phi_1, \quad V_2 = V_{m2}\angle\phi_2$$

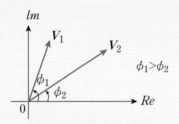

페이저의 위상은 실수축을 기준으로 하여 반시계 방향으로 진행하는 각을 양의 각으로 정의하므로, $\phi_1 > \phi_2$인 경우 V_1은 V_2보다 위상이 앞선다(진상)고 하거나 V_2는 V_1보다 위상이 뒤진다(지상)고 한다.

개념적으로, 원을 한 바퀴 돌아오는 경주를 하는데 출발선이 실수축이라 할 때, V_1이 V_2보다 더 빠르게 달리고 있으므로 V_1이 V_2보다 위상이 앞선다고 이해하면 쉬울 것이다.

순수한 저항 부하에서는 전압과 전류는 동상이 되어 $\theta - \phi = 0°$이므로 $pf = 1$이다. 이 경우에 피상전력은 평균전력과 같은 값을 가진다. 또한 저항이 없는 리액턴스 부하에서는 전압과 전류의 위상차가 $+90°$ 또는 $-90°$가 되어 $pf = 0$이 되므로 평균전력은 0이 된다.

이 두 가지 극단적인 경우의 사이에 속하는 일반 회로에서는 역률 pf는 다음과 같은 값의 범위를 가진다.

$$0 \leq pf \leq 1 \tag{9-24}$$

여 기서 잠깐! **유도성 부하와 용량성 부하**

임피던스 $Z = R + jX$이므로 X의 부호에 따라서 부하의 종류가 결정된다.

$$Z = R + jX = \sqrt{R^2 + X^2} \angle \tan^{-1}\left(\frac{X}{R}\right)$$

① $X > 0$이면 유도성 부하

$$\theta - \phi = \tan^{-1}\left(\frac{X}{R}\right) > 0$$

② $X < 0$이면 용량성 부하

$$\theta - \phi = \tan^{-1}\left(\frac{X}{R}\right) < 0$$

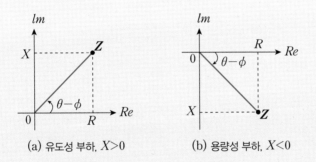

(a) 유도성 부하, $X > 0$ (b) 용량성 부하, $X < 0$

임피던스 각이 전압과 전류의 위상차를 나타내는 개념이므로 역률 pf를 구하기 위해서는 임피던스를 계산하여 임피던스 각의 코사인을 계산하여도 무관하다.

예제 9.8

다음 회로에서 각 부하에 공급되는 평균전력, 전원에서 공급하는 피상전력, 그리고 전체 부하에 대한 역률을 구하라.

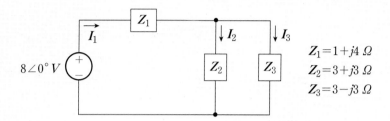

$Z_1 = 1 + j4 \ \Omega$
$Z_2 = 3 + j3 \ \Omega$
$Z_3 = 3 - j3 \ \Omega$

풀이 먼저, 전원 전류 I_1을 구하기 위하여 임피던스를 합성하면

$$Z_{eq} = Z_1 + (Z_2 /\!/ Z_3) = 1 + j4 + \{(3 + j3) /\!/ (3 - j3)\}$$
$$= 1 + j4 + \frac{(3 + j3)(3 - j3)}{3 + j3 + 3 - j3} = 4 + j4 \ \Omega$$

이므로 I_1은 다음과 같다.

$$I_1 = \frac{8\angle 0°}{Z_{eq}} = \frac{8\angle 0°}{4 + j4} = \frac{8\angle 0°}{4\sqrt{2}\angle 45°} = \sqrt{2}\angle -45° A$$

전원에서 공급하는 피상전력 P_a

$$P_a = V_{rms} I_{1rms} = \frac{8}{\sqrt{2}}\frac{\sqrt{2}}{\sqrt{2}} = 4\sqrt{2} \ VA$$

부하 Z_1에 공급되는 평균전력 P_1

$$P_1 = I_{1rms}^2 R_1 = \left(\frac{\sqrt{2}}{\sqrt{2}}\right)^2 \times 1 = 1 W$$

부하 Z_2에 공급되는 평균전력 P_2

$$I_2 = \frac{Z_3}{Z_2 + Z_3} I_1 = \frac{3 - j3}{6}(\sqrt{2}\angle -45°) = 1\angle -90° A$$
$$P_2 = I_{2rms}^2 R_2 = \left(\frac{1}{\sqrt{2}}\right)^2 \times 3 = \frac{3}{2} W$$

부하 Z_3에 공급되는 평균전력 P_3

$$I_3 = \frac{Z_2}{Z_2 + Z_3} I_1 = \frac{3 + j3}{6}(\sqrt{2} \angle -45°) = 1\angle 0° A$$

$$P_3 = I_{3rms}^2 R_3 = \left(\frac{1}{\sqrt{2}}\right)^2 \times 3 = \frac{3}{2} W$$

따라서 전체 부하에 대한 역률 pf는 다음과 같다.

$$pf = \frac{P_1 + P_2 + P_3}{V_{rms} I_{1rms}} = \frac{4}{4\sqrt{2}} = \frac{1}{\sqrt{2}} = 0.707$$

예제 9.9

다음 회로에서 전원이 공급하는 평균전력과 전원측의 역률을 구하라.

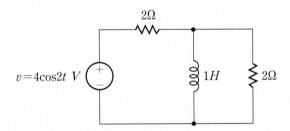

풀이 주어진 회로를 주파수 영역의 페이저 회로로 변환하면

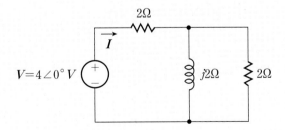

이 얻어지므로 전체 임피던스 Z_{eq}를 구한다.

$$Z_{eq} = 2\Omega + (j2\Omega /\!/ 2\Omega) = 2 + \frac{j4}{2+j2} = 3 + j1 \ \Omega$$

전원 전류 I를 구하면

$$I = \frac{V}{Z_{eq}} = \frac{4\angle 0°}{3+j1} = \frac{4\angle 0°}{\sqrt{10}\angle 18.4°} = 1.3\angle -18.4° A$$

이므로 전원이 공급하는 평균전력 P와 역률 pf는 다음과 같다.

$$P = V_{rms}I_{rms}\cos(\theta - \phi) = \frac{4}{\sqrt{2}}\frac{1.3}{\sqrt{2}}\cos 18.4° = 2.4\,W$$
$$pf = \cos 18.4° = 0.949$$

예제 9.10

다음 회로에서 전원측의 역률이 1이 되도록 커패시터를 전원과 병렬로 연결하고자 한다.
이 때 커패시턴스 C를 구하라.

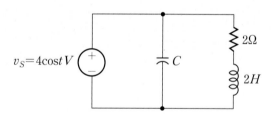

풀이 먼저 전체 임피던스 Z_{eq}를 계산하기 위하여 $a \triangleq \frac{1}{C}$로 정의하면

$$Z_{eq} = -j\frac{1}{C} /\!/ (2+j2) = -ja /\!/ (2+j2)$$
$$= \frac{(2+j2)(-ja)}{2+j2-ja} = \frac{2a-j2a}{2+j(2-a)}$$
$$= \frac{(2a-j2a)\{2-j(2-a)\}}{4+(2-a)^2}$$

역률 $pf = 1$이 되기 위해서는 전압과 전류의 위상차가 $0°$이어야 하므로 Z_{eq}의 허수부가 0이 되어야 한다.

$$lm\{Z_{eq}\} = \frac{-4a - 2a(2 - a)}{4 + (2 - a)^2} = 0$$
$$-8a + 2a^2 = 0$$
$$2a(a - 4) = 0 \qquad \therefore a = 0, \ a = 4$$

a가 0이 되면 C가 무한대이어야 하므로 $a = 4$가 적합한 해이다. 따라서 커패시턴스 C는 다음과 같다.

$$C = \frac{1}{4}F$$

9.5 복소전력과 역률개선

(1) 복소전력의 정의

정현파 정상상태 회로의 해석을 위하여 시간 영역의 전압과 전류를 표현하는데 페이저라는 복소수를 사용함으로써, 정현파를 합성하는데 필요한 복잡한 삼각함수 공식 대신에 간단한 복소수 대수연산으로 미분과 적분을 대체할 수 있게 되었다.

정현파 정상상태 회로에서 전력을 페이저를 이용하여 다루기 위하여 복소전력 (complex power)이라는 새로운 복소량을 정의한다. 페이저가 진폭과 위상이라는 2가지 정보를 이용하여 정현파를 표현하는 것과 비슷하게 복소전력은 전력과 관련된 필수적인 양을 표현하는 데 사용될 것이다.

주파수 영역에서 2단자 회로소자에 인가되는 페이저 전압을 $V = V_m \angle \theta$, 회로에 흐르는 페이저 전류를 $I = I_m \angle \phi$라고 가정하여, 복소전력에 대한 수학적 표현을 구해본다.

앞에서 기술한 바와 같이 정현파 정상상태에서 회로소자에 공급되는 평균전력 P

는 다음과 같다.

$$P = \frac{1}{2} V_m I_m \cos(\theta - \phi) \tag{9-25}$$

식(9-25)는 오일러 공식에 의하여

$$\begin{aligned} P &= \frac{1}{2} V_m I_m Re\{e^{j(\theta-\phi)}\} \\ &= \frac{1}{2} Re\{V_m e^{j\theta} \cdot I_m e^{-j\phi}\} \\ &= \frac{1}{2} Re\{VI^*\} \end{aligned} \tag{9-26}$$

가 된다. 여기서 I^*는 I의 공액(conjugate) 페이저이며, 다음과 같이 정의되는 복소량이다.

$$I^* = I_m \angle - \phi = I_m e^{-j\phi} \tag{9-27}$$

식(9-26)으로부터 복소전력 S를 다음과 같이 정의한다.

$$S = \frac{1}{2} VI^* \tag{9-28}$$

복소전력 S의 단위는 볼트암페어(VA)로 정의하며, 식(9-28)을 극좌표 형식(극형식)으로 표현하면 다음과 같다.

$$S = \frac{1}{2} V_m I_m e^{j(\theta-\phi)} \tag{9-29}$$

따라서 $|S| = \frac{1}{2} V_m I_m = V_{rms} I_{rms}$ 이므로 피상전력 $P_a = |S|$이 되고, S의 위상 $\theta - \phi$는 역률각이 됨을 알 수 있다. 그림 9.2에 복소전력 S를 복소평면에 나타내었다.

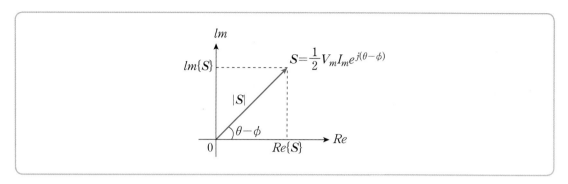

그림 9.2 복소전력 S의 극좌표 표현

그림 9.2로부터 복소전력 S의 실수부와 허수부를 구하면 다음과 같다.

$$Re\{S\} = \frac{1}{2}\,V_m I_m \cos(\theta - \phi) \qquad\qquad (9-30)$$

$$lm\{S\} = \frac{1}{2}\,V_m I_m \sin(\theta - \phi) \qquad\qquad (9-31)$$

식(9-30)을 평균전력 또는 유효전력(effective power) P, 식(9-31)을 무효전력(reactive power) Q로 다음과 같이 정의한다.

$$P \triangleq Re\{S\} = \frac{1}{2}\,V_m I_m \cos(\theta - \phi) \qquad\qquad (9-32)$$

$$Q \triangleq lm\{S\} = \frac{1}{2}\,V_m I_m \sin(\theta - \phi) \qquad\qquad (9-33)$$

따라서 복소전력 S는 식(9-32)와 식(9-33)으로부터 다음과 같이 직각좌표 형식으로 표현할 수 있다.

$$S = P + jQ \qquad\qquad (9-34)$$

식(9-34)를 복소평면에 표현하면 그림 9.3과 같다.

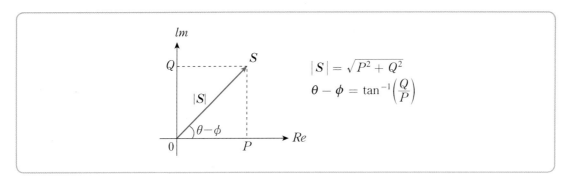

그림 9.3 복소전력 S의 직각좌표 표현

그림 9.3으로부터 복소전력 S의 크기 $|S|$와 위상각 $\theta - \phi$는 S의 실수부와 허수부로부터 다음과 같이 결정된다.

$$|S| = \sqrt{P^2 + Q^2} \qquad (9-35)$$

$$\angle S = \theta - \phi = \tan^{-1}\left(\frac{Q}{P}\right) \qquad (9-36)$$

식(9-35)로부터 피상전력 P_a는 평균전력과 무효전력을 제곱하여 더한 값의 제곱근이라는 것을 알 수 있으며, 역률각 $\theta - \phi$는 식(9-36)을 이용하여 구할 수도 있다.

한편, 무효전력 Q의 차원은 개념적으로 평균전력 P, 복소전력 S 및 피상전력 P_a의 차원과 동일하지만, 혼동을 피하기 위하여 Q의 단위는 VAR(volt-ampere-reactive)로 정의한다. 무효전력은 리액턴스 성분에 의해 나타나는 전력으로 전원과 리액턴스 부하 사이에 주기적으로 주고 받는 에너지의 총량으로 이해될 수 있다.

또한, 역률 pf는 그림 9.3으로부터 다음과 같이 계산될 수 있다.

$$pf = \cos(\theta - \phi) = \frac{P}{P_a} = \frac{P}{\sqrt{P^2 + Q^2}} \qquad (9-37)$$

여 기서 잠깐! **평균전력과 무효전력의 기하학적 의미**

다음 2단자 소자에 대한 페이저 전압과 전류를 페이저도로 나타내면 다음과 같다.

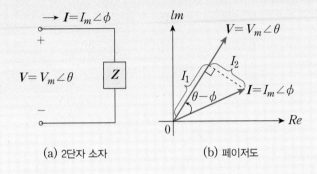

(a) 2단자 소자   (b) 페이저도

그림 (b)에서 페이저 전류 I를 페이저 전압과 동상인 성분 I_1과 수직인 성분 I_2로 분해하면 다음과 같다.

$$I_1 = I_m \cos(\theta - \phi) \longrightarrow \text{동상 성분}$$

$$I_2 = I_m \sin(\theta - \phi) \longrightarrow \text{수직 성분}$$

평균전력 P와 무효전력 Q를 I_1과 I_2로 표현하면

$$P = \frac{1}{2}V_m I_m \cos(\theta - \phi) = \frac{1}{2}V_m I_1$$

$$Q = \frac{1}{2}V_m I_m \sin(\theta - \phi) = \frac{1}{2}V_m I_2$$

가 되므로, P는 페이저 전압과 동상인 성분 I_1에 의해 결정되고 Q는 페이저 전압과 수직인 성분 I_2에 의하여 결정된다는 것을 알 수 있다.

$\theta - \phi$는 전압이 전류보다 앞서는 각이므로 P는 $\cos(\theta - \phi)$항에 의하여 양(+)의 값을 가진다. 반면에 Q는 $\sin(\theta - \phi)$항에 의하여 양(+)의 값을 가지거나 음(−)의 값을 가진다. Q의 부호는 유도성 부하에 대해서는 $Q > 0$이고, 용량성 부하에 대해서는 $Q < 0$이다.

지금까지 정의된 여러 전력들에 대한 내용을 표 9.1에 요약하였다.

표 9.1 전력량에 대한 요약

전력량	기호	단위	관련 수식
평균(유효)전력	P	W	$P = \dfrac{1}{2} V_m I_m \cos(\theta - \phi) = Re\{S\}$
무효전력	Q	VAR	$Q = \dfrac{1}{2} V_m I_m \sin(\theta - \phi) = Im\{S\}$
피상전력	P_a	VA	$P_a = \dfrac{1}{2} V_m I_m = V_{rms} I_{rms} = \sqrt{P^2 + Q^2}$
복소전력	S	VA	$S = P + jQ = P_a e^{j(\theta - \phi)} = \dfrac{1}{2} VI^*$

여 기서 잠깐! 복소전력의 실효값 표현

최댓값(진폭)이 아닌 실효값으로 정의하는 RMS 페이저를 이용하면, 복소전력 S는 다음과 같이 표현된다.

$$S = V_{RMS} I_{RMS}^*$$
$$V_{RMS} = V_{rms} \angle\theta, \quad I_{RMS} = I_{rms} \angle\phi$$

RMS 페이저를 이용하여 복소전력을 정의하면, 표 9.1의 관련 수식에서 계수 $\dfrac{1}{2}$이 없어져 좀더 간결한 표현이 된다. 복소전력은 정의하는 서적마다 다를 수 있으므로 어떤 페이저로 정의하였는가를 먼저 확인하는 것이 중요하다. 이 책에서는 진폭을 이용하는 일반 페이저를 이용하여 정의하였다.

예제 9.11

다음 회로에서 점선 부분의 부하에 대한 평균전력, 무효전력, 피상전력을 각각 구하라.

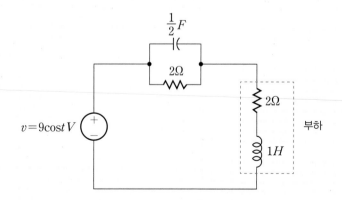

풀이 주파수 영역에서 페이저 회로로 변환하면 다음과 같다.

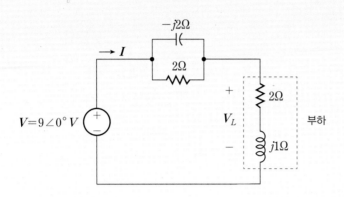

점선 부분에 대한 복소전력 S는 다음과 같이 결정된다.

$$S = \frac{1}{2} V_L I^*$$

먼저, 회로에 흐르는 페이저 전류 I를 구하기 위하여 전체 임피던스 Z_{eq}를 구하면

$$Z_{eq} = (-j2\Omega \,/\!/\, 2\Omega) + (2 + j1)\,\Omega$$
$$= \frac{-j4}{2 - j2} + (2 + j1) = (1 - j1) + (2 + j1) = 3$$

이므로 I는 다음과 같다.

$$I = \frac{V}{Z_{eq}} = \frac{9\angle 0°}{3} = 3\angle 0° = I^*$$

전압분배의 원리에 의하여 부하에 걸리는 전압 V_L은

$$V_L = \frac{2 + j1}{(1 - j1) + (2 + j1)} V = \frac{2 + j1}{3}(9\angle 0°) = 3\sqrt{5}\,\angle 26.6°\,V$$

이므로 점선 부분의 부하에 대한 복소전력 S는 다음과 같다.

$$S = \frac{1}{2} V_L I^* = \frac{1}{2}(3\sqrt{5} \angle 26.6°)(3\angle 0°) = \frac{9\sqrt{5}}{2} \angle 26.6° \, VA$$

따라서

$$P = Re\{S\} = \frac{9\sqrt{5}}{2}\cos 26.6° = 9\,W$$

$$Q = Im\{S\} = \frac{9\sqrt{5}}{2}\sin 26.6° = 4.5\,VAR$$

$$P_a = |S| = \frac{9\sqrt{5}}{2} = 10.1\,VA$$

예제 9.12

다음 페이저 회로의 각 소자에서 소비 또는 공급하는 복소전력을 각각 구하라.

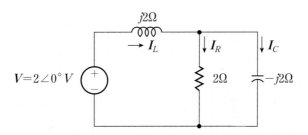

풀이 전체 임피던스 Z_{eq}를 구하면

$$Z_{eq} = j2\Omega + \{2\Omega \mathbin{/\!/} (-j2\Omega)\} = j2 + \frac{-j4}{2 - j2} = 1 + j1 \ \Omega$$

이므로 각 가지에서의 페이저 전류는 다음과 같다.

$$I_L = \frac{V}{Z_{eq}} = \frac{2\angle 0°}{1 + j1} = \frac{2\angle 0°}{\sqrt{2}\,\angle 45°} = \sqrt{2} \angle -45°\,A$$

$$I_R = \frac{-j2}{2 - j2} I_L = \left(\frac{\sqrt{2}}{2} \angle -45°\right)(\sqrt{2} \angle -45°) = 1\angle -90°\,A$$

$$I_C = \frac{2}{2 - j2} I_L = \left(\frac{\sqrt{2}}{2} \angle 45°\right)(\sqrt{2} \angle -45°) = 1\angle 0°\,A$$

따라서 각 소자에서의 복소전력은 다음과 같이 결정된다.

① 전압원 : $S_1 = \dfrac{1}{2} V I_L^* = \dfrac{1}{2}(2\angle 0°)(\sqrt{2}\angle 45°) = \sqrt{2}\angle 45° = 1 + j1\,VA$

② 인덕터 : $S_2 = \dfrac{1}{2} V_L I_L^* = \dfrac{1}{2}(j2) I_L I_L^* = j1 \times |I_L|^2 = j2\,VA$

③ 저항 : $S_3 = \dfrac{1}{2} V_R I_R^* = \dfrac{1}{2} \cdot 2 I_R I_R^* = |I_R|^2 = 1\,VA$

④ 커패시터 : $S_4 = \dfrac{1}{2} V_C I_C^* = \dfrac{1}{2}(-j2) I_C I_C^* = (-j1) \times |I_C|^2 = -j1\,VA$

여 기서 잠깐! $VV^* = |V|^2,\ V + V^* = 2Re\{V\}$

$V = V_m \angle \theta$라 가정하면 $V^* = V_m \angle -\theta$이므로 VV^*는 다음과 같다.

$$VV^* = (V_m \angle \theta)(V_m \angle -\theta) = V_m^2 \angle 0° = V_m^2 = |V|^2$$
$$\therefore VV^* = |V|^2$$

또한, $V + V^*$를 계산하면

$$V + V^* = (V_m \cos\theta + jV_m \sin\theta) + \{V_m \cos(-\theta) + jV_m \sin(-\theta)\}$$
$$= 2V_m \cos\theta = 2Re\{V\}$$
$$\therefore V + V^* = 2Re\{V\}$$

(2) 역률개선

정현파 정상상태 회로에서 역률개선은 전력을 공급하는 전체 전력전송시스템에 있어서 매우 중요한 과제이다. 전력시스템은 전기를 사용하는 시간대에 따라 낮과 밤의 부하 특성이 서로 다르게 나타난다. 낮 시간대에는 대부분 공장이나 사무실에서 전기를 사용하는데 대부분의 부하가 전동기를 포함한 유도성 부하이기 때문에 역률은 1보다 작은 지상역률이 된다. 반면에 밤에는 대부분의 유도성 부하가 제거되고 주로 송전선의 커패시턴스 성분에 의해 용량성 부하로 변하기 때문에 역률은 진상역률이 된다.

　　역률개선이란 낮 시간대에 유도성 부하로 인해 역률이 떨어지는 것을 막기 위하여, 전력시스템에 병렬로 커패시터를 투입하여 무효전력을 감소시킴으로써 역률을 1에 가깝게 만들려는 인위적인 노력을 의미한다.

　　역률이 1에 가까울수록 생산된 전력을 거의 모두 부하에서 사용할 수 있으나, 1보다 작은 경우에는 그만큼 부하에서 사용하는 전력이 줄어들게 되어 경제적으로 손해이다. 따라서 역률개선 작업은 전력시스템의 경제적인 운용과 관련하여 반드시 해야 하는 작업이다.

　　역률을 개선하기 위한 회로를 그림 9.4에 도시하였으며, 유효전력을 일정하게 유지하면서 역률을 개선하는 방법과 피상전력을 일정하게 유지하면서 역률을 개선하는 2가지 방법이 있다.

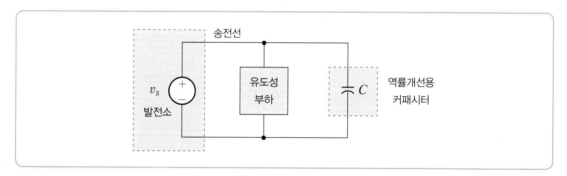

그림 9.4　역률개선의 개념

　① 유효전력 P를 일정하게 유지하는 역률개선

　　그림 9.5에 나타낸 것처럼 역률개선 전에 복소전력 S는 유효전력 P와 무효전력 Q로 표현된다고 가정하자.

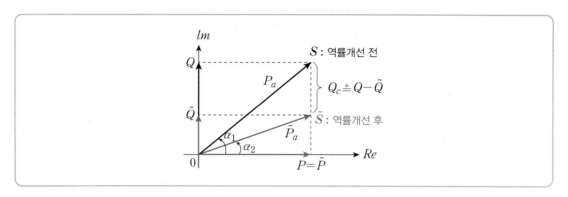

그림 9.5 역률 개선 방법(P=일정)

역률개선 전에 복소전력 S에 대한 역률은 S의 역률각이 α_1이므로

$$pf(\text{개선 전}) = \cos\alpha_1 \qquad (9-38)$$

이 된다. 만일 전력시스템에 그림 9.4와 같이 역률개선용 커패시터를 투입하여 무효전력 Q_C를 발생시켰다고 하면, 무효전력 성분이 Q에서 Q_C를 뺀 $\tilde{Q}$로 변하게 된다. 용량성 부하의 투입으로 인하여 복소전력이 $\tilde{S}$로 변하였으나 유효전력 P는 일정하게 유지되고 있음에 주목하라. 피상전력은 $\tilde{P}_a$로 감소하였으므로 발전소에서는 그 감소분만큼 전기를 덜 생산해도 된다.

역률개선용 커패시터를 전력시스템에 투입하였을 때의 역률은 $\tilde{S}$의 역률각이 α_2이므로 다음과 같다.

$$pf(\text{개선 후}) = \cos\alpha_2 \qquad (9-39)$$

식(9-38)과 식(9-39)로부터

$$pf(\text{개선 전}) < pf(\text{개선 후}) \qquad (9-40)$$

가 성립하므로 역률이 개선되었다는 것을 알 수 있다.

이제 문제는 역률개선용 커패시터의 투입으로 인한 보상무효전력 Q_C를 구하는 것이다. 그림 9.5로부터 Q_C는 다음과 같이 구할 수 있다.

$$Q_C = Q - \tilde{Q} = P\tan\alpha_1 - P\tan\alpha_2 = P(\tan\alpha_1 - \tan\alpha_2) \qquad (9-41)$$

예제 9.13

유효전력이 600W이고 역률이 0.6인 유도성 부하에 병렬로 커패시터를 연결하여 역률을 0.8로 개선하려고 한다. 역률개선용 커패시터로 인해 발생되는 보상무효전력 Q_C를 구하라. 단, 유효전력을 일정하게 유지시킨다고 가정한다.

풀이 다음 그림에서 P_a를 구하면

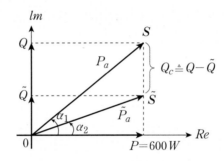

$$P_a\cos\alpha_1 = P = 600 \qquad \therefore P_a = \frac{600}{\cos\alpha_1} = \frac{600}{0.6} = 1000\,VA$$

이므로 역률개선 전의 무효전력 Q는 다음과 같다.

$$Q = \sqrt{P_a^2 - P^2} = 800\,VAR$$

역률개선 후의 피상전력 $\tilde{P}_a$를 구하면

$$\tilde{P}_a\cos\alpha_2 = P = 600 \qquad \therefore \tilde{P}_a = \frac{600}{\cos\alpha_2} = \frac{600}{0.8} = 750\,VA$$

이므로 역률개선 후의 무효전력 $\tilde{Q}$는 다음과 같다.

$$\tilde{Q} = \sqrt{\tilde{P}_a^2 - P^2} = 450\,VAR$$

따라서 $Q_C = Q - \tilde{Q}$로부터

$$Q_C = Q - \tilde{Q} = 800 - 450 = 350\,VAR$$

가 된다.

② 피상전력 P_a를 일정하게 유지하는 역률개선

피상전력을 일정하게 유지한다는 것은 발전소의 출력이 일정하다는 것을 의미한다. 그림 9.6에 나타낸 것처럼 역률개선 전에 복소전력 S는 유효전력 P와 무효전력 Q로 표현된다고 가정하자.

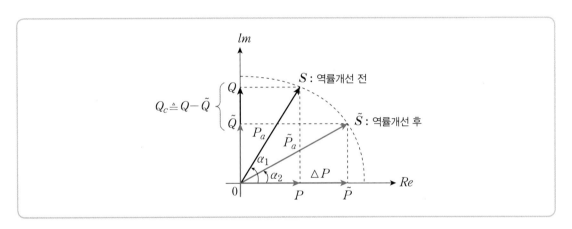

그림 9.6 역률개선 방법(P_a = 일정)

역률개선 전의 복소전력 S에 대한 역률은 S의 역률각이 α_1이므로

$$pf(\text{개선 전}) = \cos\alpha_1 \qquad (9-42)$$

이 된다. 만일 전력시스템에 그림 9.6과 같이 역률개선용 커패시터를 투입하여 무효전력 Q_C를 발생시켰다고 하면, 무효전력성분이 Q에서 Q_C를 뺀 $\tilde{Q}$로 변하게 된다. 용량성 부하의 투입으로 인하여 복소전력이 $\tilde{S}$로 변하였으나 피상전력 P_a는 일정하게 유지되고 있음에 주목하라. 피상전력을 일정하게 유지함으로써 $\Delta P \triangleq \tilde{P} - P$만

큰의 더 많은 유효전력을 사용할 수 있게 된다.

역률개선용 커패시터를 전력시스템에 투입하였을 때의 역률은 $\widetilde{S}$의 역률각이 α_2 이므로 다음과 같다.

$$pf(\text{개선 후}) = \cos\alpha_2 \qquad (9-43)$$

식(9-42)와 식(9-43)으로부터

$$pf(\text{개선 전}) < pf(\text{개선 후})$$

가 성립하므로 역률이 개선되었다는 것을 알 수 있다.

이제 문제는 역률개선용 커패시터의 투입으로 인한 보상무효전력 Q_C를 구하는 것이다. 그림 9.6으로부터 Q_C를 구하면 다음과 같다.

$$Q_C = Q - \widetilde{Q} = P_a\sin\alpha_1 - P_a\sin\alpha_2 = P_a(\sin\alpha_1 - \sin\alpha_2) \qquad (9-44)$$

또한, 유효전력의 증가분 ΔP는 다음과 같이 구해진다.

$$\Delta P = \widetilde{P} - P = P_a\cos\alpha_2 - P_a\cos\alpha_1 = P_a(\cos\alpha_2 - \cos\alpha_1) \qquad (9-45)$$

예제 9.14

유효전력이 600W이고 역률이 0.6인 유도성 부하에 병렬로 커패시터를 연결하여 역률을 0.8로 개선하려고 한다. 보상무효전력 Q_C와 유효전력의 증가분 ΔP를 구하라. 단, 피상 전력을 일정하게 유지시킨다고 가정한다.

풀이　그림 9.6으로부터

$$P_a\cos\alpha_1 = P = 600$$
$$\therefore P_a = \frac{P}{\cos\alpha_1} = \frac{600}{0.6} = 1000\,VA$$

이므로 보상무효전력 Q_C는 식(9-44)로부터 다음과 같다.

$$Q_C = P_a(\sin \alpha_1 - \sin \alpha_2)$$

$\sin \alpha_1$과 $\sin \alpha_2$를 구하면

$$\sin \alpha_1 = \sqrt{1 - \cos^2 \alpha_1} = \sqrt{1 - 0.36} = 0.8$$
$$\sin \alpha_2 = \sqrt{1 - \cos^2 \alpha_2} = \sqrt{1 - 0.64} = 0.6$$

이므로 Q_C는 다음과 같이 결정된다.

$$Q_C = P_a(\sin \alpha_1 - \sin \alpha_2) = 1000(0.8 - 0.6) = 200\,VAR$$

또한, 유효전력의 증가분 ΔP는 식(9-45)로부터 다음과 같다.

$$\Delta P = P_a(\cos \alpha_2 - \cos \alpha_1) = 1000(0.8 - 0.6) = 200\,W$$

여 기서 잠깐! 부하의 역률과 경제성

부하의 역률이 작을수록 발전기는 일정한 전압 하에서 더 큰 전류를 공급하여야 한다. 그런데 송전선에는 저항이 존재하므로 이러한 전류의 증가는 송전선의 전력소비를 크게 하여 송전선에 열을 발생시킨다.

따라서 전력회사의 입장에서는 부하의 역률이 최소한 0.9 이상이 되도록 요구하며, 이러한 요구를 지키지 않을 경우 요금을 높임으로써 제재를 가하고 있는 것이다.

9.6 주파수 영역에서의 최대전력 전달

회로를 설계할 때 부하에 최대전력을 전달하도록 하는 것은 매우 중요하게 고려할 사항이다. 그림 9.7의 회로에서 부하 임피던스 Z_L에 대한 평균전력 P_L이 최대가 되도록 하는 조건을 보통 임피던스 정합(impedance matching)조건이라고 부른다.

그림 9.7에서 전압원 V_{TH}와 직렬 임피던스 Z_{TH}는 테브난 등가회로이며 다음과 같

이 정의된다.

$$V_{TH} = V_{TH}\angle 0°, \qquad Z_{TH} = R_{TH} + jX_{TH} \qquad (9-46)$$

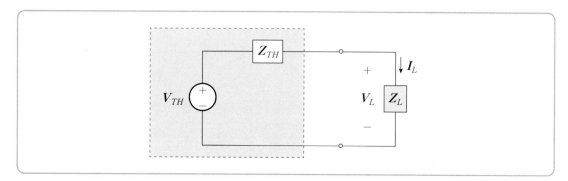

그림 9.7   최대전력 전달(주파수 영역)

부하 임피던스 Z_L은 다음과 같은 값을 가진다고 가정한다.

$$Z_L = R_L + jX_L \qquad (9-47)$$

부하 임피던스 Z_L에서의 복소전력 S_L은 식(9-28)로부터

$$S_L = \frac{1}{2} V_L I_L^* = \frac{1}{2}(Z_L I_L) I_L^* = \frac{1}{2}|I_L|^2 Z_L \qquad (9-48)$$

이 되므로 부하가 소비하는 평균전력 P_L은 다음과 같다.

$$P_L = Re\{S_L\} = \frac{1}{2}|I_L|^2 Re\{Z_L\} = \frac{1}{2}|I_L|^2 R_L \qquad (9-49)$$

부하에 공급되는 페이저 전류 I_L은

$$I_L = \frac{V_{TH}}{Z_{TH} + Z_L} \qquad (9-50)$$

이므로 식(9-50)을 식(9-49)에 대입하면 다음과 같다.

$$P_L = \frac{1}{2}\left|\frac{V_{TH}}{Z_{TH} + Z_L}\right|^2 R_L \qquad (9-51)$$

식(9-46)과 식(9-47)을 식(9-51)에 대입하여 정리하면

$$P_L = \frac{1}{2}\left|\frac{V_{TH}\angle 0°}{(R_{TH} + R_L) + j(X_{TH} + X_L)}\right|^2 R_L$$
$$= \frac{1}{2}\frac{V_{TH}^2 R_L}{(R_{TH} + R_L)^2 + (X_{TH} + X_L)^2} \qquad (9-52)$$

이 얻어지므로 부하 임피던스 Z_L에 최대전력을 전달하기 위해서는 다음의 미분 조건을 만족시켜야 한다. 즉,

$$\frac{\partial P_L}{\partial R_L} = 0, \qquad \frac{\partial P_L}{\partial X_L} = 0 \qquad (9-53)$$

식(9-53)의 두 번째 조건으로부터 다음 조건을 얻는다.

$$\frac{\partial P_L}{\partial X_L} = \frac{-V_{TH}^2 R_L(X_{TH} + X_L)}{\{(R_{TH} + R_L)^2 + (X_{TH} + X_L)^2\}^2} = 0$$

$$\therefore X_L = -X_{TH} \qquad (9-54)$$

식(9-54)를 식(9-52)에 대입한 다음, 식(9-53)의 첫 번째 조건을 이용하면 다음과 같다.

$$\frac{\partial P_L}{\partial R_L} = \frac{\partial}{\partial R_L}\left\{\frac{1}{2}\frac{V_{TH}^2 R_L}{(R_{TH} + R_L)^2}\right\}$$
$$= \frac{1}{2}\frac{V_{TH}^2(R_{TH} + R_L)^2 - 2V_{TH}^2 R_L(R_{TH} + R_L)}{(R_{TH} + R_L)^4}$$
$$= \frac{1}{2}\frac{V_{TH}^2(R_{TH} + R_L) - 2V_{TH}^2 R_L}{(R_{TH} + R_L)^3} = 0$$

$$V_{TH}^2(R_{TH} + R_L) - 2V_{TH}^2 R_L = 0$$

$$\therefore R_L = R_{TH} \qquad (9-55)$$

따라서 식(9−54)와 식(9−55)로부터 P_L을 최대로 하는 $\boldsymbol{Z}_L$은 다음 조건을 만족해야 한다.

$$\boldsymbol{Z}_L = R_L + jX_L = R_{TH} - jX_{TH} = \boldsymbol{Z}_{TH}^* \qquad (9-56)$$

식(9−56)의 조건을 식(9−52)에 대입하면 부하 임피던스 $\boldsymbol{Z}_L$에 공급되는 최대평균전력 $P_{L(\max)}$는 다음과 같다.

$$P_{L(\max)} = \frac{V_{TH}^2}{8R_{TH}} \qquad (9-57)$$

만일 부하 임피던스 $\boldsymbol{Z}_L$이 순수한 저항 성분이면, 즉 $X_L = 0$이면 P_L을 최대로 하는 조건은 식(9−52)에서 $X_L = 0$을 대입하여 유도할 수 있다.

$$P_L = \frac{1}{2} \frac{V_{TH}^2 R_L}{(R_{TH} + R_L)^2 + X_{TH}^2} \qquad (9-58)$$

식(9−58)을 R_L로 미분하여 0으로 놓으면 다음 조건을 얻을 수 있다.

$$(R_{TH} + R_L)^2 + X_{TH}^2 - 2R_L(R_{TH} + R_L) = 0$$

$$\therefore R_L = \sqrt{R_{TH}^2 + X_{TH}^2} = \left| \boldsymbol{Z}_{TH} \right|^2 \qquad (9-59)$$

예제 9.15

다음 회로에서 부하에 전달되는 평균전력이 최대가 되기 위한 R과 L의 값을 구하고, 그때의 최대평균전력을 구하라.

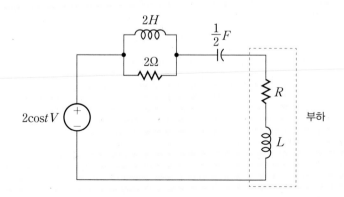

주파수 영역에서 페이저 회로로 변환하면 다음과 같다.

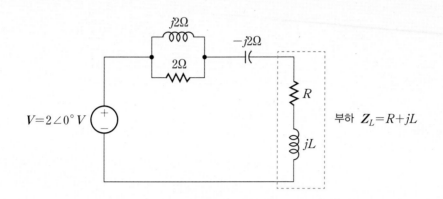

부하 임피던스를 제거한 다음, 테브난 등가 임피던스 Z_{TH}를 구하면

$$Z_{TH} = (j2\Omega \,/\!/\, 2\Omega) + (-j2\Omega)$$
$$= \frac{j4}{2+j2} - j2 = 1 + j1 - j2 = 1 - j1$$

이므로 최대전력 전달을 위한 조건은 식(9-56)으로부터 다음과 같다.

$$Z_L = Z_{TH}^* \longrightarrow R + jL = 1 + j1$$
$$\therefore R = 1\Omega, \quad L = 1H$$

또한, 식(9-57)로부터 최대평균전력 $P_{L(\max)}$는

$$P_{L(\max)} = \frac{V_{TH}^2}{8R_{TH}} = \frac{4}{8} = \frac{1}{2}\,W$$

가 된다.

예제 9.16

다음 페이저 회로에서 부하 임피던스 Z_L에 최대평균전력이 전달되도록 하는 Z_L을 결정하고 그때의 전력을 구하라.

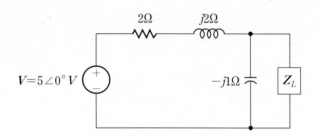

풀이 부하 임피던스를 제거한 다음, 테브난 등가 임피던스 Z_{TH}를 구하면

$$Z_{TH} = (2 + j2)\,\Omega \mathbin{/\mkern-5mu/} (-j1\Omega)$$
$$= \frac{(2 + j2)(-j1)}{2 + j2 - j1} = \frac{2 - j2}{2 + j1} = \frac{2}{5} - j\frac{6}{5}\,\Omega$$

이므로 최대전력 전달 조건에 의하여 Z_L은 다음과 같다.

$$Z_L = Z_{TH}^* = \frac{2}{5} + j\frac{6}{5}$$

또한, 식(9–57)에 의하여 최대평균전력 $P_{L(\max)}$는

$$P_{L(\max)} = \frac{V_{TH}^2}{8R_{TH}} = \frac{125}{16}\,W$$

가 된다.

예제 9.16에서 부하 임피던스 Z_L이 순수한 저항 R_L인 경우 최대평균전력을 전달하기 위한 조건과 그때의 최대평균전력은 식(9–59)와 식(9–58)을 이용하여 구할 수 있다. 이는 독자들의 연습문제로 남겨둔다.

지금까지 기술한 내용을 요약하면 주파수 영역에서의 최대전력 전달 정리를 얻을 수 있다.

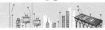
주파수 영역에서의 최대전력 전달 정리

임피던스 Z_{TH}와 직렬 연결된 독립전압원 또는 임피던스 Z_{TH}와 병렬 연결된 독립전류원은 부하 임피던스 Z_L이 다음의 임피던스 정합조건을 만족할 때, 최대평균전력을 부하 Z_L에 공급한다.

$$Z_L = Z_{TH}^*$$

여 기서 잠깐! 수동부호규약과 전력

수동부호규약을 만족하는 다음의 2단자 소자에서 전력을 정의한다.

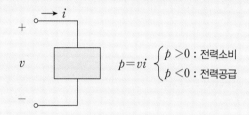

수동부호규약을 만족한다는 말의 의미는 전류의 방향이 소자에서 전압강하를 발생시킨다는 것이다. 위의 2단자 소자가 수동부호규약을 만족하는 경우 전력 $p = vi$를 계산할 때, $p > 0$이면 2단자 소자는 전력을 소비하고, $p < 0$이면 2단자 소자는 전력을 공급한다고 정의한다.

반면에, 수동부호규약을 만족하지 않는 다음의 2단자 소자에서 전력을 정의해본다.

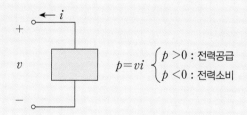

수동부호규약을 만족하지 않는다는 말의 의미는 전류의 방향이 소자에서 전압상승을 발생시킨다는 것이다. 위의 2단자 소자가 수동부호규약을 만족하지 않는 경우 전력 $p = vi$를 계산할 때, $p > 0$이면 2단자 소자는 전력을 공급하고, $p < 0$이면 2단자 소자는 전력을 소비한다.

수동부호규약	$p > 0$	$p < 0$
만족	전력소비	전력공급
불만족	전력공급	전력소비

9.7 요약 및 복습

순간전력

- 순간전력은 소자양단의 순간전압과 소자에 흐르는 순간전류의 곱으로 정의되며, 수동 부호규약을 만족한다.
- 특정한 시각에 순간전력의 최댓값이 어떤 정해진 한계를 넘지 않도록 설계 과정에서 고려해야 한다.
- 정현파 정상상태 회로에서의 순간전력 $p(t)$

$$p(t) = \frac{1}{2} V_m I_m \cos(2\omega t + \theta + \phi) + \frac{1}{2} V_m I_m \cos(\theta - \phi)$$

$$\theta : \text{전압의 위상}, \quad \phi : \text{전류의 위상}$$

평균전력

- 평균전력 P는 순간전력 $p(t)$를 한 주기 T 동안 평균한 값으로 정의된다.

$$P \triangleq \frac{1}{T} \int_0^T p(t)\, dt$$

- 정현파 정상상태에 대한 평균전력

$$P = \frac{1}{2} V_m I_m \cos(\theta - \phi)$$

- 평균전력은 유효전력이라고도 부르며, 단위는 와트(W)를 사용한다.

- 순수한 저항회로에서의 평균전력 P_R

$$P_R = \frac{1}{2} V_m I_m \cos 0° = \frac{1}{2} V_m I_m = \frac{1}{2} I_m^2 R = \frac{1}{2} \frac{V_m^2}{R}$$

- 순수한 리액턴스 회로의 평균전력 P_X

$$P_X = \frac{1}{2} V_m I_m \cos(\pm 90°) = 0$$

실효값에 의한 평균전력 계산

- 전력 계산에 실효값을 이용하면 전력 표현이 간결해진다.
- 실효값은 어떤 저항 R에서 $v(t)$와 동일한 발열효과를 내는 직류값을 $v(t)$에 대한 실효값 V_{rms}라고 정의한다.

$$V_{rms} \triangleq \sqrt{\frac{1}{T} \int_0^T v^2(t)\,dt}$$

- 정현파 $v(t) = V_m \cos \omega t$의 실효값

$$V_{rms} = \frac{V_m}{\sqrt{2}} = \frac{진폭}{\sqrt{2}}$$

- 정현파 정상상태에서의 평균전력

$$P = \frac{1}{2} V_m I_m \cos(\theta - \phi) = V_{rms} I_{rms} \cos(\theta - \phi)$$

- 순수한 저항회로에서의 평균전력 P_R

$$P_R = \frac{1}{2} V_m I_m = V_{rms} I_{rms}$$
$$P_R = \frac{1}{2} I_m^2 R = \left(\frac{I_m}{\sqrt{2}}\right)^2 R = I_{rms}^2 R$$
$$P_R = \frac{1}{2} \frac{V_m^2}{R} = \left(\frac{V_m}{\sqrt{2}}\right)^2 \frac{1}{R} = \frac{V_{rms}^2}{R}$$

- 실효값은 전력송전이나 배전 분야 그리고 회전기기 분야에서 널리 사용되고 있으며, 최댓값(진폭)은 전자통신 분야에서 많이 사용된다.

피상전력과 역률

- 피상전력 P_a는 겉보기 전력이라고도 하며, 전압과 전류의 실효값의 곱으로 정의한다.

$$P_a = V_{rms} I_{rms} = \frac{1}{2} V_m I_m$$

- 피상전력의 차원은 실제 전력과 같은 차원이지만 혼동을 피하기 위하여 단위를 VA로 표시한다.
- 피상전력과 평균전력의 비를 역률 pf로 다음과 같이 정의한다.

$$pf \triangleq \frac{평균전력}{피상전력} = \frac{P}{P_a} = \frac{P}{V_m I_m} = \cos(\theta - \phi)$$

- 진상역률 : $\theta - \phi < 0$
  전류가 전압보다 위상이 앞서는 용량성 부하에서의 역률을 의미한다.
- 지상역률 : $\theta - \phi > 0$
  전류가 전압보다 위상이 뒤지는 유도성 부하에서의 역률을 의미한다.
- $\theta - \phi$가 전압과 전류의 위상차를 나타내므로 임피던스 각과 동일하며 역률각이라고도 부른다.

복소전력

- 복소전력은 전력과 관련된 필수적인 두 가지 양을 복소수로 표현하며 다음과 같이 정의된다.

$$S = \frac{1}{2} VI^* = \frac{1}{2} V_m I_m e^{j(\theta - \phi)}$$
$$V = V_m \angle \theta, \qquad I = I_m \angle \phi$$

- 복소전력 S의 실수부와 허수부를 각각 평균(유효)전력 P, 무효전력 Q로 정의한다.

$$P = Re\{S\} = \frac{1}{2} V_m I_m \cos(\theta - \phi)$$

$$Q = Im\{S\} = \frac{1}{2} V_m I_m \sin(\theta - \phi)$$

- 복소전력 S의 크기 $|S|$는 $\frac{1}{2} V_m I_m = V_{rms} I_{rms}$ 이므로 피상전력 P_a와 같다.

$$P_a = |S| = \frac{1}{2} V_m I_m = V_{rms} I_{rms}$$

- 복소전력 S의 직각좌표 표현

$$S = P + jQ$$
$$|S| = \sqrt{P^2 + Q^2} = P_a$$
$$\theta - \phi = \tan^{-1}\left(\frac{Q}{P}\right)$$

- 무효전력은 리액턴스 성분에 의해 나타나는 전력으로, 전원과 리액턴스 부하 사이에 주기적으로 주고 받는 에너지의 총량으로 이해하면 된다.
- 무효전력은 개념적으로 평균전력, 복소전력, 피상전력과 같은 차원을 가지지만, 혼동을 피하기 위하여 VAR를 단위로 사용한다.
- 역률 pf

$$pf = \frac{P}{P_a} = \frac{P}{\sqrt{P^2 + Q^2}}$$

유효전력과 무효전력으로부터 역률이 계산될 수 있다.

회로이론

전력량에 대한 요약

전력량	기호	단위	관련 수식
평균(유효)전력	P	W	$P = \frac{1}{2} V_m I_m \cos(\theta - \phi) = Re\{S\}$
무효전력	Q	VAR	$Q = \frac{1}{2} V_m I_m \sin(\theta - \phi) = Im\{S\}$
피상전력	P_a	VA	$P_a = \frac{1}{2} V_m I_m = V_{rms} I_{rms} = \sqrt{P^2 + Q^2}$
복소전력	S	VA	$S = P + jQ = P_a e^{j(\theta - \phi)} = \frac{1}{2} VI^*$

- 최댓값(진폭)이 아닌 실효값으로 정의하는 RMS 페이저를 이용하면 복소전력 S를 다음과 같이 표현할 수 있다.

$$V_{RMS} = V_{rms} \angle \theta, \quad I_{RMS} = I_{rms} \angle \phi$$
$$S = V_{RMS} I_{RMS}^*$$

역률개선

- 역률개선은 낮 시간대에 유도성 부하로 인해 역률이 떨어지는 것을 막기 위하여, 전력 시스템에 병렬로 커패시터를 투입하여 무효전력 성분을 감소시킴으로써 역률을 1에 가깝게 만들려는 인위적인 노력을 의미한다.
- 역률개선 방법

　① 유효전력 P를 일정하게 유지하면서 무효전력 성분을 감소시켜 역률을 개선한다.

$$\text{보상무효전력 } Q_C = P(\tan\alpha_1 - \tan\alpha_2)$$

　② 피상전력 P_a를 일정하게 유지하면서 무효전력 성분을 감소시켜 역률을 개선한다.

$$\text{보상무효전력 } Q_C = P_a(\sin\alpha_1 - \sin\alpha_2)$$
$$\text{유효전력 증가분 } \Delta P = P_a(\cos\alpha_2 - \cos\alpha_1)$$

- 부하의 역률이 작을수록 발전기는 일정한 전압 하에서 더 큰 전류를 공급해야 하는데, 전류가 커지면 송전선 저항에 의해 더 많은 열이 발생한다. 따라서 전력회사에서는 역률이 0.9 이상을 유지하도록 요구하고 있으며, 지키지 않을 경우 높은 요금을 부과한다.

주파수 영역에서의 최대전력 전달

- 임피던스 Z_{TH}와 직렬 연결된 독립전압원 또는 임피던스 Z_{TH}와 병렬로 연결된 독립전류원은 부하 임피던스 Z_L이 다음의 임피던스 정합조건을 만족할 때 최대평균전력을 부하 Z_L에 공급한다.

$$Z_L = Z^*_{TH}$$

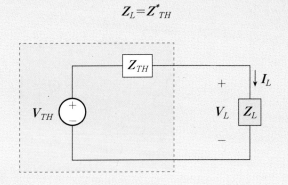

연습문제

1. 다음 RC 회로에서 정현파 정상상태일 때, 커패시터에 전달되는 순간전력 $p_C(t)$ 를 구하라.

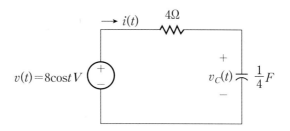

2. 다음 회로에서 저항에서 소비하는 순간전력과 평균전력을 구하라.

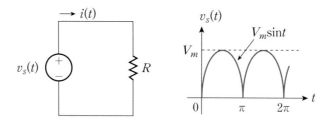

3. 다음 페이저 회로에서 각 소자가 소비하는 평균전력과 전압원이 공급하는 평균 전력을 구하라.

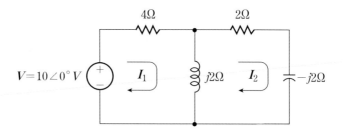

4. 다음 페이저 회로에서 각 전압원과 저항에서 소비되는 평균전력을 구하라.

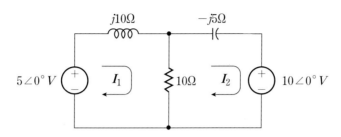

5. 다음 페이저 회로에서 각 저항이 소비하는 평균전력을 구하라.

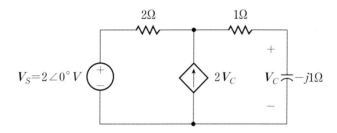

6. 다음 페이저 회로에서 각 임피던스 Z_1과 Z_2에 공급되는 평균전력과 전류원이 공급하는 평균전력을 구하라.

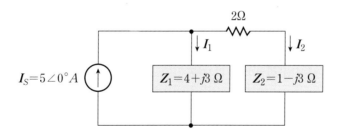

7. 다음 파형의 실효값과 평균값을 각각 구하라.

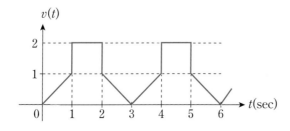

8. 다음 페이저 회로에서 전원에서 공급하는 피상전력, 각 부하에 대한 평균전력 그리고 전체 부하에 대한 역률을 구하라.

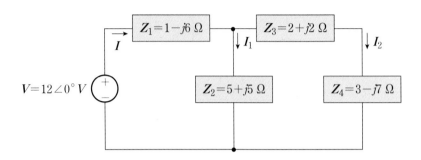

9. 다음 페이저 회로에서 점선 부분의 부하에 대한 복소전력을 구한 후 평균전력과 무효전력, 피상전력을 각각 구하라.

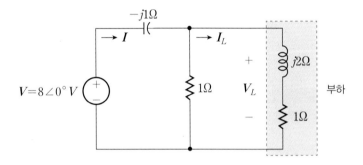

10. 다음 페이저 회로에서 각 전원이 공급하는 복소전력을 각각 구하라.

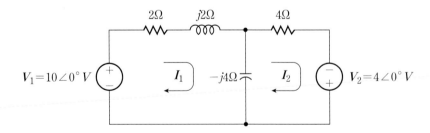

11. 다음 페이저 회로의 각 소자에서 소비 또는 공급하는 복소전력을 각각 구하라.

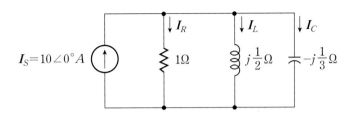

12. 유효전력이 900W이고 역률이 0.6인 유도성 부하에 병렬로 커패시터를 연결하여 역률을 0.9로 개선하려고 한다. 역률개선용 커패시터로 인해 발생되는 보상무효전력 Q_C를 구하라. 단, 유효전력을 일정하게 유지시킨다고 가정한다.

13. 유효전력이 900W이고 역률이 0.6인 유도성 부하에 병렬로 커패시터를 연결하여 역률을 0.8로 개선하려고 한다. 피상전력을 일정하게 유지한다고 할 때, 보상무효전력 Q_C와 유효전력의 증가분 ΔP를 구하라.

14. 다음 회로에서 부하 임피던스 Z_L에 최대평균전력이 전달되도록 하는 Z_L을 결정하고, 그때의 최대평균전력을 구하라.

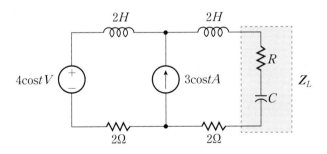

15. 다음 회로에서 부하 임피던스 Z_L에 최대평균전력이 전달되도록 하는 R과 L의 값의 구하라.

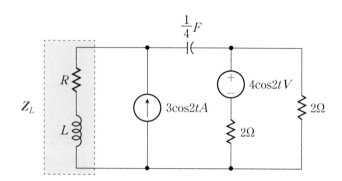

CHAPTER

10

직병렬 공진과 유도결합 회로

CONTENTS

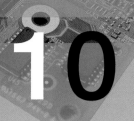

10

직병렬 공진과 유도결합 회로

단 원 개 요

본 단원에서는 인덕터와 커패시터가 모두 포함된 회로의 고유한 특성인 공진현상에 대하여 살펴본다. 공진은 실제로 다양한 전기·전자 분야에서 응용되고 있으며, 통신시스템에서 사용되는 주파수 선택성의 기본이 되는 원리이다.

또한, 공간적으로 분리되어 있는 소자들이 자기장을 통해 자기적으로 결합된 유도결합현상을 학습함으로써, 유도결합의 원리와 상호 인덕턴스에 의한 유도결합회로를 해석하는 방법을 다룬다.

유도결합의 가장 대표적인 응용 분야인 변압기는 전력시스템에서 전압을 높이거나 낮추는데 사용되는 필수적인 장비이므로 변압기의 기본 원리를 살펴보고, 변압기의 중요한 특성인 임피던스 변환 기능과 반사 임피던스의 개념에 대해서도 학습한다.

10.1 직렬공진회로

(1) 직렬공진의 기본 개념

공진현상은 자연계의 여러 부분에서 접할 수 있으며, 전기회로에서는 L과 C를 직렬 또는 병렬로 연결하여 전기적인 공진을 발생시킨다. 공진(resonance)은 전기·전자 분야에서 다양하게 응용되고 있으며, 특히 통신시스템에서 사용되는 주파수 선택성 회로의 기본적인 동작 원리이다. 예를 들어, 라디오나 텔레비전 수신기가 여러 방송 채널 중에서 특정 방송국의 신호만을 수신하고 나머지 신호들은 수신하지 않는 것은 바로 이 공진의 원리에 바탕을 두고 있는 것이다.

그림 10.1에 정현파 전압원으로 구동되는 직렬 RLC 회로를 나타내었다.

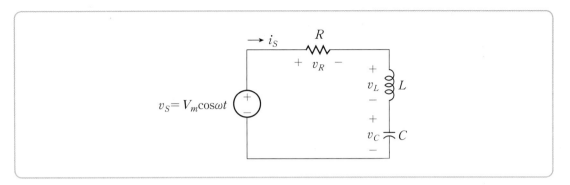

그림 10.1 직렬 RLC 공진회로

그림 10.1의 회로에서 전체 임피던스 $\boldsymbol{Z}_{eq}$를 구하면

$$\boldsymbol{Z}_{eq} = \boldsymbol{Z}_R + \boldsymbol{Z}_L + \boldsymbol{Z}_C = R + j\omega L + \frac{1}{j\omega C} = R + j\left(\omega L - \frac{1}{\omega C}\right) \quad (10-1)$$

이 되며, 직렬 RLC 회로에서 유도성 리액턴스와 용량성 리액턴스가 같을 때 전체 임피던스는 순수 저항 성분만을 가지게 된다. 이때 직렬 RLC 회로는 공진상태에 있다고 말한다. 즉,

$$\omega L - \frac{1}{\omega C} = 0 \quad \text{또는} \quad X_L = X_C \quad\quad\quad (10-2)$$

$$\boldsymbol{Z}_{eq} = R \quad\quad\quad\quad (10-3)$$

직렬 RLC 회로에서 공진은 오직 한 주파수 ω_0에서 발생되며, 식(10-2)로부터 ω_0를 구할 수 있다.

$$\omega_0 L = \frac{1}{\omega_0 C} \longrightarrow \omega_0 = \frac{1}{\sqrt{LC}} \quad\quad (10-4)$$

식(10-4)에서 공진이 발생되는 주파수 ω_0를 공진주파수(resonant frequency) 라고 정의한다. 전원 주파수 ω와 공진주파수 ω_0의 대소 관계에 따라 전체 임피던스 $\boldsymbol{Z}_{eq}$의 위상 $\theta = \angle\boldsymbol{Z}_{eq}$가 달라진다. 즉,

① $\omega > \omega_0$인 경우

$|\boldsymbol{Z}_L| > |\boldsymbol{Z}_C|$가 되어 $\theta > 0$이므로 회로는 유도성이다.

② $\omega = \omega_0$인 경우

$|\boldsymbol{Z}_L| = |\boldsymbol{Z}_C|$가 되어 $\theta = 0$이므로 회로는 순수 저항성이다.

③ $\omega < \omega_0$인 경우

$|\boldsymbol{Z}_L| < |\boldsymbol{Z}_C|$가 되어 $\theta < 0$이므로 회로는 용량성이다.

지금까지 기술한 내용을 복소평면상에 나타내면 그림 10.2와 같다.

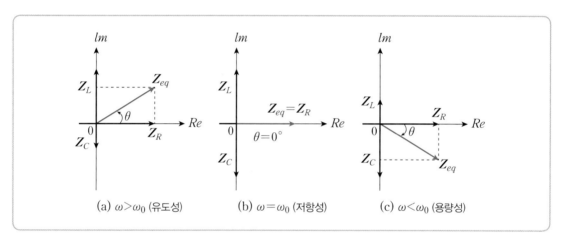

(a) $\omega > \omega_0$ (유도성)   (b) $\omega = \omega_0$ (저항성)   (c) $\omega < \omega_0$ (용량성)

그림 10.2 ω와 ω_0의 대소 관계에 따른 $\boldsymbol{Z}_{eq}$의 변화

또한, 식(10-1)로부터 임피던스의 크기를 주파수에 따라 살펴보면, ω가 매우 작을 때는 $X_L \longrightarrow 0$, $X_C \longrightarrow \infty$가 되므로 $\boldsymbol{Z}_{eq}$의 크기 $|\boldsymbol{Z}_{eq}|$는 ∞가 되며, ω가 매우 클 때는 $X_L \longrightarrow \infty$, $X_C \longrightarrow 0$이 되므로 $|\boldsymbol{Z}_{eq}|$는 ∞가 된다. 그림 10.3에 ω에 대한 $\boldsymbol{Z}_{eq}$의 크기를 그래프로 나타내었다.

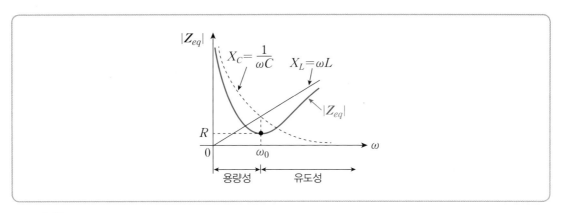

그림 10.3 주파수에 대한 직렬 임피던스의 변화

한편, 공진주파수 ω_0에서 그림 10.1의 인덕터와 커패시터의 양단전압을 구하기 위해 그림 10.4에 직렬 RLC 공진회로에 대한 페이저 회로를 나타내었다.

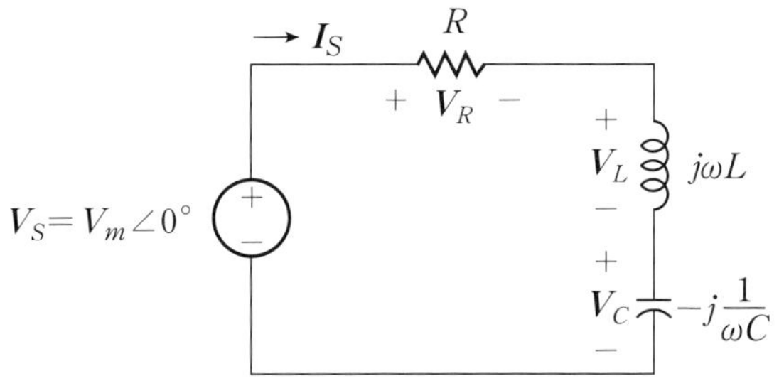

그림 10.4 직렬 RLC 공진회로에 대한 페이저 회로

공진주파수 ω_0에서 인덕터와 커패시터의 양단전압 V_L과 V_C를 구하면

$$V_L = j\omega_0 L I_S \qquad\qquad (10-5)$$

$$V_C = -j\frac{1}{\omega_0 C} I_S \qquad\qquad (10-6)$$

가 얻어지며, V_L의 크기와 V_C의 크기는 같고 위상차는 $180°$임을 알 수 있다. 즉,

$$|V_L| = \omega_0 L |I_S| = \frac{1}{\omega_0 C}|I_S| = |V_C| \qquad (10-7)$$

$$\angle V_L - \angle V_C = (90° + \angle I_S) - (-90° + \angle I_S) = 180° \qquad (10-8)$$

결국 식(10-7)과 식(10-8)로부터 시간 영역에서 v_L과 v_C는 크기는 같고 극성이 반대가 되어 두 전압을 합하면 언제나 0이 됨을 알 수 있다. v_L과 v_C의 합이 0이 되면, 저항 양단의 전압 v_R은 전원 전압 v_S와 같게 되며 이를 그림 10.5에 나타내었다.

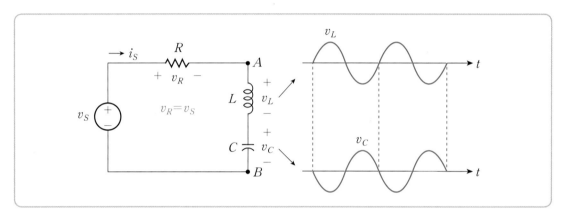

그림 10.5 공진주파수에서의 전압 파형

그림 10.5의 회로에서 $\omega = \omega_0$에서 공진이 발생하면 단자 A와 B 사이의 전압이 0이 되므로 단락회로로 대체될 수 있으며, 회로에 흐르는 전류 i_S와 전원 전압 v_S의 위상은 동상이 된다는 것을 알 수 있다.

직렬 RLC 공진회로에서 $\omega = \omega_0$일 때 식(10-1)에 의하여 전체 임피던스의 크기가 최소가 되므로 공진시 회로에는 최대 전류가 흐른다. 따라서 공진시에 각 회로 소자에 걸리는 전압은 최대가 된다는 것을 알 수 있다.

(여) 기서 잠깐! **공진주파수에서의 v_L과 v_C의 크기**

공진시에 v_L과 v_C의 합은 언제나 0이지만, v_L과 v_C 각각의 크기는 X_L과 X_C의 값에 따라 전원 전압보다 훨씬 큰 값을 가질 수도 있다는 사실에 주의하라.
v_L과 v_C는 주파수에 관계없이 전압의 극성이 항상 반대가 되며, 특히 공진주파수에서는

크기도 서로 같게 된다는 것을 기억하라.

주파수 ω에 대한 v_L과 v_C의 그래프에서 $\omega = 0$일 때 $v_L = 0$, $v_C = v_S$이 되며, $\omega = \infty$일 때 $v_L = v_S$, $v_C = 0$이 된다는 것을 알 수 있다.

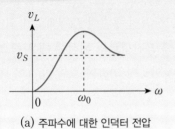

(a) 주파수에 대한 인덕터 전압

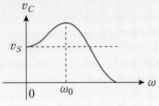

(b) 주파수에 대한 커패시터 전압

여 기서 잠깐! **직렬 RLC 회로의 위상 관계**

주파수 ω와 공진주파수 ω_0의 대소 관계에 따라 전체 임피던스 $\boldsymbol{Z}_{eq}$의 각 θ가 변한다. 시간 영역에서 전원 전압과 전류의 위상 관계를 다음 그림에 나타내었다.

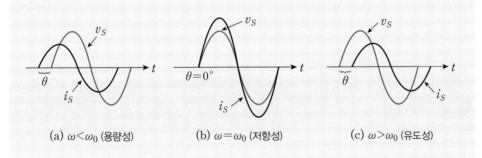

(a) $\omega < \omega_0$ (용량성)   (b) $\omega = \omega_0$ (저항성)   (c) $\omega > \omega_0$ (유도성)

$\omega < \omega_0$일 때 $\theta < 0$이므로 용량성 회로가 되어, 전류 i_S가 위상이 전압 v_S의 위상보다 앞선다. $\omega = \omega_0$일 때 $\theta = 0$이므로 저항성 회로가 되어, i_S와 v_S는 동상이며 공진이 발생한다. 이때 회로에 흐르는 전류는 최대가 된다. 또한, $\omega > \omega_0$일 때 $\theta > 0$이므로 유도성 회로가 되어, i_S의 위상이 v_S의 위상보다 뒤진다.

(2) 선택도와 대역폭

다음으로 직렬 RLC 공진회로에서 매우 중요한 개념인 선택도(selectivity) Q_S 를 다음과 같이 정의한다.

$$Q_S \triangleq \frac{X_0}{R}, \quad X_0 \triangleq \omega_0 L = \frac{1}{\omega_0 C} \tag{10-9}$$

식(10-9)로부터 직렬공진회로의 선택도 Q_S는 공진시의 리액턴스의 크기와 저항과의 비로 정의된다는 것을 알 수 있다.

만일 직렬공진회로에서 $R = 0$이면, 이상적인 무손실 LC 회로가 되며 선택도 Q_S는 ∞가 된다. 선택도는 공진주파수와 함께 공진회로의 해석에 매우 중요하다.

또한, 대역폭(bandwidth)의 개념을 정의하기 위하여 그림 10.4의 페이저 회로에서 전류응답 I_S를 구해본다.

$$\begin{aligned} I_S = \frac{V_S}{Z_{eq}} &= \frac{V_m \angle 0°}{\sqrt{R^2 + \left(\omega L - \dfrac{1}{\omega C}\right)^2} \angle \theta} \\ &= \frac{V_m}{\sqrt{R^2 + \left(\omega L - \dfrac{1}{\omega C}\right)^2}} \angle -\theta \end{aligned} \tag{10-10}$$

식(10-10)으로부터 I_S의 크기는 $\omega = \omega_0$일 때 최대가 되며, $\omega \to 0$이거나 $\omega \to \infty$이면 I_S의 크기는 0으로 수렴해간다. 이를 그림 10.6에 나타내었다.

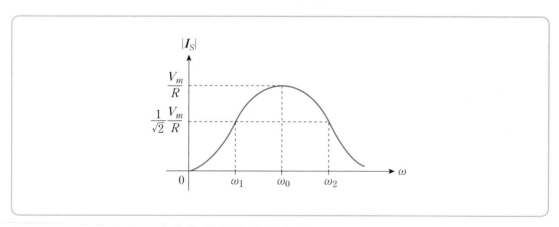

그림 10.6 직렬공진회로에서의 주파수에 대한 전류응답

그림 10.6에서 최대전류응답의 $\dfrac{1}{\sqrt{2}} = 0.707$배가 되는 주파수를 각각 ω_1, ω_2라고 정의하면, 이 두 주파수는 식(10-10)으로부터 Z_{eq}의 허수부가 실수부 R과 같을

때이므로 다음 관계가 성립된다.

$$\omega L - \frac{1}{\omega C} = \pm R \qquad (10-11)$$

식(10-11)을 공진주파수 ω_0와 선택도 Q_S의 함수로 표현하면 다음과 같다.

$$\left(\frac{\omega}{\omega_0}\right)\omega_0 L - \left(\frac{\omega_0}{\omega}\right)\frac{1}{\omega_0 C} = X_0\left(\frac{\omega}{\omega_0} - \frac{\omega_0}{\omega}\right) = \pm R$$

$$\frac{X_0}{R}\left(\frac{\omega}{\omega_0} - \frac{\omega_0}{\omega}\right) = Q\left(\frac{\omega}{\omega_0} - \frac{\omega_0}{\omega}\right) = \pm 1 \qquad (10-12)$$

식(10-12)를 ω에 대하여 풀면

$$\omega_1 = \omega_0\left\{\sqrt{1 + \left(\frac{1}{2Q_S}\right)^2} - \frac{1}{2Q_S}\right\} \qquad (10-13)$$

$$\omega_2 = \omega_0\left\{\sqrt{1 + \left(\frac{1}{2Q_S}\right)^2} + \frac{1}{2Q_S}\right\} \qquad (10-14)$$

이 얻어지며, 자세한 유도 과정은 독자들의 연습문제로 남겨둔다.

식(10-13)과 식(10-14)로부터 ω_1과 ω_2의 차를 대역폭 BW로 다음과 같이 정의한다.

$$BW \triangleq \omega_2 - \omega_1 = \frac{\omega_0}{Q_S} \qquad (10-15)$$

또한, ω_1과 ω_2의 곱을 구해보면

$$\omega_1\omega_2 = \omega_0^2\left\{1 + \left(\frac{1}{2Q_S}\right)^2 - \left(\frac{1}{2Q_S}\right)^2\right\} = \omega_0^2$$

$$\omega_0 = \sqrt{\omega_1\omega_2} \qquad (10-16)$$

이므로 공진주파수 ω_0는 ω_1과 ω_2의 기하평균(geometric mean)이 된다는 것을 알 수 있다.

❨여❩ 기서 잠깐! ▎반전력주파수

직렬공진회로에서 주파수에 대한 전류응답 곡선을 다시 살펴보자.

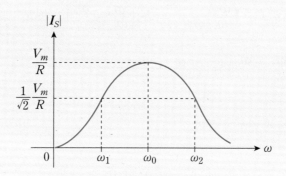

위의 그래프에서 $\omega = \omega_0$일 때, 직렬공진회로의 저항에서 소비하는 평균전력을 구하면 다음과 같다.

$$P(\omega_0) = \frac{1}{2}|I_S|^2 R = \frac{1}{2}\left(\frac{V_m}{R}\right)^2 R = \frac{1}{2}\frac{V_m^2}{R}$$

$\omega = \omega_1$, $\omega = \omega_2$일 때 직렬공진회로의 저항에서 소비하는 평균전력을 구하면 다음과 같다.

$$P(\omega_1) = P(\omega_2) = \frac{1}{2}\left(\frac{1}{\sqrt{2}}\frac{V_m}{R}\right)^2 R = \frac{1}{2}\left(\frac{1}{2}\frac{V_m^2}{R}\right) = \frac{1}{2}P(\omega_0)$$

따라서 $P(\omega_1)$와 $P(\omega_2)$는 공진주파수에서의 평균전력 $P(\omega_0)$의 $\frac{1}{2}$이 된다는 것을 알 수 있다. 이러한 이유로 ω_1과 ω_2를 반전력주파수(half power frequency)라고 부른다.

한편, 필터이론에서는 반전력주파수를 차단주파수(cutoff frequency) 또는 모서리주파수(corner frequency)라고도 부른다는 것을 기억해 두도록 하자.

여 기서 잠깐! **선택도와 대역폭(직렬공진회로)**

식(10-15)로부터 선택도 Q_S는 다음과 같다.

$$Q_S = \frac{\omega_0}{BW} = \frac{공진주파수}{대역폭}$$

한편, 선택도와 대역폭을 R, L, C로 나타내면

$$Q_S = \frac{X_0}{R} = \frac{\omega_0 L}{R} = \frac{L}{R}\frac{1}{\sqrt{LC}} = \frac{1}{R}\sqrt{\frac{L}{C}}$$

$$BW = \frac{\omega_0}{Q_S} = R\sqrt{\frac{C}{L}}\frac{1}{\sqrt{LC}} = \frac{R}{L}$$

이다. 선택도는 대역폭과 반비례 관계이므로 선택도를 크게 하려면 대역폭을 작게 해야 하는데, 저항 R을 작게 하면 대역폭이 작아지므로 결과적으로 저항 R을 감소시키면 선택도를 크게 할 수 있다. 따라서 저항 R이 작아지면 공진시에 전류의 크기가 커지게 되므로 다음의 그림을 얻을 수 있다.

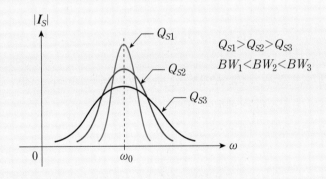

여 기서 잠깐! **선택도의 다른 명칭**

선택도(selectivity)는 특정한 주파수 범위를 선택한다는 의미에서 나온 용어이다. 대역폭이 좁을수록 선택도 Q_S는 폭이 좁고 첨예하게 나타나며, 그만큼 주파수의 선택성이 양호하기 때문에 첨예도(sharpness) 또는 양호도(quality factor)로 부르기도 한다.

(3) 선택도의 물리적 의미

공진회로의 중요한 특성은 공진주파수와 선택도이며, 직렬공진회로의 선택도에는 에너지 관점의 중요한 물리적 의미가 내포되어 있다.

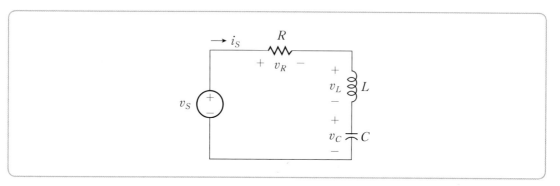

그림 10.7 공진주파수에서 동작하는 직렬공진회로

그림 10.7에서 전압원 v_S는 주파수가 공진주파수 ω_0인 정현파로 다음과 같다고 가정하자.

$$v_S(t) = V_m \cos \omega_0 t \qquad (10-17)$$

공진이 발생하는 경우, 저항 R에서 한 주기 T_0 동안 소비하는 에너지 W_R과 인덕터와 커패시터에서 저장하는 에너지 W_L과 W_C를 각각 구해보자.

공진이 발생하는 경우 회로에 흐르는 전류 $i_S(t)$는 다음과 같다.

$$i_S(t) = \frac{v_S(t)}{R} = \frac{V_m}{R} \cos \omega_0 t \qquad (10-18)$$

식(10-18)로부터 인덕터에 저장되는 순간 에너지 W_L는

$$W_L(t) = \frac{1}{2} L i_S^2(t) = \frac{L V_m^2}{2R^2} \cos^2 \omega_0 t \qquad (10-19)$$

이며, 커패시터에 저장되는 순간 에너지 W_C는 다음과 같다.

$$W_C(t) = \frac{1}{2}Cv_C^2(t) = \frac{1}{2}C\left(\frac{1}{C}\int_0^t \frac{V_m}{R}\cos\omega_0\tau d\tau\right)^2$$

$$= \frac{LV_m^2}{2R^2}\sin^2\omega_0 t \qquad (10-20)$$

따라서 순간적으로 축적된 에너지의 총합 $W(t)$는

$$W(t) = W_L(t) + W_C(t) = \frac{LV_m^2}{2R^2} \qquad (10-21)$$

이므로 상수가 되며, 이것이 최대 축적 에너지이다.

또한, 한 주기 T_0 동안 저항 R에서 소비한 에너지를 구하기 위하여 평균전력을 먼저 계산하면

$$P_R = \frac{V_m^2}{2R} \qquad (10-22)$$

이므로 저항 R에서 한 주기 동안 소비한 에너지 W_R은 다음과 같다.

$$W_R = \int_0^{T_0} P_R dt = \int_0^{T_0} \frac{V_m^2}{2R} dt = \frac{V_m^2}{R}\left(\frac{\pi}{\omega_0}\right) \qquad (10-23)$$

식(10-21)과 식(10-23)의 비를 취하면 다음 관계를 얻을 수 있다.

$$\frac{W}{W_R} = \frac{RLV_m^2\omega_0}{2\pi R^2 V_m^2} = \frac{\omega_0 L}{2\pi R} = \frac{1}{2\pi}\frac{X_0}{R} \qquad (10-24)$$

식(10-24)로부터 직렬공진회로의 선택도 Q_S는 다음과 같다.

$$Q_S = 2\pi\left(\frac{W}{W_R}\right) = 2\pi\frac{\text{최대 축적 에너지}}{\text{한 주기 동안 소비한 에너지}} \qquad (10-25)$$

식(10-25)에서 2π라는 비례상수는 Q_S의 표현을 간결하게 하기 위하여 Q_S의 정의에 포함된 것이다.

예제 10.1

다음 직렬 RLC 회로에서 공진주파수, 선택도, 대역폭 및 회로에 흐르는 전류의 최댓값을 구하라.

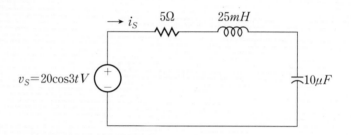

풀이 공진주파수는 식(10-4)로부터 다음과 같다.

$$\omega_0 = \frac{1}{\sqrt{LC}} = \frac{1}{\sqrt{25 \times 10^{-3} \times 10 \times 10^{-6}}} = 2000 \text{ rad/sec}$$

공진시에 리액턴스 X_0는 식(10-9)로부터

$$X_0 = \frac{1}{\omega_0 C} = \omega_0 L = 2000 \times 25 \times 10^{-3} = 50\varOmega$$

이므로 선택도 Q_S는 다음과 같다.

$$Q_S = \frac{X_0}{R} = \frac{50}{5} = 10$$

대역폭 BW는

$$BW = \frac{\omega_0}{Q_S} = \frac{2000}{10} = 200 \text{ rad/sec}$$

이며, 공진시에 회로에 최대전류가 흐르므로 i_S의 최댓값은 다음과 같다.

$$i_{S(\text{max})} = \frac{V_m}{R} = \frac{20}{5} = 4A$$

다음으로 직렬공진회로에 비해 훨씬 다양한 용도를 가지는 병렬공진회로에 대해 살펴본다.

10.2 병렬공진회로

(1) 병렬공진의 기본 개념

그림 10.8에 정현파 전류원으로 구동되는 병렬 RLC 회로를 나타내었다.

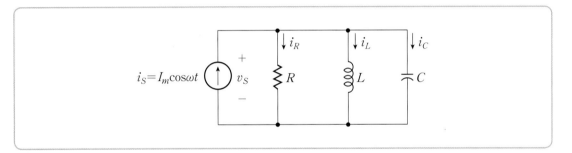

그림 10.8 병렬 RLC 공진회로

그림 10.8의 회로에서 전체 어드미턴스 Y_{eq}를 구하면

$$Y_{eq} = Y_R + Y_L + Y_C = \frac{1}{R} + \frac{1}{j\omega L} + j\omega C = \frac{1}{R} + j\left(\omega C - \frac{1}{\omega L}\right) \quad (10-26)$$

이 된다. 직렬공진이 직렬 임피던스 Z_{eq}의 허수부인 리액턴스가 0이 될 때이므로 쌍대성에 의하여 병렬공진은 병렬 어드미턴스의 서셉턴스가 0이 될 때 발생한다. 즉,

$$\omega C - \frac{1}{\omega L} = 0 \quad\quad\quad (10-27)$$

$$Y_{eq} = \frac{1}{R} \quad\quad\quad (10-28)$$

병렬 RLC 회로에서 공진은 오직 한 주파수 ω_0에서 발생되며, 식(10-27)로부터 ω_0를 구할 수 있다.

$$\omega_0 C = \frac{1}{\omega_0 L} \longrightarrow \omega_0 = \frac{1}{\sqrt{LC}} \qquad (10-29)$$

식(10-29)에서 공진이 발생하는 주파수 ω_0를 공진주파수라고 정의하며, 직렬공진회로의 공진주파수와 동일하다는 것을 알 수 있다.

전원 주파수 ω와 공진주파수 ω_0의 대소 관계에 따라 전체 어드미턴스 Y_{eq}의 위상 $\phi = \angle Y_{eq}$가 달라진다. 즉,

① $\omega > \omega_0$인 경우

$|Y_L| < |Y_C|$가 되어 $\phi > 0$이므로 회로는 용량성이다.

② $\omega = \omega_0$인 경우

$|Y_L| = |Y_C|$가 되어 $\phi = 0°$이므로 회로는 순수 저항성이다.

③ $\omega < \omega_0$인 경우

$|Y_L| > |Y_C|$가 되어 $\phi < 0$이므로 회로는 유도성이다.

지금까지 기술한 내용을 복소평면상에 나타내면 그림 10.9와 같다.

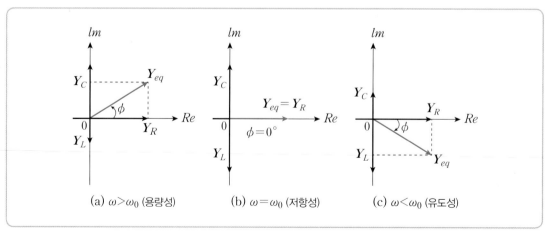

그림 10.9 ω와 ω_0의 대소 관계에 따른 Y_{eq}의 변화

여 기서 잠깐! **유도성 회로와 용량성 회로**

유도성 리액턴스 X_L이 용량성 리액턴스 X_C보다 크면 유도성 회로일까? 결론을 이야기하면, 인덕터와 커패시터의 연결 상태에 따라 다르다고 할 수 있다. 만일, 인덕터와 커패시터가 직렬 연결인 경우, $X_L > X_C$이면 회로는 유도성이 된다. 직렬 연결인 경우이므로 인덕터 성분이 우세하다는 의미이며 회로에 흐르는 전류는 X_L에 주로 영향을 받게 되므로 전류의 위상은 전원 전압의 위상보다 지상이 되는 것이다.

반면에, 인덕터와 커패시터가 병렬 연결인 경우, $X_L > X_C$이면 회로는 용량성이 된다. 병렬 연결이므로 전류는 커패시터로 더 많이 흐르게 되므로 전류의 위상은 전원 전압의 위상보다 진상이 되는 것이다.

결과적으로 어떤 회로소자가 전류의 흐름에 더 많은 영향을 미치는가에 따라 유도성과 용량성이 결정되는 것이다.

	직렬회로	병렬회로
$X_L > X_C$	유도성	용량성
$X_L < X_C$	용량성	유도성

또한, 식(10-17)로부터 어드미턴스의 크기를 주파수에 따라 살펴보면, ω가 매우 작을 때는 용량성 서셉턴스 $B_C \to 0$, 유도성 서셉턴스 $B_L \to \infty$가 되므로 Y_{eq}의 크기 $|Y_{eq}|$는 ∞가 되며, ω가 매우 클 때는 $B_C \to \infty$, $B_L \to 0$이 되므로 $|Y_{eq}|$는 ∞가 된다. 그림 10.10에 ω에 대한 Y_{eq}의 크기를 그래프로 나타내었다.

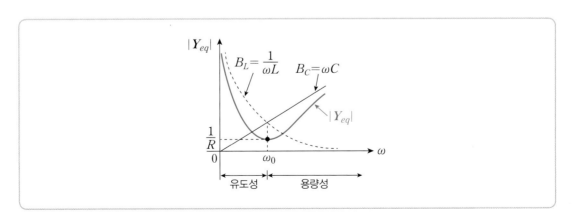

그림 10.10 주파수에 대한 병렬 어드미턴스의 변화

(여) 기서 잠깐! **용량성 서셉턴스와 유도성 서셉턴스**

병렬 RLC 회로에서는 용량성 서셉턴스 B_C와 유도성 서셉턴스 B_L의 대소 관계로부터 회로가 유도성인지 용량성인지를 판별하는 것이 편리할 수 있다.

① $B_C > B_L$이면 회로는 용량성이다. 즉, 커패시터에 흐르는 전류가 인덕터보다 더 크다.

② $B_C < B_L$이면 회로는 유도성이다. 즉, 인덕터에 흐르는 전류가 커패시터보다 더 크다.

따라서 직렬회로에서는 리액턴스의 대소 관계를 이용하고 병렬회로에서는 서셉턴스의 대소 관계를 이용하여 유도성 회로인지 용량성 회로인지를 판단하는 것이 편리하다.

	유도성	용량성
직렬회로	$X_L > X_C$	$X_L < X_C$
병렬회로	$B_L > B_C$	$B_L < B_C$

한편, 공진주파수 ω_0에서 그림 10.8의 인덕터와 커패시터에 흐르는 전류를 구하기 위해 그림 10.11에 병렬 RLC 공진회로에 대한 페이저 회로를 나타내었다.

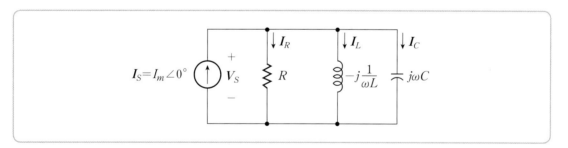

그림 10.11 병렬 RLC 공진회로에 대한 페이저 회로

공진주파수 ω_0에서 인덕터와 커패시터에 흐르는 전류 I_L과 I_C를 구하면

$$I_L = -j\frac{1}{\omega_0 L} V_s \qquad\qquad (10-30)$$

$$I_C = j\omega_0 C V_s \qquad\qquad (10-31)$$

가 얻어지며, I_L의 크기와 I_C의 크기는 같고 위상차는 $180°$임을 알 수 있다. 즉,

$$|\boldsymbol{I}_L| = \frac{1}{\omega_0 L}|V_S| = \omega_0 C|V_S| = |\boldsymbol{I}_C| \qquad (10-32)$$

$$\angle \boldsymbol{I}_L - \angle \boldsymbol{I}_C = (-90° + \angle V_S) - (90° + \angle V_S) = -180° \qquad (10-33)$$

결국 식(10-32)와 식(10-33)으로부터 시간 영역에서 i_L과 i_C는 크기는 같고 전류의 방향이 서로 반대가 되어 두 전류를 합하면 언제나 0이 됨을 알 수 있다. i_L과 i_C의 합이 0이 되면, 저항에 흐르는 전류 i_R은 전원 전류 i_S와 같게 되며 이를 그림 10.12에 나타내었다.

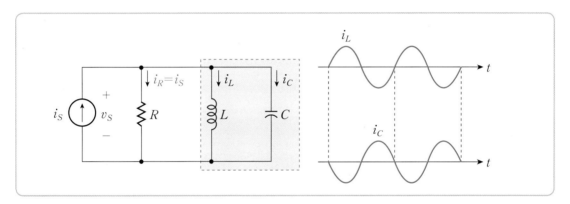

그림 10.12 공진주파수에서의 전류 파형

그림 10.12의 회로에서 $\omega = \omega_0$에서 공진이 발생하면 $i_L + i_C$가 0이 되므로 결과적으로는 점선 부분은 개방회로로 대체될 수 있으며, 병렬 가지 전압 v_S와 전원 전류 i_R의 위상은 동상이 된다는 것을 알 수 있다.

병렬 RLC 공진회로에서 $\omega = \omega_0$일 때 식(10-26)에 의하여 전체 어드미턴스의 크기가 최소가 되므로 공진시 회로에는 최소 전류가 흐른다. 이것이 직렬 RLC 공진회로의 특성과는 다른 점이며, 직렬공진회로에서는 공진시 전체 임피던스가 최소가 되어 회로에 최대 전류가 흐른다는 것을 상기하라.

여 기서 잠깐!   공진주파수에서의 i_L과 i_C의 크기

공진시에 i_L과 i_C의 합은 언제나 0이지만, i_L과 i_C 각각의 크기는 B_L과 B_C의 값에 따라 전원 전류보다 훨씬 큰 값을 가질 수도 있다는 사실에 주의하라.

i_L과 i_C는 주파수에 관계없이 전류의 방향이 항상 반대가 되며, 특히 공진주파수에서는 크기도 서로 같게 된다는 것을 기억하라. 주파수 ω에 대한 i_L과 i_C의 그래프에서 $\omega = 0$일 때 $i_L = i_S$, $i_C = 0$이 되며, $\omega = \infty$일 때 $i_L = 0$, $i_C = i_S$가 된다는 것을 알 수 있다.

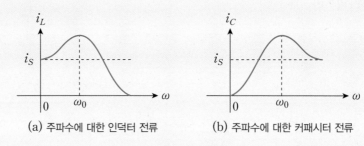

(a) 주파수에 대한 인덕터 전류   (b) 주파수에 대한 커패시터 전류

여 기서 잠깐!   병렬 RLC 회로의 위상관계

주파수 ω와 공진주파수 ω_0의 대소 관계에 따라 전체 어드미턴스 Y_{eq}의 각 ϕ가 변한다. 시간 영역에서 전원 전류와 전압의 위상 관계를 다음 그림에 나타내었다.

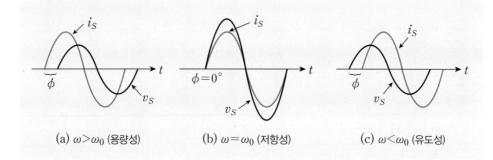

(a) $\omega > \omega_0$ (용량성)   (b) $\omega = \omega_0$ (저항성)   (c) $\omega < \omega_0$ (유도성)

$\omega > \omega_0$일 때 $\phi > 0$이므로 용량성 회로가 되어, 전류 i_S의 위상이 전압 v_S의 위상보다 앞선다. $\omega = \omega_0$일 때 $\phi = 0$이므로 저항성 회로가 되어, i_S와 v_S는 동상이며 공진이 발생한다. 이때 병렬 가지에 걸리는 전압 v_S는 최대가 된다. 또한, $\omega < \omega_0$일 때 $\phi < 0$이므로 유도성 회로가 되어, i_S의 위상이 v_S의 위상보다 뒤진다.

(2) 선택도와 대역폭

다음으로 병렬공진회로에서 매우 중요한 개념인 선택도 Q_P를 다음과 같이 정의한다.

$$Q_P \triangleq \frac{R}{X_0}, \quad X_0 = \omega_0 L = \frac{1}{\omega_0 C} \qquad (10-34)$$

식(10-34)에서 병렬공진회로의 선택도 Q_P는 직렬공진회로의 선택도 Q_S의 역수형태임에 주의하라. 직렬공진회로에서는 $R = 0$이면, 무손실 LC 회로가 되어 Q_S가 무한대가 되었으나, 병렬공진회로에서는 R이 무한대가 되어야 무손실 LC 회로가 되어 Q_P가 무한대가 된다.

또한, 대역폭을 정의하기 위하여 그림 10.11의 페이저 회로에서 전압응답 V_S를 구해본다.

$$\begin{aligned} V_S &= \frac{I_S}{Y_{eq}} = \frac{I_m \angle 0°}{\sqrt{\left(\frac{1}{R}\right)^2 + \left(\omega C - \frac{1}{\omega L}\right)^2} \angle \phi} \\ &= \frac{I_m}{\sqrt{\left(\frac{1}{R}\right)^2 + \left(\omega C - \frac{1}{\omega L}\right)^2}} \angle - \phi \end{aligned} \qquad (10-35)$$

식(10-35)로부터 V_S의 크기는 $\omega = \omega_0$일 때 최대가 되며, $\omega \to 0$이거나 $\omega \to \infty$이면 V_S의 크기는 0으로 수렴해간다. 이를 그림 10.13에 나타내었다.

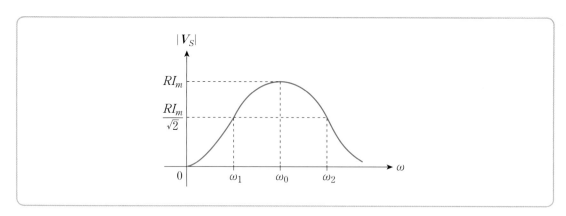

그림 10.13　병렬공진회로에서의 주파수에 대한 전압응답

그림 10.13에서 최대전압응답의 $\dfrac{1}{\sqrt{2}} = 0.707$배가 되는 주파수를 ω_1, ω_2로 정의하면, 이 두 주파수는 식(10-26)으로부터 Y_{eq}의 허수부가 실수부 $\dfrac{1}{R}$과 같을 때이므로 다음 관계가 성립된다.

$$\omega C - \frac{1}{\omega L} = \pm \frac{1}{R} \tag{10-36}$$

식(10-36)을 공진주파수 ω_0와 선택도 Q_P의 함수로 표현하면

$$\left(\frac{\omega}{\omega_0}\right)\omega_0 C - \left(\frac{\omega_0}{\omega}\right)\frac{1}{\omega_0 L} = \frac{1}{X_0}\left(\frac{\omega}{\omega_0} - \frac{\omega_0}{\omega}\right) = \pm\frac{1}{R}$$
$$\frac{R}{X_0}\left(\frac{\omega}{\omega_0} - \frac{\omega_0}{\omega}\right) = Q_P\left(\frac{\omega}{\omega_0} - \frac{\omega_0}{\omega}\right) = \pm 1 \tag{10-37}$$

식(10-37)을 ω에 대하여 풀면 반전력주파수 ω_1과 ω_2는 다음과 같다.

$$\omega_1 = \omega_0\left\{\sqrt{1 + \left(\frac{1}{2Q_P}\right)^2} - \frac{1}{2Q_P}\right\} \tag{10-38}$$

$$\omega_2 = \omega_0\left\{\sqrt{1 + \left(\frac{1}{2Q_P}\right)^2} + \frac{1}{2Q_P}\right\} \tag{10-39}$$

직렬공진회로에서와 마찬가지로 ω_1과 ω_2의 차를 대역폭 BW로 다음과 같이 정의한다.

$$BW \triangleq \omega_2 - \omega_1 = \frac{\omega_0}{Q_P} \qquad (10-40)$$

또한, ω_1과 ω_2의 곱을 구해보면

$$\omega_1\omega_2 = \omega_0^2\left\{1 + \left(\frac{1}{2Q_P}\right)^2 - \left(\frac{1}{2Q_P}\right)^2\right\} = \omega_0^2$$

$$\omega_0 = \sqrt{\omega_1\omega_2} \qquad (10-41)$$

이므로 직렬공진회로에서와 마찬가지로 공진주파수 ω_0는 ω_1과 ω_2의 기하평균이 된다는 것을 알 수 있다.

여 기서 잠깐! **산술평균, 기하평균, 조화평균**

보통 두 수 a와 b의 평균을 정의하는 방법으로 다음의 3가지가 많이 사용된다.

① 산술평균 $A = \dfrac{a + b}{2}$

② 기하평균 $G = \sqrt{ab}$

③ 조화평균 $H = \dfrac{2ab}{a + b}$

$A \geq G \geq H$(등호는 $a = b$일 때 성립)

여 기서 잠깐! **선택도와 대역폭(병렬공진회로)**

선택도 Q_P와 대역폭 BW를 R, L, C로 나타내면

$$Q_P = \frac{R}{X_0} = \frac{R}{\omega_0 L} = \frac{R}{L}\sqrt{LC} = R\sqrt{\frac{C}{L}}$$

$$BW = \frac{\omega_0}{Q_P} = \frac{1}{R}\sqrt{\frac{L}{C}}\frac{1}{\sqrt{LC}} = \frac{1}{RC}$$

이 된다. 선택도 Q_P는 대역폭과 반비례 관계이므로 선택도를 크게 하려면 대역폭을 작게 해야 하는데, 저항 R을 크게 하면 대역폭이 작아지므로 R을 증가시키면 선택도를 크게 할 수 있다. 이는 직렬공진회로의 경우와 반대이다.

(3) 선택도의 물리적 의미

공진회로의 중요한 특성은 공진주파수와 선택도이며, 병렬공진회로의 선택도에도 직렬공진회로와 마찬가지로 중요한 물리적 의미가 내포되어 있다.

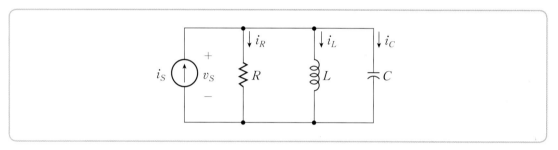

그림 10.14 공진주파수에서 동작하는 병렬공진회로

그림 10.14에서 전류원 i_S는 주파수가 공진주파수 ω_0인 정현파로 다음과 같다고 가정하자.

$$i_S(t) = I_m \cos \omega_0 t \qquad (10-42)$$

공진이 발생하는 경우, 저항 R에서 한 주기 T_0 동안 소비하는 에너지 W_R과 인덕터와 커패시터에서 저장하는 에너지 W_L과 W_C를 각각 구해보자.

공진이 발생하는 경우 전압 $v_S(t)$는 다음과 같이 구해진다.

$$v_S(t) = Ri_S(t) = RI_m \cos \omega_0 t \qquad (10-43)$$

식(10-43)으로부터 커패시터에 저장되는 순간 에너지 W_C는

$$W_C(t) = \frac{1}{2}Cv_S^2(t) = \frac{1}{2}R^2 C I_m^2 \cos^2 \omega_0 t \qquad (10-44)$$

이며, 인덕터에 저장되는 순간 에너지 W_L은 다음과 같다.

$$W_L(t) = \frac{1}{2}Li_L^2(t) = \frac{1}{2}L\left(\frac{1}{L}\int_0^t RI_m\cos\omega_0\tau d\tau\right)^2$$

$$= \frac{1}{2}R^2 CI_m^2 \sin^2\omega_0 t \qquad (10-45)$$

따라서 순간적으로 축적된 에너지의 총합 $W(t)$는

$$W(t) = W_L(t) + W_C(t) = \frac{1}{2}R^2 CI_m^2 \qquad (10-46)$$

이므로 상수가 되며, 이것이 최대 축적 에너지이다.

또한, 한 주기 T_0 동안 저항 R에서 소비한 에너지를 구하기 위하여 평균전력을 먼저 계산하면

$$P_R = \frac{1}{2}RI_m^2 \qquad (10-47)$$

이므로 저항 R에서 한 주기 동안 소비한 에너지 W_R은 다음과 같다.

$$W_R = \int_0^{T_0} P_R dt = \int_0^{T_0} \frac{1}{2}RI_m^2 dt = RI_m^2\left(\frac{\pi}{\omega_0}\right) \qquad (10-48)$$

식(10-46)과 식(10-48)의 비를 취하면 다음 관계를 얻을 수 있다.

$$\frac{W}{W_R} = \frac{\omega_0 R^2 CI_m^2}{2\pi RI_m^2} = \frac{\omega_0 RC}{2\pi} = \frac{1}{2\pi}\frac{R}{X_0} \qquad (10-49)$$

식(10-40)으로부터 병렬공진회로의 선택도 Q_P는 다음과 같다.

$$Q_P = 2\pi\left(\frac{W}{W_R}\right) = 2\pi\frac{\text{최대 축적 에너지}}{\text{한 주기 동안 소비한 에너지}} \qquad (10-50)$$

예제 10.2

다음 병렬 RLC 회로에서 공진주파수, 선택도, 대역폭 및 병렬 가지에 걸리는 전압의 최댓값을 구하라. 단, $i_S(t) = 2\cos 2t\,A$이다.

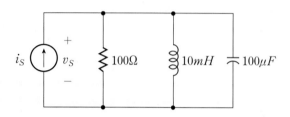

풀이 공진주파수 ω_0는 다음과 같다.

$$\omega_0 = \frac{1}{\sqrt{LC}} = \frac{1}{\sqrt{10 \times 10^{-3} \times 100 \times 10^{-6}}} = 1000 \text{ rad/sec}$$

공진시의 리액턴스 X_0는

$$X_0 = \omega_0 L = \frac{1}{\omega_0 C} = 1000 \times 10 \times 10^{-3} = 10\Omega$$

이므로 선택도 Q_P는 다음과 같다.

$$Q_P = \frac{R}{X_0} = \frac{100}{10} = 10$$

대역폭 BW를 구하면

$$BW = \frac{\omega_0}{Q_P} = \frac{1000}{10} = 100 \text{ rad/sec}$$

이며, 공진시 병렬 가지에는 최대전압이 걸리므로 v_S의 최댓값은 다음과 같다.

$$v_{S(\max)} = RI_m = 100 \times 2 = 200\,V$$

여 기서 잠깐! 탱크 회로

병렬공진회로를 탱크 회로(tank circuit)라고도 부르는데, 이는 인덕터에서는 자기장의 형태로 에너지를 저장하고 커패시터는 전기장의 형태로 에너지를 저장하기 때문에 생긴 용어이다.

탱크 회로에 저장된 에너지는 반 주기마다 서로 번갈아 가면서 인덕터와 커패시터를 왕복한다. 예를 들어, 처음 반 주기에 인덕터에 에너지가 저장되어 있었다면, 다음 반 주기에는 인덕터에서 빠져 나와서 커패시터를 충전시킨다. 또 다음 반 주기에는 커패시터에 충전된 에너지가 다시 인덕터로 전달되어 저장되며 이러한 과정이 계속 반복된다.

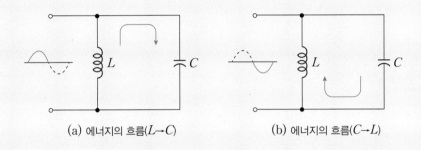

(a) 에너지의 흐름($L{\to}C$)   (b) 에너지의 흐름($C{\to}L$)

예제 10.3

어떤 병렬 RLC 회로에서 저항 $R = 10\Omega$이고 반전력주파수 ω_1과 ω_2가 각각 10 rad/sec, 40 rad/sec이다. 선택도 Q_P, 공진주파수 ω_0, 대역폭 BW 그리고 L과 C의 값을 구하라.

풀이 먼저 대역폭 BW의 정의로부터

$$BW = \omega_2 - \omega_1 = 40 - 10 = 30 \, \text{rad/sec}$$

이며, 공진주파수 ω_0와 선택도 Q_P는 다음과 같다.

$$\omega_0 = \sqrt{\omega_1\omega_2} = \sqrt{10 \times 40} = 20 \, \text{rad/sec}$$
$$Q_P = \frac{\omega_0}{BW} = \frac{20}{30} = \frac{2}{3}$$

한편, BW는 $\dfrac{1}{RC}$이므로

$$BW = \frac{1}{RC} = 30 = \frac{1}{10C}$$
$$\therefore C = \frac{1}{300}F$$

이 되며, 회로소자 L은 공진주파수의 정의로부터 다음과 같다.

$$\omega_0^2 = \frac{1}{LC} \longrightarrow \therefore L = \frac{1}{\omega_0^2 C} = \frac{3}{4}H$$

예제 10.4

병렬 RLC 공진회로에서 $BW=80$ rad/sec이고 공진주파수 ω_0가 30 rad/sec일 때, 반전력주파수 ω_1과 ω_2를 구하라.

풀이 $BW = \omega_2 - \omega_1 = 80$

$$\omega_0 = \sqrt{\omega_1 \omega_2} = 30 \longrightarrow \omega_1 \omega_2 = 900$$

두 식을 연립하면

$$\omega_1(\omega_1 + 80) = 900, \quad \omega_1^2 + 80\omega_1 - 900 = 0$$
$$(\omega_1 - 10)(\omega_1 + 90) = 0 \qquad \therefore \omega_1 = 10 \ \ \text{또는} -90$$

$\omega_1 > 0$이어야 하므로 $\omega_1 = 10$ rad/sec이다.

따라서 ω_2는 BW에 대한 관계식으로부터 다음과 같다.

$$\omega_2 = BW + \omega_1 = 80 + 10 = 90 \ \text{rad/sec}$$

지금까지 논의한 직렬 및 병렬 RLC 공진회로의 특성을 표 10.1에 요약하여 정리하였다.

표 10.1 직렬 및 병렬공진회로의 특성

	직렬공진회로	병렬공진회로
공진 조건	$Z_{eq} = R + j\left(\omega L - \dfrac{1}{\omega C}\right)$ $\omega L - \dfrac{1}{\omega C} = 0$ Z_{eq}의 리액턴스 $= 0$	$Y_{eq} = \dfrac{1}{R} + j\left(\omega C - \dfrac{1}{\omega L}\right)$ $\omega C - \dfrac{1}{\omega L} = 0$ Y_{eq}의 서셉턴스 $= 0$
공진주파수	$\omega_0 = \dfrac{1}{\sqrt{LC}}$	$\omega_0 = \dfrac{1}{\sqrt{LC}}$
선택도	$Q_S = \dfrac{X_0}{R} = \dfrac{\omega_0 L}{R} = \dfrac{1}{\omega_0 RC}$	$Q_P = \dfrac{R}{X_0} = \dfrac{R}{\omega_0 L} = \omega_0 RC$
대역폭	$BW = \dfrac{\omega_0}{Q_S} = \dfrac{R}{L}$	$BW = \dfrac{\omega_0}{Q_P} = \dfrac{1}{RC}$
임피던스	최소	최대
어드미턴스	최대	최소
반전력주파수	$\omega_0 = \sqrt{\omega_1 \omega_2}$ $\omega_1 = \omega_0\left\{\sqrt{1 + \left(\dfrac{1}{2Q_S}\right)^2} - \dfrac{1}{2Q_S}\right\}$ $\omega_2 = \omega_0\left\{\sqrt{1 + \left(\dfrac{1}{2Q_S}\right)^2} + \dfrac{1}{2Q_S}\right\}$	$\omega_0 = \sqrt{\omega_1 \omega_2}$ $\omega_1 = \omega_0\left\{\sqrt{1 + \left(\dfrac{1}{2Q_P}\right)^2} - \dfrac{1}{2Q_P}\right\}$ $\omega_2 = \omega_0\left\{\sqrt{1 + \left(\dfrac{1}{2Q_P}\right)^2} + \dfrac{1}{2Q_P}\right\}$

10.3 유도결합과 상호 인덕턴스

(1) 상호 인덕턴스

앞 단원에서 학습한 패러데이의 법칙에 따르면, 어떤 코일(인덕터)에 유기되는 유도 기전력은 그 코일을 통과하는 자속의 시간 변화율과 권선수에 비례하기 때문에 서로 인접한 2개의 코일 중에서 어느 한쪽의 자속이 다른 쪽의 코일을 쇄교하여 유도 기전력을 발생시킬 때, 2개의 코일은 유도결합되어 있다고 한다.

유도결합된 2개의 코일 양단에 유기되는 유도 기전력을 구하기 위하여 각 코일에서의 자속 성분들을 다음과 같이 정의한다.

$\boldsymbol{\Phi}_{11}$: 전류 i_1에 의해 코일 1에 발생되는 자속

$\boldsymbol{\Phi}_{22}$: 전류 i_2에 의해 코일 2에 발생되는 자속

$\boldsymbol{\Phi}_{21}$: 전류 i_1에 의한 자속이 코일 2를 쇄교하는 자속

$\boldsymbol{\Phi}_{12}$: 전류 i_2에 의한 자속이 코일 1을 쇄교하는 자속

$\boldsymbol{\Phi}_{L1}$: 전류 i_1에 의한 자속 중 코일 2를 쇄교하지 않는 자속

$\boldsymbol{\Phi}_{L2}$: 전류 i_2에 의한 자속 중 코일 1을 쇄교하지 않는 자속

먼저, 전류 i_1에 의해 발생되는 자속은 코일 2를 쇄교하는 자속($\boldsymbol{\Phi}_{21}$)과 코일 2를 쇄교하지 않고 코일 1만 쇄교하는 자속($\boldsymbol{\Phi}_{L1}$)으로 구성되며, 이를 그림 10.15에 나타내었다. $\boldsymbol{\Phi}_{L1}$을 코일 1의 누설자속(leakage flux)이라고도 부르며, 그림 10.15에 의하여 전류 i_1에 의한 코일 1의 자속 $\boldsymbol{\Phi}_{11}$은 다음과 같이 표현할 수 있다.

$$\boldsymbol{\Phi}_{11} = \boldsymbol{\Phi}_{L1} + \boldsymbol{\Phi}_{21} \tag{10-51}$$

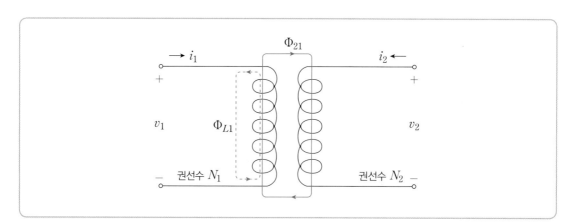

그림 10.15 전류 i_1에 의한 코일 1의 자속 $\boldsymbol{\Phi}_{11}$

마찬가지로 전류 i_2에 의해 발생되는 자속은 코일 1을 쇄교하는 자속($\boldsymbol{\Phi}_{12}$)과 코일 1을 쇄교하지 않고 코일 2만 쇄교하는 자속($\boldsymbol{\Phi}_{L2}$)으로 구성되며, 이를 그림 10.16에 나타내었다. $\boldsymbol{\Phi}_{L2}$를 코일 2의 누설자속이라고도 부르며, 그림 10.16에 의하여 전류 i_2에 의한 코일 2의 자속 $\boldsymbol{\Phi}_{22}$는 다음과 같이 표현할 수 있다.

$$\boldsymbol{\Phi}_{22} = \boldsymbol{\Phi}_{L2} + \boldsymbol{\Phi}_{12} \tag{10-52}$$

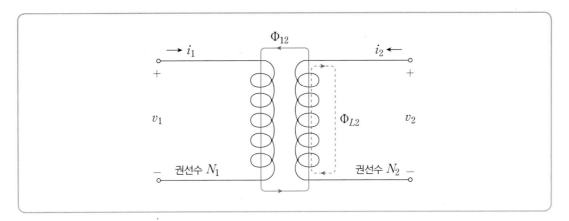

그림 10.16 전류 i_2에 의한 코일 2의 자속 Φ_{22}

그림 10.15와 그림 10.16으로부터 코일 1을 쇄교하는 총 자속 Φ_1과 코일 2를 쇄교하는 총 자속 Φ_2는 다음과 같이 표현된다.

$$\Phi_1 = \Phi_{L1} + \Phi_{21} + \Phi_{12} = \Phi_{11} + \Phi_{12} \qquad (10-53)$$

$$\Phi_2 = \Phi_{L2} + \Phi_{12} + \Phi_{21} = \Phi_{22} + \Phi_{21} \qquad (10-54)$$

각 코일의 권선수를 각각 N_1과 N_2라고 가정하면, 패러데이의 법칙에 의하여 각 코일에 유기되는 유도 기전력 v_1과 v_2는 다음과 같다.

$$v_1 = N_1 \frac{d\Phi_1}{dt} = N_1 \frac{d\Phi_{11}}{dt} + N_1 \frac{d\Phi_{12}}{dt} \qquad (10-55)$$

$$v_2 = N_2 \frac{d\Phi_2}{dt} = N_2 \frac{d\Phi_{22}}{dt} + N_2 \frac{d\Phi_{21}}{dt} \qquad (10-56)$$

한편, 식(10-55)로부터 자속 Φ_{11}은 전류 i_1에 의하여 코일 1에 발생되는 자속이므로

$$N_1 \Phi_{11} = L_1 i_1 \qquad (10-57)$$

이 성립하며, L_1을 자기 인덕턴스(self inductance)라고 한다. 또한 자속 Φ_{12}는 전

류 i_2에 의하여 코일 1을 쇄교하는 자속이므로

$$N_1 \Phi_{12} = \pm M_{12} i_2 \qquad (10-58)$$

가 성립하며, M_{12}를 상호 인덕턴스(mutual inductance)라고 한다. 식(10-58)에서 복호 ±를 사용한 이유는 코일의 권선 방향에 따라 Φ_{12}가 Φ_{11}과 더해질 수도 있고 또는 상쇄될 수도 있기 때문이다. 식(10-57)과 식(10-58)로부터 코일 1에 유기되는 유도기전력 v_1은 다음과 같이 표현된다.

$$v_1 = L_1 \frac{di_1}{dt} \pm M_{12} \frac{di_2}{dt} \qquad (10-59)$$

지금까지 기술한 것과 유사하게 식(10-56)에 대하여 적용하면

$$N_2 \Phi_{22} = L_2 i_2 \qquad (10-60)$$

$$N_2 \Phi_{21} = \pm M_{21} i_1 \qquad (10-61)$$

이므로, 코일 2에 유기되는 유도 기전력 v_2는 다음과 같이 표현된다.

$$v_2 = L_2 \frac{di_2}{dt} \pm M_{21} \frac{di_1}{dt} \qquad (10-62)$$

여기서 L_2는 자기 인덕턴스, M_{21}은 코일 1의 전류 i_1과 코일 2에 유도된 전압 v_2를 관련지어주는 상호 인덕턴스이다.

식(10-59)와 식(10-62)로부터 2개의 코일이 전기적으로 분리되어 있다 하더라도 자기적으로 결합되어 있다면, 한쪽 코일의 전류로부터 다른 쪽 코일의 전압이 유도된다는 것을 알 수 있다.

(2) 상호 인덕턴스에 의한 유도전압의 극성

상호 인덕턴스에 의한 유도전압의 극성은 각 코일의 권선 방향과 전류 방향에 따라 달라진다. 기본 원리는 2개의 코일에서 발생한 자속이 서로 더해져서 증가하면 상

호 인덕턴스 M은 양(+)이고, 서로 상쇄되어 감소하면 상호 인덕턴스 M은 음(−)이라는 것이다.

그림 10.17에 각 코일의 권선의 방향이 같거나 서로 반대인 2개의 유도결합 코일에서 각 코일의 전류에 의해 발생되는 자속의 증감을 나타내었다.

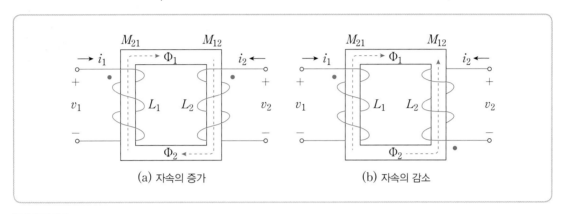

(a) 자속의 증가   (b) 자속의 감소

그림 10.17 유도결합 코일에서의 자속의 증감

그림 10.17(a)와 같이 권선 방향이 서로 같은 경우 점(·)을 서로 마주보도록 표시하는데, 이 때 전류 i_1과 i_2가 점표시 단자로 흘러 들어가는 경우 암페어의 오른손 법칙에 의하여 자속 Φ_1과 Φ_2는 서로 합쳐져서 자속이 증가하므로 상호 인덕턴스는 양(+)의 값이 된다. 만일 전류 i_1과 i_2의 방향이 점표시 단자로 모두 흘러 나오는 경우에도 자속 Φ_1과 Φ_2는 서로 합쳐져서 자속이 증가하므로 상호 인덕턴스는 마찬가지로 양(+)이 된다.

한편, 그림 10.17(b)와 같이 권선 방향이 서로 반대인 경우 점(·)을 대각선으로 표시하는데, 이때 전류 i_1은 점표시 단자로 흘러 들어가고, 전류 i_2는 점표시 단자로 흘러 나가는 경우 암페어의 오른손 법칙에 의하여 자속 Φ_1과 Φ_2는 서로 상쇄되어 자속이 감소하므로 상호 인덕턴스는 음(−)의 값이 된다.

만일 전류 i_1과 i_2가 그림 10.17(b)에 표시된 것과 반대 방향인 경우에도 자속 Φ_1과 Φ_2는 서로 상쇄되어 자속이 감소하므로 상호 인덕턴스는 마찬가지로 음(−)의 값이 된다.

예를 들어 그림 10.17(a)에서 v_1과 v_2를 각각 구하면 다음과 같다.

$$v_1 = L_1 \frac{di_1}{dt} + M_{12} \frac{di_2}{dt} \qquad (10-63)$$

$$v_2 = L_2 \frac{di_2}{dt} + M_{21} \frac{di_1}{dt} \qquad (10-64)$$

식(10-63)에서 점표시 단자로 흘러 들어가는 전류 i_2로 인한 상호 인덕턴스 M_{12}는 양(+)이며, v_1은 점표시 단자가 양(+)극이 된다. 또한 식(10-64)에서도 점표시 단자로 흘러 들어가는 전류 i_1으로 인한 상호 인덕턴스 M_{21}은 양이며, v_2는 마찬가지로 점표시 단자가 양극이 된다.

만일 그림 10.17(b)에서 v_1과 v_2를 구하면 식(10-63)과 식(10-64)에서 우변의 두 번째 항의 부호가 음(−)이 된다는 것을 알 수 있다. 지금까지 기술한 내용을 정리하면 다음과 같이 요약된다.

상호 인덕턴스의 점표시 규약

- 어느 한 코일에서 점표시 단자로 전류가 흘러 들어갈 때, 다른 코일에 유도되는 전압의 극성은 다른 코일의 점표시 단자가 양극이 된다.
- 어느 한 코일에서 점표시가 없는 단자로 전류가 흘러 들어갈 때, 다른 코일에 유도되는 전압의 극성은 다른 코일의 점표시가 없는 단자가 양극이 된다.

상호 인덕턴스의 점표시 규약을 그림 10.18과 그림 10.19에 상세히 나타내었다.

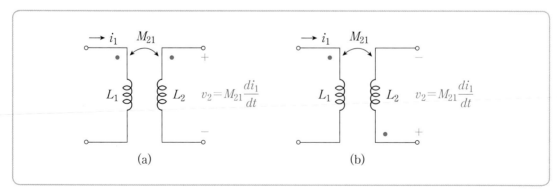

그림 10.18 점표시 단자로 유입되는 i_1에 의한 상호유도전압

그림 10.18에서 전류 i_1이 점표시 단자로 흘러 들어가므로 상호유도전압 v_2의 극성은 점표시 단자가 양(+)이 되므로 다음과 같이 표현할 수 있다.

$$v_2 = M_{21} \frac{di_1}{dt} \qquad (10-65)$$

만일, 그림 10.19에서와 같이 전류 i_1이 점표시가 없는 단자로 흘러 들어갈 때, 상호유도전압 v_2의 극성은 점표시가 없는 단자가 양(+)이 되므로 다음과 같이 표현할 수 있다.

$$v_2 = M_{21} \frac{di_1}{dt} \qquad (10-66)$$

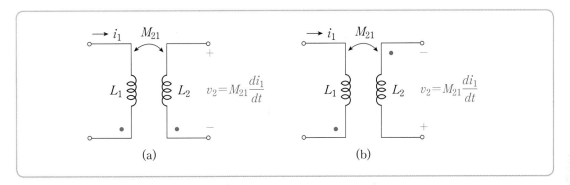

그림 10.19 점표시가 없는 단자로 유입되는 i_1에 의한 상호유도전압

지금까지 상호 인덕턴스에 의한 상호유도전압의 극성에 대하여 살펴보았다. 점표시 규약이 없다면 상호유도전압의 극성을 결정할 수 없기 때문에 이에 대해 충분히 이해하도록 해야 한다.

예제 10.5

다음 회로에서 상호 인덕턴스 $M_{12} = M_{21} \triangleq M = 2H$일 때 다음 물음에 답하라.
(1) $i_1 = 0$이고 $i_2 = 10 \sin 3t A$일 때 v_1을 구하라.
(2) $i_2 = 0$이고 $i_1 = -4 \cos 2t A$일 때 v_2를 구하라.

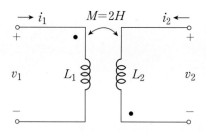

풀이 (1) i_2는 점표시가 없는 단자로 흘러 들어가므로 상호유도전압 v_1은 점표시가 없는 단자가 양(+)극이 된다. 따라서 v_1은 다음과 같다.

$$v_1 = -M\frac{di_2}{dt} = -2\frac{d}{dt}(10\sin 3t) = -60\cos 3t\,V$$

(2) i_1은 점표시가 있는 단자로 흘러 들어가므로 상호유도전압 v_2는 점표시가 있는 단자가 양(+)극이 된다. 따라서 v_2는 다음과 같다.

$$v_2 = -M\frac{di_1}{dt} = -2\frac{d}{dt}(-4\cos 2t) = -16\sin 2t\,V$$

예제 10.6

다음 회로에서 상호 인덕턴스 $M_{12} = M_{21} \triangleq M = 3H$일 때 다음 물음에 답하라.

(1) $i_1 = 0$이고 $i_2 = 4e^{-t}A$일 때 v_1을 구하라.

(2) $i_2 = 0$이고 $i_1 = 3\cos t\,A$일 때 v_2를 구하라.

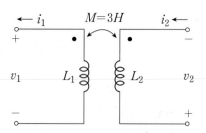

풀이 (1) i_2는 점표시가 있는 단자로 흘러 들어가므로 상호유도전압 v_1은 점표시가 있는 단자가 양(+)극이 된다. 따라서 v_1은 다음과 같다.

$$v_1 = M\frac{di_2}{dt} = 3\frac{d}{dt}(4e^{-t}) = -12e^{-t}\,V$$

(2) i_1은 점표시가 없는 단자로 흘러 들어가므로 상호유도전압 v_2는 점표시가 없는 단자가 양(+)극이 된다. 따라서 v_2는 다음과 같다.

$$v_2 = M\frac{di_1}{dt} = 3\frac{d}{dt}(3\cos t) = -9\sin t\,V$$

10.4 상호 인덕턴스의 등가성과 결합계수

(1) 상호 인덕턴스의 등가성

본 절에서는 유도결합된 두 코일의 상호 인덕턴스 M_{12}와 M_{21}이 서로 같다는 것을 인덕터의 에너지 관계를 이용하여 증명한다.

유도결합된 2개의 코일을 점표시 규약에 따라 그림 10.20에 나타내었다.

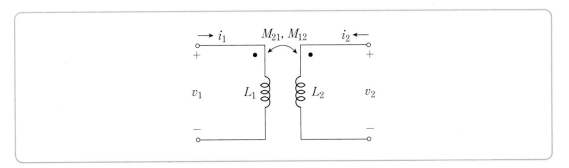

그림 10.20 상호 인덕턴스로 유도결합된 코일쌍

먼저, 그림 10.20의 회로에서 모든 전압과 전류를 0으로 하여 초기에 인덕터에 저장된 에너지를 0으로 만든다. 우측 코일의 전류 $i_2 = 0$으로 한 상태에서 i_1을 0에서 일정한 전류 I_1까지 증가시키면, $i_1(t_1) = I_1$인 순간에 좌측 코일에 저장되는 에너지 W_1은

$$W_1 = \frac{1}{2}L_1 I_1^2 \qquad (10-67)$$

이 되며, $i_2 = 0$이므로 우측 코일에 저장되는 에너지 $W_2 = 0$이 된다.

다음으로, $i_1 = I_1$을 그대로 유지하면서 i_2를 0에서 일정한 값 I_2까지 증가시키면 $i_2(t_2) = I_2$인 순간에 우측 코일에 저장되는 에너지 W_2는 다음과 같다.

$$W_2 = \frac{1}{2}L_2 I_2^2 \qquad (10-68)$$

그런데 좌측 코일에서는 $i_1 = I_1$으로 전류가 일정해도 상호 인덕턴스 M_{12}에 의하여 유도전압 v_1이 유기되므로 M_{12}에 의하여 좌측 코일에 저장되는 에너지 W_{12}는 다음과 같다.

$$W_{12} = \int_{t_1}^{t_2} v_1 i_1 dt = \int_{t_1}^{t_2}\left(M_{12}\frac{di_2}{dt}\right)I_1 dt = M_{12}I_1\int_0^{I_2} di_2$$
$$= M_{12}I_1 I_2 \qquad (10-69)$$

이상과 같이 $i_1 = I_1$, $i_2 = I_2$로 일정할 때, 코일쌍에 저장되는 총 에너지 W는 다음과 같다.

$$W = W_1 + W_2 + W_{12} = \frac{1}{2}L_1 I_1^2 + \frac{1}{2}L_2 I_2^2 + M_{12}I_1 I_2 \qquad (10-70)$$

이제 지금까지의 순서와는 반대로 $i_1 = 0$으로 한 상태에서 i_2를 0에서 I_2까지 증가시키고, 그 값을 유지하면서 i_1을 0에서 I_1까지 증가시키면 코일쌍에 저장되는 총 에너지 W는 다음과 같게 될 것이다. 즉,

$$W = W_1 + W_2 + W_{21} = \frac{1}{2}L_1I_1^2 + \frac{1}{2}L_2I_2^2 + M_{21}I_1I_2 \qquad (10-71)$$

식(10-70)과 식(10-71)은 동일한 조건 하에 동일한 유도결합 코일쌍에 저장된 에너지이므로 같아야 한다. 따라서 상호 인덕턴스와 관련된 매우 중요한 관계를 유도할 수 있다.

$$M_{12} = M_{21} \triangleq M \qquad (10-72)$$

$$W = \frac{1}{2}L_1I_1^2 + \frac{1}{2}L_2I_2^2 + MI_1I_2 \qquad (10-73)$$

만일, 2개의 코일쌍에서 발생한 자속이 서로 상쇄되어 감소되면, 상호 인덕턴스 M의 부호가 음(−)이므로 저장된 에너지 W는 다음과 같다.

$$W = \frac{1}{2}L_1I_1^2 + \frac{1}{2}L_2I_2^2 - MI_1I_2 \qquad (10-74)$$

식(10-73)과 식(10-74)는 최종값을 상수로 가정하여 구한 결과이지만 이 상수는 임의의 상수이므로 I_1과 I_2 대신에 i_1과 i_2로 대체할 수 있다.

따라서 유도결합된 코일쌍에 저장되는 총 에너지는 다음과 같이 일반화할 수 있다.

$$W = \frac{1}{2}L_1i_1^2 + \frac{1}{2}L_2i_2^2 \pm Mi_1i_2 \qquad (10-75)$$

(2) 결합계수

유도결합된 코일쌍에 저장되는 총 에너지 W는 수동소자로 구성된 회로의 에너지를 나타내므로 항상 양의 값을 가진다. 식(10-75)가 음의 값을 가질 유일한 가능성은 상호 인덕턴스의 부호가 음(−)이면서 전류 i_1과 i_2의 부호가 같은 다음의 경우뿐이다.

$$W = \frac{1}{2}L_1i_1^2 + \frac{1}{2}L_2i_2^2 - Mi_1i_2 \qquad (10-76)$$

식(10-76)을 완전제곱 형태로 변형하면

$$W = \frac{1}{2}\left(\sqrt{L_1}\,i_1 - \sqrt{L_2}\,i_2\right)^2 + \sqrt{L_1 L_2}\,i_1 i_2 - M i_1 i_2 \qquad (10-77)$$

이므로 W가 항상 양이 되기 위해서는 다음 관계가 만족되어야 한다.

$$\sqrt{L_1 L_2}\,i_1 i_2 - M i_1 i_2 \geq 0$$

$$M \leq \sqrt{L_1 L_2} \qquad (10-78)$$

식(10-78)로부터 상호 인덕턴스 M은 유도결합된 코일쌍의 자기 인덕턴스의 기하평균보다 클 수 없다는 것을 알 수 있다. M의 값이 최댓값 $\sqrt{L_1 L_2}$에 얼마나 가까운지를 나타내는 개념으로 결합계수(coupling coefficient) k를 다음과 같이 정의한다.

$$k \triangleq \frac{\text{실제 } M \text{의 값}}{M \text{의 최댓값}} = \frac{M}{\sqrt{L_1 L_2}} \qquad (10-79)$$

식(10-78)로부터 결합계수 k가 가질 수 있는 값의 범위는 다음과 같다.

$$0 \leq k \leq 1 \qquad (10-80)$$

결합계수 k의 값이 크다는 것은 물리적으로는 코일이 서로 가까이 있다는 것을 의미하며, k가 1에 가까운 코일쌍은 밀접하게 결합(tightly coupled)되어 있다고 말한다. 그리고 결합계수가 1인 경우를 완전결합이라고 하며, 어느 한 코일에서 발생한 자속이 모두 다른 코일을 쇄교하는 이상적인 경우를 의미한다.

예제 10.7

다음 회로에서 코일의 자기 인덕턴스 $L_1 = 2H$, $L_2 = 8H$이고 결합계수 k가 0.8일 때, $t = 0$에서 유도결합된 코일쌍에 저장된 총 에너지를 구하라. 단, $i_1(t) = 3\cos 2t A$, $i_2(t) = 10\sin(t + 30°)A$이다.

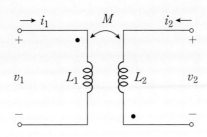

풀이 총 에너지를 구하기 위해서는 상호 인덕턴스 M을 알아야 하므로 결합계수 $k=0.8$로부터 M은 다음과 같다.

$$k = \frac{M}{\sqrt{L_1 L_2}} \longrightarrow \therefore M = k\sqrt{L_1 L_2} = 0.8 \times \sqrt{16} = 3.2H$$

전류 i_1은 점표시 단자로 흘러 들어가고 전류 i_2는 점표시가 없는 단자로 흘러 들어가므로 총 에너지 W는 다음과 같다.

$$W = \frac{1}{2}L_1 i_1^2 + \frac{1}{2}L_2 i_2^2 - Mi_1 i_2$$

$t = 0$에서 $i_1(0)$와 $i_2(0)$를 구하면

$$i_1(0) = 3\cos 0° = 3A$$
$$i_2(0) = 10\sin 30° = 5A$$

이므로 $t = 0$에서 총 에너지 $W(0)$는 다음과 같다.

$$W(0) = \frac{1}{2} \times 2 \times 9 + \frac{1}{2} \times 8 \times 25 - 3.2 \times 3 \times 5 = 61J$$

예제 10.8

유도결합된 코일쌍에서 결합계수 $k=0.4$일 때, 상호 인덕턴스 M은 $4H$이다. 코일 1의 자기 인덕턴스가 $2H$일 때 코일 2의 자기 인덕턴스 L_2를 구하라.

풀이 식(10-79)의 양변을 제곱하면

$$M^2 = k^2 L_1 L_2$$
$$\therefore L_2 = \frac{M^2}{k^2 L_1} = \frac{4^2}{(0.4)^2 \times 2} = 50H$$

10.5 자기유도전압과 상호유도전압의 결합

　지금까지는 유도결합된 코일쌍에서 각 코일회로에 유기되는 상호유도전압의 결정에 대해서만 논의하였다. 일반적으로 유도결합된 코일쌍에서 각 코일에 전류가 흐르면 자기 인덕턴스에 의한 자기유도전압과 상호 인덕턴스에 의한 상호유도전압이 합쳐져서 식(10-63)과 식(10-64)와 같이 나타난다.

　자기유도전압과 상호유도전압의 부호는 전류의 방향, 전압의 극성, 그리고 코일의 권선 방향을 나타내는 점의 위치에 따라 결정된다. 자기유도전압의 부호는 수동부호 규약에 따라 결정하고, 상호유도전압은 점표시 규약에 의하여 부호를 결정한다. 예를 들어, 다음의 몇 가지 유도결합된 코일쌍에서 각 코일의 단자전압을 결정해 본다.

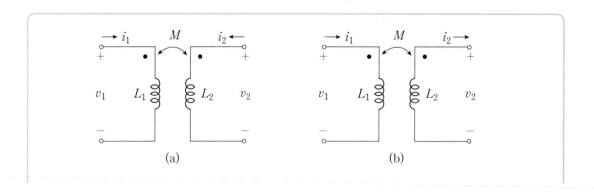

(a)　　　　　　　　　　　　　　　(b)

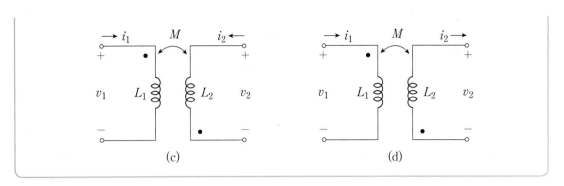

그림 10.21 유도결합된 코일쌍에서의 단자전압 결정

그림 10.21(a)의 유도결합된 코일쌍을 살펴보면, 전류 i_1과 i_2는 수동부호규약을 만족하므로 각 코일에서의 자기유도전압의 부호는 모두 양(+)이 된다.

v_1에 대한 상호유도전압은 i_2가 점표시 단자로 흘러 들어가고 v_1은 점표시 단자가 양극이므로, 점표시 규약에 의하여 $M\dfrac{di_2}{dt}$의 부호는 양이 된다. 즉,

$$v_1 = L_1 \frac{di_1}{dt} + M\frac{di_2}{dt} \qquad (10-81\text{a})$$

마찬가지로 v_2에 대한 상호유도전압은 i_1이 점표시 단자로 흘러 들어가고 v_2는 점표시 단자가 양극이므로, 점표시 규약에 의하여 $M\dfrac{di_1}{dt}$의 부호는 양이 된다. 즉,

$$v_2 = L_2 \frac{di_2}{dt} + M\frac{di_1}{dt} \qquad (10-81\text{b})$$

그림 10.21(b)의 유도결합된 코일쌍을 살펴보면, 전류 i_1은 수동부호규약을 만족하지만, 전류 i_2는 수동부호규약을 만족하지 않는다는 것을 알 수 있다.

v_1에 대한 상호유도전압은 i_2가 점표시가 없는 단자로 흘러 들어가고 v_1은 점표시 단자가 양극이므로, 점표시 규약에 의하여 $M\dfrac{di_2}{dt}$의 부호는 음이 된다. 즉,

$$v_1 = L_1 \frac{di_1}{dt} - M\frac{di_2}{dt} \qquad (10-82\text{a})$$

v_2에 대한 상호유도전압은 i_1이 점표시 단자로 흘러 들어가고 v_2는 점표시 단자가 양극이므로, 점표시 규약에 의하여 $M\dfrac{di_1}{dt}$의 부호는 양이 된다. 즉,

$$v_2 = -L_2 \frac{di_2}{dt} + M\frac{di_1}{dt} \qquad\qquad (10-82\text{b})$$

그림 10.21(c)의 유도결합된 코일쌍을 살펴보면, 전류 i_1과 전류 i_2는 모두 수동부호규약을 만족하므로 각 코일에서의 자기유도전압의 부호는 양이 된다.

v_1에 대한 상호유도전압은 i_2가 점표시가 없는 단자로 흘러 들어가고 v_1은 점표시 단자가 양극이므로, 점표시 규약에 의하여 $M\dfrac{di_2}{dt}$의 부호는 음이 된다. 즉,

$$v_1 = L_1\frac{di_1}{dt} - M\frac{di_2}{dt} \qquad\qquad (10-83\text{a})$$

v_2에 대한 상호유도전압은 i_1이 점표시 단자로 흘러 들어가고 v_2는 점표시 단자가 음극이므로, 점표시 규약에 의하여 $M\dfrac{di_1}{dt}$의 부호는 음이 된다. 즉,

$$v_2 = L_2\frac{di_2}{dt} - M\frac{di_1}{dt} \qquad\qquad (10-83\text{b})$$

마지막으로 그림 10.21(d)의 유도결합된 코일쌍을 살펴보면, 전류 i_1은 수동부호규약을 만족하지만, 전류 i_2는 수동부호규약을 만족하지 않는다는 것을 알 수 있다.

v_1에 대한 상호유도전압은 i_2가 점표시 단자로 흘러 들어가고 v_1은 점표시 단자가 양극이므로, 점표시 규약에 의하여 $M\dfrac{di_2}{dt}$의 부호는 양이 된다. 즉,

$$v_1 = L_1\frac{di_1}{dt} + M\frac{di_2}{dt} \qquad\qquad (10-84\text{a})$$

v_2에 대한 상호유도전압은 i_1이 점표시 단자로 흘러 들어가고 v_2는 점표시 단자가 음극이므로, 점표시 규약에 의하여 $M\dfrac{di_1}{dt}$의 부호는 음이 된다. 즉,

$$v_2 = - L_2 \frac{di_2}{dt} - M\frac{di_1}{dt} \qquad (10-84b)$$

이상과 같이 자기 인덕턴스에 의한 자기유도전압과 상호 인덕턴스에 의한 상호유도 전압의 부호를 결정하기 위하여 수동부호규약과 점표시 규약을 모두 적절하게 적용하여야 한다는 것을 알 수 있다.

예제 10.9

다음 유도결합된 코일쌍에 대하여 각 코일에서의 개방단자전압을 구하라. 단, 각 코일쌍에 대한 상호 인덕턴스는 각각 M_1, M_2이다.

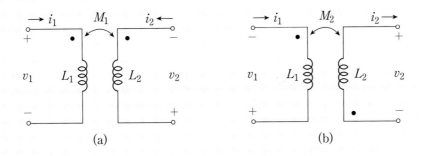

(a)   (b)

풀이 (a) 전류 i_1은 수동부호규약을 만족하지만 전류 i_2는 수동부호규약을 만족하지 않는다. v_1에 대한 상호유도전압은 전류 i_2가 점표시 단자로 흘러 들어가고 v_1은 점표시 단자가 양극이므로, 점표시 규약에 의하여 $M_1 \frac{di_2}{dt}$의 부호는 양이 된다. 즉,

$$v_1 = L_1 \frac{di_1}{dt} + M_1 \frac{di_2}{dt}$$

v_2에 대한 상호유도전압은 전류 i_1이 점표시 단자로 흘러 들어가고 v_2는 점표시 단자가 음극이므로, 점표시 규약에 의하여 $M_1 \frac{di_1}{dt}$의 부호는 음이 된다. 즉,

$$v_2 = - L_2 \frac{di_2}{dt} - M_1 \frac{di_1}{dt}$$

(b) 전류 i_1과 전류 i_2는 모두 수동부호규약을 만족하지 않으므로 자기유도전압의 부호는 모두 음이 된다. v_1에 대한 상호유도전압은 전류 i_2가 점표시 단자로 흘러 들어가고, v_1은 점표시 단자가 음극이므로 $M_2 \dfrac{di_2}{dt}$의 부호는 음이 된다. 즉,

$$v_1 = -L_1 \frac{di_1}{dt} - M_2 \frac{di_2}{dt}$$

v_2에 대한 상호유도전압은 전류 i_1이 점표시 단자로 흘러 들어가고, v_2는 점표시 단자가 음극이므로 점표시 규약에 의하여 $M_2 \dfrac{di_1}{dt}$의 부호는 음이 된다. 즉,

$$v_2 = -L_2 \frac{di_2}{dt} - M_2 \frac{di_1}{dt}$$

여 **기서 잠깐!** **코일의 병렬 연결**

다음 병렬로 유도결합된 코일의 등가 인덕턴스 L_{eq}를 구해보자.

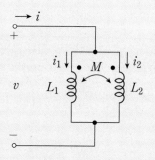

각 코일에 걸리는 전압은 v로 동일하므로 다음 관계식을 얻을 수 있다.

$$v = L_1 \frac{di_1}{dt} + M \frac{di_2}{dt} \longrightarrow \text{코일 } L_1\text{의 양단전압}$$

$$v = L_2 \frac{di_2}{dt} + M \frac{di_1}{dt} \longrightarrow \text{코일 } L_2\text{의 양단전압}$$

위의 두 식으로부터

$$L_1 \frac{di_1}{dt} + M \frac{di_2}{dt} = L_2 \frac{di_2}{dt} + M \frac{di_1}{dt}$$

$$(L_1 - M) \frac{di_1}{dt} + (M - L_2) \frac{di_2}{dt} = 0$$

$$\therefore (L_1 - M) i_l + (M - L_2) i_2 = 0 \quad \cdots\cdots\cdots\cdots\cdots\cdots\cdots\cdots\cdots ①$$

이 얻어지며, 키르히호프의 전류 법칙에 의해 다음 관계식을 얻을 수 있다.

$$i_1 + i_2 = i \quad \cdots\cdots\cdots\cdots\cdots\cdots\cdots\cdots\cdots\cdots\cdots ②$$

식①과 식②를 연립하여 i_1과 i_2를 i로 표현하면

$$i_1 = \frac{\begin{vmatrix} 0 & M - L_2 \\ i & 1 \end{vmatrix}}{\begin{vmatrix} L_1 - M & M - L_2 \\ 1 & 1 \end{vmatrix}} = \frac{L_2 - M}{L_1 + L_2 - 2M} i$$

$$i_2 = \frac{\begin{vmatrix} L_1 - M & 0 \\ 1 & i \end{vmatrix}}{\begin{vmatrix} L_1 - M & M - L_2 \\ 1 & 1 \end{vmatrix}} = \frac{L_1 - M}{L_1 + L_2 - 2M} i$$

가 되므로 i_1과 i_2를 코일 L_1 또는 코일 L_2의 양단전압 표현식에 대입하면 다음 결과를 얻을 수 있다.

$$v = L_1 \left(\frac{L_2 - M}{L_1 + L_2 - 2M} \right) \frac{di}{dt} + M \left(\frac{L_1 - M}{L_1 + L_2 - 2M} \right) \frac{di}{dt}$$

$$= \left(\frac{L_1 L_2 - L_1 M}{L_1 + L_2 - 2M} + \frac{M L_1 - M^2}{L_1 + L_2 - 2M} \right) \frac{di}{dt}$$

$$= \frac{L_1 L_2 - M^2}{L_1 + L_2 - 2M} \frac{di}{dt} = L_{eq} \frac{di}{dt}$$

따라서 등가 인덕턴스 L_{eq}는 다음과 같이 결정된다.

$$L_{eq} = \frac{L_1 L_2 - M^2}{L_1 + L_2 - 2M}$$

만일, 점의 위치가 바뀌면 M 대신에 $-M$을 대입하면 된다. 즉,

$$L_{eq} = \frac{L_1 L_2 - M^2}{L_1 + L_2 + 2M}$$

여 기서 잠깐! **코일의 직렬 연결**

하나의 철심에 2개의 코일을 감아 직렬로 연결하면 코일 전체에 흐르는 전류는 동일하지만, 코일의 권선 방향에 따라 두 코일에서 발생되는 자속이 더해져서 증가되기도 하고 서로 상쇄되어 감소되기도 한다.

① 자속의 증가 : 상호 인덕턴스가 양(+)

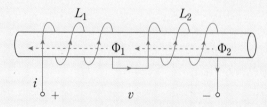

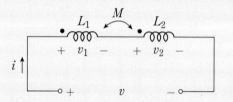

2개의 코일을 같은 방향으로 감은 경우, 각 코일에 의한 자속 Φ_1과 Φ_2는 더해져서 자속이 증가되므로 상호 인덕턴스 M은 양(+)이 된다. 직렬 연결된 코일의 양단전압을 v라 하고 각 코일에 걸리는 전압을 구하면

$$v_1 = L_1 \frac{di}{dt} + M\frac{di}{dt} = (L_1 + M)\frac{di}{dt}$$
$$v_2 = L_2 \frac{di}{dt} + M\frac{di}{dt} = (L_2 + M)\frac{di}{dt}$$

이므로 전체 전압 v는 다음과 같다.

$$v = v_1 + v_2 = (L_1 + L_2 + 2M)\frac{di}{dt}$$

여기서, v_1의 자기유도전압은 전류 i가 수동부호규약을 만족하므로 양의 부호를 가진다. v_1에 대한 상호유도전압은 L_2에 흐르는 전류 i가 점표시 단자로 흘러 들어가고 v_1은 점표시 단자가 양극이므로, 점표시 규약에 의하여 $M\frac{di}{dt}$의 부호가 양이 된다는 사실로부터 v_1

의 단자전압이 결정된 것이며, v_2도 마찬가지 방식으로 결정된 것이다.

② 자속의 감소 : 상호 인덕턴스가 음(−)

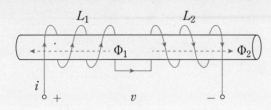

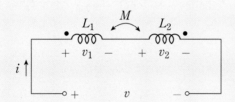

2개의 코일을 서로 반대 방향으로 감은 경우, 각 코일에 의한 자속 $\boldsymbol{\Phi}_1$과 $\boldsymbol{\Phi}_2$는 서로 상쇄되어 자속이 감소되므로 상호 인덕턴스는 음(−)이 된다. 직렬 연결된 코일의 양단전압을 v라 하고 각 코일에 걸리는 전압을 구하면

$$v_1 = L_1 \frac{di}{dt} - M\frac{di}{dt} = (L_1 - M)\frac{di}{dt}$$
$$v_2 = L_2 \frac{di}{dt} - M\frac{di}{dt} = (L_2 - M)\frac{di}{dt}$$

이므로 전체 전압 v는 다음과 같다.

$$v = v_1 + v_2 = (L_1 + L_2 - 2M)\frac{di}{dt}$$

여기서 v_1의 자기유도전압은 전류 i가 수동부호규약을 만족하므로 양의 부호를 가진다. v_1에 대한 상호유도전압은 L_2에 흐르는 전류 i가 점표시가 없는 단자로 흘러 들어가고 v_1은 점표시 단자가 양극이므로 점표시 규약에 의하여 $M\frac{di}{dt}$의 부호가 음이 된다는 사실로부터 v_1의 단자전압이 결정된 것이며, v_2도 마찬가지 방식으로 결정된 것이다.

지금까지 기술한 내용으로부터 직렬로 유도결합된 코일의 단자전압은 수동부호규약과 점표시 규약을 적절하게 적용함으로써 구할 수 있다.

예제 10.10

다음은 3개의 코일이 직렬 연결되어 있는 유도결합 회로이다. 각 코일 간의 상호 인덕턴스가 각각 $M_{12} = 1H$, $M_{23} = 2H$, $M_{13} = 1H$이고, 자기 인덕턴스가 각각 $L_1 = 2H$, $L_2 = 5H$, $L_3 = 3H$라고 할 때 다음 물음에 답하라.

(1) 코일 상호 간의 결합계수 k_{12}, k_{23}, k_{13}를 각각 구하라.

(2) 전체 인덕턴스 L_{eq}를 구하라.

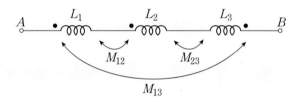

풀이 (1) 결합계수의 정의에 의하여 다음과 같다.

$$k_{12} = \frac{M_{12}}{\sqrt{L_1 L_2}} = \frac{1}{\sqrt{10}} = \frac{\sqrt{10}}{10} = 0.32$$

$$k_{23} = \frac{M_{23}}{\sqrt{L_2 L_3}} = \frac{2}{\sqrt{15}} = \frac{2\sqrt{15}}{15} = 0.52$$

$$k_{13} = \frac{M_{13}}{\sqrt{L_1 L_3}} = \frac{1}{\sqrt{6}} = \frac{\sqrt{6}}{6} = 0.41$$

(2) 단자 A와 B에서 전체 전압 v를 구하면

$$v_1 = L_1 \frac{di}{dt} + M_{12} \frac{di}{dt} - M_{13} \frac{di}{dt}$$

$$v_2 = L_2 \frac{di}{dt} + M_{12} \frac{di}{dt} - M_{23} \frac{di}{dt}$$

$$v_3 = L_3 \frac{di}{dt} - M_{13} \frac{di}{dt} - M_{23} \frac{di}{dt}$$

이므로 전체 전압 v는 다음과 같다.

$$v = v_1 + v_2 + v_3 = (L_1 + L_2 + L_3 + 2M_{12} - 2M_{13} - 2M_{23})\frac{di}{dt}$$

따라서 전체 인덕턴스 L_{eq}는 다음과 같이 구해진다.

$$L_{eq} = L_1 + L_2 + L_3 + 2M_{12} - 2M_{13} - 2M_{23}$$
$$= 2 + 5 + 3 + 2 - 2 - 4 = 6H$$

여 기서 잠깐! | **정현파 전원인 경우 유도결합된 코일쌍**

다음의 유도결합된 코일쌍 회로에 대하여 단자전압을 구해본다.

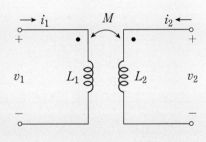

$$v_1 = L_1 \frac{di_1}{dt} + M\frac{di_2}{dt}$$
$$v_2 = L_2 \frac{di_2}{dt} + M\frac{di_1}{dt}$$

전압, 전류가 정현파인 경우 페이저를 이용하면 v_1과 v_2를 다음과 같이 표현할 수 있다.

$$V_1 = j\omega L_1 I_1 + j\omega M I_2$$
$$V_2 = j\omega L_2 I_2 + j\omega M I_1$$

위의 페이저 관계식으로부터 주파수 영역에서 유도결합된 코일쌍 회로를 페이저 회로로 나타내면 다음과 같다.

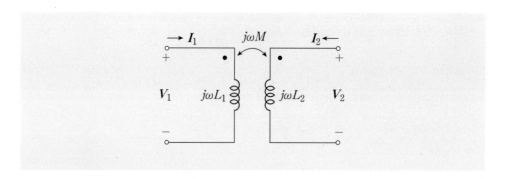

예제 10.11

다음의 유도결합된 코일쌍 회로에서 4Ω 저항의 양단전압 $v_2(t)$를 구하라. 단, $v_1(t) = 2\cos t\,V$인 정현파이다.

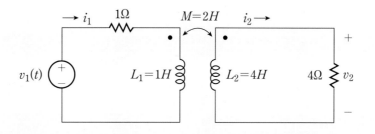

풀이 주어진 회로를 주파수 영역에서의 페이저 회로로 변환하면 다음과 같다.

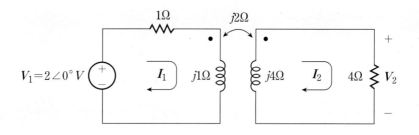

메쉬해석법을 이용하여 각 메쉬에 대한 전압방정식을 유도한다.

L_1에 걸리는 상호유도전압은 전류 I_2가 점표시가 없는 단자로 흘러 들어가므로 좌측 메쉬에서 점이 없는 단자가 양극이 된다. 즉,

$$I_1 + j1I_1 - j2I_2 = 2\angle 0° \longrightarrow (1 + j1)\,I_1 - j2I_2 = 2\angle 0°$$

L_2에 걸리는 상호유도전압은 전류 I_1이 점표시가 있는 단자로 흘러 들어가므로 우측 메쉬에서 점표시가 있는 단자가 양극이 된다. 즉,

$$4I_2 + j4I_2 - j2I_1 = 0 \longrightarrow -j2I_1 + (4 + j4)\,I_2 = 0$$

Cramer 공식을 이용하여 I_1과 I_2를 구하면

$$I_1 = \frac{\begin{vmatrix} 2 & -j2 \\ 0 & 4+j4 \end{vmatrix}}{\begin{vmatrix} 1+j1 & -j2 \\ -j2 & 4+4j \end{vmatrix}} = \frac{8(1+j1)}{4+j8} = \frac{8\sqrt{2}\angle 45°}{4\sqrt{5}\angle 63.4°} = 1.3\angle -18.4°\,A$$

$$I_2 = \frac{\begin{vmatrix} 1+j1 & 2 \\ -j2 & 0 \end{vmatrix}}{\begin{vmatrix} 1+j1 & -j2 \\ -j2 & 4+j4 \end{vmatrix}} = \frac{j4}{4+j8} = \frac{4\angle 90°}{4\sqrt{5}\angle 63.4°} = 0.5\angle 26.6°\,A$$

이므로 V_2는 다음과 같이 결정된다.

$$V_2 = 4I_2 = 4\times 0.5\angle 26.6° = 2\angle 26.6°\,V$$

따라서 시간 영역에서 $v_2(t)$는 다음과 같다.

$$v_2(t) = 2\cos(t + 26.6°)\,V$$

10.6 선형변압기의 특성

(1) 선형변압기와 반사 임피던스

변압기(transformer)는 유도결합에 근거를 둔 전기장치이며, 주로 통신 및 전력시스템에서 많이 사용되고 있다. 통신시스템에서의 변압기는 주로 임피던스 정합과 시스템의 각 부분으로 직류신호를 제거하기 위하여 사용된다. 한편, 전력시스템에서의 변압기는 전력의 송전 및 배전을 용이하게 할 수 있도록 교류전압의 크기를 변경하는데 주로 사용된다.

본 절에서는 통신시스템에서 주로 사용되는 선형변압기(linear transformer)의 정현파 정상상태 동작에 대하여 기술한다. 일반적으로 변압기는 철심에 2개의 코일이 유도결합되어 있는 형태이며, 2개의 코일과 철심 모두가 철저하게 절연되어 있다. 변압기의 철심에 자성재료를 사용하게 되면 자속과 전류와의 관계가 비선형(nonlinear) 관계가 되므로, 자성재료를 사용하지 않은 변압기를 선형변압기라한다.

그림 10.22에 부하 Z_L이 연결된 선형변압기 회로를 주파수 영역의 페이저 회로로 나타내었다. 그림 10.22에서 전원에 연결되어 있는 변압기의 좌측 코일을 1차 권선(primary winding)이라 부르며, 부하가 연결되어 있는 변압기의 우측 코일을 2차 권선(secondary winding)이라 부른다. 또한 R_1과 R_2는 각각 1차 권선의 저항과 2차 권선의 저항을 나타내며, Z_S와 Z_L은 각각 전원의 내부 임피던스와 부하 임피던스를 나타낸다.

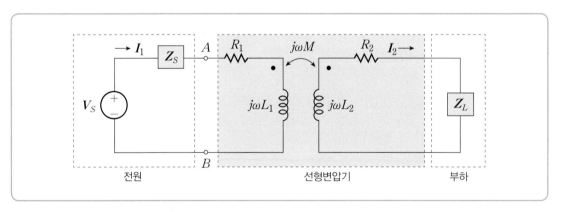

그림 10.22 부하가 연결된 선형변압기의 페이저 회로

그림 10.22의 페이저 회로에 메쉬해석법을 적용하면 다음의 회로방정식을 얻을 수 있다.

$$(\boldsymbol{Z}_S + R_1 + j\omega L_1)\boldsymbol{I}_1 - j\omega M\boldsymbol{I}_2 = \boldsymbol{V}_S \tag{10-85}$$

$$-j\omega M\boldsymbol{I}_1 + (R_2 + j\omega L_2 + \boldsymbol{Z}_L)\boldsymbol{I}_2 = 0 \tag{10-86}$$

대수 조작을 간단하게 하기 위하여 다음을 정의한다.

$$\boldsymbol{Z}_{11} \triangleq \boldsymbol{Z}_S + R_1 + j\omega L_1 \tag{10-87}$$

$$\boldsymbol{Z}_{22} \triangleq R_2 + j\omega L_2 + \boldsymbol{Z}_L \tag{10-88}$$

식(10-87)의 $\boldsymbol{Z}_{11}$은 1차 권선을 포함하는 좌측 메쉬의 자기 임피던스이며, 식(10-88)의 $\boldsymbol{Z}_{22}$는 2차 권선을 포함하는 우측 메쉬의 자기 임피던스를 나타낸다. 식(10-86)으로부터 $\boldsymbol{I}_2$를 구하여 식(10-85)에 대입하면 다음의 입력 임피던스를 구할 수 있다.

$$\frac{\boldsymbol{V}_S}{\boldsymbol{I}_1} \triangleq \boldsymbol{Z}_{in} = \boldsymbol{Z}_{11} + \frac{\omega^2 M^2}{\boldsymbol{Z}_{22}} \tag{10-89}$$

식(10-89)는 선형변압기의 점표시의 위치와 무관하게 항상 성립한다는 것에 유의하라. 그 이유는 상호 인덕턴스가 제곱의 형태로 나타나기 때문이다.

그림 10.22에서 단자 A와 B에서의 임피던스 $\boldsymbol{Z}_{AB}$는 식(10-89)에서 전원의 내부 임피던스를 제외함으로써 다음과 같이 구할 수 있다.

$$\boldsymbol{Z}_{AB} = \boldsymbol{Z}_{in} - \boldsymbol{Z}_S = R_1 + j\omega L_1 + \frac{\omega^2 M^2}{\boldsymbol{Z}_{22}} \tag{10-90}$$

$\boldsymbol{Z}_{AB}$는 전원에서 회로의 우측을 보았을 때, 선형변압기가 부하 임피던스에 어떻게 영향을 미치는가를 알 수 있기 때문에 대단히 중요하다.

만일 선형변압기가 없다면, 부하 임피던스 $\boldsymbol{Z}_L$은 직접 전원에 연결되어 전원은 $\boldsymbol{Z}_L$을 마주보게 될 것이다. 선형변압기가 있으면, 부하 임피던스는 선형변압기를 통해 전원에 연결되므로 전원측에서는 식(10-90)과 같이 수정된 부하 임피던스를 마주보게 된다.

식(10-90)의 세 번째 항은 선형변압기의 2차측과 관련된 임피던스 $\boldsymbol{Z}_{22}$가 1차측으

로 전달되거나 또는 반사된 임피던스이므로 반사 임피던스(reflected impedance) Z_r이라고 정의한다. 즉,

$$Z_r \triangleq \frac{\omega^2 M^2}{Z_{22}} = \frac{\omega^2 M^2}{R_2 + j\omega L_2 + Z_L} \qquad (10-91)$$

반사 임피던스 Z_r은 단순히 상호 인덕턴스 M으로 인하여 나타난다는 것에 주목하라. 2개의 코일이 유도결합되어 있지 않으면, $M = 0$이므로 $Z_r = 0$이 되고 Z_{AB}도 단순히 1차 코일의 자기 임피던스를 나타내게 되는 것이다.

결과적으로 선형변압기가 전원과 부하 사이에 연결됨으로써 전원측에서는 부하 임피던스가 변화된 것처럼 보이기 때문에 선형변압기는 통신시스템에서 임피던스 정합을 위해 많이 사용되는 것이다.

반사 임피던스 Z_r에 대하여 좀더 상세하게 고찰하기 위하여 부하 임피던스 Z_L을 다음과 같이 직각좌표 형식으로 표현한다.

$$Z_L = R_L + jX_L \qquad (10-92)$$

식(10-92)를 식(10-91)에 대입하여 정리하면

$$\begin{aligned}
Z_r &= \frac{\omega^2 M^2}{R_2 + j\omega L_2 + Z_L} = \frac{\omega^2 M^2}{(R_2 + R_L) + j(\omega L_2 + X_L)} \\
&= \frac{\omega^2 M^2\{(R_2 + R_L) - j(\omega L + X_L)\}}{(R_2 + R_L)^2 + (\omega L_2 + X_L)^2} \\
&= \frac{\omega^2 M^2}{|Z_{22}|^2} Z_{22}^* \qquad (10-93)
\end{aligned}$$

이므로 선형변압기는 2차 회로의 자기 임피던스의 공액 Z_{22}^*에 스케일링 인자(scaling factor) $\omega^2 M^2 / |Z_{22}|^2$을 곱하여 1차 권선으로 반사한다는 것을 알 수 있다.

예제 10.12

다음 주파수 영역의 페이저 회로에 대하여 물음에 답하라.

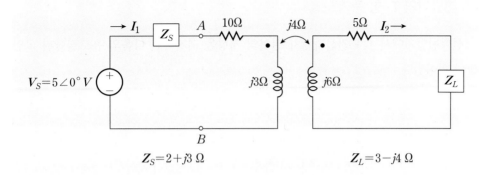

$Z_S = 2 + j3 \; \Omega$ $Z_L = 3 - j4 \; \Omega$

(1) 1차 회로와 2차 회로의 자기 임피던스 Z_{11}과 Z_{22}를 각각 구하라.

(2) 반사 임피던스 Z_r과 스케일링 인자를 구하라.

(3) 단자 A와 B에서 회로의 우측을 바라본 임피던스 Z_{AB}를 구하라.

풀이 (1) 식(10-87)과 식(10-88)로부터

$$Z_{11} = Z_S + R_1 + j\omega L_1 = 2 + j3 + 10 + j3 = 12 + j6 \; \Omega$$
$$Z_{22} = R_2 + j\omega L_2 + Z_L = 5 + j6 + 3 - j4 = 8 + j2 \; \Omega$$

(2) $\omega M = 4\Omega$이므로 식(10-93)에 의하여

$$Z_r = \frac{\omega^2 M^2}{|Z_{22}|^2} Z_{22}^*$$
$$= \frac{16}{64 + 4}(8 - j2) = \frac{4}{17}(8 - j2) \; \Omega$$

이 되며, 스케일링 인자는 $\dfrac{4}{17}$ 이다.

(3) Z_{AB}는 식(10-90)으로부터 다음과 같이 계산할 수 있다.

$$Z_{AB} = R_1 + j\omega L_1 + \frac{\omega^2 M^2}{Z_{22}}$$
$$= 10 + j3 + \frac{16}{8 + j2} = \frac{1}{17}(202 + j43) \; \Omega$$

(2) 변압기의 T-형 등가회로

선형변압기에서 1차 권선과 2차 권선의 저항을 제거하면 다음의 유도결합된 코일 쌍이 얻어진다.

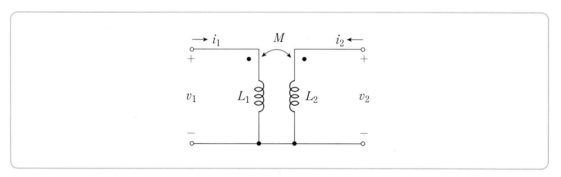

그림 10.23 권선저항이 무시된 선형변압기

그림 10.23에서 선형변압기의 아래 두 단자를 서로 연결하면 3단자 회로가 되는데, 때때로 선형변압기를 다음의 T-형 등가회로로 변환하면 편리한 경우가 많다.

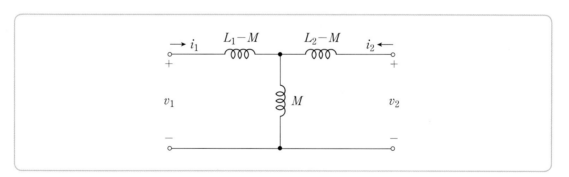

그림 10.24 선형변압기의 T-형 등가회로

만일 그림 10.23의 회로에서 점표시의 위치 중 하나가 대각선으로 위치하면, 그림 10.24의 회로에서 M 대신에 $-M$을 대입하면 된다. T-형 등가회로에서는 모든 인덕턴스가 자기 인덕턴스이므로 실제로는 음(−)의 값을 가질 수는 없지만, 등가회로에서는 인덕턴스가 음의 값을 가질 수도 있다. 이는 수학적인 해석에서만 가능한 일

이고 실제로 음의 자기 인덕턴스를 가지는 인덕터를 만들 수는 없다.

그림 10.23에서 각 코일의 단자전압 v_1과 v_2를 구하면

$$v_1 = L_1 \frac{di_1}{dt} + M \frac{di_2}{dt} \tag{10-94}$$

$$v_2 = L_2 \frac{di_2}{dt} + M \frac{di_1}{dt} \tag{10-95}$$

가 되며, 그림 10.24에서 메쉬해석법을 적용하여 회로방정식을 유도하면 다음과 같다.

$$(L_1 - M) \frac{di_1}{dt} + M \frac{d}{dt}(i_1 + i_2) = v_1 \tag{10-96}$$

$$(L_2 - M) \frac{di_2}{dt} + M \frac{d}{dt}(i_1 + i_2) = v_2 \tag{10-97}$$

식(10-96)과 식(10-97)을 정리하면 식(10-94)와 식(10-95)와 같아지므로 그림 10.23의 회로와 그림 10.24의 회로는 서로 등가이다.

예제 10.13

다음 선형변압기의 회로에서 결합계수 $k = 0.5$일 때, T-형 등가회로를 이용하여 전압 $v_2(t)$를 구하라. 단, $v_S(t) = 4 \cos t \, V$이다.

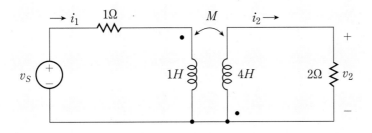

풀이 결합계수의 정의로부터 상호 인덕턴스 M을 구하면

$$M = k\sqrt{L_1 L_2} = 0.5 \times 2 = 1H$$

이므로 점표시의 위치에 주의하여 주어진 회로를 주파수 영역에서 T-형 등가회로로 변환하면 다음과 같다. 점표시의 위치가 대각선으로 위치하므로 M 대신 $-M$을 대입하여 등가회로를 구성해야한다.

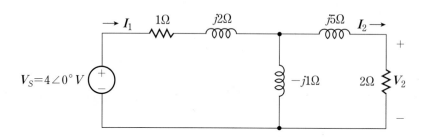

메쉬해석법에 의하여 회로방정식을 유도하여 정리하면

$$\begin{cases} (1 + j2)\,I_1 - j1\,(I_1 - I_2) = V_S \\ (2 + j5)\,I_2 - j1\,(I_2 - I_1) = 0 \end{cases}$$

$$\begin{cases} (1 + j1)\,I_1 + j1 I_2 = 4\angle 0° \\ j1 I_1 + (2 + j4)\,I_2 = 0 \end{cases}$$

이므로 Cramer 공식을 이용하여 I_2를 구하면 다음과 같다.

$$I_2 = \frac{\begin{vmatrix} 1 + j1 & 4 \\ j1 & 0 \end{vmatrix}}{\begin{vmatrix} 1 + j1 & j1 \\ j1 & 2 + j4 \end{vmatrix}} = \frac{-j4}{-1 + j6} = \frac{4\angle -90°}{\sqrt{37}\,\angle 99.5°} = 0.7\angle 170.5° A$$

따라서 전압 V_2는

$$V_2 = 2\Omega \times I_2 = 1.4\angle 170.5° V$$

이므로 시간 영역으로 변환하면 $v_2(t)$는 다음과 같다.

$$v_2(t) = 1.4\cos{(t + 170.5°)}\,V$$

예제 10.14

다음의 두 회로가 서로 등가일 때 L_a, L_b, L_c를 각각 구하라. 또한 선형변압기의 2차측에서 표시점이 아래쪽에 위치할 때 L_a, L_b, L_c를 각각 구하라.

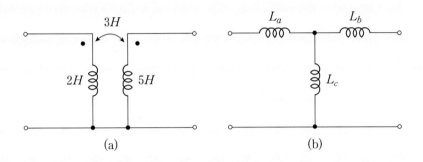

(a)   (b)

풀이 그림 10.24로부터

$$L_a = L_1 - M = 2 - 3 = -1H$$
$$L_b = L_2 - M = 5 - 3 = 2H$$
$$L_c = M = 3H$$

가 얻어진다. 만일 그림 (a)에서 선형변압기의 2차측 표시점의 위치가 아래쪽으로 이동하면 그림 10.24의 M 대신에 $-M$으로 대체하면 된다.

따라서 L_a, L_b, L_c는 각각 다음과 같이 계산할 수 있다.

$$L_a = L_1 + M = 2 + 3 = 5H$$
$$L_b = L_2 + M = 5 + 3 = 8H$$
$$L_c = -M = -3H$$

10.7 이상적인 변압기의 특성

(1) 이상적인 변압기의 정의와 입력 임피던스

실제의 변압기는 저항에 의한 손실이나 히스테리시스(hysterisis) 손실 및 누설자

속에 의한 와전류 손실이 존재한다. 이러한 손실들은 일종의 임피던스로 작용하여 1
차 및 2차 코일의 자기 인덕턴스와 상호 인덕턴스 이외의 전압·전류 관계를 가진다.

이상적인 변압기(ideal transformer)는 순수하게 1차 및 2차 코일의 L_1, L_2,
M 이외의 모든 임피던스 성분을 0으로 간주하여 변압기를 해석하고자 하는 의도로
부터 출발된 변압기 모델이다. 이상적인 변압기는 각기 1차 코일과 2차 코일의 권선
수가 N_1과 N_2인 2개의 유도결합된 코일쌍으로 구성되어 있으며, 다음의 조건을 만
족해야 한다.

이상적인 변압기의 특성

- 결합계수 $k = 1$이다. 즉, $M = \sqrt{L_1 L_2}$이다.
- 변압기의 손실은 0이다.
- 두 코일의 자기 인덕턴스 L_1과 L_2는 무한대이나 L_1과 L_2의 비는 일정하다.

이상적인 변압기의 특성에서 결합계수가 1이라는 것은 누설자속이 전혀 없으며,
상호 인덕턴스 $M = \sqrt{L_1 L_2}$은 L_1과 L_2에 의해서만 결정된다는 의미이다. 다음으로
변압기의 손실이 0이므로 그에 따른 전압강하를 계산할 필요가 없으며, L_1과 L_2가
무한대라는 것은 회로의 다른 코일 성분에 비해 인덕턴스 값이 상대적으로 매우 크다
는 의미이다. 변압기의 철심에는 매우 두껍게 권선이 감겨져 있으며, 권선수가 크면
클수록 인덕턴스가 커지고 인덕턴스가 클수록 더 많은 자속이 발생하므로 변압기로
서의 충분한 조건을 갖추었다는 것이다.

그림 10.25에 부하 임피던스 Z_L이 연결된 이상적인 변압기를 나타내었다.

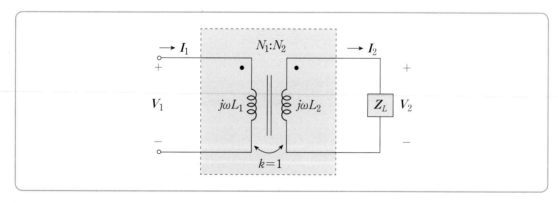

그림 10.25 부하가 연결된 이상적인 변압기의 페이저 회로

그림 10.25에서 두 코일 사이의 수직선은 철심의 적층을 나타내고, $N_1 : N_2$는 두 코일의 권선비를 나타낸다. 이상적인 변압기에서 도입되는 새로운 개념은 권선비 (turn ratio) a로 다음과 같이 정의한다.

$$a \triangleq \frac{N_2}{N_1} \qquad (10-98)$$

코일의 자기 인덕턴스는 코일을 만드는 도선의 권선수의 제곱에 비례하므로 다음과 같이 표현된다.

$$L = \frac{\mu N^2 A}{l} \qquad (10-99)$$

여기서 μ : 투자율

N : 권선수

A : 코일의 단면적

l : 코일의 길이

따라서 코일의 자기 인덕턴스 L_1과 L_2와 권선수의 제곱 N_1^2, N_2^2 사이에는 다음의 관계가 성립한다.

$$L_1 : L_2 = N_1^2 : N_2^2$$

$$\frac{L_2}{L_1} = \frac{N_2^2}{N_1^2} = \left(\frac{N_2}{N_1}\right)^2 = a^2 \qquad (10-100)$$

그림 10.25의 정현파 정상상태 회로에 메쉬해석법을 적용하면 다음의 회로방정식을 얻을 수 있다.

$$j\omega L_1 I_1 - j\omega M I_2 = V_1 \qquad (10-101)$$

$$-j\omega M I_1 + (Z_L + j\omega L_2) I_2 = 0 \qquad (10-102)$$

식(10-102)를 I_2에 대하여 정리한 다음 식(10-101)에 대입하면

$$j\omega L_1 I_1 + \frac{\omega^2 M^2}{Z_L + j\omega L_2} I_1 = V_1$$

$$\left(j\omega L_1 + \frac{\omega^2 M^2}{Z_L + j\omega L_2} \right) I_1 = V_1 \tag{10-103}$$

이므로 입력 임피던스 Z_{in}을 구하면 다음과 같다.

$$\frac{V_1}{I_1} \triangleq Z_{in} = j\omega L_1 + \frac{\omega^2 M^2}{Z_L + j\omega L_2} \tag{10-104}$$

결합계수 $k = 1$로부터 $M^2 = L_1 L_2$의 관계와 식(10-100)으로부터 $L_2 = a^2 L_1$의 관계를 얻을 수 있으므로 식(10-104)는 다음과 같이 표현할 수 있다.

$$Z_{in} = j\omega L_1 + \frac{\omega^2 a^2 L_1^2}{Z_L + j\omega a^2 L_1}$$

$$= \frac{j\omega L_1 Z_L}{Z_L + j\omega a^2 L_1} = \frac{Z_L}{a^2 + \left(\dfrac{Z_L}{j\omega L_1} \right)} \tag{10-105}$$

$L_1 \to \infty$로 하면 식(10-105)로부터 입력 임피던스 Z_{in}은 다음과 같다.

$$Z_{in} = \frac{Z_L}{a^2} \tag{10-106}$$

식(10-106)으로부터 이상적인 변압기의 입력 임피던스는 부하 임피던스와 비례하는데 비례상수는 권선비의 제곱의 역수라는 것을 알 수 있다.

여 기서 잠깐! **이상적인 변압기의 반사 임피던스**

이상적인 변압기의 반사 임피던스 Z_r은 무한대이다. 만일 그렇지 않다면 1차측 자기 인덕턴스에 의한 무한 임피던스와 상쇄될 수 없을 것이다. Z_L / a^2을 반사 임피던스라고 부르기도 하지만 실제로는 반사 임피던스가 아니라는 사실에 주의하라.

(2) 이상적인 변압기의 전압 · 전류 특성

이상적인 변압기에서 1차 전류 I_1과 2차 전류 I_2의 관계식은 식(10-102)로부터 다음과 같이 구할 수 있다.

$$\cdot\ \frac{I_2}{I_1} = \frac{j\omega M}{Z_L + j\omega L_2} \tag{10-107}$$

$L_2 \to \infty$이므로 식(10-107)에서 Z_L은 무시할 수 있으므로

$$\frac{I_2}{I_1} = \frac{j\omega M}{j\omega L_2} = \frac{M}{L_2} = \sqrt{\frac{L_1}{L_2}} = \frac{1}{a} \tag{10-108}$$

이 얻어지므로 I_1과 I_2는 다음과 같이 표현할 수 있다.

$$\frac{I_2}{I_1} = \frac{N_1}{N_2} \longrightarrow N_1 I_1 = N_2 I_2 \tag{10-109}$$

식(10-109)로부터 $N_2 > N_1$이면 $|I_2| < |I_1|$이므로 이상적인 변압기에서 전류비는 권선수에 반비례한다는 것을 알 수 있다.

만일 그림 10.25에서 전류의 방향이 반대이거나 표시점의 위치가 바뀌면 전류비는 음수가 된다는 것에 주의하라.

한편, 이상적인 변압기에서 1차 전압 V_1과 2차 전압 V_2의 관계식은 다음과 같다.

$$V_1 = Z_{in} I_1 = \frac{Z_L}{a^2} I_1 \tag{10-110}$$

$$V_2 = Z_L I_2 \tag{10-111}$$

식(10-110)과 식(10-111)로부터 전압비는

$$\frac{V_2}{V_1} = \frac{Z_L I_2}{\left(\dfrac{Z_L}{a^2}\right) I_1} = \frac{Z_L I_2}{\left(\dfrac{Z_L}{a^2}\right) a I_2} = a \tag{10-112}$$

이므로 V_1과 V_2는 다음과 같이 표현할 수 있다.

$$\frac{V_2}{V_1} = \frac{N_2}{N_1} \longrightarrow N_2 V_1 = N_1 V_2 \qquad (10-113)$$

식(10-113)으로부터 $N_2 > N_1$이면 $|V_1| < |V_2|$이므로 이상적인 변압기에서 전압비는 권선수에 비례한다는 것을 알 수 있다.

만일, 그림 10.25에서 전압의 극성이 바뀌거나 표시점의 위치가 바뀌면 전압비는 음수가 된다는 것에 주의하라.

식(10-112)로부터 권선비 a를 적절히 선택하면 어떤 교류전압을 다른 교류전압으로 변환할 수 있다. $a > 1$이면 2차 전압 V_2가 1차 전압 V_1보다 커지며, 이를 승압변압기(step-up transformer)라고 한다. $a < 1$이면 2차 전압 V_2가 1차 전압 V_1보다 작아지며, 이를 강압변압기(step-down transformer)라고 한다.

이상적인 변압기의 1차측에서 복소전력 S_1은

$$S_1 = \frac{1}{2} V_1 I_1^* = \frac{1}{2}\left(\frac{V_2}{a}\right)(aI_2)^* = \frac{1}{2} V_2 I_2^* = S_2 \qquad (10-114)$$

가 되므로 이상적인 변압기는 1차측 전력을 손실없이 모두 2차측에 전달한다. 따라서 이상적인 변압기는 전력손실이 없다는 것을 알 수 있다.

예제 10.15

다음 회로에서 권선비 $a = 2$라고 할 때 페이저 전류 I_1과 I_2를 구하라.

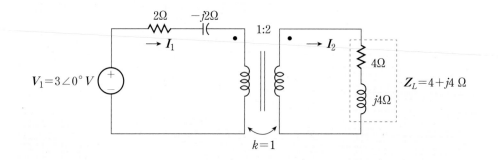

풀이 식(10-106)으로부터 이상적인 변압기의 1차측에서 바라본 임피던스를 구하면

$$Z_{in} = \frac{Z_L}{a^2} = \frac{1}{4}(4 + j4) = 1 + j1 \ \Omega$$

이므로 I_1은 다음과 같이 구해진다.

$$I_1 = \frac{V_1}{Z_{in} + 2 - j2 \Omega} = \frac{3\angle 0°}{3 - j1} = \frac{3\angle 0°}{\sqrt{10} \angle -18.4°} = 1.0\angle 18.4°A$$

권선비 $a = 2$이므로 식(10-108)로부터 전류 I_2는 다음과 같다.

$$I_2 = \frac{1}{a}I_1 = \frac{1}{2}I_1 = 0.5\angle 18.4°A$$

예제 10.16

다음의 이상변압기 회로에서 $10k\Omega$의 저항에서 소비하는 평균전력을 구하라.

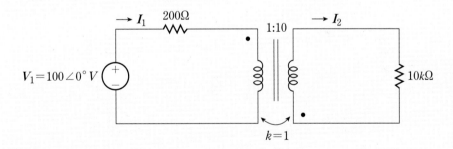

풀이 $10k\Omega$의 저항에서 소비하는 평균전력을 구하기 위해서는 I_2를 구해야 한다. 먼저, I_1을 구하기 위하여 입력 임피던스 Z_{in}을 구하면

$$Z_{in} = \frac{1}{a^2}Z_L = \frac{1}{100} \times 10000 = 100\Omega$$

이므로 I_1은 다음과 같다.

$$I_1 = \frac{V_1}{200 + Z_{in}} = \frac{100\angle 0°}{300} = \frac{1}{3}\angle 0° A$$

식(10−108)로부터

$$I_2 = \frac{1}{a}I_1 = -\frac{1}{10}\left(\frac{1}{3}\angle 0°\right) = \left(\frac{1}{10}\angle 180°\right)\left(\frac{1}{3}\angle 0°\right) = \frac{1}{30}\angle 180° A$$

이므로 $10k\Omega$에서 소비하는 평균전력 P는 다음과 같다.

$$P = \frac{1}{2}|I_2|^2 R = \frac{1}{2} \times \frac{1}{900} \times 10000 = \frac{50}{9} W$$

(3) 테브난 등가회로의 결정

그림 10.26에 나타낸 회로에서 이상적인 변압기의 2차측의 단자 A와 B에서 점선 부분에 대한 테브난 등가회로를 구해본다.

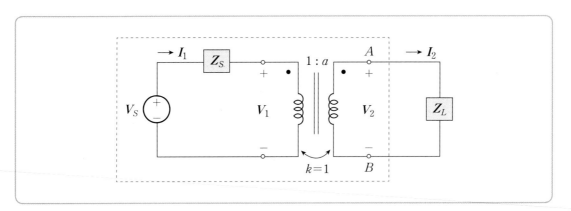

그림 10.26 이상적인 변압기에 대한 테브난 등가회로의 결정

그림 10.26의 회로에서 점선 부분을 테브난 등가회로로 변환하기 위하여 V_{TH}와 Z_{TH}를 구해본다.

① V_{TH}의 결정

단자 A와 B를 개방하면 $I_2 = 0$이므로 $I_1 = aI_2 = 0$이 된다. 따라서 Z_S에서의 전압강하는 없으므로 $V_1 = V_S$가 되어 테브난 등가전압 V_{TH}는 다음과 같다.

$$V_{TH} = V_2 = aV_1 = aV_S \qquad (10-115)$$

② Z_{TH}의 결정

Z_{TH}를 구하기 위하여 먼저 노턴 단락전류 I_N을 구한다.

단자 A와 B를 단락시키면 $V_2 = 0$이므로 $V_1 = \dfrac{1}{a}V_2 = 0$이 된다. 따라서 전류 I_1은 $I_1 = V_S/Z_S$가 되므로 노턴 단락전류 I_N은 다음과 같다.

$$I_N = I_2 = \frac{1}{a}I_1 = \frac{V_S}{aZ_S} \qquad (10-116)$$

식(10-115)와 식(10-116)으로부터 테브난 등가 임피던스 Z_{TH}는 다음과 같이 결정된다.

$$Z_{TH} \triangleq \frac{V_{TH}}{I_N} = a^2 Z_S \qquad (10-117)$$

따라서 그림 10.26의 점선 부분에 대한 테브난 등가회로는 다음과 같다.

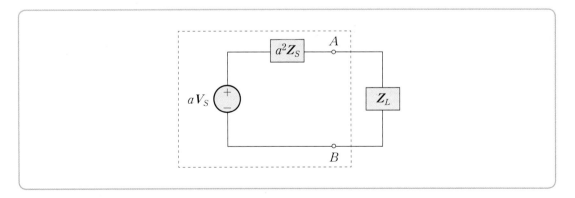

그림 10.27 테브난 등가회로

그림 10.26에서 표시점의 위치가 바뀌면 a 대신에 $-a$를 그림 10.27에 대입하면 된다.

지금까지의 논의로부터 이상적인 변압기에서 전압은 권선비 a에 비례하여 $(V_2 = aV_1)$ 변환되고, 전류는 권선비 a에 반비례하여 $\left(I_2 = \dfrac{1}{a}I_1\right)$ 변환된다. 그러나 이상적인 변압기의 2차측에서 바라본 임피던스는 권선비의 제곱에 비례하고 $(Z_{TH} = a^2 Z_S)$, 1차측에서 바라본 임피던스는 권선비의 제곱에 반비례하여 $\left(Z_{in} = \dfrac{1}{a^2}Z_L\right)$ 변환된다. 이러한 관점에서 이상적인 변압기를 임피던스 변환기라고 도 한다.

여) 기서 잠깐!   **완전결합 변압기**

이상적인 변압기는 매우 편리한 변압기 모델이지만 두 코일의 인덕턴스가 무한대가 되어야 하므로 실현 불가능하다. 다만 자성체의 제조기술이 발달하여 결합계수가 거의 1에 가까운 자성체를 만들 수 있는데, 이와 같이 결합계수 $k = 1$인 변압기를 완전결합 변합기(perfect coupled transformer)라고 부른다.

예제 10.17

다음 회로에서 점선 부분의 회로를 테브난 등가회로로 대체한 다음, 페이저 전류 I_2를 구하라.

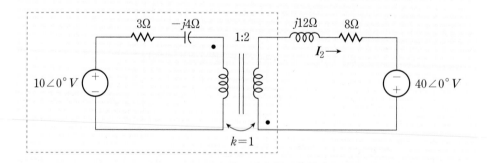

풀이 점선 부분을 테브난 등가회로로 변환하기 위하여 표시점의 위치에 주의하여 $a = -2$를 그림 10.27에 대입하면 다음과 같다.

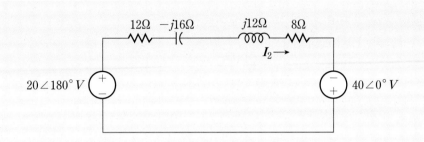

키르히호프의 전압 법칙을 적용하면 I_2는 다음과 같다.

$$(20 - j4)\,I_2 - 40\angle 0° - 20\angle 180° = 0$$

$$\therefore I_2 = \frac{20\angle 0°}{4\,(5 - j1)} = 1.0\angle 11.3°$$

10.8 요약 및 복습

직렬공진회로

• 직렬 RLC 회로에서 공진은 등가 임피던스 Z_{eq}의 허수부인 리액턴스가 0이 될 때 발생한다.

$$\omega L - \frac{1}{\omega C} = 0$$

• 공진시에 등가 임피던스가 최소가 되어 회로에는 최대전류가 흐른다.

• 공진시에 v_L과 v_C의 합은 언제나 0이지만, v_L과 v_C 각각의 크기는 X_L과 X_C의 값에 따라 전원 전압보다 훨씬 큰 값을 가질 수도 있다.

• 직렬 RLC 회로의 위상 관계($\theta = \angle Z_{eq}$)

① $\omega < \omega_0$일 때 $\theta < 0$이므로 용량성 회로

   → i_S의 위상이 v_S의 위상보다 선행

② $\omega = \omega_0$일 때 $\theta = 0$이므로 저항성 회로

   → i_S의 위상과 v_S의 위상이 동상, 공진 발생

③ $\omega > \omega_0$일 때 $\theta > 0$이므로 유도성 회로

　　→ i_S의 위상이 v_S의 위상보다 지연

병렬공진회로

- 병렬 RLC 회로에서 공진은 등가 어드미턴스 Y_{eq}의 허수부인 서셉턴스가 0이 될 때 발생한다.

$$\omega C - \frac{1}{\omega L} = 0$$

- 공진시에 등가 어드미턴스가 최소가 되어 병렬 가지에는 최대의 전압이 걸린다.
- 공진시에 i_L과 i_C의 합은 언제나 0이지만, i_L과 i_C 각각의 크기는 B_L과 B_C의 값에 따라 전원 전류보다 훨씬 큰 값을 가질 수도 있다.
- 병렬 RLC 회로의 위상 관계($\phi = \angle Y_{eq}$)

① $\omega < \omega_0$일 때 $\phi < 0$이므로 유도성 회로

　　→ i_S의 위상이 v_S의 위상보다 지연

② $\omega = \omega_0$일 때 $\phi = 0$이므로 저항성 회로

　　→ i_S의 위상과 v_S의 위상이 동상, 공진 발생

③ $\omega > \omega_0$일 때 $\phi > 0$이므로 용량성 회로

　　→ i_S의 위상이 v_S의 위상보다 선행

- 병렬공진회로에서 인덕터는 자기장 형태로 에너지를 저장하고, 커패시터는 전기장 형태로 에너지를 저장한다. → 탱크 회로
- 탱크 회로에 저장된 에너지는 반 주기마다 서로 번갈아 가면서 인덕터와 커패시터를 왕복한다.

직렬 및 병렬공진회로의 특성

	직렬공진회로	병렬공진회로
공진 조건	Z_{eq}의 허수부 $= 0$ $X_L = X_C$	Y_{eq}의 허수부 $= 0$ $B_L = B_C$
공진주파수	$\omega_0 = \dfrac{1}{\sqrt{LC}}$	$\omega_0 = \dfrac{1}{\sqrt{LC}}$
선택도	$Q_S = \dfrac{X_0}{R} = \dfrac{\omega_0 L}{R} = \dfrac{1}{\omega_0 RC}$	$Q_P = \dfrac{R}{X_0} = \dfrac{R}{\omega_0 L} = \omega_0 RC$
대역폭	$BW = \dfrac{\omega_0}{Q_S} = \dfrac{R}{L}$	$BW = \dfrac{\omega_0}{Q_P} = \dfrac{1}{RC}$
임피던스	최소	최대
어드미턴스	최대	최소
반전력 주파수	$\omega_0 = \sqrt{\omega_1 \omega_2}$ $\omega_1 = \omega_0 \left\{ \sqrt{1 + \left(\dfrac{1}{2Q_S}\right)^2} - \dfrac{1}{2Q_S} \right\}$ $\omega_2 = \omega_0 \left\{ \sqrt{1 + \left(\dfrac{1}{2Q_S}\right)^2} + \dfrac{1}{2Q_S} \right\}$	$\omega_0 = \sqrt{\omega_1 \omega_2}$ $\omega_1 = \omega_0 \left\{ \sqrt{1 + \left(\dfrac{1}{2Q_P}\right)^2} - \dfrac{1}{2Q_P} \right\}$ $\omega_2 = \omega_0 \left\{ \sqrt{1 + \left(\dfrac{1}{2Q_P}\right)^2} + \dfrac{1}{2Q_P} \right\}$

상호 인덕턴스와 유도결합

- 서로 인접한 2개의 코일 중에서 어느 한쪽의 자속이 다른 쪽의 코일을 쇄교하여 유도기전력을 발생시킬 때, 2개의 코일은 서로 유도결합되어 있다고 한다.
- 상호 인덕턴스에 의한 유도전압의 극성은 각 코일의 권선의 방향과 전류의 방향에 따라 달라진다.
- 2개의 코일에서 발생한 자속이 서로 더해져서 증가하면 상호 인덕턴스 M은 양(+)이고, 서로 상쇄되어 감소하면 상호 인덕턴스 M은 음(−)이다.
- 상호 인덕턴스의 점표시 규약
  ① 어느 한 코일에서 점표시 단자로 전류가 흘러 들어갈 때, 다른 코일에 유도되는 전압의 다른 코일의 점표시 단자가 양극이 된다.
  ② 어느 한 코일의 점표시가 없는 단자로 전류가 흘러 들어갈 때, 다른 코일에 유도되는 전압의 극성은 다른 코일의 점표시가 없는 단자가 양극이 된다.

• 상호 인덕턴스 M_{12}와 M_{21}은 서로 같다. 즉,

$$M_{12} = M_{21} \triangleq M$$

결합계수

• 상호 인덕턴스 M과 자기 인덕턴스 L_1과 L_2 사이에는 다음의 관계가 성립한다.

$$M \leq \sqrt{L_1 L_2}$$

• 상호 인덕턴스의 최댓값은 자기 인덕턴스 L_1과 L_2의 기하평균과 동일하다.
• 실제 M의 값이 최댓값 $\sqrt{L_1 L_2}$에 얼마나 가까운지를 나타내기 위하여 결합계수 k를 정의한다.

$$k \triangleq \frac{\text{실제 } M \text{의 값}}{M \text{의 최댓값}} = \frac{M}{\sqrt{L_1 L_2}}$$

• 결합계수 k는 $0 \leq k \leq 1$의 범위의 값을 가지며, $k = 1$인 경우를 완전결합이라고 하며 이는 누설자속이 전혀 없다는 의미이다.

자기유도전압과 상호유도전압

• 유도결합된 코일쌍에서 각 코일에 전류가 흐르면, 자기 인덕턴스에 의한 자기유도전압과 상호 인덕턴스에 의한 상호유도전압이 합쳐져서 각 코일의 단자전압이 결정된다.

각 코일의 단자전압 = 자기유도전압 + 상호유도전압

• 자기 인덕턴스에 의한 자기유도전압의 부호는 수동부호규약에 따라 결정한다.
• 상호 인덕턴스에 의한 상호유도전압의 부호는 점표시 규약에 따라 결정한다.

코일의 직렬 연결

- 2개의 코일을 같은 방향으로 감은 경우, 각 코일에 의한 자속들이 더해져서 자속이 증가하므로 상호 인덕턴스 M은 양이 된다.
- 2개의 코일은 서로 반대 방향으로 감은 경우, 각 코일에 의한 자속들이 서로 상쇄되어 자속이 감소하므로 상호 인덕턴스 M은 음이 된다.
- 직렬 연결된 코일의 전체 인덕턴스
  ① 같은 방향의 코일 권선 : $L_1 + L_2 + 2M$

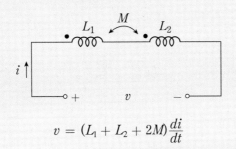

$$v = (L_1 + L_2 + 2M)\frac{di}{dt}$$

  ② 서로 다른 방향의 코일 권선 : $L_1 + L_2 - 2M$

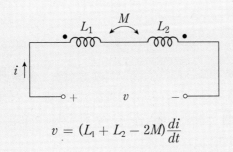

$$v = (L_1 + L_2 - 2M)\frac{di}{dt}$$

선형변압기의 특성

- 변압기의 철심에 자성재료를 사용하지 않음으로써 자속과 전류와의 관계를 선형으로 만든 변압기를 선형변압기라 한다.
- 선형변압기는 2차 회로의 자기 임피던스의 공액 Z_{22}^*에 스케일링 인자를 곱하여 1차 권선으로 반사한다. 즉,

$$Z_r = \frac{\omega^2 M^2}{|Z_{22}|^2} Z_{22}^*$$

- 반사 임피던스 Z_r은 상호 인덕턴스 M으로 인하여 나타나며, $M = 0$이면 $Z_r = 0$이 된다.
- 선형변압기가 전원과 부하 사이에 연결됨으로써 전원측에서는 부하 임피던스가 변화된 것처럼 보이기 때문에 통신시스템에서 임피던스 정합을 위해 많이 사용된다.
- T-형 등가회로

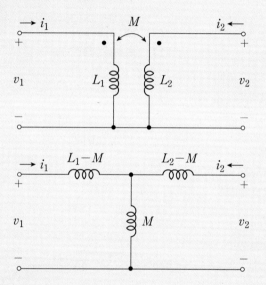

- T-형 등가회로에서 점표시 위치가 변하면 M 대신에 $-M$을 대입하면 된다. 실제로 는 음의 인덕턴스가 가능하지 않지만 수학적인 해석에서는 가능하다.
- 선형변압기의 정현파 정상상태 해석을 위하여 페이저를 이용한 페이저 회로를 유도하 여 해석하면 간편하다.

이상적인 변압기의 특성

- 이상적인 변압기의 특성
  ① 결합계수 $k = 1$이다. 즉, $M = \sqrt{L_1 L_2}$ 이다.
  ② 변압기의 손실은 0이다.
  ③ 두 코일의 자기 인덕턴스 L_1과 L_2는 무한대이나 L_1과 L_2의 비는 일정하다.

- 이상적인 변압기의 입력 임피던스는 부하 임피던스와 비례하는데, 비례상수는 권선비 a의 제곱의 역수이다. 즉,

$$Z_{in} = \frac{1}{a^2} Z_L$$

- 이상적인 변압기의 반사 임피던스 Z_r은 무한대이다.

이상적인 변압기의 전압 · 전류 특성

- 이상적인 변압기에서 전압은 권선비 a에 비례한다.

$$\frac{V_2}{V_1} = a = \frac{N_2}{N_1}$$

① $a > 1$이면 $V_2 = a V_1$이므로 $|V_2| > |V_1|$
  → 승압변압기
② $a < 1$이면 $V_2 = a V_1$이므로 $|V_2| < |V_1|$
  → 강압변압기

- 이상적인 변압기에서 전류는 권선비 a에 반비례한다.

$$\frac{I_2}{I_1} = \frac{1}{a} = \frac{N_1}{N_2}$$

- 이상적인 변압기에서 전압과 전류의 비는 권선비에 의해서만 결정된다.
- 이상적인 변압기는 1차측 전력을 전혀 손실이 없이 모두 2차측에 전달한다.

이상적인 변압기 2차측에서의 테브난 등가회로

- 이상적인 변압기의 2차측에서 점선 부분에 대한 테브난 등가회로

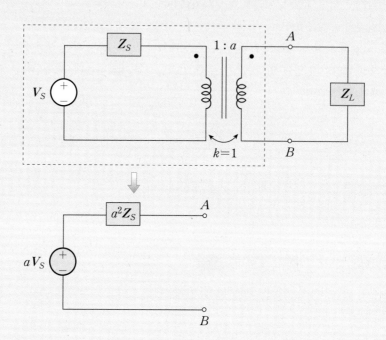

- 이상변압기에서 표시점의 위치가 바뀌면 a 대신에 $-a$를 테브난 등가회로에 대입하면 된다.
- 이상적인 변압기의 2차측에서 바라본 임피던스는 권선비의 제곱에 비례한다.

$$Z_{TH} = a^2 Z_S$$

- 이상적인 변압기의 1차측에서 바라본 임피던스는 권선비의 제곱에 반비례한다.

$$Z_{in} = \frac{1}{a^2} Z_L$$

연습문제

EXERCISE

1. 다음 직렬 RLC 회로에서 공진주파수, 선택도, 대역폭 및 회로에 흐르는 전류의 최댓값을 구하라.

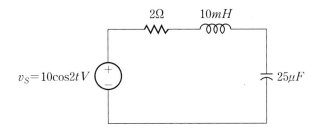

2. 다음 병렬 RLC 회로에서 공진주파수, 선택도, 대역폭 및 병렬 가지에 걸리는 전압의 최댓값을 구하라. 단, $i_S(t) = 0.5 \cos 3t A$이다.

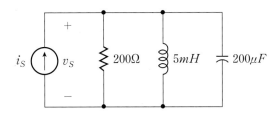

3. 어떤 병렬 RLC 공진회로에서 $BW = 30 \text{ rad/sec}$이고 공진주파수 $\omega_0 = 20 \text{ rad/sec}$일 때, 반전력주파수 ω_1과 ω_2를 구하라. 만일, 저항 $R = 5\Omega$이라고 할 때 L과 C의 값을 각각 구하라.

4. 다음의 유도결합된 코일쌍에 대하여 각 코일에서의 개방단자전압을 구하라.

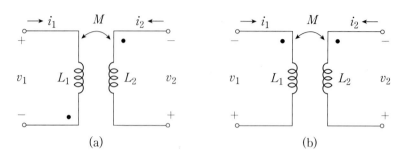

(a) (b)

5. 다음은 3개의 코일이 서로 연결된 유도결합 회로이다. 코일 상호 간의 상호 인덕턴스가 각각 M_1, M_2, M_3라고 할 때, 메쉬해석법을 이용하여 회로방정식을 유도하라. 단, $M_1 = M_2 = M_3 = 2H$로 가정한다.

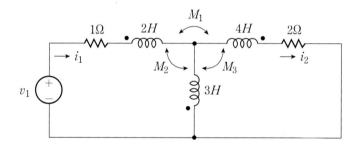

6. 다음 회로에서 $i_S(t) = 4\cos t A$일 때 i_1과 i_2의 정상상태 응답을 구하라. 단, 상호 인덕턴스 $M = 2H$이다.

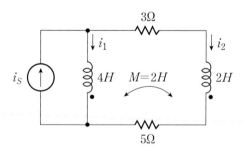

7. 다음 회로에서 상호 인덕턴스 $M = 2H$일 때 전체 인덕턴스를 구하라.

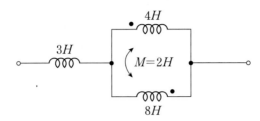

8. 다음 회로에서 5Ω의 저항에 흐르는 전류 I_L을 구하라.

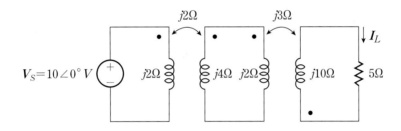

9. 다음 회로에서 $10H$의 인덕터에 걸리는 페이저 전압 V_0와 회로에 흐르는 페이저 전류 I_0를 구하라.

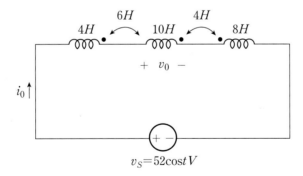

10. 다음 주파수 영역의 페이저 회로에 대하여 물음에 답하라.

(1) 1차 회로와 2차 회로의 자기 임피던스 Z_{11}과 Z_{22}를 각각 구하라.

(2) 반사 임피던스 Z_r을 구하라.

(3) 회로에 흐르는 전류 I_1을 구하라.

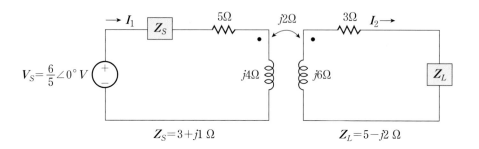

11. 다음의 선형변압기 회로에서 결합계수 $k=0.5$일 때, T-형 등가회로를 이용하여 $i_1(t)$, $i_2(t)$ 그리고 $v_2(t)$를 각각 구하라. 단, $v_S(t) = 10\cos t \, V$ 이다.

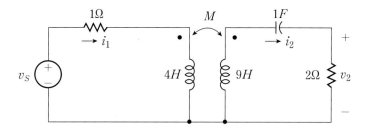

12. 다음의 이상적인 변압기 회로에서 권선비 $a=2$라고 할 때, 회로에 표시된 모든 페이저 전압과 전류를 구하라.

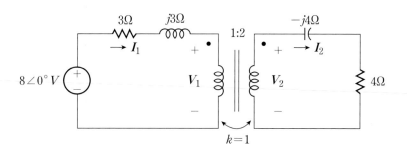

13. 다음의 이상적인 변압기 회로에서 16Ω의 저항에서 소비하는 평균전력을 구하라.

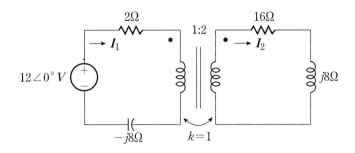

14. 다음은 2개의 이상적인 변압기를 가진 회로이다. 전원에서 바라본 임피던스와 전류 I_S를 각각 구하라.

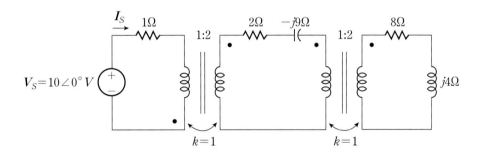

15. 다음 회로에서 점선 부분의 회로를 테브난 등가회로로 대체하여 페이저 전류 I_2를 구하라.

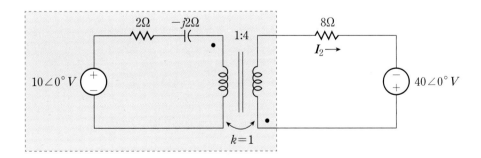

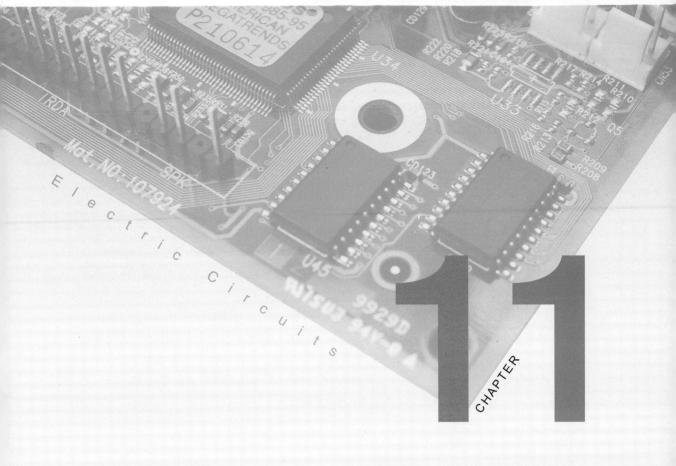

CHAPTER

11

Laplace 변환을 이용한 회로해석

CONTENTS

11 Laplace 변환을 이용한 회로해석

단 원 개 요

일반적인 선형 RLC 회로에 대한 해석은 시간 영역에서 복잡한 미분방정식의 해를 구하는 것으로부터 출발하였다. 특별한 경우로써 정현파 정상상태 응답을 주파수 영역의 페이저를 이용하여 복소수의 대수연산을 통해 간편하게 정상상태 응답을 구할 수 있었으나, 정현파에만 적용할 수 있으므로 모든 회로에 적용할 수는 없다는 단점을 가진다.

본 단원에서는 Laplace 변환을 이용하여 미분방정식을 대수방정식으로 변환하고, 임피던스라는 중요한 개념을 정현파 정상상태에서 뿐만 아니라 모든 경우에서의 선형 RLC 회로로 확장하여 일반화하는 것에 대해 기술한다.

또한, 본 단원에서는 s-영역에서의 마디 및 메쉬해석법, 테브난 및 노턴의 정리, 중첩 및 밀만의 정리, 전달함수의 극점과 안정도 관계, 임펄스 응답과 컨벌루션 적분에 대해서 살펴본다.

11.1 Laplace 변환의 정의와 성질

본 절에서는 시간 영역의 함수를 주파수 영역의 함수로 변환시킴으로써, 선형 RLC 회로의 완전응답을 간단한 복소대수방정식의 해로부터 결정할 수 있도록 해주는 편리한 수학적인 도구인 Laplace 변환의 정의와 여러 가지 성질에 대해 살펴본다.

(1) Laplace 변환의 정의

모든 $t \geq 0$에서 정의된 시간 영역(t-영역)에서 함수 $f(t)$가 주어져 있다고 가정한다. 다음과 같이 $f(t)$에 복소지수함수 e^{-st}를 곱하고 0에서 ∞까지 t에 대해 적분을 수행하고, 이 적분값이 존재하는 경우 그 값은 s의 함수 $F(s)$가 된다. 즉,

$$F(s) = \int_0^\infty f(t)\, e^{-st}\, dt \qquad (11-1)$$

식(11-1)의 $F(s)$를 $f(t)$의 Laplace 변환(Laplace transform)이라고 정의하며, 기호로는 $\mathcal{L}\{f(t)\} = F(s)$로 다음과 같이 표현한다.

$$\mathcal{L}\{f(t)\} \triangleq F(s) = \int_0^\infty f(t)\, e^{-st}\, dt \qquad (11-2)$$

그림 11.1에 Laplace 변환의 개념을 그림으로 나타내었다.

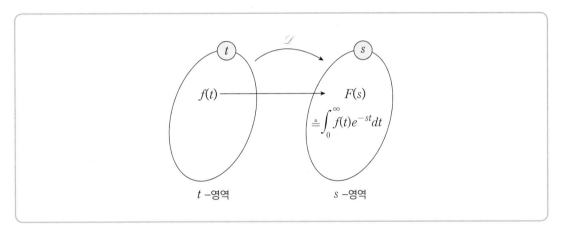

그림 11.1 Laplace 변환의 정의

그림 11.1에서 알 수 있듯이 Laplace 변환은 시간 영역에서 정의된 함수 $f(t)$를 s-영역의 함수 $F(s)$에 유일하게 대응시키는 변환이라 할 수 있다.

어떤 함수의 Laplace 변환을 구할 때마다 항상 식(11-2)의 정의에 따라 적분을 계산해야 하는 것은 아니다. 왜냐하면 Laplace 변환을 직접 계산하지 않고 변환을 구할 수 있도록 도와주는 여러 가지 유용한 성질들이 있기 때문이다.

가장 대표적인 성질인 선형성(linearity)으로부터 시작하여 여러 가지 성질을 살펴본다.

(2) Laplace 변환의 성질

① 선형성

$f(t)$와 $g(t)$의 Laplace 변환이 각각 다음과 같다고 가정한다.

$$\mathcal{L}\{f(t)\} = F(s) \tag{11-3}$$

$$\mathcal{L}\{g(t)\} = G(s) \tag{11-4}$$

k_1과 k_2를 임의의 상수라 할 때 $f(t)$와 $g(t)$의 선형결합 $k_1 f(t) + k_2 g(t)$의 Laplace 변환은 다음과 같다.

$$\begin{aligned}\mathcal{L}\{k_1 f(t) + k_2 g(t)\} &= k_1 \mathcal{L}\{f(t)\} + k_2 \mathcal{L}\{g(t)\} \\ &= k_1 F(s) + k_2 G(s)\end{aligned} \tag{11-5}$$

식(11-5)의 성질을 Laplace 변환의 선형성이라고 부른다. 그림 11.2에 Laplace 변환의 선형성에 대한 개념을 그림으로 나타내었다.

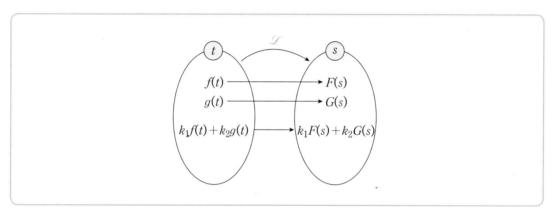

그림 11.2 Laplace 변환의 선형성

예제 11.1

다음 함수의 Laplace 변환을 구하라.

(1) $e^{\omega t}$, ω는 상수

(2) $\sinh \omega t \triangleq \dfrac{1}{2}(e^{\omega t} - e^{-\omega t})$

(3) $\cosh \omega t \triangleq \dfrac{1}{2}(e^{\omega t} + e^{-\omega t})$

풀이 (1) Laplace 변환의 정의에 의해

$$\mathcal{L}\{e^{\omega t}\} = \int_0^\infty e^{\omega t} e^{-st}\, dt = \int_0^\infty e^{-(s-\omega)t}\, dt$$
$$= \left[-\frac{1}{s-\omega} e^{-(s-\omega)t} \right]_0^\infty = \frac{1}{s-\omega}, \quad Re\{s\} > \omega$$

(2) Laplace 변환의 선형성에 의해

$$\mathcal{L}\{\sinh \omega t\} = \mathcal{L}\left\{ \frac{1}{2} e^{\omega t} - \frac{1}{2} e^{-\omega t} \right\}$$
$$= \frac{1}{2} \mathcal{L}\{e^{\omega t}\} - \frac{1}{2} \mathcal{L}\{e^{-\omega t}\}$$
$$= \frac{1}{2} \frac{1}{s-\omega} - \frac{1}{2} \frac{1}{s+\omega} = \frac{\omega}{s^2 - \omega^2}$$

(3) Laplace 변환의 선형성에 의해

$$\mathcal{L}\{\cosh \omega t\} = \mathcal{L}\left\{ \frac{1}{2} e^{\omega t} + \frac{1}{2} e^{-\omega t} \right\}$$
$$= \frac{1}{2} \mathcal{L}\{e^{\omega t}\} + \frac{1}{2} \mathcal{L}\{e^{-\omega t}\}$$
$$= \frac{1}{2} \frac{1}{s-\omega} + \frac{1}{2} \frac{1}{s+\omega} = \frac{s}{s^2 - \omega^2}$$

지금까지 Laplace 변환에 대하여 논의하였으나 모든 함수의 Laplace 변환을 기억할 필요는 없으며, 실제로 기억하는 것이 가능하지도 않을 것이다.

그러나 우리가 구구단을 기억해야 곱셈을 할 수 있듯이 공학적으로 많이 나타나는 기본 함수에 대한 Laplace 변환은 반드시 기억하도록 하자.

다음 표 11.1에 기본 함수에 대한 Laplace 변환을 나타내었다.

표 11.1 기본 함수에 대한 Laplace 변환표

$f(t)$	$\mathcal{L}\{f(t)\} = F(s)$
1	$\dfrac{1}{s}$
t^n, n은 자연수	$\dfrac{n!}{s^{n+1}}$
$e^{\omega t}$	$\dfrac{1}{s - \omega}$
$\sin \omega t$	$\dfrac{\omega}{s^2 + \omega^2}$
$\cos \omega t$	$\dfrac{s}{s^2 + \omega^2}$

② 제1이동정리

함수 $f(t)$의 Laplace 변환을 $F(s)$라 할 때 $e^{at}f(t)$의 Laplace 변환은 다음과 같다.

$$\mathcal{L}\{f(t)\} = F(s) = \int_0^\infty f(t)\, e^{-st}\, dt$$

$$\mathcal{L}\{e^{at}f(t)\} = \int_0^\infty f(t)\, e^{-(s-a)t}\, dt = F(s-a)$$

$$(11-6)$$

식(11-6)의 $F(s-a)$는 $F(s)$를 s축을 따라 a만큼 평행이동한 함수이므로 식 (11-6)의 결과를 Laplace 변환의 제1이동정리(first shifting theorem)라고 부른다.

결과적으로 $f(t)$의 Laplace 변환 $F(s)$를 알고 있다면, $e^{at}f(t)$의 Laplace 변환은 $F(s)$에서 s 대신에 $s-a$를 대입하여 $F(s-a)$로 구할 수 있다. 다시 말하면, 시간 영역에서 어떤 함수 $f(t)$에 지수함수 e^{at}를 곱하는 것은 s-영역에서 $F(s)$를 s축을 따라 a만큼 평행이동시키는 것과 동일하다.

그림 11.3에 Laplace 변환의 제1이동정리를 개념적으로 나타내었다.

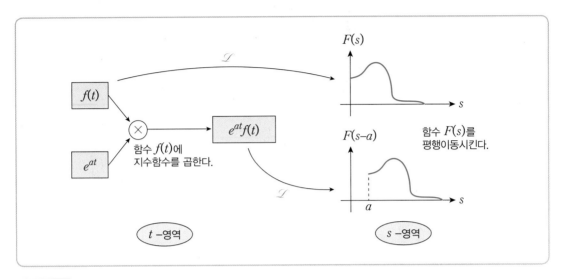

그림 11.3 제1이동정리의 개념도

예제 11.2

다음 함수들의 Laplace 변환을 제1이동정리를 이용하여 구하라.

(1) $e^{-2t}t^2$

(2) $e^{-t}\cos 2t$

풀이 (1) 먼저 t^2의 Laplace 변환을 구하면

$$\mathcal{L}\{t^2\} = \frac{2!}{s^3} = \frac{2}{s^3}$$

이므로 제1이동정리에 의하여 $e^{-2t}t^2$의 Laplace 변환은 다음과 같다.

$$\mathcal{L}\{e^{-2t}t^2\} = \frac{2}{s^3}\bigg|_{s=s+2} = \frac{2}{(s+2)^3}$$

(2) 먼저 $\cos 2t$의 Laplace 변환을 구하면

$$\mathcal{L}\{\cos 2t\} = \frac{s}{s^2+4}$$

이므로 제1이동정리에 의하여 $e^{-t}\cos 2t$ 의 Laplace 변환은 다음과 같다.

$$\mathcal{L}\{e^{-t}\cos 2t\} = \left.\frac{s}{s^2+4}\right|_{s=s+1} = \frac{s+1}{(s+1)^2+4}$$

③ 제2이동정리

제1이동정리는 시간 영역에서 어떤 함수 $f(t)$ 에 지수함수를 곱하였더니 s -영역에서는 $F(s)$ 가 평행이동한다는 것이다. 반대로 시간 영역에서 어떤 함수 $f(t)$ 를 평행이동시켰을 때 s -영역에서는 지수함수를 곱한 것으로 나타난다는 것이 제2이동정리 (second shifting theorem)이다.

시간 영역에서 $f(t)$ 를 a 만큼 평행이동한 함수 $f(t-a)u(t-a)$ 의 Laplace 변환을 구하면 다음과 같다.

$$\begin{aligned} \mathcal{L}\{f(t)\,u(t)\} &= F(s) \\ \mathcal{L}\{f(t-a)\,u(t-a)\} &= e^{-as}F(s) \end{aligned} \qquad (11-7)$$

식(11-7)에서 $u(t)$ 는 단위계단함수이며, $t < 0$ 인 구간에서는 $f(t)$ 의 함수값이 Laplace 변환에 영향을 미치지 않으므로 이를 나타내기 위하여 도입된 것이라는 것에 주의하라.

식(11-7)로부터 시간 영역에서 $f(t)$ 를 a 만큼 평행이동시키는 것은 s -영역에서 $F(s)$ 에 지수함수 e^{-as} 를 곱하는 것에 대응한다는 의미로 해석될 수 있으며, 이를 Laplace 변환의 제2이동정리라고 부른다. 그림 11.4에 제2이동정리를 개념적으로 나타내었다.

결과적으로 $f(t)$ 의 Laplace 변환을 알고 있다면 $f(t-a)u(t-a)$ 의 Laplace 변환은 $F(s)$ 에 e^{-as} 를 곱하여 구할 수 있다는 것이다.

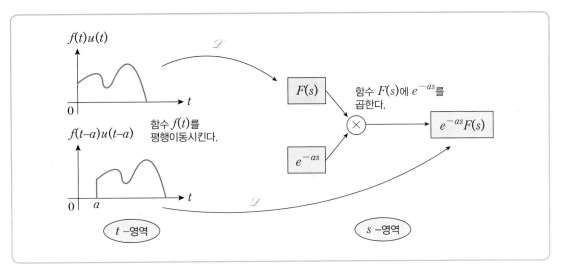

그림 11.4 제2이동정리의 개념도

여 기서 잠깐! **제2이동정리의 증명**

제2이동정리를 유도해본다.

$$\mathcal{L}\{f(t-a)\,u(t-a)\} = \int_0^\infty f(t-a)\,u(t-a)\,e^{-st}\,dt = \int_a^\infty f(t-a)\,e^{-st}\,dt$$

$t-a \triangleq t^*$ 로 치환하면

$$t-a \triangleq t^* \longrightarrow dt = dt^*$$
$$a \leq t < \infty \longrightarrow 0 \leq t^* < \infty$$
$$\int_a^\infty f(t-a)\,e^{-st}\,dt = \int_0^\infty f(t^*)\,e^{-s(t^*+a)}\,dt^*$$
$$= e^{-as}\int_0^\infty f(t^*)\,e^{-st^*}\,dt^* = e^{-as}\mathcal{L}\{f(t)\}$$
$$\therefore\ \mathcal{L}\{f(t-a)\,u(t-a)\} = e^{-as}F(s)$$

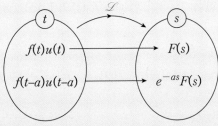

예제 11.3

다음 함수 $f(t)$의 Laplace 변환을 단위계단함수와 제2이동정리를 이용하여 구하라.

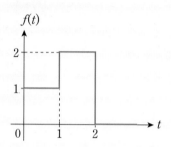

풀이 주어진 함수 $f(t)$를 단위계단함수를 이용하여 표현하면 다음과 같다.

$$f(t) = u(t) + u(t-1) - 2u(t-2)$$

$u(t)$의 Laplace 변환은 상수 1의 Laplace 변환과 동일하므로

$$\begin{aligned}
\mathcal{L}\{f(t)\} &= \mathcal{L}\{u(t) + u(t-1) - 2u(t-2)\} \\
&= \mathcal{L}\{u(t)\} + \mathcal{L}\{u(t-1)\} - 2\mathcal{L}\{u(t-2)\} \\
&= \frac{1}{s} + \frac{1}{s}e^{-s} - \frac{2}{s}e^{-2s} = \frac{1}{s}(1 + e^{-s} - 2e^{-2s})
\end{aligned}$$

가 된다.

④ 미분의 Laplace 변환

Laplace 변환의 중요한 응용 중에 하나는 Laplace 변환을 이용하여 선형미분방정식의 해를 구하는 것이다. 이를 위해 시간 영역에서의 미분에 대한 Laplace 변환를 구하는 것이 필요하다.

$f(t)$의 Laplace 변환을 $F(s)$라 할 때, $f'(t)$의 Laplace 변환을 구하면 다음과 같다.

$$\mathcal{L}\{f'(t)\} = s\mathcal{L}\{f(t)\} - f(0) = sF(s) - f(0) \tag{11-8}$$

식(11-8)을 이용하면 $f''(t)$의 Laplace 변환을 구할 수 있다.

$$\mathcal{L}\{f''(t)\} = \mathcal{L}\{(f'(t))'\} = s\mathcal{L}\{f'(t)\} - f'(0) \qquad (11-9)$$
$$= s^2\mathcal{L}\{f(t)\} - sf(0) - f'(0)$$

마찬가지 방법으로, n차 미분 $f^{(n)}(t)$에 대한 Laplace 변환은 다음과 같이 확장될 수 있다.

$$\mathcal{L}\{f^{(n)}(t)\} = s^n\mathcal{L}\{f(t)\} - s^{n-1}f(0) - s^{n-2}f'(0) - \cdots - f^{(n-1)}(0) \quad (11-10)$$

식(11-8)로부터 시간 영역에서 $f(t)$를 미분하는 것은 s-영역에서 $F(s)$에 s를 한번 곱하여 초깃값을 빼주는 것과 같다. 만일 초깃값이 0이라면 시간 영역에서 $f(t)$를 미분하는 것은 s-영역에서 $F(s)$에 s를 한번 곱하는 것과 동일한 것으로 이해할 수 있다. 그림 11.5에 시간 영역의 미분에 대한 Laplace 변환의 개념을 나타내었다.

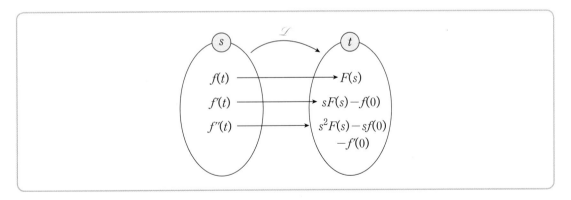

그림 11.5 미분에 대한 Laplace 변환

예제 11.4

다음 함수의 Laplace 변환을 구하라.

(1) $f(t) = 4\sin^2 t$

(2) $g(t) = t\cos\omega t$

풀이 (1) $f(t)$를 미분한 다음 식(11-8)을 이용하면 다음과 같다.

$$f'(t) = 8\sin t\cos t = 4(2\sin t\cos t) = 4\sin 2t$$

$$\mathcal{L}\{f'(t)\} = s\mathcal{L}\{f(t)\} - f(0) = sF(s) - 0 = \frac{8}{s^2 + 4}$$

$$\therefore\ F(s) = \frac{8}{s(s^2 + 4)}$$

(2) $g(t)$를 미분하면

$$g'(t) = \cos\omega t + t(-\omega\sin\omega t)$$

가 얻어지는데, $g'(t)$의 두 번째 항에 대한 Laplace 변환을 구하기가 어려우므로 한번 더 미분한다.

$$g''(t) = -\omega\sin\omega t - \omega\sin\omega t + t(-\omega^2\cos\omega t)$$

$$\therefore\ g''(t) = -2\omega\sin\omega t - \omega^2 g(t)$$

식(11-9)로부터 $g''(t)$를 Laplace 변환하면 다음과 같다.

$$\mathcal{L}\{g''(t)\} = s^2\mathcal{L}\{g(t)\} - sg(0) - g'(0)$$

$$-2\omega\left(\frac{\omega}{s^2 + \omega^2}\right) - \omega^2\mathcal{L}\{g(t)\} = s^2\mathcal{L}\{g(t)\} - 1$$

$$(s^2 + \omega^2)\mathcal{L}\{g(t)\} = 1 - \frac{2\omega^2}{s^2 + \omega^2} = \frac{s^2 - \omega^2}{s^2 + \omega^2}$$

$$\therefore\ \mathcal{L}\{g(t)\} = \frac{s^2 - \omega^2}{(s^2 + \omega^2)^2}$$

여 기서 잠깐!　**합성함수의 미분**

합성함수란 2개의 함수가 결합된 형태라고 할 수 있다. 즉,

$$\begin{cases} y = f(x) \\ x = g(t) \end{cases} \qquad \therefore\ y = f(g(t))$$

앞에서 y는 x의 함수인데 x가 또다시 t의 함수로 주어지는 경우를 합성함수(composite function)라고 한다. 결국 y는 t의 함수이다. 합성함수로 주어진 경우 y에 대한 미분은 다음과 같이 구할 수 있다.

$$\frac{dy}{dt} = \frac{dy}{dx}\frac{dx}{dt} = f'(x)g'(t) = f'(g(t))g'(t)$$

따라서 합성함수의 미분은 일단 주어진 함수를 미분하고 나서 괄호 안의 함수를 다시 미분해서 곱하면 된다. 예를 들어, 다음 함수를 미분해보자.

$$y = \sin^3 t = (\sin t)^3$$

$$\frac{dy}{dt} = 3(\sin t)^2 \underbrace{\left\{\frac{d}{dt}(\sin t)\right\}}_{\substack{\text{괄호 안을 한번 더}\\\text{미분한다.}}} = 3\sin^2 t\cos t$$

여 기서 잠깐! 미분의 Laplace 변환의 증명

$f'(t)$의 Laplace 변환을 구하면

$$\mathcal{L}\{f'(t)\} = \int_0^\infty f'(t)e^{-st}\,dt$$

이므로 부분적분을 이용하여 정리하면 다음과 같다.

$$\begin{aligned}
\mathcal{L}\{f'(t)\} &= \int_0^\infty f'(t)e^{-st}\,dt = \left[f(t)e^{-st}\right]_0^\infty - \int_0^\infty f(t)(-se^{-st})\,dt \\
&= -f(0) + s\int_0^\infty f(t)e^{-st}\,dt \\
&= -f(0) + s\mathcal{L}\{f(t)\} \\
\therefore\ \mathcal{L}\{f'(t)\} &= s\mathcal{L}\{f(t)\} - f(0)
\end{aligned}$$

⑤ 적분의 Laplace 변환

미분에 대한 Laplace 변환은 s-영역에서 $F(s)$에 s를 한번 곱하는 것에 대응하므로 적분에 대한 Laplace 변환은 s-영역에서 $F(s)$에 $\frac{1}{s}$을 곱하는 것에 대응한다

고 예측할 수 있다. 왜냐하면 적분은 미분의 역연산이기 때문이다.

함수 $f(t)$의 Laplace 변환을 $F(s)$라고 하고 $f(t)$의 적분을 다음과 같이 정의한다.

$$g(t) \triangleq \int_0^t f(\tau)\,d\tau \tag{11-11}$$

식(11−11)을 미분한 다음 식(11−8)을 이용하면 $g(0) = 0$이므로

$$\begin{aligned}
g'(t) &= \frac{d}{dt}\left\{\int_0^t f(\tau)\,d\tau\right\} = f(t) \\
\mathcal{L}\{g'(t)\} &= s\mathcal{L}\{g(t)\} - g(0) \\
\mathcal{L}\{g(t)\} &= \frac{1}{s}\mathcal{L}\{g'(t)\} = \frac{1}{s}\mathcal{L}\{f(t)\}
\end{aligned} \tag{11-12}$$

가 얻어진다.

식(11−12)의 의미는 시간 영역에서 $f(t)$를 적분하는 것은 s−영역에서 $F(s)$에 $\dfrac{1}{s}$을 곱하는 것과 동일하다는 것이다. 이를 그림 11.6에 나타내었다.

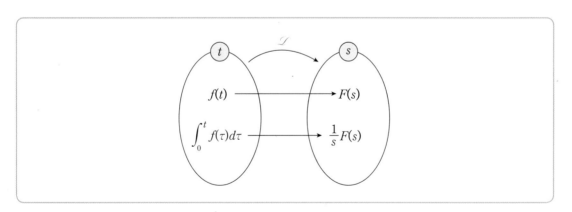

그림 11.6 적분에 대한 Laplace 변환

예제 11.5

다음 커패시터에서의 전압·전류 관계를 s−영역으로 변환하여 표현하라. 단, 커패시터의 초기전압은 0이다.

$$v(t) = \frac{1}{C} \int_0^t i(\tau)\, d\tau$$

풀이 $i(t)$와 $v(t)$의 Laplace 변환을 각각 다음과 같다고 가정한다.

$$\mathcal{L}\{i(t)\} \triangleq I(s)$$
$$\mathcal{L}\{v(t)\} \triangleq V(s)$$

먼저, 시간 영역에서의 관계식으로부터 양변에 Laplace 변환을 취하면

$$\mathcal{L}\{v(t)\} = \frac{1}{C}\mathcal{L}\left\{\int_0^t i(\tau)\, d\tau\right\} = \frac{1}{C}\left\{\frac{1}{s}\mathcal{L}\{i(t)\}\right\}$$
$$V(s) = \frac{1}{sC}I(s)$$

가 된다. $V(s)$와 $I(s)$의 관계식으로부터 s−영역에서 커패시터의 전압·전류 관계를 표현하면 다음과 같다.

⑥ Laplace 변환의 시간 스케일링

Laplace 변환의 시간 스케일링(time scaling)은 시간 영역의 함수 $f(t)$를 t축에 대해 확대 또는 축소시키는 경우 $f(t)$의 Laplace 변환 $F(s)$도 축소 또는 확대된다는 성질이다.

$f(t)$의 Laplace 변환을 $F(s)$라고 하고 a를 임의의 양의 상수라 가정하면 $f(at)$의 Laplace 변환은 다음과 같다.

$$\mathcal{L}\{f(at)\} = \int_0^\infty f(at)\,e^{-st}\,dt \qquad (11-13)$$

식(11-13)에서 at 츨 t^*로 치환하면

$$a\,dt = dt^*$$

이므로 $a > 0$인 조건으로부터 식(11-13)은 다음과 같다.

$$
\begin{aligned}
\mathcal{L}\{f(at)\} &= \int_0^\infty f(t^*)\,e^{-s\left(\frac{1}{a}t^*\right)}\frac{1}{a}dt^* \\
&= \frac{1}{a}\int_0^\infty f(t^*)\,e^{-\frac{s}{a}t^*}dt^* = \frac{1}{a}F\left(\frac{s}{a}\right)
\end{aligned}
\qquad (11-14)
$$

식(11-14)로부터 시간 영역에서 $f(t)$를 t축에 대해 확장(축소)하는 것은 s−영역에서는 $F(s)$를 축소(확장)시키는 것에 대응한다는 것을 알 수 있으며, 이를 그림 11.7에 나타내었다.

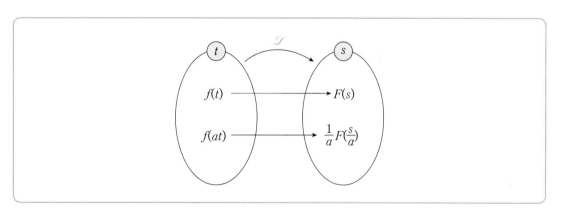

그림 11.7 Laplace 변환의 시간 스케일링($a>0$)

여 기서 잠깐! $f(at)$와 $f(t)$의 비교

$f(t)$가 다음과 같이 주어져 있다고 가정하고 $f(2t)$와 $f\left(\dfrac{1}{2}t\right)$를 각각 구해보자.

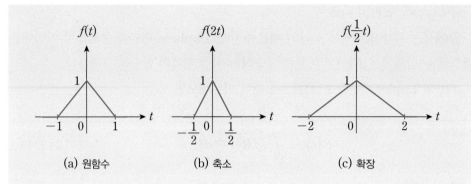

(a) 원함수   (b) 축소   (c) 확장

위의 그림에서 $f(2t)$는 $f(t)$를 t축에 대해 $\frac{1}{2}$로 축소한 함수이며, $f\left(\frac{1}{2}t\right)$는 t축에 대해 $f(t)$를 2배로 확장한 함수이다. 일반적으로 $f(at)$와 $f(t)$는 다음과 같은 관계를 가진다.

① $a > 1$인 경우

$f(at)$는 $f(t)$를 t축에 대해 $\frac{1}{a}$배 축소한 함수이다.

② $a < 1$인 경우

$f(at)$는 $f(t)$를 t축에 대해 $\frac{1}{a}$배 확장한 함수이다.

따라서 $f(at)$는 $f(t)$를 시간축에 따라 확장시키거나 축소시킨 함수를 의미한다.

예제 11.6

다음 함수 $f(t)$의 Laplace 변환 $F(s)$가 알려져 있는 경우 $f(3t)$와 $f\left(\frac{1}{3}t\right)$의 Laplace 변환을 각각 구하라.

$$\mathcal{L}\{f(t)\} = \mathcal{L}\{\cos^2 t\} = \frac{s^2 + 2}{s(s^2 + 4)} \triangleq F(s)$$

풀이   식(11−14)로부터

$$\mathcal{L}\{f(3t)\} = \mathcal{L}\{\cos^2 3t\} = \frac{1}{3} F\left(\frac{s}{3}\right) = \frac{1}{3} \frac{3(s^2 + 18)}{s(s^2 + 36)} = \frac{s^2 + 18}{s(s^2 + 36)}$$

$$\mathcal{L}\left\{f\left(\frac{1}{3}t\right)\right\} = \mathcal{L}\left\{\cos^2\left(\frac{1}{3}t\right)\right\} = 3F(3s) = 3\frac{9s^2 + 2}{3s(9s^2 + 4)} = \frac{9s^2 + 2}{s(9s^2 + 4)}$$

⑦ Laplace 변환의 미분

앞에서는 시간 영역에서 $f(t)$의 미분에 대한 Laplace 변환을 구했으나 이번에는 역으로 s-영역에서 $F(s)$의 미분에 대응되는 시간 영역의 함수를 구해본다.

$f(t)$의 Laplace 변환 $F(s)$를 s에 대해 미분해보면

$$F(s) = \int_0^\infty f(t)\,e^{-st}\,dt \qquad (11-15)$$

$$\begin{aligned}
\frac{dF(s)}{ds} = F'(s) &= \frac{d}{ds}\left\{ \int_0^\infty f(t)\,e^{-st}\,dt \right\} \\
&= \int_0^\infty \frac{\partial}{\partial s}\{f(t)\,e^{-st}\}\,dt \qquad (11-16) \\
&= \int_0^\infty \{-tf(t)\}e^{-st}\,dt = \mathcal{L}\{(-t)f(t)\}
\end{aligned}$$

식(11-16)의 의미는 시간 영역에서 $f(t)$에 $(-t)$를 곱하는 것은 s-영역에서 $F(s)$를 s로 한번 미분하는 것에 대응된다는 것이다.

식(11-15)를 s에 대하여 2번 미분하여 정리하면

$$\frac{d^2F(s)}{ds^2} = F''(s) = \mathcal{L}\{(-t)^2 f(t)\} \qquad (11-17)$$

이므로 일반적으로 다음과 같이 표현할 수 있다.

$$\frac{d^n F(s)}{ds^n} = F^{(n)}(s) = \mathcal{L}\{(-t)^n f(t)\} \qquad (11-18)$$

지금까지 Laplace 변환의 미분에 대한 결과를 개념적으로 그림 11.8에 나타내었다. 결과적으로 s-영역에서 $F(s)$를 한번 미분할 때마다 시간 영역에서는 $(-t)$를 한번씩 곱하는 것에 대응된다는 것이다.

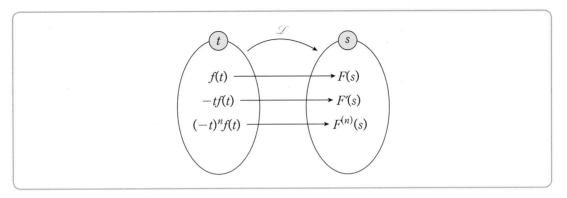

그림 11.8 Laplace 변환의 미분

예제 11.7

다음 함수의 Laplace 변환을 구하라.

(1) $f(t) = te^{-3t}$

(2) $g(t) = t^2 \sin t$

풀이 (1) 식(11-16)으로부터

$$\mathcal{L}\{te^{-3t}\} = -\mathcal{L}\{(-t)e^{-3t}\} = -\frac{d}{ds}\left\{\frac{1}{s+3}\right\} = \frac{1}{(s+3)^2}$$

(2) 식(11-17)로부터

$$\mathcal{L}\{t^2 \sin t\} = \mathcal{L}\{(-t)^2 \sin t\} = \frac{d^2}{ds^2}\left\{\frac{1}{s^2+1}\right\}$$

$$= \frac{d}{ds}\left\{\frac{-2s}{(s^2+1)^2}\right\} = \frac{6s^2-2}{(s^2+1)^3}$$

---

⑧ Laplace 변환의 적분

앞에서는 시간 영역에서 $f(t)$의 적분에 대한 Laplace 변환을 구했으나 이번에는 역으로 $s-$영역에서 적분에 대응되는 시간 영역의 함수를 구해본다.

$f(t)$의 Laplace 변환 $F(s)$를 적분한 다음 함수를 살펴보자.

$$\int_s^\infty F(\tilde{s}) d\tilde{s} = \int_s^\infty \left\{ \int_0^\infty f(t) e^{-\tilde{s}t} dt \right\} d\tilde{s} \qquad (11-19)$$

식(11-19)를 적분 순서를 바꾸어서 정리하면 다음과 같다.

$$
\begin{aligned}
\int_s^\infty F(\tilde{s}) d\tilde{s} &= \int_s^\infty \left\{ \int_0^\infty f(t) e^{-\tilde{s}t} dt \right\} d\tilde{s} \\
&= \int_0^\infty f(t) \left\{ \int_s^\infty e^{-\tilde{s}t} d\tilde{s} \right\} dt \\
&= \int_0^\infty f(t) \left[-\frac{1}{t} e^{-\tilde{s}t} \right]_{\tilde{s}=s}^{\tilde{s}=\infty} dt \\
&= \int_0^\infty \frac{1}{t} f(t) e^{-st} dt = \mathcal{L}\left\{ \frac{1}{t} f(t) \right\}
\end{aligned}
\qquad (11-20)
$$

식(11-20)은 시간 영역에서 $f(t)$에 $\frac{1}{t}$을 곱하는 것은 s-영역에서 $F(s)$를 적분하는 것에 대응된다는 것을 의미하며, 이를 그림 11.9에 나타내었다.

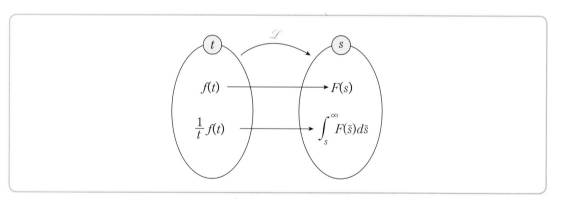

그림 11.9 Laplace 변환의 적분

예제 11.8

다음 함수의 Laplace 변환을 구하라.

(1) $f(t) = \frac{1}{t}(e^{bt} - e^{at})$ 단, a와 b는 상수이다.

(2) $g(t) = \frac{2}{t}(1 - \cos \omega t)$

풀이 (1) $e^{bt} - e^{at}$의 Laplace 변환을 구하면

$$\mathcal{L}\{e^{bt} - e^{at}\} = \frac{1}{s-b} - \frac{1}{s-a}$$

이므로 $f(t)$의 Laplace 변환은 식(11-20)으로부터 다음과 같다.

$$\begin{aligned}
\mathcal{L}\{f(t)\} &= \mathcal{L}\left\{\frac{1}{t}(e^{bt} - e^{at})\right\} \\
&= \int_s^\infty \left(\frac{1}{\tilde{s}-b} - \frac{1}{\tilde{s}-a}\right)d\tilde{s} = \left[\ln\left(\frac{\tilde{s}-b}{\tilde{s}-a}\right)\right]_{\tilde{s}=s}^{\tilde{s}=\infty} \\
&= \ln 1 - \ln\left(\frac{s-b}{s-a}\right) = \ln\left(\frac{s-a}{s-b}\right)
\end{aligned}$$

(2) 먼저 $2(1 - \cos\omega t)$의 Laplace 변환을 구하면

$$\mathcal{L}\{2(1 - \cos\omega t)\} = \frac{2}{s} - \frac{2s}{s^2 + \omega^2}$$

이므로 $g(t)$의 Laplace 변환은 식(11-20)으로부터 다음과 같다.

$$\begin{aligned}
\mathcal{L}\{g(t)\} &= \mathcal{L}\left\{\frac{1}{t}2(1 - \cos\omega t)\right\} \\
&= \int_s^\infty \left(\frac{2}{\tilde{s}} - \frac{2\tilde{s}}{\tilde{s}^2 + \omega^2}\right)d\tilde{s} = \left[\ln\left(\frac{\tilde{s}^2}{\tilde{s}^2 + \omega^2}\right)\right]_{\tilde{s}=s}^{\tilde{s}=\infty} \\
&= \ln 1 - \ln\left(\frac{s^2}{s^2 + \omega^2}\right) = \ln\left(\frac{s^2 + \omega^2}{s^2}\right)
\end{aligned}$$

⑨ Laplace 변환의 초깃값 및 최종값 정리

Laplace 변환 $F(s)$를 알면 대응되는 $f(t)$를 직접 구하지 않더라도 초깃값 $f(0)$와 최종값 $f(\infty)$를 구할 수 있다.

식(11-8)로부터

$$\mathcal{L}\{f'(t)\} = \int_0^\infty f'(t)e^{-st}\,dt = sF(s) - f(0) \qquad (11-21)$$

식(11-21)의 양변에 $s \to \infty$로의 극한을 취하면

$$\lim_{s \to \infty} \int_0^\infty f'(t)\,e^{-st}\,dt = \lim_{s \to \infty}\{sF(s) - f(0)\} \qquad (11-22)$$

가 된다. 식(11-22)의 좌변에서 극한과 적분의 순서를 바꾸면 좌변은 0이 되므로 다음 관계를 얻을 수 있으며, 이를 초깃값 정리(initial value thoerem)라고 부른다.

$$f(0) = \lim_{s \to \infty} sF(s) \qquad (11-23)$$

또한, 식(11-21)의 양변에 $s \to 0$으로의 극한을 취하면

$$\lim_{s \to 0} \int_0^\infty f'(t)\,e^{-st}\,dt = \lim_{s \to 0}\{sF(s) - f(0)\} \qquad (11-24)$$

가 된다. 식(11-24)의 좌변에서 극한과 적분의 순서를 바꾸면 좌변은 다음과 같이 표현할 수 있다.

$$\int_0^\infty f'(t)\,dt = f(\infty) - f(0) = \lim_{s \to 0}\{sF(s) - f(0)\}$$
$$\therefore\ f(\infty) = \lim_{s \to 0} sF(s) \qquad (11-25)$$

식(11-25)를 Laplace 변환의 최종값 정리(final value theorem)라고 부른다.

$sF(s)$의 두 극한값을 생각해 보자.

① $\lim_{s \to \infty} sF(s) = \alpha$

② $\lim_{s \to 0} sF(s) = \beta$

얼핏 생각하면 $\alpha = \infty$, $\beta = 0$이라고 착각할 수 있다. 그러나 $sF(s)$의 극한값은 $F(s)$가 어떤 형태인가에 따라 달라지므로 주의하도록 한다.

예제 11.9

다음 Laplace 변환에 대응되는 시간함수의 초깃값과 최종값을 각각 구하라.

$$F(s) = \frac{10(s+2)}{s(s^2+3s+4)}$$

풀이 식(11-23)과 식(11-25)로부터

$$f(0) = \lim_{s \to \infty} sF(s) = \lim_{s \to \infty} s\frac{10(s+2)}{s(s^2+3s+4)} = 0$$

$$f(\infty) = \lim_{s \to 0} sF(s) = \lim_{s \to 0} s\frac{10(s+2)}{s(s^2+3s+4)} = \frac{20}{4} = 5$$

11.2 Laplace 역변환과 부분분수 분해

(1) Laplace 역변환의 정의

11.1절에서 논의한 Laplace 변환은 시간 영역에서 어떤 함수 $f(t)$가 주어져 있을 때, s-영역에서 $f(t)$에 유일하게 대응되는 함수 $F(s)$를 찾는 것이다. 이와는 반대로 s-영역에서 어떤 함수 $F(s)$가 주어져 있을 때, 시간 영역에서 $F(s)$에 유일하게 대응되는 함수 $f(t)$를 찾는 것을 Laplace 역변환(inverse Laplace

transform)이라고 부르고 다음과 같이 표시한다.

$$f(t) = \mathcal{L}^{-1}\{F(s)\} \qquad (11-26)$$

식(11-26)에서 $f(t)$를 $F(s)$의 Laplace 역변환이라고 정의하고 그림 11.10에 Laplace 역변환의 개념을 나타내었다.

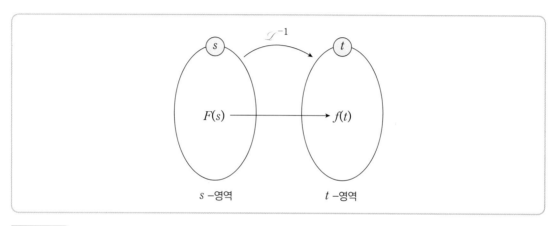

그림 11.10 Laplace 역변환의 개념

11.1절에서 Laplace 변환은 선형성이 있다는 것을 설명하였다. 즉,

$$\mathcal{L}\{k_1 f(t) + k_2 g(t)\} = k_1 F(s) + k_2 G(s) \qquad (11-27)$$

식(11-27)을 Laplace 역변환을 이용하여 다시 표현하면 다음과 같다.

$$k_1 f(t) + k_2 g(t) = \mathcal{L}^{-1}\{k_1 F(s) + k_2 G(s)\} \qquad (11-28)$$

식(11-28)의 좌변에 Laplace 역변환을 이용하면

$$k_1 f(t) + k_2 g(t) = k_1 \mathcal{L}^{-1}\{F(s)\} + k_2 \mathcal{L}^{-1}\{G(s)\} \qquad (11-29)$$

이므로 식(11−28)과 식(11−29)로부터 다음 관계를 얻을 수 있다.

$$\mathcal{L}^{-1}\{k_1 F(s) + k_2 G(s)\} = k_1 \mathcal{L}^{-1}\{F(s)\} + k_2 \mathcal{L}^{-1}\{G(s)\} \qquad (11-30)$$

따라서 식(11−30)으로부터 Laplace 역변환 $\mathcal{L}^{-1}$은 선형성을 가진다는 것을 알 수 있으며, 이를 그림 11.11에 나타내었다.

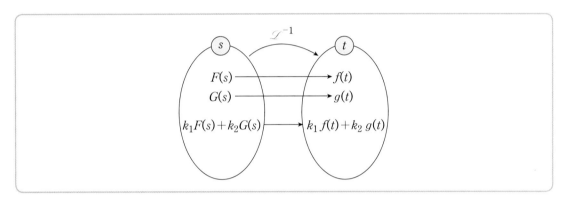

그림 11.11 Laplace 역변환의 선형성

한편, 기본함수에 대한 Laplace 역변환은 쉽게 알 수 있다. 그런데 $F(s)$가 기본 함수 형태가 아닌 경우에는 어떻게 Laplace 역변환을 구할 것인가? 물론 일반적으로 적용할 수 있는 다음과 같은 Laplace 역변환 공식이 있지만, 복소적분을 수행해야 하므로 계산이 용이하지 않다.

$$f(t) = \frac{1}{2\pi j} \int_{\sigma - j\infty}^{\sigma + j\infty} F(s)\, e^{st}\, ds \qquad (11-31)$$

식(11−31)의 Laplace 역변환 공식은 얼핏 보기에도 대단히 복잡해 보인다. 심화 학습을 원하는 독자는 복소선적분과 유수정리(residue theorem)를 학습하기를 권장한다. 식(11−31)을 이용하여 Laplace 역변환을 구하는 것은 너무 복잡하고 많은 노력을 필요로 하는데, 다행스럽게도 Laplace 역변환을 구하는 편리하고 간편한 방법이 있는데 부분분수 분해법(partial fraction expansion)이 바로 그것이다.

예를 들어, 다음의 함수 $F(s)$를 고려해 보자.

$$F(s) = \frac{s^2 + 4}{(s+1)(s+2)(s+3)} \qquad (11-32)$$

$F(s)$의 형태가 복잡하여 Laplace 역변환을 구하기가 쉽지 않아 보이지만, $F(s)$를 부분분수로 분해하게 되면 쉽게 Laplace 역변환을 구할 수 있게 된다. 즉,

$$\frac{s^2 + 4}{(s+1)(s+2)(s+3)} = \frac{A}{s+1} + \frac{B}{s+2} + \frac{C}{s+3} \qquad (11-33)$$

$$A = \frac{s^2 + 4}{(s+2)(s+3)}\bigg|_{s=-1} = \frac{5}{2}$$

$$B = \frac{s^2 + 4}{(s+1)(s+3)}\bigg|_{s=-2} = -8$$

$$C = \frac{s^2 + 4}{(s+1)(s+2)}\bigg|_{s=-3} = \frac{13}{2}$$

따라서 식(11-33)의 Laplace 역변환은 다음과 같다.

$$\begin{aligned}
\mathcal{L}^{-1}\left\{\frac{s^2 + 4}{(s+1)(s+2)(s+3)}\right\} &= \mathcal{L}^{-1}\left\{\frac{A}{s+1} + \frac{B}{s+2} + \frac{C}{s+3}\right\} \\
&= A\mathcal{L}^{-1}\left\{\frac{1}{s+1}\right\} + B\mathcal{L}^{-1}\left\{\frac{1}{s+2}\right\} \\
&\quad + C\mathcal{L}^{-1}\left\{\frac{1}{s+3}\right\} \\
&= \frac{5}{2}e^{-t} - 8e^{-2t} + \frac{13}{2}e^{-3t} \qquad (11-34)
\end{aligned}$$

이상으로부터 부분분수 분해법이란 복잡한 형태로 되어 있는 $F(s)$를 기본함수 형태로 적절히 조각을 내어 Laplace 역변환을 쉽고 간편하게 구하는 방법이라 할 수 있다. 그림 11.12에 부분분수 분해법에 의한 Laplace 역변환을 구하는 과정을 개념적으로 나타내었다. 부분분수로 분해할 때 부분분수의 분자의 차수는 분모의 차수보다 1만큼 작게 설정해야 한다는 것에 유의하라.

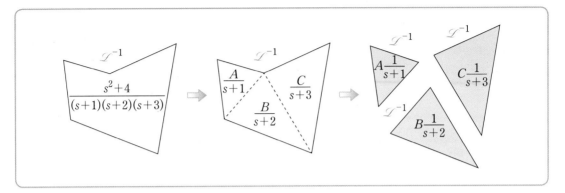

그림 11.12 부분분수 분해에 의한 Laplace 역변환

예제 11.10

다음 함수의 Laplace 역변환을 구하라.

(1) $F(s) = \dfrac{3s + 5}{s^2 + 9}$

(2) $G(s) = \dfrac{2s^2 + 1}{s(s + 1)(s + 2)}$

(3) $H(s) = \dfrac{2s + 1}{s(s^2 + 1)}$

풀이 (1) $F(s)$를 다음과 같이 2개의 분수로 나누면

$$\frac{3s + 5}{s^2 + 9} = \frac{3s}{s^2 + 9} + \frac{5}{s^2 + 9} = \frac{3s}{s^2 + 9} + \frac{\frac{5}{3} \cdot 3}{s^2 + 9}$$

$$\mathcal{L}^{-1}\left\{\frac{3s + 5}{s^2 + 9}\right\} = 3\mathcal{L}^{-1}\left\{\frac{s}{s^2 + 9}\right\} + \frac{5}{3}\mathcal{L}^{-1}\left\{\frac{3}{s^2 + 9}\right\}$$

$$= 3\cos 3t + \frac{5}{3}\sin 3t$$

(2) $G(s)$를 부분분수로 분해하면

$$\frac{2s^2 + 1}{s(s + 1)(s + 2)} = \frac{A}{s} + \frac{B}{s + 1} + \frac{C}{s + 2}$$

$$A = \frac{2s^2 + 1}{(s + 1)(s + 2)}\bigg|_{s=0} = \frac{1}{2}$$

$$B = \frac{2s^2 + 1}{s(s + 2)}\bigg|_{s=-1} = -3$$

$$C = \frac{2s^2 + 1}{s(s + 1)}\bigg|_{s=-2} = \frac{9}{2}$$

이므로 $G(s)$의 Laplace 역변환은 다음과 같다.

$$\mathcal{L}^{-1}\left\{\frac{2s^2 + 1}{s(s + 1)(s + 2)}\right\} = \frac{1}{2}\mathcal{L}^{-1}\left\{\frac{1}{s}\right\} - 3\mathcal{L}^{-1}\left\{\frac{1}{s + 1}\right\} + \frac{9}{2}\mathcal{L}^{-1}\left\{\frac{1}{s + 2}\right\}$$

$$= \frac{1}{2}u(t) - 3e^{-t} + \frac{9}{2}e^{-2t}$$

(3) $H(s)$를 다음과 같이 부분분수로 분해한다.

$$\frac{2s + 1}{s(s^2 + 1)} = \frac{A}{s} + \frac{Bs + C}{s^2 + 1}$$

여기서 두 번째 부분분수의 분모는 차수가 2차이므로 분자는 차수가 1만큼 작은 1차식으로 선정한다는 것에 주의한다. 위의 식은 항등식이므로 통분하여 분자를 비교하면

$$\frac{2s + 1}{s(s^2 + 1)} = \frac{As^2 + A + Bs^2 + Cs}{s(s^2 + 1)} = \frac{(A + B)s^2 + Cs + A}{s(s^2 + 1)}$$

$$A + B = 0, \ C = 2, \ A = 1$$

$$\therefore \ A = 1, \ B = -1, \ C = 2$$

이므로 $H(s)$의 Laplace 역변환은 다음과 같다.

$$\mathcal{L}^{-1}\left\{\frac{2s + 1}{s(s^2 + 1)}\right\} = \mathcal{L}^{-1}\left\{\frac{1}{s}\right\} + \mathcal{L}^{-1}\left\{\frac{-s + 2}{s^2 + 1}\right\}$$

$$= \mathcal{L}^{-1}\left\{\frac{1}{s}\right\} - \mathcal{L}^{-1}\left\{\frac{s}{s^2 + 1}\right\} + 2\mathcal{L}^{-1}\left\{\frac{1}{s^2 + 1}\right\}$$

$$= u(t) - \cos t + 2\sin t$$

예제 11.10에서 알 수 있듯이 부분분수 분해를 이용하여 Laplace 역변환을 구하기 위해서는 부분분수로 무조건 분해하는 것이 능사가 아니라 분해된 부분분수의

Laplace 역변환이 쉽게 구해질 수 있도록 부분분수로 분해해야 한다는 것에 주의하라. 부분분수로 분해하였는데 부분분수의 Laplace 역변환을 구하기가 어렵다면 부분분수로 분해한 의미가 없을 것이다.

여) 기서 잠깐! **부분분수의 분해**

1차식의 곱으로 된 분수함수를 다음과 같이 2개의 부분분수로 분해하려고 할 때 미정계수 A와 B를 결정하는 편리한 방법이 있다.

$$\frac{1}{(s+1)(s+2)} = \frac{A}{s+1} + \frac{B}{s+2} \qquad ①$$

물론, 미정계수 A와 B는 위의 식이 항등식이므로 우변을 통분하여 좌변의 분자와 비교함으로써 구할 수 있으나 이는 분모의 차수가 높은 경우는 계산이 복잡해진다.

상수 A를 구하기 위해서는 위 식의 양변에 $(s+1)$을 곱하여 정리하면

$$\frac{1}{s+2} = \frac{A(s+1)}{s+1} + \frac{B(s+1)}{s+2} = A + \frac{B(s+1)}{s+2} \qquad ②$$

이 되는데, 식②에 $s = -1$을 대입하면 우변의 두 번째 항은 B와 무관하게 언제나 0이기 때문에 미정계수 A는 다음과 같이 구할 수 있다.

$$A = \frac{1}{s+2}\bigg|_{s=-1} = 1$$

미정계수 B를 구하기 위하여 이번에는 식①에 $(s+2)$를 곱하여 정리하면

$$\frac{1}{s+1} = \frac{A(s+2)}{s+1} + B \qquad ③$$

가 되는데, 식③에 $s = -2$를 대입하면 우변의 첫 번째 항은 A와 무관하게 언제나 0이기 때문에 미정계수 B는 다음과 같이 구할 수 있다.

$$B = \frac{1}{s+1}\bigg|_{s=-2} = -1$$

지금까지 설명한 방법은 분수함수에서 분모의 차수가 높은 경우에도 마찬가지로 적용이 가능하다.

지금까지 11.1절과 11.2절에서 논의된 Laplace 변환과 Laplace 역변환의 여러 가지 중요한 성질을 표 11.2에 요약하여 나타내었다.

표 11.2 Laplace 변환과 역변환의 중요 성질

성질	수학적인 표현
선형성	$\mathcal{L}\{k_1 f(t) + k_2 g(t)\} = k_1 \mathcal{L}\{f(t)\} + k_2 \mathcal{L}\{g(t)\}$ $\mathcal{L}^{-1}\{k_1 F(s) + k_2 G(s)\} = k_1 \mathcal{L}^{-1}\{F(s)\} + k_2 \mathcal{L}^{-1}\{G(s)\}$
제1이동정리	$\mathcal{L}\{e^{at} f(t)\} = F(s - a)$
제2이동정리	$\mathcal{L}\{f(t - a)\, u(t - a)\} = e^{-as} F(s)$
시간영역 미분	$\mathcal{L}\{f'(t)\} = s\mathcal{L}\{f(t)\} - f(0)$ $\mathcal{L}\{f''(t)\} = s^2 \mathcal{L}\{f(t)\} - sf(0) - f'(0)$
시간영역 적분	$\mathcal{L}\left\{\int_0^t f(\tau)\, d\tau\right\} = \dfrac{1}{s}\mathcal{L}\{f(t)\} = \dfrac{1}{s} F(s)$
시간 스케일링	$\mathcal{L}\{f(at)\} = \dfrac{1}{a} F\left(\dfrac{s}{a}\right), \quad a > 0$
주파수 영역 미분	$\mathcal{L}\{(-t)f(t)\} = F'(s) = \dfrac{dF(s)}{ds}$ $\mathcal{L}\{(-t)^n f(t)\} = F^{(n)}(s) = \dfrac{d^n F(s)}{ds^n}$
주파수 영역 적분	$\mathcal{L}\left\{\dfrac{1}{t}f(t)\right\} = \int_s^\infty F(\bar{s})\, d\bar{s}$
초깃값 및 최종값 정리	$f(0) = \lim\limits_{s \to \infty} sF(s)$ $f(\infty) = \lim\limits_{s \to 0} sF(s)$

11.3 회로소자의 s-영역 표현

본 절에서는 s-영역에서 R, L, C 소자에 대한 전압과 전류 관계를 유도하여 회로 해석의 토대를 구축한다.

(1) s-영역에서의 저항

그림 11.13(a)에 나타낸 것처럼 시간 영역에서 저항소자의 전압과 전류 관계는 옴

의 법칙에 의하여 다음과 같이 표현할 수 있다.

$$v(t) = Ri(t) \qquad (11-35)$$

식(11-35)의 양변에 Laplace 변환을 취하면 다음과 같다.

$$\mathcal{L}\{v(t)\} = R\mathcal{L}\{i(t)\}$$
$$V(s) = RI(s) \qquad (11-36)$$

저항 R에 대한 전압·전류 관계는 시간 영역과 s-영역이 서로 동일함을 알 수 있으며, 식(11-36)을 s-영역에서 표현하면 그림 11.13(b)와 같이 나타낼 수 있다.

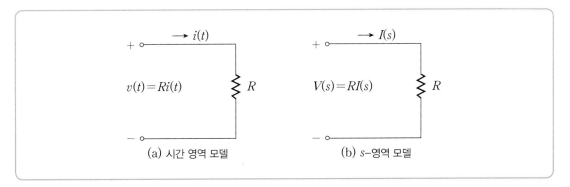

그림 11.13   저항에 대한 전압·전류 관계

저항소자는 전압·전류 관계가 시간 영역이나 s-영역에서 동일한 관계를 가지기 때문에 저항회로가 s-영역에서 해석될 때 시간이나 노력을 절약할 수는 없다는 것에 유의하라.

(2) s-영역에서의 인덕터

그림 11.13(a)에 나타낸 것처럼 시간 영역에서 인덕터 소자의 전압과 전류 관계는 다음과 같이 표현된다.

$$v(t) = L\frac{di}{dt} \qquad (11-37)$$

식(11−37)의 양변에 Laplace 변환을 취하면 식(11−8)에 의하여

$$\mathcal{L}\{v(t)\} = L\mathcal{L}\left\{\frac{di}{dt}\right\} = L\{sI(s) - i(0)\}$$
$$V(s) = sLI(s) - Li(0)$$

(11−38)

가 되므로 전압원을 이용하여 s−영역에서 그림 11.14(b)와 같이 직렬 모델로 표현할 수 있다. 또한, 식(11−38)을 $I(s)$에 대하여 정리하면

$$I(s) = \frac{1}{sL}V(s) + \frac{i(0)}{s}$$

(11−39)

가 되므로 전류원을 이용하여 s−영역에서 그림 11.14(c)와 같이 병렬 모델로 표현할 수 있다.

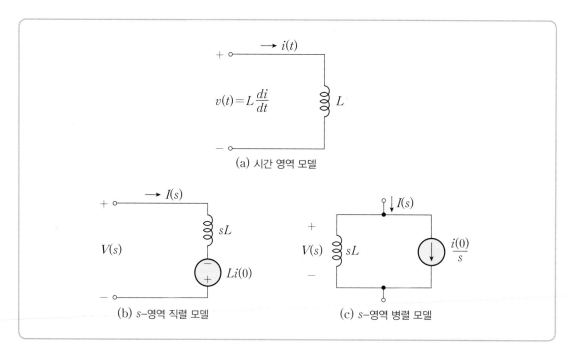

(a) 시간 영역 모델

(b) s−영역 직렬 모델

(c) s−영역 병렬 모델

그림 11.14 인덕터에 대한 전압 · 전류 관계

그림 11.14(b)의 직렬 모델을 사용할 것인지 또는 그림 11.14(c)의 병렬 모델을 사

용할 것인지를 결정하는 것은 인덕터를 포함하는 회로에서 어떤 모델이 더 단순한 회로방정식을 제공하는지에 따라 다르다.

(3) s-영역에서의 커패시터

그림 11.5(a)에 나타낸 것처럼 시간 영역에서 커패시터 소자의 전압과 전류 관계는 다음과 같이 표현된다.

$$i(t) = C\frac{dv}{di} \qquad (11-40)$$

식(11-40)의 양변에 Laplace 변환을 취하면 식(11-8)에 의하여

$$\mathcal{L}\{i(t)\} = C\mathcal{L}\left\{\frac{dv}{dt}\right\} = C\{sV(s) - v(0)\} \qquad (11-41)$$
$$I(s) = sCV(s) - Cv(0)$$

가 되므로 전류원을 이용하여 s-영역에서 그림 11.15(b)와 같이 병렬 모델로 표현할 수 있다. 또한, 식(11-41)을 $V(s)$에 대하여 정리하면

$$V(s) = \frac{1}{sC}I(s) + \frac{v(0)}{s} \qquad (11-42)$$

가 되므로 전압원을 이용하여 s-영역에서 그림 11.15(c)와 같이 직렬 모델로 표현할 수 있다.

$$\longrightarrow i(t) = C\frac{dv}{dt}$$

$v(t)$ ⊣⊢ C

(a) 시간 영역 모델

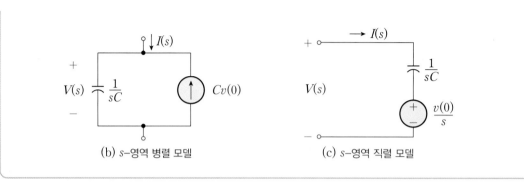

(b) s-영역 병렬 모델   (c) s-영역 직렬 모델

그림 11.15 커패시터에 대한 전압·전류 관계

그림 11.14와 그림 11.15에서 알 수 있듯이 인덕터와 커패시터의 s-영역 모델에서 독립전원이 초기 조건과 관련하여 사용되고 있다는 것에 주의하라. 인덕터에 대한 초기 조건 $i(0)$는 전압원 또는 전류원의 일부분으로 나타나고, 커패시터에 대한 초기 조건 $v(0)$도 인덕터와 마찬가지로 전압원 또는 전류원의 일부분으로 나타난다.

(4) s-영역에서의 임피던스와 어드미턴스

정현파 정상상태 해석시 정의한 복소 임피던스와 복소 어드미턴스를 s-영역에서도 유사하게 정의할 수 있다.

s-영역에서의 임피던스 $Z(s)$는 전압 $V(s)$와 전류 $I(s)$의 비로 다음과 같이 정의되며, 단위는 옴(Ω)을 사용한다.

$$Z(s) \triangleq \frac{V(s)}{I(s)} \qquad (11-43)$$

또한, s-영역에서의 어드미턴스 $Y(s)$는 임피던스 $Z(s)$의 역수로 다음과 같이 정의되며, 단위는 지멘스(S)를 사용한다.

$$Y(s) \triangleq \frac{1}{Z(s)} = \frac{I(s)}{V(s)} \qquad (11-44)$$

저항, 인덕터, 커패시터 소자에 대하여 s-영역에서 임피던스와 어드미턴스를 구하면 다음과 같다. 단, 인덕터와 커패시터의 초기 조건은 모두 0이라고 가정한다.

$$\text{저항} : V(s) = RI(s) \longrightarrow Z(s) = R, \ Y(s) = \frac{1}{R} \qquad (11-45)$$

$$\text{인덕터} : V(s) = sLI(s) \longrightarrow Z(s) = sL, \ Y(s) = \frac{1}{sL} \qquad (11-46)$$

$$\text{커패시터} : V(s) = \frac{1}{sC} I(s) \longrightarrow Z(s) = \frac{1}{sC}, \ Y(s) = sC \qquad (11-47)$$

R, L, C 소자에 대한 임피던스 $Z(s)$와 어드미턴스 $Y(s)$는 저항에 대해서는 s와 무관하지만, 인덕터와 커패시터에 대해서는 s의 함수이므로 s에 따라 임피던스와 어드미턴스가 변한다는 사실에 주의하라.

여 기서 잠깐! 복소 주파수 s

s–영역에서 s는 다음과 같은 복소수이며, 복소주파수(complex frequency)라고 부른다.

$$s = \sigma + j\omega$$

복소주파수 s는 e^{st}의 형태를 이용하여 지수적으로 변하는 정현파를 표현하는데 이용할 수 있다.

$$e^{st} = e^{(\sigma + j\omega)t} = e^{\sigma t} \cdot e^{j\omega t} = e^{\sigma t}(\cos \omega t + j \sin \omega t)$$

s의 실수부인 σ는 지수적인 변화를 나타내며, $\sigma > 0$이면 지수적으로 증가하고 $\sigma < 0$이면 지수적으로 감소하는 함수가 된다. $\sigma = 0$이면 정현파의 진폭이 일정하다는 것을 의미한다. σ가 크면 클수록 지수적으로 증가하거나 감소하는 속도가 점점 커지며, 네퍼 주파수(neper frequency)라고 부른다.

한편, s의 허수부인 ω는 정현적인 변화를 나타내며, 라디안 주파수(radian frequency)라고 부른다. ω가 크면 클수록 시간에 따라 좀더 빠르게 변화하는 정현파가 된다.

지금까지 기술한 R, L, C 소자에 대한 전압 · 전류 관계를 표 11.3에 나타내었다.

표 11.3 시간 영역과 s-영역에서의 RLC 소자의 전압 · 전류 관계

시간 영역	s-영역	
저항 $v(t) = Ri(t)$ $+$ $\downarrow i(t)$ $v(t) \gtrless R$ $-$	$V(s) = RI(s)$ $+$ $\downarrow I(s)$ $V(s) \gtrless Z(s) = R$ $-$	$I(s) = \dfrac{1}{R} V(s)$ $+$ $\downarrow I(s)$ $V(s) \gtrless Y(s) = \dfrac{1}{R}$ $-$
인덕터 $v(t) = L\dfrac{di}{dt}$ $+$ $\downarrow i(t)$ $v(t) \; L$ $-$	$V(s) = sLI(s) - Li(0)$ $+$ $\downarrow I(s)$ $Z(s) = sL$ $V(s)$ $- \; Li(0)$	$I(s) = \dfrac{1}{sL}V(s) + \dfrac{i(0)}{s}$ $+$ $\downarrow I(s)$ $V(s) \; Y(s) = \dfrac{1}{sL}$ $\downarrow \dfrac{i(0)}{s}$ $-$
커패시터 $i(t) = C\dfrac{dv}{dt}$ $+$ $\downarrow i(t)$ $v(t) \; C$ $-$	$V(s) = \dfrac{1}{sC}I(s) + \dfrac{v(0)}{s}$ $+$ $\downarrow I(s)$ $Z(s) = \dfrac{1}{sC}$ $V(s)$ $+ \; \dfrac{v(0)}{s}$ $-$	$I(s) = sCV(s) - Cv(0)$ $+$ $\downarrow I(s)$ $V(s) \; Y(s) = sC$ $\uparrow Cv(0)$ $-$

예제 11.11

다음 회로에 대한 s-영역의 등가회로를 구하라. 단, $i_L(0) = I_0$라고 가정한다.

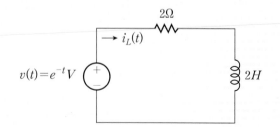

풀이 RL 직렬회로이므로 표 11.3에 의하여 $s-$영역에서 다음 2개의 등가회로가 가능하다.

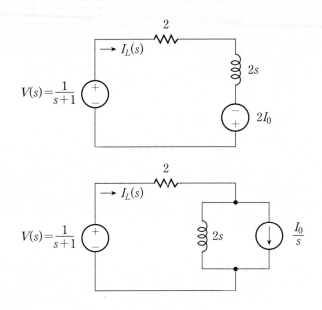

여기서 인덕터의 임피던스를 이용하여 $s-$영역의 등가회로를 얻었다는 것에 주의하라.

여기서 잠깐! **R, L, C 소자에 대한 임피던스와 어드미턴스의 표기**

회로소자에 대한 임피던스나 어드미턴스는 회로해석이 편리하도록 표기하면 되는데, 서로 혼합하여 사용하지 않는 것이 좋다. 예를 들어, 다음 회로를 살펴보자.

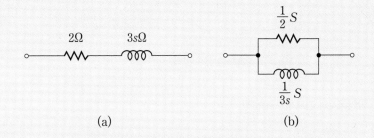

그림 (a)는 단위가 Ω이므로 임피던스로 회로소자를 표현한 것이며, 그림 (b)는 단위가 S이므로 어드미턴스로 회로소자를 표현한 것이다. 본 교재에서는 특별한 언급이 없는 한 임피던스로 회로소자를 표현하기로 한다.

11.4 s−영역에서의 마디 및 메쉬해석법

s−영역에서 R, L, C 소자에 대한 전압·전류 관계식을 이용하여 선형 RLC 회로에 대한 완전응답을 결정하기에 앞서 시간 영역에서 성립하는 키르히호프의 전압 및 전류 법칙이 s−영역에서도 성립한다는 것을 보인다.

(1) s−영역에서의 키르히호프의 법칙

그림 11.16에 나타낸 메쉬와 마디를 살펴보자.

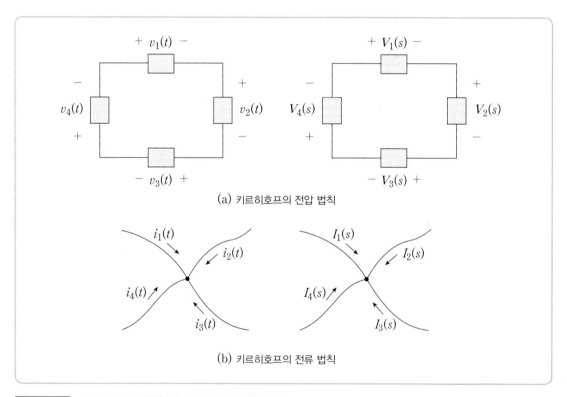

(a) 키르히호프의 전압 법칙

(b) 키르히호프의 전류 법칙

그림 11.16　시간영역과 s−영역에서의 키르히호프 법칙

그림 11.16의 시간 영역에서 키르히호프의 전압 법칙과 전류 법칙을 적용하면

$$v_1(t) + v_2(t) + v_3(t) + v_4(t) = 0 \tag{11-48}$$

$$i_1(t) + i_2(t) + i_3(t) + i_4(t) = 0 \qquad (11-49)$$

이 얻어지며, 양변에 Laplace 변환을 취하면 다음과 같다.

$$V_1(s) + V_2(s) + V_3(s) + V_4(s) = 0 \qquad (11-50)$$

$$I_1(s) + I_2(s) + I_3(s) + I_4(s) = 0 \qquad (11-51)$$

식(11-50)과 식(11-51)로부터 Laplace 변환 후에도 폐루프에서의 전압강하의 총합은 0이며, 임의의 마디로 흘러 들어가는 전류의 총합은 0이므로 s−영역에서도 키르히호프의 전압 법칙과 전류 법칙은 시간 영역에서와 마찬가지로 성립한다.

(2) s−영역에서 임피던스의 직렬 결합

그림 11.17과 같이 N개의 회로소자가 직렬로 연결된 s−영역에서의 회로를 살펴보자.

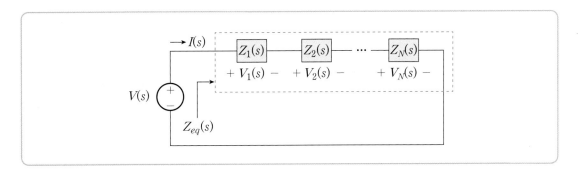

그림 11.17 s−영역에서의 임피던스 직렬회로

그림 11.17에 키르히호프의 전압 법칙을 적용하면 다음과 같다.

$$V(s) = V_1(s) + V_2(s) + \cdots + V_N(s) \qquad (11-52)$$

임피던스의 정의에 의하여 각 회로소자에 걸리는 전압은 다음과 같다.

$$V_1(s) = Z_1(s)\,I(s),\ \ V_2(s) = Z_2(s)\,I(s),\ \cdots,\ V_N(s) = Z_N(s)\,I(s) \quad (11-53)$$

식(11-53)을 식(11-52)에 대입하면

$$V(s) = I(s)\{Z_1(s) + Z_2(s) + \cdots + Z_N(s)\} \quad\quad (11-54)$$

이므로 그림 11.17의 점선 부분에 대한 등가 임피던스 $Z_{eq}(s)$는 다음과 같다.

$$Z_{eq}(s) \triangleq \frac{V(s)}{I(s)} = Z_1(s) + Z_2(s) + \cdots + Z_N(s) \quad\quad (11-55)$$

따라서 s-영역에서 직렬로 연결된 임피던스는 식(11-55)와 같이 각 회로소자의 임피던스를 합한 것과 등가이다. 이것은 저항의 직렬 연결과 같은 결과임에 주목하라.

또한, 각 회로소자에 걸리는 전압 $V_k(s)\,(k = 1,\ 2,\ \cdots,\ N)$는

$$V_k(s) = Z_k(s)\,I(s) = \frac{Z_k(s)}{Z_{eq}(s)}\,V(s) \quad\quad (11-56)$$

이므로 임피던스에 비례하여 분배된다.

(3) s-영역에서 임피던스의 병렬 결합

그림 11.18과 같이 N개의 회로소자가 병렬로 연결된 s-영역에서의 회로를 살펴보자.

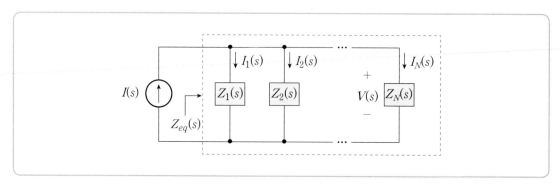

그림 11.18　s-영역에서의 임피던스 병렬회로

그림 11.18에 키르히호프의 전류 법칙을 적용하면 다음과 같다.

$$I(s) = I_1(s) + I_2(s) + \cdots + I_N(s) \qquad (11-57)$$

임피던스와 어드미턴스의 정의에 의하여 각 회로소자에 흐르는 전류는

$$
\begin{aligned}
I_1(s) &= \frac{V(s)}{Z_1(s)} = Y_1(s)\,V(s) \\
I_2(s) &= \frac{V(s)}{Z_2(s)} = Y_2(s)\,V(s) \\
&\ \vdots \\
I_N(s) &= \frac{V(s)}{Z_N(s)} = Y_N(s)\,V(s)
\end{aligned}
\qquad (11-58)
$$

이므로 식(11−58)을 식(11−57)에 대입하면 다음과 같다.

$$
\begin{aligned}
I(s) &= V(s)\left\{ \frac{1}{Z_1(s)} + \frac{1}{Z_2(s)} + \cdots + \frac{1}{Z_N(s)} \right\} \\
&= V(s)\{ Y_1(s) + Y_2(s) + \cdots + Y_N(s) \}
\end{aligned}
\qquad (11-59)
$$

그림 11.18의 점선 부분에 대한 등가 임피던스 $Z_{eq}(s)$는 다음과 같이 결정된다.

$$Z_{eq}(s) \triangleq \frac{V(s)}{I(s)} = \cfrac{1}{\dfrac{1}{Z_1(s)} + \dfrac{1}{Z_2(s)} + \cdots + \dfrac{1}{Z_N(s)}} \qquad (11-60)$$

따라서 s−영역에서 병렬로 연결된 임피던스는 식(11−60)과 같이 각 회로소자의 임피던스의 역수를 모두 더하여 다시 역수를 취한 것과 같다. 이것은 저항의 병렬 연결과 같은 결과임에 주목하라.

식(11−60)을 등가 어드미턴스 $Y_{eq}(s)$로 표현하면

$$Y_{eq}(s) \triangleq \frac{1}{Z_{eq}(s)} = Y_1(s) + Y_2(s) + \cdots + Y_N(s) \qquad (11-61)$$

이므로 병렬 연결된 어드미턴스는 각 회로소자의 어드미턴스를 합한 것과 등가이다.

또한, 각 회로소자에 흐르는 전류 $I_k(s)\,(k = 1,\ 2,\ \cdots,\ N)$는

$$I_k(s) = Y_k(s)\,V(s) = \frac{Y_k(s)}{Y_{eq}(s)}I(s) \qquad (11-62)$$

이므로 어드미턴스에 비례하여 분배된다.

예제 11.12

다음 회로에서 점선 부분에 대한 등가 임피던스 $Z_{eq}(s)$를 구하라.

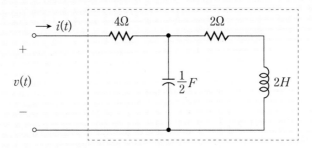

풀이 주어진 회로를 s-영역으로 변환하면

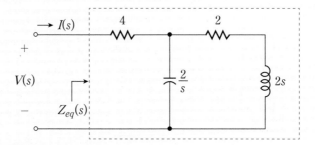

이므로 $Z_{eq}(s)$는 다음과 같다.

$$
\begin{aligned}
Z_{eq}(s) &= 4 + \left\{\frac{2}{s} \,/\!/\, (2+2s)\right\}\\
&= 4 + \frac{\dfrac{2}{s}(2+2s)}{\dfrac{2}{s}+2+2s} = 4 + \frac{2s+2}{s^2+s+1}\\
&= \frac{4s^2+6s+6}{s^2+s+1}\,\Omega
\end{aligned}
$$

예제 11.13

다음 회로에서 s-영역의 전류분배 원리를 이용하여 $V_L(s)$를 구하라. 단, 모든 초기 조건은 0으로 가정한다.

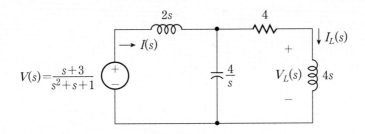

풀이 먼저 회로 전체의 등가 임피던스 $Z_{eq}(s)$를 구하면

$$Z_{eq}(s) = 2s + \left\{ \frac{4}{s} \,/\!/\, (4 + 4s) \right\}$$

$$= 2s + \frac{\dfrac{4}{s}(4 + 4s)}{\dfrac{4}{s} + 4 + 4s} = \frac{2s^3 + 2s^2 + 6s + 4}{s^2 + s + 1}$$

이므로 회로 전체에 흐르는 전류 $I(s)$는 다음과 같다.

$$I(s) = \frac{V(s)}{Z_{eq}(s)} = \frac{s + 3}{2s^3 + 2s^2 + 6s + 4}$$

전류분배의 원리에 의해 $4s$의 인덕터에 흐르는 전류 $I_L(s)$를 구하면

$$I_L(s) = \frac{\dfrac{4}{s}}{\dfrac{4}{s} + (4 + 4s)} I(s) = \frac{1}{s^2 + s + 1} I(s)$$

$$= \frac{s + 3}{(s^2 + s + 1)(2s^3 + 2s^2 + 6s + 4)}$$

이므로 $V_L(s)$는 다음과 같이 결정된다.

$$V_L(s) = 4s I_L(s) = \frac{4s(s + 3)}{(s^2 + s + 1)(2s^3 + 2s^2 + 6s + 4)}$$

예제 11.14

다음 회로에서 s-영역에서 전류분배 원리를 이용하여 전류 $I_C(s)$를 구하라. 단, 모든 초기 조건은 0으로 가정한다.

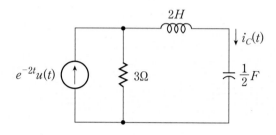

풀이 　주어진 회로를 s-영역의 회로로 변환하면

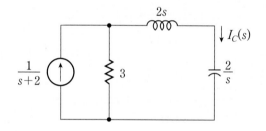

이므로 전류분배의 원리에 의해 $I_C(s)$는 다음과 같다.

$$I_C(s) = \frac{3}{3 + \left(2s + \dfrac{2}{s}\right)} \frac{1}{s+2}$$

$$= \frac{3s}{(s+2)(2s^2 + 3s + 2)}$$

(4) s-영역에서의 마디 및 메쉬해석법

앞에서 임피던스와 어드미턴스를 정의하여 s-영역에서 다음의 전압 · 전류 관계가 성립한다는 것을 이미 설명하였다.

$$V(s) = Z(s)I(s), \ I(s) = \frac{V(s)}{Z(s)} = Y(s)V(s) \qquad (11-63)$$

또한, s-영역에서 키르히호프의 전류 및 전압 법칙이 성립한다는 것도 증명하였다. 결과적으로 마디해석법과 메쉬해석법을 적용하기 위한 기본 법칙들이 s-영역에서 모두 성립하므로 선형 RLC 회로의 완전응답을 얻기 위하여 마디 및 메쉬해석법을 s-영역에서도 사용할 수 있다는 것을 알 수 있다.

따라서 회로해석의 기초 해석기법인 마디해석법과 메쉬해석법을 s-영역의 회로에 적용함으로써 복잡한 미분방정식을 풀지 않고도 연립대수방정식의 해를 구해 완전응답을 결정할 수 있게 된다. 이것이 Laplace 변환을 도입하여 얻을 수 있는 매우 큰 장점인 것이다.

예제 11.15

다음 회로에서 마디해석법을 이용하여 $\frac{1}{2}\Omega$의 저항에 걸리는 전압 $v_0(t)$와 전류 $i_0(t)$를 구하라.

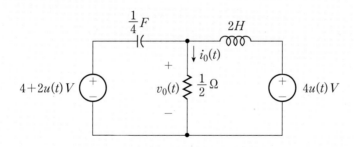

풀이 먼저, 인덕터와 커패시터의 초기 조건을 구한다. $t < 0$에서 좌측 전압원은 $4V$가 인가되고 우측 전압원은 $0V$가 인가되므로 직류정상상태에서

$$v_C(0^-) = 4V, \quad i_L(0^-) = 0A$$

가 얻어진다. 인덕터와 커패시터에 대한 s-영역의 등가회로는 마디해석법을 이용하므로 병렬 모델을 이용하는 것이 편리하다.

주어진 시간 영역의 회로를 커패시터의 초기 조건을 고려하여 s-영역에서의 회로로 변환하면 다음과 같다. 기준마디와 마디전압 $V_0(s)$를 그림과 같이 선정한다.

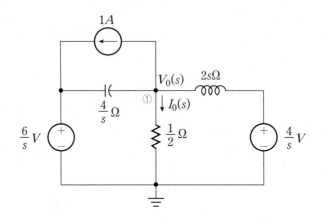

마디 ①에서의 마디전압을 $V_0(s)$라고 하면 다음의 회로방정식을 얻을 수 있다.

$$\frac{V_0(s) - \dfrac{6}{s}}{\dfrac{4}{s}} + \frac{V_0(s)}{2} + \frac{V_0(s) - \dfrac{4}{s}}{2s} + 1 = 0$$

$V_0(s)$에 대하여 정리하여 부분분수로 분해하면 다음과 같다.

$$V_0(s) = \frac{2s^2 + 8}{s(s^2 + 2s + 2)} = \frac{A}{s} + \frac{Bs + C}{s^2 + 2s + 2}$$

$$(A + B)s^2 + (2A + C)s + 2A = 2s^2 + 8$$
$$A + B = 2,\ 2A + C = 0,\ 2A = 8$$
$$\therefore A = 4,\ B = -2,\ C = -8$$

$V_0(s)$를 Laplace 역변환하면

$$v_0(t) = \mathcal{L}^{-1}\{V_0(s)\} = \mathcal{L}^{-1}\left\{\frac{4}{s}\right\} - \mathcal{L}^{-1}\left\{\frac{2s + 8}{s^2 + 2s + 2}\right\}$$

이므로 두 번째 항을 먼저 Laplace 역변환하기 위하여 분모를 완전제곱 형태로 변형하면 다음과 같다.

$$\mathcal{L}^{-1}\left\{\frac{2s+8}{s^2+2s+2}\right\} = \mathcal{L}^{-1}\left\{\frac{2(s+1)+6}{(s+1)^2+1}\right\}$$
$$= \mathcal{L}^{-1}\left\{\frac{2(s+1)}{(s+1)^2+1}\right\} + \mathcal{L}^{-1}\left\{\frac{6}{(s+1)^2+1}\right\}$$
$$= 2e^{-t}\cos t + 6e^{-t}\sin t$$

따라서 1Ω 양단에 걸리는 전압 $v_0(t)$는 다음과 같다.

$$v_0(t) = 4 - 2e^{-t}\cos t - 6e^{-t}\sin t \, V, \quad t > 0$$

또한, 1Ω 저항에 흐르는 전류 $i_0(t)$는 옴의 법칙에 의하여

$$i_0(t) = \frac{v_0(t)}{1\Omega} = 4 - 2e^{-t}\cos t - 6e^{-t}\sin t \, A, \quad t > 0$$

가 얻어진다.

예제 11.16

다음 회로에서 메쉬해석법을 이용하여 메쉬전류 $i_1(t)$와 $i_2(t)$를 구하라.
단, $t < 0$에서 회로에 저장된 에너지는 없다고 가정한다.

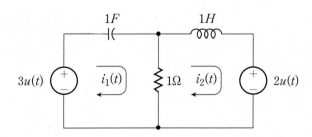

풀이 $t < 0$에서 커패시터와 인덕터에 저장된 에너지는 없다고 가정하였으므로 주어진
회로를 $s-$영역에서의 회로로 변환한다. 인덕터와 커패시터에 대한 등가회로는 메쉬해석
법을 이용하므로 직렬 모델을 이용하는 것이 편리하다.

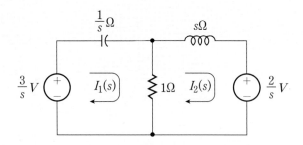

각 메쉬에 카르히호프의 전압 법칙을 적용하면

$$\frac{1}{s}I_1(s) + \left[I_1(s) - I_2(s)\right] = \frac{3}{s}$$

$$sI_2(s) + \frac{2}{s} + \left[I_2(s) - I_1(s)\right] = 0$$

이므로 정리하면 다음의 연립방정식이 얻어진다.

$$\left(1 + \frac{1}{s}\right)I_1(s) - I_2(s) = \frac{3}{s}$$

$$-I_1(s) + (s+1)I_2(s) = -\frac{2}{s}$$

Cramer 공식을 이용하면

$$I_1(s) = \frac{\begin{vmatrix} \dfrac{3}{s} & -1 \\[2mm] -\dfrac{2}{s} & s+1 \end{vmatrix}}{\begin{vmatrix} 1 + \dfrac{1}{s} & -1 \\[2mm] -1 & s+1 \end{vmatrix}} = \frac{3s+1}{s^2 + s + 1} = \frac{3\left(s + \dfrac{1}{2}\right) - \dfrac{1}{2}}{\left(s + \dfrac{1}{2}\right)^2 + \dfrac{3}{4}}$$

$$I_2(s) = \frac{\begin{vmatrix} 1 + \dfrac{1}{s} & \dfrac{3}{s} \\[2mm] -1 & -\dfrac{2}{s} \end{vmatrix}}{\begin{vmatrix} 1 + \dfrac{1}{s} & -1 \\[2mm] -1 & s+1 \end{vmatrix}} = \frac{s-2}{s^3 + s^2 + s} = \frac{-2}{s} + \frac{2s+3}{s^2 + s + 1}$$

이므로 $I_1(s)$와 $I_2(s)$를 Laplace 역변환하면 다음과 같다.

$$i_1(t) = \mathcal{L}^{-1}\{I_1(s)\} = \mathcal{L}^{-1}\left\{\frac{3\left(s+\frac{1}{2}\right)}{\left(s+\frac{1}{2}\right)^2+\frac{3}{4}}\right\} - \mathcal{L}^{-1}\left\{\frac{\frac{1}{\sqrt{3}}\left(\frac{\sqrt{3}}{2}\right)}{\left(s+\frac{1}{2}\right)^2+\frac{3}{4}}\right\}$$

$$\therefore i_1(t) = 3e^{-\frac{1}{2}t}\cos\frac{\sqrt{3}}{2}t - \frac{1}{\sqrt{3}}e^{-\frac{1}{2}t}\sin\frac{\sqrt{3}}{2}t \ A, \ t > 0$$

$$i_2(t) = \mathcal{L}^{-1}\{I_2(s)\} = \mathcal{L}^{-1}\left\{-\frac{2}{s}\right\} + \mathcal{L}^{-1}\left\{\frac{2s+3}{s^2+s+1}\right\}$$

$$= \mathcal{L}^{-1}\left\{-\frac{2}{s}\right\} + \mathcal{L}^{-1}\left\{\frac{2\left(s+\frac{1}{2}\right)}{\left(s+\frac{1}{2}\right)^2+\frac{3}{4}}\right\} + \mathcal{L}^{-1}\left\{\frac{\frac{4}{\sqrt{3}}\left(\frac{\sqrt{3}}{2}\right)}{\left(s+\frac{1}{2}\right)^2+\frac{3}{4}}\right\}$$

$$\therefore i_2(t) = -2 + 2e^{-\frac{1}{2}t}\cos\frac{\sqrt{3}}{2}t + \frac{4}{\sqrt{3}}e^{-\frac{1}{2}t}\sin\frac{\sqrt{3}}{2}t \ A, \ t > 0$$

여 기서 잠깐! $1/(s+a)^2$의 Laplace 역변환

$f(t) = te^{-at}$의 Laplace 변환을 구해본다. Laplace 변환의 미분에 대한 성질 식(11-16)에 의하여

$$\mathcal{L}\{(-t)e^{-at}\} = \frac{d}{ds}\left(\frac{1}{s+a}\right) = -\frac{1}{(s+a)^2}$$

이므로 $f(t)$의 Laplace 변환은 다음과 같다.

$$\mathcal{L}\{te^{-at}\} = \frac{1}{(s+a)^2}$$

Laplace 역변환의 정의에 의하여

$$\mathcal{L}^{-1}\left\{\frac{1}{(s+a)^2}\right\} = te^{-at}$$

가 된다.

예제 11.17

다음의 s-영역의 회로에서 메쉬해석법을 이용하여 $V_0(s)$를 구하고, 시간 영역의 응답 $V_0(t)$를 구하라. 단, $t < 0$에서 회로에 저장된 에너지는 없다고 가정한다.

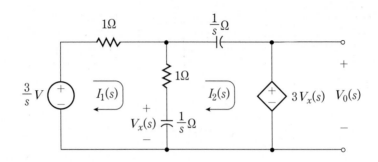

풀이 각 메쉬에 대하여 키르히호프의 전압 법칙을 적용하면 다음과 같다.

$$I_1(s) + \left(1 + \frac{1}{s}\right)[I_1(s) - I_2(s)] = \frac{3}{s}$$
$$\frac{1}{s}I_2(s) + 3V_x(s) + \left(1 + \frac{1}{s}\right)[I_2(s) - I_1(s)] = 0$$

종속전원에 대한 전압 · 전류 관계식을 구하면

$$V_x(s) = \frac{1}{s}[I_1(s) - I_2(s)]$$

이므로 위의 식을 정리하면 다음과 같다.

$$(2s + 1)I_1(s) - (s + 1)I_2(s) = 3$$
$$(-s + 2)I_1(s) + (s - 1)I_2(s) = 0$$

Cramer 공식을 이용하여 $I_1(s)$와 $I_2(s)$를 구하면

$$I_1(s) = \frac{3s - 3}{s^2 + 1}$$
$$I_2(s) = \frac{3s - 6}{s^2 + 1}$$

이므로 $V_0(s)$는 다음과 같이 계산할 수 있다.

$$V_0(s) = 3V_x(s) = \frac{3}{s}[I_1(s) - I_2(s)] = \frac{9}{s(s^2 + 1)}$$

$v_0(t)$는 $V_0(s)$를 Laplace 역변환하여 구할 수 있다.

$$v_0(t) = \mathcal{L}^{-1}\{V_0(s)\} = \mathcal{L}^{-1}\left\{\frac{9}{s(s^2+1)}\right\}$$
$$= \mathcal{L}^{-1}\left\{\frac{9}{s} - \frac{9s}{s^2+1}\right\}$$
$$= \mathcal{L}^{-1}\left\{\frac{9}{s}\right\} - \mathcal{L}^{-1}\left\{\frac{9s}{s^2+1}\right\}$$
$$\therefore\ v_0(t) = 9 - 9\cos t\,V,\quad t>0$$

11.5 $s-$영역에서의 테브난 및 노턴의 정리

$s-$영역에서 키르히호프의 전압 및 전류 법칙이 성립하고, 식(11-63)의 관계가 성립되기 때문에 테브난 및 노턴의 정리도 $s-$영역에서 그대로 성립한다.

그림 11.19(a)의 점선 부분의 복잡한 회로를 테브난 및 노턴 등가회로로 각각 대체하여 그림 11.19(b)와 그림 11.19(c)에 나타내었다. $V_{TH}(s)$와 $Z_{TH}(s)$는 각각 테브난 등가전압과 등가 임피던스이며, $I_N(s)$와 $Z_N(s)$는 각각 노턴 등가전류와 등가 임피던스를 나타낸다.

시간 영역에서와 마찬가지로 $Z_{TH}(s) = Z_N(s)$의 관계가 성립되므로 $s-$영역에서도 전압원 및 전류원 변환을 그대로 적용할 수 있다.

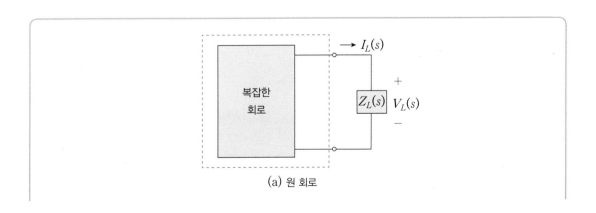

(a) 원 회로

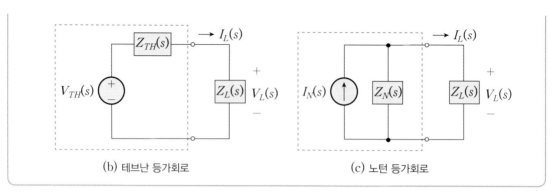

(b) 테브난 등가회로　　　　　　　　　(c) 노턴 등가회로

그림 11.19　테브난 및 노턴 등가회로(s-영역)

그림 11.19의 테브난 및 노턴 등가회로를 이용하면 부하 임피던스 $Z_L(s)$의 양단 전압 $V_L(s)$와 흐르는 전류 $I_L(s)$를 다음과 같이 간단하게 구할 수 있다.

$$V_L(s) = \frac{Z_L(s)}{Z_{TH}(s) + Z_L(s)} V_{TH}(s) \qquad (11-64)$$

$$I_L(s) = \frac{Z_N(s)}{Z_N(s) + Z_L(s)} I_N(s) \qquad (11-65)$$

지금까지 설명한 테브난 및 노턴 정리를 요약하면 다음과 같다.

테브난의 정리(s-영역)

부하 임피던스를 제외한 회로의 나머지 부분을 1개의 독립전압원 $V_{TH}(s)$와 1개의 임피던스 $Z_{TH}(s)$를 직렬로 연결한 테브난 등가회로로 대체할 수 있으며, 이때 부하 임피던스에서 계산한 응답은 동일하다.

노턴의 정리(s-영역)

부하 임피던스를 제외한 회로의 나머지 부분을 1개의 독립전류원 $I_N(s)$와 1개의 임피던스 $Z_N(s)$를 병렬로 연결한 노턴 등가회로로 대체할 수 있으며, 이때 부하 임피던스에서 계산한 응답은 동일하다.

　　다음 예제들을 통하여 s-영역의 회로에 대하여 테브난 및 노턴 정리를 적용하는 방법을 살펴본다.

예제 11.18

다음 회로에서 점선 부분의 회로를 s-영역의 테브난 등가회로로 대체하여 커패시터의 양 단전압 $V_C(s)$를 구하라.

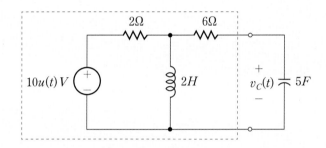

풀이　주어진 회로에서 $t < 0$일 때의 초기 조건을 구하면

$$v_C(0^-) = 0\,V, \ i_L(0^-) = 0A$$

이므로 s-영역에서의 등가회로는 다음과 같다.

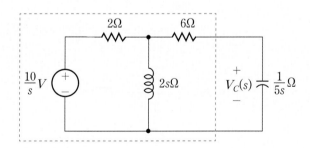

점선 부분의 회로에 대한 테브난 등가전압 $V_{TH}(s)$를 구하면 전압분배의 원리에 의하여

$$V_{TH}(s) = \frac{2s}{2 + 2s}\left(\frac{10}{s}\right) = \frac{10}{s + 1}$$

715

이 되며, 테브난 등가 임피던스 $Z_{TH}(s)$는 다음과 같다.

$$Z_{TH}(s) = 6\Omega + (2\Omega \; // \; 2s\Omega) = 6 + \frac{4s}{2s+2} = \frac{8s+6}{s+1}$$

$V_{TH}(s)$와 $Z_{TH}(s)$를 이용하여 테브난 등가회로를 구한 다음, 커패시터를 연결하면 다음과 같다.

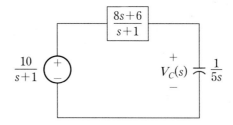

전압분배의 원리를 이용하면 $V_C(s)$는 다음과 같이 결정된다.

$$V_C(s) = \frac{\dfrac{1}{5s}}{\left(\dfrac{8s+6}{s+1} + \dfrac{1}{5s}\right)}\left(\dfrac{10}{s+1}\right) = \frac{10}{40s^2 + 31s + 1}$$

예제 11.19

다음 s−영역의 회로에서 노턴 등가회로를 이용하여 커패시터의 양단전압 $V_C(s)$를 구하라.

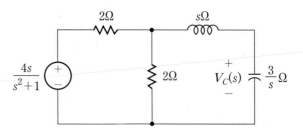

풀이 커패시터를 제거하고 전압원을 단락시키면, 노턴 등가 임피던스 $Z_N(s)$를 다음과 같이 계산할 수 있다.

$$Z_N(s) = s\Omega + (2\Omega \text{ // } 2\Omega) = s + 1$$

노턴 등가전류 $I_N(s)$를 구하기 위하여 커패시터 양단을 단락시키면 다음과 같다.

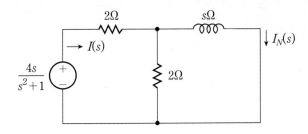

먼저, 전체 전류 $I(s)$를 구하면

$$I(s) = \frac{1}{2 + (2 \text{ // } s)}\left(\frac{4s}{s^2 + 1}\right) = \frac{s(s + 2)}{(s + 1)(s^2 + 1)}$$

이므로 전류분배의 원리에 의하여 $I_N(s)$는 다음과 같다.

$$I_N(s) = \frac{2}{s + 2}I(s) = \frac{2s}{(s + 1)(s^2 + 1)}$$

따라서 $I_N(s)$와 $Z_N(s)$를 이용하여 노턴 등가회로를 구한 후, 커패시터를 연결하면 다음과 같다.

전류분배의 원리와 옴의 법칙을 적용하면 $V_C(s)$는 다음과 같이 결정된다.

$$V_C(s) = \frac{s + 1}{s + 1 + \dfrac{3}{s}}\frac{2s}{(s + 1)(s^2 + 1)}\frac{3}{s}$$

$$= \frac{3s}{(s^2 + 1)(s^2 + s + 3)}$$

11.6 s-영역에서의 중첩 및 밀만의 정리

시간 영역에서 선형회로에 적용되는 중첩의 원리와 밀만의 정리가 s-영역에서도 그대로 적용되어 선형 RLC 회로의 완전응답을 구하는 데 활용될 수 있다.

(1) s-영역에서의 중첩의 원리

그림 11.20의 s-영역 회로가 2개의 전원에 의해 구동되는 경우 중첩의 원리를 이용하여 커패시터에 흐르는 전류 $I_C(s)$를 구해본다.

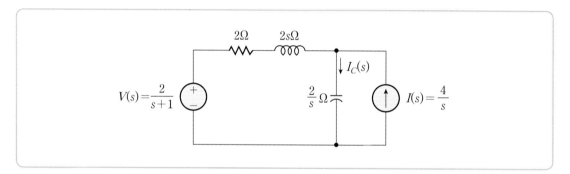

그림 11.20 2개의 전원으로 구동되는 s-영역의 회로

① 전압원 $V(s)$만 존재

전류원을 개방하였을 때 커패시터에 흐르는 전류를 $I_{C1}(s)$라고 하면 다음과 같다.

$$I_{C1}(s) = \frac{V(s)}{2 + 2s + \dfrac{2}{s}} = \frac{s}{(s+1)(s^2 + s + 1)} \qquad (11-66)$$

② 전류원 $I(s)$만 존재

전압원을 단락시켰을 때 커패시터에 흐르는 전류를 $I_{C2}(s)$라고 하면 다음과 같다.

$$I_{C2}(s) = \frac{2 + 2s}{2 + 2s + \dfrac{2}{s}} I(s) = \frac{4(s+1)}{s^2 + s + 1} \qquad (11-67)$$

중첩의 원리에 의하여 커패시터에 흐르는 전류 $I_C(s)$는 다음과 같이 결정된다.

$$I_C(s) = I_{C1}(s) + I_{C2}(s) = \frac{4s^2 + 9s + 4}{(s+1)(s^2+s+1)} \qquad (11-68)$$

(2) s-영역에서의 밀만의 정리

시간 영역에서 밀만의 정리는 서로 다른 전압원을 포함하는 병렬 가지들에 걸리는 공통 전압을 쉽게 구할 수 있는 방법을 제공하였다. s-영역의 회로에 대해서도 마찬가지로 밀만의 정리가 성립되며, 다음과 같이 일반적으로 나타낼 수 있다.

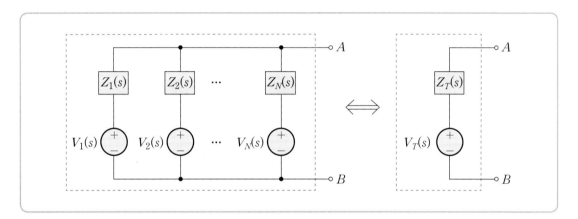

그림 11.21 밀만의 정리(s-영역)

$$Z_T(s) = Z_1(s) \mathbin{/\!/} Z_2(s) \mathbin{/\!/} \cdots \mathbin{/\!/} Z_N(s) \qquad (11-69)$$

$$V_T(s) = Z_T(s) \sum_{k=1}^{N} \frac{V_k(s)}{Z_k(s)} \qquad (11-70)$$

예제 11.20

다음 s-영역의 회로에서 중첩의 원리를 이용하여 $V_0(s)$를 구하라.

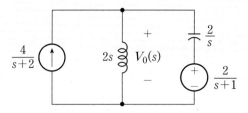

풀이 ① 전압원만 존재

전류원을 개방하였을 때 인덕터에 걸리는 전압을 $V_{01}(s)$라고 하면, 전압분배의 원리에 의하여

$$V_{01}(s) = \frac{2s}{\frac{2}{s} + 2s} \frac{2}{s+1} = \frac{2s^2}{(s+1)(s^2+1)}$$

이 얻어진다.

② 전류원만 존재

전압원을 단락시켰을 때 인덕터에 걸리는 전압을 $V_{02}(s)$라고 하면, 전류분배의 원리에 의하여

$$V_{02}(s) = \frac{\frac{2}{s}}{2s + \frac{2}{s}} \left(\frac{4}{s+2}\right)(2s) = \frac{8s}{(s+2)(s^2+1)}$$

가 얻어진다. 따라서 중첩의 원리에 의하여 인덕터에 걸리는 전압 $V_0(s)$는 다음과 같이 결정된다.

$$V_0(s) = V_{01}(s) + V_{02}(s) = \frac{2s(s^2 + 6s + 4)}{(s+1)(s+2)(s^2+1)}$$

예제 11.21

다음 s-영역의 회로에서 $V_0(s)$를 밀만의 정리를 이용하여 구하라.

단, $Z(s) = \dfrac{s+1}{s^2+s+1}$이라 가정한다.

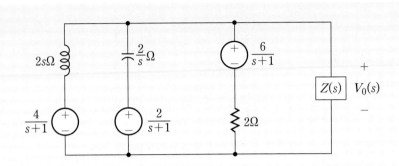

풀이 밀만의 정리에 의해 먼저 $Z_T(s)$를 계산한다.

$$Z_T(s) = 2s\Omega \,/\!/\, \frac{2}{s}\Omega \,/\!/\, 2\Omega = \frac{2s}{s^2 + s + 1}$$

다음으로 $V_T(s)$를 계산하면

$$\begin{aligned}
V_T(s) &= Z_T(s)\left\{\frac{V_1(s)}{Z_1(s)} + \frac{V_2(s)}{Z_2(s)} + \frac{V_3(s)}{Z_3(s)}\right\} \\
&= \frac{2s}{s^2 + s + 1}\left\{\frac{2}{s(s+1)} + \frac{s}{s+1} + \frac{3}{s+1}\right\} \\
&= \frac{2(s+2)}{(s^2 + s + 1)}
\end{aligned}$$

이므로 다음의 등가회로를 얻을 수 있다.

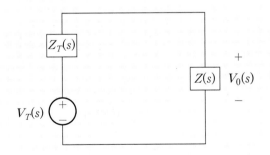

$$\begin{aligned}
V_0(s) &= \frac{Z(s)}{Z_T(s) + Z(s)} V_T(s) \\
&= \frac{s+1}{3s+1}\frac{2(s+2)}{s^2 + s + 1} = \frac{2(s+1)(s+2)}{(3s+1)(s^2 + s + 1)}
\end{aligned}$$

11.7 전달함수와 안정도 해석

(1) 전달함수의 정의

선형 RLC 회로에서 모든 초기 조건을 0으로 가정한 다음, 주어진 입력(input)에 대한 출력(output)의 비를 전달함수(transfer function)라고 정의한다.

일반적으로 입력이란 독립전압원이나 독립전류원과 같이 외부에서 선형회로에 인가되는 에너지원을 의미하며, 출력은 회로에서 구하고 싶은 전압이나 전류를 의미한다. 전달함수의 개념은 시간 영역에서는 정의되지 않으며, $s-$영역에서만 정의될 수 있다는 것에 주의하도록 하자.

그림 11.22에 독립전압원과 독립전류원에 의해 구동되는 $s-$영역에서의 회로에 대하여 몇 가지 가능한 전달함수들을 정의해 보자.

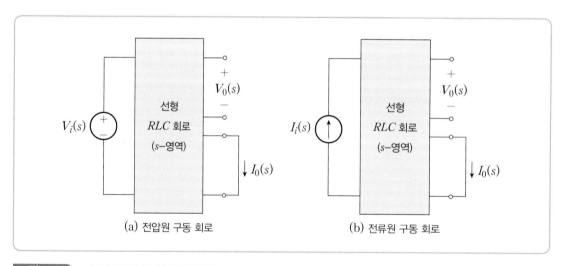

(a) 전압원 구동 회로   (b) 전류원 구동 회로

그림 11.22 $s-$영역에서의 전달함수의 정의

그림 11.22(a)의 회로에서 입력 $V_i(s)$에 대한 출력이 전압 $V_0(s)$ 또는 전류 $I_0(s)$ 이므로 다음과 같이 2개의 전달함수의 정의가 가능하다.

$$H_1(s) \triangleq \frac{V_0(s)}{V_i(s)} \tag{11-71}$$

$$H_2(s) \triangleq \frac{I_0(s)}{V_i(s)} \qquad (11-72)$$

식(11-71)과 식(11-72)로부터 $H_1(s)$는 입력전압과 출력전압의 비로 정의되므로 무차원(dimensionless)이지만, $H_2(s)$는 입력전압과 출력전류의 비로 정의되므로 어드미턴스의 차원과 동일하다. 이러한 이유로 $H_1(s)$를 전압이득(voltage gain)이라 부르고, $H_2(s)$는 전달 어드미턴스(transadmittance)라고 부른다.

또한, 그림 11.22(b)의 회로에서도 입력 $I_i(s)$에 대한 출력이 전압 $V_0(s)$ 또는 전류 $I_0(s)$이므로 다음과 같이 2개의 전달함수의 정의가 가능하다.

$$H_3(s) \triangleq \frac{V_0(s)}{I_i(s)} \qquad (11-73)$$

$$H_4(s) \triangleq \frac{I_0(s)}{I_i(s)} \qquad (11-74)$$

식(11-73)과 식(11-74)로부터 $H_3(s)$는 입력전류와 출력전압으로 정의되므로 임피던스의 차원과 동일하지만, $H_4(s)$는 입력전류와 출력전류의 비로 정의되므로 무차원이다. 이러한 이유로 $H_3(s)$를 전달 임피던스(transimpedance)라고 부르고, $H_4(s)$는 전류이득(current gain)이라고 부른다.

한 가지 주의할 점은 전달함수를 정의할 때, 주어진 회로의 모든 초기 조건을 0으로 가정하고 구해야 한다는 것이다.

전달함수는 $H(s)$가 구해지면 출력은 전달함수와 입력의 곱으로 결정되므로 전달함수를 구하는 것은 선형 RLC 회로의 출력을 결정하는데 매우 필수적인 과정이라는 것을 기억하도록 하자.

여기서 잠깐! 다중 입력에 대한 전달함수

입력이 여러 개인 선형 RLC 회로에서 특정 입력과 관련된 전달함수를 구하기 위해서는 다른 독립전원은 제거한 상태에서 구해야 한다. 따라서 전달함수는 특정 입력을 제외한 다른 모든 입력과 초기 조건을 0으로 놓은 상태에서 특정 입력에 대한 출력과의 비를 구하는 것이다.

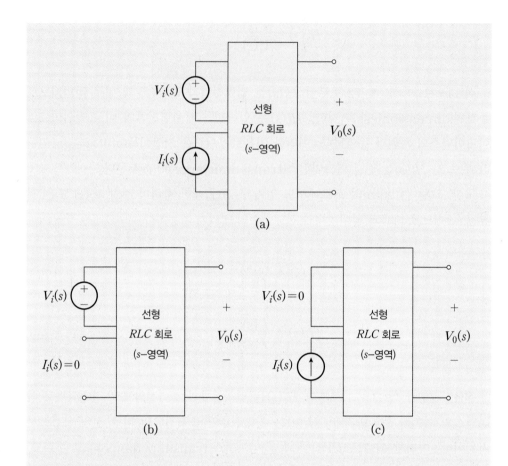

(a)

(b)

(c)

그림 (a)에서 전달함수 $H_1(s) \triangleq V_0(s)/V_i(s)$를 구하기 위해서는 전류원 $I_i(s)$를 제거한 그림 (b)의 회로에서 $V_i(s)$와 $V_0(s)$의 비를 계산하면 된다. 마찬가지로, 그림 (a)에서 전달함수 $H_2(s) \triangleq V_0(s)/I_i(s)$를 구하기 위해서는 전압원 $V_i(s)$를 제거한 그림 (c)의 회로에서 $I_i(s)$와 $V_0(s)$의 비를 계산하면 된다.

따라서 중첩의 원리를 이용하면 그림 (a)에서 출력전압 $V_0(s)$는

$$V_0(s) = H_1(s)\,V_i(s) + H_2(s)\,I_i(s)$$

가 되며, 결과적으로는 선형 RLC 회로의 강제응답인 것이다.

예제 11.22

다음 회로에서 입력 $V_i(s)$에 대한 출력 $V_0(s)$의 전달함수를 구하라.

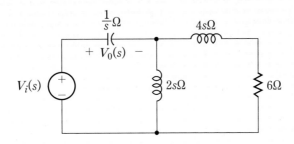

풀이 먼저 우측 3개의 소자에 대한 등가 임피던스를 $Z(s)$라고 정의하면

$$Z(s) = 2s \mathbin{//} (4s + 6)$$
$$= \frac{2s(4s + 6)}{2s + (4s + 6)} = \frac{4s^2 + 6s}{3s + 3}$$

이므로 전압분배의 원리에 의하여 $V_0(s)$는 다음과 같다.

$$V_0(s) = \frac{(1/s)}{(1/s) + Z(s)} V_i(s) = \frac{3s + 3}{4s^3 + 6s^2 + 3s + 3} V_i(s)$$
$$\therefore H(s) \triangleq \frac{V_0(s)}{V_i(s)} = \frac{3s + 3}{4s^3 + 6s^2 + 3s + 3}$$

예제 11.23

다음은 2개의 전원으로 구동되는 s-영역의 회로이다. 다음 전달함수를 각각 구하라.

$$H_1(s) = \frac{V_0(s)}{I_1(s)}, \quad H_2(s) = \frac{V_0(s)}{V_1(s)}$$

또한, 출력전압 $V_0(s)$를 중첩의 정리로부터 구하라.

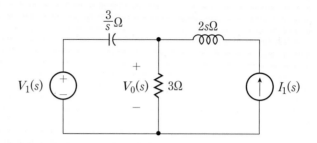

풀이 전달함수 $H_1(s)$는 전류원 $I_1(s)$에 대한 $V_0(s)$의 비로 정의되므로, 전압원 $V_1(s)$를 단락시켜 회로에서 제거하면 다음 회로를 얻을 수 있다.

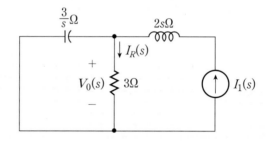

전류분배의 원리를 이용하여 3Ω에 흐르는 전류 $I_R(s)$를 구하면

$$I_R(s) = \frac{\dfrac{3}{s}}{3 + \dfrac{3}{s}}\, I_1(s) = \frac{1}{s+1} I_1(s)$$

이므로 $V_0(s)$는 옴의 법칙에 의하여 다음과 같이 구할 수 있다.

$$V_0(s) = 3 I_R(s) = \frac{3}{s+1}\, I_1(s)$$
$$\therefore H_1(s) \triangleq \frac{V_0(s)}{I_1(s)} = \frac{3}{s+1}$$

또한, 전달함수 $H_2(s)$는 전압원 $V_1(s)$에 대한 $V_0(s)$의 비로 정의되므로, 전류원 $I_1(s)$를 개방시켜 회로에서 제거하면 다음 회로를 얻을 수 있다.

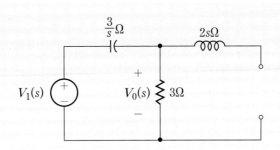

인덕터는 회로에서 제거되므로 전압분배의 원리에 의하여 $V_0(s)$는 다음과 같다.

$$V_0(s) = \frac{3}{(3/s) + 3} V_1(s) = \frac{s}{s + 1} V_1(s)$$

$$\therefore H_2(s) \triangleq \frac{V_0(s)}{V_1(s)} = \frac{s}{s + 1}$$

따라서 출력전압 $V_0(s)$는 중첩의 원리에 의하여 다음과 같이 결정된다.

$$\begin{aligned} V_0(s) &= H_1(s) I_1(s) + H_2(s) V_1(s) \\ &= \frac{3}{s + 1} I_1(s) + \frac{s}{s + 1} V_1(s) \\ &= \frac{1}{s + 1} [3I_1(s) + s V_1(s)] \end{aligned}$$

전달함수가 구해지면 선형 RLC 회로에서 입력을 변화시킬 때 출력이 어떻게 변화하는지를 파악하는 것은 쉽다. 결국 전달함수는 선형 RLC 회로에서 입·출력 관계에 대한 해석에서 중심적인 역할을 하게 된다.

그러나 전달함수는 매우 유용한 정보를 제공해주는 것임에는 틀림이 없지만, 선형 RLC 회로에 대한 모든 것을 알려주는 것은 아니다. 왜냐하면, 전달함수는 초기 조건이 0이라는 가정하에 정의되었기 때문에 선달함수가 회로의 모든 잠재적인 동작에 대한 정보를 제공해주는 것은 아니다.

만일, 초기 조건이 0이 아닌 경우 회로의 출력을 구하려면 초기 조건에 의한 자연응답을 구하여 전달함수에 의한 강제응답과 중첩시켜야 한다는 것에 주의하라.

(2) 전달함수의 극점과 영점

전달함수 $H(s)$가 분수함수로 구성된 경우 극점(pole)과 영점(zero)을 정의할 수 있으며, 특히 극점은 선형 RLC 회로의 응답특성을 결정하는데 매우 중요한 영향을 미친다.

다음과 같이 분수함수 형태의 전달함수 $H(s)$를 살펴보자.

$$H(s) = \frac{N(s)}{D(s)} = \frac{s^m + b_{m-1}s^{m-1} + \cdots + b_1 s + b_0}{s^n + a_{n-1}s^{n-1} + \cdots + a_1 s + a_0} \qquad (11-75)$$

여기서 $a_i\,(0 \le i \le n-1)$와 $b_j\,(0 \le j \le n-1)$는 상수이다.

전달함수의 극점은 식(11-75)에서 분모 $D(s) = 0$을 만족하는 s의 값으로 다음과 같이 정의된다.

$$H(s) \text{의 극점} \triangleq \{s\,;\ D(s) = 0\} \qquad (11-76)$$

결국, $H(s)$의 극점은 $D(s)$의 차수만큼 존재하게 된다는 것을 알 수 있다.

또한, 전달함수의 영점은 식(11-75)에서 분자 $N(s) = 0$을 만족하는 s의 값으로 다음과 같이 정의된다.

$$H(s) \text{의 영점} \triangleq \{s\,;\ N(s) = 0\} \qquad (11-77)$$

식(11-77)로부터 $H(s)$의 영점은 $N(s)$의 차수만큼 존재한다는 것을 알 수 있다.

예제 11.24

다음 전달함수의 극점과 영점을 각각 구하라.

(1) $H_1(s) = \dfrac{(s-1)^2(s+4)}{s(s+1)(s+2)(s+3)}$

(2) $H_2(s) = \dfrac{1}{s^2 + 2s + 2}$

풀이　(1) $H_1(s)$의 극점은 $H_1(s)$의 분모를 0으로 만드는 s 값이므로 다음과 같다.

$$H_1(s)의\ 극점 = \{0,\ -1,\ -2,\ -3\}$$

$H_1(s)$의 영점은 $H_1(s)$의 분자를 0으로 만드는 s 값이므로 다음과 같다.

$$H_1(s)의\ 영점 = \{1,\ -4\}$$

(2) $H_2(s)$의 극점은 $H_2(s)$의 분모를 0으로 만드는 s 값이므로 다음과 같다.

$$s^2 + 2s + 2 = 0 \qquad \therefore s_1,\ s_2 = -1 \pm j1$$
$$H_2(s)의\ 극점 = \{-1+j1,\ -1-j1\}$$

$H_2(s)$의 영점은 분자가 상수이므로 영점은 존재하지 않는다.

여 기서 잠깐! | **극점과 영점의 의미**

다음의 전달함수 $H(s)$를 살펴보자.

$$V_i(s) \longrightarrow \boxed{H(s) = \frac{N(s)}{D(s)}} \longrightarrow V_0(s)$$

$$V_0(s) = H(s)\,V_i(s) = \frac{N(s)}{D(s)}V_i(s)$$

$H(s)$의 극점은 $D(s) = 0$을 만족하므로 $H(s)$의 극점에서의 출력 $V_0(s)$는 무한대가 되어 응답이 무한히 커진다. 반면에 $H(s)$의 영점은 $N(s) = 0$을 만족하므로 출력 $V_0(s)$는 0이 된다는 것을 알 수 있다.

이러한 관점에서 보면, 예제 11.24(2)에서 영점은 $s = \infty$라고 하여도 무방하나. $s = \infty$에서 $H_2(s)$는 0이 되기 때문에 $s = \infty$는 영점이 될 수 있는 것이다.

그러나 대부분의 경우 극점과 영점을 다룰 때, 무한 극점과 무한 영점은 고려하지 않고 유한한 극점과 영점만을 취급한다.

(3) 전달함수의 극점과 안정도

전달함수의 극점과 선형회로의 자연응답과의 관계를 고찰하기 위하여 다음의 직렬 RLC 회로를 살펴보자.

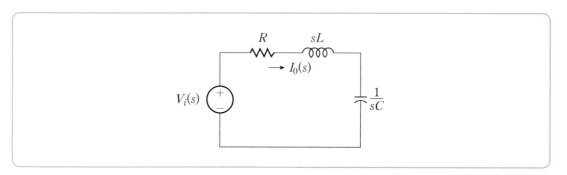

그림 11.23 s-영역에서의 직렬 RLC 회로

그림 11.23의 회로에 흐르는 전류를 $I_0(s)$라고 선정하고 키르히호프의 전압 법칙을 적용하면 다음과 같다.

$$\left(R + sL + \frac{1}{sC}\right)I_0(s) \;=\; V_i(s) \qquad\qquad (11-78)$$

식(11-78)로부터 입력전압 $V_i(s)$에 대한 출력전류 $I_0(s)$의 비인 전달함수 $H(s)$를 구하면 다음과 같다.

$$H(s) = \frac{I_0(s)}{V_i(s)} = \frac{sC}{s^2 LC + sRC + 1} \qquad\qquad (11-79)$$

식(11-79)로부터 전달함수 $H(s)$의 분모를 0으로 놓고 양변을 LC로 나누면

$$s^2 + \frac{R}{L}s + \frac{1}{LC} = 0 \qquad\qquad (11-80)$$

이 되므로 전달함수의 극점은 특성방정식의 근과 같다는 것을 알 수 있다.

따라서 전달함수 $H(s)$의 극점은 선형 RLC 회로의 자연응답을 결정하는 중요한

인자이므로 복소평면상에서 극점의 위치에 따라 다양한 자연응답이 나타난다.

① $s = p$에서 단순 극점을 가지는 경우

자연응답은 Ke^{pt}의 형태이므로 $p > 0$이면 시간에 따라 무한대로 증가하고, $p < 0$이면 시간에 따라 0으로 수렴한다.

② $s = p$에서 중복 극점을 가지는 경우

자연응답은 $K_1 e^{pt} + K_2 t e^{pt}$의 형태이므로 $p > 0$이면 시간에 따라 무한대로 증가하고, $p < 0$이면 시간에 따라 0으로 수렴한다.

③ $s = \sigma \pm j\omega$에서 복소 극점을 가지는 경우

자연응답은 $e^{\sigma t}(K_1 \cos \omega t + K_2 \sin \omega t)$의 형태이므로 $\sigma < 0$이면 지수함수적으로 감쇠하는 정현파가 되고, $\sigma > 0$이면 지수함수적으로 증가하는 정현파가 된다. 또한 $\sigma = 0$이면 감쇠가 없이 무한히 진동하는 공진이 발생한다.

지금까지 기술한 전달함수 $H(s)$의 극점의 위치에 따른 자연응답의 형태를 그림 11.24에 나타내었다.

그림 11.24로부터 전달함수의 극점이 s-평면상의 우반면(right half plane)에 위치하면, 자연응답은 시간에 따라 증가하여 무한대로 발산하므로 회로가 불안정해진다. 반면에 전달함수의 극점이 s-평면상의 좌반면(left half plane)에 위치하면, 자연응답은 시간에 따라 감소하여 0으로 수렴하므로 회로는 안정하다고 한다. 이와 같이 자연응답이 시간에 따라 0으로 감소하는 경우 그 회로는 안정하다고 정의한다.

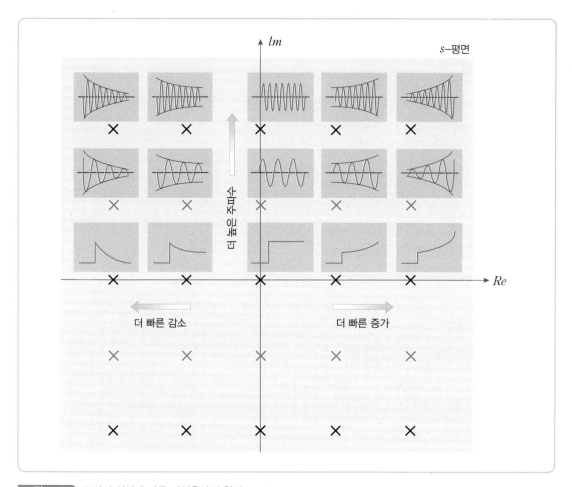

그림 11.24 극점의 위치에 따른 자연응답의 형태

여 기서 잠깐! **자연응답**

자연응답이란 실제로 회로에 저장된 초기 에너지에 의해 발생되는 것이며, 초기 에너지는 전원과 같이 지속적으로 에너지를 공급하는 것이 아니라 유한한 양이다. 따라서 전달함수의 극점이 우반면에 위치하여 자연응답이 시간에 따라 무한히 증가한다는 것은 회로 자체에서 에너지를 생산하고 있다는 의미이다. 결과적으로 에너지를 생산할 수 없는 수동소자인 R, L, C로만 구성된 회로의 전달함수는 반드시 0보다 작은 실수부를 가지는 극점을 가져야 한다.

예제 11.25

다음은 종속전원을 가지는 s-영역의 회로이다. 입력 $V_1(s)$에 대한 전류 $I_1(s)$의 전달함수 $H(s)$의 극점이 s-평면의 좌반면에 위치하기 위한 k의 범위를 구하라.

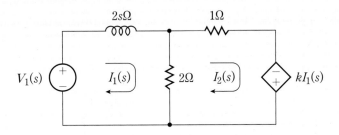

풀이 각 메쉬에 대하여 키르히호프의 전압 법칙을 적용하면

$$2sI_1(s) + 2[I_1(s) - I_2(s)] = V_1(s)$$
$$I_2(s) - kI_1(s) + 2[I_2(s) - I_1(s)] = 0$$

이므로, 두 번째 방정식을 $I_2(s)$에 대해 정리하여 첫 번째 방정식에 대입하면 다음과 같다.

$$(2s + 2)I_1(s) - 2\left\{\frac{1}{3}(k + 2)I_1(s)\right\} = V_1(s)$$
$$\therefore H(s) \triangleq \frac{I_1(s)}{V_1(s)} = \frac{1}{2s + 2 - \frac{2}{3}(k + 2)}$$

$H(s)$의 극점이 s-평면의 좌반면에 위치하기 위해서는 다음의 부등식이 만족되어야 한다.

$$\frac{1}{3}(k + 2) - 1 < 0$$
$$\therefore k < 1$$

따라서 주어진 회로는 $k < 1$이면 안정하고, $k \geq 1$이면 불안정하다는 결론을 얻을 수 있다.

11.8 임펄스 응답과 컨벌루션 적분

(1) 임펄스 함수의 정의

본 절에서는 공학적으로 매우 유용한 임펄스 함수(impulse function) $\delta(t)$에 대해 살펴본다.

$\delta(t)$는 수학자인 Dirac이 제안하였는데 처음에는 함수로서의 존재 가치를 인정받지 못하였으나, 나중에 임펄스 함수의 유용성이 발견되면서 현재에는 공학적으로 매우 중요한 함수 중의 하나로 자리잡고 있다.

$\delta(t)$를 정의하기에 앞서 그림 11.25에 나타낸 $\delta_a(t)$를 고려해 보자.

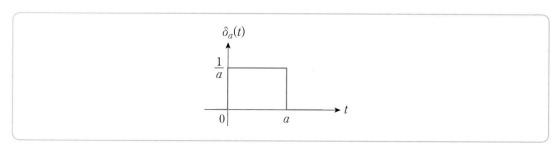

그림 11.25 $\delta_a(t)$의 그래프

그림 11.25에서 알 수 있듯이 $\delta_a(t)$는 a 값에 영향을 받는 함수이며, 전체 구간에서 적분을 하면 사각형의 면적이 1이 된다. 그런데 만일 a를 점차로 감소시켜 궁극적으로는 $a \to 0$으로 변화시키면 $\delta_a(t)$의 그래프에서 사각형의 밑변은 한없이 작아지고, 사각형의 높이는 한없이 커지게 되는 함수가 된다.

결과적으로 $t = 0$에서만 함수값이 ∞가 되고, $t \neq 0$에서는 함수값이 0이 되는 특이한 함수를 얻게 되는데 이를 임펄스 함수 또는 델타 함수라고 정의한다.

$$\delta(t) \triangleq \lim_{a \to 0} \delta_a(t) \qquad (11-81)$$

그림 11.26에 $\delta(t)$의 그래프를 나타내었으며, $t = 0$에서 함수값이 ∞이므로 $t = 0$에서 화살표로 표시하였다.

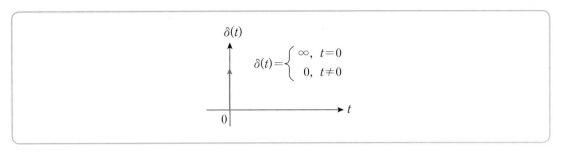

그림 11.26 임펄스 함수 $\delta(t)$의 그래프

한편, $\delta(t)$의 Laplace 변환을 구하기 위하여 먼저 $\delta_a(t)$의 Laplace 변환을 구하여 $a \to 0$으로의 극한을 취한다. $\delta_a(t)$를 단위계단함수 $u(t)$로 표현하면

$$\delta_a(t) = \frac{1}{a}\{u(t) - u(t-a)\} \qquad (11-82)$$

식(11-82)를 Laplace 변환하면

$$\mathcal{L}\{\delta_a(t)\} = \frac{1}{a}\left\{\frac{1}{s} - \frac{1}{s}e^{-as}\right\} = \frac{1 - e^{-as}}{as} \qquad (11-83)$$

가 되므로, $a \to 0$으로의 극한을 취하면 다음과 같다.

$$\begin{aligned}
\lim_{a \to 0}\mathcal{L}\{\delta_a(t)\} &= \lim_{a \to 0}\frac{1 - e^{-as}}{as} \\
&= \lim_{a \to 0}\frac{se^{-as}}{s} = 1
\end{aligned} \qquad (11-84)$$

따라서 식(11-84)로부터 임펄스 함수 $\delta(t)$의 Laplace 변환은 다음과 같다.

$$\mathcal{L}\{\delta(t)\} = \lim_{a \to 0}\mathcal{L}\{\delta_a(t)\} = 1 \qquad (11-85)$$

(2) 임펄스 응답

다음의 선형 RLC 회로에서 입력과 출력 사이의 전달함수를 $H(s)$라고 하자.

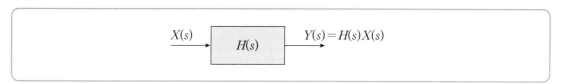

그림 11.27 선형 RLC 회로의 입출력 관계(s-영역)

그림 11.27로부터 입력과 출력을 전달함수로 표현하면

$$Y(s) = H(s)\,X(s) \tag{11-86}$$

가 된다. 만일, 선형 RLC 회로의 입력이 임펄스 함수 $\delta(t)$일 때, $\mathcal{L}\{\delta(t)\} = 1$이므로 출력 $Y(s)$는 다음과 같이 결정된다.

$$Y(s) = H(s) \times \mathcal{L}\{\delta(t)\} = H(s) \tag{11-87}$$

따라서 시간 영역에서의 출력 $y(t)$는 식(11-87)을 Laplace 역변환하면

$$y(t) = \mathcal{L}^{-1}\{Y(s)\} = \mathcal{L}^{-1}\{H(s)\} = h(t) \tag{11-88}$$

가 얻어지며, $h(t)$를 임펄스 응답이라고 부른다. 결과적으로 식(11-88)로부터

$$H(s) = \mathcal{L}\{h(t)\} \tag{11-89}$$

이므로 임펄스 응답의 Laplace 변환이 바로 전달함수라는 것을 알 수 있다.

지금까지의 내용을 정리하면, 선형 RLC 회로에서 입력이 임펄스 함수일 때 출력을 임펄스 응답(impulse response)이라고 정의하며, 임펄스 응답을 Laplace 변환하면 전달함수가 얻어진다. 반대로, 전달함수를 Laplace 역변환하면 임펄스 응답을 얻을 수 있다.

전달함수 $H(s)$가 s-영역에서 매우 중요한 역할을 하는 것처럼 임펄스 응답 $h(t)$는 시간 영역에서 매우 중요한 역할을 한다는 것을 기억하라.

예제 11.26

다음 회로에서 임펄스 응답을 구하라.

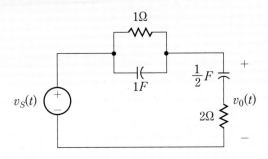

풀이 모든 초기 조건을 0으로 하여 주어진 회로를 s–영역으로 변환하면 다음과 같다.

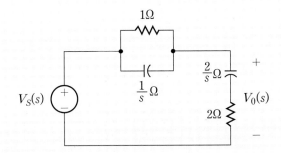

전압분배의 원리를 이용하면

$$V_0(s) = \frac{\dfrac{2(s+1)}{s}}{\dfrac{1}{s+1} + \dfrac{2(s+1)}{s}} V_S(s) = \frac{2(s+1)^2}{2s^2 + 5s + 2} V_S(s)$$

가 얻어지므로 전달함수 $H(s)$는 다음과 같다.

$$\begin{aligned}
H(s) = \frac{V_0(s)}{V_S(s)} &= \frac{2(s+1)^2}{2s^2 + 5s + 2} = 1 - \frac{s}{2s^2 + 5s + 2} \\
&= 1 - \frac{1}{2} \frac{s}{\left(s + \dfrac{1}{2}\right)(s+2)} \\
&= 1 - \frac{1}{6}\left\{ \frac{4}{s+2} - \frac{1}{s + \dfrac{1}{2}} \right\}
\end{aligned}$$

따라서 임펄스 응답 $h(t)$는 다음과 같이 결정된다.

$$h(t) = \mathcal{L}^{-1}\{H(s)\} = \delta(t) - \frac{1}{6}\left(4e^{-2t} - e^{-\frac{1}{2}t}\right)u(t)$$

예제 11.27

다음 회로에서 임펄스 응답을 구하라.

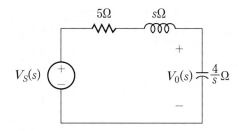

풀이 전압분배의 원리를 이용하면

$$V_0(s) = \frac{\dfrac{4}{s}}{(5+s) + \dfrac{4}{s}} V_S(s) = \frac{4}{s^2 + 5s + 4} V_S(s)$$

가 얻어지므로 전달함수 $H(s)$는 다음과 같다.

$$H(s) = \frac{V_0(s)}{V_S(s)} = \frac{4}{s^2 + 5s + 4} = \frac{A}{s+1} + \frac{B}{s+4}$$

$$A = \left.\frac{4}{s+4}\right|_{s=-1} = \frac{4}{3}$$

$$B = \left.\frac{4}{s+1}\right|_{s=-4} = -\frac{4}{3}$$

따라서 임펄스 응답 $h(t)$는 다음과 같이 결정된다.

$$h(t) = \mathcal{L}^{-1}\{H(s)\} = \frac{4}{3}\left(e^{-t} - e^{-4t}\right)u(t)$$

(3) 컨벌루션 적분

$s-$영역에서 주어진 두 함수 $F(s)$와 $G(s)$의 산술적인 곱에 대응되는 시간 영역의 함수는 무엇일까? 이 질문에 대한 답이 바로 컨벌루션(convolution) 적분으로 정의되는 개념과 연관되어 있다. 컨벌루션은 다음과 같이 두 함수 $f(t)$와 $g(t)$의 적분 연산으로 정의되며, 기호로는 $*$로 표시한다.

$$f(t) * g(t) \triangleq \int_0^t f(\tau) g(t - \tau) d\tau \qquad (11-90)$$

식(11-90)의 우변은 피적분 함수가 t와 τ의 함수로 주어져 있는데 적분변수는 τ이므로 적분의 결과는 t의 함수가 된다. 컨벌루션 적분은 시간 영역에서 정의되는 매우 복잡한 연산이므로 적분을 계산하기 위해서는 많은 시간과 노력이 필요하다.

식(11-90)의 $f(t) * g(t)$의 Laplace 변환은 결과만을 기술하면 다음과 같다.

$$\mathcal{L}\{f(t) * g(t)\} = \mathcal{L}\{f(t)\}\mathcal{L}\{g(t)\} = F(s) G(s) \qquad (11-91)$$

식(11-91)로부터 시간 영역의 컨벌루션 적분에 대한 $s-$영역의 대응 관계를 그림 11.28에 나타내었다.

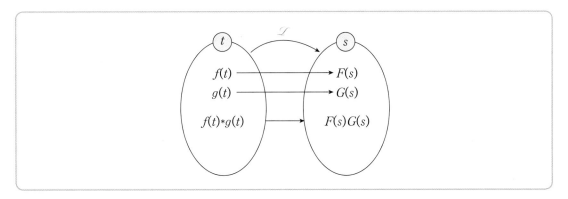

그림 11.28 컨벌루션의 Laplace 변환

식(11-91)에 대한 증명은 참고문헌 [1]에 수록되어 있으므로 여기서는 독자들의 연습문제로 남겨두고 결과만을 활용하도록 한다.

식(11-91)에서 Laplace 역변환의 정의에 의하여 다음 관계를 얻을 수 있다.

$$\mathcal{L}^{-1}\{F(s)\,G(s)\} = f(t) * g(t) \tag{11-92}$$

식(11-92)로부터 컨벌루션 적분은 시간 영역에서 정의에 의하여 직접 구하는 것보다 각 함수들의 Laplace 변환을 구하여 곱한 다음, Laplace 역변환을 이용하여 간접적으로 구하는 것이 훨씬 편리한 경우가 많다.

시간 영역에서 임펄스 응답과 입력과의 컨벌루션 적분을 이용하여 선형 RLC 회로의 출력을 계산할 수 있다. 그림 11.27로부터

$$Y(s) = H(s)\,X(s) \tag{11-93}$$

가 성립하므로 양변을 Laplace 역변환하면 다음과 같다.

$$\begin{aligned}\mathcal{L}^{-1}\{Y(s)\} &= \mathcal{L}^{-1}\{H(s)\,X(s)\}\\ y(t) &= h(t) * x(t)\end{aligned} \tag{11-94}$$

식(11-94)를 이용하여 시간 영역에서 선형 RLC 회로의 입출력 관계를 그림 11.29에 나타내었다.

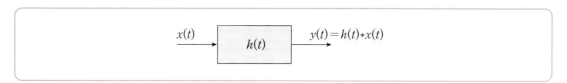

그림 11.29 선형 RLC 회로의 입출력 관계(시간 영역)

결과적으로, 시간 영역에서의 출력은 입력과 임펄스 응답의 컨벌루션 적분으로 주어지며, s-영역에서의 출력은 입력과 전달함수의 곱으로 주어진다는 것을 알 수 있다.

예제 11.28

다음 2개의 함수 $f(t)$와 $g(t)$를 컨벌루션 적분의 정의에 의해 $f(t) * g(t)$를 구하라.

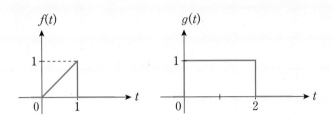

풀이 식(11-90)의 적분을 계산하기 위해서는 $g(t - \tau)$를 결정해야 한다.

$$g(t - \tau) = g[-(\tau - t)]$$

식(11-90)의 적분변수가 τ이므로 $g(t - \tau)$는 $g(-\tau)$의 그래프를 τ축을 따라 t만큼 평행이동한 것이며, $g(t - \tau)$를 그림 (d)에 나타내었다.

$f(\tau)$의 그래프를 고정시킨 다음, $g(t - \tau)$의 그래프를 t 값의 변화에 따라 왼쪽에서 오른쪽으로 이동시키면서 $f(\tau)$와 $g(t - \tau)$가 겹치는 부분(빗금친 부분)에 대해서만 컨벌루션 적분값이 존재한다는 것에 주목하라.

(a)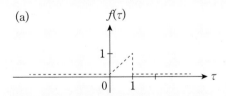

(b)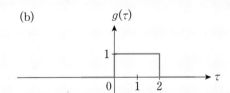

(c)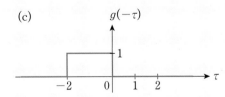

(d) $t \leq 0$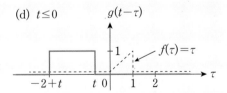

(e) $0 < t \leq 1$

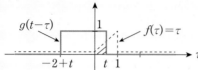

(f) $1 < t \leq 2$

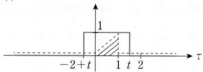

(g) $2 < t \leq 3$

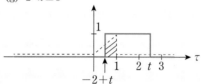

(h) $t > 3$

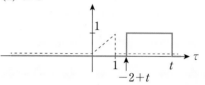

① $t \leq 0$인 경우

그림 (d)에서 $f(\tau)$와 $g(t - \tau)$의 곱이 0이므로 $f(t) * g(t) = 0$이 된다.

② $0 < t \leq 1$인 경우

그림 (e)의 빗금친 부분에 대해서만 $f(\tau)$와 $g(t - \tau)$의 곱이 존재하므로

$$f(t) * g(t) = \int_0^t f(\tau) g(t - \tau) d\tau = \int_0^t \tau \cdot 1 d\tau = \frac{1}{2} t^2$$

이 된다.

③ $1 < t \leq 2$인 경우

그림 (f)의 빗금친 부분에 대해서만 $f(\tau)$와 $g(t - \tau)$의 곱이 존재하므로

$$f(t) * g(t) = \int_0^t f(\tau) g(t - \tau) d\tau = \int_0^t \tau d\tau = \frac{1}{2}$$

이 된다.

④ $2 < t \leq 3$인 경우

그림 (g)의 빗금친 부분에 대해서만 $f(\tau)$와 $g(t - \tau)$의 곱이 존재하므로

$$f(t) * g(t) = \int_{-2+t}^t f(\tau) g(t - \tau) d\tau = \int_{-2+t}^t \tau d\tau = \frac{1}{2} - \frac{1}{2}(t - 2)^2$$

이 된다.

⑤ $t > 3$인 경우

그림 (h)에서 $f(\tau)$와 $g(t-\tau)$의 곱이 0이므로 $f(t) * g(t) = 0$이 된다.

예제 11.28의 풀이 과정으로부터 컨벌루션 적분이란 주어진 한 함수를 y축에 대해 대칭으로 만든 후, 좌측에서 우측으로 이동시키면서 나머지 다른 함수와 겹치는 부분 (곱이 존재하는 부분)만을 해당 구간에 대해 적분해 나가는 것을 의미한다.

마지막으로 컨벌루션 적분은 교환법칙이 성립되며 증명은 독자들의 연습문제로 남겨둔다.

$$f(t) * g(t) = g(t) * f(t) \qquad (11-95)$$

11.9 요약 및 복습

Laplace 변환의 정의

• Laplace 변환의 정의

$$\mathcal{L}\{f(t)\} \triangleq F(s) = \int_0^\infty f(t)\,e^{-st}\,dt$$

시간 영역에서 정의된 함수 $f(t)$를 s–영역의 함수 $F(s)$에 유일하게 대응시키는 변환을 Laplace 변환이라고 한다.

Laplace 변환의 선형성과 이동정리

• 선형성

$$\mathcal{L}\{k_1 f(t) + k_2 g(t)\} = k_1 \mathcal{L}\{f(t)\} + k_2 \mathcal{L}\{g(t)\} = k_1 F(s) + k_2 G(s)$$

- 제1이동정리

  시간 영역에서 어떤 함수 $f(t)$에 e^{at}를 곱하는 것은 s-영역에서 $F(s)$를 s축을 따라 a 만큼 평행이동시키는 것에 대응한다.

$$\mathcal{L}\{e^{at}f(t)\} = F(s-a)$$

- 제2이동정리

  시간 영역에서 어떤 함수 $f(t)$를 a만큼 평행이동시키는 것은 s-영역에서 $F(s)$에 지수함수 e^{-as}를 곱하는 것에 대응한다.

$$\mathcal{L}\{f(t-a)\,u(t-a)\} = e^{-as}F(s)$$

시간 영역의 미분과 적분

- 시간 영역 미분

$$\mathcal{L}\{f'(t)\} = s\mathcal{L}\{f(t)\} - f(0) = sF(s) - f(0)$$
$$\mathcal{L}\{f''(t)\} = s^2\mathcal{L}\{f(t)\} - sf(0) - f'(0) = s^2F(s) - sf(0) - f'(0)$$

- 시간 영역 적분

  시간 영역에서 $f(t)$를 적분하는 것은 s-영역에서 $F(s)$에 $\dfrac{1}{s}$을 곱하는 것에 대응한다.

$$\mathcal{L}\left\{\int_0^t f(\tau)\,d\tau\right\} = \frac{1}{s}F(s)$$

Laplace 변환의 시간 스케일링

시간 영역에서 $F(s)$를 확장(축소)하는 것은 s-영역에서는 $F(s)$를 축소(확장)시키는 것에 대응한다.

$$\mathcal{L}\{f(at)\} = \frac{1}{a}F\left(\frac{s}{a}\right),\ \ a > 0$$

$a > 1$일 때 $f(at)$는 축소, $F\left(\dfrac{s}{a}\right)$는 확장

$0 < a < 1$일 때 $f(at)$는 확장, $F\left(\dfrac{s}{a}\right)$는 축소

Laplace 변환의 미분과 적분

· Laplace 변환의 미분

시간 영역에서 $f(t)$에 $(-t)$를 곱하는 것은 $s-$영역에서 $F(s)$를 한번 미분하는 것에 대응된다.

$$\mathcal{L}\{(-t)f(t)\} = \frac{dF(s)}{ds} = F'(s)$$

$$\mathcal{L}\{(-t)^n f(t)\} = \frac{d^n F(s)}{ds^n} = F^{(n)}(s)$$

· Laplace 변환의 적분

시간 영역에서 $f(t)$에 $\dfrac{1}{t}$을 곱하는 것은 $s-$영역에서 $F(s)$를 적분하는 것에 대응된다.

$$\mathcal{L}\left\{\frac{1}{t}f(t)\right\} = \int_s^\infty F(\tilde{s})\,d\tilde{s}$$

초깃값 및 최종값 정리

· 초깃값 정리

$$f(0) = \lim_{s \to \infty} sF(s)$$

· 최종값 정리

$$f(\infty) = \lim_{s \to 0} sF(s)$$

Laplace 역변환의 선형성

· Laplace 역변환의 정의

$$f(t) = \mathcal{L}^{-1}\{F(s)\} = \frac{1}{2\pi j}\int_{\sigma-j\infty}^{\sigma+j\infty} F(s)\,e^{st}\,ds$$

s-영역에서 정의된 함수 $F(s)$를 시간 영역의 함수 $f(t)$에 유일하게 대응시키는 변환을 Laplace 역변환이라 한다.

· Laplace 역변환의 선형성

$$\mathcal{L}^{-1}\{k_1 F(s) + k_2 G(s)\} = k_1\mathcal{L}^{-1}\{F(s)\} + k_2\mathcal{L}^{-1}\{G(s)\}$$

· Laplace 역변환은 변환 공식이 복소적분 형태이므로 매우 복잡하여 부분분수 분해 방법을 이용하여 Laplace 역변환을 구한다.

저항의 s-영역 표현

시간 영역	s-영역	
$v(t) = Ri(t)$ $v(t)$ $\downarrow i(t)$ $\gtrless R$	$V(s) = RI(s)$ $V(s)$ $\downarrow I(s)$ $\gtrless Z(s) = R$	$I(s) = \dfrac{1}{R}V(s)$ $V(s)$ $\downarrow I(s)$ $\gtrless Y(s) = \dfrac{1}{R}$

인덕터의 s-영역 표현

시간 영역	s-영역	
$v(t) = L \dfrac{di}{dt}$ $+$ $\downarrow i(t)$ $v(t)$ L $-$	$V(s) = sLI(s) - Li(0)$ $+$ $\downarrow I(s)$ $Z(s) = sL$ $V(s)$ $Li(0)$ $-$	$I(s) = \dfrac{1}{sL}V(s) + \dfrac{i(0)}{s}$ $\downarrow I(s)$ $+$ $V(s)$ $Y(s) = \dfrac{1}{sL}$ $\dfrac{i(0)}{s}$ $-$

커패시터의 s-영역 표현

시간 영역	s-영역	
$i(t) = C \dfrac{dv}{dt}$ $+$ $\downarrow i(t)$ $v(t)$ C $-$	$V(s) = \dfrac{1}{sC}I(s) + \dfrac{v(0)}{s}$ $+$ $\downarrow I(s)$ $Z(s) = \dfrac{1}{sC}$ $V(s)$ $\dfrac{v(0)}{s}$ $-$	$I(s) = sCV(s) - Cv(0)$ $\downarrow I(s)$ $+$ $V(s)$ $Y(s) = sC$ $Cv(0)$ $-$

s-영역에서 키르히호프의 법칙

- s-영역에서 키프히호프의 전류 법칙은 시간 영역에서와 마찬가지로 성립된다.
- s-영역에서 키르히호프의 전압 법칙은 시간 영역에서와 마찬가지로 성립된다.

s-영역에서 임피던스의 직렬 및 병렬 결합

- 직렬로 연결된 임피던스는 각 임피던스를 합한 것과 등가이다.
- 직렬로 연결된 임피던스에 걸리는 전압은 각 임피던스에 비례하여 분배된다. → 전압 분배의 원리

- 병렬로 연결된 임피던스는 각 임피던스의 역수를 모두 더하여 다시 역수를 취한 것과 등가이다.
- 병렬 연결된 임피던스로 분배되는 전류는 각 임피던스의 역수, 즉 어드미턴스에 비례하여 분배된다. → 전류분배의 원리

s-영역에서의 마디 및 메쉬해석법

- s-영역에서 유사 옴의 법칙이 만족된다.

$$V(s) = Z(s)\,I(s), \quad I(s) = \frac{V(s)}{Z(s)} = Y(s)\,V(s)$$

- s-영역에서 키르히호프의 전류 및 전압 법칙이 만족된다.
- 마디해석과 메쉬해석을 위한 기초 법칙들이 모두 s-영역에서 만족되므로 s-영역의 회로에 대하여 마디 및 메쉬해석법을 적용할 수 있다.
- 마디 및 메쉬해석을 통해 얻어지는 회로방정식은 시간 영역에서는 미분방정식이지만 s-영역에서는 대수방정식이다.

s-영역에서의 테브난 및 노턴의 정리

- 테브난의 정리
  부하 임피던스를 제외한 회로의 나머지 부분을 1개의 독립전압원 $V_{TH}(s)$와 1개의 임피던스 $Z_{TH}(s)$를 직렬로 연결한 테브난 등가회로로 대체할 수 있으며, 이때 부하 임피던스에서 계산한 응답은 동일하다.
- 노턴의 정리
  부하 임피던스를 제외한 회로의 나머지 부분을 1개의 독립전류원 $I_N(s)$와 1개의 임피던스 $Z_N(s)$를 병렬로 연결한 노턴 등가회로로 대체할 수 있으며, 이때 부하 임피던스에서 계산한 응답은 동일하다.
- 테브난 등가 임피던스 $Z_{TH}(s)$와 노턴 등가 임피던스 $Z_N(s)$는 같은 값이며, 이로부터 전원 변환에 활용할 수 있다.

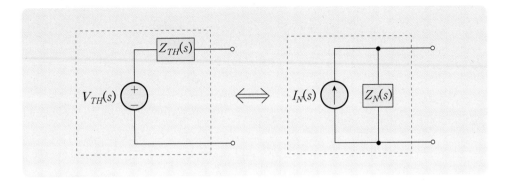

s−영역에서의 중첩의 원리

- 시간 영역에서 성립하는 중첩의 원리는 s−영역에서도 마찬가지로 성립한다.
- 2개 이상의 독립전원에 의해 구동되는 s−영역의 선형회로에서 어떤 특정한 회로소자에서의 전체응답은 각 독립전원이 단독으로 존재할 때 얻어지는 개별응답의 합과 같다.
- s−영역에서 전압과 전류에 대해서는 중첩의 원리를 적용할 수 있지만, 전력은 전류와 전압에 대하여 비선형이므로 중첩의 원리를 적용할 수 없다.
- 종속전원을 포함하는 s−영역의 회로에 중첩의 원리를 적용할 때, 종속전원을 제거할 수 없기 때문에 회로해석이 간단해지지는 않는다.

s−영역에서의 밀만의 정리

- s−영역에서 밀만의 정리는 서로 다른 전압원을 포함하는 병렬 가지들에 걸리는 공통 전압을 쉽게 구할 수 있는 방법을 제공한다.

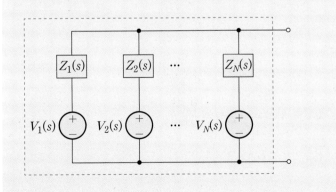 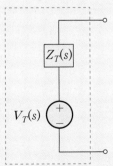

$$Z_T(s) = Z_1(s) /\!/ Z_2(s) /\!/ \cdots /\!/ Z_N(s)$$

$$V_T(s) = Z_T(s) \sum_{k=1}^{N} \frac{V_k(s)}{Z_k(s)}$$

전달함수의 정의

• 전달함수는 s-영역의 선형회로에서 모든 초기 조건을 0으로 가정한 다음, 주어진 입력에 대한 출력의 비로 정의된다.

$$\text{전달함수} \triangleq \frac{\text{출력의 Laplace 변환}}{\text{입력의 Laplace 변환}}$$

• 입력은 독립전원과 같이 외부에서 선형회로에 인가되는 에너지원을 의미하고, 출력은 회로에서 구하고 싶은 전압이나 전류를 의미한다.

• 여러 가지 전달함수의 정의

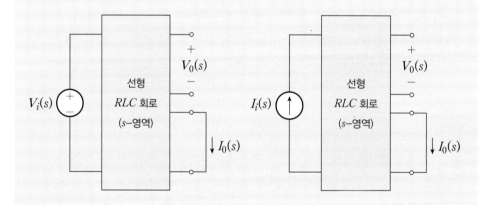

전압이득 : $H_1(s) \triangleq \dfrac{V_0(s)}{V_i(s)}$

전달어드미턴스 : $H_2(s) \triangleq \dfrac{I_0(s)}{V_i(s)}$

전달임피던스 : $H_3(s) \triangleq \dfrac{V_0(s)}{I_i(s)}$

전류이득 : $H_4(s) \triangleq \dfrac{I_0(s)}{I_i(s)}$

- 전달함수가 구해지면 출력은 전달함수와 입력의 곱으로 결정되므로 전달함수는 s-영역의 회로해석에 매우 중요하다.

$$H(s) \triangleq \frac{Y(s)}{X(s)} \longrightarrow Y(s) = H(s)\,X(s)$$

- 전달함수는 초기 조건이 0이라는 가정하에 정의되었기 때문에 전달함수가 회로의 모든 잠재적인 동작에 대한 정보를 제공해주는 것은 아니다.

전달함수의 극점과 영점

- 분수함수 형태의 전달함수 $H(s)$

$$H(s) \triangleq \frac{N(s)}{D(s)}$$

① 전달함수의 극점은 분모 $D(s) = 0$을 만족하는 근을 의미한다. 전달함수의 극점에서는 출력이 무한히 커진다.

② 전달함수의 영점은 분자 $N(s) = 0$을 만족하는 근을 의미한다. 전달함수의 영점에서는 출력이 0이 된다.

 - 전달함수의 극점은 선형회로의 특성방정식의 근과 같으므로 자연응답을 결정하는데 s-평면상에서 극점의 위치가 중요하다.
 - 전달함수의 극점이 s-평면의 우반면에 위치하면, 자연응답은 시간에 따라 증가하여 무한대로 발산한다.
 - 전달함수의 극점이 s-평면의 좌반면에 위치하면, 자연응답은 시간에 따라 감소하여 0으로 수렴하며 이때 회로는 안정하다고 말한다.

임펄스 응답

- 임펄스 응답은 회로에 입력이 임펄스 함수일 때의 출력을 의미한다. 전달함수가 s-영역에서 출력을 결정하는데 중요한 역할을 하는 것처럼 임펄스 응답은 시간 영역에서 중요한 역할을 한다.
- 임펄스 응답 $h(t)$는 전달함수를 Laplace 역변환하여 구할 수 있다.

$$h(t) = \mathcal{L}^{-1}\{H(s)\}$$

- 전달함수 $H(s)$는 임펄스 응답의 Laplace 변환이다.

$$H(s) = \mathcal{L}\{h(t)\}$$

컨벌루션 적분

- 시간 영역에서 두 함수 $f(t)$와 $g(t)$의 컨벌루션 적분은 매우 복잡한 연산으로 정의된다.

$$f(t) * g(t) \triangleq \int_0^t f(\tau)g(t-\tau)d\tau$$

- 컨벌루션 적분 $f(t) * g(t)$를 Laplace 변환하면, 각 함수의 Laplace 변환의 산술적인 곱이 된다.

$$\mathcal{L}\{f(t) * g(t)\} = F(s)G(s)$$

- 컨벌루션 적분을 정의에 의해 직접 구하는 것보다 각 함수들의 Laplace 변환을 구하여 곱한 다음, Laplace 역변환을 이용하여 간접적으로 구하는 것이 편리한 경우가 많다.

$$\mathcal{L}^{-1}\{F(s)G(s)\} = f(t) * g(t)$$

- 시간 영역에서 선형회로의 출력 $y(t)$는 입력과 임펄스 응답과의 컨벌루션 적분으로 결정된다.

$$y(t) = h(t) * x(t)$$

$x(t)$ → $h(t)$ → $y(t) = h(t)*x(t)$
입력   출력

$h(t)$: 임펄스 응답

연습문제

1. 다음 함수들의 Laplace 변환을 구하라.

(1) $f(t) = e^{-3t}\cos 2t$

(2) $g(t) = \sin t \, u(t - 2\pi)$ 단, $u(t)$는 단위계단함수이다.

(3) $h(t) = t^3 * te^t + 2t\cos t$

2. 다음 함수를 단위계단함수를 이용하여 표현한 다음 Laplace 변환을 구하라.

(1)
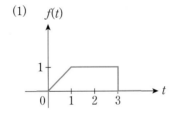

(2)
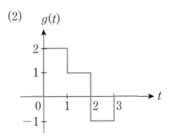

3. 다음 함수들의 Laplace 역변환을 구하라.

(1) $F(s) = \dfrac{4}{(s + 1)(s + 3)}$

(2) $G(s) = \dfrac{2s + 1}{(s^2 + 4)(s - 3)}$

(3) $H(s) = \dfrac{e^{-2s}}{s^2 - 3s - 4}$

4. 다음 회로에서 커패시터의 양단전압 $v_0(t)$를 메쉬해석법을 이용하여 구하라. 단, 모든 초기 조건은 0으로 가정한다.

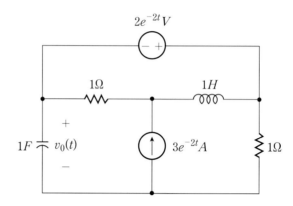

5. 문제 4의 회로에 대하여 마디해석법을 이용하여 커패시터의 양단전압 $v_0(t)$를 구하라. 단, 모든 초기 조건은 0으로 가정한다.

6. 문제 4의 회로에 대하여 중첩의 원리를 이용하여 커패시터의 양단전압 $v_0(t)$를 구하라. 단, 모든 초기 조건은 0으로 가정한다.

7. 다음 회로에서 $t \geq 0$에 대한 s-영역의 등가회로를 구하여 커패시터에 흐르는 전류 $I_0(s)$를 구하라. 단, $t < 0$에서 회로는 직류정상상태라고 가정한다.

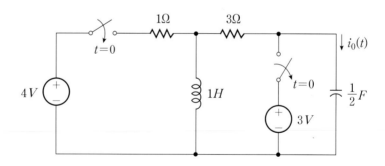

8. 다음의 회로에 대한 등가 임피던스를 각각 구하라.

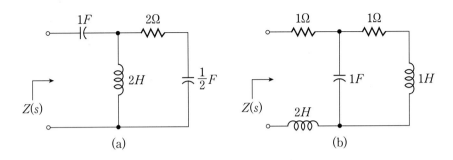

(a)   (b)

9. 다음 회로에서 $t \geq 0$에 대한 $v_R(t)$의 완전응답을 s-영역의 등가회로를 이용하여 구하라. 단, $t < 0$에서 회로는 직류정상상태라고 가정한다.

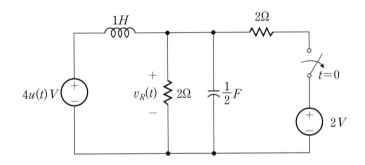

10. 다음 회로에서 점선 부분의 회로를 s-영역의 테브난 등가회로로 변환한 다음, 커패시터에 흐르는 전류 $I_C(s)$를 구하라. 단, 모든 초기 조건은 0으로 가정한다.

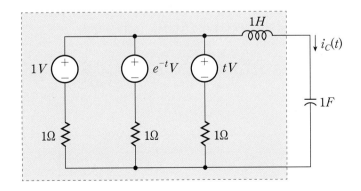

11. 다음 회로의 점선 부분을 노턴 등가회로로 변환하여 $I_0(s)$와 $V_0(s)$를 각각 구하라.

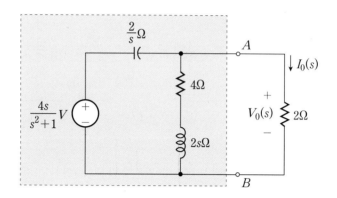

12. 다음 회로에서 전달함수 $H(s) \triangleq \dfrac{I_0(s)}{V_S(s)}$를 구하고, $R = 4\Omega$일 때 회로가 안정한지를 판별하라.

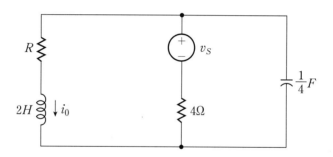

13. 다음 회로에서 전달함수 $H_1(s)$와 $H_2(s)$를 각각 구하라.

$$H_1(s) \triangleq \frac{V_0(s)}{I_S(s)}, \quad H_2(s) \triangleq \frac{V_0(s)}{V_S(s)}$$

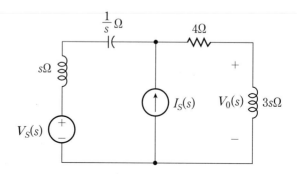

14. 다음 회로의 임펄스 응답을 구하고 회로가 안정한지를 판별하라.

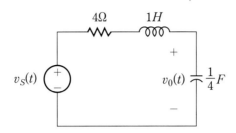

15. 다음 RC 회로에서 회로의 입력이 펄스로 주어질 때, 커패시터의 양단전압 $v_C(t)$ 를 다음의 〈해석절차〉에 따라 구하라.

> **해석절차**
>
> (1) 주어진 회로의 임펄스 응답 $h(t)$를 구한다.
> (2) 컨벌루션 적분을 이용하여 $v_C(t)$를 구한다.

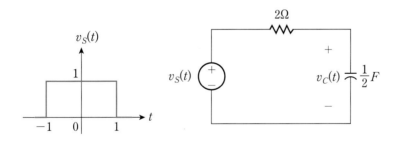

Electric Circuits

2-포트 회로의 해석

CONTENTS

CHAPTER
12 2-포트 회로의 해석

단원개요

어떤 회로에 외부 소자가 접속되는 부분을 단자라고 하며, 같은 기능을 하는 2개의 단자를 포트(port)라고 한다. 주어진 회로의 해석을 쉽고 간편하게 하기 위하여 테브난과 노턴 등가회로를 도입하였던 것처럼 지금까지 기술한 여러 가지 회로해석 방법들은 어떤 특정한 단일포트에 대한 회로 동작의 등가화에 관심의 초점을 맞추어 왔다.

본 단원에서는 회로의 한 포트에 신호가 인가되어 처리된 후, 다른 포트에서 추출되는 2-포트 회로의 등가화에 대해 기술한다. 2-포트 회로의 포트 특성을 표현하기 위한 단자방정식에 나타나는 여러 가지 파라미터들에 대해 살펴보고, 2-포트 회로의 상호접속 방법에 대해서도 학습한다.

12.1 2-포트 회로의 정의와 단자방정식

(1) 2-포트 회로의 정의

어떤 회로에 외부 소자가 접속되는 부분을 단자(terminal)라고 하며, 같은 기능을 하는 2개의 단자쌍을 포트(port)라고 정의한다. 그림 12.1(a)와 같이 외부 소자나 외부 회로를 연결할 수 있는 단자쌍이 하나인 회로를 1-포트 회로(one-port circuit)이라고 한다. 더 이상의 외부 연결이 허용되지 않기 때문에 전류 I_1이 한 단자로 흘러 들어가면, 키르히호프의 전류 법칙에 의하여 동일한 전류가 다른 단자로 흘러 나와야 하며 이를 포트 조건(port condition)이라고 한다.

그림 12.1(b)와 같이 외부와 연결될 수 있는 포트가 2개인 회로를 2-포트 회로(two-port circuit)라고 하며, 1-포트 회로와 마찬가지로 각 포트에서 흘러 들어가는 전류와 흘러 나가는 전류가 같다는 포트 조건을 만족한다고 가정한다.

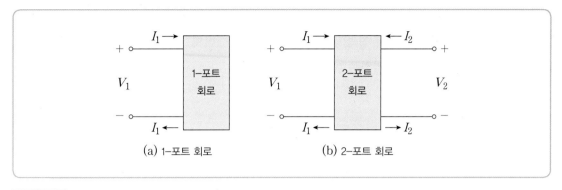

(a) 1-포트 회로   (b) 2-포트 회로

그림 12.1   1-포트 및 2-포트 회로

그림 12.1(b)의 2-포트 회로가 포트 조건을 만족하기 위해서는 2-포트 회로의 내부에 독립전원이 포함되지 않아야 하므로 앞으로의 논의에서는 RLC 수동소자와 종속전원만을 포함하는 2-포트 회로만을 다룬다. 또한, 2-포트 회로의 내부에는 초기 에너지가 저장되어 있지 않은 정상상태로 가정할 것이다.

그림 12.1(b)에서 2-포트 회로의 포트변수, 즉 포트전압과 전류는 그림에 표시한 것과 같이 선정하는 것이 일반적이다. 대부분의 경우 아래 단자로부터 흘러나오는 전류는 2-포트 회로에서 표시하지 않고 생략하며, 좌측 포트를 입력포트(input port) 그리고 우측 포트를 출력포트(output port)라고 부르는 것이 보통이다.

2-포트 회로의 입력포트와 출력포트에 각각 외부 회로가 연결된 예를 그림 12.2에 나타내었으며, 입력포트에 연결된 외부 회로를 입력단, 출력포트에 연결된 외부 회로를 출력단이라고 부른다.

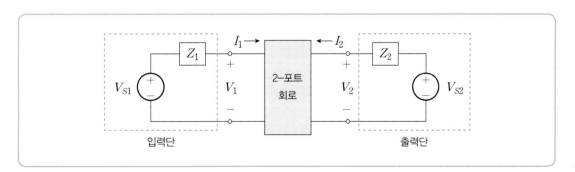

그림 12.2   외부 회로와 연결된 2-포트 회로

일반적으로 2-포트 회로의 포트변수는 s-영역에서의 전압 $V(s)$와 전류 $I(s)$로 표시하거나 주파수 영역의 페이저 전압 V와 페이저 전류 I로 표시할 수 있으나, 표기상의 간편성을 위하여 변수 s를 생략할 수 있다.

여기서 잠깐!　왜 2-포트 회로가 필요한가?

회로를 설계할 때 어떤 설계자도 한번에 전체 회로를 상세하게 설계하지 못하며, 대부분의 경우 처음에는 작은 것부터 시작하여 점차 문제를 간단하고 쉬운 여러 단계의 문제로 나누어서 전체 회로 설계를 완성한다.

예를 들어, 라디오 수신기의 경우 첫 단계로 신호를 감지하기 위한 안테나를 설계한 다음, 안테나에서 나온 신호를 증폭하기 위한 증폭기를 설계한다. 다음 단계로 수신하고자 하는 방송국의 신호를 선택하기 위한 협대역 필터를 설계한다.

이런 과정을 거쳐 전체 라디오 수신기의 설계를 완성해 나가며 각 단계별로 입력과 출력 관계를 정의하여 상호 연결 관계를 해석한다.

이와 같이 각 단계(모듈)가 2-포트 회로가 될 수 있으므로 이러한 설계 과정을 진행하기 위해서는 2-포트 회로의 이해가 필수적이다.

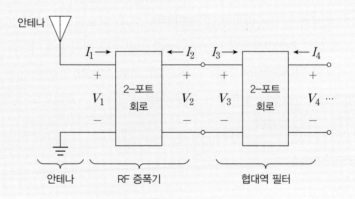

(2) 2-포트 회로의 단자방정식

2-포트 회로에서는 입력전압 V_1과 입력전류 I_1 그리고 출력전압 V_2와 출력전류 I_2의 4개의 포트변수가 정의되며, 이에 대한 관계식을 표현하는 것이 매우 중요하다. 이 관계식을 단자방정식이라고 하며, 2-포트 회로 내부의 전압과 전류의 계산에는 관심이 없고 오로지 외부의 4개의 단자에만 관심을 가진다.

포트변수가 4개이므로 임의로 2개의 변수를 선택하여 독립변수로 정하고, 나머지 2개의 변수를 종속변수로 하여 독립변수의 함수로 표현함으로써 단자방정식을 구성할 수 있다.

4개의 변수에서 2개의 변수를 독립변수로 선택하는 방법은 $_4C_2 = 6$가지임을 알 수 있다. 예를 들어, 그림 12.1(b)의 회로에서 독립변수 I_1과 V_2로 선택하면 종속변수는 V_1과 I_2가 되므로 다음과 같이 표현할 수 있을 것이다.

$$V_1 = \alpha_1 I_1 + \alpha_2 V_2 \qquad (12-1)$$

$$I_2 = \beta_1 I_1 + \beta_2 V_2 \qquad (12-2)$$

여기서 α_1, α_2, β_1, β_2를 2-포트 회로의 파라미터(parameter)라고 정의하며, 독립변수와 종속변수의 선택 방법에 따라 6가지의 파라미터 쌍이 존재할 수 있다. 포트 파라미터는 2-포트 회로에 연결되는 외부 회로와는 무관하며, 오로지 2-포트 회로의 내부 특성에 의해서만 결정된다는 것에 주의하라.

2-포트 회로의 가장 일반적인 기술은 s-영역에서 행해지며, 정현파 정상상태 문제는 적절한 s-영역에서의 표현식을 구해서 $s = j\omega$의 관계를 대입하거나 직접 주파수 영역에서 페이저를 이용하여 해석할 수도 있다.

여기서 잠깐! **2-포트 회로의 제약조건**

2-포트 회로의 구성을 위해 다음과 같은 제약조건이 필요하다.

① 2-포트 회로의 내부에 저장된 초기 에너지는 0이다. 즉, 초기 조건이 모두 0이다.

② 2-포트 회로의 내부에는 독립전원이 존재하지 않는다. 즉, 종속전원과 수동소자로만 구성된다.

③ 포트로 흘러 들어가는 전류와 흘러나가는 전류는 서로 같다.

④ 모든 외부 연결은 입력포트 또는 출력포트에만 가능하며, 포트 사이의 연결은 허용되지 않는다.

12.2 임피던스 파라미터

앞 절에서 4개의 포트변수 중에서 독립변수로 입력전류 I_1과 출력전류 I_2를 선택한 다음 나머지 2개의 포트변수인 입력전압 V_1과 출력전압 V_2를 종속변수로 선정하여 I_1과 I_2의 함수로 표현하면 다음과 같다.

$$V_1 = z_{11}I_1 + z_{12}I_2 \qquad (12-3)$$

$$V_2 = z_{21}I_1 + z_{22}I_2 \qquad (12-4)$$

또는

$$\begin{bmatrix} V_1 \\ V_2 \end{bmatrix} = \begin{bmatrix} z_{11} & z_{12} \\ z_{21} & z_{22} \end{bmatrix} \begin{bmatrix} I_1 \\ I_2 \end{bmatrix} \qquad (12-5)$$

여기서 4개의 파라미터 z_{11}, z_{12}, z_{21}, z_{22}는 비례상수로서 임피던스와 같은 차원 이므로 임피던스 파라미터 또는 간단히 z-파라미터라고 부른다. 그림 12.3에 임피던 스 파라미터로 표현된 2-포트 회로를 나타내었다.

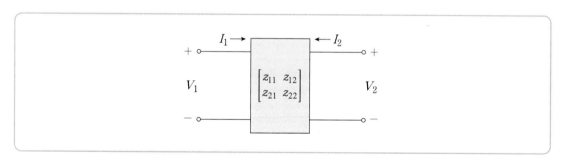

그림 12.3 z-파라미터로 표현된 2-포트 회로

그림 12.3의 2-포트 회로에서 4개의 z-파라미터를 구해본다.

① z_{11}의 결정

식(12-3)으로부터 z_{11}은 출력전류 $I_2 = 0$이 되도록 출력포트를 개방하여 다음과

같이 구할 수 있다.

$$z_{11} \triangleq \left. \frac{V_1}{I_1} \right|_{I_2=0} \qquad (12-6)$$

결국 z_{11}은 식(12-6)으로부터 출력포트를 개방시킨 상태($I_2 = 0$)에서 결정되는 입력 임피던스(input impedance)이며, 단위는 옴(Ω)임을 알 수 있다.

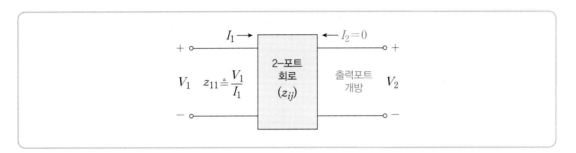

그림 12.4 z_{11}의 결정

② z_{12}의 결정

식(12-3)으로부터 z_{12}는 입력전류 $I_1 = 0$이 되도록 입력포트를 개방하여 다음과 같이 구할 수 있다.

$$z_{12} \triangleq \left. \frac{V_1}{I_2} \right|_{I_1=0} \qquad (12-7)$$

결국 z_{12}는 식(12-7)로부터 입력포트를 개방시킨 상태($I_1 = 0$)에서 결정되는 역전달 임피던스(reverse transimpedance)이며, 단위는 옴(Ω)임을 알 수 있다.

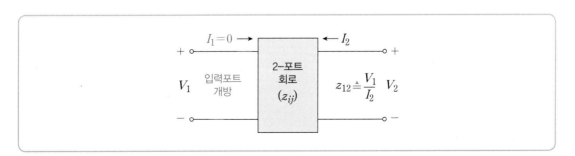

그림 12.5 z_{12}의 결정

③ z_{21}의 결정

식(12-4)로부터 z_{21}은 출력전류 $I_2 = 0$이 되도록 출력포트를 개방하여 다음과 같이 구할 수 있다.

$$z_{21} \triangleq \left. \frac{V_2}{I_1} \right|_{I_2 = 0} \qquad (12-8)$$

결국 z_{21}은 식(12-8)로부터 출력포트를 개방시킨 상태($I_2 = 0$)에서 결정되는 전달 임피던스(transimpedance)이며, 단위는 옴(Ω)임을 알 수 있다.

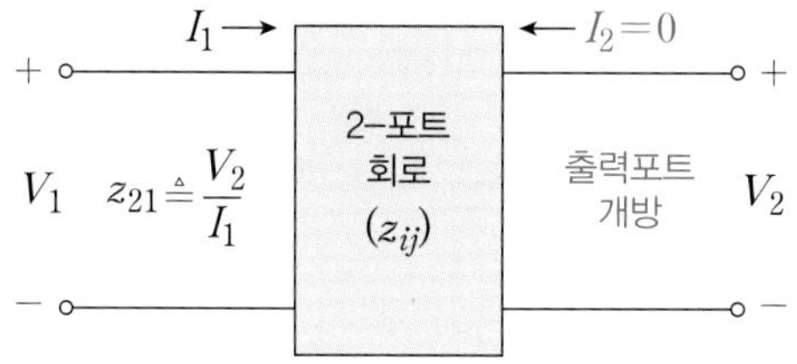

그림 12.6 z_{21}의 결정

④ z_{22}의 결정

식(12-4)로부터 z_{22}는 입력전류 $I_1 = 0$이 되도록 입력포트를 개방하여 다음과 같이 구할 수 있다.

$$z_{22} \triangleq \left. \frac{V_2}{I_2} \right|_{I_1 = 0} \qquad (12-9)$$

결국 z_{22}는 식(12-9)로부터 입력포트를 개방시킨 상태($I_1 = 0$)에서 결정되는 출력 임피던스(output impedance)이며, 단위는 옴(Ω)임을 알 수 있다.

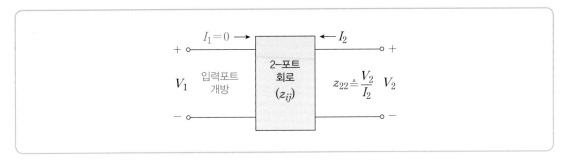

그림 12.7 z_{22}의 결정

지금까지 결정된 z-파라미터를 이용하여 2-포트 회로의 등가회로를 구하면 그림 12.8과 같다.

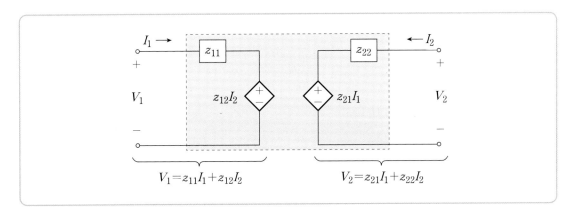

그림 12.8 z-파라미터로 표현된 2-포트 회로의 등가회로

그림 12.8에서 입력포트는 $z_{12}I_2$라는 종속전압원과 직렬 임피던스를 가지는 테브난 등가회로이며, 출력포트도 $z_{21}I_1$이라는 종속전압원과 직렬 임피던스를 가지는 테브난 등가회로라는 것에 주목하라.

예제 12.1

다음 2-포트 회로에 대한 z-파라미터를 구하라.

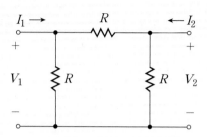

풀이 z_{11}은 $I_2 = 0$인 상태에서의 입력 임피던스이므로 다음과 같이 구할 수 있다.

$$z_{11} = \frac{V_1}{I_1}\bigg|_{I_2=0} = \frac{2R^2}{R+2R} = \frac{2}{3}R$$

z_{12}를 구하기 위하여 먼저 $I_1 = 0$인 상태에서 V_1을 구하면 전류분배의 원리에 의하여

$$V_1 = \left(\frac{R}{R+2R}\,I_2\right) \times R = \frac{R}{3}I_2$$

이므로 z_{12}는 다음과 같다.

$$z_{12} = \frac{V_1}{I_2}\bigg|_{I_1=0} = \frac{R}{3}$$

z_{22}는 $I_1 = 0$인 상태에서의 출력 임피던스이므로 다음과 같이 구할 수 있다.

$$z_{22} = \frac{V_2}{I_2}\bigg|_{I_1=0} = \frac{2R^2}{R+2R} = \frac{2}{3}R$$

마지막으로 z_{21}을 구하기 위하여 먼저 $I_2 = 0$인 상태에서 V_2를 구하면 전류분배의 원리에 의하여

$$V_2 = \left(\frac{R}{R+2R}\,I_1\right) \times R = \frac{R}{3}I_1$$

이므로 z_{21}은 다음과 같다.

$$z_{21} = \frac{V_2}{I_1}\bigg|_{I_2=0} = \frac{R}{3}$$

예제 12.2

다음 2-포트 회로에 대한 z-파라미터 행렬을 구하라.

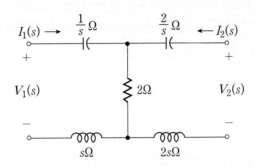

풀이 z_{11}은 $I_2(s) = 0$인 상태에서의 입력 임피던스이므로 다음과 같다.

$$z_{11} = \frac{V_1(s)}{I_1(s)} \bigg|_{I_2(s) = 0} = \frac{1}{s} + 2 + s = \frac{(s+1)^2}{s}$$

z_{22}는 $I_1(s) = 0$인 상태에서의 출력 임피던스이므로 다음과 같다.

$$z_{22} = \frac{V_2(s)}{I_2(s)} \bigg|_{I_1(s) = 0} = \frac{2}{s} + 2 + 2s = \frac{2(s^2 + s + 1)}{s}$$

z_{12}를 구하기 위하여 $I_1(s) = 0$인 상태에서 $V_1(s)$는 2Ω 저항에 걸리는 전압이므로

$$z_{12} = \frac{V_1(s)}{I_2(s)} \bigg|_{I_1(s) = 0} = \frac{2I_2(s)}{I_2(s)} = 2$$

가 된다.

z_{21}을 구하기 위하여 $I_2(s) = 0$인 상태에서 $V_2(s)$는 2Ω 저항에 걸리는 전압이므로

$$z_{21} = \frac{V_2(s)}{I_1(s)} \bigg|_{I_2(s) = 0} = \frac{2I_1(s)}{I_1(s)} = 2$$

가 된다. 따라서 z-파라미터 행렬은 다음과 같다.

$$\begin{bmatrix} \dfrac{(s+1)^2}{s} & 2 \\ 2 & \dfrac{2(s^2 + s + 1)}{s} \end{bmatrix}$$

12.3 어드미턴스 파라미터

임피던스 파라미터와는 반대로 입력전압 V_1과 출력전압 V_2를 독립변수로 선택한 다음 나머지 2개의 포트변수인 입력전류 I_1과 출력전류 I_2를 종속변수로 선정하여 V_1과 V_2의 함수로 표현하면 다음과 같다.

$$\begin{bmatrix} I_1 \\ I_2 \end{bmatrix} = \begin{bmatrix} y_{11} & y_{12} \\ y_{21} & y_{22} \end{bmatrix} \begin{bmatrix} V_1 \\ V_2 \end{bmatrix} \qquad (12-10)$$

여기서 4개의 파라미터 y_{11}, y_{12}, y_{21}, y_{22}는 비례상수로서 어드미턴스와 같은 차원이므로 어드미턴스 파라미터 또는 간단히 y-파라미터라고 부른다. 그림 12.9에 어드미턴스 파라미터로 표현된 2-포트 회로를 나타내었다.

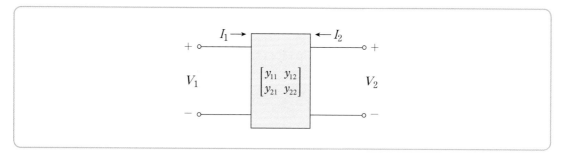

그림 12.9　y-파라미터로 표기된 2-포트 회로

한편, 식(12-5)의 z-파라미터 단자방정식과 식(12-10)의 y-파라미터 단자방정식을 비교해보면 임피던스 행렬과 어드미턴스 행렬은 서로 역행렬 관계임을 알 수 있으며, 이에 대해서는 추후에 상세히 언급할 것이다.

그림 12.9의 2-포트 회로에서 4개의 y-파라미터를 구해본다.

① y_{11}의 결정

식(12-10)으로부터 y_{11}은 출력전압 $V_2 = 0$이 되도록 출력포트를 단락시켜 다음과 같이 구할 수 있다.

$$y_{11} \triangleq \left. \frac{I_1}{V_1} \right|_{V_2 = 0} \qquad (12-11)$$

결국 y_{11}은 식(12-11)로부터 출력포트를 단락시킨 상태($V_2 = 0$)에서 결정되는 입력 어드미턴스(input admittance)이며, 단위는 지멘스(S)임을 알 수 있다.

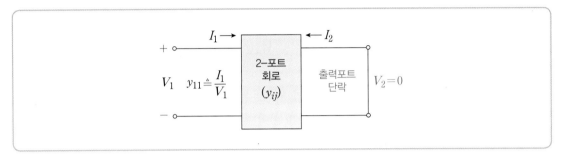

그림 12.10 y_{11}의 결정

② y_{12}의 결정

식(12-10)으로부터 y_{12}는 입력전압 $V_1 = 0$이 되도록 입력포트를 단락시켜 다음과 같이 구할 수 있다.

$$y_{12} \triangleq \left. \frac{I_1}{V_2} \right|_{V_1 = 0} \qquad (12-12)$$

결국 y_{12}는 식(12-12)로부터 입력포트를 단락시킨 상태($V_1 = 0$)에서 결정되는 역전달 어드미턴스(reverse transadmittance)이며, 단위는 지멘스(S)임을 알 수 있다.

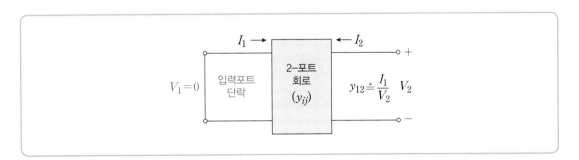

그림 12.11 y_{12}의 결정

③ y_{21}의 결정

식(12-10)으로부터 y_{21}은 출력전압 $V_2 = 0$이 되도록 출력포트를 단락시켜 다음과 같이 구할 수 있다.

$$y_{21} \triangleq \left. \frac{I_2}{V_1} \right|_{V_2 = 0} \qquad (12-13)$$

결국 y_{21}은 식(12-13)으로부터 출력포트를 단락시킨 상태($V_2 = 0$)에서 결정되는 전달 어드미턴스(transadmittance)이며, 단위는 지멘스(S)임을 알 수 있다.

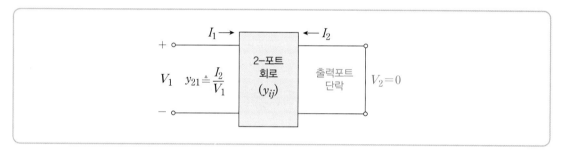

그림 12.12 y_{21}의 결정

④ y_{22}의 결정

식(12-10)으로부터 y_{22}는 입력전압 $V_1 = 0$이 되도록 입력포트를 단락시켜 다음과 같이 구할 수 있다.

$$y_{22} \triangleq \left. \frac{I_2}{V_2} \right|_{V_1 = 0} \qquad (12-14)$$

결국 y_{22}는 식(12-14)로부터 입력포트를 단락시킨 상태($V_1 = 0$)에서 결정되는 출력 어드미턴스(output admittance)이며, 단위는 지멘스(S)임을 알 수 있다.

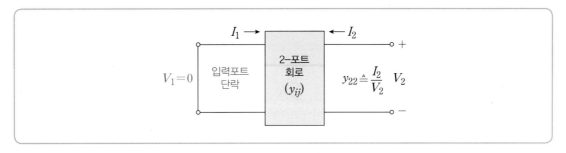

그림 12.13 y_{22}의 결정

지금까지 결정된 4개의 y-파라미터를 이용하여 2-포트 회로의 등가회로를 구하면 그림 12.14와 같다.

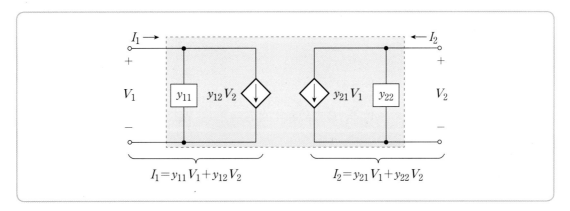

그림 12.14 y-파라미터로 표현된 2-포트 회로의 등가회로

그림 12.14에서 입력포트는 $y_{12}\,V_2$라는 종속전류원과 병렬 어드미턴스를 가지는 노턴 등가회로이며, 출력포트도 $y_{21}\,V_1$이라는 종속전류원과 병렬 어드미턴스를 가지는 노턴 등가회로라는 것에 주목하라.

예제 12.3

다음 2-포트 회로에 대한 y-파라미터를 구하라.

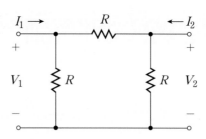

풀이 ① y_{11}의 결정

y_{11}은 출력단을 단락시킨 상태에서의 입력 어드미턴스이므로 다음과 같다.

$$y_{11} \triangleq \left.\frac{I_1}{V_1}\right|_{V_2=0} = \frac{I_1}{(R \,/\!/\, R)\,I_1} = \frac{2}{R}$$

② y_{12}의 결정

$V_1 = 0$인 상태에서 V_2를 구하면

$$V_2 = (R \,/\!/\, R)\,I_2 = \frac{R}{2}I_2 = \frac{R}{2}(-2I_1) = -RI_1$$

이므로 y_{12}는 다음과 같다.

$$y_{12} \triangleq \left.\frac{I_1}{V_2}\right|_{V_1=0} = \frac{I_1}{-RI_1} = -\frac{1}{R}$$

③ y_{21}의 결정

$V_2 = 0$인 상태에서 V_1을 구하면

$$V_1 = (R \,/\!/\, R)\,I_1 = \frac{R}{2}I_1 = \frac{R}{2}(-2I_2) = -RI_2$$

이므로 y_{21}은 다음과 같다.

$$y_{21} \triangleq \left.\frac{I_2}{V_1}\right|_{V_2=0} = \frac{I_2}{-RI_2} = -\frac{1}{R}$$

④ y_{22}의 결정

y_{22}의 입력단을 단락시킨 상태에서의 출력 어드미턴스이므로 다음과 같다.

$$y_{22} \triangleq \left. \frac{I_2}{V_2} \right|_{V_1 = 0} = \frac{I_2}{(R /\!/ R)\, I_2} = \frac{2}{R}$$

여 기서 잠깐! | 임피던스 파라미터와 어드미턴스 파라미터

예제 12.1에서 임피던스 파라미터 행렬과 예제 12.3에서 어드미턴스 파라미터 행렬은 각각 다음과 같다.

$$\begin{bmatrix} \frac{2}{3}R & \frac{1}{3}R \\ \frac{1}{3}R & \frac{2}{3}R \end{bmatrix}, \begin{bmatrix} \frac{2}{R} & -\frac{1}{R} \\ -\frac{1}{R} & \frac{2}{R} \end{bmatrix}$$

임피던스 파라미터 행렬의 역행렬을 구하면

$$\begin{bmatrix} \frac{2}{3}R & \frac{1}{3}R \\ \frac{1}{3}R & \frac{2}{3}R \end{bmatrix}^{-1} = \frac{3}{R^2} \begin{bmatrix} \frac{2}{3}R & -\frac{1}{3}R \\ -\frac{1}{3}R & \frac{2}{3}R \end{bmatrix} = \begin{bmatrix} \frac{2}{R} & -\frac{1}{R} \\ -\frac{1}{R} & \frac{2}{R} \end{bmatrix}$$

이므로 임피던스 파라미터 행렬의 역행렬은 바로 어드미턴스 파라미터 행렬이 된다.

그러나 위의 사실은 항상 성립하는 것이 아니라 임피던스 파라미터 행렬의 행렬식 D_z가 0이 아니어야 한다. 즉, $D_z \triangleq z_{11}z_{22} - z_{12}z_{21} \neq 0$이 만족되어야 역행렬이 존재한다.

만일 임피던스 파라미터 행렬의 행렬식 $D_z = 0$이면 2-포트 회로는 어드미턴스 파라미터로 표현할 수 없으며, 어드미턴스 파라미터 행렬의 행렬식 $D_y = 0$이면 2-포트 회로는 임피던스 파라미터로 표현할 수 없다는 것에 주의하도록 한다.

예제 12.4

다음 2-포트 회로에 대한 y-파라미터 행렬을 구하라.

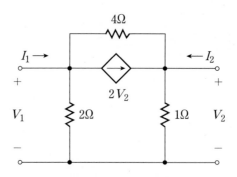

풀이 ① y_{11}의 결정

$V_2 = 0$이면 종속전류원과 1Ω의 저항은 회로에서 제거되고 2Ω과 4Ω의 저항이 병렬 연결되므로 V_1을 구하면 다음과 같다.

$$V_1 = (2\Omega \,/\!/\, 4\Omega)\, I_1$$

$$\therefore y_{11} \triangleq \left. \frac{I_1}{V_1} \right|_{V_2 = 0} = \frac{I_1}{(2\Omega \,/\!/\, 4\Omega)\, I_1} = \frac{3}{4}$$

② y_{22}의 결정

$V_1 = 0$일 때 회로는 다음과 같으므로 V_2를 구해본다.

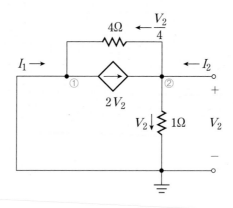

마디 ②에서 키르히호프의 전류 법칙을 적용하면

$$2V_2 + I_2 = \frac{V_2}{4} + V_2 \qquad \therefore V_2 = -\frac{4}{3} I_2$$

이므로 y_{22}는 다음과 같다.

$$y_{22} \triangleq \left.\frac{I_2}{V_2}\right|_{V_1=0} = \frac{I_2}{-\dfrac{4}{3}I_2} = -\frac{3}{4}$$

③ y_{12}의 결정

$V_1 = 0$일 때의 회로에서 마디 ①에서 키르히호프의 전류 법칙을 적용하면

$$I_1 + \frac{V_2}{4} = 2V_2 \qquad \therefore I_1 = \frac{7}{4}V_2$$

이므로 y_{12}는 다음과 같다.

$$y_{12} \triangleq \left.\frac{I_1}{V_2}\right|_{V_1=0} = \frac{7}{4}$$

④ y_{21}의 결정

$V_2 = 0$이면 종속전류원과 1Ω의 저항이 회로에서 제거되므로 전류분배의 원리에 의하여

$$I_2 = -\frac{2}{4+2}I_1 = -\frac{1}{3}I_1 \longrightarrow I_1 = -3I_2$$

이므로 V_1은 다음과 같다.

$$V_1 = (2\Omega /\!/ 4\Omega)I_1 = (2\Omega /\!/ 4\Omega)(-3I_2) = -4I_2$$

따라서 y_{21}은 다음과 같이 구할 수 있다.

$$y_{21} \triangleq \left.\frac{I_2}{V_1}\right|_{V_2=0} = \frac{I_2}{-4I_2} = -\frac{1}{4}$$

이상과 같이 y-파라미터 행렬을 구하면 다음과 같다.

$$\begin{bmatrix} \dfrac{3}{4} & \dfrac{7}{4} \\ -\dfrac{1}{4} & -\dfrac{3}{4} \end{bmatrix}$$

여 기서 잠깐! **z-파라미터의 존재성**

다음의 2-포트 회로에서 y-파라미터를 구하면 다음과 같다.

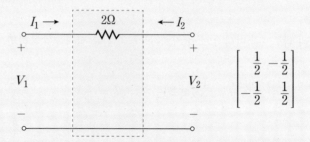

y-파라미터 행렬의 행렬식 D_y를 계산하면

$$D_y = \frac{1}{4} - \frac{1}{4} = 0$$

이므로 주어진 2-포트 회로는 임피던스 파라미터로 표현할 수 없다.

실제로 z-파라미터를 구해보면 $z_{11} = \infty,\ z_{12} = \infty,\ z_{21} = \infty,\ z_{22} = \infty$이므로 z-파라미터를 정의할 수 없다.

12.4 하이브리드 파라미터

앞 절에서 살펴본 임피던스 파라미터와 어드미턴스 파라미터는 차원이 모두 임피던스이거나 어드미턴스이지만 이 두 가지 파라미터의 특성을 혼합한 것이 하이브리드(hybrid) 파라미터이다. 하이브리드 파라미터는 간단히 h-파라미터라고도 부르며, 입력전류 I_1과 출력전압 V_2를 독립변수로 선택한 다음 나머지 2개의 포트변수인 입력전압 V_1과 출력전류 I_2를 종속변수로 선정하여 I_1과 V_2의 함수로 표현하면 다음과 같다.

$$\begin{bmatrix} V_1 \\ I_2 \end{bmatrix} = \begin{bmatrix} h_{11} & h_{12} \\ h_{21} & h_{22} \end{bmatrix} \begin{bmatrix} I_1 \\ V_2 \end{bmatrix} \qquad (12-15)$$

여기서 4개의 파라미터 h_{11}, h_{12}, h_{21}, h_{22}는 서로 차원이 다른 파라미터이므로 하이브리드 파라미터라고 부르며, 그림 12.15에 하이브리드 파라미터로 표현된 2-포트 회로를 나타내었다.

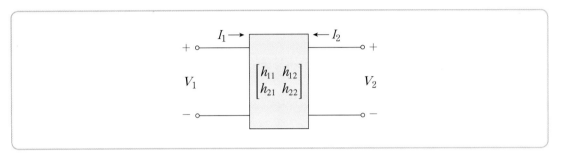

그림 12.15 h-파라미터로 표기된 2-포트 회로

① h_{11}의 결정

식(12-15)로부터 h_{11}은 출력전압 $V_2 = 0$이 되도록 출력포트를 단락시켜 다음과 같이 구할 수 있다.

$$h_{11} \triangleq \left. \frac{V_1}{I_1} \right|_{V_2 = 0} \qquad (12-16)$$

결국 h_{11}은 식(12-16)으로부터 출력포트를 단락시킨 상태($V_2 = 0$)에서 결정되는 입력 임피던스이며, 단위는 옴(Ω)임을 알 수 있다. 임피던스 파라미터 z_{11}과 같은 개념이지만 z_{11}은 출력포트를 개방시킨 상태에서 결정되는 입력 임피던스라는 점이 다르다. 따라서 h_{11}은 단락입력 임피던스, z_{11}은 개방입력 임피던스라고 정의함으로써 구분할 수도 있을 것이다.

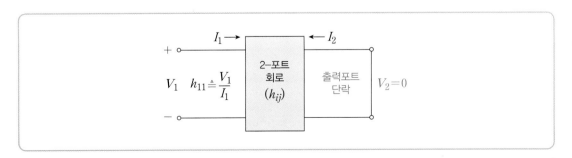

그림 12.16 h_{11}의 결정

② h_{12}의 결정

식(12-15)로부터 h_{12}는 입력전류 $I_1 = 0$이 되도록 입력포트를 개방하여 다음과 같이 구할 수 있다.

$$h_{12} \triangleq \left. \frac{V_1}{V_2} \right|_{I_1=0} \qquad (12-17)$$

결국 h_{12}는 식(12-17)로부터 입력포트를 개방시킨 상태($I_1 = 0$)에서 결정되는 역전압이득(reverse voltage gain)이며, 단위는 없다는 것을 알 수 있다.

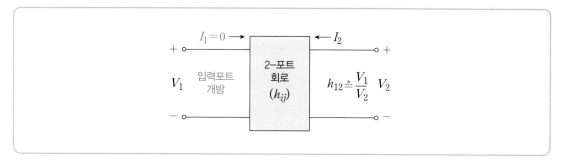

그림 12.17 h_{12}의 결정

③ h_{21}의 결정

식(12-15)로부터 h_{21}은 출력전압 $V_2 = 0$이 되도록 출력포트를 단락시켜 다음과 같이 구할 수 있다.

$$h_{21} \triangleq \left. \frac{I_2}{I_1} \right|_{V_2=0} \qquad (12-18)$$

결국 h_{21}은 식(12-18)로부터 출력포트를 단락시킨 상태($V_2 = 0$)에서 결정되는 전류이득(current gain)이며, 단위는 없다는 것을 알 수 있다.

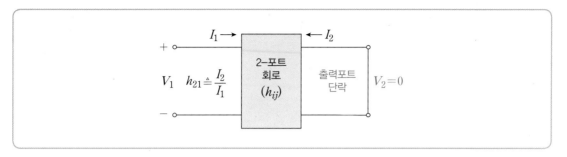

그림 12.18 h_{21}의 결정

④ h_{22}의 결정

식(12-15)로부터 h_{22}는 입력전류 $I_1 = 0$이 되도록 입력포트를 개방하여 다음과 같이 구할 수 있다.

$$h_{22} \triangleq \left. \frac{I_2}{V_2} \right|_{I_1 = 0} \qquad (12-19)$$

결국 h_{22}는 식(12-19)로부터 입력포트를 개방시킨 상태($I_1 = 0$)에서 결정되는 출력 어드미턴스이며, 단위는 지멘스(S)임을 알 수 있다. 어드미턴스 파라미터 y_{22}와 같은 개념이지만 y_{22}는 입력포트를 단락시킨 상태에서 결정되는 파라미터라는 점이 다르다.

따라서 h_{22}는 개방출력 어드미턴스, y_{22}는 단락출력 어드미턴스라고 정의함으로써 구분할 수도 있을 것이다.

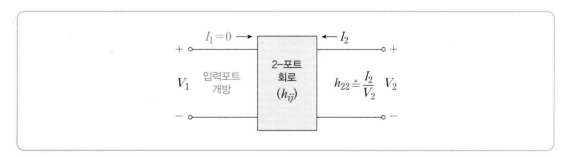

그림 12.19 h_{22}의 결정

지금까지 결정된 h-파라미터를 이용하여 2-포트 회로의 등가회로를 구하면 그림 12.20과 같다.

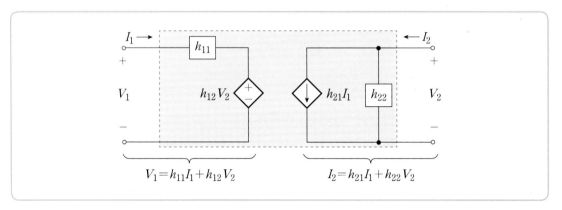

그림 12.20 h-파라미터로 표현된 2-포트 회로의 등가회로

그림 12.20에서 입력포트는 $h_{12}\,V_2$라는 종속전압원과 직렬 임피던스를 가지는 테브난 등가회로인 반면에, 출력포트는 $h_{21}\,I_1$이라는 종속전류원과 병렬 어드미턴스를 가지는 노턴 등가회로라는 것에 주목하라.

예제 12.5

다음 2-포트 회로에 대한 h-파라미터 행렬을 구하라.

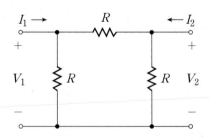

풀이 ① h_{11}의 결정

$$h_{11} \triangleq \left. \frac{V_1}{I_1} \right|_{V_2 = 0} = \frac{(R \mathbin{/\mkern-5mu/} R)\,I_1}{I_1} = \frac{R^2}{R + R} = \frac{R}{2}$$

② h_{21}의 결정

출력포트를 단락시킨 상태에서 전류분배의 원리를 적용하면

$$I_2 = -\frac{R}{R+R} I_1 = -\frac{1}{2}I_1$$

이므로 h_{21}은 다음과 같다.

$$h_{21} \triangleq \left.\frac{I_2}{I_1}\right|_{V_2 = 0} = -\frac{1}{2}$$

③ h_{12}의 결정

입력포트를 개방시킨 상태에서 전압분배의 원리를 적용하면

$$V_2 = \frac{R}{R+R} V_1 = \frac{1}{2} V_1$$

이므로 h_{12}는 다음과 같다.

$$h_{12} \triangleq \left.\frac{V_1}{V_2}\right|_{I_1 = 0} = 2$$

④ h_{22}의 결정

입력포트를 개방시킨 상태에서 V_2를 구하면

$$V_2 = \{R /\!/ (R+R)\}I_2 = \frac{2R^2}{R+2R} I_2 = \frac{2}{3}RI_2$$

이므로 h_{22}는 다음과 같다.

$$h_{22} \triangleq \left.\frac{I_2}{V_2}\right|_{I_1 = 0} = \frac{3}{2R}$$

따라서 h-파라미터 행렬을 구하면 다음과 같다.

$$\begin{bmatrix} \dfrac{R}{2} & 2 \\ -\dfrac{1}{2} & \dfrac{3}{2R} \end{bmatrix}$$

예제 12.6

다음 2-포트 회로에 대한 h-파라미터 행렬을 구하라.

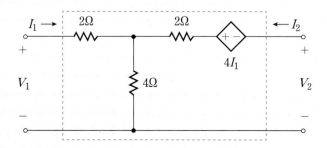

풀이 ① h_{11}의 결정

출력포트를 단락시키면 다음의 회로를 얻을 수 있다.

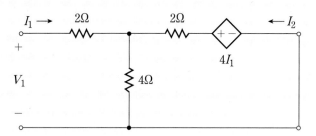

메쉬해석법을 적용하여 회로방정식을 유도하면

$$2I_1 + 4(I_1 + I_2) = V_1$$
$$-4I_1 + 2I_2 + 4(I_1 + I_2) = 0$$

이므로 위의 방정식을 I_1과 I_2에 대하여 정리하면 다음과 같다.

$$\begin{cases} 6I_1 + 4I_2 = V_1 \\ 6I_2 = 0 \qquad \therefore I_2 = 0, \; V_1 = 6I_1 \end{cases}$$

$$h_{11} \triangleq \left. \frac{V_1}{I_1} \right|_{V_2 = 0} = 6$$

② h_{21}의 결정

출력포트를 단락시킨 회로에서 $I_2 = 0$이므로

$$h_{21} \triangleq \left. \frac{I_2}{I_1} \right|_{V_2 = 0} = 0$$

이 얻어진다.

③ h_{12}의 결정

입력포트를 개방시키면 $I_1 = 0$이므로 종속전압원이 회로에서 제거되고 V_1은 4Ω의 저항에 걸리는 전압이다. 전압분배의 원리를 적용하면

$$V_1 = \frac{4}{4 + 2} V_2 = \frac{2}{3} V_2$$

이므로 h_{12}는 다음과 같다.

$$h_{12} \triangleq \left. \frac{V_1}{V_2} \right|_{I_1 = 0} = \frac{2}{3}$$

④ h_{22}의 결정

입력포트가 개방되어 종속전압원이 제거된 출력단에 키르히호프의 전압 법칙을 적용하면

$$2I_2 + 4I_2 = V_2 \qquad \therefore V_2 = 6I_2$$

이므로 h_{22}는 다음과 같다.

$$h_{22} \triangleq \left. \frac{I_2}{V_2} \right|_{I_1 = 0} = \frac{I_2}{6I_2} = \frac{1}{6}$$

따라서 지금까지의 결과로부터 h-파라미터 행렬을 구하면 다음과 같다.

$$\begin{bmatrix} 6 & \dfrac{2}{3} \\ 0 & \dfrac{1}{6} \end{bmatrix}$$

특히 h-파라미터는 전자회로에서 다루는 트랜지스터의 교류 등가회로를 유도하는데 많이 사용되고 있다.

한편, 하이브리드 파라미터에서 선정한 독립변수와 종속변수를 서로 맞바꾸면 주어진 2-포트 회로의 단자방정식은 다음과 같이 표현된다.

$$\begin{bmatrix} I_1 \\ V_2 \end{bmatrix} = \begin{bmatrix} g_{11} & g_{12} \\ g_{21} & g_{22} \end{bmatrix} \begin{bmatrix} V_1 \\ I_2 \end{bmatrix} \qquad (12-20)$$

여기서 4개의 파라미터 g_{11}, g_{12}, g_{21}, g_{22}를 역하이브리드(inverse hybrid) 파라미터 또는 간단히 g-파라미터라도 부른다.

만일, h-파라미터 행렬의 행렬식 $D_h = h_{11}h_{22} - h_{12}h_{21} \neq 0$이면, 다음 관계가 성립하므로 g-파라미터 행렬의 역행렬이 된다.

$$\begin{bmatrix} g_{11} & g_{12} \\ g_{21} & g_{22} \end{bmatrix} = \begin{bmatrix} h_{11} & h_{12} \\ h_{21} & h_{22} \end{bmatrix}^{-1} \qquad (12-21)$$

h-파라미터 행렬의 행렬식 $D_h = 0$인 경우 2-포트 회로는 역하이브리드 파라미터로 표현할 수 없다는 것을 기억해 두자.

예제 12.6의 회로에 대하여 역하이브리드 파라미터를 구하면 식(12-21)로부터 다음과 같다.

$$\begin{bmatrix} g_{11} & g_{12} \\ g_{21} & g_{22} \end{bmatrix} = \begin{bmatrix} 6 & \dfrac{2}{3} \\ 0 & \dfrac{1}{6} \end{bmatrix}^{-1} = \begin{bmatrix} \dfrac{1}{6} & -\dfrac{2}{3} \\ 0 & 6 \end{bmatrix} \qquad (12-22)$$

여 기서 잠깐!   2차 정방행렬의 역행렬

다음 2차 정방행렬의 역행렬 공식은 자주 사용되므로 기억해두도록 하자.

$$A = \begin{bmatrix} a & b \\ c & d \end{bmatrix}$$

A의 역행렬은 A의 행렬식 $|A| = ad - bc \neq 0$인 경우에만 존재하며 다음과 같이 결정된다.

$$A^{-1} = \frac{1}{ad - bc} \begin{bmatrix} d & -b \\ -c & a \end{bmatrix}$$

12.5 전송 파라미터

전송(transmission) 파라미터는 종속으로 접속된 2-포트 회로를 해석하는데 유용하다. 독립변수로 출력전압 V_2와 출력전류 I_2를 선택한 다음 나머지 2개의 포트변수인 입력전압 V_1과 입력전류 I_1을 종속변수로 선정하여 V_2와 I_2의 함수로 표현하면 다음과 같다.

$$\begin{bmatrix} V_1 \\ I_1 \end{bmatrix} = \begin{bmatrix} t_{11} & t_{12} \\ t_{21} & t_{22} \end{bmatrix} \begin{bmatrix} V_2 \\ -I_2 \end{bmatrix} \qquad (12-23)$$

여기서 4개의 파라미터 t_{11}, t_{12}, t_{21}, t_{22}는 입력포트와 출력포트 사이의 전압과 전류의 전송에 관여하며, 전송 파라미터 또는 간단히 t-파라미터라고 부른다. 또한, 전송 파라미터는 ABCD 파라미터라고도 부르며 다음과 같이 단자방정식을 표현한다.

$$\begin{bmatrix} V_1 \\ I_1 \end{bmatrix} = \begin{bmatrix} A & B \\ C & D \end{bmatrix} \begin{bmatrix} V_2 \\ -I_2 \end{bmatrix} \qquad (12-24)$$

식(12-23)에서 종속변수를 $-I_2$로 한 것은 2-포트 회로의 종속접속시 전류의 방향을 일치시키기 위해 음(-)의 부호를 첨가한 것이며, 다음 절에서 상세히 다룬다. 그림 12.21에 전송 파라미터로 표현된 2-포트 회로를 나타내었다.

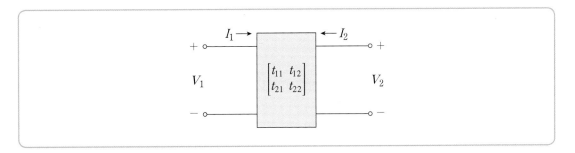

그림 12.21 t-파라미터로 표기된 2-포트 회로

그림 12.21의 2-포트 회로에서 4개의 전송 파라미터를 구해본다.

① $t_{11}(A)$의 결정

식(12-23)으로부터 t_{11}은 출력전류 $I_2 = 0$이 되도록 출력포트를 개방하여 다음과 같이 구할 수 있다.

$$t_{11} = A \triangleq \left. \frac{V_1}{V_2} \right|_{I_2 = 0} \qquad (12-25)$$

결국 식(12-25)로부터 t_{11}은 출력포트를 개방시킨 상태($I_2 = 0$)에서 결정되는 역전압이득(reverse voltage gain)이며, 단위는 없다는 것을 알 수 있다. 하이브리드 파라미터 h_{12}와 같은 개념이지만 h_{12}는 입력포트를 개방시킨 상태에서 결정되는 역전압이득이라는 점이 다르다. 지금까지 정의된 파라미터 중에서 개념적으로 같은 의미를 가지는 파라미터들은 있지만, 파라미터가 결정되는 회로의 조건이나 상태가 다르기 때문에 완전하게 같은 파라미터는 없다는 것에 주의하라.

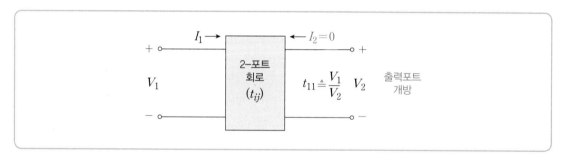

그림 12.22 t_{11}의 결정

② $t_{12}(B)$의 결정

식(12-23)으로부터 t_{12}는 출력전압 $V_2 = 0$이 되도록 출력포트를 단락시켜 다음과 같이 구할 수 있다.

$$t_{12} = B \triangleq \left. \frac{V_1}{-I_2} \right|_{V_2 = 0} \qquad (12-26)$$

결국 식(12-26)으로부터 t_{12}는 출력포트를 단락시킨 상태($V_2 = 0$)에서 결정되는 역전달 임피던스(reverse transimpedance)이며, 단위는 옴(Ω)임을 알 수 있다.

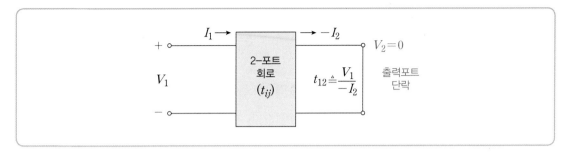

그림 12.23 t_{12}의 결정

③ $t_{21}(C)$의 결정

식(12-23)으로부터 t_{21}은 출력전류 $I_2 = 0$이 되도록 출력포트를 개방시켜 다음과 같이 구할 수 있다.

$$t_{21} = C \triangleq \left. \frac{I_1}{V_2} \right|_{I_2 = 0} \qquad\qquad (12-27)$$

결국 t_{21}은 식(12-27)로부터 출력포트를 개방시킨 상태($I_2 = 0$)에서 결정되는 역전달 어드미턴스(reverse transadmittance)이며, 단위는 지멘스(S)임을 알 수 있다.

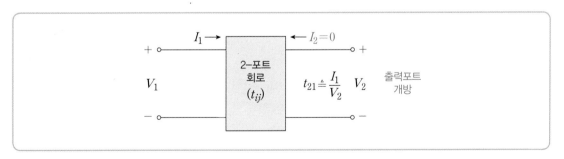

그림 12.24 t_{21}의 결정

④ $t_{22}(D)$의 결정

식(12-23)으로부터 t_{22}는 출력전압 $V_2 = 0$이 되도록 출력포트를 단락시켜 다음과 같이 구할 수 있다.

$$t_{22} = D \triangleq \frac{I_1}{-I_2}\bigg|_{V_2=0} \qquad (12-28)$$

결국 식(12-28)로부터 t_{22}는 출력포트를 단락시킨 상태($V_2 = 0$)에서 결정되는 역전류이득(reverse current gain)이며, 단위는 없다는 것을 알 수 있다.

지금까지의 전송 파라미터의 결정 과정에서 알 수 있듯이 t-파라미터는 출력포트의 전압·전류가 어떻게 입력포트로 전송되는가를 나타내는 개념이라고 할 수 있다.

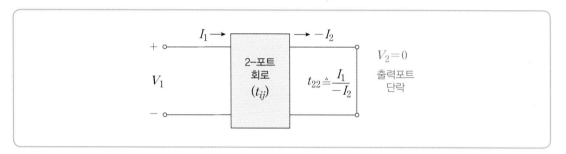

그림 12.25　t_{22}의 결정

지금까지 전송 파라미터에서 선정한 독립변수와 종속변수를 서로 맞바꾸면 주어진 2-포트 회로의 단자 방정식은 다음과 같이 표현된다.

$$\begin{bmatrix} V_2 \\ -I_2 \end{bmatrix} = \begin{bmatrix} s_{11} & s_{12} \\ s_{21} & s_{22} \end{bmatrix}\begin{bmatrix} V_1 \\ I_1 \end{bmatrix} \qquad (12-29)$$

여기서 4개의 파라미터 s_{11}, s_{12}, s_{21}, s_{22}를 역전송(inverse transmission) 파라미터 또는 간단히 s-파라미터라고 부른다.

만일, t-파라미터 행렬의 행렬식 $D_t = t_{11}t_{22} - t_{12}t_{21} \neq 0$이면, 다음 관계가 성립하므로 s-파라미터 행렬은 t-파라미터 행렬의 역행렬이 된다.

$$\begin{bmatrix} s_{11} & s_{12} \\ s_{21} & s_{22} \end{bmatrix} = \begin{bmatrix} t_{11} & t_{12} \\ t_{21} & t_{22} \end{bmatrix}^{-1} \qquad (12-30)$$

t-파라미터 행렬의 행렬식 $D_t = 0$인 경우 2-포트 회로는 역전송 파라미터로 표현할 수 없다는 것을 기억해 두자.

여 기서 잠깐! **2-포트 회로의 파라미터 중복성**

어떤 2-포트 회로를 하나의 파라미터로 표현하여 다른 파라미터로 정확하게 변환할 수 있다는 것은 가능한 6개의 단자방정식이 가진 정보에는 중복성이 많이 있다는 것을 의미한다. 그렇다면, 단자방정식이 하나만 있어도 충분한 정보를 얻을 수 있는데 6가지나 존재하는 이유는 무엇인가? 왜냐하면 모든 2-포트 회로가 6개의 단자방정식을 가지는 것은 아니며, 때로는 특정한 파라미터로 표현할 수 없기 때문이다.

또한, 2-포트 회로의 구성에 따라 어떤 하나의 파라미터 행렬을 구하는 것이 다른 파라미터 행렬을 구하는 것보다 훨씬 쉬운 경우가 있기 때문에 여러 개의 단자방정식이 존재하는 것이다.

여 기서 잠깐! **2-포트 회로의 파라미터 결정**

지금까지 2-포트 회로에 대한 6가지의 파라미터로 표현되는 단자방정식을 정의하였다. 어떤 단자방정식을 구하기 위해서는 포트를 개방 또는 단락시킴으로써 하나의 독립변수를 0으로 놓고, 각 파라미터의 정의에 따라 독립변수와 종속변수의 비를 계산해야 한다. 가능한 6개의 파라미터 행렬에서 같은 개념을 나타내는 파라미터들은 있을 수 있지만, 파라미터를 결정하기 위한 2-포트 회로의 조건은 다르므로 완벽하게 동일한 파라미터는 존재하지 않는다.

예제 12.7

다음 2-포트 회로에 대한 전송 파라미터 행렬을 구하라.

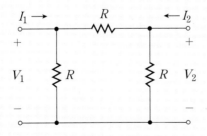

풀이 ① t_{11}의 결정
출력포트를 개방시킨 상태에서 전압분배의 원리를 적용하면

$$V_2 = \frac{R}{R+R} V_1 = \frac{1}{2} V_1$$

이므로 t_{11}은 다음과 같다.

$$t_{11} \triangleq \left.\frac{V_1}{V_2}\right|_{I_2=0} = 2$$

② t_{21}의 결정

출력포트를 개방시킨 상태에서 전류분배의 원리를 적용하면

$$V_2 = R\left(\frac{R}{R+2R} I_1\right) = \frac{1}{3} RI_1$$

이므로 t_{21}은 다음과 같다.

$$t_{21} \triangleq \left.\frac{I_1}{V_2}\right|_{I_2=0} = \frac{3}{R}$$

③ t_{12}의 결정

출력포트를 단락시킨 회로에서 다음 관계가 얻어진다.

$$V_1 = R\left(\frac{1}{2} I_1\right) = R(-I_2)$$
$$t_{12} \triangleq \left.\frac{V_1}{-I_2}\right|_{V_2=0} = R$$

④ t_{22}의 결정

출력포트를 단락시키면 전류분배의 원리에 의하여

$$-I_2 = \frac{1}{2} I_1$$

이므로 t_{22}는 다음과 같다.

$$t_{22} \triangleq \frac{I_1}{-I_2}\bigg|_{V_2=0} = 2$$

이상의 결과로부터 전송 파라미터 행렬은 다음과 같다.

$$\begin{bmatrix} 2 & R \\ \dfrac{3}{R} & 2 \end{bmatrix}$$

예제 12.8

다음 2-포트 회로에 대한 전송 파라미터 행렬을 구하라.

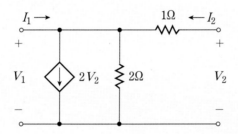

풀이 ① t_{11}의 결정

출력포트를 개방($I_2 = 0$)시키면, V_2는 2Ω에 걸리는 전압이므로 $V_1 = V_2$가 성립하므로 t_{11}은 다음과 같다.

$$t_{11} \triangleq \frac{V_1}{V_2}\bigg|_{I_2=0} = 1$$

② t_{21}의 결정

출력포트를 개방시키면, 2Ω에 흐르는 전류 $I_R = I_1 - 2V_2$이므로 V_2는 다음과 같다.

$$V_2 = 2\Omega \times I_R = 2(I_1 - 2V_2)$$
$$\therefore V_2 = \frac{2}{5}I_1$$
$$t_{21} \triangleq \frac{I_1}{V_2}\bigg|_{I_2=0} = \frac{5}{2}$$

③ t_{12}의 결정

출력포트를 단락($V_2 = 0$)시키면, 종속전류원이 회로에서 제거되므로 전류분배의 원리에 의하여

$$I_2 = \frac{2}{2+1}(-I_1) = -\frac{2}{3}I_1 \longrightarrow I_1 = -\frac{3}{2}I_2$$

이므로 V_1은 다음과 같다.

$$V_1 = 2(I_1 + I_2) = 2\left(-\frac{3}{2}I_2 + I_2\right) = -I_2$$
$$t_{12} \triangleq \frac{V_1}{-I_2}\bigg|_{V_2=0} = 1$$

④ t_{22}의 결정

$$t_{22} \triangleq \frac{I_1}{-I_2}\bigg|_{V_2=0} = \frac{3}{2}$$

이상의 결과로부터 전송 파라미터 행렬은 다음과 같다.

$$\begin{bmatrix} 1 & 1 \\ \frac{5}{2} & \frac{3}{2} \end{bmatrix}$$

예제 12.9

예제 12.7과 예제 12.8의 2-포트 회로에 대한 역전송 파라미터 행렬을 각각 구하라.

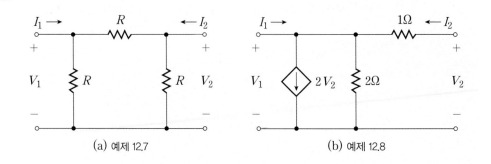

(a) 예제 12.7   (b) 예제 12.8

풀이 그림 (a)에 대한 역전송 파라미터 행렬은 전송 파라미터 행렬의 역행렬과 같으므로 식(12-30)에 의하여 다음과 같다.

$$\begin{bmatrix} s_{11} & s_{12} \\ s_{21} & s_{22} \end{bmatrix} = \begin{bmatrix} 2 & R \\ \dfrac{3}{R} & 2 \end{bmatrix}^{-1} = \begin{bmatrix} -\dfrac{2}{3} & -R \\ \dfrac{3}{R} & 2 \end{bmatrix}$$

또한, 그림 (b)에 대한 역전송 파라미터 행렬은 마찬가지로 식(12-30)에 의하여 다음과 같다.

$$\begin{bmatrix} s_{11} & s_{12} \\ s_{21} & s_{22} \end{bmatrix} = \begin{bmatrix} 1 & 1 \\ \dfrac{5}{2} & \dfrac{3}{2} \end{bmatrix}^{-1} = -\begin{bmatrix} \dfrac{3}{2} & -1 \\ -\dfrac{5}{2} & 1 \end{bmatrix} = \begin{bmatrix} -\dfrac{3}{2} & 1 \\ \dfrac{5}{2} & -1 \end{bmatrix}$$

임의의 2-포트 회로를 파라미터로 표현할 때, 회로 구성에 따라 표현하기가 간편하고 유리한 파라미터가 있다. 임피던스 파라미터, 하이브리드 파라미터, 전송 파라미터 상호간의 변환 관계를 참고로 표 12.1에 나타내었다.

표 12.1 2-포트 회로에 대한 파라미터 변환관계

	z-파라미터	h-파라미터	t-파라미터
z-파라미터	$\begin{bmatrix} z_{11} & z_{12} \\ z_{21} & z_{22} \end{bmatrix}$	$\dfrac{1}{h_{22}}\begin{bmatrix} D_h & h_{12} \\ -h_{21} & 1 \end{bmatrix}$	$\dfrac{1}{t_{21}}\begin{bmatrix} t_{11} & D_t \\ 1 & t_{22} \end{bmatrix}$
h-파라미터	$\dfrac{1}{z_{22}}\begin{bmatrix} D_z & z_{12} \\ -z_{21} & 1 \end{bmatrix}$	$\begin{bmatrix} h_{11} & h_{12} \\ h_{21} & h_{22} \end{bmatrix}$	$\dfrac{1}{t_{22}}\begin{bmatrix} t_{12} & D_t \\ -1 & t_{21} \end{bmatrix}$
t-파라미터	$\dfrac{1}{z_{21}}\begin{bmatrix} z_{11} & D_z \\ 1 & z_{22} \end{bmatrix}$	$\dfrac{1}{h_{21}}\begin{bmatrix} -D_h & -h_{11} \\ -h_{22} & -1 \end{bmatrix}$	$\begin{bmatrix} t_{11} & t_{12} \\ t_{21} & t_{22} \end{bmatrix}$

$$D_z = z_{11}z_{22} - z_{12}z_{21}$$
$$D_h = h_{11}h_{22} - h_{12}h_{21}$$
$$D_t = t_{11}t_{22} - t_{12}t_{21}$$

12.6 2–포트 회로의 상호접속

2–포트 회로를 여러 가지 파라미터를 이용하여 등가회로로 표현하는 가장 큰 이유는 주위의 다른 외부 회로와 접속될 때 회로의 해석을 간편하게 하기 때문이다. 무엇보다도 중요한 것은 주어진 2–포트 회로의 전체 특성을 몇 가지 가능한 파라미터 표현으로부터 일목요연하게 파악할 수 있기 때문이다.

본 절에서는 2–포트 회로를 상호접속하는 실제적인 방법에 대해 알아보고, 각각의 2–포트 단자방정식으로부터 상호접속된 전체 회로의 단자방정식을 구하는 방법에 대해 학습한다.

(1) 종속접속

어떤 한 회로의 출력포트가 직접 다른 회로의 입력포트에 접속되었을 때, 2–포트 회로들은 서로 종속(cascade)으로 접속되었다고 정의하며, 이를 그림 12.26에 나타내었다.

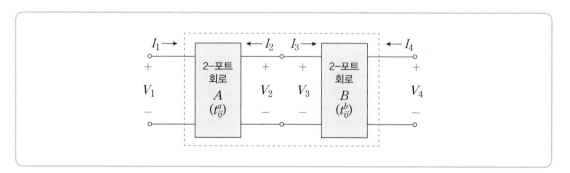

그림 12.26 종속접속된 2–포트 회로

그림 12.26에서 각 2–포트 회로는 다음과 같은 전송 파라미터로 표현되었다고 가정한다.

$$A : \begin{bmatrix} V_1 \\ I_1 \end{bmatrix} = \begin{bmatrix} t_{11}^a & t_{12}^a \\ t_{21}^a & t_{22}^a \end{bmatrix} \begin{bmatrix} V_2 \\ -I_2 \end{bmatrix} \tag{12-31}$$

$$B: \begin{bmatrix} V_3 \\ I_3 \end{bmatrix} = \begin{bmatrix} t_{11}^b & t_{12}^b \\ t_{21}^b & t_{22}^b \end{bmatrix} \begin{bmatrix} V_4 \\ -I_4 \end{bmatrix} \tag{12-32}$$

2개의 2-포트 회로가 종속접속되어 있으므로 그림 12.26으로부터 다음 관계를 얻을 수 있다.

$$-I_2 = I_3, \quad V_2 = V_3 \tag{12-33}$$

식(12-33)의 관계를 이용하여 B를 A에 대입하면

$$\begin{bmatrix} V_1 \\ I_1 \end{bmatrix} = \begin{bmatrix} t_{11}^a & t_{12}^a \\ t_{21}^a & t_{22}^a \end{bmatrix} \begin{bmatrix} t_{11}^b & t_{12}^b \\ t_{21}^b & t_{22}^b \end{bmatrix} \begin{bmatrix} V_4 \\ -I_4 \end{bmatrix} \tag{12-34}$$

가 얻어지므로 종속접속된 2-포트 회로의 전체 전송 파라미터 행렬은 각각의 2-포트 회로의 전송 파라미터 행렬을 접속된 순서대로 곱한 것과 같다. 즉,

$$\begin{bmatrix} V_1 \\ I_1 \end{bmatrix} = \begin{bmatrix} t_{11} & t_{12} \\ t_{21} & t_{22} \end{bmatrix} \begin{bmatrix} V_4 \\ -I_4 \end{bmatrix} \tag{12-35}$$

$$\begin{bmatrix} t_{11} & t_{12} \\ t_{21} & t_{22} \end{bmatrix} = \begin{bmatrix} t_{11}^a & t_{12}^a \\ t_{21}^a & t_{22}^a \end{bmatrix} \begin{bmatrix} t_{11}^b & t_{12}^b \\ t_{21}^b & t_{22}^b \end{bmatrix} \tag{12-36}$$

한 가지 주의할 점은 행렬의 곱셈은 교환법칙이 성립하지 않기 때문에, 각 전송 파라미터 행렬은 2-포트 회로가 접속된 순서에 따라 차례로 곱해야 한다.

종속접속된 2-포트 회로의 전체 전송 파라미터는 각각의 2-포트 회로의 전송 파라미터로부터 쉽게 구할 수 있으나, 다른 파라미터에 대해서도 이러한 관계가 성립하는 것은 아니다. 예를 들어, 전송 파라미터가 아닌 임피던스 파라미터를 이용하면 식 (12-36)의 관계를 얻을 수가 없다. 따라서 종속접속된 2-포트 회로를 다룰 때에는 먼저 2-포트 회로의 단자방정식을 전송 파라미터로 변환하는 것이 편리하다.

일반적으로 식(12-36)은 3개 이상의 2-포트 회로가 종속접속된 경우에도 자연스럽게 확장될 수 있으며, 종속접속된 N개의 2-포트 회로에 대한 전체 전송 파라미터 행렬은 각 2-포트 회로의 접속 순서대로 각각의 전송 파라미터 행렬을 모두 곱하면 된다.

(2) 병렬접속

2개의 2-포트 회로에서 각각 극성이 같은 단자끼리 연결하였을 때, 2-포트 회로들은 병렬(parallel)로 접속되었다고 정의하며 이를 그림 12.27에 나타내었다.

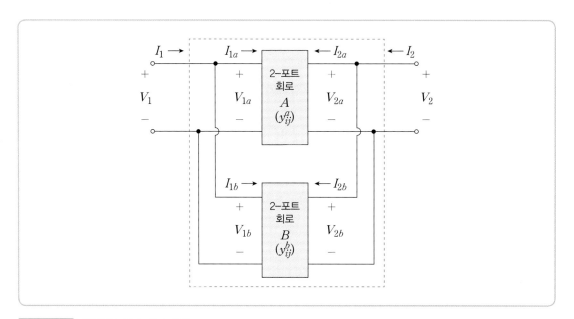

그림 12.27 병렬접속된 2-포트 회로

그림 12.27로부터 I_1과 I_2는 키르히호프의 전류 법칙에 의하여 다음과 같다.

$$\begin{bmatrix} I_1 \\ I_2 \end{bmatrix} = \begin{bmatrix} I_{1a} + I_{1b} \\ I_{2a} + I_{2b} \end{bmatrix} = \begin{bmatrix} I_{1a} \\ I_{2a} \end{bmatrix} + \begin{bmatrix} I_{1b} \\ I_{2b} \end{bmatrix} \qquad (12-37)$$

병렬접속된 각 2-포트 회로가 어드미턴스 파라미터로 다음과 같이 표현되었다고 가정한다.

$$A : \begin{bmatrix} I_{1a} \\ I_{2a} \end{bmatrix} = \begin{bmatrix} y_{11}^a & y_{12}^a \\ y_{21}^a & y_{22}^a \end{bmatrix} \begin{bmatrix} V_{1a} \\ V_{2a} \end{bmatrix} \qquad (12-38)$$

$$B: \begin{bmatrix} I_{1b} \\ I_{2b} \end{bmatrix} = \begin{bmatrix} y_{11}^b & y_{12}^b \\ y_{21}^b & y_{22}^b \end{bmatrix} \begin{bmatrix} V_{1b} \\ V_{2b} \end{bmatrix} \qquad (12-39)$$

식(12-37)의 관계를 이용하여 A와 B를 더하면 다음과 같다.

$$\begin{bmatrix} I_{1a} \\ I_{2a} \end{bmatrix} + \begin{bmatrix} I_{1b} \\ I_{2b} \end{bmatrix} = \begin{bmatrix} y_{11}^a & y_{12}^a \\ y_{21}^a & y_{22}^a \end{bmatrix} \begin{bmatrix} V_{1a} \\ V_{2a} \end{bmatrix} + \begin{bmatrix} y_{11}^b & y_{12}^b \\ y_{21}^b & y_{22}^b \end{bmatrix} \begin{bmatrix} V_{1b} \\ V_{2b} \end{bmatrix} \qquad (12-40)$$

병렬접속이므로 그림 12.27에서 각 2-포트 회로의 전압은 동일하다는 것을 알 수 있으므로 다음의 관계를 얻을 수 있다.

$$\begin{bmatrix} V_1 \\ V_2 \end{bmatrix} = \begin{bmatrix} V_{1a} \\ V_{2a} \end{bmatrix} = \begin{bmatrix} V_{1b} \\ V_{2b} \end{bmatrix} \qquad (12-41)$$

식(12-37)의 전류 관계식과 식(12-41)의 전압 관계식을 식(12-40)에 대입하면 다음과 같다.

$$\begin{bmatrix} I_1 \\ I_2 \end{bmatrix} = \left\{ \begin{bmatrix} y_{11}^a & y_{12}^a \\ y_{21}^a & y_{22}^a \end{bmatrix} + \begin{bmatrix} y_{11}^b & y_{12}^b \\ y_{21}^b & y_{22}^b \end{bmatrix} \right\} \begin{bmatrix} V_1 \\ V_2 \end{bmatrix} \qquad (12-42)$$

따라서 병렬접속된 2-포트 회로의 전체 어드미턴스 행렬은 각각의 2-포트 회로의 어드미턴스 파라미터 행렬들의 합과 같다. 즉,

$$\begin{bmatrix} I_1 \\ I_2 \end{bmatrix} = \begin{bmatrix} y_{11} & y_{12} \\ y_{21} & y_{22} \end{bmatrix} \begin{bmatrix} V_1 \\ V_2 \end{bmatrix} \qquad (12-43)$$

$$\begin{bmatrix} y_{11} & y_{12} \\ y_{21} & y_{22} \end{bmatrix} = \begin{bmatrix} y_{11}^a & y_{12}^a \\ y_{21}^a & y_{22}^a \end{bmatrix} + \begin{bmatrix} y_{11}^b & y_{12}^b \\ y_{21}^b & y_{22}^b \end{bmatrix} \qquad (12-44)$$

지금까지 논의된 바와 같이 전송 파라미터가 종속접속 회로에 적합한 것처럼 병렬 접속 회로의 경우는 어드미턴스 파라미터가 가장 적합하다.

일반적으로 식(12-44)는 3개 이상의 2-포트 회로가 병렬접속된 경우에도 자연스 럽게 확장될 수 있으며, 병렬접속된 N개의 2-포트 회로에 대한 전체 어드미턴스 파라미터 행렬은 각 2-포트 회로의 어드미턴스 파라미터 행렬들을 모두 합하면 된다.

(3) 직렬접속

2개의 2-포트 회로에서 각각의 입력포트에서의 전류와 출력포트에서의 전류가 동일하도록 연결하였을 때, 2-포트 회로들은 직렬(serial)로 접속되었다고 정의하며 이를 그림 12.28에 나타내었다.

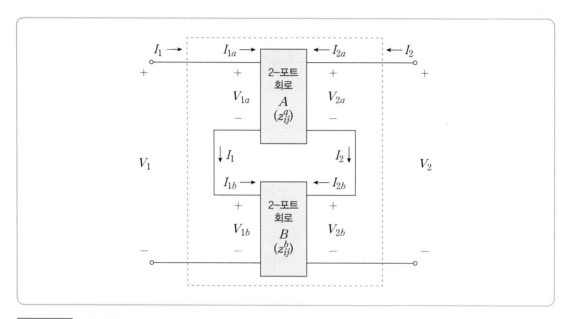

그림 12.28 직렬접속된 2-포트 회로

그림 12.28로부터 V_1과 V_2는 키르히호프의 전압 법칙에 의하여 다음과 같다.

$$\begin{bmatrix} V_1 \\ V_2 \end{bmatrix} = \begin{bmatrix} V_{1a} + V_{1b} \\ V_{2a} + V_{2b} \end{bmatrix} = \begin{bmatrix} V_{1a} \\ V_{2a} \end{bmatrix} + \begin{bmatrix} V_{1b} \\ V_{2b} \end{bmatrix} \tag{12-45}$$

직렬접속된 각 2-포트 회로가 임피던스 파라미터로 다음과 같이 표현되었다고 가정한다.

$$A : \begin{bmatrix} V_{1a} \\ V_{2a} \end{bmatrix} = \begin{bmatrix} z_{11}^a & z_{12}^a \\ z_{21}^a & z_{22}^a \end{bmatrix} \begin{bmatrix} I_{1a} \\ I_{2a} \end{bmatrix} \tag{12-46}$$

$$B : \begin{bmatrix} V_{1b} \\ V_{2b} \end{bmatrix} = \begin{bmatrix} z_{11}^{b} & z_{12}^{b} \\ z_{21}^{b} & z_{22}^{b} \end{bmatrix} \begin{bmatrix} I_{1b} \\ I_{2b} \end{bmatrix} \tag{12-47}$$

식(12-45)의 관계를 이용하여 A와 B를 더하면 다음과 같다.

$$\begin{bmatrix} V_{1a} \\ V_{2a} \end{bmatrix} + \begin{bmatrix} V_{1b} \\ V_{2b} \end{bmatrix} = \begin{bmatrix} z_{11}^{a} & z_{12}^{a} \\ z_{21}^{a} & z_{22}^{a} \end{bmatrix} \begin{bmatrix} I_{1a} \\ I_{2a} \end{bmatrix} + \begin{bmatrix} z_{11}^{b} & z_{12}^{b} \\ z_{21}^{b} & z_{22}^{b} \end{bmatrix} \begin{bmatrix} I_{1b} \\ I_{2b} \end{bmatrix} \tag{12-48}$$

직렬접속이므로 그림 12.28로부터 입력포트 전류들은 모두 동일하며, 출력포트 전류들도 모두 동일하므로 다음의 관계를 얻을 수 있다.

$$\begin{bmatrix} I_{1} \\ I_{2} \end{bmatrix} = \begin{bmatrix} I_{1a} \\ I_{2a} \end{bmatrix} = \begin{bmatrix} I_{1b} \\ I_{2b} \end{bmatrix} \tag{12-49}$$

식(12-45)의 전압 관계식과 식(12-49)의 전류 관계식을 식(12-48)에 대입하면 다음과 같다.

$$\begin{bmatrix} V_{1} \\ V_{2} \end{bmatrix} = \left\{ \begin{bmatrix} z_{11}^{a} & z_{12}^{a} \\ z_{21}^{a} & z_{22}^{a} \end{bmatrix} + \begin{bmatrix} z_{11}^{b} & z_{12}^{b} \\ z_{21}^{b} & z_{22}^{b} \end{bmatrix} \right\} \begin{bmatrix} I_{1} \\ I_{2} \end{bmatrix} \tag{12-50}$$

따라서 직렬접속된 2-포트 회로의 전체 임피던스 파라미터 행렬은 각각의 2-포트 회로의 임피던스 파라미터 행렬들의 합과 같다. 즉,

$$\begin{bmatrix} V_{1} \\ V_{2} \end{bmatrix} = \begin{bmatrix} z_{11} & z_{12} \\ z_{21} & z_{22} \end{bmatrix} \begin{bmatrix} I_{1} \\ I_{2} \end{bmatrix} \tag{12-51}$$

$$\begin{bmatrix} z_{11} & z_{12} \\ z_{21} & z_{22} \end{bmatrix} = \begin{bmatrix} z_{11}^{a} & z_{12}^{a} \\ z_{21}^{a} & z_{22}^{a} \end{bmatrix} + \begin{bmatrix} z_{11}^{b} & z_{12}^{b} \\ z_{21}^{b} & z_{22}^{b} \end{bmatrix} \tag{12-52}$$

지금까지 논의된 바와 같이 어드미턴스 파라미터가 병렬접속 회로에 적합한 것처럼 직렬접속 회로의 경우는 임피던스 파라미터가 가장 적합하다.

일반적으로 식(12-52)는 3개 이상의 2-포트 회로가 직렬접속된 경우에도 자연스럽게 확장될 수 있으며, 직렬접속된 N개의 2-포트 회로에 대한 전체 임피던스 파라미터 행렬은 각 2-포트 회로의 임피던스 파라미터 행렬들을 모두 합하면 된다.

(4) 혼합접속

2개의 2-포트 회로에서 입력포트는 직렬로 연결하고, 출력포트는 병렬로 연결하였을 때 2-포트 회로들은 혼합(mixed)접속되었다고 정의하며, 이를 그림 12.29에 나타내었다.

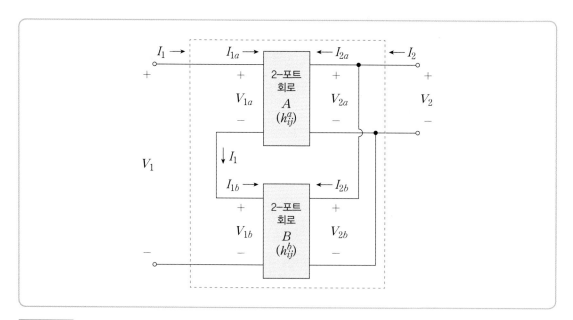

그림 12.29 혼합접속된 2-포트 회로(직렬 입력, 병렬 출력)

그림 12.29로부터 입력포트와 출력포트에서 다음의 전압전류 관계를 얻을 수 있다.

$$\text{입력포트}: I_1 = I_{1a} = I_{1b}, \quad V_1 = V_{1a} + V_{1b} \qquad (12-53)$$

$$\text{출력포트}: I_2 = I_{2a} + I_{2b}, \quad V_2 = V_{2a} = V_{2b} \qquad (12-54)$$

혼합접속된 각 2-포트 회로가 하이브리드 파라미터로 다음과 같이 표현되었다고 가정한다.

$$A: \begin{bmatrix} V_{1a} \\ I_{2a} \end{bmatrix} = \begin{bmatrix} h_{11}^a & h_{12}^a \\ h_{21}^a & h_{22}^a \end{bmatrix} \begin{bmatrix} I_{1a} \\ V_{2a} \end{bmatrix} \qquad (12-55)$$

$$B : \begin{bmatrix} V_{1b} \\ I_{2b} \end{bmatrix} = \begin{bmatrix} h_{11}^{b} & h_{12}^{b} \\ h_{21}^{b} & h_{22}^{b} \end{bmatrix} \begin{bmatrix} I_{1b} \\ V_{2b} \end{bmatrix} \tag{12-56}$$

식(12-53)과 식(12-54)의 관계를 이용하여 A와 B를 더하면 다음과 같다.

$$\begin{bmatrix} V_{1a} \\ I_{2a} \end{bmatrix} + \begin{bmatrix} V_{1b} \\ I_{2b} \end{bmatrix} = \begin{bmatrix} h_{11}^{a} & h_{12}^{a} \\ h_{21}^{a} & h_{22}^{a} \end{bmatrix} \begin{bmatrix} I_{1a} \\ V_{2a} \end{bmatrix} + \begin{bmatrix} h_{11}^{b} & h_{12}^{b} \\ h_{21}^{b} & h_{22}^{b} \end{bmatrix} \begin{bmatrix} I_{1b} \\ V_{2b} \end{bmatrix} \tag{12-57}$$

$$\begin{bmatrix} V_1 \\ I_2 \end{bmatrix} = \left\{ \begin{bmatrix} h_{11}^{a} & h_{12}^{a} \\ h_{21}^{a} & h_{22}^{a} \end{bmatrix} + \begin{bmatrix} h_{11}^{b} & h_{12}^{b} \\ h_{21}^{b} & h_{22}^{b} \end{bmatrix} \right\} \begin{bmatrix} I_1 \\ V_2 \end{bmatrix} \tag{12-58}$$

따라서 혼합접속된 2-포트 회로의 전체 하이브리드 파라미터 행렬은 각각의 2-포트 회로의 하이브리드 파라미터 행렬들의 합과 같다. 즉,

$$\begin{bmatrix} V_1 \\ I_2 \end{bmatrix} = \begin{bmatrix} h_{11} & h_{12} \\ h_{21} & h_{22} \end{bmatrix} \begin{bmatrix} I_1 \\ V_2 \end{bmatrix} \tag{12-59}$$

$$\begin{bmatrix} h_{11} & h_{12} \\ h_{21} & h_{22} \end{bmatrix} = \begin{bmatrix} h_{11}^{a} & h_{12}^{a} \\ h_{21}^{a} & h_{22}^{a} \end{bmatrix} + \begin{bmatrix} h_{11}^{b} & h_{12}^{b} \\ h_{21}^{b} & h_{22}^{b} \end{bmatrix} \tag{12-60}$$

지금까지 논의된 바와 같이 임피던스 파라미터는 직렬접속 회로에, 어드미턴스 파라미터는 병렬접속 회로에 적합한 것처럼 혼합접속된 회로의 경우에는 하이브리드 파라미터가 가장 적합하다.

일반적으로 식(12-60)은 3개 이상의 2-포트 회로가 혼합접속된 경우에도 자연스럽게 확장될 수 있으며, 그림 12.29와 같이 혼합접속된 N개의 2-포트 회로에 대한 전체 하이브리드 파라미터 행렬은 각 2-포트 회로의 하이브리드 파라미터 행렬들을 모두 합하면 된다.

한편, 그림 12.29와는 정반대로 입력포트는 병렬로 연결하고, 출력포트는 직렬로 연결하였을 때에도 2-포트 회로들은 혼합접속되었다고 정의하며, 이를 그림 12.30에 나타내었다.

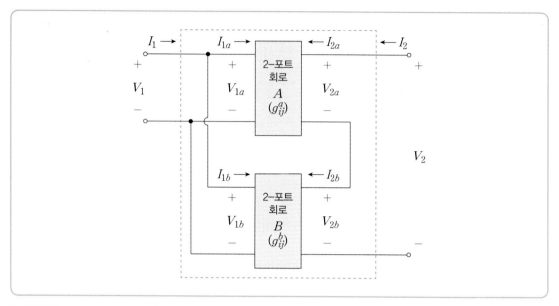

그림 12.30 혼합접속된 2-포트 회로(병렬 입력, 직렬 출력)

그림 12.30의 혼합접속된 2-포트 회로의 파라미터는 역하이브리드 파리미터가 가장 적합하며, 혼합접속된 2-포트 회로의 전체 역하이브리드 파라미터 행렬은 각각의 2-포트 회로의 역하이브리드 파라미터 행렬의 합과 같다. 즉,

$$\begin{bmatrix} I_1 \\ V_2 \end{bmatrix} = \begin{bmatrix} g_{11} & g_{12} \\ g_{21} & g_{22} \end{bmatrix} \begin{bmatrix} V_1 \\ I_2 \end{bmatrix} \tag{12-61}$$

$$\begin{bmatrix} g_{11} & g_{12} \\ g_{21} & g_{22} \end{bmatrix} = \begin{bmatrix} g_{11}^a & g_{12}^a \\ g_{21}^a & g_{22}^a \end{bmatrix} + \begin{bmatrix} g_{11}^b & g_{12}^b \\ g_{21}^b & g_{22}^b \end{bmatrix} \tag{12-62}$$

식(12-62)의 유도 과정은 그림 12.29의 회로와 유사하므로 독자들의 연습문제로 남겨둔다.

일반적으로 식(12-62)는 3개 이상의 2-포트 회로가 혼합접속된 경우에도 자연스럽게 확장될 수 있으며, 그림 12.30과 같이 혼합접속된 N개의 2-포트 회로에 대한 전체 역하이브리드 파라미터 행렬은 각 2-포트 회로의 역하이브리드 파라미터 행렬들을 모두 합하면 된다.

예제 12.10

다음 2개의 2-포트 회로들에 대한 어드미턴스 파라미터 행렬들이 다음과 같이 주어져 있다.

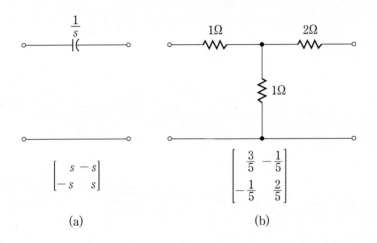

$$\begin{bmatrix} s & -s \\ -s & s \end{bmatrix}$$

(a)

$$\begin{bmatrix} \dfrac{3}{5} & -\dfrac{1}{5} \\ -\dfrac{1}{5} & \dfrac{2}{5} \end{bmatrix}$$

(b)

위의 어드미턴스 파라미터 행렬들을 이용하여 다음 2-포트 회로의 어드미턴스 파라미터를 구하라.

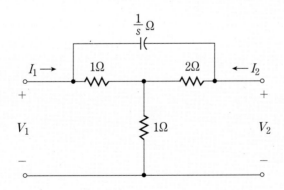

풀이. 주어진 회로는 그림 (a)와 (b)의 2-포트 회로를 다음과 같이 병렬접속한 것과 동일하다.

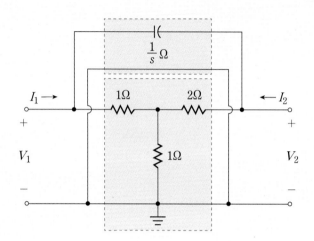

따라서 식(12-44)에 의하여 주어진 회로의 어드미턴스 행렬은 다음과 같다.

$$
\begin{bmatrix} y_{11} & y_{12} \\ y_{21} & y_{22} \end{bmatrix} = \begin{bmatrix} s & -s \\ -s & s \end{bmatrix} + \begin{bmatrix} \dfrac{3}{5} & -\dfrac{1}{5} \\ -\dfrac{1}{5} & \dfrac{2}{5} \end{bmatrix}
$$

$$
= \frac{1}{5} \begin{bmatrix} 5s + 3 & -(5s + 1) \\ -(5s + 1) & 5s + 2 \end{bmatrix}
$$

예제 12.11

2개의 2-포트 회로가 다음과 같이 종속접속되어 있을 때, 전체 회로에 대한 하이브리드 파라미터 행렬을 구하라. 단, 각 2-포트 회로는 하이브리드 파라미터로 표현되었다고 가정한다.

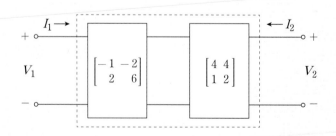

풀이 표 12.1을 이용하여 주어진 하이브리드 파라미터 행렬들을 각각 전송 파라미터 행렬들로 변환한다.

$$\begin{bmatrix} -1 & -2 \\ 2 & 6 \end{bmatrix} \longrightarrow 전송\ 파라미터\ 행렬\ \frac{1}{2}\begin{bmatrix} 2 & 1 \\ -6 & -1 \end{bmatrix}$$

$$\begin{bmatrix} 4 & 4 \\ 1 & 2 \end{bmatrix} \longrightarrow 전송\ 파라미터\ 행렬\ \begin{bmatrix} -4 & -4 \\ -2 & -1 \end{bmatrix}$$

따라서 식(12-36)으로부터 전체 회로에 대한 전송 파라미터 행렬은

$$\frac{1}{2}\begin{bmatrix} 2 & 1 \\ -6 & -1 \end{bmatrix}\begin{bmatrix} -4 & -4 \\ -2 & -1 \end{bmatrix} = \begin{bmatrix} -5 & -\dfrac{9}{2} \\ 13 & \dfrac{25}{2} \end{bmatrix}$$

이므로, 전체 회로에 대한 하이브리드 파라미터 행렬은 표 12.1의 변환표에 의하여 다음과 같다.

$$\frac{2}{25}\begin{bmatrix} -\dfrac{9}{2} & -4 \\ -1 & 13 \end{bmatrix} = \frac{1}{25}\begin{bmatrix} -9 & -8 \\ -2 & 26 \end{bmatrix}$$

예제 12.12

다음 2-포트 회로 2개를 직렬접속한 경우, 전체 회로에 대한 임피던스 파라미터 행렬을 구하라. 또한, 종속접속한 경우 전체 회로에 대한 전송 파라미터 행렬을 구하라.

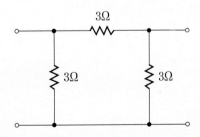

풀이 주어진 2-포트 회로에 대한 임피던스 파라미터 행렬은 예제 12.1의 결과로부터 $R = 3\Omega$을 대입하면 다음과 같다.

$$\begin{bmatrix} \frac{2}{3}R & \frac{1}{3}R \\ \frac{1}{3}R & \frac{2}{3}R \end{bmatrix} \xrightarrow{\;R=3\Omega\;} \begin{bmatrix} 2 & 1 \\ 1 & 2 \end{bmatrix}$$

주어진 2-포트 회로 2개를 직렬접속하면, 전체 회로에 대한 임피던스 파라미터 행렬은 각각의 2-포트 회로에 대한 임피던스 파라미터 행렬을 합한 것과 같으므로 다음과 같이 구해진다.

$$\begin{bmatrix} 2 & 1 \\ 1 & 2 \end{bmatrix} + \begin{bmatrix} 2 & 1 \\ 1 & 2 \end{bmatrix} = \begin{bmatrix} 4 & 2 \\ 2 & 4 \end{bmatrix}$$

또한, 주어진 2-포트 회로에 대한 전송 파라미터 행렬은 예제 12.7의 결과로부터 $R = 3\Omega$을 대입하면 다음과 같다.

$$\begin{bmatrix} 2 & R \\ \frac{3}{R} & 2 \end{bmatrix} \xrightarrow{\;R=3\Omega\;} \begin{bmatrix} 2 & 3 \\ 1 & 2 \end{bmatrix}$$

주어진 2-포트 회로 2개를 종속접속하면, 전체 회로에 대한 전송 파라미터 행렬은 각각의 2-포트 회로에 대한 전송 파라미터 행렬을 곱한 것과 같으므로 다음과 같이 구해진다.

$$\begin{bmatrix} 2 & 3 \\ 1 & 2 \end{bmatrix}\begin{bmatrix} 2 & 3 \\ 1 & 2 \end{bmatrix} = \begin{bmatrix} 7 & 12 \\ 4 & 7 \end{bmatrix}$$

12.7 요약 및 복습

2-포트 회로의 정의와 제약조건

• 외부 회로나 소자와 연결될 수 있는 포트가 2개인 회로를 2-포트 회로라고 정의하며, 좌측 포트와 우측 포트를 각각 입력포트와 출력포트라고 부른다.

- 2-포트 회로의 제약조건

① 2-포트 회로의 내부에 저장된 초기 에너지는 0이다.

② 2-포트 회로의 내부에는 독립전원이 존재하지 않으며, 종속전원과 수동소자로만 구성된다.

③ 포트로 흘러 들어가는 전류와 흘러 나가는 전류는 서로 같다. → 포트 조건

④ 모든 외부 연결은 입력포트 또는 출력포트에만 가능하며 포트 사이의 연결은 허용되지 않는다.

단자방정식

- 2-포트 회로에서는 입력전압 V_1, 입력전류 I_1, 출력전압 V_2, 출력전류 I_2의 4개의 포트변수가 정의되며, 이에 대한 관계식을 단자방정식이라 부른다.

- 4개의 포트변수 중에서 임의로 2개의 변수를 독립변수로 정하고, 나머지 2개의 포트변수를 종속변수로 하여 독립변수의 함수로 표현한다.

- 독립변수와 종속변수의 선택 방법에 따라 6가지의 단자방정식이 가능하다.

임피던스 파라미터

- 독립변수 : 입력전류 I_1과 출력전류 I_2
  종속변수 : 입력전압 V_1과 출력전압 V_2

$$\begin{bmatrix} V_1 \\ V_2 \end{bmatrix} = \begin{bmatrix} z_{11} & z_{12} \\ z_{21} & z_{22} \end{bmatrix} \begin{bmatrix} I_1 \\ I_2 \end{bmatrix}$$

$z_{11} \triangleq \left. \dfrac{V_1}{I_1} \right|_{I_2=0}$: 입력 임피던스

$z_{12} \triangleq \left. \dfrac{V_1}{I_2} \right|_{I_1=0}$: 역전달 임피던스

$z_{21} \triangleq \left. \dfrac{V_2}{I_1} \right|_{I_2=0}$: 전달 임피던스

$z_{22} \triangleq \left. \dfrac{V_2}{I_2} \right|_{I_1=0}$: 출력 임피던스

- 임피던스 파라미터로 표현된 2-포트 회로의 등가회로에서 입력포트는 테브난 등가회로이며, 출력포트도 테브난 등가회로이다.

어드미턴스 파라미터

- 독립변수 : 입력전압 V_1과 출력전압 V_2

  종속변수 : 입력전류 I_1과 출력전류 I_2

$$\begin{bmatrix} I_1 \\ I_2 \end{bmatrix} = \begin{bmatrix} y_{11} & y_{12} \\ y_{21} & y_{22} \end{bmatrix} \begin{bmatrix} V_1 \\ V_2 \end{bmatrix}$$

$$y_{11} \triangleq \left. \frac{I_1}{V_1} \right|_{V_2 = 0} \quad : \text{입력 어드미턴스}$$

$$y_{12} \triangleq \left. \frac{I_1}{V_2} \right|_{V_1 = 0} \quad : \text{역전달 어드미턴스}$$

$$y_{21} \triangleq \left. \frac{I_2}{V_1} \right|_{V_2 = 0} \quad : \text{전달 어드미턴스}$$

$$y_{22} \triangleq \left. \frac{I_2}{V_2} \right|_{V_1 = 0} \quad : \text{출력 어드미턴스}$$

- 어드미턴스 파라미터로 표현된 2-포트 회로의 등가회로에서 입력포트와 출력포트는 모두 노턴 등가회로이다.
- 어드미턴스 파라미터 행렬과 임피던스 파라미터 행렬은 서로 역행렬 관계이며, $D_z = z_{11}z_{22} - z_{12}z_{21} \neq 0$인 경우에만 성립한다.

$$\begin{bmatrix} z_{11} & z_{12} \\ z_{21} & z_{22} \end{bmatrix}^{-1} = \begin{bmatrix} y_{11} & y_{12} \\ y_{21} & y_{22} \end{bmatrix}$$

- 임피던스 파라미터 행렬의 행렬식 $D_z = 0$이면, 2-포트 회로는 어드미턴스 파라미터로 표현할 수 없다.
- 어드미턴스 파라미터 행렬의 행렬식 $D_y = 0$이면, 2-포트 회로는 임피던스 파라미터로 표현할 수 없다.

하이브리드 파라미터

- 독립변수 : 입력전류 I_1과 출력전압 V_2

  종속변수 : 입력전압 V_1과 출력전류 I_2

$$\begin{bmatrix} V_1 \\ I_2 \end{bmatrix} = \begin{bmatrix} h_{11} & h_{12} \\ h_{21} & h_{22} \end{bmatrix} \begin{bmatrix} I_1 \\ V_2 \end{bmatrix}$$

$$h_{11} \triangleq \left. \frac{V_1}{I_1} \right|_{V_2 = 0} \quad : \text{입력 임피던스}$$

$$h_{12} \triangleq \left. \frac{V_1}{V_2} \right|_{I_1 = 0} \quad : \text{역전압이득}$$

$$h_{21} \triangleq \left. \frac{I_2}{I_1} \right|_{V_2 = 0} \quad : \text{전류이득}$$

$$h_{22} \triangleq \left. \frac{I_2}{V_2} \right|_{I_1 = 0} \quad : \text{출력 어드미턴스}$$

- 하이브리드 파라미터로 표현된 2-포트 회로의 등가회로에서 입력포트는 테브난 등가회로이며, 출력포트는 노턴 등가회로이다.

역하이브리드 파라미터

- 하이브리드 파라미터에서 선정한 독립변수와 종속변수를 서로 맞바꾸면 역하이브리드 파라미터로 표현된 단자방정식이 얻어진다.

$$\begin{bmatrix} I_1 \\ V_2 \end{bmatrix} = \begin{bmatrix} g_{11} & g_{12} \\ g_{21} & g_{22} \end{bmatrix} \begin{bmatrix} V_1 \\ I_2 \end{bmatrix}$$

- 하이브리드 파라미터 행렬과 역하이브리드 파라미터 행렬은 서로 역행렬 관계이며 $D_h = h_{11}h_{22} - h_{12}h_{21} \neq 0$인 경우에만 성립한다.

$$\begin{bmatrix} h_{11} & h_{12} \\ h_{21} & h_{22} \end{bmatrix}^{-1} = \begin{bmatrix} g_{11} & g_{12} \\ g_{21} & g_{22} \end{bmatrix}$$

- 하이브리드 파라미터 행렬의 행렬식 $D_h = 0$이면, 2-포트 회로는 역하이브리드 파라미터로 표현할 수 없다.
- 역하이브리드 파라미터 행렬의 행렬식 $D_g = 0$이면, 2-포트 회로는 하이브리드 파라미터로 표현할 수 없다.

전송 파라미터

- 독립변수 : 출력전압 V_2와 출력전류 I_2
  종속변수 : 입력전압 V_1과 입력전류 I_1

$$\begin{bmatrix} V_1 \\ I_1 \end{bmatrix} = \begin{bmatrix} t_{11} & t_{12} \\ t_{21} & t_{22} \end{bmatrix} \begin{bmatrix} V_1 \\ -I_2 \end{bmatrix}$$

$$t_{11} \triangleq \left. \frac{V_1}{V_2} \right|_{I_2=0} : \text{역전압이득}$$

$$t_{12} \triangleq \left. \frac{V_1}{-I_2} \right|_{V_2=0} : \text{역전달 임피던스}$$

$$t_{21} \triangleq \left. \frac{I_1}{V_2} \right|_{I_2=0} : \text{역전달 어드미턴스}$$

$$t_{22} \triangleq \left. \frac{I_1}{-I_2} \right|_{V_2=0} : \text{역전류이득}$$

역전송 파라미터

- 전송 파라미터에서 선정한 독립변수와 종속변수를 서로 맞바꾸면 역전송 파라미터로 표현된 단자방정식이 얻어진다.

$$\begin{bmatrix} V_2 \\ -I_2 \end{bmatrix} = \begin{bmatrix} s_{11} & s_{12} \\ s_{21} & s_{22} \end{bmatrix} \begin{bmatrix} V_1 \\ I_1 \end{bmatrix}$$

- 전송 파라미터 행렬과 역전송 파라미터 행렬은 서로 역행렬 관계이며, $D_t = t_{11}t_{22} - t_{12}t_{21} \neq 0$인 경우에만 성립한다.

$$\begin{bmatrix} t_{11} & t_{12} \\ t_{21} & t_{22} \end{bmatrix}^{-1} = \begin{bmatrix} s_{11} & s_{12} \\ s_{21} & s_{22} \end{bmatrix}$$

- 전송 파라미터 행렬의 행렬식 $D_t = 0$이면, 2-포트 회로는 역전송 파라미터로 표현할 수 없다.
- 역전송 파라미터 행렬의 행렬식 $D_s = 0$이면, 2-포트 회로는 전송 파라미터로 표현할 수 없다.

2-포트 회로의 상호접속

- 종속접속

종속접속된 2개의 2-포트 회로의 전체 전송 파라미터 행렬은 각각의 2-포트 회로의
전송 파라미터 행렬을 접속된 순서대로 곱한 것과 같다.

$$\begin{bmatrix} t_{11} & t_{12} \\ t_{21} & t_{22} \end{bmatrix} = \begin{bmatrix} t_{11}^a & t_{12}^a \\ t_{21}^a & t_{22}^a \end{bmatrix}\begin{bmatrix} t_{11}^b & t_{12}^b \\ t_{21}^b & t_{22}^b \end{bmatrix}$$

- 병렬접속

병렬접속된 2개의 2-포트 회로의 전체 어드미턴스 파라미터 행렬은 각각의 2-포트 회
로의 어드미턴스 파라미터 행렬들의 합과 같다.

$$\begin{bmatrix} y_{11} & y_{12} \\ y_{21} & y_{22} \end{bmatrix} = \begin{bmatrix} y_{11}^a & y_{12}^a \\ y_{21}^a & y_{22}^a \end{bmatrix} + \begin{bmatrix} y_{11}^b & y_{12}^b \\ y_{21}^b & y_{22}^b \end{bmatrix}$$

- 직렬접속

직렬접속된 2개의 2-포트 회로의 전체 임피던스 파라미터 행렬은 각각의 2-포트 회로
의 임피던스 파라미터 행렬들의 합과 같다.

$$\begin{bmatrix} z_{11} & z_{12} \\ z_{21} & z_{22} \end{bmatrix} = \begin{bmatrix} z_{11}^a & z_{12}^a \\ z_{21}^a & z_{22}^a \end{bmatrix} + \begin{bmatrix} z_{11}^b & z_{12}^b \\ z_{21}^b & z_{22}^b \end{bmatrix}$$

- 혼합접속

① 직렬 입력, 병렬 출력

혼합접속된 2개의 2-포트 회로의 전체 하이브리드 파라미터 행렬은 각각의 2-포트 회
로의 하이브리드 파라미터 행렬들의 합과 같다.

$$\begin{bmatrix} h_{11} & h_{12} \\ h_{21} & h_{22} \end{bmatrix} = \begin{bmatrix} h_{11}^a & h_{12}^a \\ h_{21}^a & h_{22}^a \end{bmatrix} + \begin{bmatrix} h_{11}^b & h_{12}^b \\ h_{21}^b & h_{22}^b \end{bmatrix}$$

② 병렬 입력, 직렬 출력

혼합접속된 2개의 2-포트 회로의 전체 역하이브리드 파라미터 행렬은 각각의 2-포트
회로의 역하이브리드 파라미터 행렬들의 합과 같다.

$$\begin{bmatrix} g_{11} & g_{12} \\ g_{21} & g_{22} \end{bmatrix} = \begin{bmatrix} g_{11}^a & g_{12}^a \\ g_{21}^a & g_{22}^a \end{bmatrix} + \begin{bmatrix} g_{11}^b & g_{12}^b \\ g_{21}^b & g_{22}^b \end{bmatrix}$$

연습문제

1. 다음 2–포트 회로에 대한 임피던스 파라미터 행렬을 구하라.

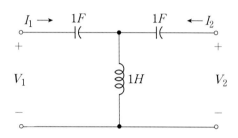

2. 다음 2–포트 회로에 대한 임피던스 파라미터 행렬을 구하라.

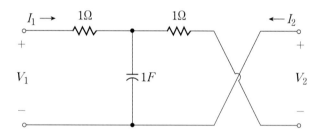

3. 종속전원이 포함된 2–포트 회로에 대한 임피던스 파라미터 행렬을 구하라.

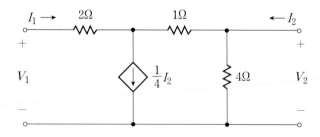

4. 다음 2-포트 회로에 대한 어드미턴스 파라미터 행렬을 구하라.

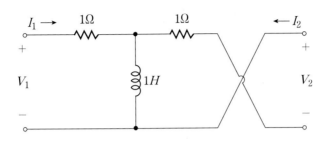

5. 다음 2-포트 회로에 대한 어드미턴스 파라미터 행렬을 구하라.

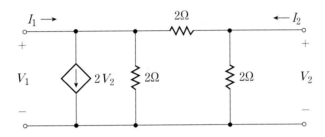

6. 다음 회로에 대한 임피던스 파라미터 행렬을 구하라.

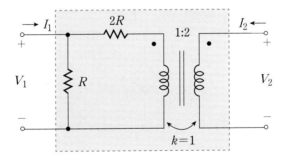

7. 파라미터 변환표를 이용하지 않고 문제 5의 2-포트 회로에 대한 하이브리드 파라미터 행렬을 구하라.

8. 다음의 2-포트 회로가 임피던스 파라미터로 표현되어 있을 때, 각 포트에서의 전압과 전류 V_1, V_2, I_1, I_2를 각각 구하라.

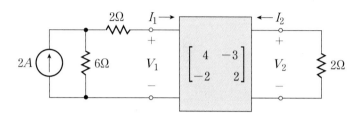

9. 다음의 유도결합된 코일쌍에 대한 전송 파라미터 행렬을 구하라.

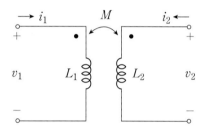

10. 다음 회로에 대한 전송 파라미터 행렬을 구하라.

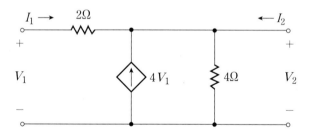

11. 다음의 이상적인 변압기에 대한 하이브리드 파라미터 행렬과 역하이브리드 파라미터 행렬을 각각 구하라.

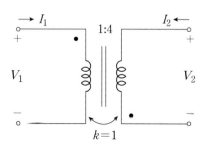

12. 다음의 2-포트 회로가 하이브리드 파라미터로 표현되어 있을 때, 각 포트에서의 전류 I_1과 I_2를 I_S와 V_S의 함수로 표현하라.

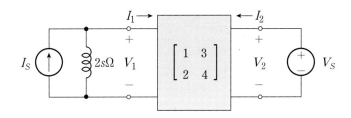

13. 다음은 T-형의 2-포트 회로를 종속접속한 회로이다. 전체 회로에 대한 전송 파라미터 행렬을 구하라.

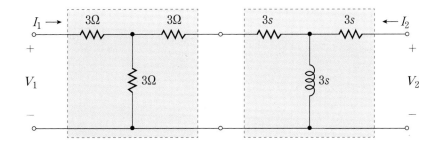

14. 다음의 이상적인 변압기를 혼합접속한 경우 전체 2-포트 회로에 대한 하이브리드 파라미터 행렬을 구하라.

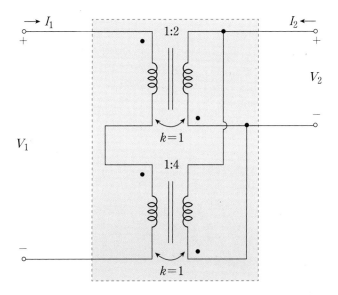

15. 다음의 2-포트 회로를 3개 병렬로 접속하는 경우 전체 회로에 대한 어드미턴스 파라미터 행렬을 구하라.

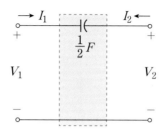

Electric Circuits

부 록

참고문헌

1. 김동식, 공업수학 *Express*, 생능출판사, 2011

2. 김세윤, 전자기학, (주)사이텍미디어, 2001

3. Mitchel E. Schultz, *Grob's Basic Electronics : Fundamentals of DC and AC Circuits*, McGraw-Hill Korea, 2009

4. 신윤기, 그림으로 쉽게 배우는 회로이론, 도서출판 인터비전, 2007

5. William H. Hayt, Jr. *Engineering Circuit Analysis*, McGraw-Hill Korea, 2007

6. David E. Johnson, *Basic Electric Circuit Analysis*, Prentice Hall, 1997

7. James W. Nilson, *Electric Circuits*, Peason Education Korea, 2007

8. Thomas L. Floyd, *Principles of Electric Circuits*, Peason Education Korea, 2002

9. 이상희, 예제로 풀어쓴 회로이론, 생능출판사, 2009

10. 황재호, *아카데미 회로이론*, 홍릉과학출판사, 2002

11. Aram Budak, *Circuit Theory Fundamentals and Applications*, Prentice Hall, 1978

SI 단위계와 접두사

Electric Circuits

Quantity	SI unit	Symbol
length	meter	m
mass	kilogram	kg
time	second	s
frequency	hertz	Hz
electric current	ampere	A
temperature	kelvin	K
energy	joule	J
force	newton	N
power	watt	W
electric charge	coulomb	C
potential difference	volt	V
resistance	ohm	Ω
capacitance	farad	F
inductance	henry	H

Prefix	Symbol
tera	T
giga	G
mega	M
kilo	k
hecto	h
deca	da
deci	d
centi	c
milli	m
micro	μ
nano	n
pico	p

삼각함수의 기본공식

1. $\sin(\alpha \pm \beta) = \sin\alpha\cos\beta \pm \cos\alpha\sin\beta$

2. $\cos(\alpha \pm \beta) = \cos\alpha\cos\beta \mp \sin\alpha\sin\beta$

3. $\sin\alpha + \sin\beta = 2\sin\dfrac{\alpha+\beta}{2}\cos\dfrac{\alpha-\beta}{2}$

4. $\sin\alpha - \sin\beta = 2\cos\left(\dfrac{\alpha+\beta}{2}\right)\sin\left(\dfrac{\alpha-\beta}{2}\right)$

5. $\cos\alpha + \cos\beta = 2\cos\left(\dfrac{\alpha+\beta}{2}\right)\cos\left(\dfrac{\alpha-\beta}{2}\right)$

6. $\cos\alpha - \cos\beta = -2\sin\left(\dfrac{\alpha+\beta}{2}\right)\sin\left(\dfrac{\alpha-\beta}{2}\right)$

7. $2\sin\alpha\sin\beta = \cos(\alpha-\beta) - \cos(\alpha+\beta)$

8. $2\cos\alpha\cos\beta = \cos(\alpha-\beta) + \cos(\alpha+\beta)$

9. $2\sin\alpha\cos\beta = \sin(\alpha+\beta) + \sin(\alpha-\beta)$

10. $\sin2\alpha = 2\sin\alpha\cos\alpha$

11. $\cos2\alpha = 2\cos^2\alpha - 1 = 1 - 2\sin^2\alpha$

12. $\cos^2\alpha = \dfrac{1}{2} + \dfrac{1}{2}\cos2\alpha$

13. $\sin^2\alpha = \dfrac{1}{2} - \dfrac{1}{2}\cos2\alpha$

14. $\tan(\alpha \pm \beta) = \dfrac{\tan\alpha \pm \tan\beta}{1 \mp \tan\alpha\tan\beta}$

15. $\tan2\alpha = \dfrac{2\tan\alpha}{1 - \tan^2\alpha}$

기본 함수의 Laplace 변환표

시간 영역	s-영역
$\delta(t)$	1
$u(t)$	$\dfrac{1}{s}$
$tu(t)$	$\dfrac{1}{s^2}$
$t^n u(t)$	$\dfrac{n!}{s^{n+1}}$
$\cos\omega_0 t$	$\dfrac{s}{s^2+\omega_0^2}$
$\sin\omega_0 t$	$\dfrac{\omega_0}{s^2+\omega_0^2}$
e^{-at}	$\dfrac{1}{s+a}$
te^{-at}	$\dfrac{1}{(s+a)^2}$
$e^{-at}\cos\omega_0 t$	$\dfrac{s+a}{(s+a)^2+\omega_0^2}$
$e^{-at}\sin\omega_0 t$	$\dfrac{\omega_0}{(s+a)^2+\omega_0^2}$
$t\cos\omega_0 t$	$\dfrac{s^2-\omega_0^2}{(s^2+\omega_0^2)^2}$
$t\sin\omega_0 t$	$\dfrac{2\omega_0 s}{(s^2+\omega_0^2)^2}$

Laplace 변환의 성질

1. 선형성
$$\mathcal{L}\{k_1 f(t) + k_2 g(t)\} = k_1 F(s) + k_2 G(s)$$

2. 제1이동정리
$$\mathcal{L}\{e^{at} f(t)\} = F(s - a)$$

3. 제2이동정리
$$\mathcal{L}\{f(t - a)\,u(t - a)\} = e^{-as} F(s)$$

4. 시간 영역 미분
$$\mathcal{L}\{f'(t)\} = sF(s) - f(0)$$
$$\mathcal{L}\{f''(t)\} = s^2 F(s) - sf(0) - f'(0)$$

5. 시간 영역 적분
$$\mathcal{L}\left\{\int_0^t f(\tau)\,d\tau\right\} = \frac{1}{s} F(s)$$

6. 시간 스케일링
$$\mathcal{L}\{f(at)\} = \frac{1}{a} F\left(\frac{s}{a}\right),\ a > 0$$

7. Laplace 변환의 미분
$$\mathcal{L}\{(-t)f(t)\} = F'(s)$$
$$\mathcal{L}\{(-t)^n f(t)\} = F^{(n)}(s)$$

8. Laplace 변환의 적분
$$\mathcal{L}\left\{\frac{1}{t}f(t)\right\} = \int_s^\infty F(\tilde{s})\,d\tilde{s}$$

9. 초깃값 정리
$$f(0) = \lim_{s \to \infty} sF(s)$$

10. 최종값 정리
$$f(\infty) = \lim_{s \to 0} sF(s)$$

Electric Circuits

연습문제 해답

CHAPTER 01 기본 회로 개념

1. (1) $Q_1 = 100C$

   (2) $Q_2 = 1C$

   (3) $1.6 \times 10^{-11} C$

2. $F = 2.25 \times 10^{10} N$ (인력)

3. (1) $v_{BA} = 16V,\quad v_{AB} = -16V$

   (2) $v_{CB} = 8V,\quad v_{BC} = -8V$

   (3) $v_{CA} = 24V,\quad v_{AC} = -24V$

4. 전하량 $q = \dfrac{15}{2}C$

5. (1) $i = 2A$

   (2) $R = 1\Omega,\quad i = 10A$

6. $P(t) = \begin{cases} -4t^2(t-2)\,W, & 0 \le t \le 1 \\ 4t(t-2)^2\,W, & 1 < t \le 2 \end{cases}$

   $W = \dfrac{10}{3}J$

7. (a) $P = 50W$ (에너지 소비)

   (b) $P = -20W$ (에너지 공급)

8.

   (a)

   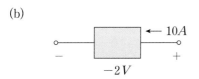

   (b)

825

(c)

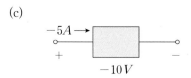

9. (1) $v = 15\,V$

　(2) $30\,W$

10. 전류원은 $500\,W$를 공급하고, 전압원은 $500\,W$를 소비한다.

11. $W = \dfrac{7}{30}J$

12. $v_x = 1\,V, \quad v_0 = -40\,V$

13. $v_{AC} = 1\,V, \quad v_{AD} = -4\,V$

14. 4,320원

15. $R_1 = \dfrac{1}{2}\Omega, \quad R_2 = 3\Omega$

CHAPTER 02 키르히호프의 전류 및 전압 법칙

1. (1) 마디 11개, 가지 15개, 메쉬 7개

　(2) 경로를 구성하지 않는다.

　(3) 루프를 구성한다.

　(4) 6개

2. $v_1 + v_2 - v_3 - v_s = 0, \; -v_4 + v_5 + v_9 - v_2 = 0,$
　$-v_6 - v_7 + v_8 - v_9 - v_5 = 0$

3. $i_1 - i_2 - i_3 - i_5 = 0, \; -i_1 + i_2 + i_4 = 0, \; i_3 - i_4 + i_5 = 0$

4. $i_L = \dfrac{7}{5}A, \; v_L = 14\,V, \; P = \dfrac{98}{5}W$

5. $v_x = -\dfrac{10}{3}V, \; i_y = \dfrac{2}{3}A$

6. $i = 2A, \; v_0 = 4\,V$

7. (1) $i_a = 2A, \; i_b = 5A, \; v_0 = 12\,V$

　(2) $i_a = 2A, \; i_b = 5A, \; v_0 = 12\,V$

8. $14\,V$ 전압원 : $P_v - \dfrac{84}{5}W$

5Ω 저항 : $P_R = \dfrac{196}{5} W$

$4A$ 전류원 : $P_i = -56 W$

$P_v + P_R = P_i$

9. (a) $R_{eq} = \dfrac{47}{8} \Omega$

   (b) $R_{eq} = \dfrac{31}{2} \Omega$

10. $i_S = \dfrac{72}{85} A, \ i_1 = \dfrac{18}{85} A, \ v_0 = \dfrac{6}{85} V$

11. (1) $v_1 = 5 V$

   (2) $i_1 = \dfrac{3}{2} A, \ i_2 = \dfrac{3}{5} A$

12. $v_0 = \dfrac{1}{5} v_S, \ i_0 = \dfrac{1}{5R} v_S$

13. (1) $i = \dfrac{4}{3} A, \ v_0 = -\dfrac{4}{3} V$

   (2) $10V$ 전압원과 $2V$ 전압원이 전력을 공급한다.

14. (1) $i_0 = 2A, \ v_0 = 2 V$

   (2) $6A$ 전류원 : $-12W$(전력 공급)

       종속전원 : $-12W$(전력 공급)

15. (1) $v_{in} = -100 \dfrac{R_L}{R_i} v_{in}$

   (2) $R_i = 15 \Omega$

CHAPTER 03 기초 회로해석 기법

1. $v_0 = \dfrac{108}{5} V$

2. $i_1 = 2A, \ i_2 = \dfrac{3}{4} A$

3. $i_0 = -9A, \ v_0 = 36 V$

4. $i_x = 12A, \ v_0 = -24 V$

5. (1) $i_x = 1A, \ v_x = -1A$

   (2) $5W$(전력 공급)

6. $i_0 = \dfrac{29}{5}A,\ v_0 = -\dfrac{63}{5}V$

7. $i_0 = -\dfrac{33}{10}A,\ v_0 = \dfrac{52}{5}V$

8. $v_0 = -4V$

9. $i_0 = \dfrac{6}{5}A,\ v_x = \dfrac{18}{5}V$

10. (1) $v_0 = \dfrac{10}{3}V,\ i_0 = \dfrac{14}{9}A$

   (2) $v_0 = 1V$

11. $P = 36W,\ v_0 = 2V$

12. $i_0 = \dfrac{20}{27}A,\ v_0 = -\dfrac{10}{27}V$

13. $i_0 = -\dfrac{195}{41}A,\ v_0 = \dfrac{25}{41}V$

14. $v_0 = \dfrac{184}{21}V$

15. $v_0 = \dfrac{26}{21}V,\ P = -\dfrac{110}{7}W$

CHAPTER 04 유용한 회로해석 기법

1. $i_0 = i_{01} + i_{02} = \dfrac{2}{7}A - \dfrac{10}{7}A = -\dfrac{8}{7}A$

2. $i_0 = i_{01} + i_{02} = -2A + 0A = -2A$

3. (1) $v_0 = v_{01} + v_{02} = \dfrac{20}{3} - \dfrac{25}{3} = -\dfrac{5}{3}V$

   (2) $v_0 = v_{01} + v_{02} = 20 + 25 = 45V$

4. $R_{TH} = \dfrac{65}{11}\varOmega,\ V_{TH} = -\dfrac{510}{11}V,\ v_0 = -18.72V$

5. $I_N = \dfrac{6}{13}A,\ R_N = \dfrac{65}{11}\varOmega,\ v_0 = 1.1V$

6. (1) $R_N = \dfrac{12}{5}\varOmega,\ I_N = -1A$

   (2) $R_N = \dfrac{12}{5}\varOmega,\ I_N = \dfrac{7}{2}A$

7. $R_{TH} = \frac{1}{4}\Omega$

8. $i_0 = -\frac{1}{2}A$

9. $i_0 = 1A, \ v_0 = 4V$

10. $R_N = \frac{9}{5}, \ I_N = \frac{10}{9}A$

11. $R = 2\Omega, \ v_0 = \frac{4}{5}V$

12. $v_0 = -\frac{1}{10}V$

13. (1) $R_{TH} = \frac{84}{41}\Omega, \ V_{TH} = \frac{472}{39}V$

    (2) $v_L = 5.98V$

14. $R_L = \frac{24}{5}\Omega$

15. $R_L = \frac{25}{3}\Omega$

CHAPTER 05 에너지 저장소자

1. $v(t) = \begin{cases} \frac{1}{2}t^2, & 0 \le t \le 4 \\ -\frac{1}{2}t^2 + 8t - 16, & 4 < t \le 8 \\ 16, & t > 8 \end{cases}$

2. $W_C(t) = \begin{cases} 4t^2 J, & 0 \le t \le 1 \\ 4J, & 1 < t < 2 \\ 4t^2 - 24t + 36 J, & 2 \le t \le 3 \end{cases}$

3. $v = \frac{2}{5}\cos t \ V$

4. $C_{eq} = \frac{45}{11}F$

5. $C = 7F$

6. $i(t) = \begin{cases} t \ A, & 0 \le t \le a \\ \frac{1}{2}(t + a) \ A, & a < t \le 2a \\ \frac{3}{2}a \ A, & t > 2a \end{cases}$

7. $v(t) = \begin{cases} 0, & t < 0 \\ 2, & 0 \le t \le 3 \\ -3, & 3 < t \le 5 \\ 0, & t > 5 \end{cases}$ $W_L(t) = \begin{cases} t^2 - 6t + 9, & 1 \le t \le 3 \\ \dfrac{9}{4}(t^2 - 6t + 9), & 3 < t \le 5 \\ 0, & t > 5 \end{cases}$

8. $v_1 = 10 \sin t\ V,\ v_2 = \dfrac{50}{7} \sin t\ V,\ v_3 = v_4 = \dfrac{20}{7} \sin t\ V$

9. $L_{eq} = \dfrac{82}{15} H$

10. $L = 3H$

11. $i_L(0^+) = 1A$

12. $i_L(0^+) = 1A,\ v_C(0^+) = 5V$

13. $i_1 = 1A,\ i_2 = 4A$

14. $i_0 = 0A,\ v_1 = v_2 = 10V$

15. $i_L(0^+) = \dfrac{2}{3} A$

CHAPTER 06 RL 및 RC 회로의 응답

1. $i_L(t) = \dfrac{1}{2}e^{-t}A,\ v_0(t) = -3e^{-t}V$

2. $i_L(t) = \dfrac{5}{2} - \dfrac{1}{2}e^{-2t}A,\ v_L(t) = 2e^{-2t}V$

3. $v_C(t) = 6e^{-\frac{1}{8}t}V$

4. $v_C(t) = \dfrac{10}{3}e^{-\frac{1}{4}t}V$

5. $v_C(t) = \dfrac{10}{3} + \dfrac{20}{3}e^{-\frac{1}{5}t}V$

6. $v(t) = 10u(t-1) + 10(t-2) + 5u(t-4)$

7.

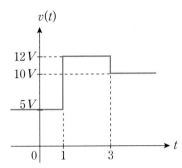

$$v(t) = 5u(1-t) + 10u(t-1) + 2u(t-3)$$

8. $v_C(t) = -5 + 15e^{-\frac{1}{8}t}\ V$

9. $i_L(t) = \dfrac{1}{2}A$

10. $i_0(t) = \dfrac{20}{13} - \dfrac{8}{39}e^{-\frac{13}{6}t}\ A$

11. $i_L(t) = 10 - 5e^{-t}A,\ v_L(t) = 10e^{-t}\ V$

12. $i_L(t) = \begin{cases} 0, & t < 0 \\ 5 - 5e^{-2t}, & 1 \le t \le 2 \\ 5e^{-2t}(e^4 - 1), & t > 2 \end{cases}$

13. $i_L(t) = \dfrac{5}{2} - \dfrac{5}{2}e^{-(t-1)}u(t-1)A$

14. $i_L(t) = -10e^{-5t} + 20\ A,\ v_L(t) = 40e^{-5t}\ V$

15. $i_0(t) = \dfrac{5}{3} - \dfrac{7}{6}e^{-\frac{3}{2}t}A,\ v_0(t) = \dfrac{10}{3} - \dfrac{7}{3}e^{-\frac{3}{2}t}\ V$

CHAPTER **07** RLC 회로의 응답

1. $v_C(t) = 8e^{-t} - 4e^{-2t}\ V$

2. $v_C(t) = -\dfrac{28}{3}e^{-2t} + \dfrac{28}{3}e^{-5t}\ V$

$i_C(t) = \dfrac{8}{3}e^{-2t} - \dfrac{20}{3}e^{-5t}\ A$

3. $v_C(t) = 2e^{-5t} + 10te^{-5t}\ V$

4. $i_L(t) = 4e^{-2t} - 2e^{-4t}\ A$

5. $v_C(t) = 6e^{-2t} + 12te^{-2t}\ V$

6. $i_L(t) = -\dfrac{5}{4}e^{-t} + \dfrac{1}{4}e^{-5t} + 1\ A$

$v_L(t) = \dfrac{5}{4}e^{-t} - \dfrac{5}{4}e^{-5t}\ V$

7. $v_C(t) = 15e^{-4t} + 60te^{-4t} + 5\ V$

8. $v_C(t) = -30e^{-2t} + 20e^{-3t} + 15\ V$

9. $v_C(t) = -6e^{-2t} + 3e^{-4t} + 8\ V$

$i_L(t) = \dfrac{9}{4}(e^{-2t} - e^{-4t})\ A$

10. $i_L(t) = -6e^{-t}\sin t\ A$

11. $v_C(t) = e^{\frac{1}{2}t}\left(-6\cos\dfrac{\sqrt{3}}{2}t + 2\sqrt{3}\sin\dfrac{\sqrt{3}}{2}t\right)V$

12. $v_C(t) = -2e^{-3t} - 3te^{-3t} + 8\ V$

13. $i_C(t) = -\dfrac{5}{2}e^{-2t} + \dfrac{5}{2}te^{-2t}\ A$

$i_R(t) = \dfrac{5}{4}e^{-2t} - \dfrac{5}{2}te^{-2t}\ A$

14. $v_C(t) = (30 + 8\sqrt{15})e^{s_1t} + (30 - 8\sqrt{15})e^{s_2t}\ V$

단, $s_1 = -5 + \sqrt{15},\ s_2 = -5 - \sqrt{15}$

15. $i_L(t) = 5\cos 4t\ A$

CHAPTER 08 페이저를 이용한 정현파 정상상태 해석

1. $V_{av} = 0,\ V_{rms} = V_m$

2. $v_{Rf}(t) = \dfrac{RI_m}{\sqrt{1 + \omega^2 R^2 L^2}}\cos(\omega t - \phi),\ \phi = \tan^{-1}\omega RL$

3. $v_{Rf}(t) = \dfrac{\omega RLI_m}{\sqrt{R^2 + \omega^2 L^2}}\cos(\omega t - \phi),\ \phi = \tan^{-1}\left(-\dfrac{R}{\omega L}\right)$

4. (1) $v_{Rf}(t) = 3.79\cos(2t - 18.4°)\ V$

(2) $v_{Rf}(t) = 3.79\cos(2t - 18.4°)\ V$

5. (1) $V_1 = 10\angle 45°$

(2) $V_2 = 5\angle 53.1°$

(3) $V_3 = 1\angle 120°$

6. $i_C(t) = \dfrac{\omega R C I_m}{\sqrt{\omega^2 R^2 C^2 + 1}} \cos(\omega t - \phi), \ \phi = -\tan^{-1}\left(\dfrac{1}{\omega R C}\right)$

7. $i_L(t) = \dfrac{R I_m}{\sqrt{R^2 + \omega^2 L^2}} \cos(\omega t - \phi), \ \phi = \tan^{-1}\left(\dfrac{\omega L}{R}\right)$

8. $v_{Cf}(t) = 0.83\cos(2t - 146.3°)\,V$

9. $v_L(t) = \dfrac{5\sqrt{2}}{3}\cos(t + 45°)\,V$

10. $V_0 = \dfrac{10\sqrt{2}}{3}\angle -135°, \ I_0 = \dfrac{5\sqrt{17}}{3}\angle 104°$

11. $v_0(t) = 2.69\cos(2t + 114.4°)\,V$

 $i_0(t) = 1.85\cos(2t - 21.2°)\,A$

12. $v_C(t) = 2.34\cos(t - 95.7°)\,V$

13. $i_L(t) = \dfrac{2\sqrt{5}}{5}\cos(2t - 63.4°)\,A$

14. $v_L(t) = \sqrt{10}\cos(t + 71.6°) + \dfrac{24}{\sqrt{13}}\cos(2t + 56.3°)\,V$

15. $i_0(t) = 0.25\cos(t - 9.5°)\,A$

CHAPTER 09 정현파 정상상태의 전력해석

1. $P_C(t) = 4\cos 2t\,W$

2. $p_R(t) = \dfrac{1}{R}V_m^2\sin^2 t, \quad 0 \le t \le \pi$

 $P_R = \dfrac{V_m^2}{2R}$

3. 인덕터와 커패시터에서 소비되는 평균전력은 각각 0이다.

 $P_{4\Omega} = 5\,W, \ P_{2\Omega} = \dfrac{5}{2}\,W, \ P_S = 7.5\,W$

4. ① 10Ω 저항 : $P_{10\Omega} = 5.63\,W$

 ② 좌측 전압원 : $P_{left} = -1.87\,W$

 ③ 우측 전압원 : $P_{right} = -7.5\,W$

5. 2Ω 저항 : $P_{2\Omega} = 1.2\,W$

1Ω 저항 : $P_{1\Omega} = 0.1\,W$

6. $P_1 = 0.73\,W,\ P_2 = 0.26\,W,\ P_S = 7.5\,W$

7. $V_{av} = 1,\ V_{rms} = \dfrac{\sqrt{14}}{3}$

8. $P_a = 6\sqrt{2}\,VA,\ P_1 = 1\,W,\ P_2 = \dfrac{5}{4}\,W,\ P_3 = \dfrac{1}{2}\,W,\ P_4 = \dfrac{3}{4}\,W$
   $pf = 0.4$

9. $P_L = 3.57\,W,\ Q_L = 7.13\,VAR,\ P_{aL} = 7.97\,VA$

10. $S_1 = 15.5\angle 9.5°\,VA,\ S_2 = 4.4\angle 35.5°\,VA$

11. 전류원 $S_S = \dfrac{5\sqrt{2}}{2}\angle 0°\,VA$ 저항 $S_R = \dfrac{1}{4}\angle 45°\,VA$

     인덕터 $S_L = \dfrac{1}{2}\angle 135°\,VA$ 커패시터 $S_C = \dfrac{3}{4}\angle -45°\,VA$

12. $Q_C = 764.1\,VAR$

13. $Q_C = 300\,VAR,\ \varDelta P = 300\,W$

14. $Z_L = 4 - j4\ \Omega,\ P_{L(\max)} = 4.3\,W$

15. $R = 1\Omega,\ L = 1H$

CHAPTER 10 직병렬 공진과 유도결합 회로

1. $\omega_0 = 2000\ \text{rad/sec},\ Q_S = 10,\ BW = 200\ \text{rad/sec},\ i_{s(\max)} = 5A$

2. $\omega_0 = 1000\ \text{rad/sec},\ Q_p = 40,\ BW = 25\ \text{rad/sec},\ v_{s(\max)} = 100\,V$

3. $\omega_1 = 10\ \text{rad/sec},\ \omega_2 = 40\ \text{rad/sec}$

   $C = \dfrac{1}{150}F,\quad L = \dfrac{3}{8}H$

4. (a) $v_1 = L_1\dfrac{di_1}{dt} - M\dfrac{di_2}{dt}$

   $v_2 = -L_2\dfrac{di_2}{dt} + M\dfrac{di_1}{dt}$

   (b) $v_1 = -L_1\dfrac{di_1}{dt} - M\dfrac{di_2}{dt}$

   $v_2 = -L_2\dfrac{di_2}{dt} - M\dfrac{di_1}{dt}$

5. $\begin{cases} \dfrac{di_1}{dt} + i_1 - \dfrac{di_2}{dt} = v_1 \\ -\dfrac{di_1}{dt} + 3\dfrac{di_2}{dt} + 2i_2 = 0 \end{cases}$

6. $i_1(t) = 3.58\cos{(t + 169.7°)}A, \ i_2(t) = 0.8\cos{(t + 233.1°)}A$

7. $L_{eq} = \dfrac{5}{2}H$

8. $I_L = 3.03\angle - 83.8°A$

9. $V_0 = 24\angle 0°V, \ I_0 = 2\angle - 90°A$

10. (1) $Z_{11} = 8 + j5 \ \Omega, \ Z_{22} = 8 + j4 \ \Omega$

    (2) $Z_r = \dfrac{1}{5}(2 - j1)\Omega$

    (3) $I_1 = 0.12\angle - 29.7°A$

11. $i_1(t) = 1.95\cos{(t - 81.7°)}A$

    $i_2(t) = 0.71\cos{(t - 66.7°)}A$

    $v_2(t) = 1.42\cos{(t - 66.7°)} \ V$

12. $I_1 = 1.79\angle - 26.6°A, \quad V_1 = 2.53\angle - 71.6 \ V$

    $I_2 = 0.9\angle - 26.6A, \quad V_2 = 5.06\angle - 71.6°V$

13. $P = 4.03 \ W$

14. $Z_{in} = 2 - j2 \ \Omega, \quad I_S = 3.54\angle 45°A$

15. $I_2 = 1.56\angle 38.7°A$

CHAPTER 11 Laplace 변환을 이용한 회로해석

1. (1) $F(s) = \dfrac{s + 3}{(s + 3)^2 + 4}$

   (2) $G(s) = \dfrac{e^{-2\pi s}}{s^2 + 1}$

   (3) $H(s) = -\dfrac{6}{s^4(s - 1)^2} + \dfrac{2(s^2 - 1)}{(s^2 + 1)^2}$

2. (1) $F(s) = \dfrac{1}{s^2}(1 - e^{-s} - se^{-3s})$

(2) $G(s) = \dfrac{1}{s}(2 - e^{-s} - 2e^{-2s} + e^{-3s})$

3. (1) $f(t) = \dfrac{1}{2}e^{-t} - \dfrac{1}{2}e^{-3t}$

(2) $g(t) = -\dfrac{7}{13}\cos 2t + \dfrac{5}{26}\sin 2t + \dfrac{7}{13}e^{3t}$

(3) $h(t) = \left\{-\dfrac{1}{5}e^{-(t-2)} + \dfrac{1}{5}e^{4(t-2)}\right\}u(t-2)$

4. $v_0(t) = e^{-t} - e^{-2t} \ V$

5. $v_0(t) = e^{-t} - e^{-2t} \ V$

6. $v_0(t) = e^{-t} - e^{-2t} \ V$

7. $I_0(s) = -\dfrac{3}{4s^2 + 5s + 2}$

8. (a) $Z(s) = \dfrac{2s^3 + 3s^2 + s + 1}{s(s^2 + s + 1)}$

(b) $Z(s) = \dfrac{2s^3 + 3s^2 + 4s + 2}{s^2 + s + 1}$

9. $v_R(t) = 4u(t) - e^{-\frac{1}{2}t}\left(4\cos\dfrac{\sqrt{7}}{2}t + \dfrac{8}{\sqrt{7}}\sin\dfrac{\sqrt{7}}{2}t\right) V$

10. $I_C(s) = \dfrac{2s^2 + 2s + 1}{3s^2(s+1)(3s^2 + s + 3)}$

11. $I_0(s) = \dfrac{2s^2(s+2)}{(s^2 + 3s + 3)(s^2 + 1)}, \quad V_0(s) = \dfrac{4s^2(s+2)}{(s^2 + 3s + 3)(s^2 + 1)}$

12. $H(s) = \dfrac{1}{2s^2 + (R+2)s + (R+4)}$

극점이 s−평면의 좌반면에 위치하므로 안정하다.

13. $H_1(s) = \dfrac{3s(s^2 + 1)}{4s^2 + 4s + 1}, \quad H_2(s) = \dfrac{3s^2}{4s^2 + 4s + 1}$

14. $h(t) = te^{-2t}$

전달함수의 극점이 s−평면의 좌반면에 위치하므로 안정하다.

15. $h(t) = e^{-t}u(t)$

$$v_C(t) = \begin{cases} 0, & t < -1 \\ 1 - e^{-(t+1)}, & -1 \le t \le 1 \\ e^{-t}(e - e^{-1}), & t > 1 \end{cases}$$

CHAPTER 12 2-포트 회로의 해석

1. $\begin{bmatrix} \dfrac{s^2+1}{s} & -s \\ s & -\dfrac{s^2+1}{s} \end{bmatrix}$

2. $\begin{bmatrix} \dfrac{s+1}{s} & -\dfrac{1}{s} \\ -\dfrac{1}{s} & -\dfrac{s+1}{s} \end{bmatrix}$

3. $\begin{bmatrix} 7 & 2 \\ 4 & 3 \end{bmatrix}$

4. $\begin{bmatrix} \dfrac{s+1}{2s+1} & \dfrac{s}{2s+1} \\ \dfrac{s}{2s+1} & \dfrac{s+1}{2s+1} \end{bmatrix}$

5. $\begin{bmatrix} 1 & -\dfrac{1}{2} \\ -\dfrac{1}{2} & 1 \end{bmatrix}$

6. $\begin{bmatrix} R & -2R \\ 2R & -12R \end{bmatrix}$

7. $\begin{bmatrix} 1 & -\dfrac{3}{2} \\ -\dfrac{1}{2} & \dfrac{7}{4} \end{bmatrix}$

8. $I_1 = \dfrac{8}{7}A, \ I_2 = \dfrac{4}{7}A, \ V_1 = \dfrac{20}{7}V, \ V_2 = -\dfrac{8}{7}V$

9. $\begin{bmatrix} \dfrac{L_1}{M} & s\left(\dfrac{L_1 L_2}{M} - M\right) \\ \dfrac{1}{sM} & \dfrac{L_2}{M} \end{bmatrix}$

10. $\begin{bmatrix} \dfrac{1}{6} & 2 \\ -\dfrac{5}{12} & 1 \end{bmatrix}$

11. 하이브리드 파라미터 행렬과 역하이브리드 파라미터 행렬

$\begin{bmatrix} 0 & -\dfrac{1}{4} \\ -\dfrac{1}{4} & 0 \end{bmatrix}, \ \begin{bmatrix} 0 & 4 \\ 4 & 0 \end{bmatrix}$

12. $\begin{bmatrix} I_1 \\ I_2 \end{bmatrix} = \dfrac{1}{2s+1}\begin{bmatrix} 2s & -3 \\ 4s & 8s-2 \end{bmatrix}\begin{bmatrix} I_S \\ V_S \end{bmatrix}$

13. $\begin{bmatrix} \dfrac{4s+3}{s} & 18(s+1) \\[2mm] \dfrac{2(s+1)}{3s} & 3s+4 \end{bmatrix}$

14. $\begin{bmatrix} 0 & -\dfrac{3}{4} \\[2mm] -\dfrac{3}{4} & 0 \end{bmatrix}$

15. $\dfrac{3}{2}\begin{bmatrix} s & -s \\ -s & s \end{bmatrix}$

저 자 약 력

김동식(金東植)

1986년 고려대학교 전기공학과 공학사 취득(고려대학교 전체 수석 졸업)

1988년 고려대학교 대학원 전기공학과 공학석사 취득

1992년 고려대학교 대학원 전기공학과 공학박사 취득

1997년~1998년 University of Saskatchewan, Visiting Professor

2004년 연암문화재단 해외연구교수 선정

2005년~2006년 University of Ottawa, Visiting Professor

2013년~2014년 고려대학교 전력시스템기술연구소 연구교수

1992년~현재 순천향대학교 공과대학 전기공학과 교수

연구분야 : 웹기반 가상/원격실험실, 네트워크 시뮬레이터,
　　　　　 비선형제어시스템 설계, 지능제어시스템 설계 등

저　　서 : 전자회로(생능출판사), 전자회로실험(생능출판사),
　　　　　 공업수학 Express(생능출판사), 회로이론 Express(생능출판사) 등

저자와의 협의에 의해
인지를 생략합니다.

회로이론 Express

김동식 지음

초 판 발 행 : 2014. 2. 27
제 1 판 4 쇄 : 2022. 1. 28
발 행 인 : 김 승 기
발 행 처 : 생능출판사
신 고 번 호 : 제406-2005-000002호
신 고 일 자 : 2005. 1. 21
I S B N : 978-89-7050-793-4(93560)

10881
경기도 파주시 광인사길 143
대표전화 : (031)955-0761, FAX : (031)955-0768
홈페이지 : http://www.booksr.co.kr

* 파본 및 잘못된 책은 바꾸어 드립니다.

정가 35,000원